KB070139

#Iridescent #Opalescence #High resolution #3D rendered

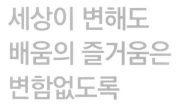

세상이 변해도
배움의 즐거움은
변함없도록

시대는 빠르게 변해도
배움의 즐거움은
변함없어야 하기에

어제의 비상은
남다른 교재부터
결이 다른 콘텐츠
전에 없던 교육 플랫폼까지

변함없는 혁신으로
교육 문화 환경의 새로운 전형을
실현해왔습니다.

비상은 오늘, 다시 한번
새로운 교육 문화 환경을 실현하기 위한
또 하나의 혁신을 시작합니다.

오늘의 내가 어제의 나를 초월하고
오늘의 교육이 어제의 교육을 초월하여
배움의 즐거움을 지속하는 혁신,

바로, 메타인지 기반 완전 학습을.

상상을 실현하는 교육 문화 기업 비상

메타인지 기반 완전 학습

초월을 뜻하는 meta와 생각을 뜻하는 인지가 결합한 메타인지는
자신이 알고 모르는 것을 스스로 구분하고 학습계획을 세우도록 하는
궁극의 학습 능력입니다. 비상의 메타인지 기반 완전 학습 시스템은
잠들어 있는 메타인지를 깨워 공부를 100% 내 것으로 만들도록 합니다.

점선을 따라 잘라 사용하세요.

수소	헬륨	리튬	탄소
질소	산소	플루오린	네온
나트륨	마그네슘	알루미늄	규소
인	황	염소	칼륨
칼슘	망가니즈	철	구리
아연	스트론튬	납	은
아이오딘	바륨	금	수은

비슷한 이름 주의해! (칼륨)

비슷한 이름 주의해! (칼슘)

비슷한 이름 주의해! (은)

비슷한 이름 주의해! (수은)

C	**Li** 불꽃 반응 색: 빨간색	He	H
Ne	F	O	N
Si	Al	Mg	**Na** 불꽃 반응 색: 노란색
K 불꽃 반응 색: 보라색	Cl	S	P
Cu 불꽃 반응 색: 청록색	Fe	Mn	**Ca** 불꽃 반응 색: 주황색
Ag 비슷한 기호 주의해!	Pb	**Sr** 불꽃 반응 색: 빨간색	Zn
Hg 비슷한 기호 주의해!	Au 비슷한 기호 주의해!	**Ba** 불꽃 반응 색: 황록색	I

K^+	Na^+	Li^+	H^+
Ca^{2+}	Fe^{2+}	NH_4^+	Ag^+
Ba^{2+}	Pb^{2+}	Mg^{2+}	Cu^{2+}
F^-	Cl^-	Al^{3+}	Zn^{2+}
O^{2-}	NO_3^- 질산 소소	OH^-	I^-
AgCl 흰색 앙금	SO_4^{2-} 황산 소	CO_3^{2-} 탄산 소소	S^{2-}
CuS 검은색 앙금	$BaSO_4$ 흰색 앙금	$CaCO_3$ 흰색 앙금	PbI_2 노란색 앙금

점선을 따라 잘라 사용하세요.

수소 이온	리튬 이온	나트륨 이온	칼륨 이온
은 이온	암모늄 이온	철 이온	칼슘 이온
구리 이온	마그네슘 이온	납 이온	바륨 이온
아연 이온	알루미늄 이온	염화 이온	플루오린화 이온
아이오딘화 이온	수산화 이온	질산 이온	산화 이온
황화 이온	탄산 이온	황산 이온	염화 은
아이오딘화 납	탄산 칼슘	황산 바륨	황화 구리(Ⅱ)

한솔 내공의 힘 오투 완자 개념+유형 만렙 All that 중학영어 최고득점 수학

비상교재 강의
온리원 중등에 다 있다!

오투, 개념플러스유형 등 교재 강의 듣기
비상교재 강의 7일
무제한 수강

QR 찍고
무료체험
신청!

우리 학교 교과서 맞춤 강의 듣기
학교 시험 특강
0원 무료 수강

QR 찍고
시험 특강
듣기!

과목·유형별 특강 듣고 만점 자료 다운 받기
수행평가 자료 30회
이용권

무료체험
신청하고
다운!

콕 강의 30회
무료 쿠폰

※ 박스 안을 연필 또는 샤프 펜슬로
칠하면 번호가 보입니다.

콕 쿠폰
등록하고
바로 수강!

유의 사항
1. 강의 수강 및 수행평가 자료를 받기 위해 먼저 온리원 중등 무료체험을 신청해 주시기 바랍니다.
   (휴대폰 번호 당 1회 참여 가능)
2. 온리원 중등 무료체험 신청 후 체험 안내 해피콜이 진행됩니다.(체험기기 배송비&반납비 무료)
3. 콕 강의 쿠폰은 QR코드를 통해 등록 가능하며 ID 당 1회만 가능합니다.
4. 온리원 중등 무료체험 이벤트는 체험 신청 후 인증 시(로그인 시) 혜택 제공되며 경품은 매월 변경됩니다.
5. 콕 강의 쿠폰 등록 시 혜택이 제공되며 경품은 두 달마다 변경됩니다.
6. 이벤트는 사전 예고 없이 변경 또는 중단될 수 있습니다.

문의 1588-6563 | www.only1.co.kr

검증된 성적 향상의 이유
중등 1위* 비상교육 온리원

*2014~2022 국가브랜드 [중고등 교재] 부문

10명 중 8명
내신 최상위권

최상위
성적
81.23%

*2023년 2학기 기말고사 기준 전체 성적장학생 중,
모범, 으뜸, 우수상 수상자(평균 93점 이상) 비율 81.23%

특목고 합격생
2년 만에 167% 달성

*특목고 합격생 수 2022학년도 대비
2024학년도 167.4%

성적 장학생
1년 만에 2배 증가

역대최다!

2022년
3,499명*

2023년
6,888명*

*22-1학기: 21년 1학기 중간 - 22년 1학기 중간 누적 /
23-1학기: 21년 1학기 중간 - 23년 1학기 중간 누적

눈으로 확인하는 공부
메타인지 시스템

공부 빈틈을 찾아 채우고
장기 기억화 하는 메타인지 학습

최강 선생님 노하우 집약
내신 전문 강의

검증된 베스트셀러 교재로
인기 선생님이 진행하는 독점 강좌

꾸준히 가능한 완전 학습
리얼타임 메타코칭

학습의 시작부터 끝까지
출결, 성취 기반 맞춤 피드백 제시

Ⅰ 물질의 구성

물질을 이루는 원소
진도 교재 10쪽

물
수소, 산소

포크
철, 니켈 등

설탕
탄소, 수소, 산소

삶은 달걀
탄소, 질소, 수소, 산소, 황

플라스틱 도시락
탄소, 수소, 산소 등

나무젓가락
탄소, 수소, 산소

알루미늄 포일
알루미늄

소금
염소, 나트륨

▲ 우리 주변에는 알루미늄 포일과 같이 한 가지 원소로 이루어진 물질도 있지만, 물, 소금, 나무젓가락 등과 같이 두 가지 이상의 원소로 이루어진 물질이 대부분이다. 이처럼 모든 물질은 [　　　]로 이루어져 있다.

불꽃 반응
진도 교재 12쪽

▼ 불꽃놀이의 폭죽에는 보라색의 불꽃 반응 색을 나타내는 [　　　], 청록색을 나타내는 [　　　], 주황색 나타내는 [　　　], 노란색을 나타내는 [　　　] 원소 등이 포함되어 있다.

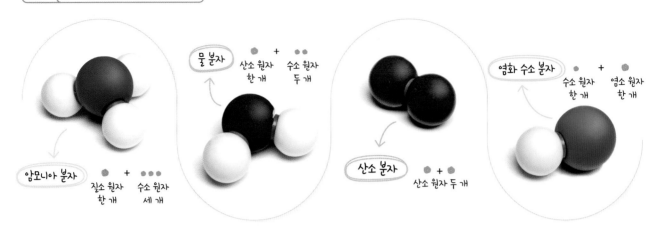

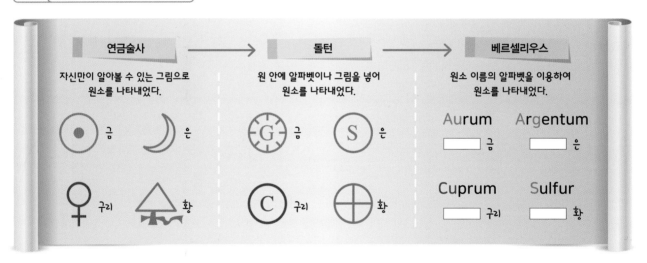

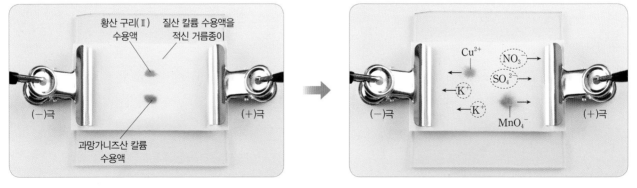

▲ 위와 같이 장치하고 전류를 흘려 주면 (+)전하를 띠는 양이온은 ☐☐☐극으로 이동하고, (−)전하를 띠는 음이온은 ☐☐☐극으로 이동한다.

II 전기와 자기

화보 2.1 마찰 전기에 의한 현상

진도 교재 48쪽

▲ 머리를 빗을 때 머리카락과 빗이 마찰하여 서로 다른 전하를 띠게 되므로 달라붙는다.

▲ 비닐 랩을 떼어낼 때 마찰 전기가 생겨서 비닐 랩이 그릇에 잘 달라붙는다.

▲ 스웨터를 벗을 때 '지지직'하는 소리가 난다.

화보 2.2 정전기 유도 현상 및 정전기의 이용

진도 교재 50쪽

▲ 번개는 구름과 땅 사이에서 전자가 순간적으로 이동하며 빛을 내는 현상이다.

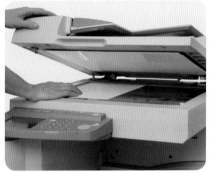

▲ 토너의 검은 탄소 가루가 정전기 유도에 의해 드럼에 달라붙었다가, 다시 정전기 유도에 의해 종이 위에 붙는다. 이 종이에 열을 가하면 검은 탄소 가루가 종이에 잘 고정된다.

▲ 주유를 하기 전에 손에 남은 정전기가 없도록 정전기 방지 패드를 사용한다.

화보 2.3 전류계와 전압계

진도 교재 60쪽

전류계는 전기 회로에 [　　　]로 연결한다.

전압계는 전기 회로에 [　　　]로 연결한다.

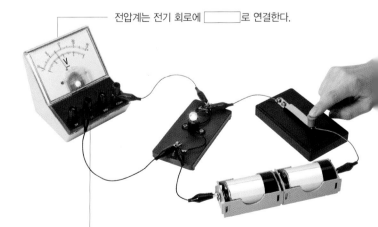

▲ 전류계 (+)단자는 전지의 [　　　]극 쪽에, (−)단자는 전지의 [　　　]극 쪽에 연결한다.

▲ 전압계의 (+)단자는 전지의 [　　　]극 쪽에, (−)단자는 전지의 [　　　]극 쪽에 연결한다.

전구의 직렬연결과 병렬연결
진도 교재 **64쪽**

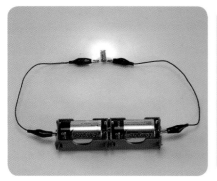

▲ 전기 회로에 전구가 1개 연결되어 있을 때 전구의 밝기

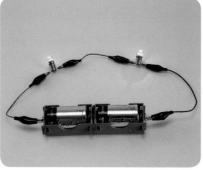

▲ 전구 2개를 ☐ 연결하면 전구 1개를 연결했을 때보다 전구의 밝기가 어두워진다.

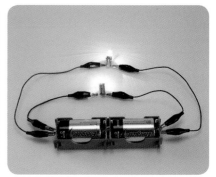

▲ 전구 2개를 ☐ 연결하면 전구 1개를 연결했을 때와 전구의 밝기는 같다.

자석과 코일 주위의 자기장
진도 교재 **72쪽**

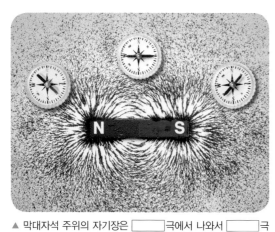

▲ 막대자석 주위의 자기장은 ☐극에서 나와서 ☐극으로 들어가는 방향으로 생긴다.

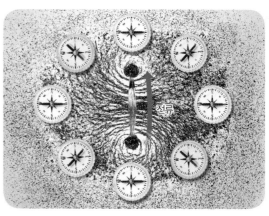

전류

▲ 전류가 흐르는 코일 주위의 외부에는 막대자석 주위의 자기장과 비슷한 모양으로 자기장이 생긴다.

자기장에서 전류가 받는 힘의 이용
진도 교재 **74쪽**

▲ **전압계**
전압이 커지면 회로에 흐르는 전류의 세기도 커진다. 이때 전류가 셀수록 자기장에서 전류가 받는 힘도 커지는 것을 이용해 전압을 측정한다.

▲ ☐
자기장에서 전류가 받는 힘을 이용하여 코일을 회전시킨다. 전동기는 선풍기, 세탁기, 엘리베이터 등에 사용된다.

III 태양계

화보
3.1
북반구 중위도의 관측자가 본 별의 일주 운동
진도 교재 92쪽

서쪽 하늘

북쪽 하늘

별의 일주 운동

자전축

북극성

D
서

A
북

남

C

B
동

남쪽 하늘

동쪽 하늘

화보
3.2
일식과 월식
진도 교재 104쪽

본그림자

④

③

반그림자

①

②

본그림자

반그림자

달

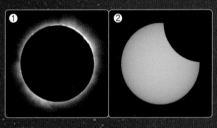

① ②

▲ **일식**
달의 본그림자가 닿는 지역에서는 개기 일식을 볼 수 있고, 달의 반그림자가 닿는 지역에서는 ▢▢▢을 볼 수 있다.

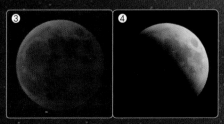

③ ④

◀ **월식**
지구의 본그림자에 달 전체가 가려지면 ▢▢▢을 볼 수 있고, 달의 일부만 가려지면 부분 월식을 볼 수 있다.

태양

태양

수성 금성 지구 화성

목성

토성

천왕성

해왕성

화성 표면

협곡

▲ ☐ 성분이 많은 붉은 색 토양으로 이루어짐

▲ 좁고 험한 골짜기

올림퍼스 화산

극관

▲ 태양계에서 크기가 가장 큰 화산(높이 약 25 km)

▲ 여름철에는 작아지고, 겨울철에는 커진다.

▲ 대적점 대기의 ☐에 의한 붉은 점

▼ 흑점의 이동

11일

12일

13일

14일

▲ 광구 우리 눈에 보이는 태양 표면을 ☐라고 하며, 태양의 흑점은 지구에서 봤을 때 ☐에서 ☐(으)로 이동한다.

▲ 오로라 태양 활동이 활발할 때 지구에서는 오로라 발생 횟수가 ☐한다.

IV 식물과 에너지

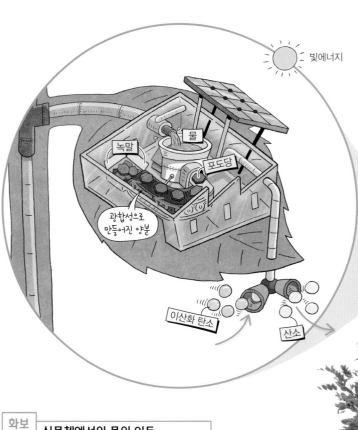

빛에너지

녹말
물
포도당

광합성으로 만들어진 양분

이산화 탄소   산소

화보 4.1 **식물의 광합성 과정**
진도 교재 132쪽

광합성은 식물이 빛에너지를 이용하여 [   ]와 물을 원료로 양분을 만드는 과정이다.

화보 4.2 **식물체에서의 물의 이동**
진도 교재 134쪽

잎

잎으로 올라온 물은 잎 세포에서 광합성 등에 사용되거나, [   ]으로 수증기가 되어 식물체 밖으로 빠져나간다.

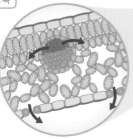

줄기

뿌리에서 올라온 물은 줄기의 [   ]을 통해 잎으로 이동한다.

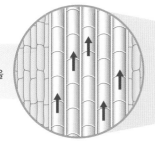

뿌리

땅속에서 뿌리로 흡수된 물은 뿌리 속의 물관을 따라 줄기로 이동한다.

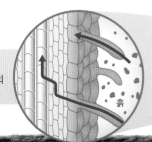

흙

기공과 공변세포
진도 교재 134쪽

표피
(앞면)

기공과
공변세포

표피(뒷면)

▲ 잎의 속 구조

세포벽

핵

기공

엽록체

표피
세포

기공 열림(낮)　　기공 닫힘(밤)

기공이 열리면 증산 작용이 활발하게 일어나고,
기공이 닫히면 증산 작용이 일어나지 않는다.

광합성 산물의 사용과 저장
진도 교재 142쪽

· 호흡을 통해 생명 활동에 필요한 　　　　　를 얻는 데 사용된다.
· 식물의 몸을 구성하는 성분이 되어 식물이 생장하는 데 사용된다.
· 사용하고 남은 양분은 뿌리, 줄기, 열매, 씨 등에 다양한 형태로 저장된다.

고구마, 감자
　　　　　 형태로 저장

포도, 양파
　　　　　 형태로 저장

땅콩, 깨
지방 형태로 저장

콩
단백질 형태로 저장

사탕수수
　　　　　 형태로 저장

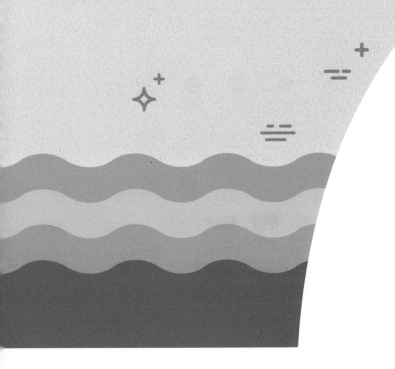

오타

2-1

제대로 된 과학 공부를 원한다면, 오투 ~!

오투의 '탁월함'은 어떻게 만들어진 것일까?

매해 전국의 기출 문제를 모아 영역별 → 단원별 → 개념별로 세분화하여 오투에 완벽하게 적용한다.

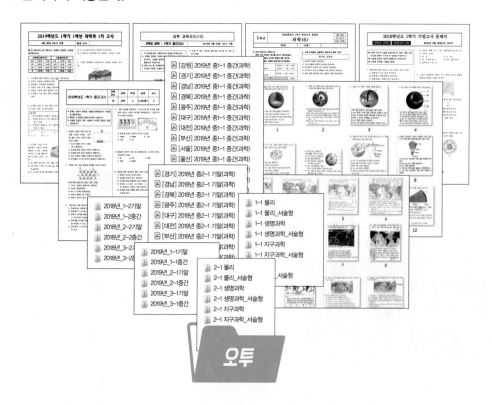

⊕ 기출 문제 분석을 통한 **핵심 개념 정리**

⊕ 중요하면서 까다로운 주제 도출 및 공략 **여기서 잠깐**

⊕ 시험에 꼭 나오는 탐구와 탐구 문제 **오투실험실**

⊕ 자주 나오는 기출 문제 구조화 **개념 쏙쏙, 내신 쑥쑥, 실력 탄탄**

오투의 완벽한 학습 시스템

1 체계적인 오투 학습을 통해 과학 공부의 즐거움을 경험할 수 있다.

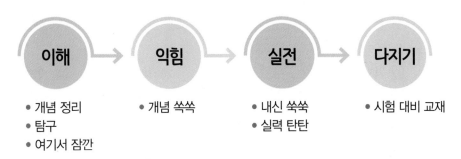

이해 → **익힘** → **실전** → **다지기**

- 개념 정리
- 탐구
- 여기서 잠깐

- 개념 쏙쏙

- 내신 쏙쏙
- 실력 탄탄

- 시험 대비 교재

2 오투의 탁월함에 생생함을 더했다. 실험 과정부터 원리 설명까지 실험 속 생생함을 오투실험실에서 경험할 수 있다.

❶ 구글 플레이스토어 또는 애플 앱 스토어에서 **'오투실험실'**을 검색한 후 내려 받아 실행한다.

❷ 교재 내 '오투실험실' 아이콘이 있는 페이지 '전체'를 카메라로 비춰 인식한다.

❸ 동영상이 자동으로 재생된다.

★ **주의**
- 앱 실행시 파일을 내려 받으므로 WIFI 환경에서 진행하시길 권장합니다.
- '동영상 목록' 화면에서 추가 영상을 개별적으로 내려 받을 수 있습니다.
- 내려 받은 영상은 '동영상 목록' 화면에서 삭제할 수 있습니다.

오투와 내 교과서 비교하기

아래 표를 어떻게 봐야 할지 모르겠다구?
먼저 내 교과서 출판사명과 시험 범위를 확인하는 거야!
음... 비상교육 교과서 12~17쪽이면 오투 10~19까지를 공부하면 돼.

		오투 중등과학	비상교육
I 물질의 구성	01 원소	10 ~ 19	12 ~ 17
	02 원자와 분자	20 ~ 29	22 ~ 31
	03 이온	30 ~ 40	36 ~ 42
II 전기와 자기	01 전기의 발생	48 ~ 59	50 ~ 59
	02 전류, 전압, 저항	60 ~ 71	60 ~ 73
	03 전류의 자기 작용	72 ~ 82	74 ~ 83
III 태양계	01 지구의 크기와 운동	90 ~ 101	90 ~ 91, 94 ~ 97
	02 달의 크기와 운동	102 ~ 111	92 ~ 93, 98 ~ 101
	03 태양계의 구성	112 ~ 124	106 ~ 115
IV 식물과 에너지	01 광합성	132 ~ 141	122 ~ 137
	02 식물의 호흡	142 ~ 147	138 ~ 145

미래엔	천재교과서	동아	YBM
14 ~ 19	13 ~ 17	13 ~ 19	14 ~ 17
20 ~ 29	18 ~ 27	20 ~ 27	18 ~ 27
30 ~ 38	31 ~ 38	31 ~ 37	30 ~ 35
48 ~ 55	46 ~ 51	48 ~ 54	48 ~ 51
56 ~ 65	52 ~ 63	55 ~ 65	52 ~ 64
66 ~ 73	64 ~ 73	66 ~ 75	66 ~ 74
86 ~ 87, 90, 92 ~ 95	81 ~ 83, 86 ~ 89	85 ~ 87, 90 ~ 93	86 ~ 87, 90 ~ 93
88 ~ 89, 91, 96 ~ 99	84 ~ 85, 90 ~ 95	88 ~ 89, 94 ~ 97	88 ~ 89, 94 ~ 97
100 ~ 113	99 ~ 111	101 ~ 109	100 ~ 113
124 ~ 139	122 ~ 137	120 ~ 133	125 ~ 140
140 ~ 147	138 ~ 147	134 ~ 141	141 ~ 146

오투의 단원 구성

I 물질의 구성

01 원소 ·· 10
    오투실험실 원소의 불꽃 반응 15

02 원자와 분자 ·· 20

03 이온 ·· 30
    오투실험실 이온의 전하 확인 30
                 앙금 생성 반응 35

● 단원 평가 문제 ·· 41

II 전기와 자기

01 전기의 발생 ·· 48
    오투실험실 마찰한 물체 사이에 작용하는 힘 48
                 마찰 전기를 이용한 정전기 유도 현상 관찰 52
                 알루미늄 캔 굴리기 53
                 손대지 않고 은박 구 끌어당기기 53

02 전류, 전압, 저항 ·· 60
    오투실험실 전구의 직렬연결과 병렬연결 64

03 전류의 자기 작용 ·· 72
    오투실험실 자기장에서 전류가 받는 힘 78

● 단원 평가 문제 ·· 83

Ⅲ 태양계

01 지구의 크기와 운동 ·· 90

 오투실험실 북반구 중위도에서 관측한 별의 일주 운동 92

태양과 별자리의 위치 변화 92

02 달의 크기와 운동 ·· 102

오투실험실 달의 위상 변화 102

달 그림의 크기 측정 106

03 태양계의 구성 ·· 112

● 단원 평가 문제 ·· 125

Ⅳ 식물과 에너지

01 광합성 ·· 132

오투실험실 광합성이 일어나는 장소와 광합성 산물 136

빛의 세기와 광합성 137

02 식물의 호흡 ·· 142

● 단원 평가 문제 ·· 148

오투 중등과학으로 누구나 쉽고 재미있게
과학을 공부할 수 있어 ~ !

2-2에서 배울 내용

V. 동물과 에너지	VI. 물질의 특성	VII. 수권과 해수의 순환	VIII. 열과 우리 생활
01 소화	01 물질의 특성(1)	01 수권의 분포와 활용	01 열
02 순환	02 물질의 특성(2)	02 해수의 특성	02 비열과 열팽창
03 호흡	03 혼합물의 분리(1)	03 해수의 순환	IX. 재해·재난과 안전
04 배설	04 혼합물의 분리(2)		01 재해·재난과 안전

I

물질의 구성

01 원소 … 10

02 원자와 분자 … 20

03 이온 … 30

|다른 학년과의 연계는?|

초등학교 3학년

· 물체와 물질 : 물체의 성질과 물체를 구성하는 물질의 성질은 서로 관련되어 있다.

중학교 1학년

· 입자의 운동 : 물질은 입자로 이루어져 있고, 입자는 스스로 움직이고 있다.
· 물질의 세 가지 상태 : 물질은 고체, 액체, 기체의 세 가지 상태로 구분할 수 있다.

중학교 2학년

· 원소 : 물질을 이루는 기본 성분은 원소이다.
· 원자와 분자 : 물질을 이루는 기본 입자는 원자이고, 물질의 성질을 나타내는 가장 작은 입자는 분자이다.
· 이온 : 원자가 전자를 잃거나 얻어서 전하를 띠는 입자는 이온이다.

통합과학

· 물질의 규칙성과 결합 : 원소는 이온 결합과 공유 결합을 통해 다양한 화합물을 형성한다.

이 단원에서는 물질을 이루는 기본 성분과 물질을 이루는 입자에 대해 알아본다.
이 단원을 들어가기 전에 이전 학년에서 배운 개념을 확인해 보자.

다음 내용에서 필요한 단어를 골라 빈칸을 완성해 보자.

> 고체, 액체, 기체, 물질, 물체, 모형

초3 **1. 물체와 물질**

❶ ☐☐
모양이 있고 공간을 차지
하는 것
㉾ 책상, 연필, 연필꽂이,
정리함, 책, 파일 박스 등

❷ ☐☐
물체를 만드는 재료
㉾ 나무, 플라스틱 등

중1 **2. 입자의 운동**

① 물질은 크기가 매우 작은 입자로 이루어져 있다.
② 물질을 이루는 입자는 스스로 끊임없이 움직인다.
③ 물질을 이루는 입자는 매우 작아서 눈으로 관찰할 수 없으므로
간단한 ❸ ☐☐으로 나타낸다.

중1에서 배운 입자는 분자
개념이야. 중2에서는 분자
를 더 쪼개서 물질을 이루는
근본적인 입자가 무엇인지 알
아볼 거야.

3. 물질의 세 가지 상태

① 물질은 고체, 액체, 기체로 존재한다.
② 물질의 상태에 따라 물질을 이루는 입자의 배열이 다르다.

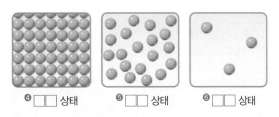

❹ ☐☐ 상태   ❺ ☐☐ 상태   ❻ ☐☐ 상태

01 원소

A 원소

1 물질을 이루는 기본 성분에 대한 학자들의 생각

학자	내용
탈레스	모든 물질의 근원은 물이다.
아리스토텔레스	만물은 물, 불, 흙, 공기의 4가지 기본 성분으로 되어 있고, 이들이 조합하여 여러 물질이 만들어진다.
보일	원소는 물질을 이루는 기본 성분으로, 더 이상 *분해되지 않는 단순한 물질이다. ➡ 현대적인 원소의 개념을 제시하였다.
라부아지에	실험을 통해 물이 수소와 산소로 분해되는 것을 확인하여, 물이 원소가 아님을 증명하였다. ➡ 아리스토텔레스의 생각이 옳지 않음을 증명하였다.

[라부아지에의 물 분해 실험] 탐구ⓐ 14쪽

과정 *주철관을 가열하면서 주철관 안으로 물을 통과시킨다.

결과
• 주철관 안이 녹슬고 질량이 증가한다. ➡ 물이 분해되어 발생한 산소가 주철관의 철과 결합하기 때문
• 냉각수를 통과한 후 집기병에는 수소가 모아진다.

정리 물은 수소와 산소로 분해되므로 원소가 아니다.

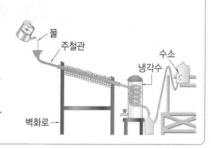

2 원소 더 이상 다른 물질로 분해되지 않으면서 물질을 이루는 기본 성분

① 현재까지 알려진 원소의 종류는 118가지이다.
예 수소, 산소, 탄소, 질소, 구리, 철, 은, 금, 알루미늄 등
② 90여 가지는 자연에서 발견된 것이고, 그 밖의 원소는 인공적으로 만든 것이다.

화보 1.1 ③ 우리 주변의 모든 물질은 원소로 이루어져 있다.❶ ➡ 한 가지 원소로 이루어진 물질도 있지만, 대부분은 두 가지 이상의 원소로 이루어져 있다.

물질	알루미늄 포일	물	소금	설탕
구성 원소	알루미늄	수소, 산소	나트륨, 염소	탄소, 수소, 산소

3 여러 가지 원소의 이용❷

수소 모든 원소 중 가장 가벼우며, 우주 왕복선의 연료로 이용된다.

산소 지구 대기 성분의 21 % 정도를 차지하며, 물질의 연소와 생물의 호흡에 이용된다.

철 지구 중심핵에 가장 많이 존재하며, 단단하므로 기계, 건축 재료로 이용된다.

금 산소나 물과 반응하지 않아 광택이 유지되므로 장신구의 재료로 이용된다.

헬륨 공기보다 가볍고 안전하여 비행선이나 풍선의 충전 기체로 이용된다.

구리 전기가 잘 통하므로 전선에 이용된다.

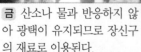

플러스 강의

❶ 물질을 이루는 원소

물질	구성 원소
다이아몬드	탄소
연필심	탄소
나무젓가락	탄소, 수소, 산소
플라스틱 병	탄소, 수소, 염소 등
우리 몸	탄소, 수소, 질소, 산소, 칼륨, 칼슘, 철 등
공기	질소, 산소, 아르곤, 헬륨 등
바닷물	수소, 산소, 염소, 나트륨, 마그네슘, 황 등

❷ 그 밖의 원소의 이용

• 규소 : 특정 물질을 첨가하여 반도체 *소자에 이용된다.
• 질소 : 공기의 78 % 정도를 차지하며, 다른 물질과 거의 반응하지 않아 과자 봉지의 충전제로 이용된다.
• 알루미늄 : 알루미늄 포일, 일회용 용기 등으로 이용된다.

용어 돋보기

* 분해(分 나누다, 解 풀다)_한 종류의 물질을 두 가지 이상의 간단한 물질로 나누는 것
* 주철관(鑄 부어 만들다, 鐵 쇠, 管 관)_탄소를 포함하는 철(주철)로 만든 관
* 소자_전자 회로 등의 구성 요소가 되는 부품

A 원소

• □□□□□□□□ : 만물은 4가지 기본 성분으로 되어 있고, 이들이 조합하여 여러 물질이 만들어진다.

• □□□□□의 물 분해 실험 : 물이 수소와 산소로 나누어지므로 물은 원소가 아니다.

• □□ : 더 이상 분해되지 않으면서 물질을 이루는 기본 성분

1 학자들과 물질에 대한 학자들의 생각을 선으로 연결하시오.

(1) 탈레스 •

(2) 보일 •

(3) 아리스토텔레스 •

(4) 라부아지에 •

• ㉠ 모든 물질의 근원은 물이다.

• ㉡ 물은 수소와 산소로 분해되므로 원소가 아니다.

• ㉢ 원소는 더 이상 분해되지 않는 단순한 물질이다.

• ㉣ 만물은 물, 불, 흙, 공기로 이루어져 있으며, 이들이 조합하여 여러 물질이 만들어진다.

2 라부아지에의 물 분해 실험에 대한 설명으로 옳은 것은 ○, 옳지 않은 것은 ×로 표시하시오.

(1) 물을 이루는 기본 성분은 수소와 산소이다. ⋯⋯⋯⋯⋯⋯⋯⋯⋯⋯⋯ ( )

(2) 물이 분해되면 기체가 발생하므로 물은 원소임을 알 수 있다. ⋯⋯⋯⋯ ( )

(3) 라부아지에는 물 분해 실험을 통해 아리스토텔레스의 생각이 옳지 않음을 증명하였다. ⋯⋯⋯⋯⋯⋯⋯⋯⋯⋯⋯⋯⋯⋯⋯⋯⋯⋯⋯⋯⋯⋯⋯⋯⋯⋯⋯ ( )

(4) 라부아지에의 물 분해 실험을 통해 물이 다른 원소로 변할 수 있다는 것을 확인하였다. ⋯⋯⋯⋯⋯⋯⋯⋯⋯⋯⋯⋯⋯⋯⋯⋯⋯⋯⋯⋯⋯⋯⋯⋯⋯⋯⋯ ( )

3 다음 ( ) 안에 공통으로 들어갈 알맞은 말을 쓰시오.

• 물의 구성 ( )는 수소와 산소이다.
• 우리 주변의 모든 물질은 ( )로 이루어져 있다.

4 원소만을 옳게 짝 지은 것은?

① 수소, 설탕　　　② 소금, 구리　　　③ 설탕, 알루미늄

④ 소금, 산소　　　⑤ 탄소, 나트륨

5 다음 설명에 해당하는 원소를 각각 고르시오.

금, 수소, 구리, 산소

(1) 전기가 잘 통하므로 전선에 이용된다. ⋯⋯⋯⋯⋯⋯⋯⋯⋯⋯⋯⋯⋯ ( )

(2) 물질의 연소와 생물의 호흡에 이용된다. ⋯⋯⋯⋯⋯⋯⋯⋯⋯⋯⋯⋯ ( )

(3) 가장 가벼운 원소로, 우주 왕복선의 연료로 이용된다. ⋯⋯⋯⋯⋯ ( )

(4) 산소나 물과 반응하지 않아 광택이 유지되므로 장신구의 재료로 이용된다.
⋯⋯⋯⋯⋯⋯⋯⋯⋯⋯⋯⋯⋯⋯⋯⋯⋯⋯⋯⋯⋯⋯⋯⋯⋯⋯⋯⋯⋯⋯⋯ ( )

암기광 물이 원소가 아닌 까닭

나는 수소와 산소로 이루어져 있으니 원소가 아니야.

나는 물!

01 원소

B 원소를 확인하는 방법

화보 1.2 **1 불꽃 반응** 일부 금속 원소나 금속 원소를 포함하는 물질을 불꽃에 넣었을 때 금속 원소의 종류에 따라 특정한 불꽃 반응 색이 나타나는 현상[1]

① 불꽃 반응의 특징

- 실험 방법이 쉽고 간단하다.
- 물질의 양이 적어도 물질에 포함된 금속 원소를 확인할 수 있다.
- 물질의 종류가 달라도 같은 금속 원소가 포함되어 있으면 불꽃 반응 색이 같다.
  - 예 염화 **나트륨**, 질산 **나트륨** ➡ 불꽃 반응 색이 **노란색**으로 같다.
  - 염화 **구리**(Ⅱ), 질산 **구리**(Ⅱ) ➡ 불꽃 반응 색이 **청록색**으로 같다.[2]

② 여러 가지 원소의 불꽃 반응 색 탐구 b 15쪽

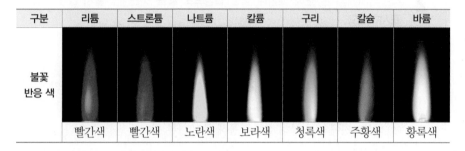

구분	리튬	스트론튬	나트륨	칼륨	구리	칼슘	바륨
불꽃 반응 색	빨간색	빨간색	노란색	보라색	청록색	주황색	황록색

2 스펙트럼 빛을 *분광기에 통과시킬 때 나타나는 여러 가지 색의 띠

① 스펙트럼의 종류

연속 스펙트럼	선 스펙트럼[3]
햇빛을 분광기로 관찰할 때 나타나는 연속적인 색의 띠	불꽃 반응에서 나타나는 불꽃을 분광기로 관찰할 때 특정 부분에서 나타나는 밝은 선의 띠
 ▲ 햇빛의 연속 스펙트럼	▲ 나트륨의 선 스펙트럼

② 선 스펙트럼의 특징

- 원소의 종류에 따라 선의 색깔, 위치, 굵기, 개수 등이 다르게 나타난다.
- 불꽃 반응 색이 비슷한 원소를 구별할 수 있다.
  - 예 리튬과 스트론튬 : 불꽃 반응 색은 비슷하지만 선 스펙트럼이 다르게 나타난다.

▲ 리튬   ▲ 스트론튬

- 물질 속에 여러 가지 원소가 포함되어 있는 경우 각 원소의 선 스펙트럼이 모두 나타난다. ➡ 물질에 포함된 원소의 종류를 확인할 수 있다.

③ 선 스펙트럼 분석

방법 물질 X의 스펙트럼에 나타난 선을 따라 점선을 그은 후, 원소의 스펙트럼에 나타난 선이 점선과 모두 겹치는지 확인한다.	물질 X 원소 A
해석 원소 A와 C의 선이 물질 X의 스펙트럼과 모두 겹친다. ➡ 물질 X는 원소 A와 C를 포함한다.	원소 B 원소 C

플러스 강의

❶ 금속 원소

금속 원소의 종류에는 철, 구리, 금, 알루미늄 등이 있으며, 이들은 특유의 광택이 있고 전기가 잘 통하며 열을 잘 전달한다. 또한 힘을 가하면 늘어나거나 펴지는 성질이 있고, 수은을 제외한 모든 금속은 실온에서 고체로 존재한다.

❷ 불꽃 반응 색을 나타내는 원소 확인

염화 나트륨의 불꽃 반응 색이 염소에 의한 것인지 나트륨에 의한 것인지 확인하려면 염소를 포함한 다른 물질과 나트륨을 포함한 다른 물질을 각각 선택하여 불꽃 반응 색을 비교한다.

물질	불꽃 반응 색
염화 나트륨	노란색
염화 구리(Ⅱ)	청록색
질산 나트륨	노란색

- 염화 나트륨과 염화 구리(Ⅱ)는 모두 염소를 포함하고 있지만 불꽃 반응 색이 다르다. ➡ 불꽃 반응 색은 염소에 의해 나타나는 것이 아니다.
- 염화 나트륨과 질산 나트륨은 모두 나트륨을 포함하고 있으며 불꽃 반응 색이 같다. ➡ 불꽃 반응 색은 나트륨에 의해 나타난다.

❸ 선 스펙트럼 관찰

금속 원소의 불꽃을 분광기로 관찰하면 선 스펙트럼을 볼 수 있다.

분광기

용어 돋보기

*분광기(分 나누다, 光 빛, 器 그릇)_빛을 분해하여 빛의 스펙트럼을 관찰하는 장치

B **원소를 확인하는 방법** **B**

• □□ □□ : 일부 금속 원소나 금속 원소를 포함하는 물질을 불꽃에 넣었을 때 금속 원소의 종류에 따라 특정한 불꽃 반응 색이 나타나는 현상

• □□ □□□□ : 햇빛을 분광기로 관찰할 때 나타나는 연속적인 색의 띠

• □ □□□□ : 불꽃 반응에서 나타나는 불꽃을 분광기로 관찰할 때 특정 부분에서 나타나는 밝은 선의 띠

6 불꽃 반응에 대한 설명으로 옳은 것은 ○, 옳지 않은 것은 ×로 표시하시오.

(1) 모든 원소는 불꽃 반응 색이 나타난다. ·························· ( )

(2) 적은 양으로도 간단하게 물질에 포함된 금속 원소를 확인할 수 있다. ··· ( )

(3) 물질 속에 포함된 금속 원소의 종류가 같으면 같은 불꽃 반응 색이 나타난다.

·························· ( )

7 표의 ( ) 안에 알맞은 원소의 이름이나 불꽃 반응 색을 쓰시오.

불꽃 반응 색을 나타내는 원소	불꽃 반응 색	불꽃 반응 색을 나타내는 원소	불꽃 반응 색
리튬	㉠( )	㉡( )	보라색
스트론튬	㉢( )	㉣( )	주황색
바륨	㉤( )	㉥( )	노란색

8 다음 물질들을 녹인 수용액으로 불꽃 반응 실험을 했을 때 염화 구리(Ⅱ)와 같은 불꽃 반응 색을 나타내는 물질은?

① 염화 바륨　　　　② 염화 나트륨　　　　③ 질산 칼륨

④ 황산 구리(Ⅱ)　　　⑤ 염화 스트론튬

9 다음 ( ) 안에 알맞은 말을 쓰시오.

불꽃 반응 색이 비슷한 원소의 경우 불꽃을 분광기로 관찰하면 ( )이 다르게 나타나므로 물질에 포함된 원소를 구별할 수 있다.

암기콩 원소의 불꽃 반응 색 외우기

황바씨 구청에서 빨리 볼륨노나주슘

황바 구청 빨리 보칼 노나 주칼
록륨 리록 강튬 라륨 랑트 황슘
　　　　　　　　　　　　륨

황바씨! 구청에서 빨리 볼륨을 나눠 주세요.

10 스펙트럼에 대한 설명으로 옳은 것은 ○, 옳지 않은 것은 ×로 표시하시오.

(1) 햇빛을 분광기로 관찰하면 선 스펙트럼이 나타난다. ·················· ( )

(2) 원소의 종류에 따라 선의 색깔, 위치, 굵기, 개수 등이 다르게 나타난다.

·························· ( )

(3) 염화 리튬과 염화 스트론튬은 선 스펙트럼으로 구별할 수 있다. ········· ( )

(4) 여러 가지 원소가 포함된 물질의 선 스펙트럼에는 각 원소의 선 스펙트럼이 모두 나타난다. ·························· ( )

탐구 a 물의 전기 분해

내 교과서 확인 | 천재, 미래엔

이 탐구에서는 물을 전기 분해하여 물이 원소가 아님을 확인한다.

● 정답과 해설 2쪽

과정

❶ 수산화 나트륨을 조금 녹인 물을 실리콘 마개를 씌운 빨대 2개에 가득 채운다.

❷ 과정 ❶의 빨대를 오른쪽 그림과 같이 장치하고 전류를 흘려 주면서 변화를 관찰한다.

❸ (+)극의 마개를 빼면서 불씨만 남은 향불을 대어 본다.

❹ (−)극의 마개를 빼면서 성냥불을 대어 본다.

◎ 물에 수산화 나트륨을 녹이는 까닭
순수한 물은 전류가 흐르지 않으므로 전류가 잘 흐르게 하기 위해

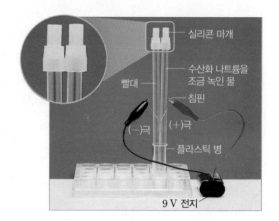

- 실리콘 마개
- 수산화 나트륨을 조금 녹인 물
- 침핀
- (−)극 (+)극
- 빨대
- 플라스틱 병
- 9 V 전지

결과

전기 분해 장치의 변화	발생한 기체의 종류
• (+)극과 (−)극에서 각각 기체가 발생한다. • 기체 발생량: (+)극<(−)극	• (+)극: 불씨만 남았던 향불이 다시 타오른다. ➡ 산소 기체 발생 • (−)극: 성냥불이 '퍽' 소리를 내며 탄다. ➡ 수소 기체 발생

(−) (+) 기체 발생 / 기체 발생 | (+)극 ─산소 | (−)극 ─수소

정리

물이 ㉠(,   )로 분해되므로 물은 물질을 이루는 기본 성분인 ㉡(   )가 아니다.

확인 문제

01 위 실험에 대한 설명으로 옳은 것은 ○, 옳지 <u>않은</u> 것은 ×로 표시하시오.

(1) (+)극에서는 수소 기체가 발생한다. ········(   )

(2) (−)극에서는 산소 기체가 발생한다. ········(   )

(3) 실험하는 동안 발생하는 기체의 부피는 수소 기체보다 산소 기체가 많다. ········(   )

(4) 순수한 물은 전류가 흐르지 않으므로 수산화 나트륨을 녹여 전류가 잘 흐르게 한다. ········(   )

(5) 이 실험을 통해 물의 구성 원소를 알 수 있다. (   )

[02~03] 오른쪽 그림과 같이 수산화 나트륨을 조금 녹인 물을 전기 분해 장치에 넣고 전류를 흘려 주었다.

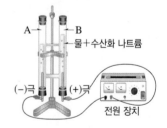

A B
물+수산화 나트륨
(−)극 (+)극
전원 장치

02 A와 B에서 발생하는 기체의 이름을 각각 쓰시오.

_____

03 실험 결과에 근거하여 물이 원소가 아닌 까닭을 서술하시오.

014 I. 물질의 구성

탐구 b 원소의 불꽃 반응

이 탐구에서는 불꽃 반응 실험을 통해 물질에 포함된 금속 원소의 종류를 확인한다.

● 정답과 해설 2쪽

과정

페이지를 인식하세요!
오투실험실

❶ 도가니에 솜을 넣고 염화 나트륨을 녹인 에탄올 수용액으로 충분히 적신다.
❷ 점화기로 과정 ❶의 솜에 불을 붙여 불꽃 반응 색을 관찰한다.
❸ 과정 ❶~❷를 반복하여 준비한 *시료의 불꽃 반응 색을 관찰한다.

*시료_실험, 검사 등에 쓰이는 물질

염화 나트륨을 녹인 에탄올 수용액
도가니

염화 나트륨의 불꽃 반응 색

결과

시료	염화 나트륨	염화 칼슘	염화 스트론튬	염화 리튬	염화 구리(Ⅱ)
	질산 나트륨	질산 칼슘	질산 스트론튬	질산 리튬	질산 구리(Ⅱ)
포함된 금속 원소	나트륨	칼슘	스트론튬	리튬	구리
불꽃 반응 색	노란색	주황색	빨간색	빨간색	청록색

정리

1. 물질에 포함되어 있는 금속 원소의 종류가 같으면 불꽃 반응 색이 ㉠(   ).
2. 불꽃 반응 실험을 하면 물질에 포함된 일부 ㉡(   )의 종류를 알 수 있다.

◎ 니크롬선을 겉불꽃에 넣는 까닭
겉불꽃은 온도가 매우 높고 무색이므로 불꽃 반응 색을 관찰하기 좋기 때문

이렇게도 실험해요 ▌내 교과서 확인 | 미래엔

과정 ❶ 니크롬선을 묽은 염산과 증류수로 씻어 불순물을 제거한다.
❷ 니크롬선을 토치의 겉불꽃에 넣고 다른 색깔이 나타나지 않을 때까지 가열한다.
❸ 염화 나트륨, 질산 나트륨 수용액을 니크롬선에 묻혀 토치의 겉불꽃에 넣고 불꽃 반응 색을 관찰한다. 이때 시료가 바뀔 때마다 과정 ❶~❷를 반복한다.

결과 염화 나트륨과 질산 나트륨의 불꽃 반응 색은 노란색이다.

니크롬선
토치

확인 문제

01 위 실험에 대한 설명으로 옳은 것은 ○, 옳지 않은 것은 ×로 표시하시오.

(1) 실험 방법이 비교적 쉽고 간단하다.·············(   )

(2) 적은 양의 시료로도 불꽃 반응 색을 관찰할 수 있다.
···(   )

(3) 불꽃 반응 색이 노란색인 물질은 스트론튬을 포함하고 있다. ···(   )

(4) 염화 구리(Ⅱ)와 질산 구리(Ⅱ)의 불꽃 반응 색은 서로 다르다. ·····································(   )

(5) 물질 속에 포함된 모든 성분 원소의 종류를 확인할 수 있다. ·····································(   )

02 염화 칼륨을 이용하여 불꽃 반응 실험을 할 때 관찰할 수 있는 불꽃 반응 색을 쓰시오.

_____

03 다음 물질로 불꽃 반응 실험을 하였다.

염화 나트륨, 염화 칼륨, 질산 구리(Ⅱ), 질산 나트륨

이때 같은 불꽃 반응 색이 나타나는 물질을 모두 고르고, 어떤 불꽃 반응 색이 나타나는지 서술하시오.

기출
문제로 **내신쑥쑥**

A 원소

01 다음은 물질을 이루는 기본 성분에 대한 학자들의 생각을 나타낸 것이다.

> (가) 모든 물질의 근원은 물이다.
> (나) 물이 수소와 산소로 분해되는 것을 확인하여 물이 원소가 아님을 증명하였다.
> (다) 원소는 물질을 이루는 기본 성분으로, 더 이상 분해되지 않는 단순한 물질이다.
> (라) 모든 물질은 물, 불, 흙, 공기로 이루어져 있고, 이들이 조합하여 여러 물질이 만들어진다.

(가)~(라)의 생각을 시대 순으로 옳게 나열한 것은?

① (가) - (나) - (다) - (라) ② (가) - (라) - (다) - (나)
③ (나) - (가) - (라) - (다) ④ (다) - (가) - (나) - (라)
⑤ (라) - (다) - (나) - (가)

02 그림은 라부아지에의 물 분해 실험을 나타낸 것이다.

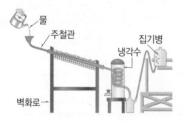

이 실험에 대한 설명으로 옳은 것을 보기에서 모두 고른 것은?

┌ 보기 ├
ㄱ. 물이 주철관을 통과하면 주철관 안이 녹슬고 질량이 증가한다.
ㄴ. 냉각수를 통과한 후 집기병에는 산소 기체가 모아진다.
ㄷ. 물은 주철관을 통과하면서 수소와 산소로 나누어진다.
ㄹ. 물질을 이루는 기본 성분에 대한 아리스토텔레스의 생각이 옳음을 증명하였다.

① ㄱ, ㄴ ② ㄱ, ㄷ ③ ㄴ, ㄷ
④ ㄴ, ㄹ ⑤ ㄷ, ㄹ

탐구 **a** 14쪽
03 그림은 물의 전기 분해 실험 장치를 나타낸 것이다.

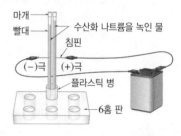

이에 대한 설명으로 옳은 것은?

① (+)극에서 발생하는 기체에 성냥불을 가까이 하면 '퍽' 소리를 내며 탄다.
② (−)극에서 발생하는 기체에 불씨만 남은 향불을 가까이 하면 향불이 다시 타오른다.
③ (+)극에서 발생하는 기체의 부피는 (−)극에서 발생하는 기체의 부피보다 크다.
④ 물에 수산화 나트륨을 넣는 까닭은 전류가 잘 흐르게 하기 위해서이다.
⑤ 이 실험으로 물이 물질을 이루는 기본 성분임을 알 수 있다.

중요
04 원소에 대한 설명으로 옳은 것은?

① 모두 자연에서 발견된 것이다.
② 물질을 이루는 기본 성분이다.
③ 다른 종류의 물질로 분해될 수 있다.
④ 지금까지 알려진 원소는 90여 가지이다.
⑤ 대부분의 물질은 한 가지 원소로 이루어져 있다.

중요
05 원소에 해당하는 것을 보기에서 모두 고른 것은?

┌ 보기 ├
ㄱ. 금   ㄴ. 물   ㄷ. 공기
ㄹ. 구리   ㅁ. 산소   ㅂ. 소금
ㅅ. 수소   ㅇ. 질소   ㅈ. 이산화 탄소

① ㄱ, ㄴ, ㅁ, ㅇ, ㅈ   ② ㄱ, ㄷ, ㄹ, ㅅ, ㅇ
③ ㄱ, ㄹ, ㅁ, ㅅ, ㅇ   ④ ㄴ, ㄷ, ㄹ, ㅂ, ㅈ
⑤ ㄴ, ㅁ, ㅂ, ㅅ, ㅈ

06 원소의 성질과 이용에 대한 설명으로 옳지 <u>않은</u> 것은?

① 구리 – 전기가 잘 통하므로 전선으로 이용된다.

② 철 – 건물이나 다리의 철근, 철도 레일 등에 이용
된다.

③ 수소 – 가장 가벼운 기체로, 우주 왕복선의 연료로
이용된다.

④ 산소 – 다른 물질과 거의 반응하지 않아 과자 봉지
의 충전제로 이용된다.

⑤ 헬륨 – 공기보다 가볍고 안전하여 비행선이나 풍선
의 충전 기체로 이용된다.

07 다음 성질을 나타내는 원소의 이름으로 옳은 것은?

> • 공기의 21 % 정도를 차지한다.
> • 물질의 연소나 생물의 호흡에 이용된다.

① 수소   ② 산소   ③ 헬륨

④ 질소   ⑤ 염소

B 원소를 확인하는 방법

08 불꽃 반응 실험에 대한 설명으로 옳은 것은?

① 물질에 포함된 모든 원소를 구별할 수 있다.

② 시료의 양이 적으면 불꽃 반응 색을 확인할 수 없다.

③ 염화 나트륨과 염화 칼륨은 불꽃 반응 색이 같다.

④ 리튬과 스트론튬은 불꽃 반응 색으로 구별할 수 있다.

⑤ 같은 금속 원소를 포함하는 물질은 불꽃 반응 색이
같다.

중요
09 다음 물질들의 불꽃 반응 색을 관찰할 때 나타나지 <u>않는</u>
불꽃 반응 색은?

> • 염화 칼슘   • 질산 나트륨   • 황산 칼륨
> • 염화 리튬   • 질산 스트론튬   • 탄산 칼슘

① 주황색   ② 노란색   ③ 보라색

④ 청록색   ⑤ 빨간색

중요 탐구 b 15쪽
10 그림과 같이 불꽃 반응 실험을 하여 물질의 불꽃 반응
색을 확인하였다.

물질과 그 물질의 불꽃 반응 색을 <u>잘못</u> 짝 지은 것은?

① 질산 바륨 – 보라색   ② 염화 리튬 – 빨간색

③ 질산 칼륨 – 보라색   ④ 염화 나트륨 – 노란색

⑤ 염화 스트론튬 – 빨간색

11 그림은 불꽃 반응 실험 과정을 나타낸 것이다.

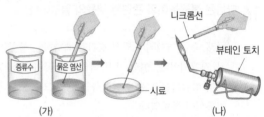

이 실험에 대한 설명으로 옳은 것을 보기에서 모두 고
른 것은?

> ┤ 보기 ├
> ㄱ. (가)는 불순물을 제거하는 과정이다.
> ㄴ. (나) 과정에서 니크롬선은 토치의 속불꽃에 넣어
>   불꽃 반응 색을 확인한다.
> ㄷ. 시료가 바뀔 때마다 (가) 과정을 반복한다.

① ㄱ   ② ㄴ   ③ ㄷ

④ ㄱ, ㄷ   ⑤ ㄴ, ㄷ

12 표는 여러 물질의 불꽃 반응 실험 결과를 나타낸 것이다.

물질	불꽃 반응 색	물질	불꽃 반응 색
염화 나트륨	(가)	질산 나트륨	노란색
염화 칼륨	보라색	질산 칼륨	(나)

이에 대한 설명으로 옳은 것을 모두 고르면?(2개)

① (가)는 염소에 의해 나타나는 불꽃 반응 색이다.

② (나)는 노란색이다.

③ 염소는 보라색의 불꽃 반응 색이 나타난다.

④ 나트륨의 불꽃 반응 색은 노란색이다.

⑤ 황산 칼륨의 불꽃 반응 색은 (나)와 같을 것이다.

중요

13 불꽃 반응 실험을 할 때 같은 불꽃 반응 색이 나타나는 물질로만 옳게 짝 지은 것은?

① 염화 칼슘 – 질산 칼슘
② 질산 나트륨 – 염화 바륨
③ 염화 구리(Ⅱ) – 염화 칼슘
④ 질산 나트륨 – 질산 구리(Ⅱ)
⑤ 황산 나트륨 – 염화 스트론튬

14 다음은 불꽃놀이와 관련된 내용의 일부이다.

> 국제 축구 대회의 폐막식 경기를 축하하는 불꽃놀이가 진행되었다. 여러 가지 색깔의 불꽃이 밤하늘에 퍼져 아름다운 모습을 연출하였는데, 그중 노란색과 청록색이 돋보였다.

불꽃 화약 속에 포함되어 노란색과 청록색을 나타내는 금속 원소의 이름을 순서대로 옳게 짝 지은 것은?

① 나트륨, 구리   ② 칼슘, 구리
③ 나트륨, 칼륨   ④ 리튬, 구리
⑤ 나트륨, 스트론튬

15 염화 칼륨으로 불꽃 반응 실험을 하였더니 오른쪽 그림과 같이 보라색의 불꽃 반응 색이 나타났다. 이때 보라색의 불꽃 반응 색이 어떤 원소에 의한 것인지 알아보기 위해 불꽃 반응 실험을 해야 하는 물질로만 옳게 짝 지은 것은?

① 질산 나트륨, 탄산 칼륨
② 염화 구리(Ⅱ), 탄산 칼륨
③ 염화 구리(Ⅱ), 질산 칼륨
④ 염화 나트륨, 황산 스트론튬
⑤ 질산 구리(Ⅱ), 염화 스트론튬

16 그림은 두 종류의 스펙트럼을 나타낸 것이다.

이에 대한 설명으로 옳지 않은 것은?

① (가)는 햇빛을 분광기로 관찰한 것이다.
② (나)는 시료의 불꽃을 분광기로 관찰한 것이다.
③ 불꽃 반응 색이 비슷해도 다른 종류의 원소라면 (나)의 스펙트럼을 이용하여 구별할 수 있다.
④ 물질에 여러 가지 원소가 포함되어 있는 경우 각 원소의 스펙트럼이 모두 나타난다.
⑤ 시료의 양이 많으면 선 스펙트럼에서 나타나는 선의 개수가 달라진다.

중요

17 그림은 임의의 원소 A, B와 미지의 물질 (가)~(라)의 선 스펙트럼을 나타낸 것이다.

원소 A, B가 모두 포함된 물질로만 옳게 짝 지은 것은?

① (가), (나)   ② (가), (다)   ③ (가), (라)
④ (나), (다)   ⑤ (다), (라)

18 그림은 물질 X와 몇 가지 원소의 스펙트럼이다.

이에 대한 설명으로 옳지 않은 것은?

① 모두 선 스펙트럼이다.
② X에 스트론튬은 포함되지 않는다.
③ X에 리튬과 칼슘이 포함되어 있다.
④ 염화 리튬과 염화 스트론튬은 선 스펙트럼으로 구별할 수 있다.
⑤ 원소의 종류에 따라 선의 개수, 위치, 색깔 등이 다르게 나타난다.

서술형 문제

19 다음의 여러 가지 물질 중 원소를 모두 고르고, 원소의 정의를 서술하시오.

> 탄소, 공기, 질소, 구리, 소금

중요
20 염화 구리(Ⅱ)와 질산 구리(Ⅱ)의 불꽃 반응 실험 결과 모두 청록색의 불꽃 반응 색이 나타났다. 두 물질의 불꽃 반응 색이 같은 까닭을 서술하시오.

21 염화 칼슘은 염소와 칼슘으로 이루어져 있고, 주황색의 불꽃 반응 색이 나타난다. 주황색의 불꽃 반응 색이 칼슘 때문에 나타나는 것을 확인하는 방법을 서술하시오.

22 리튬과 스트론튬은 불꽃 반응 색이 비슷하여 구별하기 어렵다. 두 원소가 공통으로 나타내는 불꽃 반응 색을 쓰고, 두 물질을 구별할 수 있는 방법을 서술하시오.

중요
23 그림은 물질 (가)와 임의의 원소 A~C의 선 스펙트럼을 나타낸 것이다.

원소 A~C 중 물질 (가)에 포함된 원소를 모두 고르고, 그 까닭을 서술하시오.

수준 높은 문제로 **실력 탄탄**

● 정답과 해설 **4**쪽

01 다음은 과산화 수소와 물이 분해되었을 때 생성되는 물질을 나타낸 것이다.

```
  과산화 수소              물
      │ 분해              │ 분해
  ┌───┴───┐          ┌───┴───┐
  물      산소        수소     산소
```

이에 대한 설명으로 옳지 <u>않은</u> 것을 모두 고르면?
(2개)

① 과산화 수소와 물은 원소가 아니다.
② 과산화 수소와 물을 이루는 기본 성분은 같다.
③ 과산화 수소는 물, 산소, 수소의 3가지 원소로 이루어져 있다.
④ 물은 수소, 산소의 2가지 원소로 이루어져 있다.
⑤ 우리 주변의 모든 물질은 수소와 산소로 이루어져 있다.

02 표는 임의의 원소 A~D의 불꽃 반응 색과 선 스펙트럼을 나타낸 것이다.

구분	불꽃 반응 색	선 스펙트럼
A	노란색	
B	주황색	
C	빨간색	
D	빨간색	

이에 대한 설명으로 옳은 것을 보기에서 모두 고른 것은?

보기
ㄱ. A~D는 모두 다른 원소이다.
ㄴ. 원소 A는 나트륨, 원소 B는 칼슘이다.
ㄷ. 불꽃 반응 색이 같으면 같은 원소이다.
ㄹ. 연속 스펙트럼을 이용하면 불꽃 반응 색이 비슷한 원소를 구별할 수 있다.

① ㄱ, ㄴ　　② ㄴ, ㄷ　　③ ㄷ, ㄹ
④ ㄱ, ㄴ, ㄹ　　⑤ ㄴ, ㄷ, ㄹ

02 원자와 분자

A 원자

1 원자 물질을 이루는 기본 입자 ❶❷❸
① 원자의 구조 : 원자핵과 전자로 이루어져 있다.

원자핵	전자
• (+)*전하를 띤다. • 원자의 중심에 위치한다. • 원자 질량의 대부분을 차지한다.	• (−)전하를 띤다. • 원자핵 주위를 끊임없이 움직이고 있다.

② 원자의 특징
• 원자의 종류에 따라 원자핵의 전하량과 전자의 개수가 다르다.
• 원자는 전기적으로 중성이다. ➡ 원자핵의 (+)전하량과 전자의 총 (−)전하량이 같기 때문
• 원자는 크기가 매우 작다. ➡ 수소 원자 1억 개를 한 줄로 늘어놓아야 길이가 1 cm 정도이다.
• 원자핵과 전자의 크기는 원자의 크기에 비해 매우 작다. ➡ 원자 내부는 대부분 빈 공간이다.

2 원자 모형 눈에 보이지 않는 원자를 이해하기 쉽게 모형으로 나타낸 것
➡ 원자의 중심에 원자핵을 표시하고, 원자핵 주위에 전자를 배치한다.

구분	수소	리튬	탄소	산소
원자 모형	+1 (원자핵의 전하량 / 전자)	+3	+6	+8
원자핵의 전하량	+1	+3	+6	+8
전자의 개수(개)	1	3	6	8

B 분자

1 분자 독립된 입자로 존재하여 물질의 성질을 나타내는 가장 작은 입자 ❹
① 원자가 결합하여 이루어진다. ❺❻
② 결합하는 원자의 종류와 개수에 따라 분자의 종류가 달라진다. ➡ 분자의 종류가 원자의 종류보다 훨씬 많다.
③ 분자가 원자로 나누어지면 물질의 성질을 잃는다.
④ 같은 종류의 원자로 이루어진 분자라도 원자의 개수가 다르면 서로 다른 분자이다.
예 물과 과산화 수소, 일산화 탄소와 이산화 탄소, 산소와 오존 등

2 여러 가지 분자 모형 〔화보 1,3〕

(● : 산소 원자, ○ : 수소 원자, ● : 질소 원자, ○ : 염소 원자)

산소	물	과산화 수소	암모니아	염화 수소
산소 원자 2개	산소 원자 1개 수소 원자 2개	산소 원자 2개 수소 원자 2개	질소 원자 1개 수소 원자 3개	수소 원자 1개 염소 원자 1개

⊕ 플러스 강의

❶ 고대의 원자 개념 〔내 교과서 확인 | 미래엔, YBM〕
• 데모크리토스 : 물질은 더 이상 쪼갤 수 없는 입자로 이루어져 있다. ➡ 돌턴의 원자설로 발전하였다.
• 아리스토텔레스 : 물질은 없어질 때까지 계속 쪼개어 나갈 수 있다.

❷ 돌턴의 원자설
모든 물질은 더 이상 쪼개지지 않는 입자인 원자로 이루어져 있다.
➡ 현대적인 원자 개념을 확립하는 계기가 되었다.

❸ 물질이 입자로 이루어져 있다는 증거가 되는 현상 〔내 교과서 확인 | 미래엔〕
물 50 mL와 에탄올 50 mL를 혼합한 전체 부피는 약 97 mL이다.
➡ 전체 부피가 각 부피의 합보다 작은 까닭 : 큰 입자 사이로 작은 입자가 끼어 들어가기 때문

❹ 원소, 원자, 분자

원소	물질의 기본 성분
원자	물질을 이루는 기본 입자
분자	물질의 성질을 나타내는 가장 작은 입자

❺ 분자의 생성
분자는 같은 종류의 원자가 결합하여 만들어지기도 하고, 다른 종류의 원자가 결합하여 만들어지기도 한다.

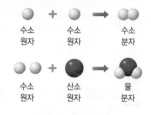

수소 원자 + 수소 원자 → 수소 분자

수소 원자 + 산소 원자 → 물 분자

❻ 원자 1개로 이루어진 분자 〔내 교과서 확인 | 미래엔, 천재〕
헬륨, 아르곤 등은 원자 1개로 이루어져 있지만, 물질의 고유한 성질을 가지고 있으므로 분자이다.

용어 돋보기 🔍

*전하(電 전기, 荷 담당하다)_ 전기 현상을 일으키는 원인으로 (+)전하와 (−)전하가 있다.

A 원자

- ⬚⬚ : 물질을 이루는 기본 입자
- 원자의 구조
  - 원자핵 : ⬚전하를 띠며, 원자의 중심에 위치한다.
  - 전자 : ⬚전하를 띠며, 원자핵 주위를 끊임없이 움직이고 있다.
- ⬚⬚ ⬚⬚ : 눈에 보이지 않는 원자를 이해하기 쉽게 모형으로 나타낸 것

B 분자

- ⬚⬚ : 독립된 입자로 존재하여 물질의 성질을 나타내는 가장 작은 입자
- 오른쪽 그림은 물 분자를 모형으로 나타낸 것이다. 물 분자 1개는 산소 원자 ⬚개와 수소 원자 ⬚개로 이루어져 있다.(● : 산소 원자, ◐ : 수소 원자)

1 오른쪽 그림은 원자의 구조를 모형으로 나타낸 것이다. 다음 설명에 해당하는 부분의 기호를 쓰시오.

(1) (＋)전하를 띤다. ··· ( )
(2) (－)전하를 띤다. ··· ( )
(3) 원자의 중심에 위치한다. ··· ( )
(4) 원자핵 주위를 끊임없이 움직이고 있다. ······················· ( )

2 원자에 대한 설명으로 옳은 것은 ○, 옳지 <u>않은</u> 것은 ×로 표시하시오.

(1) 원자는 원자핵과 전자로 이루어져 있다. ······················· ( )
(2) 원자핵의 (＋)전하량은 전자의 총 (－)전하량보다 크다. ···· ( )
(3) 원자핵의 (＋)전하량과 전자의 개수는 원자의 종류에 따라 다르다. ···· ( )

3 표의 ( ) 안에 알맞은 원자핵의 전하량이나 전자의 개수를 쓰시오.

구분	헬륨	탄소	산소	마그네슘
원자 모형	+2	+6	+8	+12
원자핵의 전하량	㉠( )	+6	㉢( )	+12
전자의 개수(개)	2	㉡( )	8	㉣( )

4 분자에 대한 설명으로 옳은 것은 ○, 옳지 <u>않은</u> 것은 ×로 표시하시오.

(1) 분자는 물질을 이루는 기본 입자이다. ························· ( )
(2) 분자가 원자로 나누어지면 그 성질을 잃는다. ················ ( )
(3) 결합하는 원자의 종류와 개수에 따라 분자의 종류가 달라진다. ···· ( )

암기콕 원자와 원소

원자는 물질을 이루는 기본 입자이고, 원소는 원자의 종류이다.

공의 개수는 총 6개야. ➡ 공 하나하나는 원자!

공의 종류는 빨간색과 파란색 두 종류네. ➡ 공의 종류는 원소!

✎ 더 풀어보고 싶다면? 시험 대비 교재 **11**쪽 계산력·암기력 강화 문제

5 다음은 여러 가지 분자를 모형으로 나타낸 것이다. 각 분자를 이루는 원자의 종류와 개수를 쓰시오.(단, ●은 탄소 원자, ●은 산소 원자, ○은 수소 원자이다.)

구분	이산화 탄소	메테인	과산화 수소
분자 모형			
분자를 이루는 원자의 종류와 개수	탄소 원자 ㉠( )개 ㉡( ) 원자 2개	㉢( ) 원자 1개 수소 원자 ㉣( )개	산소 원자 ㉤( )개 ㉥( ) 원자 2개

02 원자와 분자

C 원소와 분자의 표현

[화보 1.4] **1 원소 기호**   원소를 간단한 기호로 나타낸 것

① 현재 사용하는 원소 기호는 베르셀리우스가 제안한 것을 바탕으로 나타낸다.❶

② 원소 기호를 나타내는 방법 [여기서잠깐 24쪽]

❶ 원소 이름의 첫 글자를 알파벳의 **대문자**로 나타낸다.	❷ 첫 글자가 같을 때는 중간 글자를 택하여 첫 글자 다음에 **소문자**로 나타낸다.
수소 Hydrogen ➡ H	헬륨 Helium ➡ He
탄소 Carboneum ➡ C	염소 Chlorum ➡ Cl

③ 여러 가지 원소 기호

원소 이름	원소 기호	원소 이름	원소 기호	원소 이름	원소 기호	원소 이름	원소 기호
수소	H	헬륨	He	리튬	Li	베릴륨	Be
붕소	B	탄소	C	질소	N	산소	O
플루오린	F	네온	Ne	나트륨(소듐)	Na	마그네슘	Mg
알루미늄	Al	규소	Si	인	P	황	S
염소	Cl	아르곤	Ar	칼륨(포타슘)	K	칼슘	Ca
망가니즈	Mn	철	Fe	구리	Cu	아연	Zn
스트론튬	Sr	납	Pb	은	Ag	아이오딘	I
바륨	Ba	금	Au	수은	Hg	백금	Pt

2 분자식   원소 기호와 숫자를 이용하여 분자를 이루는 원자의 종류와 개수를 나타낸 것❷

① 분자식을 나타내는 방법 [여기서잠깐 25쪽]

❶ 분자를 이루는 원자의 종류를 원소 기호로 나타낸다.	❷ 분자를 이루는 원자의 개수를 원소 기호의 오른쪽 아래에 작은 숫자로 나타낸다.(단, 1은 생략)	❸ 분자의 개수를 나타낼 때는 분자식 앞에 숫자로 표시한다.

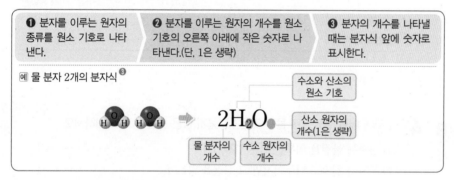

예) 물 분자 2개의 분자식 ❸

$2H_2O$

- 수소와 산소의 원소 기호
- 산소 원자의 개수(1은 생략)
- 물 분자의 개수
- 수소 원자의 개수

② 여러 가지 분자의 모형과 분자식 ❹

분자	분자 모형	분자식	분자	분자 모형	분자식
수소	H H	H_2	염화 수소	H Cl	HCl
산소	O O	O_2	오존	O O O	O_3
일산화 탄소	C O	CO	이산화 탄소	O C O	CO_2
물	H O H	H_2O	과산화 수소	H O O H	H_2O_2
암모니아	H N H H	NH_3	메테인	H C H H H	CH_4

➕ 플러스 강의

❶ 원소 기호의 변천
- 연금술사 : 원소를 그림으로 나타내었다.
- 돌턴 : 원 안에 알파벳이나 그림을 넣어 나타내었다.
- 베르셀리우스 : 원소 이름의 알파벳을 이용하여 나타내었다.

원소이름	연금술사	돌턴	베르셀리우스
금	☉	Ⓖ	Au
은	☽	Ⓢ	Ag
구리	♀	Ⓒ	Cu

❷ 화학식 [내 교과서 확인 | 미래엔, 동아]
원소 기호와 숫자를 이용하여 물질을 간단히 나타낸 것으로, 분자식은 화학식의 한 종류이다.

❸ 분자식으로 알 수 있는 것

분자식	$2H_2O$
분자의 종류	물
분자의 총개수	2개
분자를 이루는 원자의 종류	수소(H), 산소(O)
분자 1개를 이루는 원자의 개수	3개 (H 2개, O 1개)
원자의 총개수	6개 (H 4개, O 2개)

❹ 분자로 이루어지지 않은 물질의 표현
독립된 분자를 이루지 않고 입자들이 연속해서 규칙적으로 배열되어 있는 물질은 원자의 개수를 정해서 나타낼 수 없다.

- 구리 : 구리 원자 한 종류만으로 이루어지므로 Cu로 나타낸다.

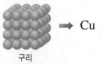
구리 ➡ Cu

- 염화 나트륨 : 나트륨과 염소의 개수비가 1 : 1이므로 NaCl로 나타낸다.

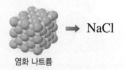
염화 나트륨 ➡ NaCl

c 원소와 분자의 표현

• 여러 가지 원소의 원소 기호

원소 이름	원소 기호
㉠□□	H
산소	㉡□
㉢□	Ag

• □□□ : 원소 기호와 숫자를 이용하여 분자를 이루는 원자의 종류와 개수를 나타낸 것

• 여러 가지 분자의 분자식

분자	분자식
이산화 탄소	㉣□
㉤□□□□	NH_3
메테인	㉥□

6 원소 기호에 대한 설명으로 옳은 것은 ○, 옳지 않은 것은 ×로 표시하시오.

(1) 원소 기호의 첫 글자는 대문자로 나타낸다. ·· (　　　)

(2) 원소 기호의 두 번째 글자는 소문자로 나타낸다. ······························· (　　　)

(3) 원소 기호는 반드시 두 글자로 나타낸다. ··· (　　　)

(4) 현재 사용하는 원소 기호는 돌턴이 제안한 것을 바탕으로 나타낸다. ··· (　　　)

✎ 더 풀어보고 싶다면? 시험 대비 교재 **11**쪽 계산력·암기력 강화 문제

7 표의 (　　　) 안에 알맞은 원소 이름이나 원소 기호를 쓰시오.

원소 이름	원소 기호	원소 이름	원소 기호	원소 이름	원소 기호
헬륨	㉠(　　)	리튬	㉡(　　)	㉢(　　)	N
㉣(　　)	F	㉤(　　)	Na	마그네슘	㉥(　　)
염소	㉦(　　)	㉧(　　)	Fe	아연	㉨(　　)

✎ 더 풀어보고 싶다면? 시험 대비 교재 **12**쪽 계산력·암기력 강화 문제

8 오른쪽 분자식에 대해 (　　) 안에 알맞은 내용을 쓰시오.

$3CO_2$

(1) 분자의 종류 : (　　　　)

(2) 분자의 총개수 : (　　　)개

(3) 분자를 이루는 원자의 종류 : (　　　)

(4) 분자 1개를 이루는 원자의 개수 : (　　　)개

(5) 분자를 이루는 원자의 총개수 : (　　　)개

암기**콱** 헷갈리는 원소 기호 외우기

┌ **Au**(와우)~ 금메달!

└ **Ag**(아고)... 은메달!

┌ **K**리그는 칼륨

└ **Ca**스테라는 칼슘

9 다음 분자의 모형과 분자식을 선으로 연결하시오.

(1) 물 •　　•㉠ •　　•① N_2

(2) 질소 •　　•㉡ •　　•② H_2O

(3) 염화 수소 •　　•㉢ •　　•③ HCl

우리는 원소를 표현할 때 약속된 기호를 사용해. 원소를 기호로 나타내는 방법은 어렵지 않으니까
여기서**잠깐**을 통해 한 번 더 확인하고, 다양한 원소 기호를 익혀 보자.

원소 기호 익히기

● 원소 기호를 나타내는 방법

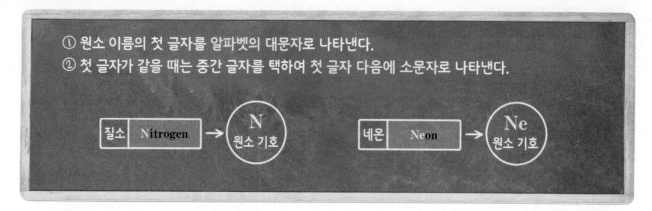

① 원소 이름의 첫 글자를 알파벳의 대문자로 나타낸다.
② 첫 글자가 같을 때는 중간 글자를 택하여 첫 글자 다음에 소문자로 나타낸다.

질소 | Nitrogen → N 원소 기호   네온 | Neon → Ne 원소 기호

> 철은 영어로 Iron, 라틴어로 Ferrum이라고 해. 원소 기호 Fe는 라틴어에서 온 거야.

유제 ❶ 다음 원소를 원소 기호로 나타내시오.

원소 이름		원소 기호	원소 이름		원소 기호
플루오린	Fluorine	㉠	철	Ferrum	㉡
붕소	Boron	㉢	베릴륨	Beryllium	㉣
인	Phosphorus	㉤	납	Plumbum	㉥
황	Sulfur	㉦	규소	Silicon	㉧
나트륨	Natrium	㉨	마그네슘	Magnesium	㉩
칼륨	Kalium	㉪	칼슘	Calcium	㉫
금	Aurum	㉬	은	Argentum	㉭

● 원소 기호 외우기

> 앞으로 과학을 계속 공부하려면 원소 기호를 꼭 외워야 해. 자기만의 방법을 찾아 외워 보자.

유제 ❷ 이름에서 바로 알 수 있는 원소 기호 나타내기

헬륨 | 리튬 | 베릴륨 | 네온 | 나트륨 | 알루미늄 | 아르곤 | 구리 | 아이오딘

㉠	㉡	㉢	㉣	㉤	㉥	㉦	㉧	㉨

유제 ❸ 한 글자로 이루어진 원소 기호 나타내기

원소 이름	원소 기호	원소 이름	원소 기호
수소	㉠	붕소	㉡
탄소	㉢	질소	㉣
산소	㉤	플루오린	㉥
인	㉦	황	㉧
칼륨	㉨	아이오딘	㉩

유제 ❹ 두 글자로 이루어진 원소 기호 나타내기

원소 이름	원소 기호	원소 이름	원소 기호
마그네슘	㉠	알루미늄	㉡
규소	㉢	염소	㉣
철	㉤	아연	㉥
은	㉦	망가니즈	㉧
금	㉨	납	㉩

세상에는 수많은 분자가 있기 때문에 분자식을 모두 외울 수는 없어. 하지만 중2 교과서에 나오는 분자는 정해져 있으니까 몇 개만 외우면 돼. 여기서**잠깐**을 통해 분자식 나타내는 방법을 알아볼까?

● 정답과 해설 5쪽

분자식 나타내기

02. 원자와 분자

● 암모니아 분자를 분자식으로 나타내는 방법

1단계

분자를 이루는 원자를 원소 기호로 나타낸다.

2단계

원자의 개수를 원소 기호의 오른쪽 아래에 작은 숫자로 표시한다.(단, 원자의 개수가 1개일 때는 숫자 '1'을 생략한다.)

3단계

분자의 개수를 나타낼 때는 분자식 앞에 숫자로 표시한다.

(유제 ❶) 분자 모형을 분자식으로 나타내시오.

분자 모형	H H	N H H H	O O	O O O	H O H	H O O H
분자식	㉠	㉡	㉢	㉣	㉤	㉥

(유제 ❷) 분자 모형과 개수를 분자식으로 나타내시오.

분자 모형과 개수	O O O O O O O O O	H Cl H Cl	C O	O C O O C O	CH₄ ×4
분자식	㉠	㉡	㉢	㉣	㉤

(유제 ❸) 다음 분자를 분자식으로 나타내시오.

분자	수소	산소	질소	염화 수소	암모니아	메테인
분자식	㉠	㉡	㉢	㉣	㉤	㉥

(유제 ❹) 다음 분자식의 이름을 쓰시오.

분자식	H_2O	H_2O_2	O_2	O_3	CO	CO_2
분자 이름	㉠	㉡	㉢	㉣	㉤	㉥

기출문제로 내신쑥쑥

전국 주요 학교의 **시험에 가장 많이 나오는 문제**들로만 구성하였습니다.
모든 친구들이 '꼭' 봐야 하는 코너입니다.

A 원자

중요

01 원자에 대한 설명으로 옳지 <u>않은</u> 것은?

① 전기적으로 중성이다.
② 물질을 구성하는 기본 입자이다.
③ 원자핵과 전자로 이루어져 있다.
④ 원자핵은 원자 질량의 대부분을 차지한다.
⑤ 원자의 종류에 관계없이 원자핵의 전하량은 같다.

02 오른쪽 그림은 원자의 구조를 모형으로 나타낸 것이다. 이 모형에 대한 설명으로 옳지 <u>않은</u> 것은?

① A는 원자핵이고, B는 전자이다.
② A는 (+)전하를 띠고, B는 (−)전하를 띤다.
③ A는 B 주위를 움직이고 있다.
④ A는 B에 비해 질량이 매우 크다.
⑤ A와 B의 크기가 매우 작으므로 원자는 대부분 빈 공간으로 이루어져 있다.

03 그림은 몇 가지 원자의 모형을 나타낸 것이다.

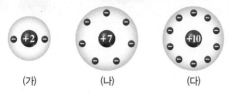

(가)   (나)   (다)

(가)~(다)에 대한 설명으로 옳은 것을 보기에서 모두 고른 것은?

┌ 보기 ┐
ㄱ. 원자핵의 전하량은 (가)<(나)<(다)이다.
ㄴ. 전자의 개수는 (가)<(나)<(다)이다.
ㄷ. 원자핵과 전자의 전하의 총합은 (가)<(나)< (다)이다.

① ㄱ   ② ㄷ   ③ ㄱ, ㄴ
④ ㄱ, ㄷ   ⑤ ㄴ, ㄷ

중요

04 오른쪽 그림은 어떤 원자의 모형을 나타낸 것이다. 이에 대한 설명으로 옳지 <u>않은</u> 것은?

① 원자핵의 전하량은 +8이다.
② 전자의 개수는 8개이다.
③ 전자의 총 전하량은 −1이다.
④ 원자핵 주위에서 움직이는 전자는 총 8개이다.
⑤ 원자핵의 (+)전하량과 전자의 총 (−)전하량은 같다.

05 표는 여러 가지 원자를 이루는 원자핵의 전하량과 전자의 개수를 나타낸 것이다.

원자	헬륨	리튬	탄소	질소	나트륨
원자핵의 전하량	㉠( )	+3	㉢( )	+7	㉤( )
전자(개)	2	㉡( )	6	㉣( )	11

㉠~㉤에 들어갈 내용을 옳게 짝 지은 것은?

① ㉠ : +1   ② ㉡ : 2   ③ ㉢ : +6
④ ㉣ : 6   ⑤ ㉤ : +10

06 다음은 물질을 이루는 입자에 대한 고대 학자의 생각을 나타낸 것이다.

> 물질은 더 이상 쪼갤 수 없는 입자로 이루어져 있다.

이에 대한 설명으로 옳은 것을 보기에서 모두 고른 것은?

┌ 보기 ┐
ㄱ. 아리스토텔레스의 주장이다.
ㄴ. 이 주장은 돌턴의 원자설로 발전하였다.
ㄷ. 물 50 mL와 에탄올 50 mL를 혼합했을 때 전체 부피가 100 mL가 안 되는 까닭을 설명할 수 있다.

① ㄴ   ② ㄱ, ㄴ   ③ ㄱ, ㄷ
④ ㄴ, ㄷ   ⑤ ㄱ, ㄴ, ㄷ

B 분자

07 분자에 대한 설명으로 옳지 <u>않은</u> 것은?

① 독립된 입자로 존재한다.

② 물질의 성질을 나타내는 가장 작은 입자이다.

③ 분자는 결합한 원자와는 성질이 다른 새로운 입자이다.

④ 분자가 원자로 나누어져도 물질의 성질은 그대로 유지된다.

⑤ 같은 종류의 원자로 이루어져 있어도 원자의 개수가 다르면 서로 다른 분자이다.

08 오른쪽 그림은 밀폐된 용기에 산소 분자와 이산화 탄소 분자가 들어 있는 모습을 모형으로 나타낸 것이다. 이에 대한 설명으로 옳지 <u>않은</u> 것은?(단, ●은 산소 원자, ●은 탄소 원자이다.)

① 산소 원자 2개가 결합하여 산소 분자를 생성한다.

② 이산화 탄소 분자는 탄소 원자 1개와 산소 원자 2개로 이루어진다.

③ 산소 분자를 이루는 원소는 2종류이다.

④ 이산화 탄소 분자 1개를 이루는 원자는 3개이다.

⑤ 산소 분자의 총개수는 이산화 탄소 분자의 총개수보다 많다.

09 다음은 물질을 이루는 입자나 성분에 대한 설명이다.

> (가) 물질을 이루는 기본 입자이다.
> (나) 물질의 성질을 나타내는 가장 작은 입자이다.
> (다) 물질을 이루는 기본 성분으로, 더 이상 분해되지 않는다.

(가)~(다)를 옳게 짝 지은 것은?

	(가)	(나)	(다)
①	원소	원자	분자
②	원소	분자	원자
③	원자	원소	분자
④	원자	분자	원소
⑤	분자	원자	원소

C 원소와 분자의 표현

10 원소 기호에 대한 설명으로 옳지 <u>않은</u> 것을 모두 고르면?(2개)

① 중세의 연금술사들은 그림으로, 돌턴은 원 안에 알파벳이나 그림을 넣어 원소 기호를 나타내었다.

② 현재의 원소 기호는 베르셀리우스가 제안한 방식을 바탕으로 나타낸다.

③ 원소 기호의 첫 글자는 대문자로 나타낸다.

④ 첫 글자가 같을 때는 중간 글자를 택하여 첫 글자 다음에 대문자로 나타낸다.

⑤ 같은 원소라도 경우에 따라 다른 원소 기호를 사용한다.

11 원소 이름과 원소 기호를 옳게 짝 지은 것은?

① 은 – Hg   ② 탄소 – C

③ 염소 – F   ④ 칼슘 – K

⑤ 나트륨 – N

12 오른쪽 분자식에 대한 설명으로 옳지 <u>않은</u> 것은?

$$3NH_3$$

① 암모니아 분자를 나타낸다.

② 분자의 총개수는 3개이다.

③ 질소 원자의 총개수는 3개이다.

④ 수소 원자의 총개수는 9개이다.

⑤ 분자 1개를 이루는 원자의 개수는 2개이다.

13 분자식으로 알 수 있는 사실이 <u>아닌</u> 것은?

① 분자의 총개수

② 원자의 총개수

③ 분자를 이루는 원자의 종류

④ 분자를 이루는 원자의 배열

⑤ 분자 1개를 이루는 원자의 개수

14 표는 여러 가지 원소 기호를 나타낸 것이다.

원소 이름	원소 기호	원소 이름	원소 기호
헬륨	He	알루미늄	㉠( )
㉡( )	Li	구리	㉢( )
㉣( )	Fe	황	㉤( )

㉠~㉤에 들어갈 원소 이름이나 원소 기호로 옳지 <u>않은</u>
것은?

① ㉠ : Al
② ㉡ : 리튬
③ ㉢ : Cu
④ ㉣ : 플루오린
⑤ ㉤ : S

15 다음은 세 가지 물질의 분자식을 나타낸 것이다.

> (가) NH_3 (나) $2HCl$ (다) $3H_2O$

이에 대한 설명으로 옳은 것은?

① (가)는 암모니아 분자, (나)는 염화 수소 분자, (다)
는 과산화 수소 분자의 분자식이다.
② 분자의 개수가 가장 많은 것은 (가)이다.
③ 원자의 총개수가 가장 많은 것은 (나)이다.
④ 분자 1개를 이루는 원자의 개수가 가장 많은 것은
(다)이다.
⑤ 세 가지 물질은 모두 분자를 이루는 원자의 종류가
2가지이다.

16 ✧중요 분자식과 분자 모형을 <u>잘못</u> 짝 지은 것은?

① N_2 – ⬤⬤
② O_2 – ⬤⬤
③ CH_4 – (모형)
④ HCl – (모형)
⑤ CO_2 – ⬤⬤⬤

17 그림은 두 가지 물질을 모형으로 나타낸 것이다.

⬤C⬤O   ⬤O⬤C⬤O
(가)   (나)

이에 대한 설명으로 옳은 것을 보기에서 모두 고른
것은?

> **보기**
> ㄱ. (가)는 일산화 탄소, (나)는 이산화 탄소이다.
> ㄴ. (가)의 분자식은 CO, (나)의 분자식은 CO_2이다.
> ㄷ. (가)와 (나)는 모두 탄소와 산소로 이루어져 있다.
> ㄹ. (가)와 (나)는 같은 종류의 원자로 구성되어 있으
>   므로 같은 성질이 나타난다.

① ㄱ, ㄴ
② ㄴ, ㄷ
③ ㄷ, ㄹ
④ ㄱ, ㄴ, ㄷ
⑤ ㄴ, ㄷ, ㄹ

18 분자를 이루는 원자의 총개수가 가장 많은 것은?

① $2O_2$
② NH_3
③ $3HCl$
④ $2CH_4$
⑤ $2H_2O_2$

19 ✧중요 물질의 이름과 분자식을 옳게 짝 지은 것은?

① 수소 – O_2
② 물 – H_2O_2
③ 오존 – O_3
④ 염화 수소 – NH_3
⑤ 과산화 수소 – H_2O

20 다음은 어떤 물질에 대하여 설명한 것이다.

> • 분자의 총개수는 3개이다.
> • 이 물질은 탄소와 수소로 이루어져 있다.
> • 탄소 원자와 수소 원자의 개수비는 1 : 4이다.
> • 분자 1개를 이루는 원자의 총개수는 5개이다.

이 물질의 분자식으로 옳은 것은?

① CO_2
② NH_3
③ $3H_2O$
④ $3CO$
⑤ $3CH_4$

서술형 문제

21 표는 몇 가지 원자가 가지고 있는 원자핵의 전하량을 나타낸 것이다.

구분	헬륨	리튬	질소
원자핵의 전하량	+2	+3	+7

(1) 각 원자가 가지고 있는 전자의 개수를 쓰시오.

(2) 각 원자 모형을 그림으로 나타내시오.

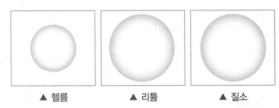

▲ 헬륨   ▲ 리튬   ▲ 질소

중요

22 원자가 전기적으로 중성인 까닭을 다음 단어를 모두 포함하여 서술하시오.

(+)전하량, (−)전하량, 원자핵, 전자

중요

23 다음은 몇 가지 물질의 분자 모형을 나타낸 것이다.

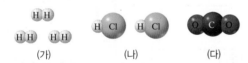

(가)   (나)   (다)

(1) (가)~(다)의 분자 모형을 분자식으로 나타내시오.

(2) (가)~(다)의 분자를 이루는 원자의 종류를 각각 쓰시오.

(3) (가)~(다)의 분자 1개를 이루는 원자의 개수를 각각 쓰시오.

(4) 분자를 분자식으로 나타낼 때 알 수 있는 사실을 두 가지만 서술하시오.

01 물질이 입자로 이루어져 있다는 증거가 되는 현상을 보기에서 모두 고른 것은?

보기
ㄱ. 비눗방울을 계속 불면 커지다가 결국 터진다.
ㄴ. 풍선을 팽팽하게 불어서 놓아두면 크기가 점점 작아진다.
ㄷ. 구리 조각을 쪼개면 없어질 때까지 계속해서 작게 쪼갤 수 있다.
ㄹ. 물과 에탄올을 섞었을 때 전체 부피는 각각의 부피의 합보다 작다.

① ㄱ, ㄴ   ② ㄴ, ㄷ   ③ ㄷ, ㄹ
④ ㄱ, ㄴ, ㄹ   ⑤ ㄴ, ㄷ, ㄹ

02 그림은 염화 나트륨, 구리, 물 입자를 모형으로 나타낸 것이다.

염화 나트륨   구리   물

이에 대한 설명으로 옳은 것을 보기에서 모두 고른 것은?

보기
ㄱ. 염화 나트륨은 나트륨과 염소의 개수비가 1 : 1이다.
ㄴ. 구리는 원자 1개로 이루어진 분자이다.
ㄷ. 물 분자는 수소 원자 2개와 산소 원자 1개로 이루어져 있다.
ㄹ. 염화 나트륨과 물은 2종류의 원소로 이루어져 있다.
ㅁ. 염화 나트륨, 구리, 물은 모두 분자식으로 나타낼 수 있다.

① ㄱ, ㄴ, ㄷ   ② ㄱ, ㄷ, ㄹ   ③ ㄴ, ㄷ, ㄹ
④ ㄴ, ㄹ, ㅁ   ⑤ ㄷ, ㄹ, ㅁ

03 이온

A 이온

1 이온   원자가 전자를 잃거나 얻어서 전하를 띠는 입자[1]

구분	양이온	음이온
정의	원자가 전자를 잃어 (+)전하를 띠는 입자	원자가 전자를 얻어 (−)전하를 띠는 입자
이온 형성 과정	원자 → 전자 잃음 → 양이온	원자 → 전자 얻음 → 음이온
	원자핵의 (+)전하량 > 전자의 총 (−)전하량	원자핵의 (+)전하량 < 전자의 총 (−)전하량

2 이온의 표현

구분	양이온	음이온
표현 방법	원소 기호의 오른쪽 위에 잃은 전자의 개수와 + 기호 표시(단, 1은 생략)	원소 기호의 오른쪽 위에 얻은 전자의 개수와 − 기호 표시(단, 1은 생략)
	원소 기호 ─ 잃은 전자의 개수 Li^+ ─ 전하의 종류 리튬 이온	원소 기호 ─ 얻은 전자의 개수 O^{2-} ─ 전하의 종류 산화 이온
이름	원소 이름 뒤에 '이온'을 붙인다. 예) Na^+ : 나트륨 이온 Ca^{2+} : 칼슘 이온	원소 이름 뒤에 '화 이온'을 붙인다. (단, 원소 이름 끝의 '소'는 생략) 예) Cl^- : 염화 이온 S^{2-} : 황화 이온
이온 모형과 이온식	리튬 원자 → 리튬 이온 + 전자 $Li \longrightarrow Li^+ + \ominus$	산소 원자 + 전자 → 산화 이온 $O + 2\ominus \longrightarrow O^{2-}$

3 여러 가지 이온의 이름과 이온식[2]

양이온				음이온			
이름	이온식	이름	이온식	이름	이온식	이름	이온식
수소 이온	H^+	칼슘 이온	Ca^{2+}	염화 이온	Cl^-	산화 이온	O^{2-}
나트륨 이온	Na^+	철 이온	Fe^{2+}	플루오린화 이온	F^-	황화 이온	S^{2-}
칼륨 이온	K^+	구리 이온	Cu^{2+}	수산화 이온	OH^-	탄산 이온	CO_3^{2-}
암모늄 이온	NH_4^+	마그네슘 이온	Mg^{2+}	질산 이온	NO_3^-	황산 이온	SO_4^{2-}

[화보 1.5] **4 이온의 전하 확인**   이온이 들어 있는 수용액에 전류를 흘려 주면 (+)전하를 띠는 양이온은 (−)극으로, (−)전하를 띠는 음이온은 (+)극으로 이동한다.
➡ 이온이 전하를 띠기 때문[3][4] 탐구 a 34쪽
예) 염화 나트륨 수용액에 전류를 흘려 주면 나트륨 이온(Na^+)은 (−)극으로, 염화 이온(Cl^-)은 (+)극으로 이동한다.

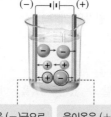

양이온은 (−)극으로 이동한다.   음이온은 (+)극으로 이동한다.

➕ 플러스 강의

❶ 이온의 형성과 원자핵의 (+)전하량
원자가 전자를 잃거나 얻어서 이온이 형성될 때 이동하는 것은 전자로, 원자핵의 (+)전하량은 변하지 않는다.

❷ 다원자 이온
이온은 수소 이온(H^+), 염화 이온(Cl^-) 등과 같이 1개의 원자로 이루어진 것도 있지만, 수산화 이온(OH^-), 탄산 이온(CO_3^{2-}) 등과 같이 여러 원자가 모여 있는 상태에서 전하를 띤 것도 있다.

[페이지를 인식하세요! 오투실험실]

❸ 이온의 전하 확인
[과정] 6홈 판에 증류수, 염화 나트륨 수용액, 이온 음료, 설탕 수용액을 각각 넣고, 간이 전기 전도계의 전극을 담가 전기가 통하는지 확인한다.
[결과]

전기가 통하는 물질	전기가 통하지 않는 물질
염화 나트륨 수용액, 이온 음료	증류수, 설탕 수용액

➡ 전기가 통하는 물질에는 이온이 들어 있다.

❹ 수용액에서 전류가 흐르는 물질과 흐르지 않는 물질
· 염화 나트륨은 물에 녹아 이온으로 나누어진다. ➡ 염화 나트륨 수용액에는 이온이 존재하므로 전류가 흐른다.
· 설탕은 물에 녹아 이온으로 나누어지지 않는다. ➡ 설탕 수용액에는 이온이 존재하지 않으므로 전류가 흐르지 않는다.

Cl^- Na^+ 설탕 분자
▲ 염화 나트륨 수용액   ▲ 설탕 수용액

A 이온

- ☐☐ : 원자가 전자를 잃거나 얻어서 전하를 띠는 입자
- ☐☐☐ : 원자가 전자를 잃어서 (+)전하를 띠는 입자
- ☐☐☐ : 원자가 전자를 얻어서 (−)전하를 띠는 입자
- 이온의 이름과 이온식

이름	이온식
수소 이온	㉠☐
㉡☐☐	Fe^{2+}
㉢☐☐☐	Cl^-
황화 이온	㉣☐

1 다음 ( ) 안에 알맞은 말을 고르시오.

(1) 원자가 전자를 잃어서 ㉠((+), (−))전하를 띠는 입자를 ㉡(양이온, 음이온)이라고 한다.

(2) 원자가 전자를 얻어서 ㉠((+), (−))전하를 띠는 입자를 ㉡(양이온, 음이온)이라고 한다.

2 이온의 표현 방법에 대한 설명으로 옳은 것은 ○, 옳지 <u>않은</u> 것은 ×로 표시하시오.

(1) 양이온은 원소 기호의 오른쪽 위에 얻은 전자의 개수와 +를 표시한다. ( )

(2) 음이온의 이름은 원소 이름 뒤에 '~화 이온'을 붙인다. ……………… ( )

(3) 수소 원자가 전자 1개를 잃어 형성된 이온은 H^+이며, 수소화 이온이라고 부른다.
…………………………………………………………………………… ( )

3 그림은 원자가 이온이 되는 과정을 모형으로 나타낸 것이다.

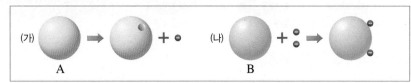

(가)와 (나)에서 형성된 이온의 이온식을 각각 쓰시오.(단, A와 B는 임의의 원소 기호이다.)

(가) : _____ (나) : _____

✏️ 더 풀어보고 싶다면? **시험 대비 교재 20쪽** 계산책·암기책 강화 문제

4 표의 ( ) 안에 알맞은 이온의 이름이나 이온식을 쓰시오.

이름	이온식	이름	이온식
칼륨 이온	㉠( )	플루오린화 이온	㉡( )
㉢( )	NH_4^+	㉣( )	OH^-
칼슘 이온	㉤( )	탄산 이온	㉥( )
㉦( )	Cu^{2+}	㉧( )	O^{2-}

암기 쾅 양이온과 음이온

원자가 전자를 잃었냥(양)?
으면 이온

원자가 전자를 얻었음!
으면 이온

5 다음 이온들이 모두 들어 있는 수용액에 전극을 꽂고 전원 장치를 연결하였다.

> 염화 이온, 철 이온, 칼륨 이온, 질산 이온, 암모늄 이온

(1) (+)극으로 이동하는 이온을 모두 고르시오.

(2) (−)극으로 이동하는 이온을 모두 고르시오.

03 이온

B 이온의 확인

1 앙금 생성 반응 서로 다른 두 수용액을 섞었을 때 양이온과 음이온이 반응하여 물에 녹지 않는 *앙금을 생성하는 반응 탐구 **b** 35쪽 / 여기서 잠깐 36쪽

➡ 수용액에 들어 있는 이온을 확인할 수 있다. **❶**

① 염화 나트륨(NaCl) 수용액과 질산 은(AgNO₃) 수용액의 반응 : 염화 이온(Cl^-)과 은 이온(Ag^+)이 반응하여 흰색 앙금인 염화 은(AgCl)을 생성한다.

	[반응하지 않고 남아 있는 이온] 나트륨 이온(Na^+), 질산 이온(NO_3^-)
	[반응하여 흰색 앙금을 생성하는 이온] 은 이온(Ag^+), 염화 이온(Cl^-)

염화 나트륨 수용액   질산 은 수용액   혼합 용액

② 아이오딘화 칼륨(KI) 수용액과 질산 납(Pb(NO₃)₂) 수용액의 반응 : 아이오딘화 이온(I^-)과 납 이온(Pb^{2+})이 반응하여 노란색 앙금인 아이오딘화 납(PbI₂)을 생성한다.

	[반응하지 않고 남아 있는 이온] 칼륨 이온(K^+), 질산 이온(NO_3^-)
	[반응하여 노란색 앙금을 생성하는 이온] 납 이온(Pb^{2+}), 아이오딘화 이온(I^-)

아이오딘화 칼륨 수용액   질산 납 수용액   혼합 용액

2 여러 가지 앙금 생성 반응 ❷❸❹

수용액	앙금 생성 반응	
질산 은 수용액 + **염화 나트륨 수용액**	Ag^+ + Cl^- ⟶ $AgCl\downarrow$(흰색) 은 이온 염화 이온 염화 은	
질산 납 수용액 + **아이오딘화 칼륨 수용액**	Pb^{2+} + $2I^-$ ⟶ $PbI_2\downarrow$(노란색) 납 이온 아이오딘화 이온 아이오딘화 납	
염화 칼슘 수용액 + **탄산 나트륨 수용액**	Ca^{2+} + CO_3^{2-} ⟶ $CaCO_3\downarrow$(흰색) 칼슘 이온 탄산 이온 탄산 칼슘	
질산 바륨 수용액 + **황산 칼륨 수용액**	Ba^{2+} + SO_4^{2-} ⟶ $BaSO_4\downarrow$(흰색) 바륨 이온 황산 이온 황산 바륨	
염화 구리(Ⅱ) 수용액 + **황화 나트륨 수용액**	Cu^{2+} + S^{2-} ⟶ $CuS\downarrow$(검은색) 구리 이온 황화 이온 황화 구리(Ⅱ)	

3 앙금 생성 반응을 이용한 이온의 확인 ❺❻

확인하려는 이온	이용하는 이온	확인 방법
수돗물 속의 염화 이온 (Cl^-)	은 이온 (Ag^+)	은 이온을 넣으면 뿌옇게 흐려진다. ➡ Ag^+ + Cl^- ⟶ $AgCl\downarrow$(흰색 앙금)
폐수 속 납 이온 (Pb^{2+})	아이오딘화 이온 (I^-)	아이오딘화 이온을 넣으면 노란색 앙금이 생성된다. ➡ Pb^{2+} + $2I^-$ ⟶ $PbI_2\downarrow$(노란색 앙금)

● 정답과 해설 7쪽

B 이온의 확인

- □□ 생성 반응 : 서로 다른 두 수용액을 섞었을 때 양이온과 음이온이 반응하여 물에 녹지 않는 □□을 생성하는 반응
- 여러 가지 앙금 생성 반응
  - $Ag^+ + Cl^- \longrightarrow$ □□↓
  - $Pb^{2+} + 2I^- \longrightarrow$ □□↓

6 그림은 염화 나트륨 수용액과 질산 은 수용액의 반응을 모형으로 나타낸 것이다.

염화 나트륨 수용액   질산 은 수용액   혼합 용액

이에 대한 설명으로 옳은 것은 ○, 옳지 않은 것은 ×로 표시하시오.

(1) 염화 이온과 은 이온이 반응하여 노란색 앙금을 생성한다. ·············· (   )

(2) 생성된 앙금의 이름은 염화 은이다. ··· (   )

(3) 나트륨 이온과 질산 이온은 용액 속에서 이온 상태로 존재한다. ········· (   )

7 수용액에서 앙금으로 존재하는 물질을 모두 고르시오.

(가) 질산 칼륨	(나) 황산 바륨	(다) 염화 나트륨
(라) 아이오딘화 칼륨	(마) 탄산 칼슘	(바) 질산 나트륨

✏️ 더 풀어보고 싶다면? **시험 대비 교재 21쪽** 계산력·암기력 강화 문제

8 표는 양이온과 음이온이 반응하여 생성되는 앙금과 색깔을 나타낸 것이다. (   ) 안에 알맞은 내용을 쓰시오.

양이온	음이온	앙금	앙금의 색깔
㉠( )	Cl^-	AgCl	흰색
Ca^{2+}	㉡( )	$CaCO_3$	흰색
Ba^{2+}	SO_4^{2-}	㉢( )	흰색
Pb^{2+}	I^-	PbI_2	㉣( )

암기꽝 앙금의 색깔 외우기

- PbI_2은 **노란색**
- CuS는 **검은색**
- 이 외의 앙금은 대부분 흰색
  $AgCl$, $CaCO_3$, $BaSO_4$

9 다음 (   ) 안에 알맞은 이온의 이름을 쓰시오.

(1) 수돗물 속의 염화 이온(Cl^-)은 (   )을 넣었을 때 흰색 앙금이 생성되는 것으로 확인한다.

(2) 폐수 속의 납 이온(Pb^{2+})은 (   )을 넣었을 때 노란색 앙금이 생성되는 것으로 확인한다.

탐구 a 이온의 전하 확인

이 탐구에서는 이온의 이동을 관찰하여 이온이 전하를 띠고 있음을 확인한다.

과정

◎ **질산 칼륨 수용액을 넣는 까닭**

순수한 물은 전류가 흐르지 않으므로 전류가 잘 흐르게 하기 위해

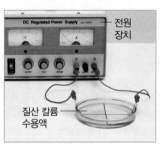

❶ 페트리 접시에 질산 칼륨 수용액(K^+, NO_3^-)을 넣은 다음 그림과 같이 전원 장치를 연결한다.

❷ 페트리 접시 중앙에 황산 구리(Ⅱ) 수용액(Cu^{2+}, SO_4^{2-})을 떨어뜨린 후 변화를 관찰한다.

❸ 과망가니즈산 칼륨 수용액(K^+, MnO_4^-)을 이용하여 과정 ❶, ❷를 반복한다.

결과

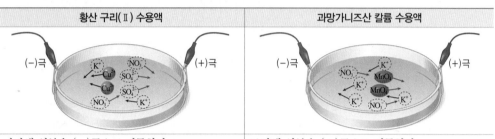

황산 구리(Ⅱ) 수용액	과망가니즈산 칼륨 수용액

파란색 성분은 (−)극으로 이동한다.
➡ 파란색 성분 : (+)전하를 띠는 양이온(Cu^{2+})

보라색 성분은 (+)극으로 이동한다.
➡ 보라색 성분 : (−)전하를 띠는 음이온(MnO_4^-)

• 각 이온의 이동 방향은 다음과 같다.

이온	구리 이온 (Cu^{2+})	칼륨 이온 (K^+)	과망가니즈산 이온 (MnO_4^-)	황산 이온 (SO_4^{2-})	질산 이온 (NO_3^-)
이온의 이동 방향	(−)극		(+)극		

정리

이온이 들어 있는 수용액에 전류를 흘려 주면 양이온은 ㉠(　　　　)극으로, 음이온은 ㉡(　　　　)극으로 이동한다. ➡ 이온은 전하를 띠고 있다.

확인 문제

01 위 실험에 대한 설명으로 옳은 것은 ○, 옳지 **않은** 것은 ×로 표시하시오.

(1) 황산 구리(Ⅱ) 수용액이 파란색을 띠는 까닭은 구리 이온 때문이다. ------------------------------ (　　)

(2) 과망가니즈산 칼륨 수용액이 보라색을 띠는 까닭은 칼륨 이온 때문이다. ------------------------ (　　)

(3) 칼륨 이온과 구리 이온은 (−)극으로 이동한다. (　　)

(4) 질산 이온, 황산 이온, 과망가니즈산 이온은 (+)극으로 이동한다. ------------------------------ (　　)

(5) 이온이 들어 있는 수용액에서 전류가 흐르는 것은 이온이 이동하기 때문이다. ---------------------- (　　)

[02~03] 그림과 같이 질산 칼륨 수용액을 적신 거름종이에 과망가니즈산 칼륨 수용액을 떨어뜨린 후 전류를 흘려 주었다.

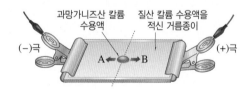

02 보라색을 띠는 이온의 이온식을 쓰시오.

_____

03 보라색 성분은 A, B 중 어느 방향으로 이동하는지 예상하고, 그 까닭을 서술하시오.

_____

탐구 b

앙금 생성 반응

이 탐구에서는 앙금을 생성하는 반응을 이용하여 수용액에 들어 있는 이온을 확인한다.

● 정답과 해설 8쪽

과정

페이지를 인식하세요!

오투실험실

❶ 이온 반응 실험지를 비닐 사이에 끼운다.

❷ 실험지의 첫 번째 줄과 두 번째 줄에 염화 나트륨 수용액, 질산 나트륨 수용액, 염화 칼슘 수용액, 질산 칼슘 수용액을 각각 두 군데씩 떨어뜨린다.

❸ 첫 번째 가로줄의 수용액 위에 질산 은 수용액을 각각 떨어뜨리고 앙금 생성 여부를 관찰한다.

❹ 두 번째 가로줄의 수용액 위에 탄산 나트륨 수용액을 각각 떨어뜨리고 앙금 생성 여부를 관찰한다.

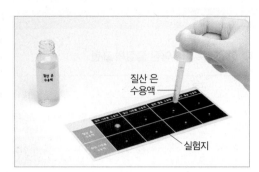

질산 은 수용액

실험지

결과

구분	염화 나트륨 수용액 (Na^+, Cl^-)	질산 나트륨 수용액 (Na^+, NO_3^-)	염화 칼슘 수용액 (Ca^{2+}, Cl^-)	질산 칼슘 수용액 (Ca^{2+}, NO_3^-)
질산 은 수용액 (Ag^+, NO_3^-)	흰색 앙금 생성	변화 없음	흰색 앙금 생성	변화 없음
탄산 나트륨 수용액 (Na^+, CO_3^{2-})	변화 없음	변화 없음	흰색 앙금 생성	흰색 앙금 생성

정리

1. 은 이온과 염화 이온이 반응하면 흰색 앙금인 ㉠( )이 생성된다.

   ➡ $Ag^+ + Cl^- \longrightarrow AgCl\downarrow$

2. 탄산 이온과 칼슘 이온이 반응하면 흰색 앙금인 ㉡( )이 생성된다.

   ➡ $Ca^{2+} + CO_3^{2-} \longrightarrow CaCO_3\downarrow$

확인 문제

01 위 실험에 대한 설명으로 옳은 것은 ○, 옳지 <u>않은</u> 것은 ×로 표시하시오.

(1) 염화 나트륨 수용액과 질산 은 수용액이 반응하면 나트륨 이온과 질산 이온이 앙금을 생성한다. ------( )

(2) 질산 은 수용액을 떨어뜨렸을 때 생성된 앙금은 모두 AgCl이다. ------------------------------------( )

(3) 염화 은은 물에 녹지 않는 흰색 앙금이다. ------( )

(4) 탄산 나트륨 수용액과 염화 칼슘 수용액이 반응하면 탄산 이온과 칼슘 이온이 앙금을 생성한다. ------( )

(5) 탄산 나트륨 수용액과 질산 칼슘 수용액의 반응에서 앙금이 생성될 때 $Ca^{2+} + CO_3^{2-} \longrightarrow CaCO_3\downarrow$의 반응이 일어난다. ----------------------------------( )

(6) 탄산 나트륨 수용액을 떨어뜨렸을 때 생성된 흰색 앙금은 모두 물에 잘 녹는다. --------------------( )

02 수돗물에 질산 은 수용액을 넣었더니 흰색 앙금이 생성되었다. 수돗물에 들어 있을 것으로 예상되는 이온의 이온식을 쓰시오.

_____

03 표는 어떤 물질 A를 물에 녹인 후 앙금 생성 반응 실험과 불꽃 반응 실험을 한 결과이다.

염화 바륨 수용액	질산 은 수용액	불꽃 반응 색
변화 없음	흰색 앙금	주황색

실험 결과를 통해 A로 예상되는 물질의 이름을 쓰고, 그 까닭을 서술하시오.(단, 물질 A는 염화 칼슘, 황산 칼슘, 염화 칼륨 중 한 가지이다.)

_____

이온으로 이루어진 물질의 표현 방법, 수용액에서 이온으로 나누어지는 현상은 중2 교과서에서 다루지 않아. 하지만 이 내용들을 알아 두면 **B 이온의 확인** 내용을 좀더 쉽게 이해할 수 있을 거야. 여기서잠깐 을 통해 이온으로 이루어진 물질에 대해 알아보자.

이온으로 이루어진 물질

○ 이온으로 이루어진 물질의 표현

구분	내용	예
화학식의 표현 방법	❶ 양이온을 먼저 쓰고, 그 뒤에 음이온을 쓴다.	$\underset{\text{양이온 : } Ca^{2+} \qquad \text{음이온 : } Cl^-}{CaCl}$
	❷ 각 이온의 개수비를 구한다. (양이온 전하×양이온 개수)+(음이온 전하×음이온 개수)=0 ➡ 이온으로 이루어진 물질은 전기적으로 중성이므로 전하의 합이 0이 된다.	• 양이온(Ca^{2+})의 전하 : $+2$ • 음이온(Cl^-)의 전하 : -1 ➡ $\{(+2)\times 1\} + \{(-1)\times 2\} = 0$
	❸ 이온의 개수비를 원소 기호 오른쪽 아래에 표시한다.(단, 1은 생략)	$Ca^{2+} : Cl^-$ 의 개수비$=1:2$ ➡ $CaCl_2$
이름 읽는 방법	음이온의 이름을 먼저 읽고, 양이온의 이름을 나중에 읽는다.	$\underset{\text{칼슘 이온 \ 염화 이온}}{CaCl_2}$ ➡ 염화 칼슘

○ 이온화와 이온화식

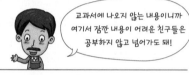

교과서에 나오지 않는 내용이니까 여기서 잠깐 내용이 어려운 친구들은 공부하지 않고 넘어가도 돼!

이온화	물질이 물에 녹아 양이온과 음이온으로 나누어지는 현상
이온화식	이온화 과정을 식으로 나타낸 것
이온화식 표현 방법	❶ 화살표(⟶)의 왼쪽에 물질의 화학식을, 오른쪽에 생성되는 이온의 이온식을 쓴다. ❷ 양이온과 음이온의 전하의 총합이 0이 되도록 이온식 앞에 숫자를 쓴다.(단, 1은 생략)

$$\underset{\text{물질}}{NaCl} \longrightarrow \underset{\text{양이온}}{Na^+} + \underset{\text{음이온}}{Cl^-}$$

○ 여러 가지 물질의 이온화식과 이온화 모형

이온화식	$KOH \longrightarrow K^+ + OH^-$	$CaCl_2 \longrightarrow Ca^{2+} + 2Cl^-$	$Na_2CO_3 \longrightarrow 2Na^+ + CO_3^{2-}$
개수비 (양이온 : 음이온)	$1:1$	$1:2$	$2:1$
이온화 모형	K^+ OH^- OH^- K^+	Ca^{2+} Cl^- Cl^- Cl^- Ca^{2+}	Na^+ CO_3^{2-} Na^+ Na^+ CO_3^{2-} Na^+

유제❶ 표의 ( ) 안에 알맞은 내용을 쓰시오.

결합하는 이온		개수비 (양이온 : 음이온)	화학식	이름
양이온	음이온			
Ag^+	Cl^-	㉠(:)	㉡( )	㉢( )
Mg^{2+}	Cl^-	㉣(:)	㉤( )	㉥( )
Na^+	SO_4^{2-}	㉦(:)	㉧( )	㉨( )
Cu^{2+}	S^{2-}	㉩(:)	㉪( )	㉫( )

유제❷ 다음 ( ) 안에 알맞은 이온식을 쓰시오.

(1) $NaCl \longrightarrow ($ $) + Cl^-$

(2) $KOH \longrightarrow K^+ + ($ $)$

(3) $NH_4Cl \longrightarrow ($ $) + Cl^-$

(4) $CaCl_2 \longrightarrow Ca^{2+} + ($ $)$

(5) $CuSO_4 \longrightarrow Cu^{2+} + ($ $)$

(6) $Na_2CO_3 \longrightarrow ($ $) + CO_3^{2-}$

전국 주요 학교의 **시험에 가장 많이 나오는 문제**들로만 구성하였습니다.
모든 친구들이 '꼭' 봐야 하는 코너입니다.

● 정답과 해설 **8**쪽

기출 문제로 **내신쑥쑥**

A 이온

01 이온에 대한 설명으로 옳은 것은?

① 전기적으로 중성이다.

② 전하를 띠는 입자이다.

③ 원자가 전자를 얻으면 양이온이 된다.

④ 원자가 전자를 잃으면 (−)전하를 띤다.

⑤ 양이온은 원자핵의 (+)전하량이 전자의 총 (−)전하량보다 작다.

중요
02 오른쪽과 같은 이온식으로 표현하는 이온에 대한 설명으로 옳은 것은?(단, S 원자의 원자핵 전하량은 +16이다.)

$$S^{2-}$$

① 황 이온이라고 한다.

② 전자의 개수는 14개이다.

③ 원자핵의 전하량은 +18이다.

④ 원자가 전자 2개를 잃어 형성된 것이다.

⑤ 원자핵의 (+)전하량이 전자의 총 (−)전하량보다 작다.

중요
03 그림은 A 원자와 B 원자가 이온이 되는 과정을 모형으로 나타낸 것이다.

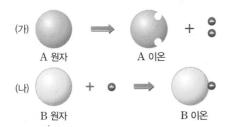

(가) A 원자 → A 이온 + (−)(−)

(나) B 원자 + (−) → B 이온

이에 대한 설명으로 옳지 <u>않은</u> 것은?(단, A와 B는 임의의 원소 기호이다.)

① A 이온은 양이온, B 이온은 음이온이다.

② A 원자는 전자 2개를 잃어 A 이온이 된다.

③ B 원자는 B 이온보다 전자의 개수가 1개 더 적다.

④ A 이온은 A^{2-}, B 이온은 B^{+}로 나타낼 수 있다.

⑤ (가)와 (나)에서 원자핵의 전하량은 모두 변하지 않는다.

중요
04 그림은 원자가 이온이 되는 과정을 모형으로 나타낸 것이다.

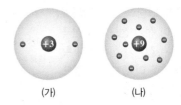

이와 같은 방법으로 형성된 이온의 이온식은?

① O^{2-}　　② F^{-}　　③ OH^{-}

④ Ca^{2+}　　⑤ K^{+}

05 그림은 두 가지 이온의 모형을 나타낸 것이다.

(가)　　　　(나)

이에 대한 설명으로 옳은 것을 보기에서 모두 고른 것은?

보기
ㄱ. (가)는 원자일 때보다 원자핵의 (+)전하량이 크다.

ㄴ. (나)는 원자가 전자를 얻어서 형성된 것이다.

ㄷ. (가)와 (나)가 띠고 있는 전하의 종류는 다르다.

① ㄱ　　② ㄴ　　③ ㄷ

④ ㄱ, ㄴ　　⑤ ㄴ, ㄷ

06 표는 몇 가지 이온을 이루는 원자핵의 전하량과 전자의 개수를 나타낸 것이다.

구분	(가)	(나)	(다)	(라)
원자핵의 전하량	+4	+8	+9	+11
전자의 개수(개)	2	10	10	10

(가)~(라)에 대한 설명으로 옳은 것은?

① (가)는 음이온이다.

② (나)는 전자를 2개 잃었다.

③ (다)의 원자는 전자를 9개 가지고 있다.

④ (라)는 전자를 1개 얻어 형성된 양이온이다.

⑤ (나), (다), (라)는 전자의 개수가 동일하므로 같은 이온이다.

07 원자가 전자를 가장 많이 잃어 형성된 이온은?

① Li⁺   ② Ca²⁺   ③ Cl⁻

④ F⁻   ⑤ O²⁻

중요

08 이온식과 이온의 이름을 옳게 짝 지은 것은?

① K⁺ – 칼슘 이온   ② Cl⁻ – 염소 이온

③ SO₄²⁻ – 황화 이온   ④ NH₄⁺ – 암모니아 이온

⑤ OH⁻ – 수산화 이온

09 오른쪽 그림과 같이 장치하고 간이 전기 전도계의 전극을 담가 전기가 통하는지 확인하였다. 이에 대한 설명으로 옳지 <u>않은</u> 것은?

① 증류수와 설탕 수용액은 전기가 통하지 않는다.

② 염화 나트륨 수용액과 이온 음료는 전기가 통한다.

③ 증류수에 질산 칼륨을 조금 녹이면 전기가 통한다.

④ 설탕 수용액의 농도를 진하게 하면 전기가 통한다.

⑤ 염화 나트륨 수용액과 이온 음료에는 전하를 띠는 입자가 들어 있다.

10 오른쪽 그림은 염화 나트륨 수용액에 전원 장치를 연결하였을 때의 변화를 모형으로 나타낸 것이다. 이에 대한 설명으로 옳은 것을 보기에서 모두 고른 것은?

┌─ 보기 ─┐

ㄱ. 나트륨 이온은 (+)극으로, 염화 이온은 (−)극으로 이동한다.

ㄴ. 나트륨 이온은 (+)전하를 띠고, 염화 이온은 (−)전하를 띤다.

ㄷ. 이 결과를 통해 이온이 전하를 띠고 있음을 알 수 있다.

① ㄷ   ② ㄱ, ㄴ   ③ ㄱ, ㄷ

④ ㄴ, ㄷ   ⑤ ㄱ, ㄴ, ㄷ

중요 탐구 a 34쪽

11 그림과 같이 질산 칼륨 수용액을 넣은 페트리 접시에 전원 장치를 연결하고 황산 구리(Ⅱ) 수용액과 과망가니즈산 칼륨 수용액을 떨어뜨렸더니 파란색은 왼쪽으로, 보라색은 오른쪽으로 이동하였다.

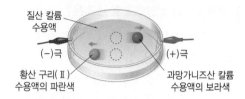

이에 대한 설명으로 옳지 <u>않은</u> 것은?

① 파란색 성분은 구리 이온이다.

② 보라색 성분은 (−)전하를 띤다.

③ 칼륨 이온, 황산 이온, 질산 이온은 이동하지 않는다.

④ 전극의 위치를 서로 바꾸면 파란색은 오른쪽으로, 보라색은 왼쪽으로 이동한다.

⑤ 질산 칼륨 수용액은 전류를 잘 흐르게 하는 역할을 한다.

B 이온의 확인

중요

12 그림은 염화 나트륨 수용액과 질산 은 수용액의 반응을 모형으로 나타낸 것이다.

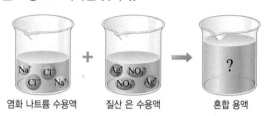

이에 대한 설명으로 옳지 <u>않은</u> 것은?

① 흰색 앙금이 생성된다.

② 생성된 앙금의 이름은 염화 은이다.

③ 생성된 앙금은 물에 잘 녹지 않는다.

④ 나트륨 이온과 질산 이온은 반응하지 않는다.

⑤ 혼합 용액에서는 전류가 흐르지 않는다.

13 그림과 같이 몇 가지 물질을 녹여 만든 수용액을 반응시켜 앙금 생성 여부를 관찰하였다.

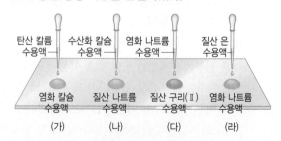

앙금이 생성되는 반응을 모두 고르시오.

중요

14 그림은 미지의 수용액과 아이오딘화 칼륨 수용액을 혼합하여 앙금이 생성되는 반응을 모형으로 나타낸 것이다.

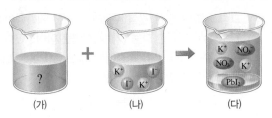

이에 대한 설명으로 옳은 것을 보기에서 모두 고른 것은?

┌─ 보기 ─────────────────────────┐
ㄱ. (가) 수용액에는 칼륨 이온(K^+)과 질산 이온(NO_3^-)이 들어 있다.
ㄴ. (나) 수용액은 보라색의 불꽃 반응 색이 나타난다.
ㄷ. (다)에서 생성된 앙금의 색깔은 노란색이다.
└────────────────────────────────┘

① ㄷ   ② ㄱ, ㄴ   ③ ㄱ, ㄷ

④ ㄴ, ㄷ   ⑤ ㄱ, ㄴ, ㄷ

15 각각의 물질을 녹인 두 수용액을 혼합할 때 앙금이 생성되지 <u>않는</u> 것은?

① 염화 리튬＋질산 은
② 염화 칼슘＋질산 칼륨
③ 황산 나트륨＋질산 바륨
④ 질산 납＋아이오딘화 칼륨
⑤ 황화 나트륨＋염화 구리(Ⅱ)

16 앙금의 이름과 색깔을 옳게 짝 지은 것은?

① 염화 은($AgCl$) – 검은색
② 탄산 칼슘($CaCO_3$) – 흰색
③ 황화 구리(Ⅱ)(CuS) – 흰색
④ 아이오딘화 납(PbI_2) – 흰색
⑤ 황산 바륨($BaSO_4$) – 노란색

17 폐수 속에 들어 있는 이온을 확인하기 위해 아이오딘화 칼륨 수용액을 넣었더니 노란색 앙금이 생성되었다. 폐수 속에 들어 있을 것으로 예상되는 이온은?

① Na^+ ② K^+ ③ Cl^-
④ Ca^{2+} ⑤ Pb^{2+}

18 그림은 세 가지 양이온이 들어 있는 수용액에서 각 이온을 확인하기 위한 실험 과정을 나타낸 것이다.

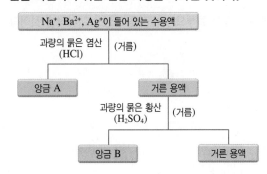

앙금 A와 B의 이름을 순서대로 옳게 나타낸 것은?

① 염화 은, 황산 바륨   ② 황산 바륨, 염화 은
③ 염화 은, 황산 나트륨   ④ 황산 바륨, 염화 나트륨
⑤ 염화 나트륨, 황산 바륨

중요 **탐구 b** 35쪽

19 표는 염화 칼륨 수용액, 질산 나트륨 수용액, 염화 칼슘 수용액을 구별하기 위해 실험한 결과이다.

구분	A 수용액	B 수용액	C 수용액
질산 은 수용액	변화 없음	흰색 앙금 생성	흰색 앙금 생성
탄산 나트륨 수용액	변화 없음	흰색 앙금 생성	변화 없음

A~C에 해당하는 물질을 옳게 짝 지은 것은?

	A	B	C
①	염화 칼륨	질산 나트륨	염화 칼슘
②	염화 칼륨	염화 칼슘	질산 나트륨
③	질산 나트륨	염화 칼슘	염화 칼슘
④	질산 나트륨	염화 칼슘	염화 칼슘
⑤	염화 칼륨	염화 칼슘	질산 나트륨

중요

20 다음은 미지의 물질 X를 확인하기 위해 실험한 결과이다.

┌──────────────────────────────────────┐
(가) 물질 X를 녹인 수용액에 질산 칼슘 수용액을 떨어뜨렸더니 흰색 앙금이 생성되었다.
(나) 물질 X를 녹인 수용액으로 불꽃 반응 실험을 하였더니 노란색의 불꽃 반응 색이 나타났다.
└──────────────────────────────────────┘

이 실험 결과로 볼 때 물질 X로 예상되는 것은?

① 염화 칼륨   ② 질산 칼륨   ③ 염화 나트륨
④ 탄산 구리(Ⅱ)   ⑤ 탄산 나트륨

🖊 서술형 문제

21 그림은 플루오린 원자를 모형으로 나타낸 것이다.

▲ 플루오린 원자

▲ 플루오린화 이온

플루오린화 이온의 이온식을 쓰고, 이온 모형을 그림으로 나타내시오.

_____

중요
22 그림과 같이 질산 칼륨 수용액을 적신 거름종이에 전원 장치를 연결하고 황산 구리(Ⅱ) 수용액과 과망가니즈산 칼륨 수용액을 떨어뜨렸더니 보라색 성분은 (+)극으로, 파란색 성분은 (−)극으로 이동하였다.

이와 같은 실험 결과를 통해 알 수 있는 사실을 다음 단어를 모두 포함하여 서술하시오.

> 양이온, 음이온, (+)극, (−)극, 전하

_____

23 그림은 염화 칼슘 수용액과 탄산 나트륨 수용액의 반응을 모형으로 나타낸 것이다.

염화 칼슘 수용액 + 탄산 나트륨 수용액 → 혼합 용액

(1) 혼합 용액에서 생성된 앙금의 이름과 색깔을 쓰시오.

_____

(2) 앙금이 생성되는 과정을 식으로 나타내시오.

_____

(3) 혼합 용액에 전원 장치를 연결했을 때 전류가 흐르는지의 여부를 그 까닭과 함께 서술하시오.

_____

수준 높은 문제로 실력 탄탄

● 정답과 해설 10쪽

01 그림과 같이 질산 칼륨 수용액을 적신 거름종이에 전원 장치를 연결한 다음 (가) 지점에는 아이오딘화 칼륨(KI) 수용액을, (나) 지점에는 질산 납($Pb(NO_3)_2$) 수용액을 각각 몇 방울씩 떨어뜨렸다.

질산 칼륨 수용액을 적신 거름종이
(−)극 (가) (나) (+)극

이에 대한 설명으로 옳은 것은?

① (+)극으로 이동하는 이온은 I^- 한 가지이다.
② (−)극으로 이동하는 이온은 NO_3^-과 K^+이다.
③ 거름종이의 가운데에 흰색 앙금이 생성된다.
④ I^-과 Pb^{2+}이 앙금을 생성한다.
⑤ (−)극과 (+)극의 위치를 서로 바꾸어도 앙금이 생성되는 위치는 변하지 않는다.

02 표는 몇 가지 수용액을 혼합할 때 앙금 생성 여부를 실험한 결과이다.

수용액	질산 은 ($AgNO_3$)	황산 나트륨 (Na_2SO_4)	질산 나트륨 ($NaNO_3$)
염화 바륨 ($BaCl_2$)	(가)	(나)	변화 없음
염화 칼륨 (KCl)	(다)	변화 없음	(라)

이에 대한 설명으로 옳은 것을 보기에서 모두 고른 것은?

> **보기**
> ㄱ. (가)와 (나)에서는 같은 종류의 앙금이 생성된다.
> ㄴ. (나)와 (다)에서 생성된 앙금의 색깔은 모두 흰색이다.
> ㄷ. (나)의 혼합 용액에는 Na^+과 Cl^-이 들어 있다.
> ㄹ. (라)에서는 흰색 앙금이 생성된다.

① ㄱ, ㄴ ② ㄱ, ㄷ ③ ㄴ, ㄷ
④ ㄴ, ㄹ ⑤ ㄷ, ㄹ

01 다음 설명과 관련된 학자의 이름을 쓰시오.

- 실험을 통해 물이 수소와 산소로 분해되는 것을 확인하였다.
- 아리스토텔레스의 생각이 옳지 않음을 증명하였다.

02 수산화 나트륨을 조금 녹인 물을 그림과 같이 장치하고 전류를 흘려 주었다.

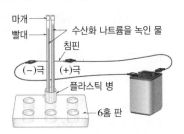

마개
빨대
침핀
수산화 나트륨을 녹인 물
(-)극 (+)극
플라스틱 병
6홈 판

이 실험에 대한 설명으로 옳은 것을 보기에서 모두 고른 것은?

┌ 보기 ┐
ㄱ. 이 실험으로 물이 원소가 아님을 알 수 있다.
ㄴ. (+)극에서 발생하는 기체에 성냥불을 가까이 하면 '픽' 소리를 내며 탄다.
ㄷ. (+)극에서 발생한 기체의 부피는 (-)극에서 발생한 기체의 부피보다 크다.

① ㄱ   ② ㄴ   ③ ㄱ, ㄴ
④ ㄱ, ㄷ   ⑤ ㄴ, ㄷ

03 다음 설명에 해당하는 물질을 옳게 짝 지은 것은?

- 물질을 이루는 기본 성분이다.
- 더 이상 다른 물질로 분해되지 않는다.

① 구리, 철   ② 물, 나트륨
③ 리튬, 염화 수소   ④ 이산화 탄소, 마그네슘
⑤ 수은, 과산화 수소

04 원소의 종류와 이용에 대한 설명으로 옳지 <u>않은</u> 것은?

① 구리 – 전선에 이용된다.
② 금 – 장신구의 재료로 이용된다.
③ 규소 – 반도체 소자로 이용된다.
④ 철 – 기계, 건축 재료 등에 이용된다.
⑤ 수소 – 물질의 연소, 생물의 호흡에 이용된다.

05 물질과 그 물질이 나타내는 불꽃 반응 색을 옳게 짝 지은 것은?

① 질산 칼륨 – 주황색   ② 염화 바륨 – 청록색
③ 탄산 칼슘 – 보라색   ④ 염화 리튬 – 빨간색
⑤ 염화 나트륨 – 황록색

06 표는 물질 A~C의 불꽃 반응 색을 나타낸 것이다.

물질	A	B	C
불꽃 반응 색	노란색	황록색	청록색

물질 A~C에 들어 있을 것으로 예상되는 원소의 이름을 순서대로 옳게 나타낸 것은?

① 칼슘, 바륨, 구리   ② 칼슘, 구리, 바륨
③ 나트륨, 구리, 바륨   ④ 나트륨, 구리, 칼슘
⑤ 나트륨, 바륨, 구리

07 리튬과 스트론튬의 불꽃 반응 색은 모두 빨간색이므로 불꽃 반응 색으로 두 물질을 구별하기는 어렵다. 두 물질을 구별할 때 사용할 수 있는 방법으로 가장 적당한 것은?

① 물질을 물에 녹인다.
② 물질을 가루로 만든다.
③ 불꽃의 온도를 측정한다.
④ 원소의 불꽃 반응 색을 분광기로 관찰한다.
⑤ 불꽃 반응 실험 시 점화기의 불꽃을 세게 한다.

08 그림은 물질 (가)와 몇 가지 원소의 불꽃을 분광기로 관찰하여 얻은 선 스펙트럼이다.

물질 (가)에 포함된 원소를 모두 고른 것은?

① 리튬   ② 스트론튬   ③ 나트륨

④ 리튬, 나트륨   ⑤ 스트론튬, 나트륨

09 오른쪽 그림은 어떤 입자를 모형으로 나타낸 것이다. 이에 대한 설명으로 옳은 것을 보기에서 모두 고른 것은?

┌ 보기 ┐
ㄱ. A는 (+)전하를 띠며, 원자의 중심에 위치한다.
ㄴ. B는 (−)전하를 띠며, A 주위를 움직인다.
ㄷ. A는 원자 크기의 대부분을 차지한다.
ㄹ. A와 B의 전하의 총합은 0이다.
ㅁ. 이 입자는 (+)전하를 띤다.
└────────────────────┘

① ㄱ, ㄴ, ㄷ   ② ㄱ, ㄴ, ㄹ   ③ ㄱ, ㄷ, ㅁ

④ ㄴ, ㄷ, ㄹ   ⑤ ㄷ, ㄹ, ㅁ

10 원소, 원자, 분자에 대한 설명으로 옳은 것은?

① 원소는 물질의 성질을 나타내는 가장 작은 입자이다.
② 원자는 물질을 이루는 기본 성분이다.
③ 분자는 물질을 이루는 기본 입자이다.
④ 같은 종류의 원자로 이루어진 분자는 항상 같은 성질이 나타난다.
⑤ 분자는 같은 종류의 원자나 서로 다른 종류의 원자가 결합하여 만들어진다.

11 원소 이름과 원소 기호를 옳게 짝 지은 것은?

	원소 이름	원소 기호
①	구리	C
②	탄소	O
③	리튬	Si
④	수소	He
⑤	질소	N

12 그림은 물 분자를 모형으로 나타낸 것이다.

이에 대한 설명으로 옳지 않은 것은?

① 분자식은 $3H_2O$로 나타낸다.
② 분자의 총개수는 3개이다.
③ 원자의 총개수는 9개이다.
④ 분자를 이루는 원소는 3종류이다.
⑤ 물 분자 1개를 이루는 수소 원자는 2개이다.

13 그림은 몇 가지 입자를 모형으로 나타낸 것이다.

(가)   (나)   (다)

이에 대한 설명으로 옳은 것은?

① (가)는 원자핵의 (+)전하량이 전자의 총 (−)전하량보다 크므로 양이온이다.
② (나)는 전자 1개를 얻어 형성된 음이온이다.
③ (다)는 원자핵의 (+)전하량보다 전자의 총 (−)전하량이 더 크다.
④ (가)~(다) 모두 전기적으로 중성이다.
⑤ 전자의 개수는 모두 같지만 원자핵의 (+)전하량은 (가)<(나)<(다) 순이다.

14 표는 몇 가지 입자를 이루는 원자핵의 전하량과 전자의 개수를 나타낸 것이다.

입자	A	B	C	D
원자핵의 전하량	+3	+9	+16	+19
전자의 개수(개)	3	10	18	18

음이온을 모두 골라 옳게 짝 지은 것은?(단, A~D는 임의의 원소 기호이다.)

① A, C   ② A, D   ③ B, C
④ B, D   ⑤ C, D

15 다음은 이온 형성 과정을 식으로 나타낸 것이다.

$$A + \ominus \longrightarrow A^-$$

이와 같은 방법으로 이온을 형성하는 원자는?(단, A는 임의의 원소 기호이고, ⊖는 전자를 의미한다.)

① Na   ② Mg   ③ Cl
④ O   ⑤ Ca

16 그림은 앙금이 생성되는 반응을 모형으로 나타낸 것이다.

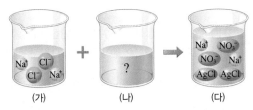

(가)   (나)   (다)

이에 대한 설명으로 옳지 않은 것은?

① (나)는 질산 은 수용액이다.
② (다) 수용액에는 전류가 흐른다.
③ (가)와 (다) 수용액의 불꽃 반응 색은 같다.
④ 용액 속 질산 이온의 개수는 (나)가 (다)보다 많다.
⑤ (다)에서 $Ag^+ + Cl^- \longrightarrow AgCl\downarrow$ 의 반응에 의해 흰색 앙금이 생성된다.

17 염화 칼슘 수용액을 떨어뜨렸을 때 앙금이 생성되는 것을 모두 고르면?(2개)

① 질산 은 수용액   ② 질산 나트륨 수용액
③ 염화 칼륨 수용액   ④ 탄산 나트륨 수용액
⑤ 질산 칼슘 수용액

18 그림과 같이 염화 칼륨 수용액, 염화 칼슘 수용액, 수산화 칼슘 수용액에 각각 탄산 나트륨 수용액을 떨어뜨렸다.

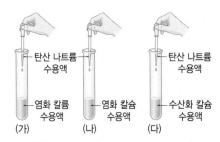

(가)   (나)   (다)

이에 대한 설명으로 옳은 것을 보기에서 모두 고른 것은?

> **보기**
> ㄱ. (가)와 (나)에서는 같은 종류의 앙금이 생성된다.
> ㄴ. (다)에서 생성되는 앙금은 탄산 칼슘이다.
> ㄷ. (나)와 (다)에서 생성되는 앙금의 색깔은 모두 흰색이다.

① ㄱ   ② ㄴ   ③ ㄷ
④ ㄱ, ㄴ   ⑤ ㄴ, ㄷ

19 염화 나트륨 수용액과 질산 나트륨 수용액은 모두 무색이므로 눈으로 구별하기 어렵다. 두 수용액을 구별할 수 있는 방법으로 가장 적당한 것은?

① 선 스펙트럼을 관찰한다.
② 불꽃 반응 색을 관찰한다.
③ 눈금실린더에 넣어 부피를 비교한다.
④ 질산 은 수용액을 넣어 변화를 비교한다.
⑤ 간이 전기 전도계를 넣어 전기가 통하는지 확인한다.

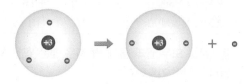

서술형 문제

20 다음은 라부아지에의 물 분해 실험 과정과 결과이다.

[과정] 그림과 같이 장치하고 주철관을 가열하면서 주철관 안으로 물을 통과시켰다.

물
주철관
냉각수
수소
벽화로

[결과] 주철관 안이 녹슬고 질량이 증가하였으며, 수소 기체가 발생하였다.

실험 결과를 바탕으로 물이 원소가 <u>아닌</u> 까닭을 서술하시오.

21 냄비에서 찌개가 끓어 넘치면 가스레인지의 불꽃이 노란색으로 변한다. 이 현상을 통해 찌개에 들어 있는 원소가 무엇인지 예상하고, 그 까닭을 서술하시오.

22 독립된 입자로 존재하여 물질의 성질을 나타내는 가장 작은 입자인 분자는 물질을 이루는 기본 입자인 원자의 종류보다 훨씬 많은데, 그 까닭은 무엇인지 서술하시오.

23 그림은 수소 원자와 산소 원자로 이루어진 두 가지 물질을 모형으로 나타낸 것이다.

(가)   (나)

(1) (가), (나)의 분자식을 각각 쓰시오.

(2) 두 물질이 서로 다른 물질인 까닭을 원자의 종류와 개수를 포함하여 서술하시오.

24 그림은 리튬 원자가 이온이 되는 과정을 모형으로 나타낸 것이다.

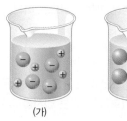

리튬 원자가 이온이 되는 과정을 전자의 이동, 이온의 종류를 포함하여 서술하시오.

25 그림은 두 가지 수용액을 모형으로 나타낸 것이다.

(가)   (나)

(1) 간이 전기 전도계를 (가), (나) 수용액에 각각 담갔을 때 전기가 통하는 수용액을 고르시오.

(2) (1)과 같이 답한 까닭을 서술하시오.

26 표는 수돗물에 질산 은 수용액, 탄산 나트륨 수용액, 황산 나트륨 수용액을 떨어뜨린 후 관찰한 결과이다.

질산 은 수용액	탄산 나트륨 수용액	황산 나트륨 수용액
흰색 앙금 생성	변화 없음	변화 없음

(1) 수돗물에 들어 있을 것으로 예상되는 이온의 이온식을 쓰시오.

(2) (1)과 같이 답한 까닭을 생성된 앙금의 이름을 포함하여 서술하시오.

대단원 콕콕 점검

이 단원에서 학습한 내용을 확실히 이해했나요?
다음 내용을 잘 알고 있는지 스스로 체크해 보세요.

□ 🔖 10쪽 Ⓐ
물질을 이루는 기본 성분에 대한 학자들의 생각을 설명할 수 있다.

□ 🔖 10쪽 Ⓐ
원소를 설명하고, 물질을 이루는 원소에 대해 알아본다.

□ 🔖 12쪽 Ⓑ
원소의 확인 방법인 불꽃 반응과 스펙트럼을 설명할 수 있다.

□ 🔖 22쪽 Ⓒ
원소를 기호로 나타내고, 분자식을 설명할 수 있다.

□ 🔖 20쪽 Ⓑ
분자의 특징을 설명하고, 분자를 모형으로 나타낼 수 있다.

□ 🔖 20쪽 Ⓐ
원자의 특징을 설명하고, 원자를 모형으로 나타낼 수 있다.

□ 🔖 30쪽 Ⓐ
이온의 형성 과정을 설명하고 이온을 기호로 나타낼 수 있다.

□ 🔖 30쪽 Ⓐ
이온이 전하를 띠고 있음을 설명할 수 있다.

□ 🔖 32쪽 Ⓑ
앙금 생성 반응과 이온의 확인 방법을 설명할 수 있다.

✔
• 모두 체크   참 잘했어요! 이 단원을 완벽하게 이해했군요!
• 8~5개 체크   알쏭달쏭한 내용은 해당 쪽으로 돌아가 복습하세요.
• 4개 이하   이 단원을 한 번 더 학습하세요.

II

전기와 자기

01 전기의 발생 … 48

02 전류, 전압, 저항 … 60

03 전류의 자기 작용 … 72

|다른 학년과의 연계는?|

초등학교 3학년

- 자석의 이용 : 자석은 서로 밀어내거나 끌어 당긴다.
- 나침반 : 나침반의 바늘은 자석으로 만들고, 나침반 바늘의 N극은 북쪽을 가리킨다.

초등학교 6학년

- 전류 : 전기 회로에서 흐르는 전기를 전류라 고 한다.
- 연결 방법 : 전지나 전구 두 개 이상을 연결 하는 방법에는 직렬연결과 병렬연결이 있다. 전지와 전구의 연결 방법에 따라 전구의 밝 기가 달라진다.

중학교 2학년

- 정전기 유도 : 금속에 전기를 띠고 있는 대전 체를 가까이 하면 금속의 끝부분이 전기를 띠 게 된다.
- 옴의 법칙 : 전류의 세기는 전압에 비례하고 저항에 반비례한다.
- 전류의 자기 작용 : 도선에 전류가 흐르면 그 주위에 자기장이 형성된다.

물리학 I

- 물질의 자성 : 물질은 자기적 성질에 따라 자 성체와 비자성체로 구분된다.
- 전자기 유도 : 자기장의 변화는 전기 회로에 기전력을 발생시킨다.

이 단원에서는 전기의 발생과 전류의 자기 작용에 대해 알아본다.
이 단원을 들어가기 전에 이전 학년에서 배운 개념을 확인해 보자.

알고 있나요?

다음 내용에서 필요한 단어를 골라 빈칸을 완성해 보자.

> (+), (−), 직렬, 병렬, 전자석

초6

1. 직렬연결과 병렬연결

① 전지 두 개 이상을 서로 다른 극끼리 연결하는 방법을 전지의 직렬연결이라고 한다.

② 전지 두 개 이상을 서로 같은 극끼리 연결하는 방법을 전지의 병렬연결이라고 한다.

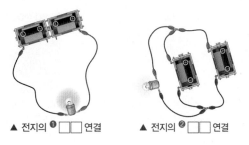

▲ 전지의 ❶□□연결   ▲ 전지의 ❷□□연결

③ 전기 회로에 전구 여러 개를 연결할 때 전구 여러 개를 ❸□□연결하면 ❹□□연결했을 때보다 전구가 더 밝다.

▲ 전구의 직렬연결   ▲ 전구의 병렬연결

2. 전류의 자기 작용

① 전기 회로에서 전류는 전지의 ❺□극에서 나와 전지의 ❻□극으로 흐르는 것으로 약속하였다.

② 나침반을 자석이나 전류가 흐르는 도선 주위에 두면 나침반의 바늘이 움직인다.

③ ❼□□□은 전류가 흐르면 자석의 성질을 나타내고, 전류가 흐르지 않으면 자석의 성질을 나타내지 않는 자석이다.

01 전기의 발생

A 마찰 전기

1 마찰 전기 마찰에 의해 물체가 띠는 전기 ➡ 전선을 따라 흐르는 전기와 달리 한곳에 머물러 있으므로 정전기라고도 한다.

① 마찰 전기가 생기는 까닭 : 서로 다른 물체끼리 마찰시키면 전자가 한 물체에서 다른 물체로 이동하기 때문 ➡ 전자를 잃으면 (+)*전하를 띠고, 전자를 얻으면 (−)전하를 띤다. **❶❷**

② 대전과 대전체 : 물체가 전기를 띠는 현상을 대전이라 하고, 전기를 띤 물체를 대전체라고 한다.

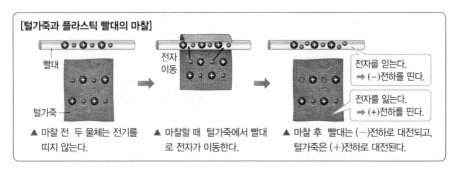

[털가죽과 플라스틱 빨대의 마찰]

▲ 마찰 전 두 물체는 전기를 띠지 않는다.   ▲ 마찰할 때 털가죽에서 빨대로 전자가 이동한다.   ▲ 마찰 후 빨대는 (−)전하로 대전되고, 털가죽은 (+)전하로 대전된다.

③ 대전되는 순서 : 물체를 마찰할 때 전자를 잃기 쉬운 순서대로 나열하면 다음과 같다. **❸**

전자를 잃기 쉬움 ➡ (+)전하로 대전   털가죽   유리   명주   나무   고무   플라스틱   전자를 얻기 쉬움 ➡ (−)전하로 대전

[화보 2.1] ④ 마찰 전기에 의한 현상
- 머리를 빗을 때 머리카락이 빗에 달라붙는다.
- 비닐 랩이 그릇에 달라붙는다.
- 스웨터를 벗을 때 '지지직'하는 소리가 난다.
- 걸을 때 치마가 스타킹에 달라붙는다.

2 전기력 전기를 띤 물체(대전체) 사이에 작용하는 힘 ➡ 물체가 띠는 전하의 종류에 따라 서로 밀어내거나 끌어당긴다.

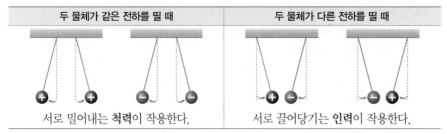

두 물체가 같은 전하를 띨 때	두 물체가 다른 전하를 띨 때
서로 밀어내는 **척력**이 작용한다.	서로 끌어당기는 **인력**이 작용한다.

페이지를 인식하세요! 오투실험실

[마찰한 물체 사이에 작용하는 힘]

❶ 털가죽으로 문지른 빨대 A에 털가죽을 가까이 가져다 댄다.
빨대 A   털가죽

➡ 털가죽과 빨대 A는 각각 다른 전하를 띠므로 서로 끌어당기는 인력이 작용한다.

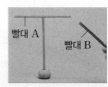
❷ 빨대 A와 B를 각각 털가죽으로 문지른 다음, B를 A에 가까이 가져다 댄다.
빨대 A   빨대 B

➡ 털가죽으로 문지른 빨대 A와 B는 같은 전하를 띠므로 서로 밀어내는 척력이 작용한다.

➕ 플러스 강의

❶ 전하와 전자
전하는 물질이 아니라 물체가 띠는 전기적 성질이고, 전자는 원자를 구성하는 입자 중 하나이다. 전자는 (−)전하를 띤다.

❷ 원자의 구조와 전기의 발생
원자는 (+)전하를 띤 원자핵과 (−)전하를 띤 전자로 이루어져 있다. 보통의 원자는 (+)전하의 양과 (−)전하의 양이 같아 전기를 띠지 않지만 원자가 전자를 잃으면 (+)전하를 띠고, 원자가 전자를 얻으면 (−)전하를 띤다.

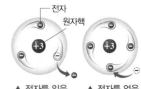

▲ 전자를 잃음 ➡ (+)전하를 띰   ▲ 전자를 얻음 ➡ (−)전하를 띰

❸ 대전되는 순서
예 유리컵의 대전

(+)   마찰   (−)

털가죽   유리컵   명주 헝겊

(+)   마찰   (−)

유리컵은 털가죽과 마찰하면 (−)전하로 대전되고, 명주 헝겊과 마찰하면 (+)전하로 대전된다.

┃용어 돋보기┃🔍

*전하(電 전기, 荷 담당하다)_물질에서 전기적인 성질을 나타내게 하는 것

A 마찰 전기

- □□ □□ : 마찰에 의해 물체가 띠는 전기
  - 전자를 잃은 물체 : (□)전하
  - 전자를 얻은 물체 : (□)전하
- □□ : 물체가 전기를 띠는 현상
- □□□ : 전기를 띤 물체
- □□□ : 전기를 띠는 물체 사이에서 작용하는 힘
  - □□□ : 같은 전하를 띠는 두 물체 사이에 작용하는 서로 밀어내는 힘
  - □□□ : 다른 전하를 띠는 두 물체 사이에 작용하는 서로 끌어당기는 힘

1 마찰 전기에 대한 설명으로 옳은 것은 ○, 옳지 <u>않은</u> 것은 ×로 표시하시오.

(1) 마찰 전기는 서로 다른 두 물체를 마찰할 때 발생한다. ·············· (　　　)

(2) 두 물체를 마찰할 때 물체 사이에서 원자핵이 이동한다. ·············· (　　　)

(3) 두 물체를 마찰할 때 전자를 잃은 물체는 (−)전하를 띤다. ·············· (　　　)

2 오른쪽 그림은 플라스틱 막대와 털가죽을 마찰할 때 털가죽에 있던 전자가 플라스틱 막대로 이동한 모습을 나타낸 것이다. (　　　) 안에 알맞은 말을 고르시오.

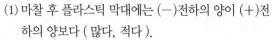

(1) 마찰 후 플라스틱 막대에는 (−)전하의 양이 (+)전하의 양보다 (많다, 적다).

(2) 마찰 후 플라스틱 막대는 ㉠((+), (−))전하, 털가죽은 ㉡((+), (−))전하로 대전된다.

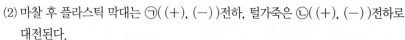
더 풀어보고 싶다면? 시험 대비 교재 29쪽 [계산력·암기력 강화 문제]

3 다음은 물체를 마찰했을 때 대전되는 순서를 나타낸 것이다.

(+) 털가죽 − 유리 − 명주 − 나무 − 고무 − 플라스틱 (−)

(　　　) 안에 알맞은 말을 쓰시오.

(1) 고무풍선과 털가죽을 마찰하면 고무풍선은 (　　　)전하로 대전된다.

(2) 고무풍선과 플라스틱 막대를 마찰하면 고무풍선은 (　　　)전하로 대전된다.

(3) 위 물체 중 서로 다른 두 물체를 마찰할 때 가장 전자를 얻기 쉬운 물체는 (　　　)이다.

4 오른쪽 그림은 플라스틱 빨대 A와 B를 각각 털가죽에 문지른 후, 빨대 A에 빨대 B를 가까이 가져간 모습을 나타낸 것이다. (　　　) 안에 알맞은 말을 고르시오.

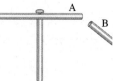

(1) 플라스틱 빨대를 털가죽에 문지르면 두 물체 사이에서 전자가 이동하여 두 물체가 서로 (같은, 다른) 전하로 대전된다.

(2) 빨대 A와 B는 서로 ㉠(같은, 다른) 전하로 대전되므로 A와 B가 가까워지면 서로 ㉡(끌어당기는, 밀어내는) 힘이 작용한다.

5 실에 매달린 두 대전체의 모습으로 옳은 것은?

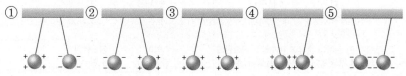

암기콕 **두 물체를 마찰할 때 이동하는 것**

털가죽네
플라스틱이 문을 두드리니 제가 나가 볼게요!
똑똑
+

➡ 두 물체가 마찰할 때 무거운 원자핵은 이동하지 않고 가벼운 전자가 물체 사이를 이동한다.

B 정전기 유도

1 정전기 유도 전기를 띠지 않은 금속에 대전체를 가까이 할 때, 금속의 끝부분이 전하를 띠는 현상 ➡ 금속 내부의 전자가 대전체로부터 전기력을 받아 이동하기 때문[❶]

① 유도되는 전하의 종류
- 대전체와 가까운 쪽 : 대전체와 다른 종류의 전하로 대전
- 대전체와 먼 쪽 : 대전체와 같은 종류의 전하로 대전

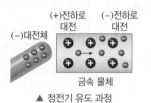
▲ 정전기 유도 과정

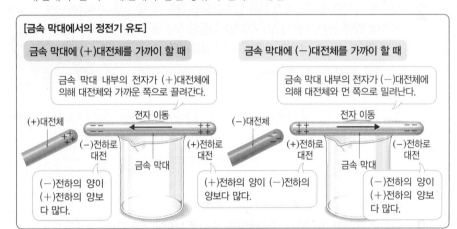

[금속 막대에서의 정전기 유도]

금속 막대에 (+)대전체를 가까이 할 때

금속 막대 내부의 전자가 (+)대전체에 의해 대전체와 가까운 쪽으로 끌려간다.

(+)대전체
전자 이동
(−)전하로 대전 / (+)전하로 대전
금속 막대
(−)전하의 양이 (+)전하의 양보다 많다.
(+)전하의 양이 (−)전하의 양보다 많다.

금속 막대에 (−)대전체를 가까이 할 때

금속 막대 내부의 전자가 (−)대전체에 의해 대전체와 먼 쪽으로 밀려난다.

(−)대전체
전자 이동
(+)전하로 대전 / (−)전하로 대전
금속 막대
(+)전하의 양이 (−)전하의 양보다 많다.
(−)전하의 양이 (+)전하의 양보다 많다.

② 대전체와 금속 사이의 전기력 : 금속에서 대전체와 가까운 쪽이 대전체와 다른 종류의 전하를 띠므로 대전체와 금속 사이에 인력이 작용한다. 여기서**잘판** 53쪽

2 검전기 정전기 유도를 이용하여 물체의 대전 여부를 알아보는 기구

① 검전기의 원리 : 금속판에 대전체를 가까이 하면 정전기 유도에 의해 금속판과 금속박이 전하를 띠면서 금속박이 벌어진다. 탐구 **a** 52쪽 여기서**잘판** 54쪽

(−)대전체
금속 막대

금속판 대전체와 다른 전하로 대전

전자 이동 대전체로부터 받는 전기력에 의해 전자가 금속판과 금속박 사이에서 이동한다.

금속박 대전체와 같은 전하로 대전
➡ 두 장의 금속박 사이에 척력이 작용하므로 벌어진다.

② 검전기로 알 수 있는 사실

물체의 대전 여부	물체에 대전된 전하의 양 비교	물체에 대전된 전하의 종류
• 대전되지 않은 검전기의 금속판에 대전되지 않은 물체를 가까이 하면 금속박이 움직이지 않는다. • 금속판에 대전체를 가까이 하면 금속박이 벌어진다. (−)대전체 / (+)대전체 전자 이동 / 전자 이동 물체가 띤 전하의 종류에 관계없이 금속판에 대전체를 가까이 하면 금속박이 벌어진다.	• 대전되지 않은 검전기에 가까이 한 대전체가 띤 전하의 양이 많을수록 금속박이 많이 벌어진다. 대전체의 전하의 양이 많을 때 / 대전체의 전하의 양이 적을 때 전자 이동 / 전자 이동 금속박이 많이 벌어진다. / 금속박이 조금 벌어진다.	• 검전기와 같은 전하를 띤 대전체를 가까이 하면 금속박이 더 벌어진다. • 다른 전하를 띤 대전체를 가까이 하면 금속박이 오므라든다. 검전기와 같은 전하 / 검전기와 다른 전하 (−)전하로 대전된 검전기[❷] 전자 이동 / 전자 이동 금속박이 더 벌어진다. / 금속박이 오므라든다.

⚙ 플러스 강의
화보 2.2

❶ 정전기 유도 현상 및 이용
- 번개 : 구름과 땅 사이에서 전자가 순간적으로 이동하며 빛을 낸다.
- 터치스크린 : 손가락을 화면에 대면 정전기 유도에 의해 작동한다.
- 복사기 : 토너의 검은 탄소 가루가 정전기 유도에 의해 종이에 잘 달라붙는다.
- 공기 청정기 : 공기 중의 작은 먼지를 정전기 유도로 끌어당긴다.

❷ 검전기를 대전시키는 방법
- (+)전하로 대전시키기 : 검전기에 (−)대전체를 가까이 한 상태에서 금속판에 손가락을 접촉한 후 손가락과 대전체를 검전기에서 멀리 한다.

- (−)전하로 대전시키기 : 검전기에 (+)대전체를 가까이 한 상태에서 금속판에 손가락을 접촉한 후 손가락과 대전체를 검전기에서 멀리 한다.

B 정전기 유도

- ☐☐☐ ☐☐ : 전기를 띠지 않은 금속 물체에 대전체를 가까이 할 때 금속의 끝부분이 전하를 띠는 현상
 - 대전체와 가까운 쪽 : 대전체와 ☐☐ 전하로 대전
 - 대전체와 먼 쪽 : 대전체와 ☐☐ 전하로 대전
- ☐☐☐ : 정전기 유도를 이용하여 물체의 대전 여부를 알아보는 기구
 - 금속판 : 대전체와 ☐☐ 전하로 대전
 - 금속박 : 대전체와 ☐☐ 전하로 대전

6 금속에서의 정전기 유도에 대한 설명으로 옳은 것은 ○, 옳지 않은 것은 ×로 표시하시오.

(1) 서로 다른 물체끼리 직접 마찰하거나 접촉시키지 않아도 물체가 전하를 띠도록 할 수 있다. ·· (   )

(2) 대전되지 않은 금속에 (+)대전체를 가까이 하면 금속 내부의 전자들이 전기력을 받아 대전체 쪽으로 이동한다. ······························· (   )

(3) 대전되지 않은 금속에 (−)대전체를 가까이 하면 대전체와 가까운 곳은 (−)전하로 대전된다. ·· (   )

7 오른쪽 그림과 같이 대전되지 않은 금속 막대의 A 부분에 (−)대전체를 가까이 하였다.

(1) 금속 막대의 A, B 부분이 띠는 전하의 종류를 각각 쓰시오.

(2) 대전체와 금속 막대의 A 부분 사이에 작용하는 전기력을 쓰시오.

8 다음 설명에서 (   ) 안에 들어갈 알맞은 말을 고르시오.

> 대전되지 않은 금속 막대에 (+)대전체를 가까이 하면 금속 내부의 ㉠(전자, 원자핵)와/과 대전체 사이에 ㉡(인력, 척력)이 작용하여 전자가 이동한다. 그러므로 대전체와 가까운 쪽은 ㉢((+), (−))전하를 띠고, 대전체와 먼 쪽은 ㉣((+), (−))전하를 띠게 된다.

9 오른쪽 그림과 같이 대전되지 않은 검전기의 금속판에 (+)대전체를 가까이 하였다. (   ) 안에 알맞은 말을 고르시오.

(1) 검전기 내부의 전자가 대전체로부터 ㉠(인력, 척력)을 받아 ㉡(금속판, 금속박)으로 이동한다.

(2) 금속판은 ㉠((+), (−))전하, 금속박은 ㉡((+), (−))전하로 대전된다.

(3) 금속박은 (벌어진다, 오므라든다).

암기콩 대전되는 전하의 종류

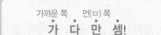
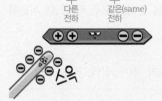

➡ 정전기 유도에 의해 대전체와 가까운 쪽은 대전체와 다른 전하로, 대전체와 먼 쪽은 대전체와 같은 전하로 대전된다.

10 검전기로 알 수 있는 사실로 옳은 것을 보기에서 모두 고르시오.

> 보기
> ㄱ. 물체의 대전 여부   ㄴ. 물체에 대전된 전하의 양 비교
> ㄷ. 물체가 가진 전자의 개수   ㄹ. 물체에 대전된 전하의 종류

마찰 전기를 이용한 정전기 유도 현상 관찰

이 탐구에서는 검전기에서의 정전기 유도 현상을 관찰하여 물체의 대전 여부를 확인한다.

● 정답과 해설 **13**쪽

페이지를
인식하세요!

오투실험실

과정

❶ 마찰하지 않은 플라스틱 막대를 검전기의 금속판에 가까이 가져간 후 금속박의 변화를 관찰한다.

❷ 플라스틱 막대를 털가죽으로 2번~3번 문지르고 플라스틱 막대를 검전기의 금속판에 가까이 가져간 후 금속박의 변화를 관찰한다.

❸ 과정 ❷에서 마찰시킨 털가죽을 검전기의 금속판에 가까이 가져간 후 금속박의 변화를 관찰한다.

플라스틱
막대
금속판
털가죽
금속박

❹ 플라스틱 막대를 털가죽으로 10번 이상 문지르고 플라스틱 막대를 검전기의 금속판에 가까이 가져간 후 금속박의 변화를 관찰한다.

결과

❶ 마찰하지 않은 플라스틱 막대	❷ 2번~3번 마찰한 플라스틱 막대	❸ 2번~3번 마찰한 털가죽	❹ 10번 이상 마찰한 플라스틱 막대
금속박			
금속박의 변화가 없다.	금속박이 벌어진다.	금속박이 벌어진다.	과정 ❷에서보다 금속박이 더 많이 벌어진다.

• 플라스틱 막대를 털가죽으로 마찰하면 두 물체가 서로 다른 전하를 띠게 된다.

• (−)전하를 띠는 플라스틱 막대를 가까이 하면 검전기 내부의 전자를 밀어내고, (+)전하를 띠는 털가죽을 가까이 하면 전자를 끌어당긴다. ➡ 검전기의 금속박은 서로 같은 전하로 대전되어 벌어진다.

• 플라스틱 막대를 털가죽으로 많이 문지를수록 금속박이 더 많이 벌어진다.

정리

1. 전기를 띤 물체를 검전기의 금속판에 가까이 하면 ㉠(   ) 현상이 일어난다.

2. 전기를 띤 물체와 가까운 금속판은 물체와 ㉡(같은, 다른) 전하를 띠고, 물체와 먼 금속박은 물체와 ㉢(같은, 다른) 전하를 띤다. 따라서 금속박 사이에 ㉣(   )이 작용해 금속박이 벌어진다.

3. 대전체가 띤 전하의 양이 ㉤(적을수록, 많을수록) 금속박이 많이 벌어진다.

확인 문제

01 위 실험에 대한 설명으로 옳은 것은 ○, 옳지 <u>않은</u> 것은 ×로 표시하시오.

(1) 과정 ❶에서 플라스틱 막대는 전기를 띠고 있지 않다.
--(   )

(2) 과정 ❷에서 검전기의 금속판은 (−)전하를 띠고, 금속박은 (+)전하를 띤다. ---------------(   )

(3) 과정 ❹에서 검전기의 금속박에는 과정 ❷에서보다 더 많은 전자가 있다. ----------------(   )

02 위 실험의 과정 ❸에서 검전기에 털가죽을 가까이 할 때 금속박의 변화를 다음 단어를 모두 사용하여 서술하시오.

> 금속판, 금속박, 전자, 인력, 척력

_____

_____

대전체를 가까이 하였다가 멀리 하기도 하고, 금속 물체끼리 붙였다가 떨어뜨리기도 하고, 시험에서 정전기 유도 문제는 매우 다양하게 출제돼. 여기서잠깐 에서 시험 문제에 자주 출제되는 유형들을 알아보고 완벽 대비해 보자!

● 정답과 해설 **14**쪽

정전기 유도 응용 문제 정복하기

유형❶ 알루미늄 캔의 대전

대전체를 빈 알루미늄 캔에 가까이 하면 알루미늄 캔 내부의 전자가 이동하여 캔이 대전체 쪽으로 끌려온다.

❶ (−)대전체를 가까이 하면 알루미늄 캔 내부의 전자가 척력을 받아 대전체에서 멀어진다.

❷ 알루미늄 캔에서 대전체와 가까운 쪽은 (+)전하로, 먼 쪽은 (−)전하로 대전된다.

❸ 캔이 대전체 쪽으로 끌려온다. ➡ 인력 작용

유제❶ (+)전하로 대전된 유리 막대를 대전되지 않은 빈 알루미늄 캔에 가까이 할 때 알루미늄 캔의 전하 분포로 가장 옳은 것은?

①   ②   ③

④   ⑤

유형❷ 금속 막대와 은박 구의 대전

금속 막대의 한쪽 끝에 은박 구를 놓고 반대쪽에 대전체를 가까이 하면 은박 구가 금속 막대 쪽으로 끌려온다.

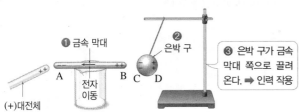

❶ (+)대전체로부터 인력을 받아 금속 막대 내부의 전자가 A 쪽으로 이동한다. A는 (−)전하, B는 (+)전하로 대전된다.

❷ (+)전하로 대전된 금속 막대의 B에 의해 은박 구 내부의 전자가 C 쪽으로 이동한다. 금속 막대의 B와 가까운 C는 (−)전하, 먼 D는 (+)전하로 대전된다.

❸ 은박 구가 금속 막대 쪽으로 끌려온다. ➡ 인력 작용

유제❷ 그림과 같이 대전되지 않은 금속 막대의 한쪽 끝에 은박 구를 놓고 반대쪽에 (−)대전체를 가까이 하였더니 은박 구가 금속 막대 쪽으로 끌려왔다.

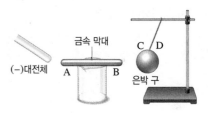

이때 같은 종류의 전하로 대전된 곳끼리 옳게 짝 지은 것은?

① A와 B 　② A와 C 　③ A와 D
④ B와 C 　⑤ C와 D

유형❸ 접촉한 두 금속 구의 대전

접촉한 두 금속 구의 한쪽에 대전체를 가까이 한 상태에서 두 금속 구를 떼어 내고 대전체를 멀리 하면, 두 금속 구는 각각 다른 종류의 전하로 대전된다.

❶ (−)대전체로부터 척력을 받은 금속 구 내부의 전자들이 접촉면을 통해 대전체로부터 먼 곳으로 금속 사이를 이동한다.

❷ 금속 구를 분리하고 대전체를 멀리 하면 이동해 온 전자들이 머물러 있던 금속 구 내부에 갇혀서 두 금속 구는 각각 다른 전하로 대전된다.

유제❸ 오른쪽 그림은 금속 구 A, B를 접촉한 후, 한쪽에 (+)대전체를 가까이 한 모습을 나타낸 것이다. 이 상태에서 A, B를 떼어 낸 후 대전체를 치웠을 때 A, B가 대전된 모습을 그림에 나타내시오.

검전기에 대전체를 가까이 할 때 금속판과 금속박이 어떤 전하를 띠는지, 또 금속박은 벌어지는지 오므라드는지… 약간 복잡하게 느껴지지? 정전기 유도에 의해 전자가 이동하는 방향을 이해한다면 전혀 어렵지 않아. 여기서잠깐을 통해 그 원리를 알아보자!

● 정답과 해설 14쪽

검전기의 대전 원리 정복하기

유형❶ 검전기에 대전체를 가까이 할 때

○ 대전되지 않은 검전기에 (+)대전체를 가까이 할 때

(+)대전체가 전자들을 끌어당겨 금속판이 (−) 전하로 대전된다.

끌려 간다.

전자가 적어진 금속박은 (+)전하로 대전된다.

벌어진다.

○ 대전되지 않은 검전기에 (−)대전체를 가까이 할 때

(−)대전체가 전자들을 밀어내 금속판이 (+)전하로 대전된다.

밀려 난다.

전자가 많아진 금속박은 (−)전하로 대전된다.

벌어진다.

유형❷ 손가락을 검전기에 접촉했을 때

○ (+)대전체를 가까이 했을 때

전자 이동

금속박이 오므라든다.

금속박이 벌어진다.

❶ (+)대전체에 의해 전자가 금속판으로 끌려온다. ➡ 금속박이 벌어진다.

❷ 금속판에 손가락을 대면 (+)대전체가 손에 있는 전자를 끌어당겨 전자들이 검전기로 들어온다. ➡ 금속박이 오므라든다.

❸ 대전체와 손가락을 치우면 검전기는 처음보다 전자가 늘어났으므로 금속판과 금속박이 모두 (−)전하로 대전된다.
➡ 금속박이 벌어진다.

○ (−)대전체를 가까이 했을 때

전자 이동

금속박이 오므라든다.

금속박이 벌어진다.

❶ (−)대전체에 의해 전자가 금속박으로 밀려간다. ➡ 금속박이 벌어진다.

❷ 금속판에 손가락을 대면 (−)대전체가 전자를 밀어내 손가락을 통해 나간다. ➡ 금속박이 오므라든다.

❸ 대전체와 손가락을 치우면 검전기는 처음보다 전자가 줄어들었으므로 금속판과 금속박이 모두 (+)전하로 대전된다.
➡ 금속박이 벌어진다.

유제❶ 오른쪽 그림과 같이 대전되지 않은 검전기에 (−)대전체를 가까이 가져갔을 때 검전기가 띠는 전하를 옳게 짝지은 것은?

대전체

	A	B	C
①	(+)	(+)	(+)
②	(+)	(+)	(−)
③	(+)	(−)	(−)
④	(−)	(+)	(+)
⑤	(−)	(−)	(−)

유제❷ 오른쪽 그림은 대전되지 않은 검전기에 (+)대전체를 가까이 하여 금속박이 벌어진 상태를 나타낸 것이다. 이 상태에서 금속판에 손가락을 댈 때, 생기는 현상을 모두 고르면?(2개)

금속판

대전체

금속박

① 금속박이 오므라든다.

② 금속박이 더 벌어진다.

③ 대전체의 전자가 증가한다.

④ 금속박이 (−)전하로 대전된다.

⑤ 손에서 검전기로 전자가 들어간다.

전국 주요 학교의 **시험**에 **가장 많이 나오는 문제**들로만 구성하였습니다.
모든 친구들이 '꼭' 봐야 하는 코너입니다.

● 정답과 해설 **14쪽**

A 마찰 전기

중요
01 마찰 전기에 대한 설명으로 옳지 <u>않은</u> 것은?

① 서로 다른 물체를 마찰할 때 발생한다.
② 두 물체를 마찰하면 한 물체에서 다른 물체로 원자핵이 이동한다.
③ 전자를 잃은 물체는 (+)전하, 전자를 얻은 물체는 (−)전하로 대전된다.
④ 서로 마찰한 두 물체 사이에는 인력이 작용한다.
⑤ 마찰 전기는 쉽게 다른 곳으로 이동하지 않고 한 곳에 머물러 있기 때문에 정전기라고도 한다.

중요
02 오른쪽 그림과 같이 플라스틱 막대를 털가죽으로 문질렀더니 털가죽이 (+)전하를 띠었다. 이에 대한 설명으로 옳은 것은?

① 마찰 후 플라스틱 막대도 (+)전하를 띤다.
② 전자가 털가죽에서 플라스틱 막대로 이동하였다.
③ 플라스틱 막대에서 털가죽으로 (+)전하가 이동하였다.
④ 마찰 후 두 물체 사이에는 척력이 작용한다.
⑤ 마찰 후 털가죽 내의 (+)전하와 (−)전하의 양은 같다.

중요
03 그림은 두 물체 A, B의 마찰 전후 전하의 분포를 나타낸 것이다.

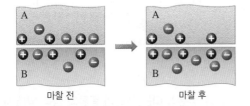

이에 대한 설명으로 옳지 <u>않은</u> 것은?

① 마찰 전 A와 B는 (+)전하를 띤다.
② 마찰에 의해 A에서 B로 전자가 이동한다.
③ 마찰에 의해 A는 전자를 잃고 B는 전자를 얻는다.
④ 마찰 후 A는 (+)전하, B는 (−)전하로 대전된다.
⑤ 마찰 후 B에는 (−)전하의 양이 (+)전하의 양보다 많다.

04 오른쪽 그림은 고무풍선과 고양이 털을 마찰하는 모습이다. ( ) 안에 들어갈 알맞은 말을 옳게 짝 지은 것은?

고양이 털과 고무풍선을 서로 문지르면 털에 있던 ㉠( )가 고무풍선으로 이동한다. 따라서 고양이 털은 ㉡( )전하, 고무풍선은 ㉢( )전하를 띠게 되고, 둘 사이에는 ㉣( )이 작용한다.

	㉠	㉡	㉢	㉣
①	전자	(+)	(−)	인력
②	전자	(+)	(+)	척력
③	전자	(−)	(+)	인력
④	원자핵	(−)	(−)	척력
⑤	원자핵	(+)	(−)	인력

[05~06] 다음은 여러 가지 물질이 대전되는 정도를 나타낸 것이다.

(+) 털가죽−유리−명주−고무−플라스틱 (−)

05 이에 대한 설명으로 옳지 <u>않은</u> 것은?

① 가장 전자를 잃기 쉬운 물체는 털가죽이다.
② 고무와 명주를 마찰하면 고무는 전자를 잃는다.
③ 유리와 명주를 마찰하면 유리는 (+)전하를 띤다.
④ 유리와 털가죽을 마찰하면 유리는 (−)전하를 띤다.
⑤ 털가죽과 플라스틱을 마찰하면 플라스틱은 (−)전하를 띤다.

06 실에 매단 두 고무풍선을 각각 털가죽으로 문지른 후 서로 가까이 할 때의 모습을 옳게 나타낸 것은?

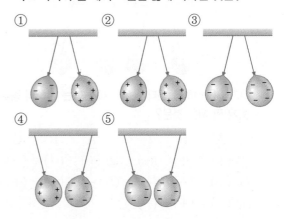

☆중요
07 마찰 전기에 의한 현상이 <u>아닌</u> 것은?

① 걸을 때 치마가 스타킹에 달라붙는다.

② 먼지떨이에 먼지가 달라붙는다.

③ 메모 자석이 칠판에 달라붙는다.

④ 스웨터를 벗을 때 '지지직'하는 소리가 난다.

⑤ 머리를 빗을 때 머리카락이 빗에 달라붙는다.

08 그림과 같이 두 개의 고무풍선을 실에 묶어 매단 후 털 가죽으로 두 고무풍선을 모두 문질렀다.

고무풍선

털가죽

이에 대한 설명으로 옳은 것을 보기에서 모두 고른 것은?

┌ 보기 ├
ㄱ. 마찰 후 두 고무풍선은 서로 밀어낸다.

ㄴ. 마찰 후 두 고무풍선은 모두 (+)전하를 띤다.

ㄷ. 마찰하는 동안 털가죽에서 고무풍선으로 전자가 이동한다.

ㄹ. 마찰 후 두 고무풍선 사이에는 전기력이 작용 한다.

① ㄱ, ㄴ   ② ㄴ, ㄷ   ③ ㄱ, ㄴ, ㄷ

④ ㄱ, ㄷ, ㄹ   ⑤ ㄴ, ㄷ, ㄹ

☆중요
09 그림은 대전된 네 물체 A~D를 실에 매달아 놓은 모 습을 나타낸 것이다.

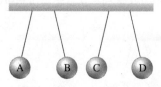

D가 (+)전하를 띤다면, A~C가 띠는 전하의 종류를 옳게 짝 지은 것은?

	A	B	C		A	B	C
①	(+)	(+)	(+)	②	(+)	(−)	(+)
③	(+)	(−)	(−)	④	(−)	(−)	(−)
⑤	(−)	(+)	(−)				

☆중요
10 플라스틱 빨대 A와 B를 털가죽으로 각각 문지른 후 오른쪽 그림과 같이 B 를 A에 가까이 가져갔다. 이에 대한 설명으로 옳지 <u>않은</u> 것은?

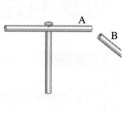

① 마찰 후 빨대 A는 대전된다.

② 빨대 A와 B 사이에는 척력이 작용한다.

③ 실험을 통해 마찰 전기를 확인할 수 있다.

④ 빨대 A와 B는 같은 종류의 전하로 대전된다.

⑤ 털가죽으로 문지른 빨대 A에 털가죽을 가까이 하 면 A가 밀려난다.

B 정전기 유도

11 정전기 유도에 대한 설명으로 옳은 것은?

① 원자핵의 이동 때문에 일어난다.

② 대전체와 가까운 쪽은 항상 (−)전하로 대전된다.

③ 대전체에서 먼 쪽은 대전체와 같은 종류의 전하로 대전된다.

④ (+)대전체를 금속 막대에 가까이 하면 금속 막대 는 전체적으로 (−)전하로 대전된다.

⑤ 대전체를 대전되지 않은 금속 물체에 가까이 하면 두 물체 사이에 척력이 작용한다.

☆중요
12 그림과 같이 대전되지 않은 금속 막대의 A 부분에 (+)대전체를 가까이 하였다.

금속 막대

(+)대전체

A, B 부분이 띠는 전하의 종류와 금속 막대 내부에서 전자의 이동 방향을 옳게 짝 지은 것은?

	A	B	전자의 이동 방향
①	(+)	(−)	A → B
②	(+)	(−)	B → A
③	(−)	(+)	A → B
④	(−)	(+)	B → A
⑤	(−)	(+)	이동하지 않는다.

13 오른쪽 그림과 같이 대전되지 않은 은박 구를 실에 매단 후 한쪽 끝에 (−)대전체를 가까이 하였다. 이때 은박 구의 대전 상태와 움직임을 옳게 나타낸 것은?

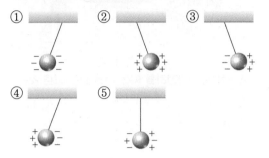

중요

14 그림과 같이 대전되지 않은 금속 막대의 A 부분에 (−)전하로 대전된 유리 막대를 가까이 하였다.

이에 대한 설명으로 옳은 것을 보기에서 모두 고른 것은?

┌ 보기 ┐
ㄱ. 금속 막대의 A와 B 부분은 서로 다른 전하를 띤다.
ㄴ. 금속 막대 내부의 전자가 유리 막대로 이동한다.
ㄷ. 금속 막대 내부의 전자 수가 증가한다.
└────────┘

① ㄱ   ② ㄴ   ③ ㄷ
④ ㄱ, ㄴ   ⑤ ㄴ, ㄷ

중요

15 오른쪽 그림과 같이 대전되지 않은 빈 알루미늄 캔에 (+)대전체를 가까이 하였다. 알루미늄 캔에 일어나는 현상으로 옳은 것은?

① 알루미늄 캔의 A 부분은 (−)전하로 대전된다.
② 알루미늄 캔의 B 부분은 (+)전하로 대전된다.
③ 알루미늄 캔에서 B에 있던 전자가 A로 이동한다.
④ 알루미늄 캔에서 B에 있던 원자핵이 A로 이동한다.
⑤ 알루미늄 캔은 (+)대전체 쪽으로 끌려간다.

중요

16 그림과 같이 대전되지 않은 금속 막대와 은박 구를 장치한 후 (−)대전체를 금속 막대의 A 부분에 가까이 하였다.

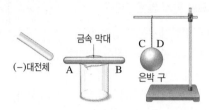

이때 은박 구의 C, D 부분에 대전된 전하의 종류와 은박 구가 움직이는 방향을 옳게 짝 지은 것은?

	C	D	은박 구의 방향
①	(+)	(−)	←
②	(+)	(−)	→
③	(−)	(+)	←
④	(−)	(+)	→
⑤	(−)	(−)	←

중요

17 그림은 대전되지 않은 금속 막대의 한쪽 끝에 대전체를 가까이 한 후, (−)전하로 대전된 고무풍선을 금속 막대의 다른 쪽 끝에 가까이 한 결과를 나타낸 것이다.

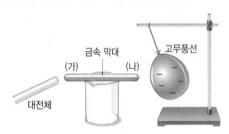

이에 대한 설명으로 옳지 <u>않은</u> 것은?

① 금속 막대와 고무풍선 사이에 척력이 작용한다.
② 금속 막대의 (가) 부분은 (+)전하를 띤다.
③ 금속 막대의 (나) 부분은 (−)전하를 띤다.
④ 대전체는 (+)전하를 띤다.
⑤ 금속 막대에서 전자는 (가)→(나)로 이동한다.

18 정전기 유도를 이용한 예를 보기에서 모두 고른 것은?

┌ 보기 ┐
ㄱ. 복사기   ㄴ. 터치스크린
ㄷ. 공기 청정기   ㄹ. 냉장고 자석
└────────┘

① ㄱ, ㄴ   ② ㄱ, ㄹ   ③ ㄴ, ㄹ
④ ㄱ, ㄴ, ㄷ   ⑤ ㄴ, ㄷ, ㄹ

✦중요 탐구 a 52쪽
19 오른쪽 그림과 같이 대전되지 않은 검전기의 금속판에 (+)대전체를 가까이 하였다. 이에 대한 설명으로 옳지 <u>않은</u> 것은?

금속판
대전체
금속박

① 정전기 유도가 일어난다.
② 금속판은 (−)전하를 띤다.
③ 대전체를 가까이 한 채로 금속판에 손가락을 대면 손의 전자가 검전기로 들어올 것이다.
④ 전자는 금속박에서 금속판으로 이동한다.
⑤ 금속박은 오므라든다.

20 오른쪽 그림은 대전되지 않은 검전기의 금속판에 어떤 물체를 가까이 했을 때 금속판이 (+)전하로 대전된 모습을 나타낸 것이다. 이에 대한 설명으로 옳은 것을 보기에서 모두 고른 것은?

금속판
금속박

┌ 보기 ┐
ㄱ. 금속박은 (−)전하로 대전된다.
ㄴ. 검전기에 가까이 한 물체는 대전되지 않은 물체이다.
ㄷ. 검전기 내부의 전자는 금속판에서 금속박 쪽으로 이동했다.

① ㄱ
② ㄴ
③ ㄷ
④ ㄱ, ㄷ
⑤ ㄴ, ㄷ

✦중요
21 대전되지 않은 검전기의 금속판에 (−)대전체를 가까이 할 때의 모습으로 옳은 것은?

① ② ③
④ ⑤

✦중요
22 그림과 같이 (+)전하로 대전된 유리 막대를 대전되지 않은 금속 막대의 한쪽 끝에 가까이 하고, 다른 한쪽 끝에는 대전되지 않은 검전기를 두었다.

금속 막대
유리 막대
A   B   C
금속박
D

A~D 중 (−)전하를 띠는 것을 모두 고른 것은?
① A, B
② A, C
③ A, D
④ B, C
⑤ B, D

23 그림과 같이 대전되지 않은 금속 막대의 한쪽 끝에 털가죽으로 문지른 플라스틱 막대를 가까이 하고, 다른 한쪽 끝에는 대전되지 않은 검전기를 두었더니 금속박이 움직였다.

플라스틱 막대 A   B   금속 구
C
금속 막대
금속박
D

이에 대한 설명으로 옳지 <u>않은</u> 것은?
① A는 (+)전하를, B는 (−)전하를 띤다.
② C는 (+)전하를 띠게 된다.
③ 금속 막대에서 전자는 A에서 B로 이동한다.
④ 금속박에서 금속 구로 전자가 이동하여 금속박이 오므라든다.
⑤ B와 D는 플라스틱 막대와 같은 전하를 띤다.

24 오른쪽 그림과 같이 (+)전하로 대전된 검전기에 (+)전하로 대전된 유리 막대를 가까이 가져갔다. 이때 금속박의 변화와 전자의 이동 방향을 옳게 짝 지은 것은?

금속판
유리 막대
금속박

	금속박의 변화	전자의 이동
①	더 벌어진다.	금속판 → 금속박
②	더 벌어진다.	금속박 → 금속판
③	오므라든다.	금속판 → 금속박
④	오므라든다.	금속박 → 금속판
⑤	변화 없다.	이동하지 않는다.

서술형 문제

25 그림은 고무풍선과 명주 헝겊을 마찰하기 전과 후의 상태를 나타낸 것이다.

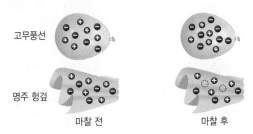

고무풍선

명주 헝겊

마찰 전　　　　　마찰 후

(1) 마찰 후 고무풍선과 명주 헝겊이 띠는 전하의 종류를 쓰시오.

• 고무풍선 :　　　　　• 명주 헝겊 :

(2) 두 물체가 (1)과 같이 전하를 띠는 까닭을 서술하시오.

☆중요
26 그림과 같이 대전되지 않은 금속 막대의 (가) 부분에 (−)전하로 대전된 유리 막대를 가까이 하였다.

금속 막대

(가)　　　(나)

유리 막대

금속 막대의 (가), (나) 부분이 띠는 전하의 종류를 전자의 이동 방향과 함께 서술하시오.

☆중요
27 오른쪽 그림은 대전되지 않은 빈 알루미늄 캔에 대전된 플라스틱 막대를 가까이 하는 모습을 나타낸 것이다.

플라스틱 막대

B

A

알루미늄 캔

(1) 알루미늄 캔은 A, B 중 어느 방향으로 움직이는지 쓰시오.

(2) 알루미늄 캔이 움직인 까닭을 서술하시오.

01 표는 대전된 물체 A, B, C, D 사이에 작용하는 힘을 나타낸 것이다.

대전체	A와 B	A와 C	B와 D
힘	인력	인력	척력

같은 종류의 전하로 대전된 물체끼리 옳게 짝 지은 것은?

① A, B　　　② A, C　　　③ A, B, C

④ A, B, D　　　⑤ B, C, D

02 오른쪽 그림은 대전되지 않은 두 은박 구 A, B를 접촉한 상태에서 B에 (−)대전체를 가까이 한 모습을 나타낸 것이다. 이에 대한 설명으로 옳은 것은?

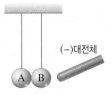

(−)대전체

A B

① 전자는 A → B로 이동한다.

② B와 대전체 사이에 밀어내는 힘이 작용한다.

③ A와 B를 떼어놓은 후 대전체를 멀리 하면 A와 B 사이에 밀어내는 힘이 작용한다.

④ A와 B를 떼어놓은 후 대전체를 멀리 하면 A는 (−)전하를 띤다.

⑤ A와 B를 떼어놓은 후 대전체를 멀리 했을 때 B 내부의 전자의 수는 대전되기 전과 같다.

03 그림 (가)와 같이 대전되지 않은 검전기에 (+)대전체를 가까이 한 후, (나)와 같이 금속판에 손가락을 대었다. 그 후 (다)와 같이 대전체와 손가락을 동시에 치웠다.

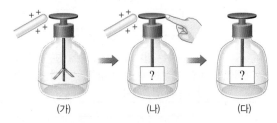

(가)　　　(나)　　　(다)

이에 대한 설명으로 옳지 <u>않은</u> 것은?

① (가)에서 금속박은 (+)전하를 띤다.

② (나)에서 손가락을 통해 전자가 검전기로 들어온다.

③ (나)에서 금속박은 오므라든다.

④ (다)에서 금속박은 다시 벌어진다.

⑤ (다)에서 검전기는 전체적으로 (+)전하를 띤다.

02 전류, 전압, 저항

A 전류와 전압

1 전류(I) 전하의 흐름 [단위 : A(암페어)] ❶

① 전류의 방향 : 전자의 이동 방향과 반대 ❷
- 전자의 이동 방향 : 전지의 (−)극 → 전지의 (+)극
- 전류의 방향 : 전지의 (+)극 → 전지의 (−)극

② 전기 회로의 도선 내부에서 전자의 운동

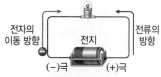

▲ 전자의 이동 방향과 전류의 방향

전류가 흐르지 않을 때	전류가 흐를 때
전자들이 여러 방향으로 불규칙하게 움직인다.	전자가 전지의 (−)극에서 (+)극으로 이동한다.

2 전압(V) 전기 회로에서 전류를 흐르게 하는 능력 [단위 : V(볼트)]

3 물의 흐름과 전기 회로의 비유 펌프로 물을 끌어올리면 물의 높이 차이 때문에 생긴 수압에 의해 물이 흐르듯이 전기 회로에서는 전지의 전압에 의해 전류가 흐른다.

물의 흐름		전기 회로
펌프	전지	
밸브	스위치	
물의 높이 차	전압	
물의 흐름	전류	
물레방아	전구	
수도관	도선	

[화보 2.3]
4 전류계와 전압계 전류의 세기와 전압의 크기를 측정하는 도구

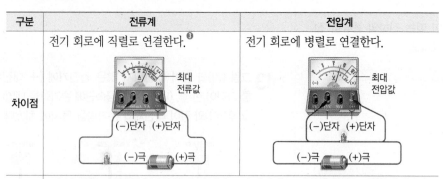

구분	전류계	전압계
차이점	전기 회로에 직렬로 연결한다. ❸ 최대 전류값 (−)단자 (+)단자 (−)극 (+)극	전기 회로에 병렬로 연결한다. 최대 전압값 (−)단자 (+)단자 (−)극 (+)극
공통점	• (+)단자는 전지의 (+)극 쪽에 연결하고, (−)단자는 전지의 (−)극 쪽에 연결한다. • 값을 예상할 수 없는 경우, (−)단자 중 최대 전류값 또는 최대 전압값이 가장 큰 단자부터 연결한다. ❹	

[전류계의 눈금 읽기]

• 전기 회로에 연결된 (−)단자에 해당하는 눈금을 읽는다.

(−)단자	측정값
❶ 50 mA에 연결했을 때	30 mA
❷ 500 mA에 연결했을 때	300 mA
❸ 5 A에 연결했을 때	3 A

• 전압계의 눈금도 같은 방법으로 읽는다.

플러스 강의

내 교과서 확인 | 미래엔

❶ 전류의 세기
1 A는 1초 동안 도선의 한 단면을 6.25×10^{18}개의 전자가 통과할 때의 전류의 세기이다.

❷ 전자의 이동 방향과 전류의 방향이 반대인 까닭
과학자들은 전자의 존재를 알기 전에 전류의 방향을 (+)극 → (−)극으로 정하였다. 그 후 전류는 전자의 흐름이고, 전자는 (−)극 → (+)극 방향으로 이동한다는 사실이 밝혀졌지만 전류의 방향을 그대로 사용하기로 하였다. 이에 따라 전류의 방향과 전자의 이동 방향이 반대가 된 것이다.

❸ 전류계와 전압계의 연결
측정하고자 하는 곳에 전류계는 저항과 직렬로, 전압계는 저항과 병렬로 연결 한다.

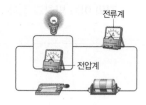

❹ 전류계를 잘못 연결했을 때
• (+)단자와 (−)단자를 반대로 연결할 때 : 바늘이 0보다 왼쪽으로 회전하므로 전류의 세기를 정확하게 측정할 수 없다.
• 최대 전류값이 작은 (−)단자부터 연결했을 때 : 예상보다 큰 전류가 흐르면 바늘이 측정할 수 있는 범위를 넘어가므로 전류의 세기를 측정할 수 없다.
[전압계] 전압계의 경우도 잘못 연결하면 같은 현상이 나타난다.

A 전류와 전압

- □□ : 전하의 흐름 [단위 : □(암페어)]
  - □□의 이동 방향 : 전지의 (−)극 → (+)극
  - □□의 방향 : 전지의 (+)극 → (−)극
- □□ : 전기 회로에서 전류를 흐르게 하는 능력 [단위 : □(볼트)]
- □□□ : 전류의 세기를 측정하는 기구
- □□□ : 전압의 크기를 측정하는 기구
- 전기 회로에 전류계는 □□로, 전압계는 □□로 연결한다.

1 오른쪽 그림은 전구가 연결된 전기 회로에서 전류가 흐르는 모습을 나타낸 것이다. ( ) 안에 알맞은 말을 고르시오.

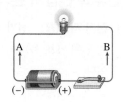

(1) 전자의 이동 방향은 (A, B)이다.
(2) 전류의 방향은 (A, B)이다.

2 오른쪽 그림은 도선 속에서 전자들이 운동하는 모습을 나타낸 것이다. ( ) 안에 알맞은 말을 고르시오.

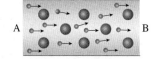

(1) 전류가 (흐르는, 흐르지 않는) 상태이다.
(2) A는 전지의 ㉠((+), (−))극 쪽에, B는 전지의 ㉡((+), (−))극 쪽에 연결되어 있다.

3 그림 (가)는 물의 흐름을, 그림 (나)는 전기 회로를 나타낸 것이다. (가), (나)에서 역할이 비슷한 것끼리 선으로 연결하시오.

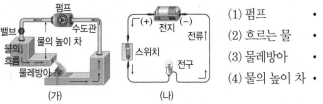

(1) 펌프 • • ㉠ 전압
(2) 흐르는 물 • • ㉡ 전구
(3) 물레방아 • • ㉢ 전류
(4) 물의 높이 차 • • ㉣ 전지

4 다음은 전류계와 전압계에 대한 설명이다. ( ) 안에 알맞은 말을 고르시오.

(1) 전류계는 전기 회로에 (직렬, 병렬)로 연결한다.
(2) 전류계와 전압계의 (+)단자는 전지의 ((+)극, (−)극) 쪽에 연결한다.
(3) 값을 예상할 수 없는 전류를 측정할 때는 전류계의 (−)단자 중 최대 전류값이 가장 (큰, 작은) 단자에 먼저 연결한다.

5 오른쪽 그림은 어떤 회로에 연결된 전류계와 전압계의 모습을 나타낸 것이다. 회로에 흐르는 전류의 세기와 전압의 크기를 구하시오.

(1) 전류의 세기 : ( ) A
(2) 전압의 크기 : ( ) V

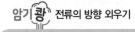 전류의 방향 외우기

전류의 방향을 풀어주마!
(+)극 → (−)극

B 전류와 전압의 관계

1 전기 저항(R) 전기 회로에서 전류가 흐르는 것을 방해하는 정도

① 단위 : Ω(*옴) ➡ 1 Ω은 1 V의 전압을 걸었을 때 1 A의 전류가 흐르는 도선의 저항이다.

② 전기 저항이 생기는 까닭 : 전류가 흐를 때 전자들이 이동하면서 원자와 충돌하기 때문

2 전기 저항을 변화시키는 요인

① 물질의 종류 : 물질마다 원자의 배열 상태가 달라 원자와 전자가 충돌하는 정도가 다르기 때문에 전기 저항이 달라진다.❶

② 도선의 길이와 단면적 : 전기 저항은 물질의 길이에 *비례하고, 단면적에 *반비례한다.

물질의 길이에 따라	물질의 단면적에 따라

길이가 길수록 전자가 도선을 지날 때 원자와의 충돌 횟수가 많아지므로 전류가 흐르는 것을 방해한다. ➡ 저항이 크다.	단면적이 넓을수록 도선의 단면을 통과하는 전자의 수가 많아지므로 전류가 잘 흐를 수 있다. ➡ 저항이 작다.
﹝예﹞ 1 m ⎯ A ⎯ 1 mm² / 2 m ⎯ B ⎯ 1 mm²	﹝예﹞ 1 m ⎯ A ⎯ 1 mm² / 1 m ⎯ B ⎯ 2 mm²
A, B의 재질과 단면적이 같고, 길이는 B가 A의 2배 ➡ B의 저항이 A의 2배	A, B의 재질과 길이가 같고, 단면적은 B가 A의 2배 ➡ B의 저항이 A의 $\frac{1}{2}$ 배

3 옴의 법칙 전류의 세기(I)는 전압(V)에 비례하고, 저항(R)에 반비례한다.❷ ﹝탐구 **a** 66쪽﹞

$$\text{전류의 세기(A)} = \frac{\text{전압(V)}}{\text{저항(Ω)}}$$

$$\Rightarrow I = \frac{V}{R}, \ V = IR, \ R = \frac{V}{I}$$

전류와 전압의 관계	전압과 저항의 관계	전류와 저항의 관계
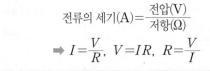		
저항 : 일정, 전류∝전압 ($I \propto V$)	전류 : 일정, 전압∝저항 ($V \propto R$)	전압 : 일정, 전류 $\propto \frac{1}{\text{저항}}$ $\left(I \propto \frac{1}{R} \right)$
저항이 일정할 때 전류와 전압은 비례한다.	전류가 일정할 때 전압과 저항은 비례한다.	전압이 일정할 때 전류와 저항은 반비례한다.

[전압에 따른 전류의 그래프] ﹝여기서 **잠깐** 67쪽﹞

그래프 위의 한 점을 이용하여 저항 값을 구할 수 있다.

﹝예﹞ • (가) : 전압이 2 V일 때 전류의 세기는 2 A이므로 저항의 크기

$R = \dfrac{V}{I} = \dfrac{2\,V}{2\,A} = 1\ \Omega$이다.

• (나) : 전압이 2 V일 때 전류의 세기는 1 A이므로 저항의 크기

$R = \dfrac{V}{I} = \dfrac{2\,V}{1\,A} = 2\ \Omega$이다.

• 그래프의 기울기 = $\dfrac{\text{세로축}}{\text{가로축}} = \dfrac{\text{전류}}{\text{전압}} = \dfrac{1}{\text{저항}}$ 과 같다.

➡ 기울기가 클수록 저항이 작으므로 (가)는 (나)보다 저항이 작다.

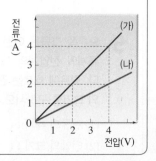

⊕ 플러스 강의

❶ 물질의 종류에 따른 전기 저항

물질의 길이와 단면적이 같더라도 물질의 종류가 다르면 전기 저항이 다르다.

• 도체 : 저항이 작아 전류가 잘 흐르는 물질
  ﹝예﹞ 금, 은, 구리 등의 금속
• 절연체 : 저항이 커서 전류가 잘 흐르지 않는 물질
  ﹝예﹞ 유리, 플라스틱, 종이 등

❷ 전류, 전압, 저항의 기호와 단위

전류, 전압, 저항의 기호는 영단어 첫 글자를 이탤릭체로, 단위는 과학자 이름의 첫 글자를 정체로 표기한다.

구분	기호	단위
전류	I(Intensity)	A(암페어)
전압	V(Voltage)	V(볼트)
저항	R(Resistance)	Ω(옴)

용어 돋보기 🔍

* **옴(Ohm, G. S.)**_독일의 과학자로 옴의 법칙을 발견하였다. 저항의 단위(Ω)는 이 사람의 이름에서 유래되었다.

* **비례**_한쪽의 양이 2배, 3배, …로 증가하면 그와 관련 있는 다른 쪽의 양도 2배, 3배, …로 증가하는 관계. A와 B가 비례할 때 A∝B로 표현한다.

* **반(反 반대)비례**_한쪽 양이 2배, 3배, …로 증가하면 그와 관련 있는 다른 쪽의 양이 $\frac{1}{2}$배, $\frac{1}{3}$배, …로 감소하는 관계. A와 B가 반비례할 때 A∝$\frac{1}{B}$로 표현한다.

B 전류와 전압의 관계

· □□□□ : 전류의 흐름을 방해
하는 정도 [단위 : □(옴)]

· 전기 저항은 물질의 □□에 비례
하고, □□□에 반비례한다.

· □□ □□ : 도선에 흐르는 전류
의 세기는 전압에 비례하고, 저항에
반비례한다.

┌─────────────────┐
│ 전류의 세기= □□ │
│   저항   │
└─────────────────┘

6 전기 저항에 대한 설명으로 옳은 것은 ○, 옳지 않은 것은 ×로 표시하시오.

(1) 전자가 이동하면서 원자와 충돌하기 때문에 생긴다. ┈┈┈┈┈┈┈┈┈ (   )

(2) 물질의 단면적이 같을 때 길이가 길수록 전기 저항이 크다. ┈┈┈┈┈ (   )

(3) 물질의 길이가 같을 때 단면적이 넓을수록 전기 저항이 크다. ┈┈┈┈ (   )

7 그림은 같은 재질로 만들어진 도선 A, B를 나타낸 것이다.

도선 B의 저항은 도선 A의 저항의 몇 배인지 구하시오.

8 오른쪽 그림은 전압이 1.5 V인 전지에 저항이 150 Ω인 전구를 연결한 회로를 나타낸 것이다. 이 회로에 흐르는 전류의 세기는 몇 mA인지 구하시오.

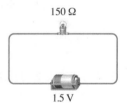

9 오른쪽 그림은 전지에 저항이 100 Ω인 전구를 연결한 회로를 나타낸 것이다. 이때 전류계의 눈금이 100 mA를 가리켰다면, 전지의 전압은 몇 V인지 구하시오.

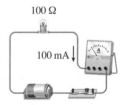

암기쿵 옴의 법칙 외우기

다음과 같이 그리고 외운다.

$I = \dfrac{V}{R}$

$R = \dfrac{V}{I}$

$V = IR$

10 오른쪽 그림은 어떤 저항에 걸어 준 전압에 따른 전류의 세기를 나타낸 것이다. 이 저항의 크기는 몇 Ω인지 구하시오.

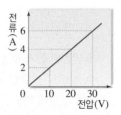

02 전류, 전압, 저항

C 저항의 연결

1 저항의 직렬연결과 병렬연결

구분	저항의 직렬연결	저항의 병렬연결
회로도❶	(회로도)	(회로도)
전류의 세기	각각의 저항에 흐르는 전류의 세기는 전체 전류의 세기와 같다. $I=I_1=I_2$	저항의 크기에 반비례하여 전체 전류가 나누어 흐른다. $I_1=\dfrac{V}{R_1},\ I_2=\dfrac{V}{R_2}$
전압	전체 전압이 각 저항에 비례하여 나누어 걸린다. $V_1=IR_1,\ V_2=IR_2$	각각의 저항에 걸리는 전압은 전체 전압과 같다. $V=V_1=V_2$
저항❷	저항을 많이 연결할수록 전체 저항이 증가한다. ➡ 전체 전류는 감소한다.	저항을 많이 연결할수록 전체 저항이 감소한다. ➡ 전체 전류는 증가한다.
	저항 하나의 연결이 끊어지면 회로 전체에 전류가 흐르지 않는다.	저항 하나의 연결이 끊어져도 다른 저항에는 전류가 계속 흐른다.
전구의 밝기❸	전구를 1개만 연결했을 때보다 어두워진다.	전구를 1개만 연결했을 때와 밝기가 같다.

2 직렬연결과 병렬연결의 사용

① 직렬연결의 사용

퓨즈	화재 감지 장치	장식용 전구
(그림)	(그림) 화재가 발생했을 때	(그림)
과도하게 센 전류가 흐르면 퓨즈가 끊어져 회로에 전류가 흐르지 못하도록 한다.	금속이 열을 받아 휘어지면 끊어져 있던 회로가 연결되어 경보 장치가 작동한다.	모든 전구가 함께 작동하며, 하나가 고장나면 모든 전구에 불이 들어오지 않는다.

② 병렬연결의 사용❹

멀티탭	건물의 전기 배선	가로등
(그림) 220 V 220 V 220 V	(그림)	(그림)
각 전기 기구에 220 V의 같은 전압이 걸린다.	전기 기구를 각각 따로 켜거나 끌 수 있다.	가로등 하나가 고장나도 나머지에 영향을 미치지 않는다.

③ 안전한 전기 사용 : 한 콘센트에 여러 전기 기구를 동시에 연결하여 사용하지 않는다.
➡ 병렬로 연결한 전기 기구가 많아질수록 전체 저항이 감소하고 전체 전류가 증가하는데 전선에 과도한 전류가 흐르면 화재가 날 위험이 있기 때문이다.

플러스 강의

내 교과서 확인 | 미래엔

❶ 여러 가지 전기 기구의 기호

전기 회로는 기호를 사용하여 간단하게 나타내기도 한다.

이름	전지	저항	전구
기호	(−)┤├(+)	⌇⌇⌇	⊗
이름	스위치	전류계	전압계
기호	╱	Ⓐ	Ⓥ

❷ 직렬연결과 병렬연결일 때 전체 저항 R의 변화

- 저항을 직렬로 연결하면 저항의 길이가 길어지는 효과가 있다.
  ➡ 전체 저항이 증가한다.
  ➡ $R=R_1+R_2$
- 저항을 병렬로 연결하면 저항의 단면적이 넓어지는 효과가 있다.
  ➡ 전체 저항이 감소한다.
  ➡ $\dfrac{1}{R}=\dfrac{1}{R_1}+\dfrac{1}{R_2}$

❸ 전구의 밝기가 다른 까닭

직렬로 전구를 추가하여 연결하면 전구 하나에 걸리는 전압이 작아지고, 전체 저항이 증가해 전류의 세기도 감소하므로 밝기가 어두워진다. 그러나 병렬로 전구를 추가하여 연결할 때는 전구 하나에 걸리는 전압의 크기가 변하지 않고, 전류의 세기도 변하지 않아 밝기는 그대로 유지된다.

❹ 병렬연결의 장점

병렬연결된 저항의 수에 관계없이 각 저항에는 같은 전압이 걸린다.

이는 하나의 저항을 제거하더라도, 병렬연결된 다른 저항에 걸리는 전압에는 변함이 없다는 것을 의미한다.

• 저항 R_1과 R_2가 직렬연결되어 있을 때, 각 저항에 흐르는 □□의 세기는 일정하다.

• 직렬연결한 저항이 많아질수록 전체 저항이 (증가, 감소)한다.

• 저항 R_1과 R_2가 병렬연결되어 있을 때, 각 저항에 걸리는 □□의 크기는 일정하다.

• 병렬연결한 저항이 많아질수록 전체 저항이 (증가, 감소)한다.

• 가정에서 전기 기구의 연결 : 전기 기구들은 □□연결되어 있다.

11 저항의 직렬연결에 대한 설명에는 '직', 병렬연결에 대한 설명에는 '병'을 쓰시오.

(1) 각 저항에 걸리는 전압은 같다. ⋯⋯⋯⋯⋯⋯⋯⋯⋯⋯⋯⋯⋯⋯⋯ (　　　)

(2) 각 저항에 흐르는 전류의 세기는 같다. ⋯⋯⋯⋯⋯⋯⋯⋯⋯⋯⋯⋯⋯ (　　　)

(3) 연결하는 저항의 수가 증가할수록 전체 저항이 커진다. ⋯⋯⋯⋯⋯ (　　　)

(4) 연결하는 저항의 수가 증가할수록 전체 저항이 작아진다. ⋯⋯⋯⋯ (　　　)

12 오른쪽 그림과 같이 3 Ω과 6 Ω의 두 저항을 직렬연결하고 18 V의 전압을 걸어 주었다. 이때 전기 회로에 흐르는 전체 전류의 세기가 2 A이다. (　　　) 안에 알맞은 값을 구하시오.

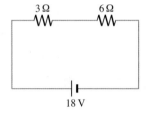

(1) 두 저항이 직렬연결되어 있으므로 3 Ω과 6 Ω인 저항에 흐르는 전류의 세기는 (　　　)A로 같다.

(2) 3 Ω에 걸리는 전압은 ㉠(　　　) A × ㉡(　　　) Ω = ㉢(　　　) V이다.

(3) 3 Ω인 저항과 6 Ω인 저항에 걸리는 전압의 비는 (　　　)이다.

13 오른쪽 그림과 같이 3 Ω과 6 Ω의 두 저항을 병렬연결하고 6 V의 전압을 걸어 주었다. (　　　) 안에 알맞은 값을 구하시오.

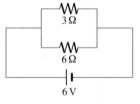

(1) 두 저항이 병렬연결되어 있으므로 3 Ω과 6 Ω인 저항에 걸리는 전압은 (　　　)V로 같다.

(2) 3 Ω에 흐르는 전류의 세기는 $\dfrac{㉠(　　　)\ V}{㉡(　　　)\ Ω}$ = ㉢(　　　) A이다.

(3) 3 Ω인 저항과 6 Ω인 저항에 흐르는 전류의 비는 (　　　)이다.

14 다음 중 전기 회로에서 병렬연결하여 사용하는 것을 모두 고르시오.

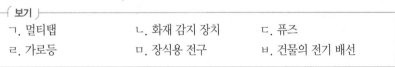

┌ 보기 ┐
ㄱ. 멀티탭　　　　　ㄴ. 화재 감지 장치　　　ㄷ. 퓨즈
ㄹ. 가로등　　　　　ㅁ. 장식용 전구　　　　ㅂ. 건물의 전기 배선

15 가정에서 사용하는 전기 기구의 연결에 대한 설명으로 옳은 것은 ○, 옳지 <u>않은</u> 것은 × 로 표시하시오.

(1) 가정에서 사용하는 전기 기구들은 병렬연결되어 있다. ⋯⋯⋯⋯⋯ (　　　)

(2) 연결한 전기 기구마다 각각 다른 전압이 걸린다. ⋯⋯⋯⋯⋯⋯⋯ (　　　)

(3) 모든 전기 기구에는 같은 세기의 전류가 흐른다. ⋯⋯⋯⋯⋯⋯⋯ (　　　)

(4) 전기 기구를 한 개만 사용할 때에도 모든 전기 기구의 전원을 켜야 한다. (　　　)

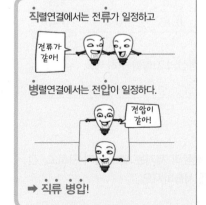

암기광 **저항의 연결에서 일정한 값 외우기**

<u>직</u>렬연결에서는 <u>전류</u>가 일정하고

전류가 같아

<u>병</u>렬연결에서는 <u>전압</u>이 일정하다.

전압이 같아

➡ **직류 병압!**

탐구 a 전압과 전류의 관계

이 탐구에서는 전기 회로에서 전압을 변화시킬 때 전류의 세기를 측정하여 전압과 전류의 관계를 알아본다.

● 정답과 해설 **18**쪽

과정

❶ 그림과 같이 전원 장치, 전류계, 긴 니크롬선, 전압계를 연결한다.

❷ 전원 장치를 조절하여 전압을 1.5 V씩 높이면서 전류의 세기를 측정한다.

❸ 과정 ❶의 회로에서 긴 니크롬선 대신 짧은 니크롬선으로 바꾸어 과정 ❷를 반복한다.

◎ 니크롬선의 길이와 저항
물질의 길이가 길수록 전기 저항이 커지므로 긴 니크롬선은 짧은 니크롬선보다 저항이 크다.

결과

긴 니크롬선과 짧은 니크롬선에 걸리는 전압에 따른 전류의 세기를 그래프로 나타낸다.

전압(V)		1.5	3	4.5	6
전류의 세기 (mA)	긴 니크롬선	50	100	150	200
	짧은 니크롬선	100	200	300	400

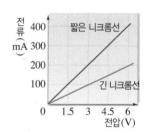

• 니크롬선에 걸리는 전압이 2배, 3배가 되면 전류의 세기도 2배, 3배가 된다.
➡ 저항에 걸리는 전압이 커지면 전류의 세기도 커진다.

• 전압이 같을 때 짧은 니크롬선에 흐르는 전류의 세기가 긴 니크롬선에 흐르는 전류의 세기보다 더 크다.
➡ 전압이 일정할 때 저항이 작을수록(니크롬선의 길이가 짧을수록) 전류의 세기는 커진다.

정리

1. 저항이 일정할 때 전류의 세기는 전압에 ㉠(   )한다.
2. 전압이 일정할 때 전류의 세기는 저항에 ㉡(   )한다.

확인 문제

01 위 실험에 대한 설명으로 옳은 것은 ○, 옳지 <u>않은</u> 것은 ×로 표시하시오.

(1) 과정 ❶에서 전압계는 니크롬선에 직렬연결하고, 전류계는 병렬연결한다. ────────( )

(2) 전원 장치의 전압을 2배 높이면 전압계의 눈금과 전류계의 눈금이 각각 2배가 된다. ────────( )

(3) 실험에서 긴 니크롬선의 저항은 15 Ω이다. ···( )

(4) 가로축이 전압, 세로축이 전류인 그래프의 기울기는 $\frac{전류}{전압}$ 이므로 니크롬선의 저항을 의미한다. ─────( )

[02~03] 표는 회로에 연결된 니크롬선에 걸리는 전압을 변화시키면서 전류의 세기를 측정한 값을 나타낸 것이다.

전압(V)	0	1.5	3	4.5
전류(A)	0	0.15	0.3	0.45

02 회로에 연결된 니크롬선의 저항을 구하시오.

_____

_____

03 전압이 6 V일 때 전류의 세기는 몇 A인지 구하고, 전압과 전류의 관계를 서술하시오.

_____

_____

그래프와 옴의 법칙을 이용하여 저항을 구하는 문제가 시험에 자주 등장해. 그래프만 보면 겁이 나고, 거기다 옴의 법칙 공식까지 적용하려니 어렵게 느껴지지만 차근차근 따라해 보면 전혀 어렵지 않아. 여기서잠깐을 통해 전압과 전류의 관계 그래프를 해석하는 방법을 익혀보자~

● 정답과 해설 18쪽

전기 저항의 크기 구하기

유형 ❶ 저항의 크기 구하기

그림은 저항에 걸어 준 전압에 따른 전류의 세기를 나타낸 것이다.

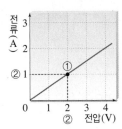

① 그래프의 가로, 세로 눈금이 만나는 곳에 점을 찍는다.
② 전류와 전압 값을 읽는다.
　➡ 전류 : 1 A, 전압 : 2 V
③ 옴의 법칙으로 저항을 구한다.
　➡ $R = \dfrac{V}{I} = \dfrac{2\,\text{V}}{1\,\text{A}} = 2\,\Omega$
④ 그래프의 기울기 $= \dfrac{세로축}{가로축} = \dfrac{전류}{전압} = \dfrac{1}{저항}$ 이다.

유제 ❶~❷ 그림은 재질과 길이가 같은 세 니크롬선 (가)~(다)에 걸어 준 전압에 따른 전류의 세기를 나타낸 것이다.

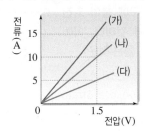

유제 ❶ (가) 니크롬선의 저항은?

① 0.1 Ω　　② 0.15 Ω　　③ 0.3 Ω
④ 10 Ω　　⑤ 15 Ω

유제 ❷ 니크롬선 (가)~(다)의 저항의 크기를 부등호를 사용하여 비교하시오.

유형 ❷ 그래프의 기울기로 두 저항의 크기 비교하기

그래프의 기울기로 저항의 크기를 비교하기 전에, 가로축이 전류인지 전압인지 확인한다.

○ 가로축이 전류인 그래프

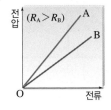

• 기울기 $= \dfrac{전압}{전류} =$ 저항이므로 기울기가 클수록 저항이 크다.
　➡ 저항의 크기 A > B
• A와 B가 재질과 단면적이 같은 니크롬선이라면
　➡ A의 길이 > B의 길이
• A와 B가 재질과 길이가 같은 니크롬선이라면
　➡ A의 단면적 < B의 단면적

○ 가로축이 전압인 그래프

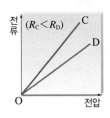

• 기울기 $= \dfrac{전류}{전압} = \dfrac{1}{저항}$ 이므로 기울기가 클수록 저항이 작다.
　➡ 저항의 크기 C < D
• C와 D가 재질과 단면적이 같은 니크롬선이라면
　➡ C의 길이 < D의 길이
• C와 D가 재질과 길이가 같은 니크롬선이라면
　➡ C의 단면적 > D의 단면적

유제 ❸ 오른쪽 그림은 재질이 같은 두 니크롬선 A, B에 흐르는 전류의 세기에 따른 전압을 나타낸 것이다. 니크롬선 A와 B의 저항의 비(A : B)를 구하시오.

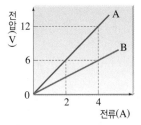

유제 ❹ 오른쪽 그림은 재질이 같은 두 니크롬선 A, B에 걸어 준 전압에 따른 전류의 세기를 나타낸 것이다. 이에 대한 설명으로 옳은 것을 보기에서 모두 고른 것은?

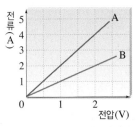

┌ 보기 ┐
ㄱ. 그래프의 기울기는 니크롬선 A, B의 저항을 의미한다.
ㄴ. A의 저항은 B의 저항의 $\dfrac{1}{2}$ 배이다.
ㄷ. A와 B의 단면적이 같다면 B의 길이는 A의 길이보다 길다.
└─────┘

① ㄱ　　　② ㄴ　　　③ ㄷ
④ ㄱ, ㄴ　　⑤ ㄴ, ㄷ

전국 주요 학교의 **시험에 가장 많이 나오는** 문제들로만 구성하였습니다.
모든 친구들이 '꼭 봐야' 하는 코너입니다.

기출
문제로 **내신쑥쑥**

A 전류와 전압

01 오른쪽 그림은 전기 회로에 전류가 흘러 전구에 불이 켜진 모습을 나타낸 것이다. 이에 대한 설명으로 옳은 것은?

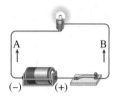

① 전류는 A 방향으로 흐른다.
② 전자는 A 방향으로 이동한다.
③ 원자핵은 B 방향으로 이동한다.
④ 전류의 방향은 전자의 이동 방향과 같다.
⑤ 도선 내부에서 전자들이 불규칙하게 움직이고 있다.

02 그림은 도선 속 전자와 원자의 모습을 모형으로 나타낸 것이다.

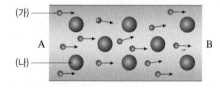

이에 대한 설명으로 옳은 것은?

① (가)는 원자, (나)는 전자를 나타낸 것이다.
② (가)는 전류의 방향으로 이동한다.
③ A는 전지의 (+)극 쪽에 연결되어 있다.
④ 전류는 B에서 A 방향으로 흐르고 있다.
⑤ 전류가 흐르지 않으면 (가), (나) 모두 정지해 있다.

03 전압에 대한 설명으로 옳은 것은?

① 전하의 흐름이다.
② 전압의 단위는 A(암페어)를 사용한다.
③ 전압이 증가하면 전류의 세기는 감소한다.
④ 전자가 원자와 충돌하기 때문에 발생한다.
⑤ 수압에 의해 물이 흐르듯 전압에 의해 전류가 흐른다.

04 그림은 물의 흐름과 전기 회로를 나타낸 것이다.

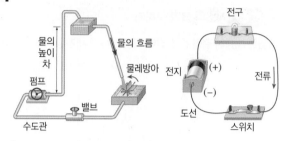

이에 대한 설명으로 옳은 것을 보기에서 모두 고른 것은?

┌ 보기 ┐
ㄱ. 수도관은 도선과 역할이 비슷하다.
ㄴ. 스위치와 펌프는 비슷한 역할을 한다.
ㄷ. 물의 높이 차는 전지를 의미한다.
ㄹ. 물이 흘러야 물레방아를 돌릴 수 있듯이 전류가 흘러야 전구에 불이 켜진다.

① ㄱ, ㄴ   ② ㄱ, ㄷ   ③ ㄱ, ㄹ
④ ㄴ, ㄷ   ⑤ ㄷ, ㄹ

05 전기 회로에 전류계의 (—)단자가 그림 (가)와 같이 연결되어 있을 때 눈금판이 그림 (나)와 같았다.

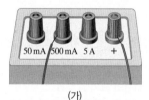
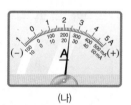

(가)   (나)

이 전기 회로에 흐르는 전류의 세기는?

① 0.24 mA   ② 2.4 mA   ③ 24 mA
④ 0.24 A   ⑤ 2.4 A

06 전류계와 전압계의 사용법으로 옳지 않은 것은?

① 전류계는 회로에 직렬로 연결한다.
② 전압계는 회로에 병렬로 연결한다.
③ 전류계의 (+)단자는 전지의 (+)극 쪽에 연결한다.
④ 전압계의 (—)단자와 (+)단자를 반대로 연결하여 측정하면 바늘이 영점에서 왼쪽으로 회전한다.
⑤ 전류계는 (—)단자 값이 가장 큰 단자부터 연결하고, 전압계는 (—)단자 값이 가장 작은 단자부터 연결한다.

B 전류와 전압의 관계

07 그림은 저항 1개가 연결되어 있는 전기 회로에 연결된 전류계와 전압계의 눈금을 나타낸 것이다.

이 회로에 연결된 저항의 크기는?

① 1 Ω   ② 3 Ω   ③ 6 Ω

④ 10 Ω   ⑤ 30 Ω

08 옴의 법칙을 나타낸 그래프로 옳은 것은?

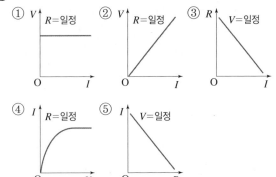

09 오른쪽 그림은 어떤 니크롬 선에 걸어 준 전압에 따른 전류의 세기를 나타낸 것이 다. 이 니크롬선의 저항은?

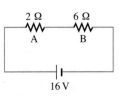

① 0.02 Ω   ② 0.05 Ω

③ 5 Ω   ④ 20 Ω

⑤ 50 Ω

10 그림은 재질과 길이가 같은 세 니크롬선 A~C에 흐르는 전류의 세기에 따른 전압을 나타낸 것이다.

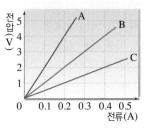

A~C의 저항의 크기 R_A, R_B, R_C를 옳게 비교한 것은?

① $R_A > R_B > R_C$ ② $R_A > R_C > R_B$

③ $R_B > R_C > R_A$ ④ $R_C > R_A > R_B$

⑤ $R_C > R_B > R_A$

탐구 a 66쪽

11 오른쪽 그림은 재질이 같은 두 저항 (가), (나) 에 걸어 준 전압에 따른 전류의 세기를 나타낸 것이다. 이에 대한 설명 으로 옳지 <u>않은</u> 것은?

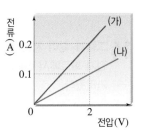

① 기울기는 $\dfrac{1}{저항}$ 을 의미한다.

② (가)의 저항은 10 Ω이다.

③ (가), (나)의 저항의 비 $R_{(가)} : R_{(나)} = 1 : 2$이다.

④ (가), (나)의 길이가 같다면 단면적은 (가)>(나)이다.

⑤ (가), (나)의 단면적이 같다면 길이는 (가)>(나)이다.

C 저항의 연결

12 오른쪽 그림과 같이 2 Ω인 저항 A와 6 Ω인 저항 B를 16 V의 전지에 직렬로 연 결했다. 이 회로에 흐르는 전체 전류의 세기가 2 A일 때, 저항 A에 걸리는 전압(V_A)과 전류의 세기(I_A)를 순 서대로 짝 지은 것은?

① 4 V, 0.5 A   ② 4 V, 2 A

③ 12 V, 0.5 A   ④ 12 V, 2 A

⑤ 16 V, 2 A

13 오른쪽 그림과 같이 저항 R 와 10 Ω의 저항을 4 V의 전지에 직렬연결한 전기 회로에서 전류계가 200 mA를 가리켰다. 이에 대한 설명으로 옳은 것을 보기에서 모두 고른 것은?

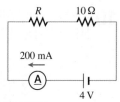

┌ 보기 ┐

ㄱ. 두 저항에는 모두 200 mA의 전류가 흐른다.

ㄴ. 저항 R의 크기는 10 Ω보다 작다.

ㄷ. 두 저항에는 모두 2 V의 전압이 걸린다.

ㄹ. 저항을 하나 더 직렬로 연결하면 회로에 흐르는 전류의 세기가 200 mA보다 작아진다.

① ㄱ, ㄴ   ② ㄴ, ㄹ   ③ ㄱ, ㄴ, ㄷ
④ ㄱ, ㄷ, ㄹ   ⑤ ㄴ, ㄷ, ㄹ

14 그림과 같이 저항 R와 100 Ω의 저항을 병렬연결한 전기 회로에서 전류계 (가)는 0.6 A, (나)는 0.12 A를 가리켰다.

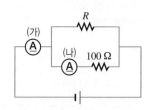

저항 R에 걸리는 전압의 크기는?

① 1.2 V   ② 6 V   ③ 12 V
④ 48 V   ⑤ 60 V

15 오른쪽 그림은 동일한 전구 A, B를 병렬로 연결한 모습을 나타낸 것이다. 스위치를 열었을 때에 대한 설명으로 옳은 것은?

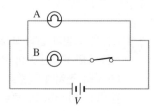

① 전체 저항이 작아진다.
② 전체 전류는 세진다.
③ 전구 A의 밝기는 밝아진다.
④ 전구 A, B 모두 불이 꺼진다.
⑤ 전구 A에 걸리는 전압의 크기는 변함없다.

16 오른쪽 그림과 같이 6 Ω, 12 Ω의 두 저항을 12 V인 전지에 병렬연결하였다. 이에 대한 설명으로 옳은 것은?

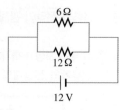

① 6 Ω인 저항에 12 Ω인 저항보다 작은 전압이 걸린다.
② 6 Ω인 저항에 걸리는 전압은 4 V이다.
③ 12 Ω인 저항에 흐르는 전류는 3 A이다.
④ 6 Ω과 12 Ω 저항에 흐르는 전류의 비는 1 : 2이다.
⑤ 이 회로에 저항을 추가하여 병렬로 연결하면 전체 전류의 세기는 증가한다.

17 그림과 같이 동일한 전구 A~E를 연결한 후 같은 전압을 걸어 주었다.

A~E의 밝기를 옳게 비교한 것은?

① A<B=C<D=E   ② A>B=C>D=E
③ A=B=C<D=E   ④ A=D=E<B=C
⑤ A=D=E>B=C

18 그림은 가정에서 사용하는 전기 기구들이 연결된 모습을 나타낸 것이다.

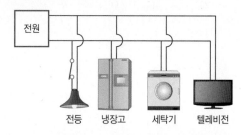

이에 대한 설명으로 옳은 것을 모두 고르면?(2개)

① 모든 전기 기구에 걸리는 전압은 같다.
② 모든 전기 기구에 흐르는 전류의 세기는 같다.
③ 전등의 스위치를 열면 냉장고를 사용할 수 없다.
④ 전등의 스위치를 열면 세탁기에 걸리는 전압의 크기는 감소한다.
⑤ 전등의 스위치를 열어도 텔레비전에 흐르는 전류의 세기는 변하지 않는다.

19 그림은 전기 회로의 한 지점에서 도선 속 전자들이 운동하는 모습을 나타낸 것이다.

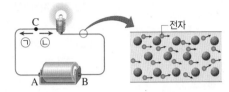

(1) A, B가 각각 전지의 어떤 극을 나타내는지 쓰고, 그 까닭을 서술하시오.

_____

(2) C에서 전류의 방향을 고르고, 그 까닭을 서술하시오.

_____

☆중요
20 그림은 재질과 굵기가 같은 두 니크롬선 A, B에 걸어 준 전압에 따른 전류의 세기를 나타낸 것이다.

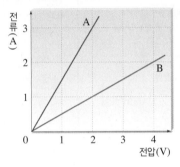

(1) 니크롬선 A와 B의 저항은 각각 몇 Ω인지 구하시오.

• 니크롬선 A :   • 니크롬선 B :

(2) 니크롬선 A와 B 중 길이가 더 긴 니크롬선은 무엇인지 쓰고, 그 까닭을 서술하시오.

_____

☆중요
21 그림은 가정에서 사용하는 전기 기구들의 연결을 나타낸 것이다.

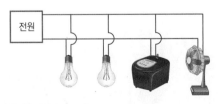

어떤 연결 방법으로 연결되어 있는지 쓰고, 이런 연결 방법을 사용하는 까닭을 한 가지 서술하시오.

_____

● 정답과 해설 21쪽

01 그림은 어떤 전기 회로에 전류계를 연결했을 때 전류계의 바늘이 가리키는 눈금을 나타낸 것이다.

전류를 측정하기 위해서 해야 하는 일로 옳은 것은?

① 연결된 전지의 수를 늘린다.

② 전류계를 회로에 병렬로 연결한다.

③ 전류계의 (−)단자를 5 A에 연결한다.

④ 회로에 연결된 전구나 저항을 모두 제거한다.

⑤ 전류계의 단자의 극을 반대로 바꾸어 연결한다.

02 그림은 저항이 2 Ω, 6 Ω인 전구를 각각 직렬과 병렬로 연결하고 24 V의 전압을 걸어 준 모습을 나타낸 것이다.

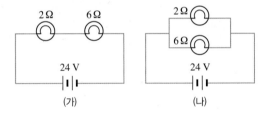

이에 대한 설명으로 옳은 것을 모두 고르면?(2개)

① 전체 저항은 (나)에서가 (가)에서보다 크다.

② (가)에서는 저항이 작을수록 큰 전압이 걸린다.

③ (나)에서 2 Ω인 전구에 6 Ω인 전구보다 센 전류가 흐른다.

④ (가)에서 2 Ω인 전구에는 6 Ω인 전구보다 작은 전류가 흐른다.

⑤ (나)에서 6 Ω인 전구를 제거하면 전체 저항이 커진다.

03 오른쪽 그림과 같이 1 Ω, 4 Ω, 12 Ω의 세 저항을 연결하고 16 V의 전압을 걸어주었더니 4 Ω인 저항에 3 A의 전류가 흘렀다. 이 때 1 Ω인 저항에 흐르는 전류의 세기는?

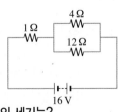

① 1 A   ② 2 A   ③ 3 A

④ 4 A   ⑤ 5 A

03 전류의 자기 작용

A 전류가 만드는 자기장

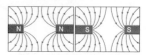

1 자기장 자석 주위와 같이 *자기력이 작용하는 공간

① 방향 : 자석 주위에 놓은 나침반 자침의 N극이 가리키는 방향이다.

② 세기 : 자석의 양 극에 가까울수록 세다.

2 자기력선 눈에 보이지 않는 자기장의 모습을 선으로 나타낸 것❶

① 항상 N극에서 나와서 S극으로 들어간다.

② 중간에 끊어지거나 서로 교차하지 않는다.

③ 자기력선의 간격이 촘촘할수록 자기장이 세다.

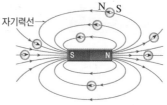

▲ 자기력선과 자기장의 방향

3 직선 도선과 원형 도선 주위의 자기장 전류가 흐르는 도선 주위에도 자기장이 생긴다.

구분	직선 도선에 의한 자기장	원형 도선에 의한 자기장❷
모양	도선을 중심으로 한 동심원 모양	내부는 직선, 도선에 가까울수록 동심원 모양
자기장의 방향	오른손의 엄지손가락을 전류의 방향으로 향하고 네 손가락으로 도선을 감아쥘 때, 네 손가락이 가리키는 방향이 자기장의 방향이다.	
세기	전류의 세기가 셀수록, 도선에 가까울수록 세다.	

📖 내 교과서 확인 | 미래엔, YBM | 여기서**잠깐** 76쪽

4 코일 주위의 자기장

모양	내부는 직선, 외부는 막대자석이 만드는 자기장과 비슷한 모양
자기장의 방향	오른손의 네 손가락을 전류의 방향으로 감아쥘 때, 엄지손가락이 가리키는 방향이 자기장의 방향이다. ➡ 엄지손가락이 가리키는 쪽이 N극이 된다.
세기	전류의 세기가 셀수록, 코일을 촘촘히 감을수록 세다.

5 전자석 *코일 속에 철심을 넣어 만든 자석❸ ➡ 코일에 전류가 흐르는 동안에만 자석이 된다.

① 극 : 전류의 방향이 바뀌면 전자석의 극도 바뀐다.

② 세기 : 전류의 세기가 셀수록, 코일을 촘촘히 감을수록 세다.

③ 이용 : 자기 부상 열차, 전자석 기중기, 스피커, 자기 공명 영상(MRI) 장치 등

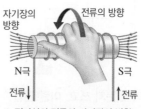

▲ 전자석의 전류와 자기장의 방향

A 전류가 만드는 자기장

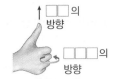

- □□□ : 자석 주위와 같이 자기력이 작용하는 공간
- □□□□ : 자기장의 모양을 선으로 나타낸 것
- 직선 도선 주위의 자기장의 방향

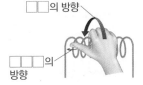

↑□□의 방향
□□□의 방향

- 코일 주위의 자기장의 방향

□□의 방향
□□□의 방향

- □□□ : 코일 속에 철심을 넣어 만든 자석

1 자기장에 대한 설명으로 옳은 것은 ○, 옳지 않은 것은 ×로 표시하시오.

(1) 자기장은 자석 주위에만 생긴다. ────────────── (　　　)

(2) 자기장의 방향은 그 지점에 놓인 나침반 자침의 N극이 가리키는 방향이다.
──────────────────────────────── (　　　)

(3) 자기장은 위치에 관계없이 항상 일정한 세기로 생긴다. ────── (　　　)

2 오른쪽 그림은 자석의 두 극 사이에서의 자기력선을 나타낸 것이다. (　　) 안에 알맞은 말을 고르시오.

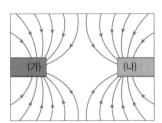

(1) (가)는 자석의 ㉠(N, S)극, (나)는 자석의 ㉡(N, S)극이다.

(2) (가)와 (나) 사이에서는 (인력, 척력)이 작용한다.

✏️ 더 풀어보고 싶다면? 시험 대비 교재 44쪽 [계산척·암기척 강화 문제]

3 오른쪽 그림 (가)는 직선 도선, 그림 (나)는 원형 도선에서 화살표 방향으로 전류가 흐르고 있는 모습을 나타낸 것이다. A~D 위치에 나침반을 놓았을 때 자침이 가리키는 방향으로 옳은 것을 보기에서 고르시오.(단, 지구 자기장은 무시한다.)

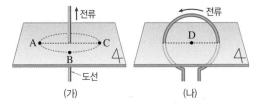

(가)　　　(나)

ㄱ.　　ㄴ.　　ㄷ.　　ㄹ. N◀─▶S

(1) A : (　　　)　(2) B : (　　　)　(3) C : (　　　)　(4) D : (　　　)

✏️ 더 풀어보고 싶다면? 시험 대비 교재 44쪽 [계산척·암기척 강화 문제]

4 오른쪽 그림과 같이 전류가 흐르는 코일의 A, B, C 부분에 나침반을 놓았다. 이때 나침반 자침의 N극이 가리키는 방향을 쓰시오.(단, 지구 자기장은 무시한다.)

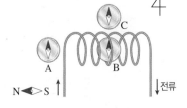

N◀─▶S ↑　↓전류

5 오른쪽 그림에서 전자석의 A~D 부분 중 N극을 띠는 곳을 모두 쓰시오.

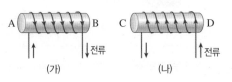

(가)　　　(나)

03 전류의 자기 작용

B 자기장에서 전류가 받는 힘

1 자기장에서 전류가 받는 힘(자기력) 자석 사이에 있는 도선에 전류가 흐르면 자석에 의한 자기장과 전류에 의한 자기장이 상호 작용하여 도선은 힘을 받는다.

2 자기장에서 전류가 받는 힘의 방향 [탐구 a] 78쪽

① 힘의 방향 : 전류와 자기장의 방향에 각각 수직인 방향으로 힘을 받는다.

> **[힘의 방향 찾는 방법]**
> ❶ 오른손의 엄지손가락과 네 손가락이 수직이 되도록 손바닥을 편다.
> ❷ 엄지손가락을 전류의 방향, 네 손가락을 자기장의 방향으로 향한다.
>   • 전류의 방향 : (+)극 → (−)극
>   • 자기장의 방향 : N극 → S극
> ❸ 이때 도선은 손바닥이 향하는 방향으로 힘을 받는다.

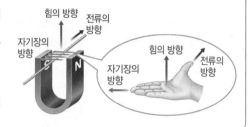

② 전류의 방향이나 자기장의 방향이 반대가 되면 자기장에서 전류가 받는 힘의 방향이 반대가 된다. ➡ 전류와 자기장의 방향이 모두 바뀌면 힘의 방향은 변하지 않는다.

3 자기장에서 전류가 받는 힘의 크기

① 전류의 세기가 셀수록, 자기장의 세기가 셀수록 크다.❶
② 전류와 자기장의 방향이 서로 수직일 때 힘의 크기가 가장 크고, 평행일 때 힘을 받지 않는다.❷

[화보 2.6] 4 자기장에서 전류가 받는 힘의 이용 전동기, 스피커, 전압계, 전류계 등이 있다.❸

① 전동기 : 영구 자석의 N극과 S극 사이에 있는 코일에 전류가 흐를 때 코일이 힘을 받아 회전한다.

> **[전동기의 구조와 원리]**
> 자기장의 방향은 일정한데 코일의 AB 부분과 CD 부분의 전류의 방향이 서로 반대이므로 각 부분이 받는 힘의 방향도 반대가 되어 코일이 회전한다.
>
>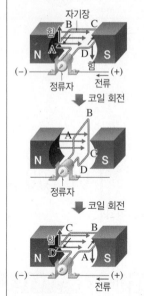
>
> | 구분 | AB 부분 | BC 부분 | CD 부분 |
> |------|---------|---------|---------|
> | 힘의 방향 | ↑힘 | 자기장과 전류의 방향이 평행 | 힘↗ |
> | | ↑(위쪽) | — | ↓(아래쪽) |
>
> ➡ 코일이 시계 방향으로 회전한다.
>
> 코일이 회전하여 자기장의 방향과 수직이 되는 순간에는 정류자에 의해 코일에 전류가 흐르지 않는다. 그러나 이때 코일은 *관성 때문에 계속 같은 방향으로 회전한다.❹
>
> | 구분 | AB 부분 | BC 부분 | CD 부분 |
> |------|---------|---------|---------|
> | 힘의 방향 | 힘↗ | 자기장과 전류의 방향이 평행 | ↑힘 |
> | | ↓(아래쪽) | — | ↑(위쪽) |
>
> ➡ 코일이 시계 방향으로 회전한다.

② 전동기의 이용 : 세탁기, 선풍기, 전기 자동차, 엘리베이터, 에스컬레이터 등

➕ 플러스 강의

❶ 전류와 자기장의 세기를 세게 하는 방법
전류의 세기를 세게 만들려면 전기 회로에 전압을 크게 걸어주거나, 저항을 작게 한다. 자기장 세기를 세게 만들려면 강한 자석을 사용한다.

❷ 전류와 자기장의 방향에 따른 힘의 크기

	각도	힘
수직		최대
평행		최소(0)

❸ 스피커의 원리
스피커 내부 코일에 전류가 흐르면 코일이 자석에 의한 자기장의 영향으로 힘을 받아 앞뒤 방향으로 흔들리면서 진동판을 진동시켜 소리가 난다.

진동판 / 코일 / 영구 자석

❹ 정류자의 역할
정류자는 전류를 순간적으로 끊어 코일이 반 바퀴 돌 때마다 코일에 흐르는 전류의 방향을 바꾸어 주는 장치로, 코일이 계속 같은 방향으로 회전하게 한다.

정류자 / 회전축 / 브러시 / 절연체

용어 돋보기

*관성(慣 익숙하다, 性 성질)_물체가 외부로부터 힘을 받지 않을 때 처음의 운동 상태를 유지하려고 하는 성질. 정지해 있던 물체는 계속 정지해 있고, 운동하던 물체는 속력과 방향을 유지하려고 한다.

● 정답과 해설 21쪽

B 자기장에서 전류가 받는 힘

• 자기장에서 전류가 받는 힘의 방향

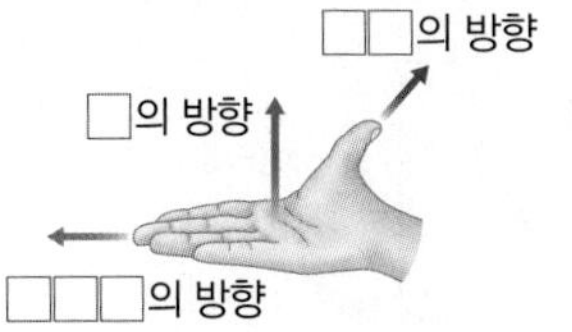
□□의 방향
□의 방향
□□□의 방향

• 자기장에서 전류가 받는 힘의 크기

– □□의 세기가 셀수록, □□□의 세기가 셀수록 크다.

– 전류와 자기장의 방향이 서로 □□일 때 가장 크고, □□일 때 힘을 받지 않는다.

• □□□ : 영구 자석의 N극과 S극 사이에 있는 코일에 전류가 흐를 때 코일이 힘을 받아 회전하는 장치

암기쾅 자기장에서 전류가 받는 힘의 방향

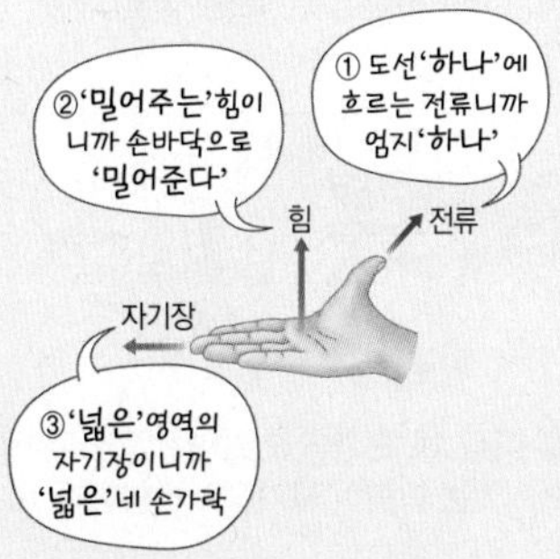
② '밀어주는' 힘이니까 손바닥으로 '밀어준다'
① 도선 '하나'에 흐르는 전류니까 엄지 '하나'
힘
전류
자기장
③ '넓은' 영역의 자기장이니까 '넓은'네 손가락

더 풀어보고 싶다면? 시험 대비 교재 45쪽 계산력·암기력 강화 문제

6 그림과 같이 자기장 속에 놓인 도선에 전류가 흐를 때 도선이 받는 힘의 방향을 ㉠~㉣ 중에서 고르시오.

(1)

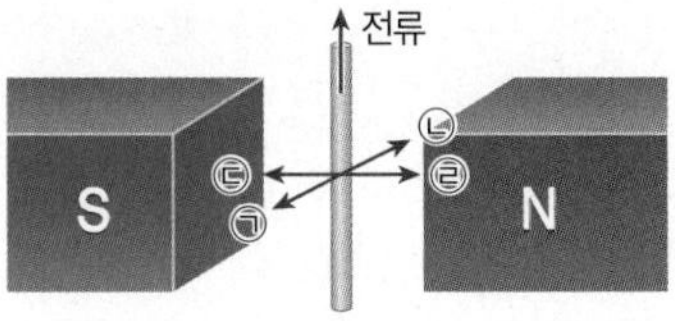
전류
S
㉢
㉠
㉡
㉣
N

(2)

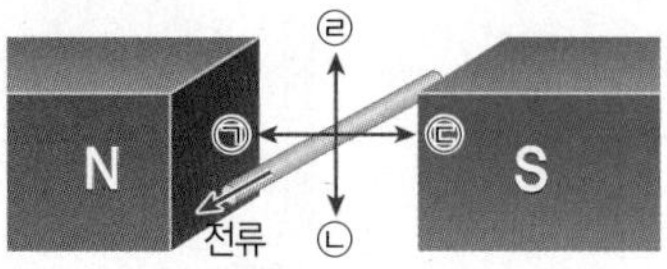
㉣
N
㉠
㉢
S
전류
㉡

7 자기장에서 전류가 흐르는 도선이 받는 힘에 대한 설명으로 옳은 것은 ○, 옳지 않은 것은 ×로 표시하시오.

(1) 자기장의 방향에 관계없이 힘의 방향은 일정하다. ( )

(2) 자기장의 세기가 셀수록 도선이 받는 힘의 크기도 커진다. ( )

(3) 도선에 흐르는 전류의 세기가 셀수록 힘의 크기가 커진다. ( )

(4) 전류의 방향과 자기장의 방향이 나란할 때 도선이 받는 힘의 크기가 가장 크다. ( )

더 풀어보고 싶다면? 시험 대비 교재 45쪽 계산력·암기력 강화 문제

8 오른쪽 그림은 전동기의 구조를 나타낸 것이다. 이에 대한 설명으로 옳은 것은 ○, 옳지 않은 것은 ×로 표시하시오.

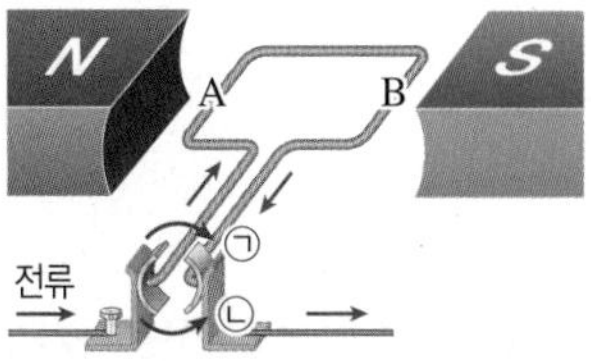
N
S
A
B
㉠
전류
㉡

(1) A 부분은 ↓ 방향으로 힘을 받는다. ( )

(2) B 부분은 ↓ 방향으로 힘을 받는다. ( )

(3) 코일은 ㉡ 방향으로 회전한다. ( )

(4) 자기력이 센 자석을 사용하면 코일이 회전하는 속력이 느려진다. ( )

(5) 코일에 흐르는 전류의 세기가 달라지면 코일이 회전하는 방향이 달라진다. ( )

9 다음 중 자기장에서 전류가 흐르는 도선이 받는 힘을 이용한 장치를 모두 고르시오.

보기			
ㄱ. 선풍기	ㄴ. 전자석	ㄷ. 세탁기	ㄹ. 스피커

전류가 흐르는 직선 도선, 원형 도선, 코일 주위에 생기는 자기장의 방향을 찾는 법을 다시 한 번 알아보자. 이 단원에서는 자기장의 방향을 찾는 법을 이용해 전류가 흐르는 도선 주위에 놓인 나침반 자침의 방향을 묻는 문제가 자주 출제되므로 여기서 잠깐 을 통해 확실히 정리해 보자.

● 정답과 해설 22쪽

자기장의 방향 완전 정복!

❶ 직선 도선 주위에 생기는 자기장의 방향

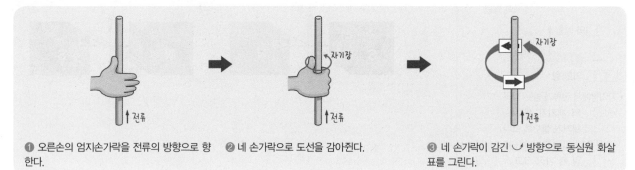

❶ 오른손의 엄지손가락을 전류의 방향으로 향한다.

❷ 네 손가락으로 도선을 감아쥔다.

❸ 네 손가락이 감긴 ∪ 방향으로 동심원 화살표를 그린다.

❷ 원형 도선 주위에 생기는 자기장의 방향

❶ 원형 도선의 각 부분을 직선 도선이라 생각하고 자기장의 방향을 찾는다.

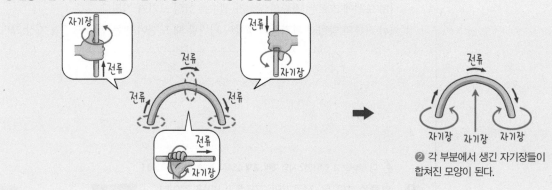

❷ 각 부분에서 생긴 자기장들이 합쳐진 모양이 된다.

❸ 코일 주위에 생기는 자기장의 방향

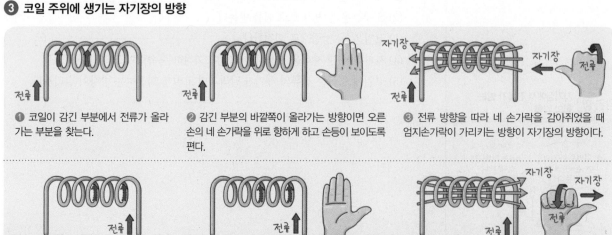

❶ 코일이 감긴 부분에서 전류가 올라가는 부분을 찾는다.

❷ 감긴 부분의 바깥쪽이 올라가는 방향이면 오른손의 네 손가락을 위로 향하게 하고 손등이 보이도록 편다.

❸ 전류 방향을 따라 네 손가락을 감아쥐었을 때 엄지손가락이 가리키는 방향이 자기장의 방향이다.

❶ 코일이 감긴 부분에서 전류가 올라가는 부분을 찾는다.

❷ 감긴 부분의 안쪽이 올라가는 방향이면 오른손의 네 손가락을 위로 향하게 하고 손바닥이 보이도록 편다.

❸ 전류 방향을 따라 네 손가락을 감아쥐었을 때 엄지손가락이 가리키는 방향이 자기장의 방향이다.

❹ 도선 주위에 놓인 나침반 자침의 방향

전류가 흐르는 도선 주위에 나침반을 놓으면 전류에 의한 자기장 때문에 나침반의 자침이 돌아간다. 이때 나침반의 위치에 따라 나침반 자침이 가리키는 방향이 달라진다.(단, 지구 자기장은 무시한다.)

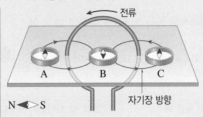

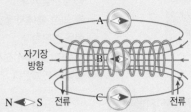

➡ 직선 도선의 위아래에 놓인 나침반 자침의 방향은 반대이다.

➡ 원형 도선의 바깥쪽(A, C)과 안쪽(B)에 놓인 나침반 자침의 방향은 반대이다.

➡ 코일의 바깥쪽(A, C)과 안쪽(B)에 놓인 나침반 자침의 방향은 반대이다.

유제① 오른쪽 그림과 같이 직선 도선에 전류가 흐르고 있다. 직선 도선 주위에 생기는 자기장의 모양을 그리시오.

유제② 원형 도선에 흐르는 전류에 의한 자기장의 모습을 자기력선으로 옳게 나타낸 것은?

①   ②   ③

④   ⑤

유제③ 그림과 같이 전자석을 만들었다.

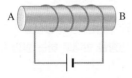

전류가 흐를 때 A, B 중 N극이 되는 것은 무엇인지 쓰시오.

유제④ 그림과 같이 코일에 화살표 방향으로 전류가 흐르고 있다.

이때 코일 내부에서 자기장의 방향을 (가)와 (나)를 이용하여 쓰시오.

유제⑤ 그림은 각각 전류가 흐르는 직선 도선 위와 아래에 나침반을 위치한 모습을 나타낸 것이다.

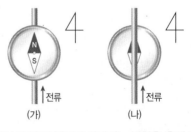

(가)와 (나)의 나침반의 N극이 가리키는 방향을 옳게 짝 지은 것은?(단, 지구 자기장은 무시한다.)

	(가)	(나)
①	북쪽	남쪽
②	동쪽	서쪽
③	동쪽	동쪽
④	서쪽	동쪽
⑤	남쪽	북쪽

탐구 a 자기장에서 전류가 받는 힘

▶ 내 교과서 확인 | 비상, 미래엔

이 탐구에서는 자기장에서 전류가 흐르는 도선이 받는 힘에 영향을 미치는 요인을 확인한다.

● 정답과 해설 23쪽

과정

페이지를 인식하세요!
오투실험실

❶ 그림과 같이 알루미늄 포일이 말굽자석의 두 극 사이에 위치하게 하고, 전류를 흐르게 하여 알루미늄 포일의 움직임을 관찰한다.

❷ 과정 ❶에서 말굽자석의 N극과 S극을 바꾸어 놓고 실험을 반복한다.

❸ 과정 ❶에서 전지의 (+)극과 (−)극을 바꾸어 연결하고 실험을 반복한다.

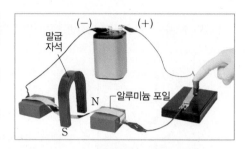

결과

과정 ❶ 전류가 흐를 때	과정 ❷ 자기장이 반대일 때	과정 ❸ 전류가 반대일 때
위로 움직인다.	아래로 움직인다.	아래로 움직인다.

정리

1. 자기장 속에 놓인 도선에 전류가 흐르면 도선은 ㉠(   )을 받는다.

2. 전류의 방향이나 자기장의 방향이 반대가 되면 자기장에서 전류가 받는 힘의 방향이 ㉡(   )가 된다.

📑 이렇게도 실험해요
▶ 내 교과서 확인 | 천재, YBM

|과정| ❶ 오른쪽 그림과 같이 전기 그네를 전원 장치에 연결하고 전류가 흐를 때 전기 그네의 움직임을 관찰한다.

❷ 과정 ❶에서 전류의 방향과 자기장의 방향을 각각 반대로 하여 실험을 반복한다.

❸ 과정 ❶에서 자기장의 방향과 전류의 방향을 모두 반대로 하여 실험을 반복한다.

|결과|

과정 ❶	과정 ❷ 전류가 반대	과정 ❷ 자기장이 반대	과정 ❸ 전류, 자기장 모두 반대
자석 안쪽으로 움직인다.	자석 바깥쪽으로 움직인다.	자석 바깥쪽으로 움직인다.	자석 안쪽으로 움직인다.

확인 문제

01 위 실험에 대한 설명으로 옳은 것은 ○, 옳지 않은 것은 ×로 표시하시오.

(1) 자기장 속에 놓인 도선에 전류가 흐르면 도선이 힘을 받아 움직인다. ┄┄┄┄┄┄┄┄┄┄┄┄ (   )

(2) 과정 ❶에서 자기장과 전류의 방향을 모두 반대로 하면 알루미늄 포일은 아래로 움직인다. ┄┄┄┄ (   )

(3) 과정 ❶에서 전압이 더 큰 전지를 사용하면 알루미늄 포일이 더 많이 움직인다. ┄┄┄┄┄┄┄┄ (   )

(4) 전류와 자기장의 방향과 관계없이 알루미늄 포일은 같은 방향으로 힘을 받는다. ┄┄┄┄┄┄┄┄ (   )

02 그림과 같이 알루미늄 포일을 자석 사이에 놓고 전류를 흐르게 하였다.

알루미늄 포일이 받는 힘의 방향을 쓰고, 알루미늄 포일이 움직이는 방향을 반대로 하는 방법 두 가지를 서술하시오.

전국 주요 학교의 **시험**에 가장 **많이 나오는** 문제들로만 구성하였습니다.
모든 친구들이 '꼭' 봐야 하는 코너입니다.

기출문제로 **내신쑥쑥**

● 정답과 해설 23쪽

A 전류가 만드는 자기장

01 자기장과 자기력선에 대한 설명으로 옳지 <u>않은</u> 것은?

① 자기장의 방향은 나침반 자침의 N극이 가리키는 방향이다.
② 자기력선은 N극에서 나와 S극으로 들어간다.
③ 자기력선이 촘촘할수록 자기장이 세다.
④ 자석의 양 극에 가까울수록 자기력선이 듬성듬성하다.
⑤ 자기력선은 도중에 끊어지거나 서로 교차하지 않는다.

02 그림은 자석의 두 극 사이에서의 자기력선을 나타낸 것이다.

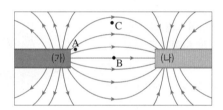

이에 대한 설명으로 옳지 <u>않은</u> 것은?

① (가)는 N극이다.
② (나)는 S극이다.
③ (가)와 (나) 사이에는 인력이 작용한다.
④ 자기력이 가장 세게 작용하는 곳은 C이다.
⑤ B에 나침반을 놓으면 나침반 자침의 N극이 (나)를 향한다.

03 오른쪽 그림과 같이 직선 도선에 화살표 방향으로 전류가 흐를 때, 나침반 자침이 가리키는 방향으로 옳은 것은?(단, 지구 자기장은 무시한다.)

04 오른쪽 그림은 도선 주위에 나침반을 놓고 도선에 전류를 흘려주었을 때의 모습을 나타낸 것이다. 이에 대한 설명으로 옳은 것을 보기에서 모두 고른 것은?(단, 지구 자기장은 무시한다.)

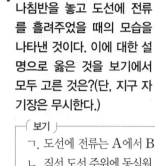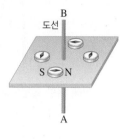

보기
ㄱ. 도선에 전류는 A에서 B 쪽으로 흐른다.
ㄴ. 직선 도선 주위에 동심원 모양의 자기장이 생긴다.
ㄷ. 전류의 방향을 바꾸어도 나침반 자침의 N극이 가리키는 방향은 변하지 않는다.

① ㄱ   ② ㄴ   ③ ㄷ
④ ㄱ, ㄴ   ⑤ ㄴ, ㄷ

05 그림과 같은 전기 회로에서 도선의 위 또는 아래에 나침반을 놓았다.

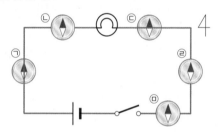

스위치를 닫았을 때 나침반 ㉠~㉤의 자침의 N극이 가리키는 방향으로 옳은 것은?(단, 지구 자기장은 무시한다.)

① ㉠-동쪽   ② ㉡-북쪽
③ ㉢-북쪽   ④ ㉣-동쪽
⑤ ㉤-남쪽

06 오른쪽 그림과 같이 전류가 흐르는 코일의 한쪽에 나침반을 가까이 놓았다. 이때 나침반 자침이 가리키는 방향으로 옳은 것은?(단, 지구 자기장은 무시한다.)

07 그림은 코일에 전류가 흐르는 모습을 나타낸 것이다.

이에 대한 설명으로 옳지 <u>않은</u> 것은?

① 코일 내부에서 자기장의 방향은 (나) → (가)이다.
② (가)에 자석의 S극을 놓으면 코일과 자석 사이에 척력이 작용한다.
③ 전류의 세기가 더 세지면 자기장이 더 세진다.
④ 전류의 방향을 바꾸면 자기장의 방향도 바뀐다.
⑤ 코일 내부에 철심을 넣으면 자기장이 더 세진다.

08 전자석에 대한 설명으로 옳지 <u>않은</u> 것은?

① 전류가 흐를 때에만 자석이 된다.
② 자기 부상 열차, 기중기 등에 이용된다.
③ 전류의 세기가 세지면 전자석의 세기도 세진다.
④ 전자석의 내부와 외부에서 자기장의 방향은 반대이다.
⑤ 전류의 방향이 반대가 되더라도 전자석의 극은 바뀌지 않는다.

09 그림은 전류가 흐르고 있는 전자석 옆에 나침반을 놓은 모습을 나타낸 것이다.

이에 대한 설명으로 옳은 것을 보기에서 모두 고른 것은?(단, 지구 자기장은 무시한다.)

┌ 보기 ┐
ㄱ. 전류는 a 방향으로 흐른다.
ㄴ. 더 센 전류를 흘려주면 더 센 자기장이 생긴다.
ㄷ. 코일을 더 촘촘하게 감으면 나침반의 자침이 반대 방향으로 돌아간다.

① ㄱ   ② ㄴ   ③ ㄷ
④ ㄱ, ㄴ   ⑤ ㄴ, ㄷ

B 자기장에서 전류가 받는 힘

10 그림은 전류가 흐르는 도선이 자기장에서 받는 힘의 방향을 오른손을 이용하여 찾는 모습이다.

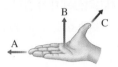

A, B, C가 의미하는 것을 옳게 짝 지은 것은?

	A	B	C
①	힘의 방향	자기장의 방향	전류의 방향
②	힘의 방향	전류의 방향	자기장의 방향
③	자기장의 방향	힘의 방향	전류의 방향
④	자기장의 방향	전류의 방향	힘의 방향
⑤	전류의 방향	힘의 방향	자기장의 방향

11 오른쪽 그림과 같이 말굽자석 사이에 전류가 흐르는 직선 도선이 지나가도록 놓았다. 이때 도선이 받는 힘의 방향은?

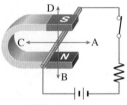

① A   ② B   ③ C
④ D   ⑤ 힘을 받지 않는다.

12 그림과 같이 장치하고 전류를 흐르게 하였더니 알루미늄 막대가 오른쪽으로 움직였다.

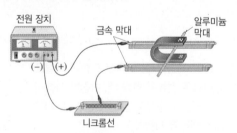

알루미늄 막대가 반대 방향으로 움직이는 경우를 모두 고르면?(2개)

① 지금의 상태를 유지한다.
② 전류의 세기를 증가시킨다.
③ 자석의 두 극의 위치를 바꾼다.
④ 전원 장치의 두 극을 바꾸어 연결한다.
⑤ 자석의 두 극의 위치를 바꾸고, 전원 장치의 두 극을 바꾸어 연결한다.

13

중요 탐구 a 78쪽

그림과 같이 말굽자석 사이에 알루미늄 포일을 놓은 후, 알루미늄 포일에 전류가 흐르도록 스위치를 닫았다.

이에 대한 설명으로 옳지 <u>않은</u> 것은?

① 알루미늄 포일에는 A 방향으로 전류가 흐른다.

② 알루미늄 포일이 위로 올라간다.

③ 전압이 더 높은 전지로 바꾸면 알루미늄 포일이 더 많이 올라간다.

④ 전지의 두 극을 바꾸어 연결하면 알루미늄 포일은 위로 올라간다.

⑤ 자석의 두 극의 위치를 바꾸면 알루미늄 포일은 아래쪽으로 힘을 받는다.

14

중요

그림과 같이 자기장에서 전류가 받는 힘을 알아보기 위해서 도선 그네를 장치하였다.

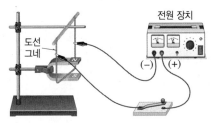

스위치를 닫았을 때의 변화에 대한 설명으로 옳은 것을 보기에서 모두 고른 것은?

┌ 보기 ┐

ㄱ. 도선 그네는 말굽자석의 안쪽으로 힘을 받아 움직인다.

ㄴ. 자석의 N극과 S극의 위치를 바꾸면 도선 그네가 말굽자석의 바깥쪽으로 움직인다.

ㄷ. 전원 장치의 전압을 높이면 도선 그네의 움직임이 작아진다.

ㄹ. 회로에 저항을 추가하여 직렬로 연결하면 도선 그네의 움직임이 커진다.

① ㄱ, ㄴ   ② ㄱ, ㄷ   ③ ㄴ, ㄷ

④ ㄴ, ㄹ   ⑤ ㄷ, ㄹ

15

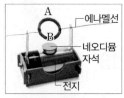

오른쪽 그림과 같이 에나멜선과 네오디뮴 자석을 이용하여 간이 전동기를 만들었다. 이때 에나멜선 한쪽 끝은 반만 벗겨내고, 다른 쪽 끝은 모두 벗겨내어 연결했다. 이에 대한 설명으로 옳지 <u>않은</u> 것은?

① 코일의 A와 B에서 받는 힘의 방향은 반대이다.

② 전류의 방향을 바꾸면 코일의 회전 방향이 바뀐다.

③ 자석의 방향을 바꾸면 코일의 회전 방향이 바뀐다.

④ 코일에 흐르는 전류가 끊어지는 순간이 있다.

⑤ 에나멜선 양쪽을 모두 벗겨내면 코일의 회전 방향이 바뀐다.

16

중요

그림은 전동기의 구조를 간단히 나타낸 것이다.

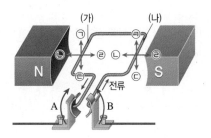

코일의 (가), (나) 부분이 받는 힘의 방향과 코일의 회전 방향을 옳게 짝 지은 것은?

	(가)	(나)	회전 방향
①	㉠	㉢	A
②	㉠	㉢	B
③	㉢	㉠	A
④	㉢	㉠	B
⑤	㉡	㉣	A

17

중요

오른쪽 그림과 같이 전동기의 코일에 전류를 흘려주었다. 이에 대한 설명으로 옳지 <u>않은</u> 것은?

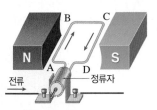

① AB 부분은 아래쪽으로 힘을 받는다.

② CD 부분은 위쪽으로 힘을 받는다.

③ 코일은 시계 방향으로 회전한다.

④ 전류의 방향이 반대가 되면 코일은 시계 방향으로 회전한다.

⑤ 정류자가 없으면 코일은 계속 한쪽 방향으로 회전할 수 없다.

● 정답과 해설 25쪽

서술형 문제

18 그림과 같이 전기 회로를 연결하고 직선 도선 아래에 나침반을 놓았다.

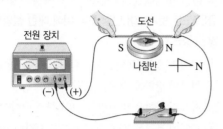

스위치를 닫았을 때 나침반의 N극이 가리키는 방향을 쓰고, 나침반의 N극이 가리키는 방향을 반대로 바꾸려면 어떻게 해야 하는지 방법을 서술하시오.(단, 지구 자기장은 무시한다.)

19 그림과 같이 전자석에 전지를 연결하고 A와 B의 위치에 나침반을 놓았다.

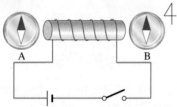

스위치를 닫았을 때 A와 B에서 나침반 자침의 모양을 각각 그리시오.(단, 지구 자기장은 무시한다.)

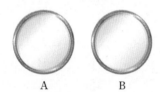

20 그림은 전동기의 구조를 나타낸 것이다. 이 전동기의 코일에 D → C 방향으로 전류가 흐르고 있다.

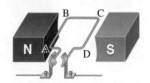

(1) 코일의 AB 부분이 받는 힘의 방향과, 코일의 회전 방향을 쓰시오.
• 힘의 방향 :　　　　• 회전 방향 :

(2) 코일을 더 빠르게 회전시킬 수 있는 방법을 한 가지 서술하시오.

01 오른쪽 그림은 ㉡과 ㉣을 지나는 두 직선 도선에 세기가 같고 방향이 반대인 전류가 흐르는 모습을 나타낸 것이다.

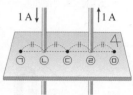

㉠~㉤ 사이의 간격이 모두 같다면, ㉠, ㉢, ㉤에서 자기장의 방향을 옳게 짝 지은 것은?(단, 지구 자기장은 무시한다.)

	㉠	㉢	㉤		㉠	㉢	㉤
①	북쪽	남쪽	북쪽	②	북쪽	남쪽	남쪽
③	북쪽	북쪽	북쪽	④	남쪽	북쪽	남쪽
⑤	남쪽	북쪽	북쪽				

02 그림은 전자석 또는 막대자석이 놓인 모습을 나타낸 것이다.

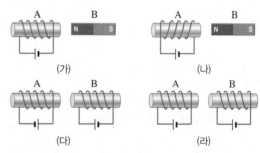

A와 B 사이에 인력이 작용하는 것을 모두 고른 것은?

① (가), (나)　② (가), (다)　③ (나), (다)
④ (나), (라)　⑤ (다), (라)

03 그림과 같이 두 전자석 사이에 화살표 방향으로 전류가 흐르는 도선을 놓았다.

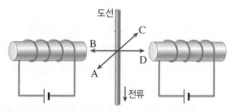

이 도선이 받는 힘의 방향은?(단, A는 종이 면에서 나오는 방향, C는 종이 면으로 들어가는 방향이다.)

① A　② B　③ C
④ D　⑤ 힘을 받지 않는다.

단원 평가 문제

01 그림은 두 물체 A, B를 마찰하기 전과 후의 전하 분포를 나타낸 것이다.

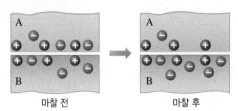

마찰 전   마찰 후

마찰 후 두 물체 A, B가 띠는 전하의 종류를 옳게 짝 지은 것은?

	A	B		A	B
①	(＋)전하	(＋)전하	②	(＋)전하	(－)전하
③	중성	(－)전하	④	(－)전하	(－)전하
⑤	(－)전하	중성			

02 오른쪽 그림은 대전된 네 물체 A~D를 실에 매달아 놓은 모습을 나타낸 것이다. A~D 중 같은 종류의 전하로 대전된 물체끼리 짝 지은 것은?

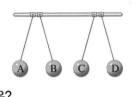

① A, B   ② A, C   ③ A, D
④ B, C   ⑤ B, D

03 그림은 대전되지 않은 금속 막대의 A 부분에 (＋)대전체를 가까이 한 모습을 나타낸 것이다.

이에 대한 설명으로 옳지 않은 것은?

① B에 있던 전자들이 A 쪽으로 이동한다.
② A 부분은 (－)전하를 띤다.
③ B 부분은 (＋)전하를 띤다.
④ 대전체와 금속 막대 사이에 인력이 작용하게 된다.
⑤ 금속 막대 내부에 있는 (－)전하의 양과 (＋)전하의 양이 달라진다.

04 그림과 같이 (＋)전하로 대전된 플라스틱 자를 대전되지 않은 알루미늄 막대에 가까이 한 후, 대전된 고무풍선을 알루미늄 막대의 다른 한쪽에 가까이 하였더니 고무풍선이 멀어졌다.

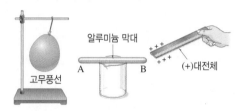

이때 알루미늄 막대의 A, B 부분과 고무풍선이 띠고 있는 전하를 각각 쓰시오.

05 오른쪽 그림과 같이 대전되지 않은 금속박 구를 실에 매단 후, (－)대전체를 가까이 하였다. 이에 대한 설명으로 옳은 것은?

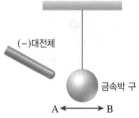

① 금속박 구는 (＋)전하로 대전된다.
② 금속박 구는 B 방향으로 움직인다.
③ 금속박 구 내부의 (－)전하가 대전체와 먼 곳으로 이동한다.
④ 금속박 구가 움직이는 것은 마찰 전기가 발생했기 때문이다.
⑤ 정전기 유도는 (－)대전체에 있는 전자가 금속박 구로 이동하면서 나타난다.

06 대전되지 않은 검전기에 대전체를 가까이 하였을 때의 모습으로 옳은 것을 모두 고르면?(2개)

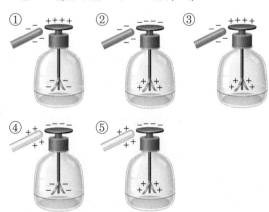

07 그림은 도선 내부의 모습을 나타낸 것이다.

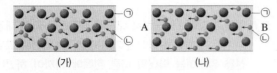

(가)   (나)

이에 대한 설명으로 옳지 <u>않은</u> 것은?

① ⓛ은 전자이다.

② (가)는 전류가 흐르지 않는 상태이다.

③ (가)에서 ⓛ은 불규칙한 방향으로 운동한다.

④ (나)에서 ㉠의 이동 방향과 ⓛ의 이동 방향은 반대이다.

⑤ (나)에서 전류는 A에서 B 방향으로 흐른다.

08 오른쪽 그림은 전기 회로에 연결한 전류계를 나타낸 것이다. 이에 대한 설명으로 옳은 것은?

① 최대 500 mA까지 측정할 수 있다.

② 현재 회로에 흐르는 전류는 3 A이다.

③ 회로에 연결할 때 병렬로 연결한다.

④ (−)단자와 (+)단자를 바꾸어 연결하면 바늘이 오른쪽 끝을 가리킨다.

⑤ 50 mA 단자로 바꾸어 연결하면 더 정확하게 전류를 측정할 수 있다.

09 전류, 전압, 저항에 대한 설명으로 옳은 것을 보기에서 모두 고른 것은?

┌ 보기 ┐
ㄱ. 전류의 방향은 전자의 이동 방향과 같다.
ㄴ. 저항은 전하의 흐름을 도와주는 정도를 말한다.
ㄷ. 전류가 흐를 때 전자는 전지의 (−)극에서 나와 (+)극으로 이동한다.
ㄹ. 전압이 일정할 때 도선의 굵기가 얇아지면 전류의 세기는 작아진다.
└──────┘

① ㄱ, ㄷ   ② ㄱ, ㄹ   ③ ㄴ, ㄷ
④ ㄴ, ㄹ   ⑤ ㄷ, ㄹ

[10~11] 오른쪽 그림은 재질이 같은 두 니크롬선 (가), (나)에 걸어 준 전압에 따른 전류의 세기를 나타낸 것이다.

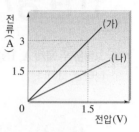

10 니크롬선 (가)와 (나)의 저항을 각각 구하시오.

11 위의 그래프에 대한 설명으로 옳은 것을 보기에서 모두 고른 것은?

┌ 보기 ┐
ㄱ. 그래프의 기울기는 저항을 나타낸다.
ㄴ. (가)에 9 V의 전압을 걸면 18 A의 전류가 흐른다.
ㄷ. (가)와 (나)의 단면적이 같다면 길이는 (가)>(나)이다.
ㄹ. 저항이 같을 때 전류의 세기는 전압에 비례한다.
└──────┘

① ㄱ, ㄴ   ② ㄱ, ㄹ   ③ ㄴ, ㄷ
④ ㄴ, ㄹ   ⑤ ㄷ, ㄹ

12 그림은 동일한 두 저항을 다른 방법으로 연결한 회로를 나타낸 것이다.

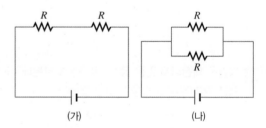

(가)   (나)

이에 대한 설명으로 옳지 <u>않은</u> 것은?

① 저항을 (가)와 같이 연결하면 저항의 길이가 길어지는 효과를 낸다.

② 저항을 (나)와 같이 연결하면 저항의 단면적이 커지는 효과를 낸다.

③ 전압이 같을 때 전기 회로에 흐르는 전체 전류의 세기는 (가)가 (나)보다 크다.

④ 멀티탭은 (나)와 같은 방법으로 전기 기구들을 연결한다.

⑤ (나)와 같이 연결한 저항이 많아질수록 전체 저항이 감소한다.

13 표는 회로에 연결된 니크롬선에 걸리는 전압을 변화시키면서 전류의 세기를 측정한 값을 나타낸 것이다.

전압(V)	2.5	5	7.5	10	12.5
전류(A)	0.5	1	(가)	2	2.5

니크롬선의 저항의 크기와 (가)에 들어갈 전류의 세기를 옳게 짝 지은 것은?

① 1.5 Ω, 1.2 A   ② 1.5 Ω, 1.5 A
③ 2 Ω, 1.2 A   ④ 2 Ω, 1.5 A
⑤ 5 Ω, 1.5 A

14 오른쪽 그림과 같이 저항이 2 Ω인 전구 두 개를 6 V 전지에 병렬로 연결했다. 이에 대한 설명으로 옳은 것은?

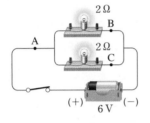

① 각 전구에 걸리는 전압은 3 V이다.
② A, B, C 세 지점에 흐르는 전류의 세기는 같다.
③ 전구 하나가 꺼지면 나머지 전구는 밝아진다.
④ 전구를 직렬로 연결하면 전구의 밝기는 어두워진다.
⑤ 전구 하나를 추가하여 병렬로 연결하면 전구의 밝기는 어두워진다.

15 그림은 가정에서 사용하는 전기 기구들이 연결된 모습을 간단히 나타낸 것이다.

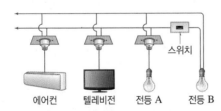

이에 대한 설명으로 옳지 <u>않은</u> 것은?

① 모든 전기 기구들이 병렬연결되어 있다.
② 모든 전기 기구들에 걸리는 전압이 같다.
③ 모든 전기 기구들에 흐르는 전류의 세기가 같다.
④ 에어컨에 연결된 플러그를 뽑더라도 텔레비전에 걸리는 전압은 변하지 않는다.
⑤ 스위치를 내려 전등 B의 전원을 끄더라도 전등 A의 전원은 꺼지지 않는다.

16 오른쪽 그림과 같이 전기 회로의 도선 위에 나침반을 놓았다. 스위치를 닫았을 때 나침반 자침이 가리키는 방향으로 옳은 것은?(단, 지구 자기장은 무시한다.)

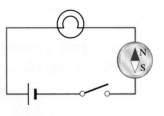

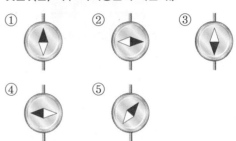

17 오른쪽 그림과 같이 말굽자석 사이에 도선 그네가 오도록 장치했다. 도선에 전류가 흐를 때 그네의 움직임을 옳게 설명한 것은?

① 움직이지 않는다.
② N극 쪽으로 올라간다.
③ 자석의 안쪽으로 움직인다.
④ 자석의 바깥쪽으로 움직인다.
⑤ 앞뒤로 흔들리는 왕복 운동을 한다.

18 그림은 영구 자석 사이에 놓은 직사각형 모양의 코일에 전류가 흐르는 모습을 나타낸 것이다.

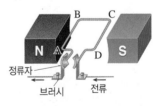

이에 대한 설명으로 옳은 것을 보기에서 모두 고른 것은?

┌ 보기 ┐
ㄱ. AB 부분은 아래쪽으로 힘을 받는다.
ㄴ. BC 부분이 가장 큰 힘을 받는다.
ㄷ. 코일은 시계 방향으로 회전한다.
ㄹ. 코일이 반 바퀴 회전하면 AB 부분에 흐르는 전류의 방향은 반대가 된다.

① ㄱ, ㄴ   ② ㄱ, ㄷ   ③ ㄴ, ㄷ
④ ㄴ, ㄹ   ⑤ ㄷ, ㄹ

🔍 서술형 문제

19 그림은 빨대를 털가죽에 문지른 후 털가죽을 빨대에 가까이 하는 모습이다.

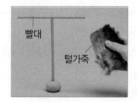

(1) 털가죽을 빨대에 가까이 할 때 어떤 변화가 생기는지 서술하시오.

_____

(2) (1)과 같은 변화가 생기는 까닭을 서술하시오.

_____

20 그림은 전체가 (−)전하로 대전된 검전기에 각각 (+)대전체와 (−)대전체를 가까이 하는 모습을 나타낸 것이다.

이때 (가), (나)에서 금속박의 변화를 서술하시오.

_____

21 어떤 전기 회로에 전압계를 연결하였더니 눈금판이 오른쪽 그림과 같았다.

(1) 전압계의 (−)단자가 15 V에 연결되어 있을 때 회로에 걸리는 전압은 몇 V인지 구하시오.

_____

(2) 전압계의 (−)단자를 30 V로 바꾸어 연결하면 전압계의 바늘이 가리키는 방향은 어떻게 바뀌는지 쓰고, 그 까닭을 서술하시오.

22 그림 (가)와 같이 저항 A, B를 연결한 후 전압을 점점 크게 하며 각각의 저항에 흐르는 전류의 세기를 측정하였을 때 전압과 전류의 그래프가 그림 (나)와 같았다.

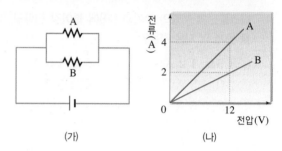

(가)   (나)

(1) 저항 A, B의 크기 R_A, R_B를 각각 구하시오.

_____

(2) 저항 A에 6 V의 전압이 걸렸을 때 저항 B에 걸리는 전압의 크기를 구하고, 그 까닭을 서술하시오.

_____

23 그림과 같이 동일한 전구 A와 B를 같은 전압의 회로에 각각 다른 방법으로 연결하였다.

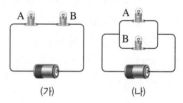

(가)   (나)

(1) (가) 회로에서 전구 A의 필라멘트가 끊어졌을 때 전구 B의 변화를 서술하시오.

_____

(2) (나) 회로에서 전구 A의 필라멘트가 끊어졌을 때 전구 B에 흐르는 전류의 세기의 변화를 서술하시오.

_____

24 그림은 자석 사이에 놓인 도선에 화살표 방향으로 전류가 흐르고 있는 모습을 나타낸 것이다.

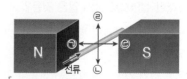

㉠~㉣ 중 도선이 받는 힘의 방향을 고르고, 도선이 받는 힘을 더 크게 할 수 있는 방법을 <u>두 가지</u> 서술하시오.

이 단원에서 학습한 내용을 확실히 이해했나요?
다음 내용을 잘 알고 있는지 스스로 체크해 보세요.

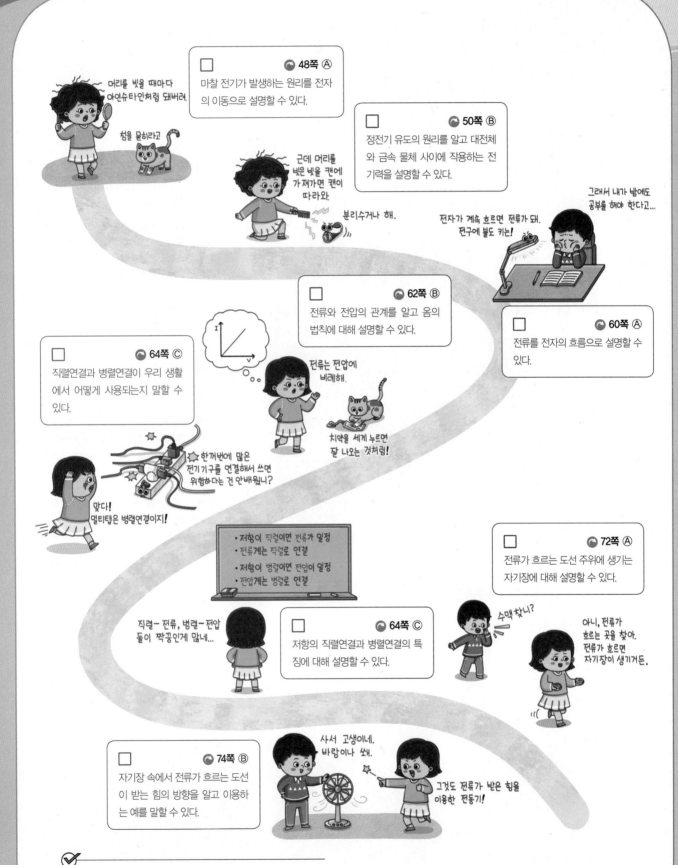

- 모두 체크   참 잘했어요! 이 단원을 완벽하게 이해했군요!
- 7~5개 체크 알쏭달쏭한 내용은 해당 쪽으로 돌아가 복습하세요.
- 4개 이하   이 단원을 한 번 더 학습하세요.

태양계

01 지구의 크기와 운동 … 90

02 달의 크기와 운동 … 102

03 태양계의 구성 … 112

| 다른 학년과의 연계는? |

초등학교 4~5학년

- 지구와 달 : 지구와 달은 둥근 모양이다. 지구에는 물과 대기가 있지만 달에는 없다.
- 태양계와 별 : 태양계의 중심은 태양이며 그 주변을 도는 8개의 행성이 있다.

초등학교 6학년

- 지구와 달의 운동 : 지구의 자전으로 낮과 밤이 생기고, 공전에 의해 별자리의 위치가 달라진다. 달의 공전으로 달의 모양이 바뀐다.
- 계절의 변화 : 지구 자전축이 기울어진 채 공전하여 계절 변화가 생긴다.

중학교 2학년

- 지구의 크기와 운동 : 지구의 자전과 공전에 따라 천체의 일주 운동과 계절별 별자리 변화가 나타난다.
- 달의 크기와 운동 : 달이 공전하며 지구에서 보이는 모양과 위치가 달라진다.
- 태양계의 구성 : 태양계 행성은 특징에 따라 구분할 수 있고, 태양 활동은 지구에 영향을 미친다.

지구과학 Ⅱ

- 행성의 운동 : 천체의 위치 변화는 지평 좌표와 적도 좌표를 이용하여 나타낼 수 있다. 지구에서 관측되는 내행성과 외행성의 겉보기 운동은 행성들의 공전을 통해 설명할 수 있다.

이 단원에서는 태양계를 이루는 지구와 달의 크기와 운동, 태양 및 태양계 행성의 특징을 알아본다. 이 단원을 들어가기 전에 이전 학년에서 배운 개념을 확인해 보자.

알고 있나요?

다음 내용에서 필요한 단어를 골라 빈칸을 완성해 보자.

물, 대기, 수성, 목성, 해왕성, 공전, 자전

초4

1. 지구와 달

① 지구는 둥근 모양이며 표면의 많은 부분이 ❶□로 덮여 있다.

② 달에는 물과 ❷□□가 없다.

➡ 지구는 달에 비해 생명체가 살아가기에 적합하다.

초5

2. 태양계와 별

① 태양계 행성 중에서 크기가 가장 큰 행성은 ❸□□이다.

② 태양에 가장 가까운 행성은 ❹□□이고, 태양에서 가장 먼 행성은 ❺□□□이다.

초6

3. 지구와 달의 운동

지구의 ❻□□에 의해 낮과 밤이 반복된다.

지구의 ❼□□에 의해 별자리의 위치가 변한다.

01 지구의 크기와 운동

A 지구의 크기

1 에라토스테네스의 지구 크기 측정 하짓날 정오에 알렉산드리아에서는 그림자가 생기지만, 시에네에서는 그림자가 생기지 않는다는 사실을 이용하였다. 탐구 ⓐ 94쪽

① 원리 : 원에서 호의 길이는 중심각의 크기에 비례한다.❶

② 가정 : 지구는 완전한 구형이고, 지구로 들어오는 햇빛은 평행하다.

③ 측정

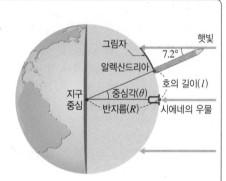

[측정해야 하는 값]
- **중심각의 크기**(θ) : 알렉산드리아에 세운 막대와 그림자 끝이 이루는 각=7.2°❷
- **호의 길이**(l) : 알렉산드리아와 시에네 사이의 거리 =925 km

[지구의 크기]

$$360° : 2\pi R(\text{지구의 둘레})=7.2° : 925 \text{ km}$$

$$2\pi R(\text{지구의 둘레})=\frac{360° \times 925 \text{ km}}{7.2°}=46250 \text{ km}$$

$$\Rightarrow R(\text{지구의 반지름})=\frac{46250 \text{ km}}{2\pi}≒7365 \text{ km}$$

[에라토스테네스가 측정한 지구의 크기가 실제 지구의 크기와 차이 나는 까닭]❸
지구가 완전한 구형이 아니며, 두 지점 사이의 거리 측정이 정확하지 않았기 때문

2 위도 차를 이용한 지구 크기 측정 경도가 같은 두 지점의 위도 차를 이용 탐구 ⓑ 95쪽

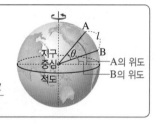

[측정해야 하는 값]
- **중심각의 크기**(θ) : 같은 경도에 있는 두 지점의 위도 차
- **호의 길이**(l) : 같은 경도에 있는 두 지점 사이의 거리

[지구의 크기]

$$360° : 2\pi R(\text{지구의 둘레})=\theta : l \Rightarrow R(\text{지구의 반지름})=\frac{360° \times l}{2\pi \times \theta}$$

B 지구의 자전

1 지구의 자전 지구가 자전축을 중심으로 하루에 한 바퀴씩 서에서 동으로 도는 운동❹

① 자전 방향 : 서 → 동
② 자전 속도 : 1시간에 15°씩 회전

③ 자전으로 나타나는 현상 : 낮과 밤의 반복, 천체의 일주 운동 등

2 천체의 일주 운동 태양, 달, 별과 같은 천체가 하루에 한 바퀴씩 원을 그리며 도는 운동 ➡ 지구 자전에 의한 *겉보기 운동❹

① 일주 운동 방향 : 동 → 서(지구의 자전 방향과 반대)
② 일주 운동 속도 : 1시간에 15°씩 회전(지구의 자전 속도와 같음)

[별의 일주 운동]
오른쪽 그림은 2시간 간격으로 북쪽 하늘을 관측한 것이다.
- 북두칠성의 운동 방향 : 시계 반대 방향
  ➡ 동에서 서로 일주 운동하는 별들을 북쪽 하늘에서 보면, 북극성을 중심으로 시계 반대 방향으로 원을 그리며 돈다.
- 북두칠성이 회전한 각도 : 15°/h×2시간=30°

➕ 플러스 강의

❶ 원의 성질

원에서 호의 길이(l)는 중심각의 크기(θ)에 비례하므로 다음과 같은 비례식을 세울 수 있다.

360° : 원의 둘레($2\pi R$)=
중심각의 크기(θ) : 호의 길이(l)

❷ 중심각을 구하는 방법

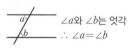

∠a와 ∠b는 엇각
∴ ∠a=∠b

평행한 두 직선에서 엇각의 크기는 서로 같다. 지구에서 두 지점 사이의 중심각을 직접 측정할 수 없으므로, 엇각인 막대와 그림자 끝이 이루는 각을 측정한다.

❸ 실제 지구의 크기

실제 지구의 둘레는 약 40000 km이다. 반지름은 적도 쪽이 약 6378 km, 극 쪽이 약 6357 km로 적도 쪽이 약간 부푼 타원체이다.

❹ 지구 자전과 천체의 일주 운동

하늘에 별들이 붙어 있는 것처럼 보이는 무한히 넓은 가상의 구를 천구라고 한다. 지구가 서에서 동으로 자전하면 지구의 관측자에게는 천구에 있는 천체들이 지구 자전과 반대 방향으로 움직이는 것처럼 보인다.

🔍 용어 돋보기

* **겉보기 운동**_움직이는 자동차 안에서 보면 풍경이 반대 방향으로 움직이는 것처럼 보이듯이, 자전과 공전을 하는 지구에서 고정된 천체를 보았을 때 나타나는 천체의 상대적인 운동

A 지구의 크기

• 에라토스테네스의 지구 크기 측정 원리 : 호의 길이는 □□□의 크기에 비례한다.

• 에라토스테네스의 가정
　– 지구는 완전한 □□이다.
　– 지구로 들어오는 햇빛은 □□하다.

• 에라토스테네스가 측정한 값
　– 알렉산드리아에 세운 막대와 그림자 끝이 이루는 □□
　– 알렉산드리아와 시에네 사이의 □□

• 위도 차를 이용한 지구 크기 측정 : □□가 같은 두 지점의 위도 차는 중심각의 크기와 같다.

B 지구의 자전

• 지구의 □□ : 지구가 자전축을 중심으로 하루에 한 바퀴씩 도는 운동
　– 방향 : □ → □
　– 속도 : 1시간에 □°

• 천체의 □□□□ : 천체가 하루에 한 바퀴씩 원을 그리며 도는 운동
　– 방향 : □ → □
　– 속도 : 1시간에 □°

암기꽝 **지구의 자전 방향과 별의 일주 운동 방향**

지구대 **서동** 형사님이
지구　서 → 동
별동대가 되어 **동서울**로 가셨대!
별　　　동 → 서

[1~2] 오른쪽 그림은 에라토스테네스가 지구의 크기를 측정한 방법을 나타낸 것이다.

1 이에 대한 설명으로 옳은 것은 ○, 옳지 않은 것은 ×로 표시하시오.

(1) 지구는 완전한 구형이라고 가정하였다. ···························· (　　)
(2) 두 지역에 들어오는 햇빛은 평행하지 않다고 가정하였다. ·········· (　　)
(3) 알렉산드리아에 생긴 막대의 그림자 길이를 측정해야 한다. ········ (　　)
(4) 중심각의 크기(θ)는 7.2°보다 크다. ······························ (　　)
(5) 중심각의 크기(θ)는 호의 길이(925 km)에 비례한다. ·········· (　　)

✏️ 더 풀어보고 싶다면? **시험 대비 교재** 53쪽 `계산력·암기력` 강화 문제

2 지구의 둘레를 구하기 위한 비례식을 측정한 값을 넣어 완성하시오.

$$360° : 지구의\ 둘레(2\pi R) = ㉠(\qquad) : ㉡(\qquad)$$

✏️ 더 풀어보고 싶다면? **시험 대비 교재** 53쪽 `계산력·암기력` 강화 문제

3 오른쪽 표는 약 2778 km 떨어진 두 지역 A, B의 경도와 위도를 나타낸 것이다.

지역	경도	위도
A	127°E	20°N
B	127°E	45°N

(1) 중심각의 크기와 호의 길이를 쓰시오.
　• 중심각의 크기 : ㉠ _____　• 호의 길이 : ㉡ _____
(2) 지구의 반지름(R)을 구하는 식을 완성하시오.

$$지구의\ 반지름(R) = \frac{360° \times ㉠(\qquad)}{2\pi \times ㉡(\qquad)}$$

4 지구의 자전에 대한 설명으로 옳은 것은 ○, 옳지 않은 것은 ×로 표시하시오.

(1) 지구는 자전축을 중심으로 하루에 한 바퀴씩 돈다. ················ (　　)
(2) 지구의 자전은 실제 운동이 아닌 겉보기 운동이다. ················ (　　)
(3) 지구는 동쪽에서 서쪽으로 자전한다. ···························· (　　)
(4) 별의 일주 운동은 지구의 자전에 의해 나타나는 현상이다. ········ (　　)
(5) 하룻밤 동안 별자리를 관측하면 1시간에 1°씩 이동한다. ·········· (　　)

5 오른쪽 그림은 어느 날 북두칠성을 2시간 간격으로 사진기를 고정시켜 놓고 촬영한 것이다.

북두칠성

(1) 별 P는 무엇인지 쓰시오.

(2) 별들이 2시간 동안 이동한 각도(θ)를 쓰시오.

(3) 별들은 (A → B, B → A) 방향으로 이동하였다.

여기서잠깐 96쪽

3 우리나라(북반구 중위도)에서 관측한 별의 일주 운동 관측 방향에 따라 모습이 다르다.

화보 3.1

페이지를 인식하세요!
오투실험실

서쪽 하늘(D)
오른쪽 아래로 비스듬히 짐

남쪽 하늘(C)
지평선과 나란하게 동에서 서로 이동

별의 일주 운동
북극성
자전축
D
서
A
북
남
C
B
동
▲ 북반구 중위도의 관측자가 바라보는 별의 일주 운동의 모습

북쪽 하늘(A)
북극성을 중심으로 시계 반대 방향으로 회전❶

동쪽 하늘(B)
오른쪽 위로 비스듬히 떠오름

➕ 플러스 강의

❶ **북쪽 하늘에서 1시간 동안 관측한 별의 일주 운동**

화전 방향
(시계 반대 방향)
15°
북극성

- 일주 운동의 중심 : 북극성
- 일주 운동 방향 : 시계 반대 방향
- 1시간 동안 이동한 각도 : 15°

C 지구의 공전

1 지구의 공전 지구가 태양을 중심으로 1년에 한 바퀴씩 서에서 동으로 도는 운동
① 공전 방향 : 서 → 동
② 공전 속도 : 하루에 약 1°씩 이동
③ 공전으로 나타나는 현상 : 태양의 연주 운동, 계절별 별자리 변화

2 태양의 *연주 운동 태양이 별자리를 배경으로 이동하여 1년 후 처음 위치로 돌아오는 운동 ➡ 지구 공전에 의한 겉보기 운동❷
① 연주 운동 방향 : 서 → 동(지구의 공전 방향과 같음)❸
② 연주 운동 속도 : 하루에 약 1°씩 이동(지구의 공전 속도와 같음)

페이지를 인식하세요!
오투실험실

[태양과 별자리의 위치 변화]
그림은 15일 간격으로 해가 진 직후 서쪽 하늘을 관측한 모습이다.

쌍둥이자리
오리온자리
태양의 위치○
5월 1일

쌍둥이자리
오리온자리
태양의 위치○
5월 15일

쌍둥이자리
오리온자리
태양의 위치○
5월 30일

➡

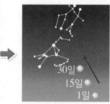
30일
15일
1일
태양의 이동(별자리 기준)

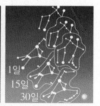
1일
15일
30일
별자리의 이동(태양 기준)

- 별자리를 기준으로 할 때 태양의 이동 : 서에서 동으로 이동 ➡ 태양의 연주 운동
- 태양을 기준으로 할 때 별자리의 이동 : 동에서 서로 이동 ➡ 별의 연주 운동
- 태양, 별자리, 지구 중 실제로 이동한 것 : 지구

3 계절별 별자리 변화 지구가 공전하여 태양이 보이는 위치가 달라지면서 계절에 따라 밤하늘에 보이는 별자리가 달라진다. ┃여기서잠깐 97쪽
① 황도 12궁 : 태양이 연주 운동을 하며 지나는 길인 *황도에 있는 12개의 별자리
② 태양이 지나는 별자리 : 표시된 달에 해당하는 별자리를 지난다.
③ 한밤중에 남쪽 하늘에서 보이는 별자리 : 태양 반대쪽의 별자리가 보인다.

[11월]
- 태양이 지나는 별자리 : 천칭자리
- 한밤중에 남쪽 하늘에서 보이는 별자리 : 양자리

11월 10월 9월 8월
12월 천칭자리 처녀자리 사자자리 7월
전갈자리 게자리
태양 지구의 공전 궤도 쌍둥이자리
1월
지구 6월
궁수자리 5월
2월 3월 4월 황소자리
염소자리 물병자리 물고기자리 양자리

[8월]
- 태양이 지나는 별자리 : 게자리
- 한밤중에 남쪽 하늘에서 보이는 별자리 : 염소자리

❷ **태양의 연주 운동**
지구가 태양 주위를 공전하면 태양과 지구의 상대적인 위치가 변한다. 따라서 태양이나 별자리는 고정되어 있지만, 지구에 있는 관측자가 볼 때는 태양이 별자리 사이를 이동하는 것처럼 보이는데, 이를 태양의 연주 운동이라고 한다. 지구가 1년을 주기로 공전하기 때문에 태양이 1년을 주기로 연주 운동한다.

❸ **태양의 연주 운동 방향**

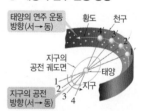
태양의 연주 운동 방향(서→동)
황도 천구
지구의 공전 궤도면
태양
지구의 공전 방향(서→동)
지구

지구가 서에서 동(1 → 4)으로 이동하면 태양은 1'→ 4'으로 이동하는 것처럼 보인다. 따라서 태양의 연주 운동 방향은 지구의 공전 방향과 같으므로 서에서 동으로 나타난다.

용어 돋보기 🔍

***연주(年 해, 週 돌다) 운동**_지구의 공전 때문에 천체가 지구를 중심으로 1년에 한 바퀴 도는 것처럼 보이는 운동

***황도(黃 누렇다, 道 길)**_태양이 지나는 천구상의 길, 즉 태양 주위를 도는 지구의 공전 궤도가 천구에 투영된 것과 같음

B 지구의 자전

• 우리나라에서 관측한 별의 일주 운동
 - 북쪽 하늘에서 별들은 북극성을 중심으로 □□□□ 방향으로 회전한다.
 - 남쪽 하늘에서 별들은 지평선과 나란하게 □ → □ 방향으로 회전한다.

C 지구의 공전

• 지구의 □□: 지구가 태양을 중심으로 1년에 한 바퀴씩 도는 운동
 - 방향: □ → □
 - 속도: 하루에 약 □°
• 태양의 □□ □□: 태양이 별자리를 배경으로 이동하여 1년 후 처음 위치로 돌아오는 운동
 - 방향: □ → □
 - 속도: 하루에 약 □°
• □□ □□: 천구상에서 태양이 지나는 길에 위치한 12개의 별자리

6 그림은 우리나라의 각 방향에서 관측한 일주 운동 모습이다. 별이 이동한 방향을 화살표로 그리고, 어느 방향을 관측한 것인지 각각 쓰시오.

(1) _____ (2) _____ (3) _____ (4) _____

7 지구의 공전에 대한 설명으로 옳은 것은 ○, 옳지 <u>않은</u> 것은 ×로 표시하시오.

(1) 지구는 서쪽에서 동쪽으로 공전한다. ⋯⋯⋯⋯⋯⋯⋯⋯⋯⋯⋯⋯⋯⋯ ( )
(2) 지구는 태양을 중심으로 하루에 약 15°씩 이동한다. ⋯⋯⋯⋯⋯⋯⋯ ( )
(3) 별의 일주 운동이 일어나는 원인이다. ⋯⋯⋯⋯⋯⋯⋯⋯⋯⋯⋯⋯⋯⋯ ( )
(4) 지구의 공전에 의해 계절에 따라 밤하늘에 보이는 별자리가 달라진다. ( )

8 다음은 태양의 겉보기 운동에 대한 설명이다. ( ) 안에 알맞은 말을 고르시오.

> 별자리를 기준으로 할 때 태양은 하루에 약 ㉠(1, 15)°씩 ㉡(서 → 동, 동 → 서) 방향으로 이동하는 것처럼 보인다. 이것을 태양의 ㉢(일주, 연주) 운동이라 하며, 지구의 ㉣(자전, 공전) 때문에 일어나는 겉보기 운동이다.

9 그림은 15일 간격으로 해가 진 직후 관측한 서쪽 하늘을 순서 없이 나타낸 것이다.

(가) (나) (다)

(가)~(다)를 먼저 관측한 것부터 순서대로 나열하시오.

암기**콩** 우리나라에서 관측한 별의 일주 운동 모습 외우기

내 얼굴을 그리면서 외워 봐!

10 오른쪽 그림은 지구의 공전 궤도와 황도 12궁을 나타낸 것이다.

(1) 11월에 태양이 지나는 별자리를 쓰고, A~D 중 지구의 위치를 고르시오.

(2) 3월 한밤중에 남쪽 하늘에서 잘 보이는 별자리를 쓰시오.

탐구 a 지구 모형의 크기 측정

이 **탐구**에서는 에라토스테네스의 지구 크기 측정 원리를 이용하여 지구 모형의 크기를 측정하는 방법을 알아본다.

정답과 해설 **28**쪽

과정 & 결과

∷ 유의점

• 막대 BB′의 그림자가 지구 모형을 넘어가지 않도록 한다.

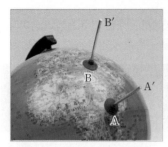

❶ 햇빛이 잘 드는 곳에 지구 모형을 놓고, 막대 AA′과 BB′을 지구 모형의 표면에 수직으로 세운다.

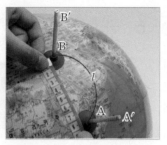

❷ 막대 AA′을 그림자가 생기지 않도록 조정한 후, 막대 A와 B 사이의 거리(l)를 줄자로 측정한다.

결과 l은 8 cm이다.

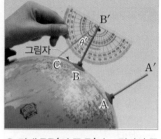

❸ 막대 BB′의 끝 B′과 그림자의 끝 C를 실로 연결한 후, $θ′$(∠BB′C)을 측정한다.

결과 $θ′$은 30°이다.

◎ $θ′$을 측정하는 까닭
중심각 $θ$는 직접 측정할 수 없으므로 엇각인 $θ′$을 측정한다.

❹ 과정 ❷와 ❸에서 측정한 값을 이용하여 지구 모형의 둘레와 반지름을 구한다(단, $π=3.14$이다).

해석

• A와 B 사이의 중심각 $θ$는 $θ′$과 엇각이므로 크기가 같다. ➡ $θ=30°$
• 원의 성질을 이용하여 비례식을 세운다.

> $360°$: 지구 모형의 둘레($2πR$) = 중심각의 크기($θ$) : 호의 길이(l)

➡ 지구 모형의 둘레($2πR$) = $\dfrac{360° \times l}{θ}$ = $\dfrac{360° \times 8\,cm}{30°}$ = 96 cm

➡ 지구 모형의 반지름(R) = $\dfrac{96\,cm}{2π}$ ≒ 15 cm

정리

1. 지구 모형의 크기를 구하기 위해 알아야 하는 값은 l과 ㉠(   )이다.

2. 지구 모형의 크기를 구하기 위해 실제로 측정해야 하는 값은 l과 ㉡(   )이다.

3. 지구 모형의 반지름(R)을 구하는 비례식은 ㉢(   ) : $2πR$ = ㉣(   ) : l이다.

확인 문제

01 위 실험에 대한 설명으로 옳은 것은 ○, 옳지 않은 것은 ×로 표시하시오.

(1) 햇빛은 지구 모형의 어느 지점에나 평행하게 들어온다.
.... (   )

(2) 지구 모형은 실제와 같은 타원체여야 한다. .... (   )

(3) 막대 AA′과 막대 BB′은 지구 모형의 표면에 대해 수직으로 세운다. .... (   )

(4) 그림자 BC의 길이를 측정해야 한다. .... (   )

(5) ∠AOB와 ∠BB′C의 크기는 같다. .... (   )

02 위 실험에서 $θ′$의 크기를 측정하는 까닭을 서술하시오.

03 오른쪽 그림은 농구공의 크기를 구하기 위한 장치이다. 빨대 A와 B 사이의 거리(l)가 6 cm일 때, 농구공의 둘레를 구하기 위한 식을 쓰고, 값을 구하시오.

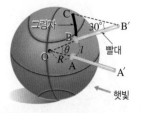

탐구 b 위도 차를 이용한 지구의 크기 측정

이 탐구에서는 위도 차를 이용하여 지구의 크기를 구하고, 에라토스테네스의 계산 값과 비교한다.

● 정답과 해설 **29**쪽

과정 & 결과

❶ 인공위성으로 측정한 서울의 광화문과 전라남도 장흥의 정남진 전망대의 경도, 위도, 두 지점 사이의 거리를 이용하여 비례식을 세우고, 지구의 둘레를 계산한다.

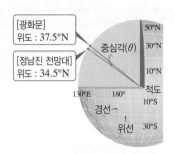

지역	경도	위도	거리 (기준 : 광화문)
광화문	126.9°E	37.5°N	0
정남진 전망대	126.9°E	34.5°N	약 340 km

결과				
중심각	$37.5° - 34.5° = 3°$	비례식	$360°$: 지구의 둘레 $= 3°$: 340 km
호의 길이	약 340 km	지구의 둘레	$\dfrac{360° \times 340\ km}{3°} = 40800\ km$

❷ 에라토스테네스의 측정값으로 비례식을 세우고, 지구의 둘레를 계산한다.

- 알렉산드리아에 세운 막대와 그림자 끝이 이루는 각 : 7.2°
- 알렉산드리아와 시에네 사이의 거리 : 약 925 km

결과				
중심각	7.2°	비례식	$360°$: 지구의 둘레 $= 7.2°$: 925 km
호의 길이	약 925 km	지구의 둘레	$\dfrac{360° \times 925\ km}{7.2°} = 46250\ km$

해석

현대적인 방법으로 구한 지구의 둘레보다 에라토스테네스의 측정값으로 구한 지구의 둘레가 약간 더 크게 계산되었다.

정리

1. 과정 ❶, ❷는 모두 '원에서 ㉠(   )는 중심각의 크기에 비례한다.'는 원리를 이용한다.

2. 과정 ❶에서 두 지점의 ㉡(   ) 차이는 중심각의 크기에 해당한다.

3. 에라토스테네스가 구한 지구의 둘레가 실제 지구의 둘레와 차이 나는 까닭은 지구가 완전한 ㉢(   )이 아니고, 두 지점 사이의 거리를 측정한 값이 그 당시 기술로는 정확하게 측정되지 않았기 때문이다.

확인 문제

01 과정 ❶에 대한 설명으로 옳은 것은 ○, 옳지 <u>않은</u> 것은 ×로 표시하시오.

(1) 삼각형의 닮음비를 이용하여 지구의 둘레를 구하였다.
- (   )

(2) 두 지역의 위도 차로 지구의 둘레를 구하였다. (   )

(3) 두 지역의 경도 차는 두 지역과 지구 중심이 이루는 중심각에 해당한다. - - - - - - - - - - - - - - (   )

02 다음은 A, B 지역의 위도, 경도, 거리를 나타낸 것이다.

지역	위도	경도	거리(A 기준)
A	37.6°N	126.2°E	0
B	33.5°N	126.2°E	452 km

지구의 둘레를 구하는 비례식을 세우시오.

_____

_____

03 에라토스테네스가 구한 지구의 둘레가 오늘날 정밀하게 측정한 지구의 둘레와 차이 나는 까닭을 서술하시오.

_____

_____

우리나라에서 태양, 달, 별은 일주 운동하면서 동쪽 지평선에서 비스듬히 뜨고 서쪽 지평선으로 비스듬히 지고 있어. 하지만 지구에 있는 모든 지역에서 일주 운동 모습이 이렇게 나타나지는 않아. 지구가 자전하면서 관측자의 위치에 따라 나타나는 일주 운동 모습을 살펴보자.

● 정답과 해설 29쪽

별의 일주 운동 모습 이해하기

○ 위도에 따른 별의 일주 운동 모습

지구가 둥글기 때문에 관측자가 있는 위도에 따라 지평면과 별의 일주 운동 경로가 이루는 각도가 달라지고 이에 따라 별의 일주 운동 모습이 달라진다.

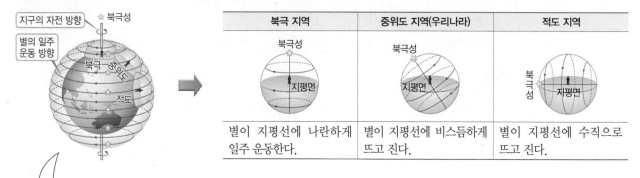

	북극 지역	중위도 지역(우리나라)	적도 지역
	별이 지평선에 나란하게 일주 운동한다.	별이 지평선에 비스듬하게 뜨고 진다.	별이 지평선에 수직으로 뜨고 진다.

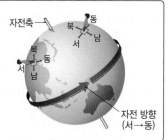

지구의 자전 방향과 별의 일주 운동 방향
북반구에서 지구상의 관측자가 북쪽을 바라볼 때 왼쪽이 서쪽, 오른쪽이 동쪽이다. 따라서 지구상의 관측자가 볼 때 지구가 자전하는 방향은 '서 → 동'이고, 이와 반대로 나타나는 별의 일주 운동 방향은 '동 → 서'이다.

'위도에 따른 별의 일주 운동 모습'은 교과서에 나오지 않지만, 학교에서 이 내용을 배웠다면 시험에 출제될 수 있으므로 짚고 넘어가자!

○ 북반구 중위도 지역(우리나라)에서 관측한 별의 일주 운동 모습

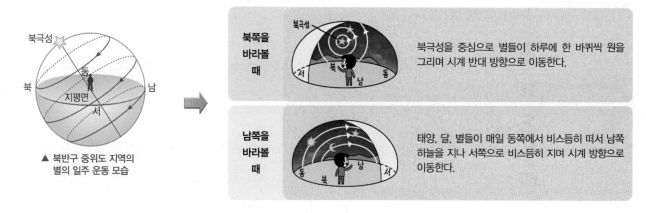

▲ 북반구 중위도 지역의 별의 일주 운동 모습

북쪽을 바라볼 때
북극성을 중심으로 별들이 하루에 한 바퀴씩 원을 그리며 시계 반대 방향으로 이동한다.

남쪽을 바라볼 때
태양, 달, 별들이 매일 동쪽에서 비스듬히 떠서 남쪽 하늘을 지나 서쪽으로 비스듬히 지며 시계 방향으로 이동한다.

유제 ❶ 우리나라에서 본 별의 일주 운동 모습을 옳게 나타낸 것은?

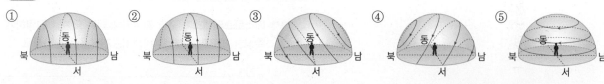

황도 12궁과 계절별 별자리에 관한 문제를 풀 때는 천구에서 태양이 어디에 위치하는지부터 파악
하면 쉽게 풀려. 계절별 별자리에 관한 문제를 정복해 보자!

● 정답과 해설 29쪽

황도 12궁에서 계절별 별자리 찾기

◎ 황도 12궁이란? 태양이 지나는 길에 위치한 12개의 별자리

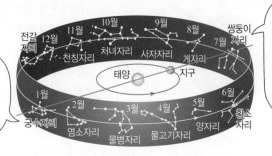

태양은 황도 12궁에 표시된 달에 그 별자리를 지나. 즉, 1월에는 궁수자리를 지나가고, 2월에는 염소자리, 3월에는 물병자리를 지나가지~

지구와 태양을 잇는 직선을 그었을 때 태양 방향에 있는 별자리가 태양이 지나는 별자리야. 태양이 지나는 별자리는 태양 빛에 의해 보이지 않고, 태양 반대 방향에 있는 별자리가 지구에서 한밤중에 남쪽 하늘에서 보여.

별자리＼시기	1월	3월	6월	9월	12월
태양이 지나는 별자리	궁수자리	물병자리	황소자리	사자자리	전갈자리
한밤중에 남쪽 하늘에서 보이는 별자리	쌍둥이자리	사자자리	전갈자리	물병자리	황소자리

(6칸 이동해!)

유형 ① 태양의 위치 또는 시기를 지정하여 묻는 경우

|예제| 태양이 염소자리를 지날 때 한밤중에 남쪽 하늘에 보이는 별자리는?

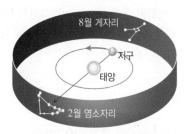

|풀이| 태양이 염소자리를 지날 때(＝2월)에는 태양의 반대 방향에 있는 별자리(＝6개월 후 별자리)가 한밤중에 남쪽 하늘에서 보인다. ➡ 게자리

유형 ② 지구의 위치를 지정하여 묻는 경우

|예제| 지구의 위치가 그림과 같을 때, 태양이 위치한 별자리와 한밤중에 남쪽 하늘에서 보이는 별자리는?

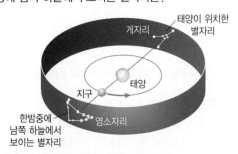

|풀이| ① 지구와 태양을 잇는 직선을 긋는다.
② 지구에서 볼 때 태양과 같은 방향에 있는 별자리에 태양이 위치한다. ➡ 게자리
③ 지구에서 볼 때 태양의 반대 방향에 있는 별자리(＝6개월 후 별자리)가 한밤중에 남쪽 하늘에서 보인다. ➡ 염소자리

유제 ① 위 그림에서 태양이 처녀자리를 지날 때 한밤중에 남쪽 하늘에서 보이는 별자리를 쓰시오.

유제 ② 위 그림에서 4월 한밤중에 남쪽 하늘에서 볼 수 있는 별자리를 쓰시오.

유제 ③~④ 그림은 황도 12궁을 나타낸 것이다.

유제 ③ 지구가 A에 있을 때 한밤중에 남쪽 하늘에서 보이는 별자리를 쓰시오.

유제 ④ 지구가 B에 있을 때 태양이 위치한 별자리를 쓰시오.

전국 주요 학교의 **시험**에 **가장 많이 나오는 문제**들로만 구성하였습니다.
모든 친구들이 '꼭' 봐야 하는 코너입니다.

기출 문제로 **내신쑥쑥**

A 지구의 크기

중요

01 에라토스테네스가 오른쪽 그림과 같은 방법으로 지구의 크기를 구하기 위해 세운 가정을 보기에서 모두 고른 것은?

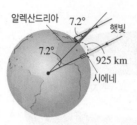

┌─ 보기 ─────────────────┐
ㄱ. 지구는 자전한다.
ㄴ. 지구는 완전한 구형이다.
ㄷ. 지구로 들어오는 햇빛은 평행하다.
ㄹ. 지구는 적도 쪽이 약간 부푼 타원체이다.
└───────────────────────┘

① ㄱ, ㄴ   ② ㄱ, ㄷ   ③ ㄴ, ㄷ
④ ㄴ, ㄹ   ⑤ ㄷ, ㄹ

[02~04] 오른쪽 그림은 에라토스테네스가 지구의 크기를 측정한 방법을 나타낸 것이다.

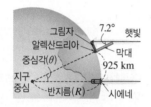

02 에라토스테네스가 지구의 크기를 구하기 위해 실제로 측정한 값을 모두 고르면?(2개)

① 알렉산드리아에 세운 막대의 길이
② 알렉산드리아와 시에네 사이의 거리
③ 알렉산드리아에 세운 막대의 그림자 길이
④ 알렉산드리아와 시에네 사이의 지구 중심각 크기
⑤ 알렉산드리아에 세운 막대와 그림자 끝이 이루는 각도

중요

03 위 그림을 이용하여 지구의 반지름(R)을 구하기 위한 비례식으로 옳은 것은?

① $360° : 7.2° = 925\,km : 2\pi R$
② $360° : 925\,km = 7.2° : 2\pi R$
③ $360° : 2\pi R = 7.2° : 925\,km$
④ $2\pi R : 7.2° = 360° : 925\,km$
⑤ $2\pi R : 360° = 7.2° : 925\,km$

04 에라토스테네스가 구한 지구의 크기가 실제 지구의 크기와 차이 나는 까닭을 모두 고르면?(2개)

① 지구가 공전하기 때문
② 지구가 완전한 구형이 아니기 때문
③ 지구로 들어오는 햇빛이 평행하기 때문
④ 시에네에 햇빛이 수직으로 비추지 않았기 때문
⑤ 두 지역 사이의 거리 측정값이 정확하지 않았기 때문

탐구 a 94쪽

[05~06] 오른쪽 그림은 지구 모형의 크기를 측정하기 위한 실험 장치를 나타낸 것이다.

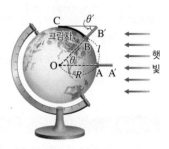

05 직접 측정해야 하는 값을 옳게 짝 지은 것은?

① θ, 호 AB의 길이(l)   ② θ, 그림자 BC의 길이
③ θ', 호 AB의 길이(l)   ④ θ', 그림자 BC의 길이
⑤ 막대 AA'과 BB'의 길이

중요

06 이에 대한 설명으로 옳지 <u>않은</u> 것은?

① 지구 모형을 비추는 햇빛은 평행하다.
② θ와 θ'은 엇각이므로 크기가 서로 같다.
③ 막대 AA'은 그림자가 생기도록 세운다.
④ 두 막대는 지구 모형의 표면에 수직으로 세운다.
⑤ 원에서 호의 길이가 중심각의 크기에 비례한다는 원리를 이용한다.

07 다음은 지구상의 지점 (가)~(라)의 위도와 경도이다.

지점	(가)	(나)	(다)	(라)
위도	30°N	30°N	40°N	50°N
경도	135°E	140°E	135°E	170°E

(가)~(라) 중 지구의 크기를 구할 때 이용할 수 있는 가장 적당한 두 지점을 옳게 짝 지은 것은?

① (가), (나)   ② (가), (다)   ③ (나), (다)
④ (나), (라)   ⑤ (다), (라)

08 오른쪽 그림은 서울과 광주의 위도, 경도 및 두 지역 사이의 거리를 나타낸 것이다. 지구의 반지름(R)을 구하는 식으로 옳은 것은?

① $\dfrac{2\pi \times 360°}{280\,\text{km} \times 2.4°}$

② $\dfrac{360° \times 280\,\text{km}}{2\pi \times 2.4°}$

③ $\dfrac{2\pi \times 2.4°}{360° \times 280\,\text{km}}$

④ $\dfrac{360° \times 280\,\text{km}}{2\pi \times 35.1°}$

⑤ $\dfrac{280\,\text{km} \times 127°}{2\pi \times 360°}$

B 지구의 자전

09 지구의 자전 방향과 천체의 일주 운동 방향을 옳게 짝지은 것은?

	지구의 자전 방향	천체의 일주 운동 방향
①	동→서	동→서
②	동→서	서→동
③	서→동	동→서
④	서→동	서→동
⑤	남→북	북→남

10 지구의 자전과 관련된 설명으로 옳지 않은 것은?

① 지구의 자전 주기는 1일이다.
② 지구는 한 시간에 15°씩 회전한다.
③ 별이 하루에 한 바퀴씩 원을 그리며 돈다.
④ 별이 실제로 움직여서 별의 일주 운동이 나타난다.
⑤ 우리나라에서 북쪽 하늘을 보면 별이 시계 반대 방향으로 돈다.

11 지구의 자전에 의해 나타나는 현상을 보기에서 모두 고른 것은?

┌ 보기 ┐
ㄱ. 낮과 밤이 반복된다.
ㄴ. 태양이 동쪽에서 떠서 서쪽으로 진다.
ㄷ. 계절에 따라 관측되는 별자리가 달라진다.
ㄹ. 별들이 북극성을 중심으로 원을 그리며 돈다.
ㅁ. 태양이 별자리 사이를 이동하여 1년 후 원래 위치로 돌아온다.

① ㄱ, ㄷ   ② ㄴ, ㄷ   ③ ㄹ, ㅁ
④ ㄱ, ㄴ, ㄹ   ⑤ ㄴ, ㄷ, ㅁ

12 그림은 어느 날 밤하늘에서 본 북극성과 북두칠성의 움직임을 나타낸 것이다.

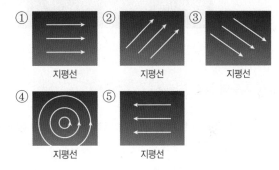

북두칠성이 A 위치에 있을 때의 시각이 밤 9시였다면, B 위치에 있을 때는 몇 시쯤이겠는가?

① 오후 5시   ② 저녁 6시   ③ 저녁 7시
④ 밤 12시   ⑤ 새벽 1시

13 우리나라의 남쪽 하늘에서 본 별의 일주 운동 모습으로 옳은 것은?

① 지평선   ② 지평선   ③ 지평선
④ 지평선   ⑤ 지평선

14 그림 (가)~(라)는 우리나라에서 관측한 별의 일주 운동 모습을 나타낸 것이다.

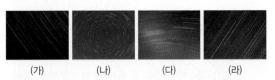

(가)   (나)   (다)   (라)

관측한 방향을 동, 서, 남, 북 순으로 옳게 나열한 것은?

① (가)-(나)-(다)-(라)
② (가)-(라)-(다)-(나)
③ (다)-(라)-(나)-(가)
④ (라)-(가)-(나)-(다)
⑤ (라)-(가)-(다)-(나)

15 오른쪽 그림은 서울에서 북쪽 하늘을 향해 사진기를 2시간 동안 노출시켜 찍은 별의 일주 운동이다. 이에 대한 설명으로 옳지 <u>않은</u> 것은?

① θ의 크기는 15°이다.
② 별들의 회전 방향은 B이다.
③ 호의 중심에 있는 별 P는 북극성이다.
④ 모든 호의 중심각은 크기가 서로 같다.
⑤ 지구의 자전으로 나타나는 겉보기 운동이다.

16 어느 날 북반구에서 한밤중에 관측한 별자리가 그림과 같을 때, 6시간 후 서쪽 하늘의 지평선 부근에서 관측할 수 있는 별자리를 쓰시오.

C 지구의 공전

17 지구의 공전 방향과 태양의 연주 운동 방향을 옳게 짝지은 것은?

	지구의 공전 방향	태양의 연주 운동 방향
①	동 → 서	동 → 서
②	동 → 서	서 → 동
③	서 → 동	동 → 서
④	서 → 동	서 → 동
⑤	남 → 북	북 → 남

18 지구의 공전과 관련된 설명으로 옳은 것은?

① 지구의 공전 주기는 하루이다.
② 지구는 태양 주위를 하루에 약 15°씩 회전한다.
③ 지구의 공전으로 계절에 따라 보이는 별자리가 변한다.
④ 지구 공전에 의해 태양이 일주 운동을 하면서 지나는 길을 황도라고 한다.
⑤ 태양은 별자리 사이를 하루에 약 15°씩 이동하여 1년 후 처음 위치로 되돌아온다.

19 그림은 15일 간격으로 해가 진 직후 서쪽 하늘에서 관측한 별자리의 모습을 순서 없이 나타낸 것이다.

이에 대한 설명으로 옳은 것을 보기에서 모두 고른 것은?

┌ 보기 ┐
ㄱ. 관측한 순서는 (가) → (나) → (다)이다.
ㄴ. 태양은 쌍둥이자리를 기준으로 동에서 서로 이동한다.
ㄷ. 쌍둥이자리는 태양을 기준으로 동에서 서로 이동한다.
ㄹ. 지구의 공전 때문에 나타나는 현상이다.

① ㄱ, ㄴ   ② ㄱ, ㄹ   ③ ㄴ, ㄷ
④ ㄴ, ㄹ   ⑤ ㄷ, ㄹ

[20~21] 그림은 황도 12궁과 지구의 공전 궤도를 나타낸 것이다.

20 준영이의 생일은 6월 12일이다. 이날 한밤중에 남쪽 하늘에서 볼 수 있는 별자리를 쓰시오.

21 지구가 A에 있을 때, (가) 태양이 지나는 별자리와 (나) 한밤중에 남쪽 하늘에서 볼 수 있는 별자리를 옳게 짝 지은 것은?

	(가)	(나)
①	궁수자리	물병자리
②	궁수자리	염소자리
③	궁수자리	쌍둥이자리
④	쌍둥이자리	궁수자리
⑤	쌍둥이자리	황소자리

중요
22 오른쪽 그림은 에라토스테네스와 같은 원리를 이용하여 지구 모형의 크기를 측정하기 위한 방법을 나타낸 것이다.

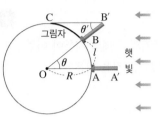

(1) 필요한 가정 두 가지를 서술하시오.

(2) 지구 모형의 반지름(R)을 구하는 비례식을 쓰시오.

(3) $l=10$ cm, $\theta'=20$°일 때, 지구 모형의 반지름(R)을 구하시오.(단, $\pi=3$으로 계산한다.)

23 오른쪽 그림은 별의 일주 운동 모습이다.

(1) 일주 운동을 몇 시간 동안 관측하였는지 쓰시오.

(2) 북극성을 중심으로 별이 일주 운동하는 방향(시계 방향, 시계 반대 방향)을 쓰시오.

(3) 별의 일주 운동이 나타나는 까닭을 서술하시오.

중요
24 그림은 황도 12궁과 지구의 위치를 나타낸 것이다.

(1) 지구의 위치가 그림과 같을 때는 몇 월인지 쓰고, 한밤중에 남쪽 하늘에서 관측되는 별자리를 쓰시오.

(2) 관측되는 별자리가 1년 동안 달라지는 까닭을 서술하시오.

01 다음은 어떤 지역 A~C의 경도, 위도, A로부터의 거리를 나타낸 것이다.

지역	경도	위도	A로부터의 거리
A	128.5°E	38.2°N	약 0 km
B	127.7°E	38.2°N	약 78 km
C	128.5°E	35.8°N	약 250 km

지구의 반지름(R)을 구하기 위한 비례식으로 옳은 것은?

① $360° : 2\pi R = 0.8° : 78$ km
② 78 km $: 2\pi R = 360° : 0.8°$
③ 250 km $: 2\pi R = 2.4° : 360°$
④ 250 km $: 360° = 2.4° : 2\pi R$
⑤ $2.4° : 360° = 172$ km $: 2\pi R$

02 그림은 15일 간격으로 해가 진 직후 서쪽 하늘을 관측한 모습이다.

4월 1일   4월 16일   5월 1일

이에 대한 설명으로 옳지 <u>않은</u> 것은?

① 같은 시각에 관측할 때 별자리는 하루에 약 1°씩 이동한다.
② 황소자리는 점점 빨리 뜨고 빨리 지고 있다.
③ 4월 16일에 양자리는 자정에 남쪽 하늘에서 관측될 것이다.
④ 5월 16일경 해가 진 직후, 황소자리는 태양 부근에 위치할 것이다.
⑤ 10월에 해가 진 직후에는 다른 별자리가 보인다.

02 달의 크기와 운동

A 달의 크기

1 달의 크기 측정 물체를 앞뒤로 움직여 달이 가려질 때, 관측자와 물체의 지름이 이루는 삼각형과 관측자와 달의 지름이 이루는 삼각형은 서로 닮았다는 것을 이용한다.

① 원리
- 물체의 크기는 거리가 가까울수록 크게 보이고, 멀수록 작게 보인다.❶
- 서로 닮은 두 삼각형에서 대응변의 길이 비는 일정하다.❷

② 측정 탐구 **a** 106쪽

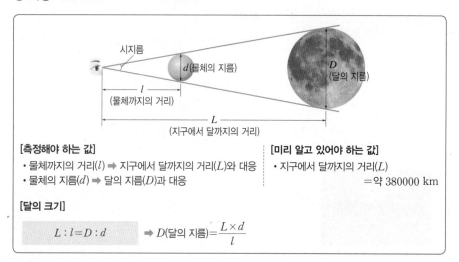

[측정해야 하는 값]
- 물체까지의 거리(l) ➡ 지구에서 달까지의 거리(L)와 대응
- 물체의 지름(d) ➡ 달의 지름(D)과 대응

[달의 크기]

$$L : l = D : d \quad \Rightarrow \quad D(달의 지름) = \frac{L \times d}{l}$$

[미리 알고 있어야 하는 값]
- 지구에서 달까지의 거리(L)
  =약 380000 km

2 달의 크기 달의 지름은 약 3500 km로, 지구 지름(약 12800 km)의 $\frac{1}{4}$ 정도이다.

B 달의 공전 – 달의 위상 변화

1 달의 공전 달이 지구를 중심으로 약 한 달에 한 바퀴씩 서에서 동으로 도는 운동

① 공전 방향 : 서 → 동　　　　② 공전 속도 : 하루에 약 13°씩 이동

③ 공전으로 나타나는 현상 : 달의 위상 변화, 일식과 월식 등

2 달의 위상 변화 달은 스스로 빛을 내지 못하므로 햇빛을 반사하여 밝게 보인다.

① 달의 위상 : 지구에서 볼 때 밝게 보이는 달의 모양

② 달의 위상이 변하는 까닭 : 달이 공전하면서 태양, 지구, 달의 상대적인 위치가 달라지기 때문에 지구에서 볼 때 달의 밝게 보이는 부분의 모양이 달라진다.

③ 달의 위상 변화 순서 : *삭 → 초승달 → 상현달 → 보름달(*망) → 하현달 → 그믐달 → 삭❸

페이지를 인식하세요!
오투실험실

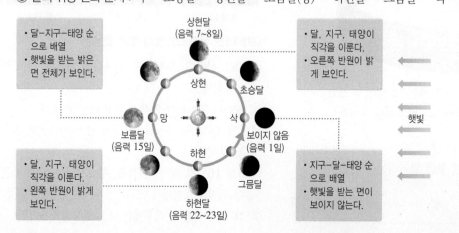

- 달–지구–태양 순으로 배열
- 햇빛을 받는 밝은 면 전체가 보인다.

상현달 (음력 7~8일)

- 달, 지구, 태양이 직각을 이룬다.
- 오른쪽 반원이 밝게 보인다.

상현
초승

망　　　삭

보름달 (음력 15일)

하현

보이지 않음 (음력 1일)

- 달, 지구, 태양이 직각을 이룬다.
- 왼쪽 반원이 밝게 보인다.

하현달 (음력 22~23일)

그믐달

- 지구–달–태양 순으로 배열
- 햇빛을 받는 면이 보이지 않는다.

햇빛

✚ 플러스 강의

📖 내 교과서 확인 | 미래엔

❶ 지구에서 본 태양과 달의 크기
태양의 실제 크기는 달의 약 400배로 달보다 매우 크다. 그러나 태양이 달보다 지구로부터 멀리 떨어져 있어 *시지름이 달과 거의 같기 때문에 지구에서 볼 때 태양과 달은 비슷한 크기로 보인다.

❷ 삼각형의 닮음비

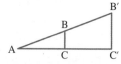

삼각형 ABC와 삼각형 AB'C'은 서로 닮았고, 대응변의 길이 비는 일정하므로 다음과 같은 비례식을 세울 수 있다.

$$\overline{AC'} : \overline{AC} = \overline{B'C'} : \overline{BC}$$

📖 내 교과서 확인 | 미래엔

❸ 지구에서 항상 달의 같은 면만 보이는 까닭(=달의 위상이 변해도 표면의 무늬가 변하지 않는 까닭)
달의 공전 주기와 자전 주기가 같기 때문이다. 달이 지구 주위를 한 바퀴 공전하는 동안 같은 방향(서→동)으로 한 바퀴 자전하기 때문에 항상 같은 면이 지구를 향한다.

용어 돋보기 🔍

- *시지름(視 보이다, 지름)_지구에서 본 천체의 겉보기 지름으로, 실제 지름이 작을수록 거리가 멀수록 시지름이 작음

- *삭(朔 초하루)_음력 1일경에 달이 지구와 태양 사이에 놓여 보이지 않는 때 또는 그때의 달

- *망(望 보름)_음력 15일경에 지구를 기준으로 달이 태양의 반대 방향에 놓여 둥글게 보이는 때 또는 그때의 달

1 달의 크기 측정에 대한 설명으로 옳은 것은 ◯, 옳지 않은 것은 ×로 표시하시오.

(1) 물체의 크기는 거리가 멀어질수록 크게 보인다. ……………………… (　　)
(2) 달의 크기는 삼각형의 닮음비를 이용하여 구할 수 있다. ……………… (　　)
(3) 달과 같은 크기로 보이는 물체가 달을 정확히 가릴 때, 물체의 지름은 달의 지름에 대응한다. …………………………………………………… (　　)
(4) 달의 반지름은 지구 반지름의 약 4배이다. ……………………………… (　　)

2 오른쪽 그림은 달의 크기를 측정하는 방법을 모식적으로 나타낸 것이다.

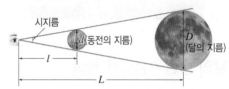

(1) 미리 알고 있어야 하는 값의 기호를 쓰시오.
(2) 직접 측정해야 하는 값의 기호를 쓰시오.
(3) 달의 지름(D)을 구하기 위한 비례식을 완성하시오.

$$L : l = ㉠(\qquad) : ㉡(\qquad)$$

3 달의 공전과 위상 변화에 대한 설명으로 옳은 것은 ◯, 옳지 않은 것은 ×로 표시하시오.

(1) 달은 동쪽에서 서쪽으로 공전한다. ……………………………………… (　　)
(2) 달은 스스로 빛을 내므로 지구에서 밝게 보인다. ……………………… (　　)
(3) 달의 위상이 변하는 것은 달이 지구를 중심으로 공전하기 때문이다. … (　　)
(4) 왼쪽 반원이 밝게 보이는 달을 상현달, 오른쪽 반원이 밝게 보이는 달을 하현달이라고 한다. ……………………………………………………… (　　)

4 달이 공전하면서 위상 변화가 일어나는 순서대로 (　　) 안에 알맞은 말을 쓰시오.

삭 → 초승달 → ㉠(　　) → ㉡(　　) → 하현달 → ㉢(　　) → 삭

✎ 더 풀어보고 싶다면? 시험 대비 교재 **61**쪽 계산력·암기력 강화 문제

5 오른쪽 그림은 달의 공전 궤도를 나타낸 것이다.

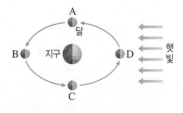

(1) 달이 A~D에 위치할 때 지구에서 관측되는 달의 모양을 각각 쓰시오.
(2) A~D 중 지구에서 볼 때 달의 왼쪽 반원이 밝게 보이는 위치를 쓰시오.
(3) A~D 중 음력 1일경 달의 위치를 쓰시오.

④ 달의 위치와 모양 변화 : 달이 공전함에 따라 지구에서 같은 시각에 관측한 달의 위치와 모양이 변한다. [여써잠깐 107쪽]

[해가 진 직후 달의 위치와 모양 변화]

(날짜 : 음력)

• 해가 진 직후 관측되는 달의 위치 변화 : 매일 약 13° 씩 서쪽에서 동쪽으로 이동(달이 뜨는 시각이 늦어짐)
• 해가 진 직후 관측되는 달의 모양 변화❶

음력 1일경	보이지 않음(삭)
음력 2일경	서쪽 하늘에서 초승달
음력 7~8일경	남쪽 하늘에서 상현달
음력 15일경	동쪽 하늘에서 보름달

C 달의 공전 – 일식과 월식

확보 3.2

1 일식 태양의 전체 또는 일부가 달에 가려지는 현상
➡ 달이 지구 주위를 공전하면서 태양의 앞을 지나갈 때 일어난다.

모식도	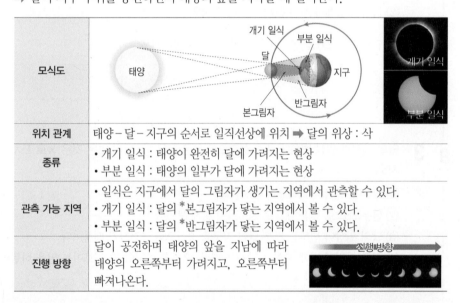
위치 관계	태양 – 달 – 지구의 순서로 일직선상에 위치 ➡ 달의 위상 : 삭
종류	• 개기 일식 : 태양이 완전히 달에 가려지는 현상 • 부분 일식 : 태양의 일부가 달에 가려지는 현상
관측 가능 지역	• 일식은 지구에서 달의 그림자가 생기는 지역에서 관측할 수 있다. • 개기 일식 : 달의 *본그림자가 닿는 지역에서 볼 수 있다. • 부분 일식 : 달의 *반그림자가 닿는 지역에서 볼 수 있다.
진행 방향	달이 공전하며 태양의 앞을 지남에 따라 태양의 오른쪽부터 가려지고, 오른쪽부터 빠져나온다.

2 월식 달의 전체 또는 일부가 지구의 그림자에 가려지는 현상
➡ 달이 지구 주위를 공전하면서 지구의 그림자 속으로 들어갈 때 일어난다.

모식도	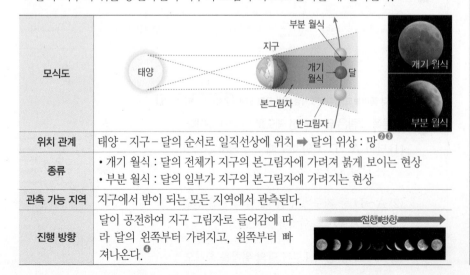
위치 관계	태양 – 지구 – 달의 순서로 일직선상에 위치 ➡ 달의 위상 : 망❷❸
종류	• 개기 월식 : 달의 전체가 지구의 본그림자에 가려져 붉게 보이는 현상 • 부분 월식 : 달의 일부가 지구의 본그림자에 가려지는 현상
관측 가능 지역	지구에서 밤이 되는 모든 지역에서 관측된다.
진행 방향	달이 공전하여 지구 그림자로 들어감에 따라 달의 왼쪽부터 가려지고, 왼쪽부터 빠져나온다.❹

✚ 플러스 강의

❶ 달의 위상과 관측 시간

달은 지구 자전에 의해 동에서 서로 1시간에 15°씩 일주 운동한다.
• 초승달 : 해가 진 직후 서쪽 하늘에 있어서 곧 지므로 관측할 수 있는 시간이 짧다.
• 상현달 : 해가 진 직후 남쪽 하늘에 있어서 서쪽으로 이동하여 자정에 지므로 약 6시간 동안 관측할 수 있다.
• 보름달 : 해가 진 직후 동쪽 지평선에 있어서 자정에 남쪽 하늘을 지나 해가 뜰 때 서쪽 지평선으로 지므로 가장 오래(약 12시간 동안) 관측할 수 있다.

❷ 달의 위치에 따른 일식과 월식

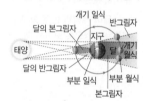

삭의 위치에서 일식이, 망의 위치에서 월식이 일어날 수 있다.

🔖 내 교과서 확인 | 동아

❸ 일식과 월식이 매달 일어나지 않는 까닭

달과 지구의 공전 궤도는 같은 평면상에 있지 않기 때문이다. 즉, 달이 삭이나 망의 위치에 있을 때라도 태양, 지구, 달이 항상 정확하게 일직선상에 놓이는 것은 아니기 때문에 일식과 월식이 매달 일어나지는 않는다.

🔖 내 교과서 확인 | 천재

❹ 월식이 일식보다 식의 지속 시간이 긴 까닭

지구에 비친 달의 그림자 크기보다 달을 가리는 지구의 그림자 크기가 더 크기 때문이다.

용어 돋보기 🔍

*본그림자_광원에서 오는 모든 빛이 차단되어 생기는 어두운 그림자

*반그림자_광원에서 오는 빛의 일부가 차단되어 생기는 약간 어두운 그림자

B 달의 공전 - 달의 위상 변화

• 달이 ☐☐함에 따라 지구에서 같은 시각에 관측한 달의 ☐☐와 모양이 변한다.

C 달의 공전 - 일식과 월식

• ☐☐ : 태양의 전체 또는 일부가 달에 가려지는 현상

• ☐☐ : 달의 전체 또는 일부가 지구의 그림자에 가려지는 현상

• 일식은 달의 위상이 ☐일 때, 월식은 달의 위상이 ☐일 때 일어날 수 있다.

B 6 다음은 지구에서 관측한 달의 위치 변화에 대한 설명이다. (   ) 안에 알맞은 말을 쓰시오.

> 매일 밤 같은 시각에 관측한 달의 위치는 하루에 약 ㉠(   )°씩 ㉡(   )쪽에서 ㉢(   )쪽으로 이동하는데, 이것은 달의 ㉣(   ) 때문이다.

7 다음 날짜에 해가 진 직후 관측되는 달의 모양과 위치를 옳게 연결하시오.

(1) 음력 2일경 •   • ㉠ 보름달 •   • ① 동쪽 하늘

(2) 음력 7~8일경 •   • ㉡ 상현달 •   • ② 남쪽 하늘

(3) 음력 15일경 •   • ㉢ 초승달 •   • ③ 서쪽 하늘

C 8 오른쪽 그림은 일식이 일어날 때의 모습을 모식적으로 나타낸 것이다. A~D 중 개기 일식과 부분 일식을 관측할 수 있는 곳을 순서대로 쓰시오.

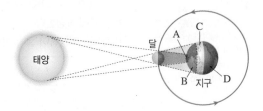

9 다음은 일식에 대한 설명이다. (   ) 안에 알맞은 말을 고르시오.

> 일식은 달의 위치가 ㉠(삭, 망)일 때 일어날 수 있다. 달은 ㉡(서→동, 동→서) 방향으로 공전하므로 일식이 일어날 때 태양은 ㉢(오른쪽, 왼쪽)부터 가려진다.

10 오른쪽 그림은 월식이 일어날 때의 모습을 모식적으로 나타낸 것이다. A~C 중 개기 월식과 부분 월식이 일어날 수 있는 위치를 순서대로 쓰시오.

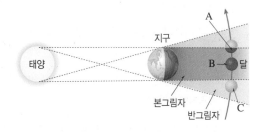

암기광 일식과 월식이 일어날 때 달의 위상 외우기

일요일은 순**삭**,
식

월요일은 **망**했으면...
식

11 월식에 대한 설명으로 옳은 것은 ○, 옳지 **않은** 것은 ×로 표시하시오.

(1) 월식은 달이 지구의 그림자 속으로 들어가서 가려지는 현상이다. .... (   )

(2) 월식이 일어날 때는 태양 - 달 - 지구의 순서로 일직선을 이룬다. .... (   )

(3) 월식이 일어날 때의 달은 보름달이다. .... (   )

(4) 월식이 일어날 때 달은 왼쪽부터 가려진다. .... (   )

과정 & 결과

페이지를
인식하세요!

오투실험실

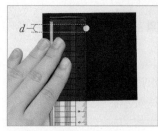

❶ 두꺼운 종이에 펀치로 구멍을 뚫고, 구멍의 지름(d)을 측정한다.

결과 d는 6 mm이다.

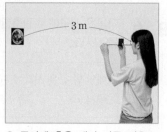

❷ 종이에 홈을 내어 자를 끼우고, 약 3 m 떨어진 거리에 서서 구멍을 통해 벽에 붙인 보름달 그림을 본다.

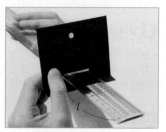

❸ 종이를 앞뒤로 움직여 보름달 그림이 구멍을 완전히 채울 때 눈과 종이 사이의 거리(l)를 측정한다.

결과 l은 10 cm이다.

❹ 과정 ❶과 ❸에서 측정한 값을 이용하여 달 그림의 지름을 구한다.

결과 & 해석

✪ 유의점

달 그림의 지름을 계산할 때에는 길이의 단위를 통일해야 한다.
1 cm = 10 mm
1 m = 100 cm

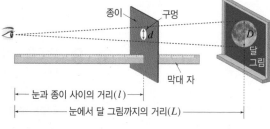

- 달 그림까지의 거리(L)와 눈과 종이 사이의 거리(l)는 대응하는 변에 해당한다.
- 달 그림의 지름(D)과 구멍의 지름(d)은 대응하는 변에 해당한다.
- 비례식을 이용하여 달 그림의 지름을 구한다.

$$L : l = D : d$$

➡ 달 그림의 지름(D) $= \dfrac{L \times d}{l} = \dfrac{300\,\text{cm} \times 0.6\,\text{cm}}{10\,\text{cm}} = 18\,\text{cm}$

정리

1. 달 그림의 지름을 구하기 위해 실제로 측정해야 하는 값은 ㉠(　　　　　　　　)와 종이에 뚫은 구멍의 지름(d)이다.

2. 달 그림의 지름(D)을 구하는 비례식은 $L :$ ㉡(　　　) $= D :$ ㉢(　　　)이다.

확인 문제

01 위 실험에 대한 설명으로 옳은 것은 ○, 옳지 <u>않은</u> 것은 ×로 표시하시오.

(1) 달 그림이 구멍을 완전히 채울 때 종이에 뚫은 구멍과 달 그림의 시지름은 같다. ┄┄┄┄┄┄(　)

(2) 서로 닮은 삼각형에서 대응변의 길이 비가 일정하다는 원리를 이용한다. ┄┄┄┄┄┄┄┄┄(　)

(3) 달의 지름을 구하기 위해 실제로 측정해야 하는 값은 눈에서 달 그림까지의 거리이다. ┄┄┄(　)

(4) 종이에 뚫은 구멍의 지름이 클수록 눈과 종이 사이의 거리는 멀어진다. ┄┄┄┄┄┄┄┄┄(　)

(5) 달의 지름(D)을 구하기 위한 비례식은 $l : L = D : d$이다. ┄┄┄┄┄┄┄┄┄┄┄┄┄┄(　)

[02~03] 그림은 달의 크기를 구하는 실험을 나타낸 것이다.

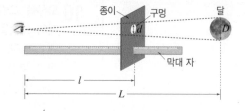

02 달의 크기를 구하기 위해 미리 알고 있어야 하는 값의 기호를 쓰시오.

_____

03 구멍의 지름이 0.8 cm, 눈에서 종이까지의 거리가 87 cm일 때, 달의 지름(D)을 구하는 식을 세우시오. (단, 지구에서 달까지의 거리는 380000 km이다.)

_____

달이 공전함에 따라 지구에서 보이는 모양과 위치뿐만 아니라 지구에서 달을 관측할 수 있는 시각도 변해. 달의 관측 시각에 대한 내용은 교과서에서는 나오지 않지만 가끔씩 시험에 출제되는 경우가 있어. 여기서잠깐을 통해 이와 관련된 문제를 쉽게 푸는 방법을 알아보자!

● 정답과 해설 32쪽

달의 관측 시각 찾기

교과서에 나오지 않는 내용이니까 여기서 잠깐 내용이 어려운 친구들은 공부하지 않고 넘어가도 돼! 만약 이 내용을 배웠다면 차근차근 연습해 보자!

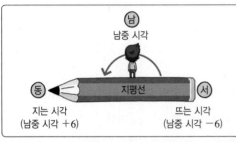

연필을 이용하여 달의 관측 시각 찾기
• 달이 연필의 가운데에 놓여 있을 때, 사람의 머리가 향하는 시각이 달이 남중하는 시각(남쪽 하늘에서 보이는 시각)이다.
• 이를 기준으로 연필의 각 부분에 해당하는 시각을 읽는다.

step ① 지구의 자전과 시각 변화

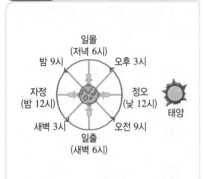

사람의 머리가 태양을 향해 일직선이 될 때가 정오이고, 반대편에 있을 때는 자정이다. 지구는 1시간에 15°씩 서에서 동으로 회전하므로 자전 방향을 따라 시간을 더한다.

step ② 달의 공전과 위상 변화

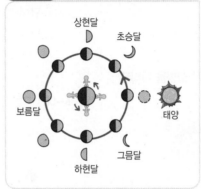

달이 공전하여 태양과 같은 방향에 있을 때는 보이지 않고, 태양과 반대 방향에 있을 때는 보름달로 보인다.

step ③ 달의 관측 시각

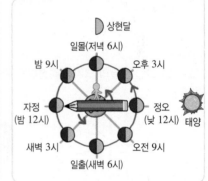

지구는 서에서 동으로 자전하므로, 달의 남중 시각을 기준으로 뜨고 지는 시각을 읽는다.
예 상현달의 경우 일몰 때 남중하므로 뜨는 시각은 정오(남중 시각−6), 지는 시각은 자정(남중 시각+6)이다.

유제① 그림은 지구 주위를 공전하는 달의 모습을 나타낸 것이다.

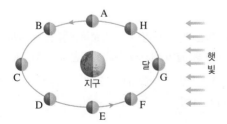

(1) 달이 A에 위치할 때 뜨는 시각을 쓰시오.

(2) 달이 C에 위치할 때 뜨는 시각을 쓰시오.

(3) 달이 E에 위치할 때 남중 시각을 쓰시오.

(4) 달이 F에 위치할 때 남중 시각을 쓰시오.

(5) 달이 C에 위치할 때 지는 시각을 쓰시오.

(6) 달이 E에 위치할 때 지는 시각을 쓰시오.

(7) A~H 중 자정에 동쪽 하늘에서 떠오르는 달의 위치와 모양을 쓰시오.

(8) A~H 중 자정에 남쪽 하늘에서 관측되는 달의 위치와 모양을 쓰시오.

(9) A~H 중 저녁 6시경 서쪽 하늘로 지는 달의 위치와 모양을 쓰시오.

전국 주요 학교의 **시험**에 가장 **많이 나오는** 문제들로만 구성하였습니다.
모든 친구들이 '꼭' 봐야 하는 코너입니다.

기출 문제로 내신쑥쑥

A 달의 크기

중요
01 그림은 달의 크기를 측정하는 방법을 나타낸 것이다.

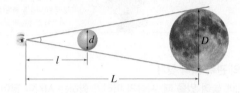

달의 지름(D)을 구하기 위한 식으로 옳은 것은?

① $D = \dfrac{L \times l}{d}$　　② $D = \dfrac{d \times l}{L}$

③ $D = \dfrac{L \times d}{l}$　　④ $D = \dfrac{l}{d \times L}$

⑤ $D = \dfrac{d}{L \times l}$

탐구 **a** 106쪽
[02~03] 그림은 달의 크기를 측정하기 위한 실험을 나타낸 것이다.

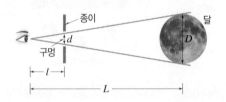

중요
02 달의 지름(D)을 구하기 위해 직접 측정해야 하는 값을 보기에서 모두 고른 것은?

┌ 보기 ┐
ㄱ. 달의 시지름　　ㄴ. 지구에서 달까지의 거리(L)
ㄷ. 구멍의 지름(d)　　ㄹ. 눈과 종이 사이의 거리(l)

① ㄱ, ㄴ　　② ㄱ, ㄷ　　③ ㄴ, ㄷ
④ ㄴ, ㄹ　　⑤ ㄷ, ㄹ

중요
03 이에 대한 설명으로 옳지 않은 것은?

① 종이의 구멍과 달의 시지름은 같다.
② 지구에서 달까지의 거리(L)는 미리 알고 있어야 하는 값이다.
③ 종이에 뚫은 구멍이 작을수록 눈과 종이 사이의 거리는 멀어진다.
④ 구멍의 지름과 달의 지름을 눈과 연결하는 두 개의 삼각형이 닮은꼴임을 이용한다.
⑤ 눈과 종이 사이의 거리(l)와 지구에서 달까지의 거리(L)는 대응하는 변에 해당한다.

B 달의 공전-달의 위상 변화

04 달의 공전 방향과 천체의 운동 방향이 다른 것은?

① 달의 자전　　　　② 지구의 자전
③ 지구의 공전　　　　④ 달의 일주 운동
⑤ 태양의 연주 운동

중요
05 지구에서 보이는 달의 모양이 달라지는 까닭은?

① 달의 크기가 변하기 때문이다.
② 달이 지구 주위를 공전하기 때문이다.
③ 지구와 달 사이의 거리가 변하기 때문이다.
④ 달이 자전축을 중심으로 자전하기 때문이다.
⑤ 달의 자전 주기와 공전 주기가 같기 때문이다.

[06~08] 그림은 달이 공전하는 모습을 나타낸 것이다.

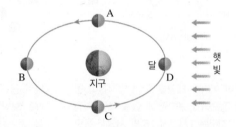

중요
06 달의 위치가 A일 때, 달의 위상으로 옳은 것은?

① 　② 　③

④ 　⑤

중요
07 추석에는 둥근 모양의 밝은 보름달을 볼 수 있다. 이때 A~D 중 달의 위치와 음력 날짜를 옳게 짝 지은 것은?

① A - 1일　　② B - 15일　　③ C - 15일
④ D - 1일　　⑤ A, C - 15일

08 음력 22일경 달의 위치와 위상을 옳게 짝 지은 것은?

① A - 상현달　　　　② A - 하현달
③ B - 보름달　　　　④ C - 하현달
⑤ D - 보름달

09 그림은 여러 가지 달의 위상을 나타낸 것이다.

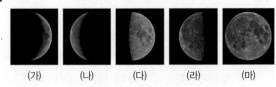

(가)　(나)　(다)　(라)　(마)

위상 변화가 일어나는 순서대로 옳게 나열한 것은?

① (가) → (나) → (라) → (다) → (마)
② (가) → (다) → (나) → (라) → (마)
③ (가) → (다) → (마) → (라) → (나)
④ (마) → (다) → (가) → (나) → (라)
⑤ (마) → (라) → (가) → (나) → (다)

[10~11] 그림은 지구 주위를 공전하는 달의 모습을 나타낸 것이다.

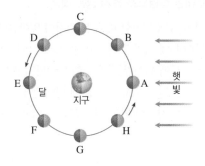

중요
10 달의 위치와 지구에서 보이는 모양을 옳게 짝 지은 것은?

① A－상현달
② B－초승달
③ C－보름달
④ D－그믐달
⑤ E－보이지 않음

중요
11 이에 대한 설명으로 옳은 것은?

① 달이 A에 위치할 때를 망이라고 한다.
② 달이 B에 위치할 때는 지구에서 달을 볼 수 없다.
③ 달이 C에 위치할 때와 G에 위치할 때의 위상은 같다.
④ 달이 E에 위치할 때는 일식이 일어날 수 있다.
⑤ 달이 H에 위치할 때는 음력 28일경으로, 그믐달로 보인다.

[12~13] 그림은 매일 해가 진 직후에 관측한 달의 위치와 모양을 나타낸 것이다.

중요
12 이에 대한 설명으로 옳지 않은 것은?

① 달은 서에서 동으로 공전한다.
② 달은 하루에 약 13°씩 이동한다.
③ 달의 모양은 약 15일을 주기로 변한다.
④ 음력 7~8일에 해가 진 직후 남쪽 하늘에서 보이는 달은 상현달이다.
⑤ 매일 같은 시각에 보이는 달의 위치는 동쪽으로 이동한다.

13 하루 동안 가장 오래 관측할 수 있는 달은?

① 초승달　② 상현달　③ 그믐달
④ 하현달　⑤ 보름달

14 그림은 달의 위상 변화를 나타낸 것이다.

지구에서 보이는 달의 위상이 변하더라도 달 표면의 무늬가 변하지 않는 까닭은?

① 달이 자전하지 않기 때문이다.
② 달에는 공기와 물이 없기 때문이다.
③ 달의 무늬가 어느 곳이나 같기 때문이다.
④ 달의 공전 주기와 자전 주기가 같기 때문이다.
⑤ 달이 공전하는 동안 지구도 자전하기 때문이다.

C 달의 공전-일식과 월식

15 일식과 월식에 대한 설명으로 옳지 <u>않은</u> 것은?

① 달이 지구 주위를 공전하며 일어나는 현상이다.

② 일식은 지구 그림자에 태양이 가려지는 현상이다.

③ 일식은 달이 삭의 위치에 있을 때 일어난다.

④ 월식은 지구 그림자에 달이 가려지는 현상이다.

⑤ 월식은 일식보다 관측할 수 있는 지역이 넓다.

16 그림은 지구 주위를 공전하는 달의 모습을 나타낸 것이다.

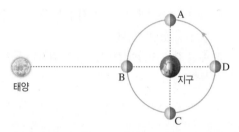

A~D 중 일식과 월식이 일어날 수 있는 위치를 옳게 짝 지은 것은?

	일식	월식		일식	월식
①	A	C	②	B	D
③	C	A	④	D	B
⑤	D	D			

[17~18] 그림은 일식이 일어날 때의 모습을 모식적으로 나타낸 것이다.

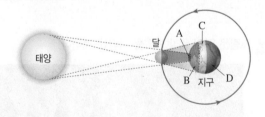

17 A~D 중 개기 일식과 부분 일식을 관측할 수 있는 곳을 순서대로 옳게 짝 지은 것은?

	개기 일식	부분 일식
①	A	B
②	A	D
③	B	A
④	B	C
⑤	C	D

18 이에 대한 설명으로 옳은 것은?

① 일식은 한 달에 한 번씩 일어난다.

② 이날 달은 상현달에 가까운 모양으로 보인다.

③ 일식이 진행됨에 따라 태양의 오른쪽부터 가려진다.

④ 일식이 진행됨에 따라 태양의 왼쪽부터 빠져나온다.

⑤ 이날 지구에서 밤인 지역에서만 일식을 관측할 수 있다.

19 그림은 태양, 지구, 달의 위치를 나타낸 것이다.

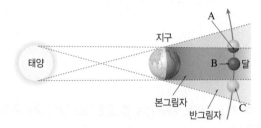

이에 대한 설명으로 옳지 <u>않은</u> 것은?

① 달이 A에 위치할 때 부분 월식이 일어난다.

② 달이 B에 위치할 때 달이 관측되지 않는다.

③ 달이 C에 위치할 때 월식이 일어나지 않는다.

④ 월식은 달의 위상이 망일 때 일어난다.

⑤ 월식은 지구의 밤이 되는 모든 지역에서 관측할 수 있다.

20 그림은 어느 날 일어난 월식의 진행 과정 중 일부를 나타낸 것이다.

이에 대한 설명으로 옳은 것을 보기에서 모두 고른 것은?

> **보기**
> ㄱ. 월식은 B 방향으로 진행된다.
> ㄴ. 태양 – 지구 – 달의 순서로 일직선을 이룰 때 일어난다.
> ㄷ. 이날에는 달 전체가 지구의 본그림자 안에 들어간다.

① ㄱ   ② ㄴ   ③ ㄱ, ㄴ
④ ㄱ, ㄷ   ⑤ ㄴ, ㄷ

● 정답과 해설 **34**쪽

중요
21 그림은 달의 크기를 측정하는 방법을 나타낸 것이다.

(1) 달의 지름(D)을 구하기 위한 비례식을 세우시오.

_____

(2) 동전의 지름(d)이 0.7 cm, l이 76 cm일 때, 달의 지름(D)을 구하는 식을 쓰고, 값(km)을 구하시오. (단, 달까지의 거리(L)는 380000 km이다.)

_____

22 태양은 크기가 달의 약 400배이지만, 지구에서 달과 비슷한 크기로 보이는 까닭을 서술하시오.

_____

중요
23 그림은 달이 공전하는 모습을 나타낸 것이다.

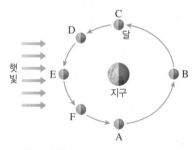

달이 A~F에 있을 때 지구에서 관측되는 달의 모습을 그리고 달의 위상을 쓰시오.

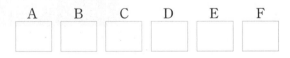

A	B	C	D	E	F

24 그림은 일식이 일어나는 모습을 순서 없이 나타낸 것이다.

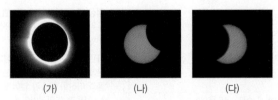

(가)~(다)를 먼저 관측된 것부터 순서대로 나열하고, 그렇게 나타나는 까닭을 서술하시오.

---

01 달의 모양과 위치 및 관측 시각을 옳게 나타낸 것은?

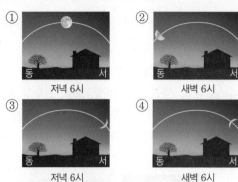

① 저녁 6시 ② 새벽 6시
③ 저녁 6시 ④ 새벽 6시
⑤ 자정

02 그림 (가)는 달이 공전하는 동안 태양으로부터 달까지의 거리를 나타낸 것이고, (나)는 A~E 시기 중 어느 날 달의 모양을 나타낸 것이다.

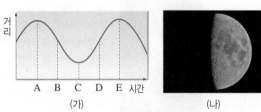

(가)   (나)

이에 대한 설명으로 옳은 것은?

① A일 때 달의 위상은 삭이다.
② B일 때 달의 모양은 (나)와 같다.
③ C일 때는 일식이 일어날 수 있다.
④ D일 때는 음력 22~23일경이다.
⑤ A에서 E까지 약 15일이 걸린다.

03 태양계의 구성

A 행성

1 태양계 태양을 비롯하여 이를 중심으로 공전하는 *행성, 왜소 행성, 혜성 등의 천체 및 이들이 차지하는 공간❶

[화보 3.3~6]

2 태양계를 이루는 행성
① 수성, 금성, 지구, 화성, 목성, 토성, 천왕성, 해왕성의 8개 행성이 있다.❷
② 공전 방향 : 태양계를 이루는 행성은 태양을 중심으로 같은 방향으로 공전하고 있다.
③ 태양계를 이루는 행성의 특징

행성	모습	특징
수성		• 태양계 행성 중 태양에 가장 가깝고, 크기가 가장 작다. • 대기가 없어 낮과 밤의 표면 온도 차이가 매우 크다. • 표면에 운석 구덩이가 많이 남아 있고, 달과 비슷한 모습이다. ➡ 대기와 물이 없어 풍화·침식 작용이 잘 일어나지 않기 때문
금성		• 태양계 행성 중 크기와 질량이 지구와 가장 비슷하고, 지구에서 가장 밝게 보인다. • 기압이 높고, 표면 온도가 약 470 °C로 매우 높다. ➡ 이산화 탄소로 이루어진 두꺼운 대기가 있기 때문 • 표면은 비교적 평탄하고, 운석 구덩이와 화산이 있다.
지구		• 액체 상태의 물로 이루어진 바다가 있어 푸르게 보인다. • 다양한 생명체가 살고 있다. • 1개의 위성(달)이 있다.
화성	극관	• 극지방에 얼음과 드라이아이스로 이루어진 *극관이 있다.❸ • 지구와 같이 계절 변화가 나타난다. • 대기는 매우 희박하며 대부분 이산화 탄소로 이루어져 있다. • 토양에 산화 철 성분이 많아 붉게 보인다. • 과거에 물이 흘렀던 흔적이 있고, 거대한 화산과 협곡이 있다.
목성	오로라 대적점	• 태양계 행성 중 크기가 가장 크다. ➡ 지구의 약 11배 • 주로 수소와 헬륨으로 이루어져 있다. • 표면에 적도와 나란한 가로줄 무늬가 나타난다. ➡ 행성이 기체로 이루어져 있고, 자전 속도가 매우 빠르기 때문 • 대기의 소용돌이로 생긴 붉은 점(*대적점)이 나타난다. • 희미한 고리가 있고, 수많은 위성이 있다. • 극지방에서 오로라가 관측되기도 한다.
토성		• 태양계 행성 중 두 번째로 크고, 밀도가 가장 작다. • 주로 수소와 헬륨으로 이루어져 있다. • 표면에 적도와 나란한 가로줄 무늬가 나타난다. ➡ 행성이 기체로 이루어져 있고, 자전 속도가 매우 빠르기 때문 • 암석 조각과 얼음으로 이루어진 뚜렷한 고리가 있다. • 수많은 위성이 있다. 예 타이탄
천왕성		• 주로 수소로 구성, 헬륨과 메테인이 포함되어 청록색을 띤다. • 자전축이 공전 궤도면과 거의 나란하여 누운 채로 자전한다. • 희미한 고리와 여러 개의 위성이 있다.
해왕성	대흑점	• 태양계 행성 중 태양으로부터 가장 멀리 있는 행성 • 천왕성과 크기와 성분이 비슷하며, 파란색을 띤다. • 대기의 소용돌이로 생긴 검은 점(대흑점)이 나타난다. • 희미한 고리와 여러 개의 위성이 있다.

➕ 플러스 강의

📘 내 교과서 확인 | 천재

❶ 태양계의 작은 천체들
• 왜소 행성 : 모양이 둥글고, 태양 주위를 공전하는 천체로, 공전 궤도 주변에 비슷한 크기의 다른 천체들이 존재한다.
• 소행성 : 모양이 불규칙하고, 주로 화성과 목성 궤도 사이에서 태양 주위를 돌고 있는 천체
• 혜성 : 먼지와 얼음으로 이루어져 있고 태양 주위를 타원 궤도로 도는 천체
• 위성 : 행성 주위를 공전한다.

❷ 명왕성의 행성 자격 상실
명왕성은 과거에 행성으로 분류되었지만, 공전 궤도 주변에 비슷한 크기의 천체들이 발견되면서 자신의 공전 궤도에서 지배적인 역할을 하지 못하여 2006년 행성의 지위를 잃고, 왜소 행성이 되었다.

❸ 계절에 따른 극관의 변화
화성은 지구와 같이 계절 변화가 일어나므로 여름에는 극관이 녹아서 크기가 작아지고, 겨울에는 극관이 얼어서 크기가 커진다.

▲ 여름   ▲ 겨울

용어 돋보기 🔍

*행성(行 돌아다니다, 星 별)_별 주위를 일정한 주기로 공전하는 천체

*극관(極 끝, 冠 왕관)_화성의 양극에서 하얗게 빛나는 부분으로, 물과 이산화 탄소가 얼어 만들어진 얼음과 드라이아이스로 이루어짐

*대적점(大 크다, 赤 붉다, 點 점)_대기의 소용돌이로 생긴 크고 붉은 점으로, 대적반이라고도 함

A 행성

- □□ : 태양계 행성 중 태양에 가장 가깝고 크기가 가장 작은 행성
- □□ : 태양계 행성 중 지구와 질량과 크기가 가장 비슷한 행성
- □□ : 표면이 붉은색 토양으로 이루어져 있으며, 극지방에 극관이 존재하는 행성
- □□ : 태양계 행성 중 크기가 가장 큰 행성
  - □□□ : 행성 표면에 대기의 소용돌이로 생긴 붉은 점
- □□ : 태양계 행성 중 크기가 두 번째로 크고, 밀도가 가장 작은 행성
- □□□ : 대기 중에 헬륨과 메테인이 포함되어 청록색을 띠는 행성
- □□□ : 태양계 행성 중 태양으로부터 가장 멀리 있는 행성
  - □□□ : 행성 표면에 대기의 소용돌이로 생긴 검은 점

1 태양계에 대한 설명으로 옳은 것은 ◯, 옳지 <u>않은</u> 것은 ×로 표시하시오.

(1) 태양과 태양 주변을 도는 천체 및 이들이 차지하는 공간을 태양계라고 한다.
　　　　　　　　　　　　　　　　　　　　　　　　　　　　 (　　)

(2) 태양계의 중심에는 태양이 있다. ───────────────── (　　)

(3) 태양 주변을 도는 9개의 행성이 있다. ──────────── (　　)

(4) 행성 외에도 태양 주변을 도는 천체들이 있다. ──────── (　　)

(5) 태양계 행성들은 모두 같은 방향으로 공전한다. ───────── (　　)

2 태양계를 이루는 행성이 <u>아닌</u> 것은?

① 수성　　　② 지구　　　③ 목성　　　④ 천왕성　　　⑤ 명왕성

3 다음과 같은 특징이 나타나는 태양계 행성의 이름을 쓰시오.

(1) 표면에 적도와 나란한 가로줄 무늬와 대적점이 나타난다. ─────── (　　)
(2) 낮과 밤의 표면 온도 차이가 매우 크고, 행성 중 크기가 가장 작다. ── (　　)
(3) 과거에 물이 흘렀던 흔적과 화산이 존재한다. ──────────── (　　)
(4) 표면에 대기의 소용돌이로 생긴 대흑점이 나타나기도 한다. ──────── (　　)
(5) 자전축이 공전 궤도면과 거의 나란하다. ────────────── (　　)
(6) 이산화 탄소로 이루어진 두꺼운 대기가 있어서 표면 온도가 매우 높다. (　　)
(7) 얼음, 암석 조각으로 이루어진 뚜렷한 고리가 존재한다. ────────── (　　)

암기쾅 행성의 특징

태양계 대표 행성 대회

금성　　목성　　토성

이건 내가 일등!
- 목성 : 크기가 가장 큼
- 금성 : 표면 온도가 가장 높음
- 토성 : 고리가 가장 뚜렷함

이건 내가 꼴등!
- 수성 : 크기가 가장 작음
- 토성 : 밀도가 가장 작음

4 그림은 태양계 행성의 모습을 나타낸 것이다.

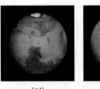

(가)　　　　(나)　　　　(다)　　　　(라)　　　　(마)

(1) (가)~(마) 행성의 이름을 각각 쓰시오.

(2) (가)~(마) 중 크기가 가장 큰 행성을 고르시오.

(3) (가)~(마) 중 표면 온도가 가장 높은 행성을 고르시오.

(4) (가)~(마) 중 태양에 가장 가까운 행성을 고르시오.

(5) (가)~(마) 중 고리가 있는 행성을 모두 고르시오.

03 태양계의 구성

3 행성의 분류

① 내행성과 외행성 ➡ 분류 기준 : 행성의 공전 궤도

구분	행성	공전 궤도
내행성	수성, 금성	지구 공전 궤도 안쪽
외행성	화성, 목성, 토성, 천왕성, 해왕성	지구 공전 궤도 바깥쪽

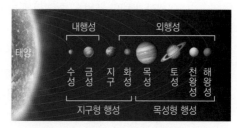

② 지구형 행성과 목성형 행성 ➡ 분류 기준 : 행성의 물리적 특성 탐구 ⓐ 118쪽

구분	행성	질량	반지름	평균 밀도	위성 수	고리	표면 상태❶
지구형 행성	수성, 금성, 지구, 화성	작다.	작다.	크다.	적거나 없다.	없다.	단단한 암석
목성형 행성	목성, 토성, 천왕성, 해왕성	크다.	크다.	작다.	많다.	있다.	단단한 표면이 없다.

[지구형 행성과 목성형 행성의 분류 그래프 해석]

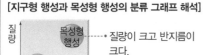

목성형 행성 ┄┄► 질량이 크고 반지름이 크다.
지구형 행성 ┄┄► 질량이 작고 반지름이 작다.

지구형 행성 ┄┄► 평균 밀도가 크고 반지름이 작다.
목성형 행성 ┄┄► 평균 밀도가 작고 반지름이 크다.

B 태양 태양계에서 유일하게 스스로 빛을 내는 천체로, 지구와 가장 가까운 *항성

화보 3.7

1 태양의 표면
밝고 둥글게 보이는 태양의 표면을 광구라고 하며, 쌀알 무늬와 흑점이 나타난다.

① 쌀알 무늬 : 작은 쌀알을 뿌려놓은 것 같은 무늬
➡ 광구 아래의 대류 때문에 생긴다.❷
② 흑점 : 크기와 모양이 불규칙한 어두운 무늬
➡ 주위보다 온도가 낮아서 어둡게 보인다.❸

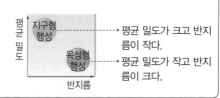
▲ 광구

[흑점의 이동]
지구에서 흑점을 일정한 시간 간격으로 관측하면 흑점의 위치가 변한다.
• 흑점의 이동 방향 : 동 → 서(지구에서 볼 때)
• 알 수 있는 사실 : 태양이 자전한다.

[처음] [3일 후] [6일 후]

2 태양의 대기 광구가 매우 밝아서 평소에는 관측이 어렵고, 개기 일식 때 잘 관측된다.

대기		대기에서 나타나는 현상	
채층	코로나	*홍염	플레어

광구 바로 위의 붉은 색을 띤 얇은 대기층, 광구보다 온도가 높음	채층 위로 멀리 뻗어 있는 진주색(청백색) 대기층, 온도가 매우 높음(100만 ℃ 이상)	광구에서부터 온도가 높은 물질이 대기로 솟아오르는 현상, 불꽃이나 고리 모양	흑점 부근의 폭발로 채층의 일부가 순간 매우 밝아지는 현상, 많은 양의 에너지 방출

➕ 플러스 강의

❶ 표면 상태
• 지구형 행성 : 고체
• 목성형 행성 : 기체

❷ 쌀알 무늬의 생성 원리

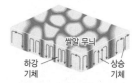

쌀알 무늬
하강 기체 상승 기체

광구 아래에서 기체가 대류하면서 광구에 쌀알을 뿌려 놓은 것 같은 무늬가 생긴다.
• 고온의 기체가 상승하는 곳 : 밝다.
• 저온의 기체가 하강하는 곳 : 어둡다.

❸ 태양의 표면과 흑점의 온도
태양 표면의 평균 온도는 약 6000 ℃이고, 흑점의 온도는 약 4000 ℃이다. 흑점은 주변보다 온도가 2000 ℃ 정도 낮다.

용어 돋보기

*항성(恒 항상, 星 별)_스스로 빛을 내는 천체
*홍염(紅 붉다, 焰 불꽃)_채층에서 코로나까지 솟아오르는 불꽃 모양의 현상

● 정답과 해설 35쪽

A 행성

- □□□ : 지구 공전 궤도 안쪽에서 공전하는 행성
- □□□ : 지구 공전 궤도 바깥쪽에서 공전하는 행성
- 지구형 행성은 반지름이 □고 질량이 작으며, 평균 밀도가 □다.
- 목성형 행성은 반지름이 □고 질량이 크며, 평균 밀도가 □다.

B 태양

- □□ : 밝고 둥글게 보이는 태양의 표면
- □□ □□ : 태양 표면에 나타나는 쌀알을 뿌려 놓은 것 같은 무늬
- □□ : 태양 표면에 나타나는 크기와 모양이 불규칙한 어두운 무늬
- □□ : 광구 바로 위의 붉은색을 띤 얇은 대기층
- □□□ : 채층 위로 멀리 뻗어 있는 진주색 대기층
- □□ : 광구에서부터 온도가 높은 물질이 대기로 솟아오르는 현상
- □□□ : 흑점 부근의 폭발로 채층의 일부가 순간 매우 밝아지는 현상

5 태양계를 이루는 행성은 ㉠(공전 궤도, 물리적 특성)에 따라 내행성과 외행성으로 구분하고, ㉡(공전 궤도, 물리적 특성)에 따라 지구형 행성과 목성형 행성으로 구분한다.

6 다음 태양계 행성을 분류하여 해당하는 행성을 모두 쓰시오.

> 수성, 금성, 지구, 화성, 목성, 토성, 천왕성, 해왕성

(1) 내행성 : _____
(2) 외행성 : _____
(3) 지구형 행성 : _____
(4) 목성형 행성 : _____
(5) 외행성이면서 지구형 행성으로 분류되는 것 : _____

7 지구형 행성과 목성형 행성의 물리량을 비교하여 부등호로 표시하시오.

(1) 평균 밀도 : 지구형 행성 □ 목성형 행성
(2) 반지름 : 지구형 행성 □ 목성형 행성
(3) 위성 수 : 지구형 행성 □ 목성형 행성
(4) 질량 : 지구형 행성 □ 목성형 행성

8 태양의 표면에 대한 설명으로 옳은 것은 ○, 옳지 않은 것은 ×로 표시하시오.

(1) 태양의 표면을 광구라고 한다. ┄┄┄┄┄┄┄┄┄┄┄┄┄┄ ( )
(2) 태양의 표면은 개기 일식 때 관측 가능하다. ┄┄┄┄┄┄┄ ( )
(3) 주위보다 온도가 낮아 어둡게 보이는 것을 쌀알 무늬라고 한다. ┄┄ ( )
(4) 흑점은 지구에서 보았을 때 서에서 동으로 이동한다. ┄┄┄┄ ( )
(5) 흑점의 이동으로 태양이 자전한다는 것을 알 수 있다. ┄┄┄┄ ( )

암기 콱 지구형 행성과 목성형 행성

- 지구형 행성 : 작고 가볍지만 평균 밀도가 크다.
- 목성형 행성 : 크고 무겁지만 평균 밀도가 작다.

9 그림은 태양을 관측했을 때 나타난 것들이다.

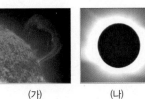
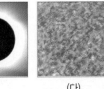

(가)   (나)   (다)   (라)   (마)

(1) (가)~(마)의 이름을 각각 쓰시오.

(2) (가)~(마) 중 태양의 표면에서 볼 수 있는 현상을 모두 고르시오.

(3) (가)~(마) 중 개기 일식이 일어날 때 잘 관측할 수 있는 것을 모두 고르시오.

3 태양 활동의 변화

① 흑점 수 : 약 11년을 주기로 많아졌다 적어지며, 태양 활동이 활발할수록 많아진다.

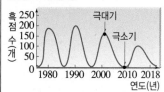

[흑점 수의 변화]

- 흑점 수 증감 주기 : 약 11년(＝태양 활동 주기)
- 극대기 : 흑점 수가 가장 많은 시기 ➡ 태양 활동 활발
  예 1979년경, 1989년경, 2001년경
- 극소기 : 흑점 수가 가장 적은 시기
  예 1986년경, 1996년경, 2008년경

화보 3.8

② 태양 활동이 활발할 때 태양 활동의 영향으로 나타나는 현상

태양에서 나타나는 현상	지구에서 나타나는 현상
• 태양의 자기장이 강해져 흑점 수가 많아진다. • 코로나의 크기가 커지고, 밝기가 밝아진다.❶ • 홍염, 플레어가 자주 발생한다. • *태양풍이 강해진다.	• *오로라가 더 자주, 더 넓은 지역에서 발생한다. • *자기 폭풍이 발생한다. • 장거리 무선 통신이 두절되는 델린저 현상이 발생한다. • 송전 시설 고장으로 대규모 정전이 발생할 수 있다. • 인공위성의 고장 및 오작동이 일어날 수 있다. • 위성 위치 확인 시스템(GPS)이 교란된다. • 비행기의 북극 항로 운항이 불가능해 질 수 있다. • 우주 비행사, 비행기 승객이 방사선에 노출될 수 있다.

C 천체 망원경

1 천체 망원경의 구조와 기능

대물렌즈
빛을 모은다. ➡ 지름이 클수록 빛을 많이 모은다.

균형추
경통부와 무게 균형을 맞춘다. ➡ 경통이 안정적으로 움직이게 한다.

가대
경통과 삼각대를 연결하는 부분 ➡ 경통을 원하는 방향으로 움직이게 한다.

삼각대
망원경이 흔들리지 않게 경통과 가대를 받쳐준다.

경통
대물렌즈와 접안렌즈를 연결해 주는 통

보조 망원경(파인더)
천체를 찾을 때 사용하는 소형 망원경 ➡ 배율이 낮고 시야가 넓다.

접안렌즈
상을 확대한다. ➡ 접안렌즈를 교체하여 망원경의 배율을 조절한다.

초점 조절 나사
접안렌즈의 위치를 조절하여 초점을 맞춘다.

2 천체 망원경의 조립 순서

❶ 삼각대 세우기 → ❷ 가대 끼우기 → ❸ 균형추 끼우기 → ❹ 경통 끼우기 → ❺ 보조 망원경, 접안렌즈 끼우기 → ❻ 균형 맞추기 → ❼ 주 망원경과 보조 망원경의 시야 맞추기❷

3 천체 망원경을 이용한 천체 관측 탐구 b 119쪽

① 주위가 트여 있고, 주변에 불빛이 없으며, 평평한 곳에 망원경을 설치한다.
② 보조 망원경으로 관측할 천체를 찾아 시야의 중앙에 오도록 조정한다.❸
③ 보조 망원경으로 찾은 천체를 망원경의 접안렌즈로 보면서 초점을 맞춘다.
④ 접안렌즈로 볼 때, 저배율에서 고배율 순서로 관측한다.❹

➕ 플러스 강의

❶ 태양 활동과 코로나의 크기

▲ 극소기 ▲ 극대기

❷ 주 망원경과 보조 망원경의 시야 맞추기(파인더 정렬)

▲ 주 망원경 ▲ 보조 망원경

접안렌즈로 보는 주 망원경 시야의 중앙에 물체가 오게 한 다음, 이 물체가 보조 망원경의 십자선 중앙에 오도록 조절한다.

❸ 천체의 위치 조정

종류에 따라 다르지만, 대부분의 천체 망원경에서는 관측 대상의 상하 좌우가 바뀌어 보인다. 따라서 대상을 시야에서 십자선 중앙으로 오게 하려면 망원경을 움직이고자 하는 방향(ⓐ)의 반대 방향(ⓑ)으로 조정해야 한다.

▲ 실제 위치 ▲ 보조 망원경

❹ 저배율과 고배율일 때 상

▲ 저배율 ▲ 고배율

용어 돋보기 🔍

＊**태양풍**_태양에서 우주로 방출되는 전기를 띤 입자의 흐름

＊**오로라(aurora)**_태양에서 날아온 전기를 띤 입자들이 지구 대기와 충돌하여 빛을 내는 현상으로, 고위도 지역에서 주로 나타남

＊**자기 폭풍**_지구 자기장이 짧은 시간 동안 불규칙하게 변하는 현상

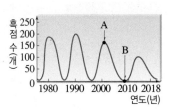
B 태양

• 흑점 수 : 약 □년을 주기로 많아졌다 적어진다.

• 태양 활동의 변화 : 흑점 수가 □을 때, 태양 활동이 활발하다.

• 태양 활동이 활발할 때 태양에서는 □□과 □□□가 자주 발생한다.

• □□ □□ : 지구 자기장이 짧은 시간 동안 불규칙하게 변하는 현상

• □□□ 현상 : 장거리 무선 통신이 두절되는 현상

C 천체 망원경

• □□렌즈 : 빛을 모으는 렌즈

• □□렌즈 : 상을 확대하는 렌즈

• □□ : 대물렌즈와 접안렌즈를 연결해 주는 통

• □□ : 경통과 삼각대를 연결하는 부분

• □□□ : 경통부와 무게 균형을 맞추는 추

• □□ □□□ : 천체를 찾을 때 사용하는 소형 망원경

암기 쾅

태양 활동이 활발할 때 태양과 지구에서 나타나는 현상

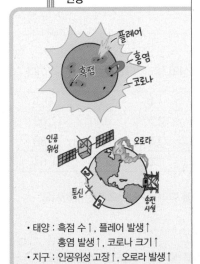

• 태양 : 흑점 수↑, 플레어 발생↑ 홍염 발생↑, 코로나 크기↑

• 지구 : 인공위성 고장↑, 오로라 발생↑ 통신 두절, 송전 시설 고장

10 오른쪽 그림은 최근 수십 년 동안 흑점 수의 변화를 나타낸 것이다.

(1) A와 B 시기 중 태양 활동이 활발한 시기를 쓰시오.

(2) A 시기에 태양에서는 홍염과 플레어의 발생이 (감소하였다, 증가하였다).

11 태양 활동이 활발할 때 지구에서 나타날 수 있는 현상이 <u>아닌</u> 것은?

① 자기 폭풍   ② 오로라 발생 횟수 감소

③ 장거리 무선 통신 두절   ④ 인공위성 고장 및 오작동

⑤ 송전 시설 고장으로 인한 대규모 정전

12 그림과 같은 천체 망원경의 각 구조의 이름을 쓰시오.

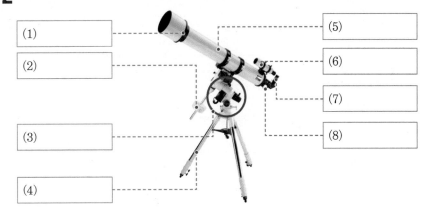

(1)   (5)

(2)   (6)

        (7)

(3)   (8)

(4)

13 천체 망원경의 구조와 기능을 옳게 연결하시오.

(1) 가대 •   • ㉠ 천체에서 오는 빛을 모은다.

(2) 삼각대 •   • ㉡ 시야가 넓어 천체를 찾을 때 이용한다.

(3) 대물렌즈 •   • ㉢ 상을 확대하여 눈으로 볼 수 있게 한다.

(4) 접안렌즈 •   • ㉣ 경통을 원하는 방향으로 움직이게 한다.

(5) 보조 망원경 •   • ㉤ 접안렌즈의 위치를 조절하여 초점을 맞춘다.

(6) 초점 조절 나사 •   • ㉥ 망원경이 흔들리지 않게 경통과 가대를 받쳐준다.

14 천체 망원경을 조립하는 과정을 보기에서 순서대로 나열하시오.

┌ 보기 ┐

ㄱ. 가대 끼우기   ㄴ. 경통 끼우기   ㄷ. 균형 맞추기

ㄹ. 균형추 끼우기   ㅁ. 삼각대 세우기   ㅂ. 보조 망원경, 접안렌즈 끼우기

ㅅ. 주 망원경과 보조 망원경의 시야 맞추기

탐구a 태양계 행성의 분류

이 **탐구**에서는 태양계 행성을 물리적 특성을 기준으로 두 집단으로 분류해 본다.

● 정답과 해설 **36**쪽

과정

표는 태양계 행성의 물리적 특성을 나타낸 것이다.(질량과 반지름은 지구를 1로 하였을 때의 상대적인 값이다.)

물리량 \ 행성	수성	금성	지구	화성	목성	토성	천왕성	해왕성
질량	0.06	0.82	1.00	0.11	317.92	95.14	14.54	17.09
반지름	0.38	0.95	1.00	0.53	11.21	9.45	4.01	3.88
평균 밀도(g/cm³)	5.43	5.24	5.51	3.93	1.33	0.69	1.27	1.64
위성 수(개)	0	0	1	2	69	62	27	14
고리	없음	없음	없음	없음	있음	있음	있음	있음

❶ 태양계 행성들의 질량, 반지름, 평균 밀도를 그래프로 나타내 보자.
❷ 태양계 행성을 물리적 특성을 기준으로 두 집단으로 구분해 보자.

결과

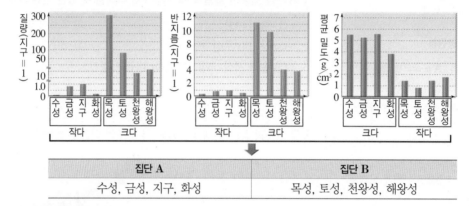

집단 A	집단 B
수성, 금성, 지구, 화성	목성, 토성, 천왕성, 해왕성

해석

구분	질량	반지름	평균 밀도	위성 수	고리
집단 A ➡ 지구형 행성	작다.	작다.	크다.	없거나 적다.	없다.
집단 B ➡ 목성형 행성	크다.	크다.	작다.	많다.	있다.

정리

태양계 행성을 물리적 특성에 따라 분류하면, 수성, 금성, 지구, 화성은 ㉠(   ) 행성에 속하고 목성, 토성, 천왕성, 해왕성은 ㉡(   ) 행성에 속한다.

확인 문제

01 위 표에 대한 설명으로 옳은 것은 ◯, 옳지 <u>않은</u> 것은 ×로 표시하시오.

(1) 화성은 질량과 반지름이 지구와 가장 비슷하다.
-- (   )

(2) 토성은 평균 밀도가 가장 작다. -------------- (   )

(3) 화성과 목성은 고리가 없다. ----------------- (   )

(4) 수성과 토성은 지구형 행성에 속한다. ----------- (   )

(5) 목성형 행성은 지구형 행성보다 위성 수가 많다.
-- (   )

[02~03] 표는 태양계 행성의 물리적 특성을 나타낸 것이다.

행성	A	B	C	D
질량(지구=1)	0.06	317.92	0.11	17.09
반지름(지구=1)	0.38	11.21	0.53	3.88
평균 밀도(g/cm³)	5.43	1.33	3.93	1.64

02 행성을 물리적 특성에 따라 두 집단으로 분류하시오.

_____

03 행성을 분류한 근거를 물리적 특성으로 서술하시오.

실험 ❶ 태양의 표면 관측

❶ 맑은 날, 태양이 잘 보이는 곳에 천체 망원경을 설치한다.

❷ 태양 투영판에 종이를 고정시키고, 천체 망원경의 접안렌즈 쪽에 태양 투영판을 고정시킨다.

❸ 경통이 태양을 향하게 하여 뚜껑을 열고, 태양의 상이 투영판의 가운데로 오도록 조절한다.

❹ 태양 투영판을 앞뒤로 움직여 태양의 상을 선명하게 맞춘다.

태양 투영판
태양의 상

∷ 유의점

• 햇빛은 강하기 때문에 접안렌즈로 태양을 직접 보지 않는다.

• 보조 망원경은 사용하지 않으므로 뚜껑을 닫아둔다.

• 태양을 5분 정도 관측한 후, 경통의 뚜껑을 닫아 식히고 다시 관측한다.

결과 & 해석

천체	천체 망원경 관측 내용
태양	(광구, 흑점이 표시된 태양의 상) 태양 투영판에 비친 태양의 상에서 광구와 여러 개의 검은 얼룩(흑점)을 관측할 수 있다.

실험 ❷ 달과 행성 관측

❶ 달이나 행성을 관측할 수 있는 시각과 위치를 확인한다.

❷ 어두워지기 전에 시야가 트인 장소에 천체 망원경을 설치한다.

❸ 경통이 천체를 향하게 한다.

❹ 보조 망원경의 십자선 중앙에 천체가 오도록 한다.

❺ 접안렌즈를 통해 천체를 관측한다.

❻ 저배율로 먼저 관측한 후 고배율로 관측한다.

∷ 유의점

• 주변에 빛이 없는 곳에서 관측해야 한다.

• 달의 표면은 보름달보다 상현달이나 초승달일 때 잘 관측된다.

• 천체 망원경의 종류에 따라 상이 상하좌우가 바뀌어 보일 수 있다.

결과 & 해석

천체	육안 관측	천체 망원경 관측 내용
달	어둡고 밝은 무늬가 보인다.	높고 낮은 달 표면의 지형과 운석 구덩이가 보인다.
금성	하나의 점으로 보인다.	달의 위상과 비슷한 모습을 볼 수 있다.
화성		붉은색으로 보이고 극에 흰 부분이 보인다.
목성		줄무늬와 대적점이 보인다. 갈릴레이 위성을 볼 수 있다.
토성		고리가 뚜렷하게 보인다.

정리

1. 태양 투영판에 비친 태양의 상에서는 광구와 검은 얼룩인 ㉠(　　　)을 볼 수 있다.

2. 천체 망원경으로 달을 관측하면 육안으로 볼 때보다 지형을 뚜렷하게 볼 수 있고, 움푹 파인 ㉡(　　　)를 볼 수 있다.

3. 행성을 육안으로 관측하면 점으로 보이지만, 천체 망원경으로 관측하면 특징을 더 자세하게 볼 수 있다.

확인 문제

01 위 실험에 대한 설명으로 옳은 것은 ○, 옳지 않은 것은 ×로 표시하시오.

(1) 태양의 표면은 보조 망원경으로 관측한다. ……(　　)

(2) 태양은 종이에 투영시키는 방법으로 관측한다.(　　)

(3) 달 표면의 특징은 보름달일 때 가장 잘 관측할 수 있다. ……………………………………………(　　)

(4) 달이나 행성을 관측할 때 천체 망원경은 어두워지기 전에 시야가 트인 곳에 설치해 두는 것이 좋다. (　　)

(5) 저배율로 먼저 관측한 후 고배율로 관측한다. (　　)

02 천체 망원경으로 관측할 때, 그림과 같이 왼쪽 아래로 치우쳐 있는 달을 십자선 중앙에 오게 하려면 천체 망원경이 향하는 방향을 어느 방향으로 조정해야 하는지 쓰시오.(단, 상의 상하좌우가 바뀌어 있다.)

_____

03 토성을 육안으로 관측할 때와 천체 망원경으로 관측할 때의 차이점을 서술하시오.

_____

기출
문제조 **내신쑥쑥**

A 행성

01 태양계에 대한 설명으로 옳은 것을 보기에서 모두 고른 것은?

┌─ 보기 ┐
ㄱ. 태양계 행성은 태양을 중심으로 공전한다.
ㄴ. 달은 태양계 행성에 속한다.
ㄷ. 내행성과 외행성은 지구와 같은 방향으로 공전한다.
ㄹ. 태양계 행성은 물리적 특성을 기준으로 내행성과 외행성으로 구분한다.
└──────┘

① ㄱ, ㄴ　　　② ㄱ, ㄷ　　　③ ㄱ, ㄹ
④ ㄴ, ㄷ　　　⑤ ㄷ, ㄹ

02 금성에 대한 설명으로 옳지 <u>않은</u> 것은?

① 지구와 크기가 가장 비슷하다.
② 표면에 운석 구덩이와 화산이 있다.
③ 기압이 매우 높고, 표면 온도가 낮다.
④ 태양계 행성 중 지구에서 가장 밝게 보인다.
⑤ 이산화 탄소로 이루어진 두꺼운 대기가 있다.

03 다음은 태양계 어느 행성의 특징을 설명한 것이다.

• 계절의 변화가 나타난다.
• 표면에 물이 흘렀던 자국이 있다.
• 얼음과 드라이아이스로 이루어진 극관이 있다.

이 행성의 이름은 무엇인가?

① 수성　　　② 금성　　　③ 화성
④ 목성　　　⑤ 해왕성

04 오른쪽 그림은 태양계의 행성을 나타낸 것이다. 이에 대한 설명으로 옳은 것은?

① 고리가 없는 행성이다.
② 자전 속도가 매우 느리다.
③ 태양계 행성 중 크기가 가장 작다.
④ 대기의 소용돌이에 의한 대적점이 나타난다.
⑤ 주로 적도 지방에서 오로라가 관측되기도 한다.

05 태양계 행성과 그 특징을 옳게 짝 지은 것은?

① 토성 — 태양계 행성 중 크기가 가장 작다.
② 목성 — 표면이 산화 철로 이루어진 토양으로 덮여 있어 붉게 보인다.
③ 수성 – 대기의 소용돌이에 의한 대적점이 있다.
④ 금성 – 얼음과 암석 조각으로 이루어진 뚜렷한 고리가 있다.
⑤ 천왕성 – 청록색을 띠고 자전축이 공전 궤도면과 거의 나란하다.

06 다음은 태양계 행성들의 특징을 나타낸 것이다.

(가) 대기가 없어 밤낮의 온도 차가 크고 운석 구덩이가 많다.
(나) 태양계 행성 중 크기가 가장 크고 수많은 위성이 있다.
(다) 대기의 소용돌이로 생긴 대흑점이 나타나기도 한다.
(라) 물과 대기가 있어 생명체가 살고 있다.

(가)~(라)를 태양에 가까운 것부터 순서대로 옳게 나열한 것은?

① (가) – (나) – (다) – (라)
② (가) – (다) – (라) – (나)
③ (가) – (라) – (나) – (다)
④ (나) – (가) – (라) – (다)
⑤ (나) – (라) – (다) – (가)

07 그림은 행성들의 공전 궤도를 나타낸 것이다.

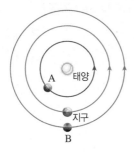

A에 해당하는 행성을 옳게 짝 지은 것은?

① 수성, 금성 ② 수성, 화성 ③ 금성, 화성

④ 금성, 목성 ⑤ 목성, 토성

중요

08 표는 태양계 행성을 A, B 두 집단으로 구분한 것이다.

구분	행성
A 집단	수성, 금성, 지구, 화성
B 집단	목성, 토성, 천왕성, 해왕성

이에 대한 설명으로 옳은 것은?

① A 집단은 목성형 행성이다.

② A 집단은 단단한 표면이 없다.

③ B 집단은 위성이 없거나 적다.

④ B 집단은 A 집단에 비해 평균 밀도가 작다.

⑤ A 집단과 B 집단을 구분한 기준은 표면 온도이다.

[09~10] 오른쪽 그림은 태양계 행성을 반지름과 평균 밀도에 따라 A와 B로 구분한 것이다.

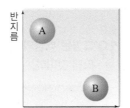

중요

09 A의 특징으로 옳은 것은?

① 고리가 없다.

② 지구, 화성이 포함된다.

③ B에 비해 질량이 작다.

④ B에 비해 위성 수가 많다.

⑤ 표면이 주로 단단한 암석으로 이루어져 있다.

10 B에 해당하는 행성을 옳게 짝 지은 것은?

① 수성, 화성 ② 수성, 토성 ③ 금성, 토성

④ 지구, 목성 ⑤ 목성, 천왕성

중요 탐구 a 118쪽

11 표는 태양계 행성들의 여러 가지 물리적 특성을 나타낸 것이다.

행성	질량 (지구=1)	반지름 (지구=1)	평균 밀도 (g/cm³)	위성 수 (개)
지구	1.00	1.00	5.51	1
A	0.82	0.95	5.24	0
B	95.14	9.45	0.69	62
C	0.06	0.38	5.43	0
D	317.92	11.21	1.33	69

행성 A~D에 대한 설명으로 옳지 않은 것은?

① A는 태양계 행성 중 태양에 가장 가깝다.

② B는 평균 밀도가 물보다 작다.

③ C는 표면에 운석 구덩이가 많다.

④ A와 C는 지구형 행성에 속한다.

⑤ B와 D는 자전 속도가 빠르고 고리가 있다.

[12~13] 그림은 여러 행성의 공전 궤도를 나타낸 것이다.

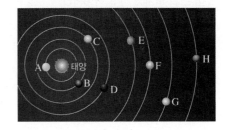

12 다음 설명에 해당하는 행성의 기호와 이름을 쓰시오.

• 많은 수의 위성이 있다.
• 태양계 행성 중 평균 밀도가 가장 작다.
• 얼음과 암석 조각으로 이루어진 아름다운 고리가 있다.

중요

13 이에 대한 설명으로 옳지 않은 것은?

① A, B는 내행성에 속한다.

② 표면 온도가 가장 높은 행성은 B이다.

③ D는 외행성이면서 목성형 행성에 속한다.

④ E와 F에는 많은 위성이 있다.

⑤ H는 표면에 대흑점이 나타나기도 한다.

B 태양

중요

14 태양의 흑점에 대한 설명으로 옳은 것은?

① 우리 눈에 보이는 태양의 둥근 표면을 말한다.

② 태양의 대기층에서 나타나는 현상이다.

③ 주변보다 온도가 낮아 검게 보인다.

④ 광구 아래에서 일어나는 대류 운동에 의해 생긴다.

⑤ 흑점 수가 최소일 때 태양 활동이 활발하다.

15 오른쪽 그림은 태양 표면의 일부를 나타낸 것이다. 이에 대한 설명으로 옳은 것은?

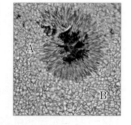

① A는 쌀알 무늬이다.

② A는 주변보다 온도가 약 4000 ℃ 낮다.

③ A의 수는 변하지 않고 일정하다.

④ B는 개기 일식이 일어날 때 잘 관측된다.

⑤ B에서 고온의 기체가 상승하는 부분은 밝다.

중요

16 그림은 4일 간격으로 태양의 흑점을 관측하여 나타낸 것이다.

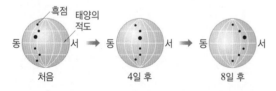

이로부터 알 수 있는 사실을 보기에서 모두 고른 것은?

┌ 보기 ┐

ㄱ. 태양은 자전한다.

ㄴ. 흑점의 이동 속도는 적도 부근에서 가장 느리다.

ㄷ. 흑점은 지구에서 볼 때 동에서 서로 이동한다.

① ㄱ　　　　② ㄴ　　　　③ ㄱ, ㄴ

④ ㄱ, ㄷ　　　⑤ ㄴ, ㄷ

17 태양에서 볼 수 있는 것 중 개기 일식 때 잘 관측되는 것끼리 옳게 짝 지은 것은?

① 흑점, 홍염　　　　② 채층, 플레어

③ 흑점, 코로나　　　④ 채층, 쌀알 무늬

⑤ 쌀알 무늬, 흑점

18 다음은 태양에서 볼 수 있는 모습과 이에 대한 설명이다.

- 개기 일식 때 관측한 것이다.
- 광구 바깥쪽으로 수백만 km까지 퍼져 있다.
- 온도가 100만 ℃ 이상인 고온의 가스층이다.

이를 무엇이라고 하는가?

① 흑점　　　② 홍염　　　③ 채층

④ 코로나　　⑤ 플레어

중요

19 그림은 태양의 대기 및 대기에서 일어나는 현상을 나타낸 것이다.

이에 대한 설명으로 옳은 것은?

① A는 홍염이다.

② B는 흑점 근처에서 일어나는 폭발로 채층의 일부가 순간 매우 밝아지는 현상이다.

③ C는 채층 위로 멀리 뻗어 있는 대기층으로 A보다 온도가 낮다.

④ C는 태양 활동이 활발하면 크기가 작아진다.

⑤ A~C는 모두 개기 일식 때 잘 관측된다.

중요
20 태양의 표면과 대기에 대한 설명으로 옳은 것은?

① 채층은 우리 눈에 보이는 태양의 둥근 표면이다.
② 코로나는 광구 바로 위의 붉은색을 띤 얇은 대기층이다.
③ 플레어는 채층 위로 고온의 물질이 솟아오르는 현상이다.
④ 홍염은 흑점 주변의 폭발로 많은 에너지가 방출되는 현상이다.
⑤ 쌀알 무늬는 태양 내부의 대류 현상 때문에 나타나는 현상이다.

21 그림은 태양의 흑점 수 변화를 나타낸 것이다.

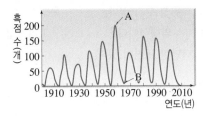

이에 대한 설명으로 옳은 것을 보기에서 모두 고른 것은?

┌─ 보기 ├─
ㄱ. 흑점 수는 약 11년을 주기로 변한다.
ㄴ. A 시기에 코로나의 크기가 커졌을 것이다.
ㄷ. B 시기에 태양에서 전기를 띤 입자가 많이 방출된다.
ㄹ. A보다 B 시기에 태양의 활동이 활발하다.

① ㄱ, ㄴ   ② ㄱ, ㄷ   ③ ㄴ, ㄹ
④ ㄱ, ㄷ, ㄹ   ⑤ ㄴ, ㄷ, ㄹ

중요
22 태양 활동이 활발할 때 일어날 수 있는 현상으로 옳지 않은 것은?

① 흑점 수가 증가한다.
② 홍염과 플레어가 자주 발생한다.
③ 지구에서 자기 폭풍이 일어난다.
④ 오로라가 발생하는 지역이 좁아진다.
⑤ 지구에서 델린저 현상이 나타나기도 한다.

C 천체 망원경

중요
23 오른쪽 그림은 천체 망원경의 구조를 나타낸 것이다. A~E의 기능으로 옳은 것은?

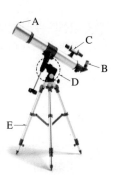

① A – 상을 확대한다.
② B – 빛을 모은다.
③ C – 망원경의 균형을 맞춘다.
④ D – 경통과 삼각대를 연결한다.
⑤ E – 대물렌즈와 접안렌즈를 연결한다.

24 다음 천체 망원경의 조립 방법을 순서대로 옳게 나열한 것은?

(가) 균형추로 경통과 가대의 무게 균형을 잡는다.
(나) 경통을 끼우고, 보조 망원경과 접안렌즈를 설치한다.
(다) 평평한 곳에 삼각대를 세우고, 가대와 균형추를 끼운다.
(라) 망원경 시야의 중앙에 있는 물체가 보조 망원경의 십자선 중앙에 오도록 맞춘다.

① (가) → (나) → (다) → (라)
② (가) → (나) → (라) → (다)
③ (다) → (가) → (나) → (라)
④ (다) → (나) → (가) → (라)
⑤ (라) → (다) → (나) → (가)

탐구 b 119쪽
25 천체 망원경으로 천체를 관측하는 방법에 대한 설명으로 옳은 것은?

① 태양을 관측할 때는 접안렌즈로 직접 관측한다.
② 행성을 관측할 때는 주변이 밝고, 평평한 곳에 망원경을 설치한다.
③ 보조 망원경은 접안렌즈보다 시야가 좁고 천체가 작게 보인다.
④ 접안렌즈로 상을 찾은 후, 보조 망원경으로 천체를 관측한다.
⑤ 저배율로 관측한 후, 배율이 높은 접안렌즈로 바꿔 천체를 관측한다.

서술형 문제

26 금성은 수성에 비해 태양으로부터 멀리 떨어져 있지만 표면 온도가 더 높다. 그 까닭을 서술하시오.

✦중요
27 오른쪽 그림은 태양계 행성을 질량과 평균 밀도에 따라 구분한 것이다.

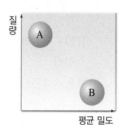

(1) A, B 집단의 이름을 쓰시오.

(2) A, B 집단의 반지름, 위성 수를 비교하여 서술하시오.

✦중요
28 오른쪽 그림은 태양의 흑점을 4일 동안 관측한 모습이다.

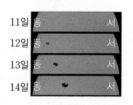

(1) 지구에서 볼 때 흑점의 이동 방향을 쓰시오.

(2) 흑점이 이동한 원인을 서술하시오.

✦중요
29 그림은 태양의 흑점 수 변화를 나타낸 것이다.

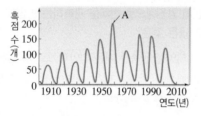

(1) 태양 활동의 변화를 흑점 수와 관련지어 서술하시오.

(2) A 시기에 지구에서 나타날 수 있는 현상을 <u>두 가지</u>만 서술하시오.

01 그림은 태양계 행성을 특징에 따라 구분하는 과정을 나타낸 것이다.

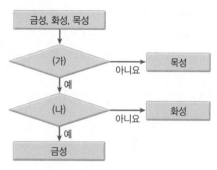

(가)와 (나)에 들어갈 특징을 옳게 짝 지은 것은?

	(가)	(나)
①	지구형 행성이다.	외행성이다.
②	평균 밀도가 작다.	지구보다 태양에 가깝다.
③	위성 수가 적다.	목성형 행성이다.
④	외행성이다.	고리가 없다.
⑤	단단한 표면이 있다.	내행성이다.

02 그림은 태양계 행성의 공전 궤도를 나타낸 것이다.

다음 그래프의 (가)와 (나) 집단에 해당하는 행성들을 그림에서 골라 옳게 짝 지은 것은?

	(가)	(나)
①	A, B, C	D, E, F, G, H
②	A, B, C, D	E, F, G, H
③	F, G, H	A, B, C, D, E
④	E, F, G, H	A, B, C, D
⑤	D, E, F, G, H	A, B, C

단원 평가 문제

01 오른쪽 그림은 에라토스
테네스가 지구의 크기를
측정한 방법을 나타낸 것
이다. 이에 대한 설명으로
옳지 <u>않은</u> 것은?

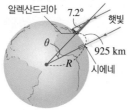

① 햇빛은 알렉산드리아
와 시에네에 모두 평행하게 들어온다.

② 시에네에 있는 우물에는 햇빛이 수직으로 들어와
그림자가 생기지 않는다.

③ 원에서 호의 길이는 중심각의 크기에 비례한다는
원리를 이용한다.

④ 두 지점과 지구 중심이 이루는 각도(θ)는 두 지점
사이의 거리로부터 알아냈다.

⑤ 지구의 반지름(R)을 구하기 위해 비례식을 세우면,
$7.2° : 925 \text{ km} = 360° : 2\pi R$이다.

02 그림은 지구 모형의 크기를 측정하기 위한 실험 장치
를 나타낸 것이다.

A와 B 사이의 거리가 **10 cm**이고, ∠BB′C가 **20°**일
때, 지구 모형의 반지름(R)으로 옳은 것은?(단, $\pi = 3$
이다.)

① 5 cm   ② 10 cm   ③ 20 cm

④ 30 cm   ⑤ 60 cm

03 오른쪽 그림은 광화문과
정남진 전망대의 위치와
거리를 나타낸 것이다.
두 지점과 지구 중심이
이루는 중심각과 지구의
둘레를 옳게 구한 것은?

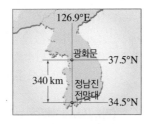

	중심각	지구의 둘레		중심각	지구의 둘레
①	3°	6800 km	②	3°	40800 km
③	72°	1700 km	④	72°	24480 km
⑤	126.9°	965 km			

04 오른쪽 그림은 어느 날
밤하늘에서 몇 시간 동안
본 북극성과 북두칠성의
모습이다. 이에 대한 설
명으로 옳은 것은?

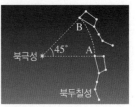

① 관측 시간은 2시간이다.

② 남쪽 하늘을 바라본 것이다.

③ 북두칠성은 A에서 B로 이동했다.

④ 지구가 공전하기 때문에 나타나는 현상이다.

⑤ 북두칠성은 실제로 북극성을 중심으로 회전한다.

05 그림은 우리나라에서 관측한 별의 일주 운동 모습이다.

(가)   (나)

이에 대한 설명으로 옳은 것을 보기에서 모두 고른
것은?

보기

ㄱ. (가)는 북쪽, (나)는 동쪽 하늘을 바라본 것이다.

ㄴ. (가)에서 별들은 동쪽에서 서쪽으로 이동한다.

ㄷ. (나)에서 별들은 왼쪽 아래로 비스듬히 진다.

① ㄴ   ② ㄷ   ③ ㄱ, ㄴ

④ ㄱ, ㄷ   ⑤ ㄱ, ㄴ, ㄷ

06 그림은 황도 12궁과 공전 궤도상에서 지구의 위치를
나타낸 것이다.

이에 대한 설명으로 옳은 것은?

① 지구와 태양의 위치로 보아 3월이다.

② 한밤중에 남쪽 하늘에서 사자자리가 보인다.

③ 저녁 6시경 태양이 서쪽 하늘로 질 때 동쪽 하늘에
서 떠오르는 별자리는 전갈자리이다.

④ 한 달 후 태양은 게자리를 지난다.

⑤ 2개월 후 자정에 남쪽 하늘에서 양자리가 보인다.

07 그림은 달의 크기를 측정하는 방법을 나타낸 것이다.

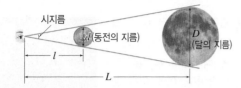

이에 대한 설명으로 옳지 <u>않은</u> 것은?

① 삼각형의 닮음비를 이용하여 달의 지름을 구할 수 있다.

② 동전과 달이 정확히 겹쳐지도록 눈에서 동전까지의 거리(l)를 조절해야 한다.

③ 달의 지름을 구하기 위해 직접 측정해야 하는 값은 l, d이다.

④ 지구에서 달까지의 거리(L)는 미리 알고 있어야 하는 값이다.

⑤ 달의 크기를 구하는 비례식은 $d : l = L : D$이다.

08 그림은 달의 공전 궤도를 나타낸 것이다.

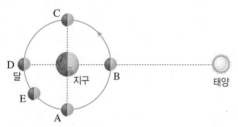

달의 위치와 이때 지구에서 보이는 달의 모양을 옳게 짝 지은 것은?

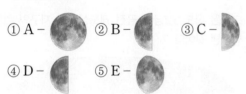

① A –   ② B –   ③ C –
④ D –   ⑤ E –

09 오른쪽 그림과 같은 달의 위상에 대한 설명으로 옳은 것은?

① 상현달이다.

② 음력 6~7일경에 관측된다.

③ 새벽 6시경에 남쪽 하늘에서 관측된다.

④ 월식이 일어날 때 달의 모양이다.

⑤ 관측할 수 있는 시간이 가장 길다.

10 그림은 일식과 월식이 일어날 때 태양, 달, 지구의 위치를 나타낸 것이다.

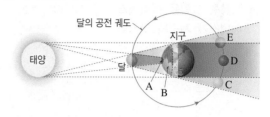

이에 대한 설명으로 옳은 것은?

① 달의 본그림자가 닿는 A 지역에서 개기 월식을 관측할 수 있다.

② B 지역에서는 일식을 관측할 수 없다.

③ 달이 D에 위치할 때는 삭일 때이다.

④ 달이 C와 E에 위치할 때 부분 월식이 관측된다.

⑤ 월식이 일어날 때 달은 왼쪽부터 가려진다.

11 그림 (가)는 일식을, (나)는 월식을 나타낸 것이다.

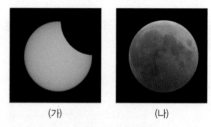

(가)   (나)

이에 대한 설명으로 옳지 <u>않은</u> 것은?

① (가)는 부분 일식의 모습이다.

② (가)는 달의 반그림자가 닿는 지역에서 볼 수 있다.

③ (나)는 개기 월식의 모습이다.

④ (나)일 때 태양 – 지구 – 달 순으로 일직선을 이룬다.

⑤ 일식과 월식이 일어날 때 달의 위상은 같다.

12 다음은 태양계를 구성하는 행성에 대한 설명이다.

> (가) 표면이 산화 철 성분의 토양으로 이루어져 붉게 보이고, 계절 변화가 나타난다.
> (나) 이산화 탄소로 이루어진 두꺼운 대기가 있어 기압이 높고 표면 온도가 매우 높다.

(가), (나)에 해당하는 행성을 옳게 짝 지은 것은?

	(가)	(나)		(가)	(나)
①	금성	수성	②	화성	금성
③	금성	화성	④	화성	토성
⑤	수성	금성			

13 그림은 태양계 행성의 공전 궤도를 나타낸 것이다.

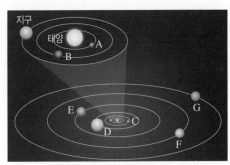

행성 A~G에 대한 설명으로 옳은 것은?

① 토양이 붉고, 표면에 물이 흐른 흔적이 있는 것은 B이다.
② 태양계 행성 중 가장 작고, 위성이 없는 것은 C이다.
③ 태양계 행성 중 평균 밀도가 가장 작은 것은 E이다.
④ 태양계 행성 중 가장 크고, 빠른 자전으로 표면에 가로줄 무늬가 있는 것은 E이다.
⑤ 자전축이 거의 누운 채로 자전하는 것은 G이다.

14 수성과 화성의 공통적인 특징을 모두 고르면?(2개)

① 내행성이다.
② 평균 밀도가 작다.
③ 질량과 반지름이 작다.
④ 위성 수가 적거나 없다.
⑤ 표면이 기체로 이루어져 있다.

15 그림은 태양계 행성을 물리적 특성에 따라 각각 두 집단으로 구분한 것이다.

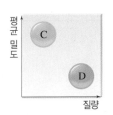

이에 대한 설명으로 옳은 것을 보기에서 모두 고른 것은?

보기
ㄱ. A에 속하는 행성은 모두 위성이 없다.
ㄴ. B에 속하는 행성으로는 토성, 해왕성이 있다.
ㄷ. C는 표면이 단단한 암석으로 되어 있다.
ㄹ. D에 속하는 행성은 모두 고리가 없다.

① ㄱ, ㄴ   ② ㄱ, ㄷ   ③ ㄴ, ㄷ
④ ㄴ, ㄹ   ⑤ ㄷ, ㄹ

16 태양에 대한 설명으로 옳은 것은?

① 채층은 태양 표면에서 나타나는 현상이다.
② 흑점의 온도는 주변보다 약 2000 ℃ 높다.
③ 흑점의 이동으로 태양이 공전함을 알 수 있다.
④ 개기 일식 때 쌀알 무늬를 관측할 수 있다.
⑤ 태양 활동이 활발할 때 코로나의 크기가 커진다.

17 그림 (가)~(다)는 태양에서 관측되는 여러 현상들을 나타낸 것이다.

 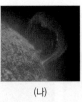 

(가)   (나)   (다)

이에 대한 설명으로 옳은 것은?

① (가)는 쌀알 무늬, (나)는 채층, (다)는 홍염이다.
② (가)는 태양의 대기에서 관측되는 현상이다.
③ (나)는 광구에 나타나는 검은 점이다.
④ (다)는 태양의 대기에서 나타나는 현상으로 평상시에도 잘 관측된다.
⑤ 태양 활동이 활발해지면 (나)와 (다)가 자주 발생한다.

18 태양 표면에 흑점 수가 많아질 때 지구에서 나타날 수 있는 현상으로 옳지 않은 것은?

① 자기 폭풍이 발생한다.
② 인공위성의 오작동이 발생한다.
③ 홍수, 산사태 등이 자주 발생한다.
④ 고위도 지역에서 오로라가 자주 관측된다.
⑤ 송전 시설이 고장 나서 대규모 정전이 일어난다.

19 천체 망원경에 대한 설명으로 옳지 않은 것은?

① 삼각대 → 가대 → 균형추 순으로 조립한다.
② 대물렌즈는 상을 확대하여 눈으로 볼 수 있게 한다.
③ 가대는 경통을 원하는 방향으로 움직일 수 있게 한다.
④ 보조 망원경으로 상을 찾은 후, 접안렌즈로 관측한다.
⑤ 접안렌즈로 태양을 직접 보면 실명할 수 있다.

🔍 서술형 문제

20 오른쪽 그림은 에라토스테네스가 지구의 크기를 구한 방법이다. 지구의 둘레를 구하는 비례식을 세우고, 값을 구하시오.

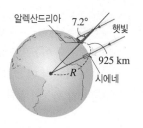
알렉산드리아 7.2° 햇빛
925 km
R
시에네

• 비례식 :

• 지구의 둘레 :

21 그림은 약 15일 간격으로 해가 진 직후 서쪽 하늘에서 관측한 별자리의 모습을 순서 없이 나타낸 것이다.

(가)　　　　(나)　　　　(다)

(1) (가)~(다)를 먼저 관측된 것부터 순서대로 쓰시오.

(2) 위와 같이 별자리 위치가 변하는 까닭을 서술하시오.

22 그림은 달의 공전 궤도를 나타낸 것이다.

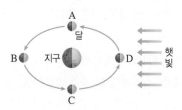
A
달
B 지구 D 햇빛
C

(1) 달이 A 위치에 있을 때 지구에서 보이는 달의 모양을 그리고, 이름을 쓰시오.

(2) A~D 중 월식이 일어날 수 있는 달의 위치를 고르고, 이때 달의 위상을 쓰시오.

(3) 다음 단어를 모두 사용하여 달의 위상이 변하는 까닭을 서술하시오.

반사, 공전, 위치

23 표는 태양계 행성을 A, B 두 집단으로 구분한 것이다.

구분	행성
A 집단	수성, 금성, 지구, 화성
B 집단	목성, 토성, 천왕성, 해왕성

(1) A 집단과 B 집단의 이름을 각각 쓰시오.

(2) 두 집단으로 구분할 수 있는 집단의 물리적 특성을 두 가지만 비교하여 서술하시오.

24 그림은 태양의 표면을 관측한 모습이다.

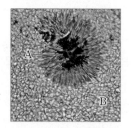
A
B

(1) A와 B의 이름을 쓰시오.

(2) A가 검게 보이는 까닭을 서술하시오.

(3) B가 발생하는 원인을 서술하시오.

25 오른쪽 그림은 천체 망원경의 구조를 나타낸 것이다.

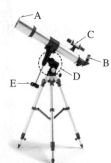
A
C
B
D
E

(1) A~E 중 관측 대상을 쉽게 찾을 수 있는 부분의 기호와 이름을 쓰시오.

(2) B의 이름을 쓰고, 역할을 서술하시오.

대단원 콕콕 점검

이 단원에서 학습한 내용을 확실히 이해했나요?
다음 내용을 잘 알고 있는지 스스로 체크해 보세요.

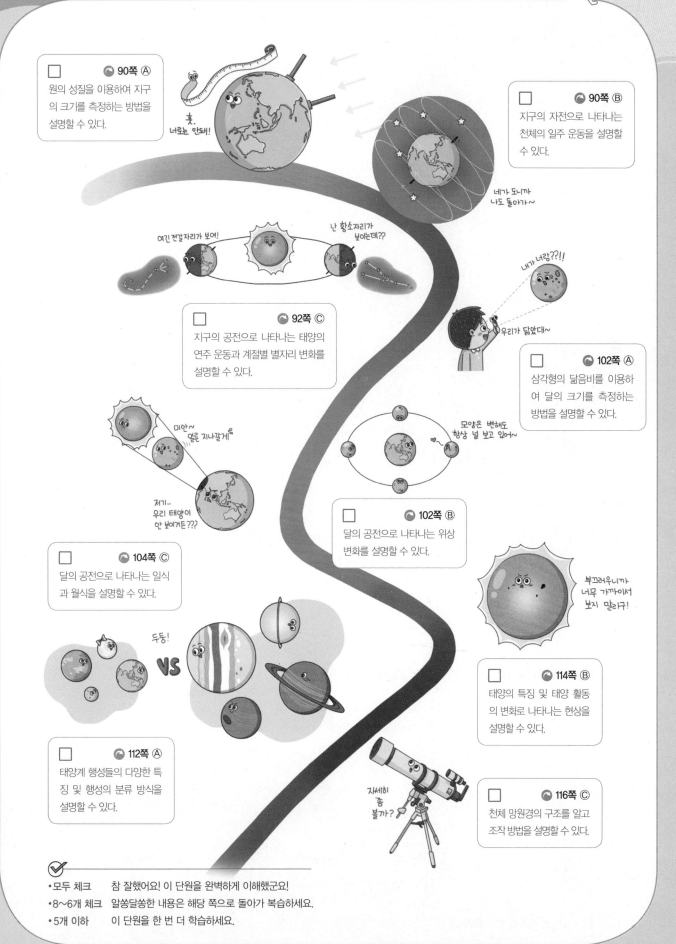

☐ 90쪽 Ⓐ
원의 성질을 이용하여 지구의 크기를 측정하는 방법을 설명할 수 있다.

☐ 90쪽 Ⓑ
지구의 자전으로 나타나는 천체의 일주 운동을 설명할 수 있다.

☐ 92쪽 Ⓒ
지구의 공전으로 나타나는 태양의 연주 운동과 계절별 별자리 변화를 설명할 수 있다.

☐ 102쪽 Ⓐ
삼각형의 닮음비를 이용하여 달의 크기를 측정하는 방법을 설명할 수 있다.

☐ 102쪽 Ⓑ
달의 공전으로 나타나는 위상 변화를 설명할 수 있다.

☐ 104쪽 Ⓒ
달의 공전으로 나타나는 일식과 월식을 설명할 수 있다.

☐ 114쪽 Ⓑ
태양의 특징 및 태양 활동의 변화로 나타나는 현상을 설명할 수 있다.

☐ 112쪽 Ⓐ
태양계 행성들의 다양한 특징 및 행성의 분류 방식을 설명할 수 있다.

☐ 116쪽 Ⓒ
천체 망원경의 구조를 알고 조작 방법을 설명할 수 있다.

• 모두 체크   참 잘했어요! 이 단원을 완벽하게 이해했군요!
• 8~6개 체크 알쏭달쏭한 내용은 해당 쪽으로 돌아가 복습하세요.
• 5개 이하   이 단원을 한 번 더 학습하세요.

IV

식물과 에너지

01 광합성 … 132

02 식물의 호흡 … 142

|다른 학년과의 연계는?|

초등학교 5학년

• 식물의 구조 : 식물은 뿌리, 줄기, 잎, 꽃과 열매로 이루어져 있다. 뿌리는 물을 흡수하고, 줄기는 물과 양분의 이동 통로이며, 잎은 광합성과 증산 작용이 일어난다.

초등학교 6학년

• 생물과 환경 : 햇빛, 물, 온도, 공기, 흙은 생물의 생활에 영향을 준다.

중학교 2학년

• 광합성 : 식물이 빛에너지를 이용하여 이산화 탄소와 물을 원료로 양분을 만드는 과정이다.
• 증산 작용 : 잎의 기공을 통해 일어나며, 기공이 열리고 닫힘에 따라 조절된다.
• 호흡 : 세포에서 양분을 분해하여 생명 활동에 필요한 에너지를 얻는 과정이다.

생명과학 Ⅱ

• 광합성 : 광합성을 통해 빛에너지를 화학 에너지로 전환하여 유기물에 저장한다.
• 세포 호흡 : 세포 호흡을 통해 유기물을 분해하여 생명 활동에 필요한 에너지원인 ATP를 합성한다.

이 단원에서는 식물의 광합성과 호흡에 대해 알아본다.
이 단원을 들어가기 전에 이전 학년에서 배운 개념을 확인해 보자.

알고 있나요?

다음에서 필요한 단어를 골라 빈칸을 완성해 보자.

> 광합성, 증산 작용, 기공, 물관, 물, 햇빛

초5

1. 식물의 구조

식물은 뿌리, 줄기, 잎, 꽃과 열매로 이루어져 있다.

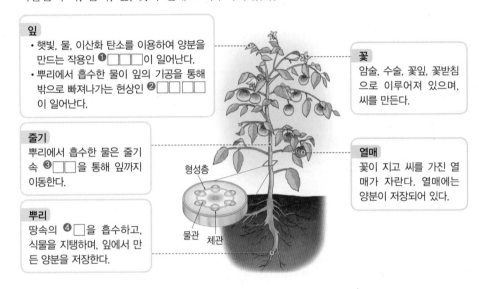

잎
- 햇빛, 물, 이산화 탄소를 이용하여 양분을 만드는 작용인 ❶□□□이 일어난다.
- 뿌리에서 흡수한 물이 잎의 기공을 통해 밖으로 빠져나가는 현상인 ❷□□□□이 일어난다.

줄기
뿌리에서 흡수한 물은 줄기 속 ❸□□을 통해 잎까지 이동한다.

뿌리
땅속의 ❹□을 흡수하고, 식물을 지탱하며, 잎에서 만든 양분을 저장한다.

형성층

물관 체관

꽃
암술, 수술, 꽃잎, 꽃받침으로 이루어져 있으며, 씨를 만든다.

열매
꽃이 지고 씨를 가진 열매가 자란다. 열매에는 양분이 저장되어 있다.

2. 식물 기관의 관련성

- 뿌리에서 흡수한 물은 줄기의 물관을 통해 잎으로 이동한 후 ❺□□을 통해 밖으로 나간다.
- 잎에서 광합성으로 만들어진 양분은 줄기를 통해 꽃, 열매, 뿌리 등 필요한 기관으로 이동하여 사용되거나 저장된다.

초6

3. 생물과 환경

- 비생물적 환경 요인 : ❻□□, 물, 공기, 흙, 온도 등
- 햇빛은 식물의 광합성에 필요하며, 물은 생명을 유지하는 데 필요하다. 공기는 생물이 숨을 쉴 수 있게 해 주고, 흙은 식물이 자라는 데 필요한 물과 양분을 제공해 준다.

01 광합성

A 광합성

확보 4.1

1 광합성 식물이 빛에너지를 이용하여 이산화 탄소와 물을 원료로 양분을 만드는 과정

$$이산화\ 탄소 + 물 \xrightarrow{빛에너지} 포도당 + 산소$$

① 장소와 시기 : 식물 세포의 엽록체에서, 빛이 있을 때(낮) 일어난다.
② 광합성에 필요한 요소와 광합성으로 생성되는 물질 **탐구 a** 136쪽

광합성에 필요한 요소		광합성으로 생성되는 물질(광합성 산물)	
빛	엽록체 속 초록색 색소인 엽록소에서 흡수한다.❶	포도당	광합성으로 처음 만들어지는 양분 ➡ 곧 물에 잘 녹지 않는 녹말로 바뀌어 엽록체에 저장된다.
물	뿌리에서 흡수되어 물관을 통해 잎까지 이동한다.		
이산화 탄소	공기 중에서 잎의 기공을 통해 흡수한다.	산소❷	식물의 호흡에 사용되고, 일부는 기공을 통해 공기 중으로 방출된다.

> 식물은 빛을 이용해 광합성을 하여 생명 활동에 필요한 에너지원인 양분을 스스로 만든다.

[광합성에 필요한 요소 확인]

과정 및 결과 숨을 불어넣어 파란색에서 노란색으로 변한 BTB 용액을 시험관 (가)~(다)에 넣고, 그림과 같이 장치한 후 햇빛이 잘 비치는 곳에 두고 BTB 용액의 색깔 변화를 관찰한다.

시험관	BTB 용액의 색깔 변화❸
(가)	노란색(변화 없음)
(나)	파란색으로 변함 ➡ 검정말이 빛을 받아 광합성을 하면서 이산화 탄소를 사용하였기 때문(이산화 탄소 감소)
(다)	노란색(변화 없음) ➡ 빛이 차단되어 검정말이 광합성을 하지 않았기 때문(이산화 탄소 감소하지 않음)

정리 ・시험관 (가)와 (나) 비교 : 광합성에는 이산화 탄소가 필요하다는 것을 알 수 있다.
・시험관 (나)와 (다) 비교 : 광합성에는 빛이 필요하다는 것을 알 수 있다.

2 광합성에 영향을 미치는 환경 요인 **탐구 b** 137쪽

빛의 세기	이산화 탄소의 농도	온도
광합성량은 빛의 세기가 셀수록 증가하며, 일정 세기 이상이 되면 더 이상 증가하지 않는다.	광합성량은 이산화 탄소의 농도가 높을수록 증가하며, 일정 농도 이상이 되면 더 이상 증가하지 않는다.	광합성량은 온도가 높을수록 증가하며, 일정 온도 이상에서는 급격하게 감소한다.

플러스 강의

❶ 엽록체와 엽록소
・엽록체 : 식물 세포에 들어 있는 초록색 알갱이로, 광합성이 일어나는 장소이다.
・엽록소 : 엽록체에 들어 있는 초록색 색소로, 빛을 흡수한다. ➡ 엽록소 때문에 엽록체와 식물의 잎이 초록색을 띤다.

❷ 광합성으로 발생하는 산소 확인
검정말을 그림과 같이 장치하고 빛을 비추면, 검정말에서 광합성이 일어나 기체가 발생한다.

발생한 기체를 모은 고무관에 향의 불씨를 가져가면 향의 불꽃이 다시 타오른다.
➡ 광합성으로 발생하는 기체가 산소라는 것을 알 수 있다.

❸ BTB 용액의 색깔 변화

산성	중성	염기성
노란색	초록색	파란색

이산화 탄소
많다. ◄─────────► 적다.

숨 속에는 이산화 탄소가 들어 있어 BTB 용액에 숨을 불어넣으면 용액 속에 이산화 탄소가 많아져 BTB 용액의 색깔이 노란색으로 변한다.

A 광합성

• ▢▢▢ : 식물이 빛에너지를 이용하여 이산화 탄소와 물을 원료로 양분을 만드는 과정

• 광합성 장소 : ▢▢▢

• 광합성에 필요한 요소 : 빛, 물, ▢▢▢▢

• 광합성으로 생성되는 물질 : 산소, ▢▢▢

• 광합성에 영향을 미치는 환경 요인 : ▢의 세기, ▢▢▢ ▢▢의 농도, ▢▢

1 다음은 광합성 과정을 식으로 나타낸 것이다. ( ) 안에 알맞은 말을 쓰시오.

물 + ㉠( ) ──㉡( )──→ 포도당 + ㉢( )

2 광합성에 대한 설명으로 옳은 것은 ○, 옳지 않은 것은 ×로 표시하시오.

(1) 광합성에는 빛, 물, 산소가 필요하다. ·· ( )

(2) 광합성은 식물 세포의 엽록체에서 일어난다. ··· ( )

(3) 광합성으로 처음 만들어지는 양분은 녹말이다. ·· ( )

(4) 광합성으로 생성된 산소는 모두 식물의 호흡에 사용된다. ························ ( )

3 광합성에 필요한 요소와 그에 해당하는 설명을 옳게 연결하시오.

(1) 물   •   • ㉠ 엽록체 속 엽록소에서 흡수한다.

(2) 빛   •   • ㉡ 공기 중에서 잎의 기공을 통해 흡수한다.

(3) 이산화 탄소 •   • ㉢ 뿌리에서 흡수되어 물관을 통해 이동한다.

✎ 더 풀어보고 싶다면? 시험 대비 교재 **76**쪽 계산력·암기력 강화 문제

4 숨을 불어넣어 파란색에서 노란색으로 변한 BTB 용액을 시험관 A~C에 넣고 오른쪽 그림과 같이 장치하여 햇빛이 잘 비치는 곳에 3시간 정도 두었다.

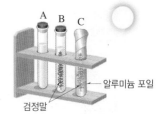

검정말 ─ 알루미늄 포일

(1) 광합성이 일어난 시험관을 모두 쓰시오.

(2) BTB 용액의 색깔이 파란색으로 변한 시험관을 모두 쓰시오.

(3) 이 실험을 통해 알 수 있는 광합성에 필요한 기체를 쓰시오.

암기쾅 광합성에 영향을 미치는 환경 요인

빛이 온다!
열심히 일 해야지~!

빛 이 **온**다!
의 산 도
세 화
기 탄
   소

5 그림은 환경 요인에 따른 광합성량의 변화를 나타낸 것이다. A와 B에 해당하는 환경 요인을 각각 쓰시오.

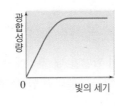

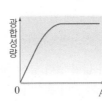

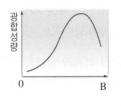

B 증산 작용

1 증산 작용 식물체 속의 물이 수증기로 변하여 잎의 기공을 통해 공기 중으로 빠져나가는 현상

2 증산 작용의 역할

① 물 상승의 원동력 : 뿌리에서 흡수한 물이 잎까지 이동하는 원동력이 된다.[1] ➡ 잎에 도달한 물은 광합성 등에 사용된다.

② 식물의 수분량 조절 : 식물 내부의 물을 밖으로 내보내 수분량을 조절한다.

③ 식물의 체온 조절 : 물이 증발하면서 주변의 열을 흡수하므로, 식물의 체온이 높아지는 것을 막는다.

[잎의 증산 작용 확인]

과정 및 결과 ❶ 같은 양의 물을 넣은 눈금실린더 (가)~(다)에 잎을 모두 딴 나뭇가지와 잎이 달린 나뭇가지를 넣어 그림과 같이 장치한 후 식용유를 떨어뜨린다.[2]
❷ (가)~(다)를 햇빛이 잘 비치는 곳에 놓아둔 후 수면의 높이를 관찰한다.

남아 있는 물의 양(=수면의 높이) : (가)>(다)>(나)

(가)	잎이 없어 증산 작용이 일어나지 않았다.
(나)	증산 작용이 가장 활발하게 일어났다. ➡ 증산 작용으로 눈금실린더 속의 물이 나뭇가지 안으로 이동하여 수면의 높이가 낮아졌다.
(다)	• 비닐봉지 안에 물방울이 맺힌다. ➡ 증산 작용으로 잎에서 빠져나온 수증기가 액화되었기 때문 • 습도가 높아져 증산 작용이 (나)보다 적게 일어났다.

정리 • 식물체 내의 물이 수증기 형태로 배출되는 증산 작용은 식물의 잎에서 일어난다.
• 증산 작용은 습도가 낮을 때 활발하게 일어난다.

---

3 증산 작용의 장소 식물의 잎에서 기공을 통해 일어난다.

[기공과 공변세포 관찰]

과정 비비추 잎 뒷면의 표피를 가로, 세로 1 cm로 잘라 현미경으로 관찰한다.

결과 및 정리

기공	• 잎의 *표피에 있는 작은 구멍이다. • 주로 잎의 뒷면에 분포한다.[3] • 공변세포 2개가 둘러싸고 있다. • 산소, 이산화 탄소, 수증기 등이 드나든다.
공변세포	• 기공을 둘러싸고 있다. • 엽록체가 있어 초록색을 띤다. ➡ 광합성이 일어난다. • 안쪽 세포벽이 바깥쪽 세포벽보다 두꺼워 진하게 보인다.
표피 세포	엽록체가 없어 투명하다. ➡ 광합성이 일어나지 않는다.

---

4 증산 작용의 조절 공변세포의 모양에 따라 기공이 열리고 닫히면서 조절된다.[4]

① 기공이 열릴 때 증산 작용이 활발하게 일어난다.

② 기공은 주로 낮에 열리고 밤에 닫힌다.

➡ 증산 작용은 기공이 열리는 낮에 활발하게 일어난다.[5]

▲ 기공이 열릴 때(낮)　▲기공이 닫힐 때(밤)

5 증산 작용과 광합성 기공이 많이 열려 증산 작용이 활발할 때 뿌리에서 흡수한 물이 잎까지 상승하고 이산화 탄소가 많이 흡수되므로 광합성도 활발히 일어난다.

플러스 강의

❶ 증산 작용과 물의 이동
증산 작용으로 물이 빠져나가면 잎에서 부족한 물을 보충하기 위해 잎맥과 줄기, 뿌리 속의 물을 연속적으로 끌어올린다. 따라서 뿌리에서 흡수한 물은 줄기의 물관을 거쳐 잎까지 이동한다.

❷ 식용유를 떨어뜨리는 까닭
눈금실린더 속 물의 증발을 막기 위해서이다.

❸ 잎의 구조와 기공의 분포

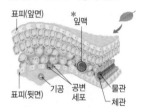

일반적으로 기공은 잎의 앞면보다 뒷면에 더 많다. ➡ 잎의 뒷면에서 증산 작용이 더 많이 일어난다.

❹ 기공이 열리는 과정
공변세포 내 농도가 높아짐 → 주변 세포로부터 공변세포로 물이 들어옴 → 공변세포가 팽창하여 바깥쪽으로 휘어짐 → 기공 열림

❺ 증산 작용이 잘 일어나는 조건

요인	조건
빛	강할 때
온도	높을 때
바람	잘 불 때
습도	낮을 때

용어 돋보기

*표피_잎의 가장 바깥 부분을 싸고 있는 한 겹의 세포층

*잎맥(脈 줄기)_물관과 체관으로 이루어진, 잎 속의 물과 양분의 이동 통로

B 증산 작용

• □□□□ : 식물체 속의 물이 수증기로 변하여 잎의 기공을 통해 공기 중으로 빠져나가는 현상

• □□ : 잎의 표피에 있는 작은 구멍으로, □□□□ 2개가 둘러싸고 있다.

• 증산 작용의 조절
  – 증산 작용은 □□□□에 의해 기공이 열리고 닫히면서 조절된다.
  – 기공은 주로 □에 열리고 □에 닫힌다.

6 증산 작용에 대한 설명으로 옳은 것은 ○, 옳지 않은 것은 ×로 표시하시오.

(1) 증산 작용은 식물의 잎에서 일어난다. ──────────────────── (   )

(2) 증산 작용은 주로 밤에 일어난다. ──────────────────── (   )

(3) 증산 작용은 기공이 열리고 닫힘에 따라 조절된다. ──────────── (   )

(4) 증산 작용은 뿌리에서 흡수한 물이 잎까지 이동하는 원동력이 된다. ── (   )

(5) 증산 작용은 식물체 속의 이산화 탄소가 공기 중으로 빠져나가는 현상이다.
──────────────────── (   )

7 눈금실린더 (가), (나)에 같은 양의 물을 넣고 오른쪽 그림과 같이 장치하여 햇빛이 잘 비치는 곳에 두고, 일정 시간 후 남아 있는 물의 양을 관찰하였다. 이에 대한 설명으로 옳은 것은 ○, 옳지 않은 것은 ×로 표시하시오.

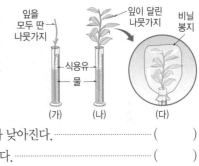

(1) 증산 작용이 활발할수록 수면의 높이가 낮아진다. ──────────── (   )

(2) (나)보다 (가)에서 물이 더 많이 줄어든다. ──────────────── (   )

(3) (가)와 (나)를 비교하면 증산 작용은 잎에서 일어난다는 것을 알 수 있다.
──────────────────── (   )

(4) (다)는 시간이 지나면서 비닐봉지 안에 물방울이 맺힌다. ──────── (   )

8 오른쪽 그림은 식물 잎 뒷면의 표피를 벗겨 현미경으로 관찰한 결과를 나타낸 것이다.

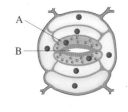

(1) A와 B의 이름을 쓰시오.

(2) 다음은 그림에 대한 설명이다. (   ) 안에 알맞은 말을 고르시오.

> • A는 안쪽 세포벽이 바깥쪽 세포벽보다 ㉠(얇아, 두꺼워) 진하게 보이며, 엽록체가 ㉡(있어, 없어) 초록색을 띤다.
>
> • B는 주로 ㉢(낮, 밤)에 열리며, B가 ㉣(열릴, 닫힐) 때 증산 작용이 활발하게 일어난다.

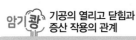

암기콩 **기공의 열리고 닫힘과 증산 작용의 관계**

낮이네, 기공 열고 물을 내보내야지~

밤이네, 기공 닫고 자야겠다~

9 다음은 증산 작용과 광합성의 관계에 대한 설명이다. (   ) 안에 알맞은 말을 쓰시오.

> 기공이 많이 열리면 증산 작용이 활발해진다. 이때 뿌리에서 흡수한 ㉠(   )이 잎까지 상승하고 열린 기공을 통해 공기 중의 ㉡(   )가 많이 흡수되므로 광합성도 활발히 일어난다.

과정 & 결과

❶ 물이 담긴 비커에 검정말을 넣고, 햇빛이 잘 비치는 곳에 3시간 정도 놓아둔다.

페이지를 인식하세요!

오투실험실

검정말 잎

❷ 검정말의 잎을 떼어 현미경 표본을 만든 다음, 현미경으로 관찰한다.

에탄올
물
검정말
가열 장치

❸ 검정말을 에탄올이 들어 있는 시험관에 넣고 물중탕을 한 다음, 잎을 떼어 현미경 표본을 만든다.

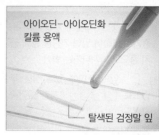
아이오딘-아이오딘화 칼륨 용액
탈색된 검정말 잎

❹ 아이오딘-아이오딘화 칼륨 용액을 떨어뜨린 후 현미경으로 관찰한다.

◎ 아이오딘-아이오딘화 칼륨 용액

녹말 검출 용액으로, 녹말과 반응하면 청람색을 나타낸다.

결과 잎 세포 안에 초록색 알갱이 모양의 엽록체가 관찰된다.

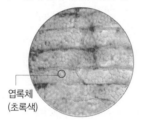
엽록체 (초록색)

◎ 검정말을 에탄올에 넣어 물중탕하는 까닭

엽록체 속의 엽록소를 제거하여 잎을 탈색시키기 위해 ➡ 잎이 탈색되어야 아이오딘-아이오딘화 칼륨 용액을 떨어뜨렸을 때 엽록체의 색깔 변화를 잘 볼 수 있다.

결과 엽록체가 청람색으로 관찰된다.

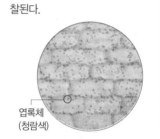
엽록체 (청람색)

해석 과정 ❹에서 엽록체가 청람색으로 관찰된 까닭 : 검정말의 엽록체에서 광합성이 일어나 녹말이 만들어졌기 때문

정리 광합성은 식물 세포의 ㉠( )에서 일어나며, 광합성 결과 ㉡( )이 만들어진다.

이렇게도 실험해요 ▌내 교과서 확인 | 미래엔, 천재, 동아, YBM

|과정| 하루 동안 햇빛이 비치는 곳에 둔 검정말의 잎과 어둠상자에 둔 검정말의 잎을 각각 에탄올에 넣고 물중탕한 다음, 아이오딘-아이오딘화 칼륨 용액을 떨어뜨린다.

|결과| 햇빛이 비치는 곳에 둔 검정말의 잎만 엽록체가 청람색으로 변한다.

|정리| 빛이 있을 때만 엽록체에서 광합성이 일어나 녹말이 만들어진다.

햇빛   어둠상자

확인 문제

01 위 실험에 대한 설명으로 옳은 것은 ○, 옳지 않은 것은 ×로 표시하시오.

(1) 광합성은 엽록체에서 일어난다. ----------------( )

(2) 광합성으로 녹말이 만들어진다. ----------------( )

(3) 아이오딘-아이오딘화 칼륨 용액은 포도당과 반응하여 청람색을 나타낸다. ----------------( )

(4) 광합성으로 생성된 녹말은 포도당으로 바뀌어 엽록체에 저장된다. ----------------( )

02 검정말을 에탄올에 넣어 물중탕하는 까닭을 서술하시오.

03 잎의 세포에서 청람색으로 변한 구조는 무엇인지 쓰고, 이를 통해 알 수 있는 사실을 서술하시오.

탐구 b 빛의 세기와 광합성

이 탐구에서는 빛의 세기에 따른 광합성량의 변화를 알아보고, 빛의 세기가 광합성에 미치는 영향을 이해한다.

● 정답과 해설 **42**쪽

과정

페이지를 인식하세요!
오투실험실

❶ 코르크 뚫개로 시금치 잎을 뚫어 잎 조각을 20개 정도 만든다.

시금치 잎 조각
1 % 탄산수소 나트륨 수용액
시금치 잎 조각

비커
1 % 탄산수소 나트륨 수용액
시금치 잎 조각

발광 다이오드 (LED) 전등

❷ 주사기에 시금치 잎 조각 6개와 1 % 탄산수소 나트륨 수용액을 넣고, 잎 조각이 모두 가라앉을 때까지 피스톤을 당겨 잎 조각 속의 공기를 빼낸다.

❸ 가라앉은 시금치 잎 조각 6개를 1 % 탄산수소 나트륨 수용액이 담긴 비커에 넣는다.

❹ 비커 주변에 전등 3개를 설치하고, 전등이 켜진 개수를 1개씩 늘려가면서 잎 조각이 모두 떠오르는 데 걸리는 시간을 측정한다.

◎ **탄산수소 나트륨 수용액**
광합성에 필요한 이산화 탄소를 공급하기 위해 사용한다.

◎ **시금치 잎 조각이 떠오르는 까닭**
시금치 잎 조각이 빛을 받으면 광합성이 일어나 산소가 발생하기 때문이다.
➡ 산소 발생량은 광합성량을 뜻한다.

결과 & 해석

전등이 켜진 개수	잎 조각이 모두 떠오르는 데 걸린 시간
1개	265초
2개	240초
3개	209초

• 전등이 켜진 개수가 늘어날수록 빛의 세기가 세진다.
• 전등이 켜진 개수가 늘어날수록 잎 조각이 모두 떠오르는 데 걸리는 시간이 짧아진다.
➡ 까닭 : 빛의 세기가 셀수록 광합성이 활발하게 일어나 발생하는 산소의 양이 증가하기 때문

정리

광합성량은 어느 정도까지는 빛의 세기가 셀수록 (   )한다.

이렇게도 실험해요 ▌내 교과서 확인 | 천재, 동아

| **과정** | ❶ 1 % 탄산수소 나트륨 수용액이 담긴 표본병에 검정말을 넣고 오른쪽 그림과 같이 설치한다.
❷ 전등 빛을 점점 밝게 조절하면서 각 밝기마다 검정말에서 1분 동안 발생하는 기포 수(산소 발생량)를 센다.

| **결과** | 전등 빛이 밝아질수록 발생하는 기포 수가 많아진다.

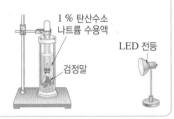
1 % 탄산수소 나트륨 수용액
LED 전등
검정말

확인 문제

01 위 실험에 대한 설명으로 옳은 것은 ○, 옳지 <u>않은</u> 것은 ×로 표시하시오.

(1) 전등이 켜진 개수의 변화는 온도의 변화를 뜻한다.
-- (   )

(2) 잎 조각이 떠오르는 까닭은 광합성이 일어나 산소가 발생하기 때문이다. ----------------- (   )

(3) 잎 조각이 모두 떠오르는 데 걸리는 시간이 짧을수록 광합성이 활발하게 일어난 것이다. -------------- (   )

02 탄산수소 나트륨 수용액을 사용하는 까닭을 서술하시오.

_____

_____

03 전등이 켜진 개수가 늘어날수록 잎 조각이 모두 떠오르는 데 걸리는 시간이 짧아진다. 그 까닭을 빛의 세기와 산소 발생량의 변화로 서술하시오.

기출문제로 내신쑥쑥

A 광합성

01 광합성에 대한 설명으로 옳지 <u>않은</u> 것은?

① 양분을 생성하는 과정이다.
② 빛이 있을 때에만 일어난다.
③ 광합성이 일어나는 장소는 엽록체이다.
④ 식물체의 모든 살아 있는 세포에서 일어난다.
⑤ 이산화 탄소와 물은 광합성에 필요한 물질이다.

[02~03] 그림은 잎에서 일어나는 광합성 과정을 나타낸 것이다.

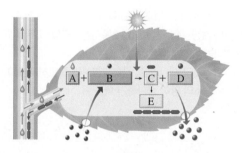

중요
02 A~D에 해당하는 물질을 옳게 짝 지은 것은?

	A	B	C	D
①	물	산소	포도당	이산화 탄소
②	물	이산화 탄소	포도당	산소
③	산소	포도당	물	이산화 탄소
④	포도당	이산화 탄소	산소	물
⑤	이산화 탄소	포도당	물	산소

중요
03 이에 대한 설명으로 옳지 <u>않은</u> 것은?

① A는 물관을 통해 뿌리에서 잎까지 이동한다.
② B와 D는 잎의 기공을 통해 출입한다.
③ C는 아이오딘-아이오딘화 칼륨 용액과 반응하여 청람색을 나타낸다.
④ C는 E로 바뀌어 엽록체에 저장된다.
⑤ D는 식물의 호흡에 사용되기도 한다.

[04~05] 파란색 BTB 용액에 입김을 불어넣어 노란색으로 만든 뒤 그림과 같이 장치하고, 햇빛이 잘 비치는 곳에 둔 다음 BTB 용액의 색깔 변화를 관찰하였다.

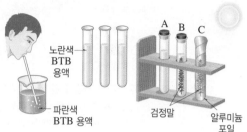

중요
04 일정 시간 후 시험관 A~C의 색깔 변화를 옳게 짝 지은 것은?

	A	B	C
①	노란색	노란색	노란색
②	노란색	노란색	파란색
③	노란색	파란색	노란색
④	파란색	노란색	노란색
⑤	파란색	파란색	노란색

중요
05 이에 대한 설명으로 옳지 <u>않은</u> 것은?

① 시험관 B에서는 광합성이 일어났다.
② 시험관 B에서는 이산화 탄소가 사용되었다.
③ 시험관 C에서는 광합성이 일어나지 않았다.
④ 시험관 A와 B를 비교하면 광합성으로 산소가 발생한다는 것을 알 수 있다.
⑤ 시험관 B와 C를 비교하면 광합성에 빛이 필요하다는 것을 알 수 있다.

06 오른쪽 그림은 검정말 잎을 현미경으로 관찰한 결과를 나타낸 것이다. A에 대한 설명으로 옳은 것을 보기에서 모두 고르시오.

┌ 보기 ┐
ㄱ. 엽록체이다.
ㄴ. 식물의 호흡이 일어난다.
ㄷ. 빛을 흡수하는 초록색 색소가 들어 있다.

탐구 **a** 136쪽

[07~08] 그림과 같이 햇빛이 잘 비치는 곳에 놓아둔 검정말 잎을 에탄올에 물중탕한 후 아이오딘 – 아이오딘화 칼륨 용액을 떨어뜨리고 현미경으로 관찰하였다.

중요
07 (나)에서 잎을 에탄올에 넣고 물중탕하는 까닭으로 옳은 것은?

① 포도당을 녹이기 위해서
② 잎을 연하게 하기 위해서
③ 광합성이 일어나지 않게 하기 위해서
④ 엽록소를 녹여 잎을 탈색시키기 위해서
⑤ 잎의 초록색을 더욱 선명하게 하기 위해서

중요
08 이에 대한 설명으로 옳지 <u>않은</u> 것은?

① 광합성이 엽록체에서 일어난다는 것을 알 수 있다.
② 광합성으로 녹말이 생성된다는 것을 알 수 있다.
③ (가)에서 검정말을 햇빛이 잘 비치는 곳에 두는 까닭은 광합성에 빛이 필요하기 때문이다.
④ (다)에서 아이오딘 – 아이오딘화 칼륨 용액을 떨어뜨리는 까닭은 녹말을 확인하기 위해서이다.
⑤ (다)의 검정말 잎을 현미경으로 관찰하면 초록색을 띠는 엽록체가 관찰된다.

09 오른쪽 그림과 같이 장치하고 검정말에 빛을 비추었더니 기체가 발생하였다. 이 기체를 모은 고무관에 (가) 향의 불씨를 가져갔을 때 나타나는 현상과 이를 통해 알 수 있는 (나) 검정말에서 발생한 기체를 옳게 짝 지은 것은?

	(가)	(나)
①	향이 꺼진다.	산소
②	향이 꺼진다.	이산화 탄소
③	향에서 불꽃이 타오른다.	산소
④	향에서 불꽃이 타오른다.	수증기
⑤	향에서 불꽃이 타오른다.	이산화 탄소

탐구 **b** 137쪽

[10~11] 시금치 잎 조각 6개를 1 % 탄산수소 나트륨 수용액이 담긴 비커에 넣어 그림과 같이 장치한 후, 전등이 켜진 개수를 달리하면서 잎 조각이 모두 떠오르는 데 걸리는 시간을 측정하였다.

10 탄산수소 나트륨 수용액을 사용하는 까닭은?

① 산소를 공급하기 위해서
② 빛의 세기를 조절하기 위해서
③ 이산화 탄소를 공급하기 위해서
④ 광합성 작용을 중지시키기 위해서
⑤ 시금치 잎 조각의 표면을 매끄럽게 하기 위해서

중요
11 이에 대한 설명으로 옳지 <u>않은</u> 것은?

① 빛의 세기에 따른 광합성량을 알아보는 실험이다.
② 광합성량이 많을수록 잎 조각이 떠오르는 데 걸리는 시간이 짧아진다.
③ 전등이 켜진 개수가 늘어날수록 시금치 잎 조각이 모두 떠오르는 데 걸리는 시간이 짧아진다.
④ 시금치 잎 조각이 떠오르는 까닭은 시금치 잎 조각에서 광합성이 일어나 산소가 발생하였기 때문이다.
⑤ 비커 속에 얼음을 넣으면 시금치 잎 조각이 모두 떠오르는 데 걸리는 시간이 짧아질 것이다.

중요
12 온도와 이산화 탄소의 농도가 일정할 때 빛의 세기와 광합성량의 관계를 옳게 나타낸 그래프는?

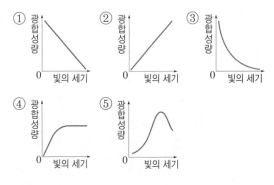

B 증산 작용

✿중요

13 증산 작용에 대한 설명으로 옳지 <u>않은</u> 것은?

① 낮보다 밤에 활발하게 일어난다.

② 빛이 강하고 온도가 높을 때 활발하다.

③ 기공이 열리고 닫힘에 따라 조절된다.

④ 잎의 앞면보다 뒷면에서 활발하게 일어난다.

⑤ 식물체 내의 물이 수증기로 배출되는 현상이다.

[14~15] 눈금실린더 (가)~(다)에 같은 양의 물을 넣고 그림과 같이 장치하여 햇빛이 잘 드는 곳에 두었다.

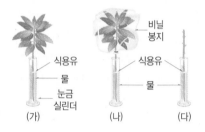

14 일정 시간 후 (가)~(다)에 남아 있는 물의 양을 옳게 비교한 것은?

① (가)>(나)>(다) ② (가)>(다)>(나)

③ (나)>(가)>(다) ④ (나)>(다)>(가)

⑤ (다)>(나)>(가)

✿중요

15 이에 대한 설명으로 옳은 것을 보기에서 모두 고른 것은?

┤보기├

ㄱ. (나)의 비닐봉지 안에는 물방울이 맺힌다.

ㄴ. 증산 작용은 (나)에서 가장 활발하게 일어난다.

ㄷ. 이 실험을 통해 증산 작용이 줄기에서 일어난다는 것을 알 수 있다.

① ㄱ   ② ㄴ   ③ ㄷ

④ ㄴ, ㄷ   ⑤ ㄱ, ㄴ, ㄷ

16 기공과 공변세포에 대한 설명으로 옳지 <u>않은</u> 것은?

① 기공은 주로 잎의 앞면에 분포한다.

② 기공은 주로 낮에 열리고 밤에 닫힌다.

③ 공변세포 2개가 기공을 둘러싸고 있다.

④ 기공을 통해 산소와 이산화 탄소가 드나든다.

⑤ 공변세포에는 엽록체가 있어 초록색을 띤다.

✿중요

17 오른쪽 그림은 잎 뒷면의 표피를 얇게 벗겨 관찰한 결과를 나타낸 것이다. 이에 대한 설명으로 옳지 <u>않은</u> 것은?

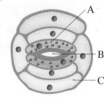

① A는 공변세포, B는 기공이다.

② A는 바깥쪽 세포벽보다 안쪽 세포벽이 더 두껍다.

③ A의 모양에 따라 B의 열림과 닫힘이 조절된다.

④ B는 주로 잎의 뒷면에 분포한다.

⑤ A와 C에서는 광합성이 일어난다.

18 다음은 기공이 열리는 과정을 순서 없이 나열한 것이다.

(가) 기공이 열린다.

(나) 주변 세포에서 공변세포로 물이 들어온다.

(다) 공변세포가 팽창하여 바깥쪽으로 휘어진다.

(라) 공변세포 안의 농도가 높아진다.

(가)~(라)를 순서대로 옳게 나열한 것은?

① (나)-(다)-(라)-(가)

② (나)-(라)-(다)-(가)

③ (다)-(라)-(나)-(가)

④ (라)-(나)-(다)-(가)

⑤ (라)-(다)-(나)-(가)

19 증산 작용의 역할로 옳은 것을 보기에서 모두 고른 것은?

┤보기├

ㄱ. 식물의 체온을 높인다.

ㄴ. 식물체 내의 수분량을 조절한다.

ㄷ. 뿌리에서 흡수한 물이 잎까지 이동하는 원동력이 된다.

① ㄱ   ② ㄷ   ③ ㄱ, ㄴ

④ ㄱ, ㄷ   ⑤ ㄴ, ㄷ

서술형 문제

중요

20 파란색 BTB 용액에 입김을 불어넣어 노란색으로 만든 후 그림과 같이 장치하고 빛이 있는 곳에 두었다.

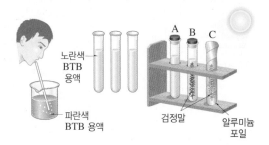

(1) BTB 용액의 색깔이 변한 시험관의 기호를 쓰고, 그 까닭을 광합성에 필요한 물질과 관련지어 서술하시오.

(2) 이 실험을 통해 알 수 있는 광합성에 필요한 요소 두 가지를 쓰시오.

중요

21 그림은 환경 요인과 광합성량의 관계를 나타낸 것이다. 광합성에 영향을 미치는 환경 요인과 광합성량의 관계를 그래프로 그리시오.

22 눈금실린더 (가)와 (나)에 같은 양의 물을 넣고 오른쪽 그림과 같이 장치하여 햇빛이 잘 비치는 곳에 두었다.

(1) 물 표면에 식용유를 떨어뜨리는 까닭을 서술하시오.

(2) 일정 시간이 지난 후 (가)와 (나) 중 수면의 높이가 낮아진 곳의 기호를 쓰고, 그 까닭을 서술하시오.

수준 높은 문제로 실력 탄탄

● 정답과 해설 **44**쪽

01 그림은 식물의 잎을 이용하여 광합성 산물을 확인하는 실험을 나타낸 것이다.

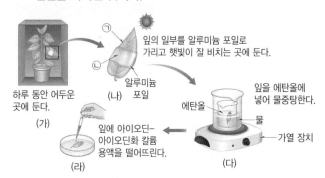

이에 대한 설명으로 옳지 않은 것은?

① (나)에서 알루미늄 포일은 빛을 차단한다.
② (다) 과정을 거치는 까닭은 잎을 탈색시키기 위해서이다.
③ (라)에서 청람색으로 변하는 곳은 ⓛ이다.
④ 광합성으로 녹말이 생성된다는 것을 알 수 있다.
⑤ 광합성에는 빛이 필요함을 알 수 있다.

02 1 % 탄산수소 나트륨 수용액이 담긴 표본병에 검정말을 넣고 그림과 같이 장치한 후, 전등의 밝기를 달리하면서 검정말에서 발생하는 기포 수를 측정하였다.

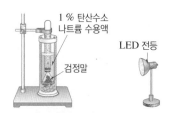

이에 대한 설명으로 옳지 않은 것은?

① 검정말에서 발생하는 기포는 산소이다.
② 전등 빛이 밝아질수록 발생하는 기포 수가 많아진다.
③ 광합성량이 증가할수록 발생하는 기포 수가 적어진다.
④ 표본병 안의 온도와 이산화 탄소 농도는 일정하게 유지한다.
⑤ 빛의 세기가 세질수록 광합성량은 어느 정도까지는 증가한다.

02 식물의 호흡

A 식물의 호흡

1 호흡 세포에서 양분을 분해하여 생명 활동에 필요한 에너지를 얻는 과정

> 포도당 + 산소 ⟶ 이산화 탄소 + 물 + 에너지

① 장소와 시기 : 모든 살아 있는 세포에서, 낮과 밤에 관계없이 항상 일어난다.

② 호흡에 필요한 물질과 호흡으로 생성되는 요소

호흡에 필요한 물질		호흡으로 생성되는 요소	
산소	광합성으로 생성되거나 기공을 통해 공기 중에서 흡수한다.	이산화 탄소	광합성에 이용되거나 기공을 통해 공기 중으로 방출된다.
		물	식물에서 사용되거나 방출된다.
포도당	광합성으로 만들어진 양분이다.	에너지	싹을 틔우거나 꽃을 피우는 등 생명 활동에 이용한다.

[호흡으로 발생하는 이산화 탄소 확인]

과정 페트병 (가)와 (나) 중 (가)에만 시금치를 넣고 밀봉하여 어두운 곳에 놓아둔 후 각 페트병 속의 공기를 석회수에 통과시킨다.

결과 페트병 (가)의 기체를 통과시킨 석회수만 뿌옇게 변한다. ➡ 시금치의 호흡으로 이산화 탄소가 발생하였기 때문

정리 빛이 없을 때 식물은 호흡만 하며, 식물의 호흡으로 이산화 탄소가 발생한다.

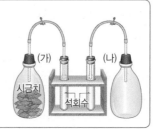

2 광합성과 호흡의 비교 [1][2]

구분	광합성	호흡
일어나는 장소	엽록체가 있는 세포	모든 살아 있는 세포
일어나는 시기	빛이 있을 때(낮)	항상
기체 출입	이산화 탄소 흡수, 산소 방출	산소 흡수, 이산화 탄소 방출
양분과 에너지	양분 합성 → 에너지 저장	양분 분해 → 에너지 방출

3 식물의 기체 교환 낮과 밤에 반대로 일어난다. [3]

낮(빛이 강할 때)	밤(빛이 없을 때)
광합성량이 호흡량보다 많다. ➡ 이산화 탄소 흡수, 산소 방출	호흡만 일어난다. ➡ 산소 흡수, 이산화 탄소 방출

B 광합성으로 만든 양분의 사용 *여기서 잠깐 144쪽*

양분의 생성(낮)	양분의 이동(밤)	양분의 사용과 저장
엽록체에서 광합성으로 만들어진 포도당은 잎에서 사용되거나 일부가 물에 잘 녹지 않는 녹말로 바뀌어 저장된다.	엽록체에 저장된 녹말은 주로 물에 잘 녹는 설탕으로 바뀌어 밤에 체관을 통해 식물의 각 기관으로 운반된다. [4]	• 호흡으로 생명 활동에 필요한 에너지를 얻는 데 쓰인다. • 식물체의 구성 성분이 되어 생장하는 데 사용된다. • 남은 양분은 다양한 형태로 바뀌어 뿌리, 줄기, 열매, 씨 등에 저장된다. 예) 녹말(감자, 고구마), 포도당(포도, 양파), 설탕(사탕수수), 단백질(콩), 지방(땅콩, 깨)

⚙ 플러스 강의

① 광합성과 호흡의 관계

광합성은 양분을 만들어 에너지를 저장하는 과정이고, 호흡은 양분을 분해하여 에너지를 얻는 과정이다.

② 광합성과 호흡의 관계 확인

유리종 (가)에는 촛불만 넣고 (나)에는 촛불과 식물을 함께 넣는다.

(가) (나)

• 빛을 비춘 경우 : (나)의 촛불이 더 오래 탄다. ➡ 식물이 광합성을 하여 산소를 방출하기 때문
• 빛을 차단한 경우 : (나)의 촛불이 더 빨리 꺼진다. ➡ 식물이 호흡만 하여 산소가 더 빠르게 소모되기 때문

📖 내 교과서 확인 | 동아

③ 아침과 저녁의 기체 교환

약한 빛에서 광합성량과 호흡량이 같을 때는 겉으로 보기에 기체의 출입이 없다.

④ 환상 박피

식물 줄기의 바깥쪽 껍질을 고리 모양으로 벗겨내면 벗겨낸 위쪽이 부풀어 오르고 위쪽의 열매가 크게 자란다. ➡ 체관이 제거되어 양분이 아래로 이동하지 못하기 때문

열매가 크게 자란다.

A 1 다음은 식물의 호흡 과정을 식으로 나타낸 것이다. ( ) 안에 알맞은 말을 쓰시오.

포도당 + ㉠( ) ⟶ 물 + ㉡( ) + 에너지

2 식물의 호흡에 대한 설명으로 옳은 것은 ○, 옳지 **않은** 것은 ×로 표시하시오.

(1) 식물의 호흡은 밤에만 일어난다. ···································· ( )
(2) 식물의 호흡은 엽록체가 있는 세포에서만 일어난다. ······ ( )
(3) 식물은 호흡을 통해 양분을 분해하여 에너지를 얻는다. ··· ( )
(4) 호흡으로 방출된 에너지는 식물의 생명 활동에 이용된다. ··· ( )

3 표는 광합성과 호흡을 비교한 것이다. ( ) 안에 알맞은 말을 고르시오.

구분	광합성	호흡
장소	㉠(모든 살아 있는 세포, 엽록체가 있는 세포)	㉡(모든 살아 있는 세포, 엽록체가 있는 세포)
시기	㉢(빛이 있을 때, 항상)	㉣(빛이 있을 때, 항상)
기체 출입	산소 ㉤(흡수, 방출), 이산화 탄소 ㉥(흡수, 방출)	산소 ㉦(흡수, 방출), 이산화 탄소 ㉧(흡수, 방출)
양분	양분 ㉨(합성, 분해)	양분 ㉩(합성, 분해)
에너지	에너지 ㉪(저장, 방출)	에너지 ㉫(저장, 방출)

4 오른쪽 그림은 식물에서 낮과 밤에 일어나는 기체 교환을 나타낸 것이다. A~D에 해당하는 기체의 이름을 각각 쓰시오.

▲ 낮　　　　▲ 밤

B 5 다음은 광합성으로 만들어진 양분의 이동에 대한 설명이다. ( ) 안에 알맞은 말을 쓰시오.

광합성으로 만들어진 포도당은 ㉠( )(으)로 바뀌어 엽록체에 저장되었다가 주로 물에 잘 녹는 ㉡( )(으)로 바뀌어 밤에 ㉢( )을 통해 식물의 각 기관으로 이동한다.

식물에서 일어나는 양분의 생성과 이동, 사용, 저장 과정을 모두 연결하여 기억하기 어렵지? 광합성과 호흡은 또 이 과정에서 어떤 역할을 하는 것인지 헷갈리기도 하고. 여기서잠깐 을 통해 양분의 생성에서 저장까지 한눈에 정리해 보자.

● 정답과 해설 45쪽

양분의 생성에서 저장까지 한눈에 보기

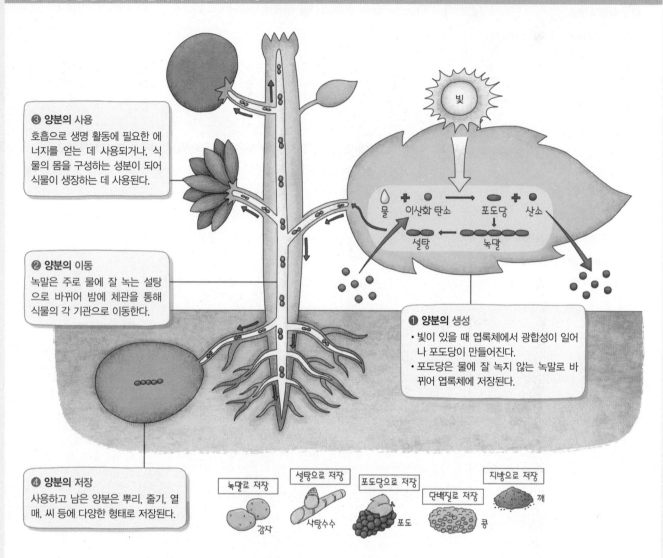

❸ **양분의 사용**
호흡으로 생명 활동에 필요한 에너지를 얻는 데 사용되거나, 식물의 몸을 구성하는 성분이 되어 식물이 생장하는 데 사용된다.

❷ **양분의 이동**
녹말은 주로 물에 잘 녹는 설탕으로 바뀌어 밤에 체관을 통해 식물의 각 기관으로 이동한다.

❶ **양분의 생성**
• 빛이 있을 때 엽록체에서 광합성이 일어나 포도당이 만들어진다.
• 포도당은 물에 잘 녹지 않는 녹말로 바뀌어 엽록체에 저장된다.

❹ **양분의 저장**
사용하고 남은 양분은 뿌리, 줄기, 열매, 씨 등에 다양한 형태로 저장된다.

녹말로 저장 — 감자
설탕으로 저장 — 사탕수수
포도당으로 저장 — 포도
단백질로 저장 — 콩
지방으로 저장 — 깨

유제❶ 그림은 잎에서 일어나는 광합성 과정을 나타낸 것이다.

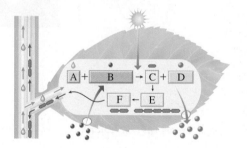

(1) A~F에 해당하는 물질을 쓰시오.

(2) A와 F가 이동하는 통로를 각각 쓰시오.

유제❷ 다음은 광합성으로 생성된 양분의 이동에 대한 설명이다. ( ) 안에 알맞은 말을 고르시오.

광합성으로 만들어진 포도당은 물에 잘 녹지 않는 ㉠(녹말, 설탕) 형태로 저장되었다가 주로 물에 잘 녹는 ㉡(녹말, 설탕)(으)로 바뀌어 ㉢(낮, 밤)에 ㉣(물관, 체관)을 통해 식물의 여러 기관으로 운반된다.

유제❸ 각 식물에서 광합성으로 생성된 양분이 저장되는 형태를 옳게 짝 지은 것은?
① 콩 – 포도당   ② 양파 – 지방   ③ 땅콩 – 설탕
④ 포도 – 단백질   ⑤ 고구마 – 녹말

전국 주요 학교의 **시험에 가장 많이 나오는 문제**들로만 구성하였습니다.
모든 친구들이 '꼭' 봐야 하는 코너입니다.

● 정답과 해설 **45**쪽

기출문제로 내신쑥쑥

A 식물의 호흡

중요

01 식물의 호흡에 대한 설명으로 옳지 않은 것은?

① 밤에만 일어난다.
② 산소를 이용해 양분을 분해한다.
③ 모든 살아 있는 세포에서 일어난다.
④ 산소를 흡수하고, 이산화 탄소를 방출한다.
⑤ 생명 활동에 필요한 에너지를 얻는 과정이다.

[02~03] 그림과 같이 두 개의 페트병 중 한 개에만 시금치를 넣고 밀봉하여 어두운 곳에 하루 동안 놓아둔 후 각 페트병 속의 공기를 석회수에 통과시켰다.

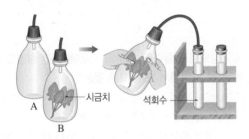

02 석회수를 뿌옇게 변하게 하는 페트병의 기호와 페트병 속에서 발생한 기체의 이름을 옳게 짝 지은 것은?

	페트병	기체
①	A	산소
②	A	이산화 탄소
③	A	수증기
④	B	산소
⑤	B	이산화 탄소

03 이에 대한 설명으로 옳은 것을 보기에서 모두 고른 것은?

┌ 보기 ┐
ㄱ. 페트병 B에서 시금치의 호흡이 일어났다.
ㄴ. 실험을 통해 식물의 호흡에는 산소가 필요함을 알 수 있다.
ㄷ. 페트병을 어두운 곳에 두는 까닭은 광합성은 일어나지 않고 호흡만 일어나게 하기 위해서이다.

① ㄱ   ② ㄴ   ③ ㄱ, ㄷ
④ ㄴ, ㄷ   ⑤ ㄱ, ㄴ, ㄷ

04 그림은 광합성과 호흡의 관계를 나타낸 것이다.

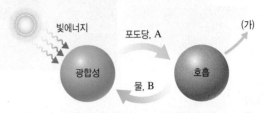

이에 대한 설명으로 옳은 것을 보기에서 모두 고른 것은?

┌ 보기 ┐
ㄱ. A는 이산화 탄소, B는 산소이다.
ㄴ. (가)는 식물의 생명 활동에 필요한 에너지이다.
ㄷ. 호흡은 광합성으로 만들어진 양분을 이용한다.

① ㄱ   ② ㄷ   ③ ㄱ, ㄴ
④ ㄱ, ㄷ   ⑤ ㄴ, ㄷ

중요

05 그림과 같이 유리종 (가)에는 촛불만 넣고, 유리종 (나)에는 촛불과 식물을 함께 넣은 뒤 빛을 비추었다.

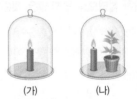

(가)   (나)

이에 대한 설명으로 옳지 않은 것은?

① 빛이 있을 때 식물은 산소를 방출한다.
② (나)의 식물은 광합성만 한다.
③ 촛불은 (가)보다 (나)에서 더 오래 탄다.
④ 빛을 차단하면 촛불은 (가)보다 (나)에서 더 빨리 꺼진다.
⑤ 빛을 차단하면 식물은 이산화 탄소를 방출한다.

중요

06 광합성과 호흡을 옳게 비교한 것은?

	구분	광합성	호흡
①	장소	모든 살아 있는 세포	엽록체가 있는 세포
②	시기	빛이 있을 때	항상
③	생성물	이산화 탄소, 물	포도당, 산소
④	양분	분해	합성
⑤	에너지	방출	저장

[07~08] 그림은 식물에서 낮과 밤에 일어나는 기체 교환을 나타낸 것이다.

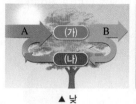
▲ 낮

▲ 밤

중요

07 A~D에 해당하는 기체를 옳게 짝 지은 것은?

	A	B	C	D
①	산소	이산화 탄소	산소	이산화 탄소
②	산소	이산화 탄소	이산화 탄소	산소
③	이산화 탄소	산소	산소	이산화 탄소
④	이산화 탄소	산소	이산화 탄소	산소
⑤	이산화 탄소	이산화 탄소	산소	산소

중요

08 이에 대한 설명으로 옳지 않은 것은?

① (가)는 광합성, (나)는 호흡이다.
② A는 광합성에 필요한 물질이다.
③ (나)는 낮과 밤에 항상 일어난다.
④ 낮에는 광합성량이 호흡량보다 적다.
⑤ 낮에는 호흡으로 생성된 이산화 탄소가 모두 광합성에 이용된다.

B 광합성으로 만든 양분의 사용

중요

09 광합성으로 만들어진 양분에 대한 설명으로 옳지 않은 것은?

① 양분은 식물의 생장에 사용된다.
② 양분은 주로 낮에 체관을 통해 이동한다.
③ 양파는 양분을 포도당의 형태로 저장한다.
④ 광합성으로 처음 만들어지는 양분은 포도당이다.
⑤ 사용하고 남은 양분은 녹말, 단백질, 지방 등 다양한 형태로 바뀌어 저장된다.

10 다음은 광합성으로 만들어진 양분의 이동을 설명한 것이다.

식물의 잎에서 광합성으로 처음 만들어진 양분인 ㉠(   )은 물에 잘 녹지 않는 ㉡(   )(으)로 바뀌어 엽록체에 저장되었다가 주로 물에 잘 녹는 ㉢(   )(으)로 바뀌어 ㉣(   )을 통해 식물의 각 기관으로 이동한다.

(   ) 안에 들어갈 알맞은 말을 옳게 짝 지은 것은?

	㉠	㉡	㉢	㉣
①	녹말	설탕	포도당	물관
②	녹말	포도당	설탕	물관
③	설탕	녹말	포도당	체관
④	포도당	설탕	녹말	체관
⑤	포도당	녹말	설탕	체관

11 광합성으로 만들어진 양분의 사용에 대한 설명으로 옳은 것을 보기에서 모두 고른 것은?

┌ 보기 ┐
ㄱ. 식물체를 구성하는 성분이 된다.
ㄴ. 생명 활동에 필요한 에너지를 얻는 데 사용된다.
ㄷ. 사용하고 남은 양분은 뿌리, 줄기, 열매, 씨 등에 저장된다.

① ㄱ   ② ㄴ   ③ ㄱ, ㄴ
④ ㄴ, ㄷ   ⑤ ㄱ, ㄴ, ㄷ

12 광합성으로 만들어진 양분을 주로 단백질의 형태로 저장하는 식물은?

①
콩

②
깨

③
감자

④
포도

⑤
고구마

● 정답과 해설 46쪽

서술형 문제

13 그림과 같이 두 개의 페트병 중 한 개에만 시금치를 넣고 밀봉하여 어두운 곳에 하루 동안 놓아둔 후 각 페트병 속의 공기를 석회수에 통과시켰다.

시금치   석회수
(가)   (나)

(1) 공기를 통과시켰을 때 석회수를 뿌옇게 변하게 하는 페트병의 기호를 쓰시오.

(2) (1)에서 석회수를 뿌옇게 변하게 한 까닭을 식물의 작용 및 발생한 기체와 관련지어 서술하시오.

14 다음은 프리스틀리의 실험을 나타낸 것이다.

(가) 쥐를 밀폐된 유리종에 넣었더니 잠시 후 죽었다.
(나) 밀폐된 유리종에 쥐와 식물을 함께 넣고 빛을 비추었더니 쥐가 더 오래 살았다.

(가)   (나)

(1) (나)에서 쥐가 더 오래 사는 까닭을 식물에서의 산소 출입과 관련지어 서술하시오.

(2) (나)의 유리종에 빛을 차단했을 때 예상되는 결과를 식물에서의 산소 출입과 관련지어 서술하시오.

15 광합성과 호흡의 차이점을 다음 두 가지 측면에서 서술하시오.

• 일어나는 장소   • 기체 출입

01 그림과 같이 싹이 트고 있는 콩을 보온병에 넣고 온도계를 꽂은 다음 온도 변화를 관찰하였다.

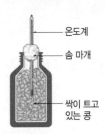

온도계
솜 마개
싹이 트고 있는 콩

이에 대한 설명으로 옳은 것을 보기에서 모두 고른 것은?

┌ 보기 ┐
ㄱ. 온도가 낮아진다.
ㄴ. 콩의 호흡으로 열이 방출된다.
ㄷ. 콩에서 양분을 분해하여 에너지를 얻는 과정이 일어난다.

① ㄱ   ② ㄷ   ③ ㄱ, ㄴ
④ ㄱ, ㄷ   ⑤ ㄴ, ㄷ

02 그림은 어떤 식물에서 이산화 탄소의 흡수량과 방출량을 이틀 동안 1시간 간격으로 측정하여 나타낸 것이다.

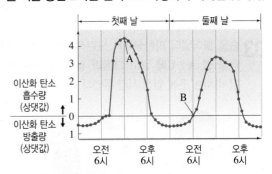

이에 대한 설명으로 옳은 것을 보기에서 모두 고른 것은?

┌ 보기 ┐
ㄱ. 밤 시간에만 호흡이 일어났다.
ㄴ. A 시기에 광합성이 가장 활발하게 일어났다.
ㄷ. B 시기에 광합성량과 호흡량이 같았다.

① ㄱ   ② ㄷ   ③ ㄱ, ㄴ
④ ㄱ, ㄷ   ⑤ ㄴ, ㄷ

단원 평가 문제

[01~02] 다음은 광합성 과정을 식으로 나타낸 것이다.

$$물 + (\ A\ ) \xrightarrow{빛에너지} (\ B\ ) + 산소$$

01 A와 B에 해당하는 물질을 옳게 짝 지은 것은?

	A	B
①	녹말	이산화 탄소
②	포도당	이산화 탄소
③	이산화 탄소	설탕
④	이산화 탄소	녹말
⑤	이산화 탄소	포도당

02 이에 대한 설명으로 옳지 <u>않은</u> 것은?

① A는 공기 중에서 잎의 기공을 통해 흡수된다.
② A는 BTB 용액의 색깔을 변화시킨다.
③ 물은 뿌리에서 흡수되어 체관을 통해 이동한다.
④ B는 물에 잘 녹지 않는 녹말로 바뀌어 엽록체에 저장된다.
⑤ 광합성으로 생성되는 산소에 향의 불씨를 가져가면 불꽃이 다시 타오른다.

03 숨을 불어넣어 파란색에서 노란색으로 변한 BTB 용액을 병 A~C에 넣고 그림과 같이 장치하여 햇빛이 잘 비치는 곳에 일정 시간 두었다.

병 B의 색깔 변화와 그 까닭을 옳게 짝 지은 것은?

① 노란색 – 광합성으로 산소가 생성되므로
② 노란색 – 광합성으로 이산화 탄소가 생성되므로
③ 파란색 – 광합성에 산소가 사용되므로
④ 파란색 – 광합성에 이산화 탄소가 사용되므로
⑤ 초록색 – 광합성에 이산화 탄소와 산소가 사용되므로

04 그림 (가)는 햇빛이 비치는 곳에 있던 검정말 잎을 현미경으로 관찰한 것이고, (나)는 이 검정말 잎을 에탄올에 넣고 물중탕한 후 아이오딘 – 아이오딘화 칼륨 용액을 떨어뜨려 관찰한 것이다.

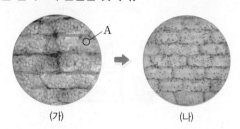

(가)   (나)

이에 대한 설명으로 옳은 것을 보기에서 모두 고른 것은?

┌ 보기 ┐
ㄱ. A는 엽록체이다.
ㄴ. (나)에서 엽록체가 청람색을 띠는 까닭은 포도당이 생성되었기 때문이다.
ㄷ. 빛이 없는 곳에 둔 검정말을 관찰한 경우에도 엽록체가 (나)와 같이 청람색을 띤다.
└─────┘

① ㄱ   ② ㄷ   ③ ㄱ, ㄴ
④ ㄱ, ㄷ   ⑤ ㄴ, ㄷ

05 식물의 광합성에 영향을 미치는 환경 요인과 광합성량의 관계를 옳게 나타낸 그래프는?

[06~07] 그림과 같이 시금치 잎 조각 6개를 1 % 탄산수소 나트륨 수용액이 담긴 비커에 넣고 전등을 설치한 후, 전등이 켜진 개수를 달리하면서 잎 조각이 모두 떠오르는 데 걸리는 시간을 측정하였다.

06 이 실험에 대한 설명으로 옳지 <u>않은</u> 것은?

① 빛의 세기가 셀수록 광합성량이 증가함을 알 수 있다.
② 전등이 켜진 개수는 빛의 세기를 조절하기 위해서이다.
③ 시금치 잎 조각에서 산소가 발생하여 잎 조각이 떠오른다.
④ 탄산수소 나트륨 수용액은 산소를 공급하기 위해 사용한다.
⑤ 전등이 켜진 개수가 늘어날수록 시금치 잎 조각이 떠오르는 데 걸리는 시간이 짧아진다.

07 시금치 잎 조각이 모두 떠오르는 데 걸리는 시간을 단축할 수 있는 방법으로 옳은 것을 보기에서 모두 고른 것은?

┌─ 보기 ┐
ㄱ. 전등이 켜진 개수를 더 늘린다.
ㄴ. 비커에 탄산수소 나트륨을 더 넣어준다.
ㄷ. 용액의 온도를 40 ℃ 이상으로 유지한다.
└──────┘

① ㄱ   ② ㄷ   ③ ㄱ, ㄴ
④ ㄱ, ㄷ   ⑤ ㄴ, ㄷ

08 증산 작용에 대한 설명으로 옳지 <u>않은</u> 것은?

① 잎의 기공을 통해 일어난다.
② 기공이 열리는 밤에 활발하게 일어난다.
③ 식물의 체온이 높아지는 것을 막는 역할을 한다.
④ 뿌리에서 흡수한 물이 잎까지 이동하는 원동력이 된다.
⑤ 식물체 속의 물이 수증기로 변하여 공기 중으로 빠져나가는 현상이다.

09 3개의 눈금실린더에 같은 양의 물을 넣고 그림과 같이 장치하여 햇빛이 잘 드는 곳에 두었다가 일정 시간 후 남아 있는 물의 양을 관찰하였다.

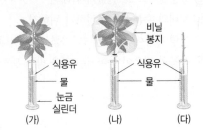

이에 대한 설명으로 옳지 <u>않은</u> 것은?

① (가)의 물의 양이 가장 많이 줄어든다.
② (가)는 (다)보다 증산 작용이 더 활발하게 일어난다.
③ (나)에서는 증산 작용이 일어나지 않는다.
④ 잎에서 증산 작용이 일어난다는 것을 알 수 있다.
⑤ 식용유는 눈금실린더 속 물의 증발을 막기 위한 것이다.

10 그림은 현미경으로 공변세포를 관찰한 것이다.

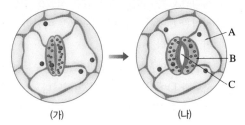

이에 대한 설명으로 옳지 <u>않은</u> 것은?

① A는 표피 세포이며, 엽록체가 있다.
② B는 공변세포이며, 광합성이 일어난다.
③ C를 통해 수증기, 산소, 이산화 탄소가 드나든다.
④ (가)는 밤에, (나)는 낮에 주로 관찰된다.
⑤ 증산 작용은 (나) 상태일 때 활발하게 일어난다.

11 증산 작용이 잘 일어나는 조건으로 옳은 것을 모두 고르면?(2개)

① 빛이 강할 때   ② 온도가 낮을 때
③ 바람이 잘 불 때   ④ 습도가 높을 때
⑤ 기공이 닫혔을 때

12 식물이 호흡을 하는 목적을 옳게 설명한 것은?

① 빛에너지를 저장하기 위해서
② 양분을 스스로 만들기 위해서
③ 체내의 수분량을 조절하기 위해서
④ 생명 활동에 필요한 에너지를 얻기 위해서
⑤ 식물의 체온이 높아지는 것을 막기 위해서

13 초록색 BTB 용액을 시험관 A~D에 넣고, 시험관 A에만 숨을 불어넣어 노란색으로 만든 뒤 그림과 같이 장치하여 햇빛이 잘 비치는 곳에 두었다.

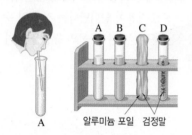

알루미늄 포일   검정말

이에 대한 설명으로 옳은 것은?

① 시험관 B와 C에서는 색깔 변화가 없다.
② 시험관 C는 시험관 A와 같은 색깔로 변한다.
③ 시험관 C에서는 BTB 용액 속 이산화 탄소의 양이 줄어든다.
④ 시험관 C에서는 광합성과 호흡이 모두 일어나고, 시험관 D에서는 광합성만 일어난다.
⑤ 초록색 BTB 용액 속에 이산화 탄소가 많아지면 파란색이 된다.

14 광합성과 호흡에 대한 설명으로 옳은 것은?

① 광합성과 호흡은 모두 살아 있는 모든 세포에서 일어난다.
② 광합성은 빛이 있을 때만 일어나고, 호흡은 항상 일어난다.
③ 광합성 결과 이산화 탄소가 방출되고, 호흡 결과 산소가 방출된다.
④ 광합성은 양분을 분해하는 과정이고, 호흡은 양분을 합성하는 과정이다.
⑤ 광합성은 에너지를 방출하는 과정이고, 호흡은 에너지를 저장하는 과정이다.

15 식물에서 일어나는 기체 교환에 대한 설명으로 옳은 것을 보기에서 모두 고른 것은?

┌ 보기 ┐
ㄱ. 낮에는 광합성만 일어나므로 산소를 방출한다.
ㄴ. 밤에는 호흡만 일어나므로 이산화 탄소를 방출한다.
ㄷ. 광합성량과 호흡량이 같을 때에는 겉으로 보기에 기체의 출입이 없다.

① ㄱ   ② ㄴ   ③ ㄷ
④ ㄱ, ㄴ   ⑤ ㄴ, ㄷ

16 그림은 광합성 산물의 생성과 이동을 나타낸 것이다.

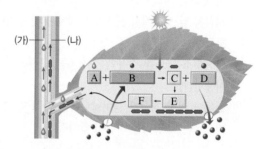

이에 대한 설명으로 옳지 않은 것은?

① B는 동물의 호흡에 사용되기도 한다.
② C는 광합성으로 처음 만들어지는 양분이다.
③ D는 잎의 기공을 통해 드나든다.
④ C는 물에 잘 녹지 않는 E로 바뀌어 저장된다.
⑤ E는 F로 바뀌어 (나)를 통해 식물의 각 기관으로 이동한다.

17 사과나무 줄기의 바깥쪽 껍질을 고리 모양으로 벗겨내고 길렀더니 그림과 같이 A 부분의 열매는 크게 자랐지만, B 부분의 열매는 잘 자라지 못하였다. 이에 대한 설명으로 옳은 것을 보기에서 모두 고른 것은?

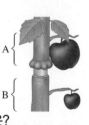

┌ 보기 ┐
ㄱ. 식물의 체관이 제거되었다.
ㄴ. 잎에서 광합성이 일어나지 않았다.
ㄷ. 잎에서 생성된 양분이 B 부분까지 정상적으로 이동하지 못하였다.

① ㄱ   ② ㄴ   ③ ㄱ, ㄷ
④ ㄴ, ㄷ   ⑤ ㄱ, ㄴ, ㄷ

18 다음은 검정말 잎을 이용한 광합성 실험이다.

> (가) 물이 담긴 비커에 검정말을 넣고 햇빛이 잘 비치는 곳에 3시간 정도 놓아둔다.
> (나) 검정말을 에탄올이 들어 있는 시험관에 넣고 물중탕한다.
> (다) 검정말의 잎을 떼어 아이오딘-아이오딘화 칼륨 용액을 떨어뜨리고 현미경으로 관찰한다.
> [결과] 엽록체가 청람색을 띠고 있다.

(1) (나) 과정을 거치는 까닭을 다음 단어를 모두 포함하여 서술하시오.

> 엽록소, 탈색, 아이오딘-아이오딘화 칼륨 용액

(2) 이 실험 결과를 통해 알 수 있는 사실을 광합성이 일어나는 장소와 광합성 산물을 포함하여 서술하시오.

19 그림은 빛의 세기와 온도에 따른 광합성량을 각각 나타낸 것이다.

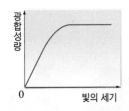 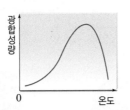

(1) 그래프를 보고 빛의 세기와 광합성량의 관계를 서술하시오.

(2) 그래프를 보고 온도와 광합성량의 관계를 서술하시오.

20 오른쪽 그림과 같이 탄산수소 나트륨 수용액이 담긴 비커 (가)와 (나)에 시금치 잎 조각을 10개씩 넣고 전등과 비커 사이의 거리를 달리하면서 잎 조각이 모두 떠오르는 데 걸리는 시간을 측정하였다.

(1) 시금치 잎 조각이 떠오르는 까닭을 서술하시오.

(2) (나)보다 (가)에서 시금치 잎 조각이 빨리 떠오른다. 그 까닭을 다음 단어를 모두 포함하여 서술하시오.

> 전등과의 거리, 빛의 세기, 광합성량, 산소

21 증산 작용이 활발하게 일어나는 조건 네 가지를 서술하시오.

22 그림은 식물에서 낮과 밤에 일어나는 기체 교환을 나타낸 것이다.

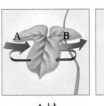

▲ 낮   ▲ 밤

(1) A~D에 해당하는 기체의 이름을 각각 쓰시오.

(2) 낮에 일어나는 식물의 기체 교환을 다음 단어를 모두 포함하여 서술하시오.

> 광합성량, 호흡량, 산소, 이산화 탄소

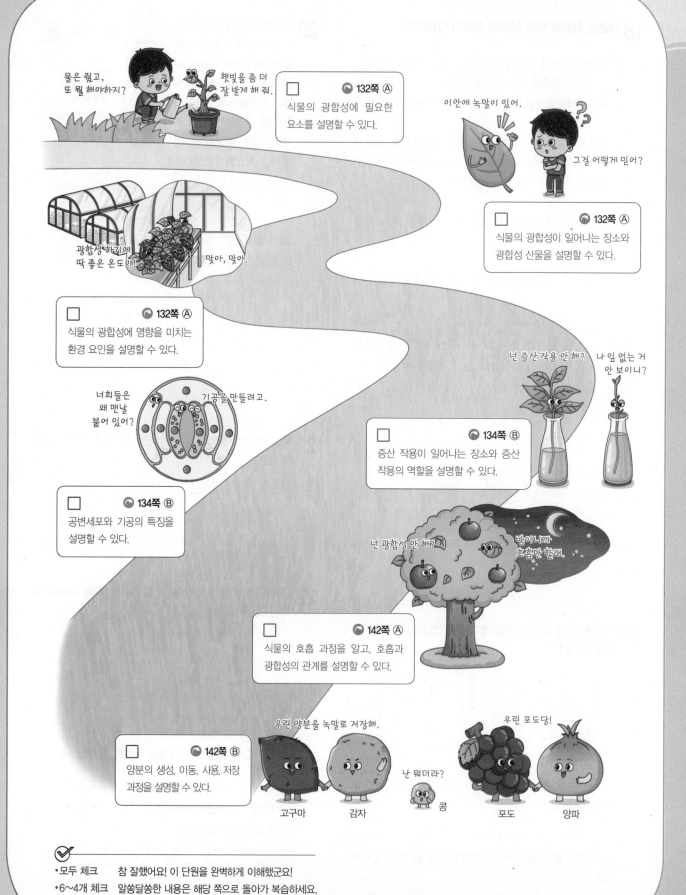

물은 줬고, 또 뭘 해야하지?

햇빛을 좀 더 잘 받게 해 줘.

이안에 녹말이 있어.

그걸 어떻게 믿어?

□ ☞ 132쪽 A
식물의 광합성에 필요한 요소를 설명할 수 있다.

□ ☞ 132쪽 A
식물의 광합성이 일어나는 장소와 광합성 산물을 설명할 수 있다.

광합성하기에 딱 좋은 온도야!

맞아, 맞아.

□ ☞ 132쪽 A
식물의 광합성에 영향을 미치는 환경 요인을 설명할 수 있다.

너희들은 왜 맨날 붙어 있어?

기공을 만들려고.

넌 증산 작용 안 해?

나 잎 없는 거 안 보이니?

□ ☞ 134쪽 B
증산 작용이 일어나는 장소와 증산 작용의 역할을 설명할 수 있다.

□ ☞ 134쪽 B
공변세포와 기공의 특징을 설명할 수 있다.

넌 광합성 안 해?

밤이니까 호흡만 할래.

□ ☞ 142쪽 A
식물의 호흡 과정을 알고, 호흡과 광합성의 관계를 설명할 수 있다.

우린 양분을 녹말로 저장해.

우린 포도당!

□ ☞ 142쪽 B
양분의 생성, 이동, 사용, 저장 과정을 설명할 수 있다.

난 뭐더라?

고구마   감자   콩   포도   양파

• 모두 체크   참 잘했어요! 이 단원을 완벽하게 이해했군요!
• 6~4개 체크   알쏭달쏭한 내용은 해당 쪽으로 돌아가 복습하세요.
• 3개 이하   이 단원을 한 번 더 학습하세요.

I 물질의 구성

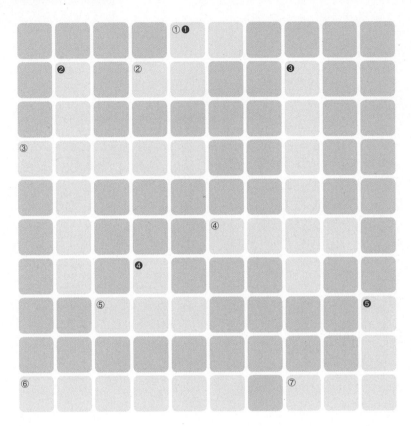

다음에서 설명하는 용어를 □ 안에 가로 또는 세로로 쓰시오.

 가로

① 더 이상 다른 물질로 분해되지 않으면서 물질을 이루는 기본 성분이다.

② 독립된 입자로 존재하여 물질의 성질을 나타내는 가장 작은 입자이다.

③ 금속 원소의 불꽃을 분광기로 관찰할 때 특정 부분에만 나타나는 밝은 선의 띠를 말한다.

④ 일부 금속 원소나 금속 원소를 포함하는 물질을 불꽃에 넣었을 때 금속 원소의 종류에 따라 특정한 불꽃
반응 색이 나타나는 현상이다.

⑤ (＋)전하를 띠며, 원자의 중심에 위치한다.

⑥ "모든 물질은 더 이상 쪼개지지 않는 입자인 원자로 이루어져 있다."고 주장한 학자의 이론으로, 현대적
인 원자 개념을 확립하는 계기가 되었다.

⑦ 원소 기호와 숫자를 이용하여 분자를 이루는 원자의 종류와 개수를 나타낸 것이다.

 세로

❶ 물질을 이루는 기본 입자이다.

❷ 햇빛을 분광기로 관찰할 때 나타나는 연속적인 색의 띠를 말한다.

❸ 서로 다른 두 수용액을 섞었을 때 양이온과 음이온이 결합하여 물에 녹지 않는 앙금을 생성하는 반응
이다.

❹ (－)전하를 띠며, 원자핵 주위를 끊임없이 움직이고 있다.

❺ 원소 기호와 숫자를 이용하여 물질을 간단히 나타낸 것이다.

용어 Quiz 답

I 물질의 구성

				①원	소			
	②연	②분	자		③양			
	속				금			
③선	스	펙	트	럼		생		
	펙					성		
	트			④불	꽃	반	응	
	럼	④전				응		
		⑤원	자	핵			⑤화	
							학	
⑥돌	턴	의	원	자	설	⑦분	자	식

Ⅱ 전기와 자기

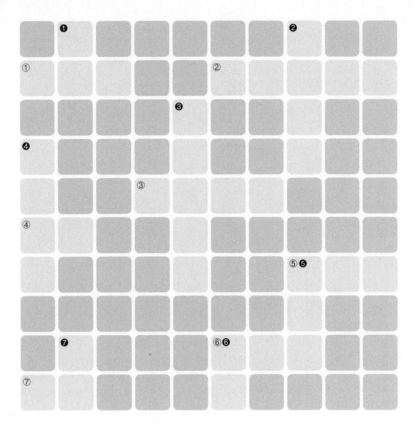

다음에서 설명하는 용어를 □ 안에 가로 또는 세로로 쓰시오.

① 정전기 유도를 이용하여 물체의 대전 상태를 알아내는 도구이다.
② 대전되지 않은 금속에 대전체를 가까이 할 때 금속의 양 끝이 전하를 띠는 현상이다.
③ 도선에 흐르는 전류의 세기는 전압에 비례하고, 저항에 반비례한다.
④ 전하의 흐름을 말한다.
⑤ 자석 주위와 같이 자기력이 작용하는 공간이다.
⑥ 전기를 띤 물체 사이에서 작용하는 힘이다.
⑦ 다른 전하를 띤 두 물체 사이에서 작용하는 끌어당기는 힘이다.

❶ 물체가 전기를 띠는 현상이다.
❷ 전류의 흐름을 방해하는 정도로, 단위는 Ω(옴)이다.
❸ 1초 동안 도선의 한 단면을 통과하는 전하의 양으로, 단위는 A(암페어)이다.
❹ 마찰에 의해 물체가 띠는 전기를 말한다.
❺ 자석과 자석 사이에 작용하는 힘이다.
❻ 전기 회로에서 전류를 흐르게 하는 능력으로, 단위는 V(볼트)이다.
❼ 같은 전하를 띤 두 물체 사이에서 작용하는 밀어내는 힘이다.

용어 Quiz (답)

Ⅱ 전기와 자기

		❶대					❷전		
①검	전	기			②정	전	기	유	도
				❸전			저		
❹마			류			항			
찰		③옴	의	법	칙				
④전	류		세						
기			기		⑤❺자	기	장		
					기				
	❼척		⑥❻전	기	력				
⑦인	력		압						

Ⅲ 태양계

태	삭	자	지	일	태	양	풍	항	자
양	공	전	구	주	천	구	금	성	기
계	천	체	형	운	반	그	림	자	폭
겉	보	기	운	동	토	채	층	적	풍
구	월	극	수	성	성	화	성	도	홍
일	식	관	흑	점	황	도	12	궁	염
광	구	목	위	상	연	주	운	동	오
플	유	성	도	위	갈	릴	레	이	로
레	경	도	행	성	하	시	지	름	라
어	쌀	알	무	늬	현	망	코	로	나

다음에서 설명하는 용어를 찾아 단어 전체에 ○로 표시하시오.

❶ 지구가 자전축을 중심으로 하루에 한 바퀴씩 서에서 동으로 도는 운동이다.
❷ 지구가 태양을 중심으로 1년에 한 바퀴씩 서에서 동으로 도는 운동이다.
❸ 태양, 달, 별과 같은 천체가 하루에 한 바퀴씩 원을 그리며 도는 운동이다.
❹ 태양계 행성 중 지구와 크기와 질량이 가장 비슷한 행성이다.
❺ 광구 바로 위의 붉은색을 띤 얇은 대기층이다.
❻ 달의 전체 또는 일부가 지구의 그림자에 가려지는 현상이다.
❼ 태양의 전체 또는 일부가 달에 가려지는 현상이다.
❽ 태양 표면에 나타나는 크기와 모양이 불규칙한 어두운 무늬이다.
❾ 광구에서부터 온도가 높은 물질이 대기로 솟아오르는 현상이다.
❿ 태양계 행성 중 크기가 가장 큰 행성이다.
⓫ 태양이 별자리를 배경으로 이동하여 일 년 후 처음 위치로 돌아오는 운동이다.
⓬ 흑점 부근의 폭발로 채층의 일부가 매우 밝아지는 현상이다.
⓭ 행성 주위를 공전하는 천체를 말한다.
⓮ 별 주위를 일정한 주기로 공전하는 천체를 말한다.
⓯ 지구에서 본 천체의 겉보기 지름으로, 실제 지름이 작을수록 거리가 멀수록 이 값이 작다.
⓰ 채층 위로 멀리 뻗어 있는 진주색 대기층이다.

용어 Quiz 답

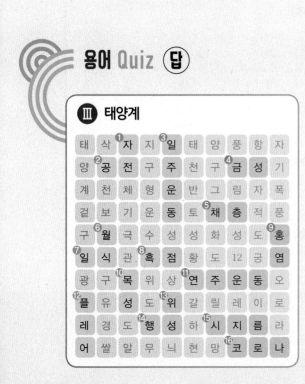

Ⅲ 태양계

태	삭	①자	지	③일	태	양	풍	향	자
양	②공	전	구	주	천	④구	금	성	기
계	천	체	형	운	반	그	림	자	폭
겉	보	기	운	동	토	⑤채	층	적	풍
구	⑥월	국	수	성	성	화	성	도	⑨홍
⑦일	식	관	⑧흑	점	황	도	12	궁	염
광	구	⑩목	위	상	⑪연	주	운	동	오
⑫플	유	성	도	⑬위	갈	릴	레	이	로
레	경	도	⑭행	성	하	⑮시	지	름	라
어	쌀	알	무	늬	현	망	⑯코	로	나

Ⅳ 식물과 에너지

이	산	화	탄	소	빛	에	너	지	온
광	소	학	기	공	의	검	정	말	도
합	표	식	줄	기	세	엽	록	체	물
성	피	잎	뿌	리	기	에	탄	올	관
포	도	당	체	관	눈	금	실	린	더
호	흡	B	T	B	용	액	수	증	기
녹	습	도	바	람	식	증	산	작	용
말	환	상	박	피	물	석	회	수	흡
양	공	변	세	포	체	설	탕	물	수
분	탄	산	수	소	나	트	륨	방	출

다음에서 설명하는 용어를 찾아 단어 전체에 ○로 표시하시오.

❶ 식물이 빛에너지를 이용하여 이산화 탄소와 물을 원료로 양분을 만드는 과정이다.

❷ 잎의 표피에 있는 작은 구멍으로, 공변세포 2개가 둘러싸고 있다.

❸ 식물 세포에 들어 있는 초록색의 작은 알갱이로, 주로 잎을 구성하는 세포에 있다.

❹ 식물체 내에서 광합성으로 만들어진 양분이 이동하는 통로이다.

❺ 세포에서 양분을 분해하여 생명 활동에 필요한 에너지를 얻는 과정이다.

❻ 식물체 속의 물이 수증기로 변하여 잎의 기공을 통해 공기 중으로 빠져나가는 현상이다.

❼ 식물 줄기의 바깥쪽 껍질을 고리 모양으로 벗겨 내는 것으로, 껍질을 벗겨낸 윗부분이 부풀어 오르고, 아랫부분보다 윗부분의 열매가 크게 자란다.

❽ 녹말은 주로 물에 잘 녹는 □□으로 바뀌어 밤에 체관을 통해 식물의 각 기관으로 운반된다.

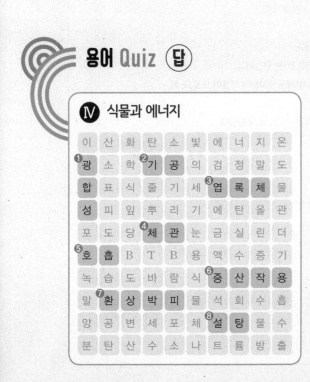

용어 Quiz 답

Ⅳ 식물과 에너지

이	산	화	탄	소	빛	에	너	지	온
❶광	소	학	❷기	공	의	검	정	말	도
합	표	식	줄	기	세	❸엽	록	체	물
성	피	잎	뿌	리	기	에	탄	올	관
포	도	당	❹체	관	눈	금	실	린	더
❺호	흡	B	T	B	용	액	수	증	기
녹	습	도	바	람	식	❻증	산	작	용
말	❼환	상	박	피	물	석	회	수	흡
양	공	변	세	포	체	❽설	탕	물	수
분	탄	산	수	소	나	트	륨	방	출

시험 대비 교재

오투 친구들! 시험 대비 교재는 이렇게 활용하세요.

중단원별로 구성하였으니, 학교 시험에 대비해 단원별로 편리하게 사용하세요.

중단원 핵심 요약

▼

잠깐 테스트

▼

계산력·암기력 강화 문제

▼

중단원 기출 문제

▼

서술형 정복하기

Ⅰ **물질의 구성**

01 원소 ⸺⸺⸺⸺⸺ 02

02 원자와 분자 ⸺⸺⸺ 09

03 이온 ⸺⸺⸺⸺⸺ 18

Ⅱ **전기와 자기**

01 전기의 발생 ⸺⸺⸺ 27

02 전류, 전압, 저항 ⸺⸺ 35

03 전류의 자기 작용 ⸺⸺ 42

Ⅲ **태양계**

01 지구의 크기와 운동 ⸺⸺ 51

02 달의 크기와 운동 ⸺⸺ 59

03 태양계의 구성 ⸺⸺⸺ 67

Ⅳ **식물과 에너지**

01 광합성 ⸺⸺⸺⸺⸺ 74

02 식물의 호흡 ⸺⸺⸺⸺ 82

1 물질을 이루는 기본 성분에 대한 학자들의 생각

학자	내용
탈레스	모든 물질의 근원은 물이다.
아리스토 텔레스	만물은 물, 불, 흙, 공기의 4가지 기본 성분으로 되어 있고, 이들이 조합하여 여러 물질이 만들어진다.
보일	원소는 물질을 이루는 기본 성분으로, 더 이상 분해되지 않는 단순한 물질이다. ➡ 현대적인 원소의 개념을 제시하였다.
라부아지에	실험을 통해 물이 수소와 산소로 분해되는 것을 확인하여, 물이 [①_____]가 아님을 증명하였다. ➡ 아리스토텔레스의 생각이 옳지 않음을 증명하였다.

2 물의 전기 분해 실험

실험 장치	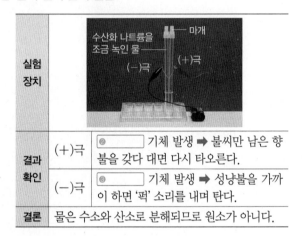 수산화 나트륨을 조금 녹인 물 ─ 마개 / (−)극 (+)극
결과 확인	(+)극 [②___] 기체 발생 ➡ 불씨만 남은 향불을 갖다 대면 다시 타오른다.
	(−)극 [③___] 기체 발생 ➡ 성냥불을 가까이 하면 '퍽' 소리를 내며 탄다.
결론	물은 수소와 산소로 분해되므로 원소가 아니다.

3 원소

(1) [④_____] : 더 이상 다른 물질로 분해되지 않으면서 물질을 이루는 기본 성분

① 현재까지 알려진 원소의 종류는 118가지이다.

　⑩ 수소, 산소, 탄소, 질소, 염소, 구리, 철, 은, 금, 알루미늄 등

② 90여 가지는 자연에서 발견된 것이고, 그 밖의 원소는 인공적으로 만든 것이다.

③ 우리 주변의 모든 물질은 원소로 이루어져 있다.

　⑩ • 물은 수소와 산소로 이루어진 물질이다.

　　• 소금은 나트륨과 염소로 이루어진 물질이다.

(2) 원소의 이용

원소	이용
[⑤___]	우주 왕복선의 연료
[⑥___]	물질의 연소, 생물의 호흡
철	기계, 건축 재료
금	장신구의 재료

4 원소를 확인하는 방법

(1) 불꽃 반응 : 일부 금속 원소나 금속 원소를 포함하는 물질을 불꽃에 넣었을 때 특정한 불꽃 반응 색이 나타나는 현상

① 여러 가지 원소의 불꽃 반응 색

원소	리튬	[⑦___]	칼륨	칼슘	구리
불꽃 반응 색	[⑧___]	노란색	[⑨___]	주황색	청록색

② 불꽃 반응 실험

실험1	• 도가니에 솜을 넣고 시료를 녹인 에탄올 수용액으로 충분히 적신다. • 점화기로 솜에 불을 붙여 불꽃 반응 색을 관찰한다.
실험2	니크롬선 / 묽은 염산 / 시료 / 니크롬선 • 니크롬선을 묽은 염산과 증류수로 씻는 까닭 : 니크롬선에 묻은 불순물을 제거하기 위해 • 시료를 묻힌 니크롬선을 토치의 [⑩___]에 넣는 까닭 : 겉불꽃은 온도가 높고 무색이어서 불꽃 반응 색을 관찰하기 좋기 때문
특징	• 실험 방법이 쉽고 간단하다. • 물질의 양이 적어도 물질에 포함된 금속 원소를 확인할 수 있다. • 같은 금속 원소가 들어 있으면 불꽃 반응 색이 같다.

(2) 스펙트럼 : 빛을 분광기에 통과시킬 때 나타나는 여러 가지 색의 띠

① 연속 스펙트럼 : 햇빛을 분광기로 관찰할 때 나타나는 연속적인 색의 띠

② 선 스펙트럼 : 금속 원소의 불꽃을 분광기로 관찰할 때 특정 부분에서 나타나는 밝은 선의 띠

특징	• 원소의 종류에 따라 선의 색깔, 위치, 개수, 굵기 등이 다르게 나타난다. • [⑪___]이 비슷한 원소도 구별할 수 있다. • 물질에 몇 가지 원소가 섞여 있는 경우 각 원소의 선 스펙트럼이 모두 나타난다.
분석	리튬 / 스트론튬 / 칼슘 / 물질 X 물질 X의 선 스펙트럼에는 리튬과 칼슘의 선 스펙트럼이 모두 나타난다. ➡ 물질 X에는 리튬과 [⑫___]이 포함되어 있다.

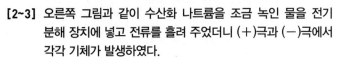

잠깐 테스트

● 정답과 해설 49쪽

I 물질의 구성

1 라부아지에는 물 분해 실험을 통해 물이 ( )가 아님을 증명하여 아리스토텔레스의 주장이 옳지 않음을 증명하였다.

[2~3] 오른쪽 그림과 같이 수산화 나트륨을 조금 녹인 물을 전기 분해 장치에 넣고 전류를 흘려 주었더니 (+)극과 (−)극에서 각각 기체가 발생하였다.

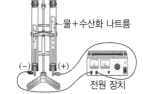

물+수산화 나트륨

전원 장치

2 (+)극에서 발생한 기체에 꺼져가는 불씨를 가까이 하면 다시 타오른다. (+)극에서 발생한 기체는 무엇인지 쓰시오.

3 (−)극에서 발생한 기체에 성냥불을 가까이 하면 '퍽' 소리를 내며 탄다. (−)극에서 발생한 기체는 무엇인지 쓰시오.

4 수소나 산소와 같이 더 이상 분해되지 않으면서 물질을 이루는 기본 성분을 ( )라고 한다.

5 원소를 보기에서 모두 고르시오.

┌ 보기 ┐
ㄱ. 물   ㄴ. 탄소   ㄷ. 질소   ㄹ. 소금   ㅁ. 구리

6 다음 설명에 해당하는 원소를 선으로 연결하시오.

(1) 우주 왕복선의 연료로 이용된다.   •   • ㉠ 철
(2) 비행선의 충전 기체로 이용된다.   •   • ㉡ 헬륨
(3) 건물의 철근, 철도 레일 등에 이용된다.   •   • ㉢ 수소

7 다음 물질들의 불꽃 반응 색을 쓰시오.

(1) 질산 칼슘 ·························(   ) (2) 황산 칼륨 ·························(   )
(3) 질산 구리(Ⅱ) ··················(   ) (4) 황산 나트륨 ·····················(   )

8 불꽃 반응 색으로 구별하기 어려운 두 물질을 보기에서 고르시오.

┌ 보기 ┐
ㄱ. 염화 구리(Ⅱ)   ㄴ. 염화 리튬   ㄷ. 질산 나트륨   ㄹ. 질산 스트론튬

9 불꽃 반응 색이 비슷한 원소를 구별할 때 이용하는 원소 확인 방법을 쓰시오.

10 오른쪽 그림은 임의의 원소 A~C와 물질 X의 선 스펙트럼을 나타낸 것이다. 물질 X에 포함된 원소를 모두 쓰시오.

원소 A
원소 B
원소 C
물질 X

01 다음은 물질을 이루는 기본 성분에 대한 학자들의 생각을 나타낸 것이다.

> (가) 모든 물질은 물, 불, 흙, 공기의 4원소로 이루어져 있고, 이들이 조합하여 여러 물질이 만들어진다.
> (나) 원소는 물질을 이루는 기본 성분으로, 더 이상 분해되지 않는 단순한 물질이다.

(가), (나)의 생각을 주장한 학자를 순서대로 옳게 나타낸 것은?

① 보일, 라부아지에
② 보일, 아리스토텔레스
③ 아리스토텔레스, 보일
④ 아리스토텔레스, 라부아지에
⑤ 라부아지에, 아리스토텔레스

02 라부아지에의 업적에 해당하는 것을 모두 고르면?(2개)

① 물이 원소가 아님을 증명하였다.
② 모든 물질의 근원은 물임을 증명하였다.
③ 원소가 다른 물질로 분해될 수 있음을 증명하였다.
④ 아리스토텔레스의 주장이 옳지 않음을 증명하였다.
⑤ 만물은 4가지의 기본 성분으로 이루어져 있음을 증명하였다.

03 그림은 물을 분해하는 실험을 나타낸 것이다.

이 실험에 대한 설명으로 옳은 것을 보기에서 모두 고른 것은?

> ┤ 보기 ├
> ㄱ. 돌턴의 물 분해 실험이다.
> ㄴ. 물은 주철관 안에서 수소와 산소로 분해된다.
> ㄷ. 물은 물질을 이루는 원소가 아님을 알 수 있다.

① ㄱ   ② ㄴ   ③ ㄱ, ㄷ
④ ㄴ, ㄷ   ⑤ ㄱ, ㄴ, ㄷ

이 문제에서 나올 수 있는 보기는 **多**

04 오른쪽 그림은 물의 전기 분해 실험 장치를 나타낸 것이다. 이에 대한 설명으로 옳은 것을 모두 고르면?(2개)

① (+)극에서 수소 기체가 발생한다.
② (−)극에서 산소 기체가 발생한다.
③ 발생하는 수소 기체의 부피는 산소 기체의 부피보다 크다.
④ 수소와 산소는 다른 성분으로 분해될 수 있다.
⑤ (+)극에서 발생하는 기체에 성냥불을 갖다 대면 '퍽' 소리를 내며 탄다.
⑥ (−)극에서 발생하는 기체에 불씨만 남은 향불을 갖다 대면 다시 타오른다.
⑦ 물에 수산화 나트륨을 넣는 까닭은 전류가 흐르는 것을 막기 위함이다.
⑧ 이 실험 결과를 통해 아리스토텔레스의 주장이 옳지 않음을 알 수 있다.

05 원소에 대한 설명으로 옳지 <u>않은</u> 것은?

① 더 이상 분해되지 않는다.
② 물질을 이루는 기본 성분이다.
③ 모두 자연에서 발견된 것이다.
④ 종류마다 고유한 성질을 지닌다.
⑤ 지금까지 118가지가 알려져 있다.

06 물질을 구성하는 기본 성분이 <u>아닌</u> 것은?

① 산소   ② 네온   ③ 나트륨
④ 암모니아   ⑤ 알루미늄

07 원소에 해당하는 것을 모두 골라 옳게 짝 지은 것은?

> 물, 수소, 소금, 공기, 철, 금, 질소, 설탕

① 물, 소금, 공기, 설탕   ② 물, 수소, 철, 질소
③ 수소, 소금, 금, 질소   ④ 수소, 철, 금, 질소
⑤ 소금, 철, 질소, 설탕

08 원소와 그 원소의 이용 방법으로 옳은 것을 보기에서 모두 고른 것은?

┌─ 보기 ┐
ㄱ. 구리 – 전선으로 이용된다.
ㄴ. 산소 – 과자 봉지의 충전제로 이용된다.
ㄷ. 수소 – 생물의 호흡에 이용된다.
ㄹ. 금 – 장신구의 재료로 이용된다.
ㅁ. 규소 – 반도체 소자에 이용된다.
ㅂ. 철 – 기계, 건축 재료로 이용된다.
ㅅ. 헬륨 – 우주 왕복선의 연료로 이용된다.
└─────────────┘

① ㄱ, ㄴ, ㄷ, ㄹ   ② ㄱ, ㄹ, ㅁ, ㅂ
③ ㄴ, ㄷ, ㅂ, ㅅ   ④ ㄷ, ㄹ, ㅁ, ㅂ
⑤ ㄹ, ㅁ, ㅂ, ㅅ

09 공기보다 가볍고 안전하여 비행선의 충전 기체로 이용되는 원소는?

① 수소   ② 산소   ③ 질소
④ 헬륨   ⑤ 염소

10 불꽃 반응에 대한 설명으로 옳지 <u>않은</u> 것은?

① 질산 나트륨의 불꽃 반응 색은 노란색이다.
② 염화 칼륨과 질산 칼륨은 불꽃 반응 색이 같다.
③ 리튬과 스트론튬은 불꽃 반응 색으로 구별하기 어렵다.
④ 같은 종류의 금속 원소를 포함하면 불꽃 반응 색이 같다.
⑤ 물질 속에 포함된 모든 원소를 구별할 수 있다.

11 그림은 불꽃 반응 실험 과정을 나타낸 것이다.

이에 대한 설명으로 옳지 <u>않은</u> 것은?

① 니크롬선은 불꽃 반응 색이 나타나지 않는다.
② 불꽃 반응 색을 관찰할 때는 시료가 묻은 니크롬선을 속불꽃에 넣어야 한다.
③ 니크롬선을 묽은 염산과 증류수로 씻는 까닭은 불순물을 제거하기 위해서이다.
④ 시료가 바뀔 때마다 니크롬선을 묽은 염산과 증류수로 씻는다.
⑤ 이 실험을 통해 물질 속에 포함된 일부 금속 원소를 확인할 수 있다.

12 표는 물질 A~C의 불꽃 반응 색을 나타낸 것이다.

물질	A	B	C
불꽃 반응 색	주황색	황록색	청록색

물질 A~C에 들어 있을 것으로 예상되는 원소의 이름을 순서대로 옳게 나열한 것은?

① 칼슘, 바륨, 구리   ② 칼슘, 구리, 바륨
③ 나트륨, 구리, 바륨   ④ 나트륨, 구리, 칼슘
⑤ 나트륨, 바륨, 구리

13 땀이 묻은 손으로 니크롬선을 만진 후 이 니크롬선을 겉불꽃에 넣었더니 노란색의 불꽃 반응 색이 나타났다. 땀 속에 포함되어 있는 금속 원소로 볼 수 있는 것은?

① 칼륨   ② 구리   ③ 칼슘
④ 리튬   ⑤ 나트륨

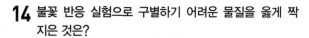
14 불꽃 반응 실험으로 구별하기 어려운 물질을 옳게 짝 지은 것은?

① 염화 칼슘, 질산 칼륨
② 질산 구리(Ⅱ), 질산 나트륨
③ 염화 스트론튬, 질산 리튬
④ 염화 스트론튬, 염화 바륨
⑤ 염화 나트륨, 질산 스트론튬

15 표는 여러 가지 물질의 불꽃 반응 실험 결과를 나타낸 것이다.

물질	불꽃 반응 색	물질	불꽃 반응 색
염화 나트륨	(가)	(나)	노란색
염화 칼륨	보라색	질산 칼륨	보라색
(다)	주황색	질산 칼슘	주황색

이에 대한 설명으로 옳은 것을 보기에서 모두 고른 것은?

┌─ 보기 ┐
ㄱ. (가)는 노란색이다.
ㄴ. (나) 물질에는 나트륨이 포함되어 있다.
ㄷ. (다) 물질에는 칼슘이 포함되어 있다.
ㄹ. 같은 금속 원소라도 결합하는 원소에 따라 불꽃 반응 색이 달라진다.
└──────┘

① ㄱ, ㄴ   ② ㄴ, ㄷ   ③ ㄷ, ㄹ
④ ㄱ, ㄴ, ㄷ   ⑤ ㄴ, ㄷ, ㄹ

16 라벨을 붙이지 않은 질산 나트륨 수용액과 질산 칼륨 수용액을 구별하기 위해 사용하는 방법으로 가장 적당한 것은?

① 냄새를 맡는다.
② 불꽃 반응 실험을 한다.
③ 수용액의 색깔을 비교한다.
④ 손으로 만져 촉감을 비교한다.
⑤ 각 수용액의 온도를 측정하여 비교한다.

17 비누를 잘게 잘라 에탄올 수용액에 녹인 다음 불꽃 반응 실험을 하였더니 보라색의 불꽃 반응 색이 나타났다. 이 비누 속에는 어떤 원소가 들어 있다고 예상할 수 있는가?

① 칼륨   ② 칼슘   ③ 구리
④ 나트륨   ⑤ 스트론튬

18 그림은 두 종류의 스펙트럼을 나타낸 것이다.

이에 대한 설명으로 옳지 <u>않은</u> 것은?

① (가)는 연속 스펙트럼이고, (나)는 선 스펙트럼이다.
② (가)는 금속 원소의 불꽃을 관찰할 때 나타난다.
③ (나)는 시료의 불꽃을 분광기로 관찰한 것이다.
④ (나)는 원소의 종류에 따라 선의 색깔, 개수, 위치 등이 다르게 나타난다.
⑤ 불꽃 반응 색이 비슷해도 다른 종류의 원소라면 (나)의 스펙트럼이 다르게 나타난다.

19 그림은 임의의 원소 A, B와 물질 (가)~(다)의 선 스펙트럼을 나타낸 것이다.

원소 A, B가 모두 포함된 물질로만 옳게 짝 지은 것은?

① (가)   ② (나)   ③ (다)
④ (가), (다)   ⑤ (나), (다)

1단계 단답형으로 쓰기

1 더 이상 다른 물질로 분해되지 않으면서 물질을 이루는 기본 성분은 무엇인지 쓰시오.

_____

2 다음의 여러 가지 물질 중 원소에 해당하는 것을 모두 고르시오.

> 알루미늄, 물, 소금, 설탕, 금, 은

_____

3 표는 몇 가지 원소의 성질과 이용을 정리한 것이다.

원소	성질과 이용
(가)	공기보다 가볍고 불에 타지 않아 안전하므로 비행선의 충전 기체로 이용된다.
(나)	가장 가벼운 원소로, 우주 왕복선의 연료로 이용된다.
(다)	지구 대기 성분의 21 % 정도를 차지하며, 물질의 연소와 생물의 호흡에 이용된다.

(가)~(다)의 원소 이름을 각각 쓰시오.

_____

4 다음의 여러 가지 물질 중 같은 불꽃 반응 색이 나타나는 물질을 모두 고르시오.

> 염화 리튬, 염화 칼륨, 질산 칼슘, 질산 칼륨

_____

5 다음 (　　　) 안에 알맞은 말을 고르시오.

> 불꽃 반응에서 나타나는 불꽃을 분광기로 관찰할 때 특정 부분에서 나타나는 밝은 선의 띠를 (연속, 선) 스펙트럼이라고 한다.

_____

2단계 제시된 단어를 모두 이용하여 서술하기

[6~10] 각 문제에 제시된 단어를 모두 이용하여 답을 서술하시오.

6 아리스토텔레스는 물이 원소라고 주장하였지만, 라부아지에는 실험을 통해 아리스토텔레스의 주장이 옳지 않음을 증명하였다. 라부아지에가 증명한 내용을 서술하시오.

> 물, 수소, 산소, 원소

_____

7 구리의 성질과 이용에 대해 서술하시오.

> 전기, 전선

_____

8 탄산수소 나트륨, 황산 칼륨, 질산 구리(Ⅱ)를 구별할 수 있는 방법을 쓰고, 그 까닭을 서술하시오.

> 노란색, 보라색, 청록색

_____

9 염화 리튬과 염화 스트론튬을 구별하는 방법에 대해 서술하시오.

> 빨간색, 불꽃 반응 색, 분광기, 선 스펙트럼

_____

10 선 스펙트럼의 특징을 한 가지만 서술하시오.

> 종류, 색깔, 위치, 굵기, 개수

_____

3단계 실전 문제 풀어 보기

답안작성 TIP

11 그림과 같이 빨대와 홈 판을 이용하여 물의 전기 분해 실험 장치를 만든 후 전류를 흘려 주었다.

(1) 이 실험에서 물에 수산화 나트륨을 녹이는 까닭을 서술하시오.

_____

(2) (+)극에 연결된 빨대에 모인 기체의 이름을 쓰고, 이 기체의 확인 방법을 서술하시오.

_____

(3) (−)극에 연결된 빨대에 모인 기체의 이름을 쓰고, 이 기체의 확인 방법을 서술하시오.

_____

12 그림은 불꽃 반응 실험 과정을 나타낸 것이다.

(1) 이 실험에서 니크롬선을 묽은 염산과 증류수로 씻는 까닭을 서술하시오.

_____

(2) 불꽃 반응 실험을 할 때 니크롬선을 토치의 겉불 꽃에 넣는 까닭을 서술하시오.

_____

13 표는 원소 A∼D로 이루어진 여러 가지 물질의 불꽃 반응 색을 나타낸 것이다.

물질	AC	BC	AD	BD
불꽃 반응 색	빨간색	주황색	(가)	주황색

(가)는 어떤 색인지 쓰고, 그렇게 생각한 까닭을 서술하시오.

_____

14 황록색의 불꽃이 나타나는 양초를 만들기 위해 사용해야 하는 원소를 쓰고, 그 까닭을 서술하시오.

_____

답안작성 TIP

15 그림은 임의의 원소 A∼C와 미지의 물질 X의 선 스펙트럼을 나타낸 것이다.

(1) 원소 A∼C 중 물질 X에 들어 있는 원소를 모두 고르시오.

_____

(2) (1)과 같이 답한 까닭을 서술하시오.

답안작성 TIP

11. (+)극에서 발생하는 기체는 다른 물질이 타는 것을 도와주는 성질이 있고, (−)극에서 발생하는 기체는 스스로 잘 타는 성질이 있다.　**15.** 물질 X에 여러 가지 원소가 섞여 있는 경우 각 원소의 스펙트럼이 모두 나타난다.

1 원자

(1) 원자 : 물질을 이루는 기본 입자

(2) 원자의 구조 : 중심에 (+)전하를 띠는 ①□□□이 있고, 그 주위를 (−)전하를 띠는 ②□□□가 끊임없이 움직이고 있다.

원자핵
전자

(3) 원자의 특징

① 원자의 종류에 따라 원자핵의 전하량과 전자의 개수가 다르다.

② 원자는 전기적으로 ③□□□이다. ➡ 원자핵의 (+)전하량과 전자의 총 (−)전하량이 같기 때문

③ 원자는 크기가 매우 작다. ➡ 수소 원자 1억 개를 1줄로 늘어놓으면 약 1 cm가 된다.

④ 원자핵과 전자의 크기는 원자의 크기에 비해 매우 작다. ➡ 원자 내부는 대부분 빈 공간이다.

(4) 원자 모형 : 눈에 보이지 않는 원자를 이해하기 쉽게 모형으로 나타낸 것

구분	헬륨	리튬	나트륨
원자 모형	+2	+3	+11

2 분자

(1) 분자 : 독립된 입자로 존재하여 물질의 ④□□□을 나타내는 가장 작은 입자

(2) 분자의 특징

① 원자가 결합하여 이루어진다.

② 결합하는 원자의 종류와 개수에 따라 분자의 종류가 달라진다. ➡ 원자의 종류보다 분자의 종류가 훨씬 많다.

③ 원자로 나누어지면 물질의 성질을 잃는다.

(3) 여러 가지 분자 모형

분자	분자를 이루는 원자의 종류와 개수	분자 모형
산소	산소 원자 2개	
물	산소 원자 1개 수소 원자 2개	
암모니아	질소 원자 1개 수소 원자 3개	
이산화 탄소	탄소 원자 1개 산소 원자 2개	

3 원소의 표현

(1) 원소 기호 : 원소를 간단한 기호로 나타낸 것

① 현재는 ⑤□□□가 제안한 원소 기호를 바탕으로 나타낸다.

② 원소 기호를 나타내는 방법

• 원소 이름의 첫 글자를 알파벳 대문자로 나타낸다.

• 첫 글자가 같은 경우 중간 글자를 택하여 첫 글자 다음에 소문자로 나타낸다.

(2) 여러 가지 원소 기호

수소	헬륨	탄소	⑦□□
H	⑥□□	C	N
산소	플루오린	나트륨	마그네슘
O	F	Na	Mg
황	칼륨	⑧□□	철
S	K	Ca	Fe
구리	아연	금	은
⑨□□	Zn	⑩□□	⑪□□

4 분자의 표현

(1) 분자식 : 원소 기호와 숫자를 이용하여 분자를 이루는 원자의 종류와 개수를 나타낸 것

(2) 분자식을 나타내는 방법

① 분자를 이루는 원자의 종류를 원소 기호로 쓴다.

② 분자를 이루는 원자의 개수를 원소 기호의 오른쪽 아래에 작은 숫자로 쓴다.(단, 1은 생략)

③ 분자의 개수는 분자식 앞에 숫자로 쓴다.

(3) 분자식으로 알 수 있는 것

분자식	분자의 개수 · 원자의 종류 $2N{\circ}H_3$ 원자의 개수(단, 1은 생략)	
분자의 총개수	암모니아 분자 ⑫□□개	
분자를 이루는 원자의 종류	질소, 수소	
분자 1개당 원자의 개수	질소 원자 ⑬□□개, 수소 원자 3개	
원자의 총개수	총 ⑭□□개 ➡ 질소 원자 2개, 수소 원자 6개	

(4) 분자식과 분자 모형

분자	물	이산화 탄소	암모니아
분자식	H_2O	⑮□□	⑯□□
분자 모형	H O H	O C O	N H H H

MEMO

1 원자는 (＋)전하를 띠는 ①(   )과 (－)전하를 띠는 ②(   )로 구성된다.

2 원자는 원자핵의 ①(   )량과 전자의 총 ②(   )량이 같으므로 전기적으로 ③(   )이다.

3 오른쪽 그림의 원자 모형에서 원자핵의 (＋)전하량은 ①(   )이고, 전자의 개수는 ②(   )개이다.

4 분자는 독립된 입자로 존재하며 물질의 (   )을 나타내는 가장 작은 입자이다.

5 오른쪽 그림은 암모니아 분자를 모형으로 나타낸 것이다. 암모니아 분자 1개는 ①(   ) 원자 1개와 ②(   ) 원자 3개로 이루어져 있다.

질소

수소

6 현재 사용하는 원소 기호는 (   )가 제안한 것을 바탕으로 나타낸다.

7 표의 (   ) 안에 알맞은 원소 기호를 쓰시오.

원소 이름	칼륨	구리	산소	질소	나트륨
원소 기호	①( )	②( )	③( )	④( )	⑤( )

8 표의 (   ) 안에 알맞은 원소 이름을 쓰시오.

원소 기호	Mg	S	Au	Ca	F
원소 이름	①( )	②( )	③( )	④( )	⑤( )

9 오른쪽과 같은 분자식에서 분자식 앞의 숫자 3은 ①(   )의 개수를 나타내고, 원소 기호 옆에 있는 숫자 2는 ②(   )의 개수를 나타낸다.

$$3H_2O$$

10 표의 (   ) 안에 알맞은 분자 이름이나 분자식을 쓰시오.

분자 이름	①( )	오존	③( )	염화 수소	⑤( )
분자식	CH_4	②( )	CO	④( )	H_2O_2

계산력·암기력 강화 문제

◆ 분자를 이루는 원자의 종류와 개수 이해하기 진도 교재 21쪽

- 분자는 원자가 결합하여 이루어진다.
- 결합하는 원자의 종류와 개수에 따라 분자의 종류가 달라진다.

● 분자를 이루는 원자의 종류와 개수

1 표의 ( ) 안에 분자를 이루는 원자의 종류와 개수를 쓰시오.

(◯ : 수소 원자, ● : 산소 원자, ◐ : 염소 원자, ● : 탄소 원자)

분자	수소	산소	물	염화 수소
분자 모형	◯◯	●●	◐	◐◯
분자를 이루는 원자의 종류와 개수	수소 원자 ①( )개	산소 원자 ②( )개	③( ) 원자 1개 ④( ) 원자 2개	수소 원자 ⑤( )개 염소 원자 ⑥( )개
분자	메테인	이산화 탄소	과산화 수소	일산화 탄소
분자 모형		●●●		●●
분자를 이루는 원자의 종류와 개수	탄소 원자 ⑦( )개 수소 원자 ⑧( )개	⑨( ) 원자 1개 ⑩( ) 원자 2개	산소 원자 ⑪( )개 수소 원자 ⑫( )개	탄소 원자 ⑬( )개 산소 원자 ⑭( )개

◆ 원소 기호 암기하기 진도 교재 23쪽

원소 기호를 나타내는 방법
❶ 원소 이름의 첫 글자를 알파벳 대문자로 나타낸다.
❷ 첫 글자가 같은 다른 원소가 있을 때는 중간 글자를 택하여 첫 글자 다음에 소문자로 나타낸다.

● 여러 가지 원소 기호

1 표의 ( ) 안에 알맞은 원소 기호를 쓰시오.

원소 이름	원소 기호	원소 이름	원소 기호	원소 이름	원소 기호
수소	①( )	네온	②( )	칼슘	③( )
산소	④( )	인	⑤( )	아이오딘	⑥( )
질소	⑦( )	황	⑧( )	알루미늄	⑨( )
탄소	⑩( )	규소	⑪( )	은	⑫( )

● 여러 가지 원소 이름

2 표의 ( ) 안에 알맞은 원소 이름을 쓰시오.

원소 기호	원소 이름	원소 기호	원소 이름	원소 기호	원소 이름
He	①( )	Na	②( )	Fe	③( )
Cl	④( )	K	⑤( )	Cu	⑥( )
Li	⑦( )	Mg	⑧( )	Au	⑨( )
F	⑩( )	Zn	⑪( )	Pb	⑫( )

◈ **분자식 암기하기** 진도 교재 23쪽

• 분자식 : 원소 기호와 숫자를 이용하여 분자를 이루는 원자의 종류와 개수를 나타낸다.

● 분자 이름과 분자식

1 표의 ( ) 안에 알맞은 분자의 이름이나 분자식을 쓰시오.

분자	분자식	분자	분자식
수소	①( )	질소	②( )
헬륨	③( )	④( )	H_2O
산소	⑤( )	과산화 수소	⑥( )
암모니아	⑦( )	이산화 탄소	⑧( )
⑨( )	CH_4	염화 수소	⑩( )
⑪( )	O_3	일산화 탄소	⑫( )

● 분자식으로 알 수 있는 것

2 다음 분자식으로 알 수 있는 것을 각각 쓰시오.

(1) $4NH_3$	(2) $3H_2O$
① ( ) 분자 4개 ② ( ) 원자 4개, ( ) 원자 12개 ③ 분자 1개를 이루는 ( ) 원자 1개 ④ 분자 1개를 이루는 ( ) 원자 3개	① 물 분자 ( )개 ② 수소 원자 ( )개, 산소 원자 ( )개 ③ 분자 1개를 이루는 수소 원자 ( )개 ④ 분자 1개를 이루는 산소 원자 ( )개
(3) $2CH_4$	(4) $5CO_2$
① ( ) 분자 2개 ② ( ) 원자 2개, ( ) 원자 8개 ③ 분자 1개를 이루는 ( ) 원자 1개 ④ 분자 1개를 이루는 ( ) 원자 4개	① 이산화 탄소 분자 ( )개 ② 탄소 원자 ( )개, 산소 원자 ( )개 ③ 분자 1개를 이루는 탄소 원자 ( )개 ④ 분자 1개를 이루는 산소 원자 ( )개
(5) $3HCl$	(6) $4O_3$
① ( ) 분자 3개 ② 수소 원자 ( )개, 염소 원자 ( )개 ③ 분자 1개를 이루는 수소 원자 ( )개 ④ 분자 1개를 이루는 염소 원자 ( )개	① ( ) 분자 4개 ② ( ) 원자 12개 ③ 분자 1개를 이루는 산소 원자 ( )개

● 분자 모형과 분자식

3 표는 여러 가지 분자 모형을 나타낸 것이다. ( ) 안에 알맞은 분자식을 쓰시오.

분자 모형				
분자식	①( )	②( )	③( )	④( )
분자 모형				
분자식	⑤( )	⑥( )	⑦( )	⑧( )

이 문제에서 나올 수 있는 보기는 多

● 정답과 해설 51쪽

01 원자에 대한 설명으로 옳지 <u>않은</u> 것을 모두 고르면?

(2개)

① 원자핵과 전자로 이루어져 있다.
② 원자핵은 전하를 띠지 않는다.
③ 전자는 (−)전하를 띤다.
④ 원자핵과 전자의 크기는 원자의 크기에 비해 매우 작다.
⑤ 원자 내부는 대부분 빈 공간이다.
⑥ 원자의 종류에 따라 원자핵의 전하량과 전자의 개수가 다르다.
⑦ 물질의 성질을 나타내는 가장 작은 입자이다.

02 오른쪽 그림은 원자의 구조를 모형으로 나타낸 것이다. A와 B에 대한 설명으로 옳은 것을 보기에서 모두 고른 것은?

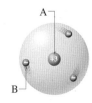

┌ 보기 ┐
ㄱ. A는 원자 중심에 위치한다.
ㄴ. B는 A 주위를 움직이고 있다.
ㄷ. A는 원자 질량의 대부분을 차지한다.
ㄹ. B는 매우 작아 눈으로 볼 수 없지만, A는 눈으로 볼 수 있다.

① ㄱ, ㄴ   ② ㄴ, ㄷ   ③ ㄷ, ㄹ
④ ㄱ, ㄴ, ㄷ   ⑤ ㄴ, ㄷ, ㄹ

03 원자가 전기적으로 중성인 까닭은?

① 원자핵이 전하를 띠기 때문
② 전자가 전하를 띠기 때문
③ 원자핵과 전자의 질량이 같기 때문
④ 원자핵과 전자의 크기가 같기 때문
⑤ 원자핵의 (+)전하량과 전자의 총 (−)전하량이 같기 때문

04 오른쪽 그림은 어떤 원자를 모형으로 나타낸 것이다. 이에 대한 설명으로 옳은 것을 보기에서 모두 고른 것은?

┌ 보기 ┐
ㄱ. 원자핵의 전하량은 −6이다.
ㄴ. 전자의 개수는 6개이다.
ㄷ. 전자의 총 전하량은 +6이다.
ㄹ. 원자핵의 (+)전하량과 전자의 총 (−)전하량은 같다.

① ㄱ, ㄴ   ② ㄱ, ㄷ   ③ ㄴ, ㄷ
④ ㄴ, ㄹ   ⑤ ㄷ, ㄹ

05 표는 여러 가지 원자를 이루는 원자핵의 전하량과 전자의 개수를 나타낸 것이다.

구분	헬륨	리튬	플루오린
원자핵의 전하량	(가)	(나)	+9
전자의 개수(개)	2	3	(다)

(가)~(다)에 들어갈 내용을 옳게 짝 지은 것은?

	(가)	(나)	(다)
①	+1	+1	1
②	+1	+3	9
③	+2	+1	1
④	+2	+3	9
⑤	+2	+3	10

06 다음은 원자 개념에 대한 어떤 학자의 물질관을 나타낸 것이다.

• 모든 물질은 더 이상 쪼개지지 않는 입자인 원자로 이루어져 있다고 주장하였다.
• 현대적인 원자 개념을 확립하는 계기가 되었다.

이 물질관을 주장한 학자는?

① 돌턴   ② 탈레스
③ 라부아지에   ④ 베르셀리우스
⑤ 아리스토텔레스

07 분자에 대한 설명으로 옳은 것을 모두 고르면?(2개)

① 물질을 이루는 기본 성분이다.
② 물질을 이루는 기본 입자이다.
③ 원자가 전자를 잃거나 얻어서 형성된다.
④ 물질의 성질을 나타내는 가장 작은 입자이다.
⑤ 결합하는 원자의 종류와 개수에 따라 분자의 종류가 달라진다.

08 그림은 원자가 결합하여 만들어진 두 종류의 분자를 모형으로 나타낸 것이다.

(가)   (나)

이에 대한 설명으로 옳지 **않은** 것은?(단, ● 은 산소 원자, ◌ 은 수소 원자이다.)

① (가)와 (나)는 독립된 입자로 존재한다.
② (가)는 산소 분자이고, (나)는 물 분자이다.
③ (가)는 산소 원자 2개가 결합하여 만들어진다.
④ (나)는 산소 원자 1개와 수소 원자 2개가 결합하여 만들어진다.
⑤ (가)와 (나)는 같은 종류의 원자를 포함하므로 같은 성질을 나타낸다.

09 암모니아 분자는 질소 원자 1개와 수소 원자 3개로 이루어져 있다. 암모니아 분자 모형을 옳게 나타낸 것은?(단, 원자의 종류는 색과 크기로 구별한다.)

①   ②   ③

④   ⑤

[10~11] 다음은 원소 기호의 변천 과정을 나타낸 것이다.

원소	금	은	구리	황
(가)	☉	☾	♀	△
(나)	Ⓖ	Ⓢ	Ⓒ	⊕
베르셀리우스	㉠( )	㉡( )	㉢( )	㉣( )

10 이에 대한 설명으로 옳지 **않은** 것은?

① (가)는 그림을 이용하여 원소 기호를 나타내었다.
② (나)는 원 안에 알파벳이나 그림을 넣어 원소 기호를 나타내었다.
③ 베르셀리우스는 알파벳을 이용하여 원소 기호를 나타내었다.
④ 원소 기호는 항상 두 글자로 나타낸다.
⑤ 원소 기호의 첫 글자는 대문자로 나타내고, 두 번째 글자는 소문자로 나타낸다.

11 ㉠~㉣에 해당하는 원소 기호를 옳게 짝 지은 것은?

	㉠	㉡	㉢	㉣
①	Ag	Au	C	Si
②	Ag	Au	Cu	S
③	Au	Ag	Cu	S
④	Au	Ag	Cu	Si
⑤	Au	Ag	Ca	S

> 이 문제에서 나올 수 있는 보기는 **多**

12 원소 이름과 원소 기호를 잘못 짝 지은 것은?

① 황 – S   ② 탄소 – C
③ 질소 – N   ④ 염소 – Cl
⑤ 아르곤 – Ar   ⑥ 플루오린 – Fe
⑦ 알루미늄 – Al ⑧ 마그네슘 – Mg

13 다음 ㉠, ㉡에 해당하는 숫자를 옳게 짝 지은 것은?

> 분자식 NH_3는 암모니아 분자를 나타내며, 암모니아 분자를 이루는 원자의 종류는 ㉠( )개이고, 암모니아 분자 1개를 이루는 원자의 총개수는 ㉡( )개이다.

	㉠	㉡		㉠	㉡
①	1	2	②	1	3
③	2	3	④	2	4
⑤	2	5			

 이 문제에서 나올 수 있는 보기는 多

14 오른쪽 분자식에 대한 설명으로 옳지 <u>않은</u> 것을 모두 고르면?(2개)

$$2CO_2$$

① 분자의 총개수는 2개이다.
② 원자의 총개수는 6개이다.
③ 이산화 탄소의 분자식이다.
④ 탄소와 산소로 이루어져 있다.
⑤ 산소 원자의 총개수는 4개이다.
⑥ 분자 1개는 총 2개의 원자로 이루어져 있다.
⑦ 분자 1개를 이루는 탄소 원자의 개수는 2개이다.

15 분자의 이름과 분자식을 <u>잘못</u> 짝 지은 것은?

① 물 – H_2O　　　② 수소 – H_2
③ 질소 – N_2　　　④ 오존 – O_3
⑤ 일산화 탄소 – CO_2

16 오른쪽 그림과 같은 모형으로 나타낼 수 있는 분자는?

① H_2　　② CO_2　　③ NH_3
④ CH_4　　⑤ H_2O_2

17 분자의 분자식과 분자 모형을 옳게 짝 지은 것은?

	분자	분자식	분자 모형
①	산소	O	
②	과산화 수소	H_2O_2	
③	메테인	C_4H	
④	염화 수소	HCL	
⑤	이산화 탄소	CO_2	

18 표는 산소와 오존의 분자식을 나타낸 것이다.

물질	산소	오존
분자식	O_2	O_3

이에 대한 설명으로 옳은 것을 보기에서 모두 고른 것은?

> **보기**
> ㄱ. 산소와 오존은 같은 물질이다.
> ㄴ. 산소와 오존은 분자 모형으로 구별할 수 없다.
> ㄷ. 산소 분자와 오존 분자는 원자의 종류가 같다.
> ㄹ. 산소 분자와 오존 분자는 원자의 개수가 서로 다르다.

① ㄱ, ㄴ　　② ㄴ, ㄷ　　③ ㄷ, ㄹ
④ ㄱ, ㄴ, ㄷ　　⑤ ㄴ, ㄷ, ㄹ

19 다음은 구리와 염화 나트륨을 이루는 입자들의 배열을 설명한 것이다.

> • 구리 : 구리 원자가 연속해서 규칙적으로 배열되어 있다.
> • 염화 나트륨 : 나트륨과 염소가 1 : 1의 개수비로 배열되어 있다.
>
>
> 구리　　　　　염화 나트륨

구리와 염화 나트륨을 원소 기호를 이용하여 나타내시오.

1단계 단답형으로 쓰기

1 다음 (   ) 안에 공통으로 들어갈 알맞은 말을 쓰시오.

> • 데모크리토스는 물질을 쪼개면 더 이상 쪼갤 수 없는 (   )에 도달한다고 주장하였다.
> • 돌턴은 물질이 더 이상 쪼개지지 않는 (   )인 원자로 이루어져 있다고 주장하였다.

2 표는 여러 가지 원자가 가지는 원자핵의 전하량과 전자의 개수를 나타낸 것이다.

원자	헬륨	산소	나트륨
원자핵의 전하량	㉠( )	+8	㉢( )
전자(개)	2	㉡( )	11

㉠~㉢에 알맞은 내용을 각각 쓰시오.

3 독립된 입자로 존재하여 물질의 성질을 나타내는 가장 작은 입자는 무엇인지 쓰시오.

4 표는 여러 가지 원소의 이름과 기호를 나타낸 것이다.

원소 이름	원소 기호	원소이름	원소 기호
리튬	㉠( )	㉡( )	Cl
㉢( )	Na	황	㉣( )
플루오린	㉤( )	㉥( )	Ca

㉠~㉥에 알맞은 원소 이름이나 원소 기호를 각각 쓰시오.

5 다음 설명에 해당하는 분자식을 쓰시오.

> • 질소 원자와 수소 원자가 1 : 3의 개수비로 결합한다.
> • 분자 1개를 이루는 원자는 4개이다.
> • 분자의 총개수는 2개이다.

2단계 제시된 단어를 모두 이용하여 서술하기

[6~10] 각 문제에 제시된 단어를 모두 이용하여 답을 서술하시오.

6 원자의 구조에 대해 서술하시오.

> (+)전하, 원자핵, (−)전하, 전자

7 원소와 원자의 정의를 비교하여 서술하시오.

> 물질, 성분, 입자

8 원소 기호의 변천 과정을 서술하시오.

> 그림, 원, 알파벳이나 그림, 알파벳

9 원소 기호를 나타내는 방법에 대해 서술하시오.

> 첫 글자, 대문자, 소문자

10 오른쪽 분자식을 통해 알 수 있는 내용을 세 가지만 서술하시오.

$$CH_4$$

> 분자의 종류, 분자를 이루는 원자의 종류, 원자의 총개수

3단계 실전 문제 풀어 보기

11 그림은 물질을 이루는 기본 입자를 모형으로 나타낸 것이다.

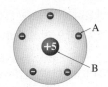

(1) A와 B의 이름을 각각 쓰시오.

_____

(2) 원자가 전기적으로 중성인 까닭을 서술하시오.

_____

답안작성 **TIP**

12 그림은 리튬 원자 모형과 산소 원자 모형의 일부를 나타낸 것이다.

▲ 리튬 원자   ▲ 산소 원자

각 원자의 모형을 완성하시오.

13 다음은 산소 분자와 물 분자를 모형으로 나타낸 것이다.

▲ 산소   ▲ 물

산소 분자와 물 분자 1개를 이루는 원자의 종류와 개수를 서술하시오.(단, 은 산소 원자, ○은 수소 원자이다.)

14 그림은 물 분자와 과산화 수소 분자를 모형으로 나타낸 것이다.

▲ 물   ▲ 과산화 수소

(1) 물과 과산화 수소 분자의 공통점을 한 가지만 서술하시오.

_____

(2) 물과 과산화 수소는 (1)과 같은 공통점이 있지만 서로 다른 물질이다. 그 까닭을 서술하시오.

_____

15 다음은 몇 가지 물질의 분자식을 나타낸 것이다.

(가) $4O_2$	(나) $3CO_2$	(다) $2NH_3$

(1) (가)~(다)에서 분자 1개를 이루는 원자의 개수를 각각 쓰시오.

_____

(2) (가)~(다)에서 분자를 이루는 원자의 총개수를 각각 쓰시오.

_____

(3) (가)~(다)에서 분자를 이루는 원자의 종류를 각각 서술하시오.

_____

답안작성 **TIP**

12. 모형을 사용하여 원자를 나타낼 때는 원자의 중심에 원자핵을 표시하고, 원자핵 주위에 전자를 배치한다. 또한 원자는 전기적으로 중성이므로 (+)전하량과 (−)전하량이 같다.

1 이온

(1) 이온 : 원자가 전자를 잃거나 얻어서 전하를 띠는 입자

(2) 이온의 종류와 형성 과정

구분	양이온	음이온
정의	원자가 전자를 잃어서 ❶☐ 전하를 띠는 입자	원자가 전자를 얻어서 ❷☐ 전하를 띠는 입자
형성 과정	원자 → 전자를 잃음 → 양이온	원자 → 전자를 얻음 → 음이온

(3) 이온의 표현

구분	양이온	음이온
표현 방법	원소 기호의 오른쪽 위에 잃은 전자의 개수와 +기호 표시 Li^+ (원소 기호, 전자 1개 잃음(단, 1은 생략), 리튬 이온)	원소 기호의 오른쪽 위에 얻은 전자의 개수와 −기호 표시 O^{2-} (원소 기호, 전자 2개 얻음, 산화 이온)
이름	원소 이름 뒤에 '이온'을 붙인다. 예 K^+ : ❸☐ 이온 Ca^{2+} : 칼슘 이온	원소 이름 뒤에 '화 이온'을 붙인다.(단, 원소 이름 끝의 '소'는 생략) 예 Cl^- : ❹☐ 이온 S^{2-} : 황화 이온

(4) 여러 가지 이온의 이온식

이름	이온식	이름	이온식
나트륨 이온	Na^+	염화 이온	❻☐
철 이온	❺☐	산화 이온	O^{2-}
암모늄 이온	NH_4^+	수산화 이온	❼☐

2 이온의 전하 확인

(1) 전류의 흐름 : 이온이 들어 있는 수용액에 전원 장치를 연결하면 양이온은 ❽☐극으로, 음이온은 ❾☐극으로 이동하므로 전류가 흐른다.

(2) 이온의 이동 : 그림과 같이 장치하고 전류를 흘려 주면 파란색을 띠는 구리 이온(Cu^{2+})은 ❿☐극으로 이동하고, 보라색을 띠는 과망가니즈산 이온(MnO_4^-)은 ⓫☐극으로 이동한다.

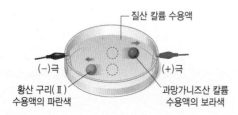

질산 칼륨 수용액
(−)극 / (+)극
황산 구리(Ⅱ) 수용액의 파란색 / 과망가니즈산 칼륨 수용액의 보라색

3 앙금 생성 반응

(1) 앙금 : 양이온과 음이온이 반응하여 생성되는 물에 녹지 않는 물질

(2) 앙금 생성 반응 : 서로 다른 두 수용액을 섞었을 때 이온들이 반응하여 앙금을 생성하는 반응 ➡ 수용액에 들어 있는 이온을 확인할 수 있다.

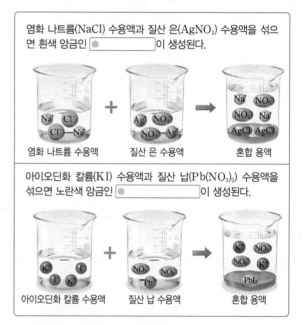

염화 나트륨(NaCl) 수용액과 질산 은(AgNO₃) 수용액을 섞으면 흰색 앙금인 ⓬☐ 이 생성된다.

염화 나트륨 수용액 + 질산 은 수용액 → 혼합 용액

아이오딘화 칼륨(KI) 수용액과 질산 납(Pb(NO₃)₂) 수용액을 섞으면 노란색 앙금인 ⓭☐ 이 생성된다.

아이오딘화 칼륨 수용액 + 질산 납 수용액 → 혼합 용액

(3) 여러 가지 앙금 생성 반응

양이온	음이온	앙금
⓮☐ 은 이온	⓯☐ 염화 이온	$AgCl\downarrow$ (흰색) 염화 은
⓰☐ 납 이온	I^- 아이오딘화 이온	$PbI_2\downarrow$ (노란색) 아이오딘화 납
Ca^{2+} 칼슘 이온	CO_3^{2-} 탄산 이온	⓱☐↓ (흰색) 탄산 칼슘
Ba^{2+} 바륨 이온	⓲☐ 황산 이온	$BaSO_4\downarrow$ (흰색) 황산 바륨
⓳☐ 구리 이온	S^{2-} 황화 이온	$CuS\downarrow$ (검은색) 황화 구리(Ⅱ)

4 앙금 생성 반응을 이용한 이온의 확인

(1) 수돗물 속 염화 이온(Cl^-) : 은 이온(Ag^+)을 넣으면 뿌옇게 흐려진다.

➡ $Ag^+ + Cl^- \longrightarrow AgCl\downarrow$ (흰색 앙금)

(2) 폐수 속 납 이온(Pb^{2+}) : 아이오딘화 이온(I^-)을 넣으면 앙금이 생성된다.

➡ $Pb^{2+} + 2I^- \longrightarrow PbI_2\downarrow$ (노란색 앙금)

● 정답과 해설 52쪽

MEMO

1 양이온의 이온식은 원소 기호의 오른쪽 위에 ①(잃은, 얻은) 전자의 개수와 ②(+, −) 기호를 표시하여 나타내고, 음이온의 이온식은 원소 기호의 오른쪽 위에 ③(잃은, 얻은) 전자의 개수와 ④(+, −) 기호를 표시하여 나타낸다.

[2~3] 그림은 원자가 이온이 되는 과정을 모형으로 나타낸 것이다.

2 (가)에서 형성된 이온의 이온식을 쓰시오.(단, 이 원자의 임의의 원소 기호는 X이다.)

3 (나)에서 이온이 형성되는 과정을 식으로 쓰시오.(단, 이 원자의 임의의 원소 기호는 Y이고, 전자는 ⊖로 나타낸다.)

4 표의 (　) 안에 알맞은 이온의 이름이나 이온식을 쓰시오.

이름	수소 이온	②(　　　)	산화 이온	④(　　　　)
이온식	①(　　)	Mg^{2+}	③(　　　)	OH^-

[5~6] 오른쪽 그림과 같이 질산 칼륨 수용액을 적신 거름종이에 전원 장치를 연결한 다음 거름종이 중앙에 보라색의 과망가니즈산 칼륨 수용액과 파란색의 황산 구리(Ⅱ) 수용액을 떨어뜨렸더니 보라색은 (+)극으로, 파란색은 (−)극으로 이동하였다.

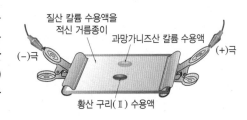

질산 칼륨 수용액을
적신 거름종이
과망가니즈산 칼륨 수용액
(−)극
(+)극
황산 구리(Ⅱ) 수용액

5 보라색과 파란색을 띠는 이온의 이름을 각각 쓰시오.

(1) 보라색을 띠는 이온 : ＿＿＿＿＿＿＿　　(2) 파란색을 띠는 이온 : ＿＿＿＿＿＿＿

6 이 실험에서 (−)극으로 이동하는 모든 이온의 이온식을 쓰시오.

7 염화 칼슘 수용액에 (가) 질산 은 수용액과 (나) 탄산 칼륨 수용액을 각각 떨어뜨렸을 때 생성되는 앙금의 이름을 쓰시오.

8 아이오딘화 칼륨 수용액에 질산 납 수용액을 넣으면 노란색 앙금이 생성된다. 이 반응에서 생성된 앙금의 이름을 쓰시오.

9 다음 두 이온이 반응하여 생성되는 앙금의 이름과 색깔을 선으로 연결하시오.

(1) Ag^+, Cl^-　•　　　　　• ㉠ 아이오딘화 납 •　　　　　• ① 흰색

(2) Cu^{2+}, S^{2-}　•　　　　　• ㉡ 염화 은　　 •　　　　　• ② 노란색

(3) Pb^{2+}, I^-　•　　　　　• ㉢ 황화 구리(Ⅱ) •　　　　　• ③ 검은색

10 수돗물에 질산 은 수용액을 떨어뜨리면 은 이온이 수돗물 속 ①(　　　) 이온과 반응하여 흰색의 ②(　　　) 앙금을 생성한다.

🔶 이온식 암기하기 <small>진도 교재 31쪽</small>

구분	양이온	음이온
표현 방법	원소 기호의 오른쪽 위에 잃은 전자의 개수와 ＋기호를 표시한다.(단, 1은 생략)	원소 기호의 오른쪽 위에 얻은 전자의 개수와 －기호를 표시한다.(단, 1은 생략)
이름	원소 이름 뒤에 '이온'을 붙인다.	원소 이름 뒤에 '화 이온'을 붙인다.(단, 원소 이름 끝의 '소'는 삭제)

● 이온 모형과 이온식

1 그림은 원자가 이온이 되는 과정을 모형으로 나타낸 것이다.

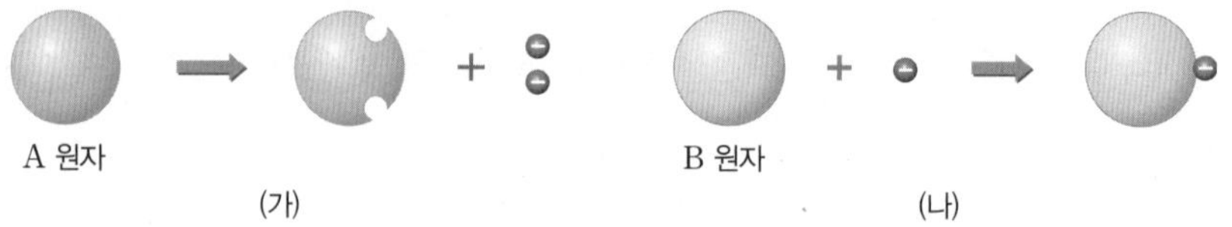

A 원자 →　(가)　＋　　　　　B 원자　＋　→　(나)

(가)와 (나)에서 형성된 이온의 이온식을 각각 쓰시오.(단, A와 B는 임의의 원소 기호이다.)

(가) : _____　(나) : _____

● 여러 가지 이온식과 이름

2 표의 ( ) 안에 알맞은 이온식이나 이온의 이름을 쓰시오.

이온식	이름	이온식	이름
Li^+	①( )	Cu^{2+}	②( )
F^-	③( )	④( )	칼륨 이온
⑤( )	마그네슘 이온	Cl^-	⑥( )
Na^+	⑦( )	Ca^{2+}	⑧( )
⑨( )	황화 이온	⑩( )	수산화 이온
⑪( )	알루미늄 이온	⑫( )	황산 이온
Pb^{2+}	⑬( )	NH_4^+	⑭( )

● 이온 형성 시 잃거나 얻은 전자의 개수

3 다음 이온들이 형성될 때 잃거나 얻은 전자의 개수를 쓰시오.

(1) Na^+ : ①( )은 전자의 개수 ②( )개

(2) Ca^{2+} : ③( )은 전자의 개수 ④( )개

(3) Al^{3+} : ⑤( )은 전자의 개수 ⑥( )개

(4) F^- : ⑦( )은 전자의 개수 ⑧( )개

(5) Cu^{2+} : ⑨( )은 전자의 개수 ⑩( )개

(6) O^{2-} : ⑪( )은 전자의 개수 ⑫( )개

양금의 종류와 색깔 암기하기 진도 교재 33쪽

• 양금의 종류와 색깔

AgCl, CaCO₃, BaSO₄	PbI₂	CuS
흰색	노란색	검은색

• 양금을 생성하지 않는 이온 : Na^+, K^+, NH_4^+, NO_3^- 등

● 양금의 종류와 색깔

1 다음 물질 중 물에 녹는 것은 ○로 표시하고, 물에 녹지 않는 양금인 것은 색깔을 쓰시오.

(1) 염화 은 ·· (   )
(2) 수산화 칼륨 ·· (   )
(3) 황화 구리(Ⅱ) ··· (   )
(4) 질산 칼슘 ·· (   )
(5) 황산 바륨 ·· (   )
(6) 아이오딘화 납 ·· (   )

● 양금 생성 반응

2 두 이온이 반응할 때 양금이 생성되는 경우는 ○, 양금이 생성되지 않는 경우는 ×로 표시하시오.

(1) Ca^{2+}, CO_3^{2-} ··· (   )
(2) Ag^+, Cl^- ·· (   )
(3) Ba^{2+}, SO_4^{2-} ······································· (   )
(4) K^+, Cl^- ·· (   )
(5) Mg^{2+}, Cl^- ··· (   )
(6) Pb^{2+}, I^- ··· (   )

3 두 수용액이 반응할 때 양금이 생성되는 경우는 ○, 양금이 생성되지 않는 경우는 ×로 표시하시오.

(1) 질산 은＋염화 나트륨 ··································· (   )
(2) 염화 칼륨＋질산 칼슘 ··································· (   )
(3) 탄산 나트륨＋수산화 칼륨 ···························· (   )
(4) 탄산 나트륨＋염화 칼슘 ································ (   )
(5) 황산 나트륨＋염화 칼륨 ································ (   )
(6) 황산 나트륨＋수산화 바륨 ···························· (   )

01 이온에 대한 설명으로 옳은 것은?

① 원자가 전자를 잃으면 음이온이 된다.
② 이온은 원자핵의 이동에 의해 형성된다.
③ 양이온은 전자의 총 (−)전하량이 원자핵의 (+)전하량보다 작다.
④ 이온이 형성될 때 전자의 개수는 변하지 않는다.
⑤ 원자가 전자를 3개 얻으면 +3의 양이온이 된다.

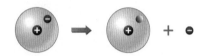

02 그림은 수소 원자가 이온이 되는 과정을 나타낸 것이다.

이에 대한 설명으로 옳은 것을 모두 고르면?(2개)

① 원자가 전자를 1개 얻었다.
② 원자가 전자를 1개 잃었다.
③ −1의 음이온이 되었다.
④ 원자핵의 (+)전하량과 전자의 총 (−)전하량이 같아졌다.
⑤ 수소 이온을 이온식으로 나타내면 H^-이다.
⑥ 나트륨 원자가 이온으로 되는 과정도 이와 같이 나타낼 수 있다.

03 그림은 원자와 이온을 모형으로 나타낸 것이다.

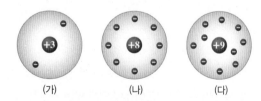

(가)   (나)   (다)

이에 대한 설명으로 옳은 것은?

① 전기적으로 중성인 입자의 모형은 (가)이다.
② 음이온을 나타내는 모형은 (나)이다.
③ 양이온을 나타내는 모형은 (다)이다.
④ (가)는 원자핵의 (+)전하량이 전자의 총 (−)전하량보다 크다.
⑤ (다)는 원자가 전자를 1개 잃어 형성된 이온이다.

04 다음은 이온이 형성되는 과정을 식으로 나타낸 것이다.

$$A + 2\ominus \longrightarrow A^{2-}$$

이와 같이 이온을 형성하는 원자는?(단, A는 임의의 원소 기호이고, $\ominus$는 전자이다.)

① Na   ② Mg   ③ Al
④ O   ⑤ F

05 오른쪽 이온식에 대한 설명으로 옳지 않은 것은?

$$Ca^{2+}$$

① (+)전하를 띠는 입자이다.
② 칼슘화 이온이라고 부른다.
③ 원자핵의 (+)전하량이 전자의 총 (−)전하량보다 크다.
④ 칼슘 원자보다 전자가 2개 적다.
⑤ 칼슘 원자가 전자 2개를 잃어 형성된 이온이다.

06 이온의 이름과 이온식을 옳게 짝 지은 것은?

① 수소화 이온 − H^+ ② 산소 이온 − O^{2-}
③ 암모늄 이온 − NH_4^{2+} ④ 플루오린 이온 − F^-
⑤ 마그네슘 이온 − Mg^{2+}

07 전자를 1개 잃어서 형성된 이온은?

① K^+ ② Mg^{2+} ③ Al^{3+}
④ Cl^- ⑤ O^{2-}

08 마그네슘 원자(Mg) 1개가 가지고 있는 전자의 개수가 12개일 때, 마그네슘 이온(Mg^{2+}) 1개가 가지고 있는 전자의 개수는?

① 10개   ② 11개   ③ 12개
④ 13개   ⑤ 14개

09 오른쪽 그림과 같이 염화 나트륨 수용액에 전원 장치를 연결하였더니 전구에 불이 켜졌다. 이에 대한 설명으로 옳은 것을 보기에서 모두 고른 것은?

┌ 보기 ┐
ㄱ. 염화 나트륨이 물에 녹으면 이온으로 나누어진다.
ㄴ. 염화 나트륨 수용액은 전류가 흐른다.
ㄷ. 나트륨 이온은 (−)극으로, 염화 이온은 (+)극으로 이동한다.
ㄹ. 설탕물을 이용하여 같은 실험을 해도 전구에 불이 켜진다.

① ㄱ, ㄴ   ② ㄴ, ㄷ   ③ ㄷ, ㄹ
④ ㄱ, ㄴ, ㄷ   ⑤ ㄴ, ㄷ, ㄹ

이 문제에서 나올 수 있는 보기는 **多**

10 그림과 같이 무색의 질산 칼륨 수용액을 적신 거름종이에 노란색의 크로뮴산 칼륨 수용액과 파란색의 황산 구리(Ⅱ) 수용액을 떨어뜨렸다.

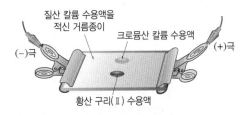

이에 대한 설명으로 옳지 <u>않은</u> 것을 모두 고르면?(2개)

① 노란색은 (+)극, 파란색은 (−)극으로 이동한다.
② K^+과 NO_3^-은 이동하지 않는다.
③ (+)극으로 이동하는 이온은 세 종류이다.
④ 색깔을 띠는 이온의 이동을 확인할 수 있다.
⑤ 전극을 반대로 연결하면 이온은 이동하지 않는다.
⑥ 거름종이에 질산 칼륨 수용액을 적신 까닭은 전류가 잘 흐르게 하기 위해서이다.

11 그림은 염화 나트륨 수용액과 질산 은 수용액의 반응을 모형으로 나타낸 것이다.

염화 나트륨 수용액   질산 은 수용액   혼합 용액

이에 대한 설명으로 옳은 것은?

① 노란색 앙금이 생성된다.
② 생성되는 앙금은 염화 은이다.
③ Na^+과 NO_3^-이 반응하여 앙금이 생성된다.
④ Ag^+과 Cl^-은 반응하지 않고 이온으로 남아 있다.
⑤ 혼합 용액에 전원 장치를 연결하면 전류가 흐르지 않는다.

12 그림은 질산 납 수용액과 아이오딘화 칼륨 수용액의 반응을 모형으로 나타낸 것이다.

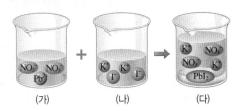

(가)   (나)   (다)

이에 대한 설명으로 옳은 것을 보기에서 모두 고른 것은?

┌ 보기 ┐
ㄱ. (가), (나), (다)에서는 모두 전류가 흐른다.
ㄴ. (다)에서 생성된 앙금은 흰색의 아이오딘화 납이다.
ㄷ. (다)에서 앙금이 생성되는 반응은 $Pb^{2+}+2I^-$ $\longrightarrow PbI_2$이다.

① ㄱ   ② ㄴ   ③ ㄷ
④ ㄱ, ㄷ   ⑤ ㄴ, ㄷ

13 앙금을 생성하는 이온끼리 옳게 짝 지은 것은?

① Na^+, Ag^+ ② K^+, NO_3^-
③ S^{2-}, NO_3^- ④ Ba^{2+}, Cl^-
⑤ Ca^{2+}, CO_3^{2-}

14 그림과 같이 서로 다른 수용액이 들어 있는 시험관 (가)~(라)에 각각 황산 나트륨 수용액을 떨어뜨렸다.

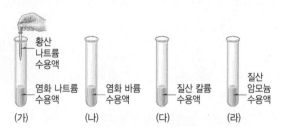

(가)~(라) 중 앙금이 생성되는 것을 모두 고른 것은?

① (나) 　② (다) 　③ (가), (나)
④ (나), (다) 　⑤ (다), (라)

15 다음은 (가)와 (나) 수용액에 들어 있는 양이온을 알아보기 위해 수행한 실험과 그 결과를 나타낸 것이다.

> • (가) 수용액에 염화 나트륨 수용액을 넣었더니 흰색 앙금이 생성되었다.
> • (나) 수용액에 아이오딘화 칼륨 수용액을 넣었더니 노란색 앙금이 생성되었다.

(가)와 (나) 수용액에 들어 있을 것으로 예상되는 양이온을 순서대로 옳게 나타낸 것은?

① K^+, Na^+ 　② K^+, Ag^+ 　③ Na^+, Pb^{2+}
④ Ag^+, Ca^{2+} 　⑤ Ag^+, Pb^{2+}

16 사이다 속에 들어 있는 탄산 이온과 반응하여 앙금을 생성하는 물질은?

① 탄산 칼륨 　　② 질산 암모늄
③ 염화 칼슘 　　④ 염화 나트륨
⑤ 황산 나트륨

17 두 물질의 수용액을 섞었을 때 흰색 앙금이 생성되는 경우가 아닌 것을 모두 고르면?(2개)

① 질산 은＋염화 칼륨
② 황산 칼륨＋염화 바륨
③ 질산 칼슘＋탄산 나트륨
④ 염화 구리(Ⅱ)＋황화 나트륨
⑤ 아이오딘화 칼륨＋질산 납

18 K^+, Ba^{2+}, Ag^+이 혼합되어 있는 수용액으로 다음과 같은 실험을 하였다.

> (가) 혼합 수용액에 충분한 양의 묽은 염산을 넣은 후 거름종이로 거른다.
> (나) 과정 (가)의 거른 용액에 충분한 양의 묽은 황산을 넣은 후 거름종이로 거른다.
> (다) 과정 (나)에서 거른 용액의 불꽃 반응 색을 관찰한다.

과정 (가)에서 생성된 앙금과 과정 (다)에서 관찰한 불꽃 반응 색을 옳게 나타낸 것은?

	앙금	불꽃 반응 색		앙금	불꽃 반응 색
①	염화 칼륨	주황색	②	염화 바륨	보라색
③	염화 칼슘	노란색	④	염화 은	보라색
⑤	염화 은	주황색			

19 지하수를 보일러 용수로 오래 사용하면 관 안에 관석이 쌓여 열이 잘 전달되지 않는다. 이에 대한 설명으로 옳은 것을 모두 고르면?(2개)

① 관석은 황산 바륨이다.
② 지하수 속에 칼슘 이온이 녹아 있다.
③ 증류수를 사용하면 이러한 현상이 생기지 않는다.
④ 수돗물에 질산 은 수용액을 넣으면 뿌옇게 흐려질 때와 같은 앙금이 생성된다.
⑤ 관석을 이루는 물질은 조개껍데기의 주성분과 같다.

1단계 단답형으로 쓰기

1 원자가 전자를 잃거나 얻어서 전하를 띠는 입자는 무엇인지 쓰시오.

_____

2 그림은 두 가지 이온을 모형으로 나타낸 것이다.

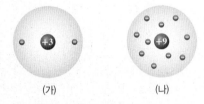

(가)　　　　　　　(나)

(가), (나)는 양이온과 음이온 중 무엇인지 각각 쓰시오.

_____

3 그림은 리튬 원자가 이온이 되는 과정을 나타낸 것이다.

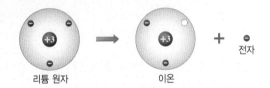

리튬 원자　　　　　이온　　　　　　전자

리튬 원자가 이온이 되는 과정을 식으로 나타내시오. (단, 전자는 ⊖로 표시한다.)

_____

4 수용액에서 앙금으로 존재하는 물질을 모두 고르시오.

| (가) 염화 은 | (나) 질산 칼슘 |
| (다) 염화 나트륨 | (라) 탄산 칼슘 |

_____

5 다음은 폐수 속 납 이온을 검출하는 과정이다.

$$Pb^{2+} + 2(\qquad) \longrightarrow PbI_2$$

(　　　) 안에 알맞은 이온의 이온식을 쓰시오.

_____

2단계 제시된 단어를 모두 이용하여 서술하기

[6~10] 각 문제에 제시된 단어를 모두 이용하여 답을 서술하시오.

6 원자가 이온이 되는 과정을 서술하시오.

| 원자, 전자, 양이온, 음이온 |

_____

7 오른쪽 이온의 생성 과정을 이온식의 이름을 포함하여 서술하시오.　　O^{2-}

| 산소 원자, 전자, 음이온, 산화 |

_____

8 이온이 들어 있는 수용액에 전류를 흘려 주면 양이온은 (−)극으로, 음이온은 (+)극으로 이동한다. 이를 통해 알 수 있는 사실을 서술하시오.

| 이온, 전하 |

_____

9 아이오딘화 칼륨 수용액과 질산 납 수용액을 혼합할 때 앙금이 생성되는 반응을 서술하시오.

| 아이오딘화 이온, 납 이온, 노란색 |

_____

10 수돗물 속에 포함된 염화 이온(Cl^-)의 확인 방법을 서술하시오.

| 은 이온(Ag^+), 흰색 앙금 |

_____

3단계 실전 문제 풀어 보기

11 그림은 이온이 들어 있는 수용액에 전원 장치를 연결했을 때 전류가 흐르는 모습을 모형으로 나타낸 것이다.

답안작성 TIP

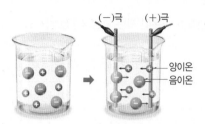

(−)극 (＋)극
양이온
음이온

이 모형을 참고하여 염화 나트륨 수용액에서 전류가 흐르는 까닭을 이온의 이동으로 서술하시오.

답안작성 TIP

12 그림은 염화 바륨 수용액과 (가) 수용액의 반응을 모형으로 나타낸 것이다.

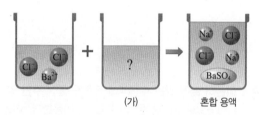

(가)   혼합 용액

(가) 수용액에 녹아 있는 이온의 이온식을 쓰고, 그 까닭을 서술하시오.

13 그림과 같이 몇 가지 물질을 녹여 만든 수용액을 반응시켜 앙금 생성 여부를 관찰하였다.

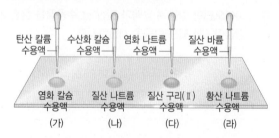

탄산 칼륨   수산화 칼슘   염화 나트륨   질산 바륨
수용액   수용액   수용액   수용액

염화 칼슘   질산 나트륨   질산 구리(Ⅱ)   황산 나트륨
수용액   수용액   수용액   수용액
(가)   (나)   (다)   (라)

(가)~(라) 중 앙금이 생성되는 반응의 기호를 모두 쓰고, 앙금 생성 반응을 식으로 나타내시오.

14 질산 칼륨(KNO_3) 수용액, 염화 나트륨($NaCl$) 수용액, 염화 칼륨(KCl) 수용액은 모두 색깔이 없으므로 눈으로 구별하기 어렵다. 세 가지 수용액을 구별할 수 있는 방법을 단계별로 서술하시오.

(1) 질산 칼륨(KNO_3) 수용액과 나머지 두 수용액의 구별 방법

(2) 염화 나트륨($NaCl$) 수용액과 염화 칼륨(KCl) 수용액의 구별 방법

15 수용액에 들어 있는 양이온을 확인하기 위해 그림과 같은 실험을 설계하였다.

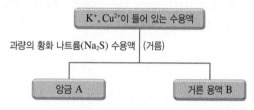

K^+, Cu^{2+}이 들어 있는 수용액

과량의 황화 나트륨(Na_2S) 수용액 (거름)

앙금 A   거른 용액 B

(1) 앙금 A가 생성되는 반응을 식으로 나타내고, 앙금 A의 색깔을 쓰시오.

(2) 거른 용액 B에 들어 있는 양이온의 이온식을 모두 쓰시오.

(3) (2)와 같이 답한 까닭을 서술하시오.

답안작성 TIP

11. 염화 나트륨은 물에 녹아 양이온과 음이온으로 나누어진다.　　**12.** 나트륨 이온, 칼륨 이온, 질산 이온 등은 다른 이온과 반응할 때 앙금을 잘 생성하지 않는다.

1 마찰 전기 마찰에 의해 물체가 띠는 전기

(1) 마찰 전기의 발생 : 전자의 이동에 의해 발생

(2) 대전과 대전체 : 물체가 전기를 띠는 현상을 대전, 대전된 물체를 ❶[ ]라고 한다.

전자를 잃은 물체	전자를 얻은 물체
(−)전하의 양이 (+)전하의 양보다 적어진다.	(−)전하의 양이 (+)전하의 양보다 많아진다.
➡ ❷[ ]전하를 띤다.	➡ ❸[ ]전하를 띤다.

[털가죽과 플라스틱 막대를 마찰한 경우]

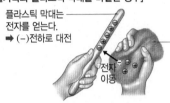

플라스틱 막대는 전자를 얻는다.
➡ (−)전하로 대전

털가죽은 전자를 잃는다.
➡ (+)전하로 대전

전자 이동

(3) 대전되는 순서 : 물체를 마찰할 때 전자를 잃기 쉬운 순서대로 나열하면 다음과 같다.

(+) 털가죽−유리−명주−나무−고무−플라스틱 (−)

예	(+)전하로 대전	(−)전하로 대전
털가죽과 유리	털가죽	유리
유리와 명주	❹[ ]	❺[ ]

2 마찰 전기에 의한 현상

(1) 비닐 랩이 그릇에 달라붙는다.

(2) 걸을 때 치마가 스타킹에 달라붙는다.

(3) 스웨터를 벗을 때 '지지직'하는 소리가 난다.

(4) 머리를 빗을 때 머리카락이 빗에 달라붙는다.

3 전기력 전기를 띤 두 물체 사이에 작용하는 힘

❻[ ]	같은 전하를 띠는 두 물체 사이에 작용하는 서로 밀어내는 힘
❼[ ]	다른 전하를 띠는 두 물체 사이에 작용하는 서로 끌어당기는 힘

4 정전기 유도 전기를 띠지 않은 금속 물체에 대전체를 가까이 할 때 금속 물체의 끝부분이 전하를 띠는 현상

(1) 까닭 : 금속에 대전체를 가까이 하면 금속 내부의 전자들이 대전체로부터 전기력을 받아 밀려나거나 끌어당겨진다.

(2) 유도되는 전하의 종류

• 대전체와 가까운 쪽 : 대전체와 ❽[ ] 종류의 전하로 대전

• 대전체와 먼 쪽 : 대전체와 ❾[ ] 종류의 전하로 대전

(+)대전체를 가까이 할 때	(−)대전체를 가까이 할 때
(+)대전체 전자 이동 (−)전하 금속 막대 (+)전하	(−)대전체 전자 이동 (+)전하 금속 막대 (−)전하

(3) 대전체와 금속 사이의 전기력 : 금속에서 대전체와 가까운 쪽이 대전체와 다른 종류의 전하를 띠므로 대전체와 금속 사이에 인력이 작용한다.

5 검전기 ❿[ ]를 이용하여 물체의 대전 여부를 알아보는 기구

금속판에 대전체를 가까이 한다.

⬇

정전기 유도에 의해 검전기 내부의 전자가 이동해 금속판과 금속박이 전하를 띤다.

⬇

두 장의 금속박이 같은 전하를 띠므로 벌어진다.

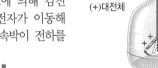

(+)대전체

전자 이동

▲ (+)대전체를 가까이 할 때

6 검전기로 알 수 있는 사실

물체의 대전 여부	대전된 물체를 대전되지 않은 검전기에 가까이 하면 금속박이 ⓫[ ].
대전체가 띤 전하의 양 비교	대전체가 띤 전하의 양이 많을수록 금속박이 많이 벌어진다.
대전체가 띤 전하의 종류	대전되어 있는 검전기에 대전체를 가까이 하는 경우 • 대전체가 검전기와 ⓬[ ] 종류의 전하를 띠면 금속박은 더 벌어진다. • 대전체가 검전기와 ⓭[ ] 종류의 전하를 띠면 금속박은 오므라든다.

MEMO

1 마찰에 의해 물체가 띠는 전기를 ①(　　　)라 하고, 이는 움직이지 않고 한곳에 머물러 있어 ②(　　　)라고도 한다.

2 두 물체를 마찰할 때 ①(　　　)가 한 물체에서 다른 물체로 이동하면 마찰 전기가 발생한다. 이때 전자를 얻은 물체는 ②(　　　)전하를 띠고, 전자를 잃은 물체는 ③(　　　)전하를 띤다.

3 물체가 전기를 띠는 현상을 ①(　　　)이라 하고, 전기를 띤 물체를 ②(　　　)라고 한다.

4 마찰 전기에 의한 현상으로 옳은 것은 ○, 옳지 <u>않은</u> 것은 ×로 표시하시오.
(1) 스웨터를 벗을 때 '지지직'하는 소리가 난다. ……………………………… (　　　)
(2) 머리를 빗을 때 머리카락이 빗에 달라붙는다. ……………………………… (　　　)
(3) 자석을 클립에 가까이 하면, 자석에 클립이 달라붙는다. ……………………… (　　　)

5 전기를 띤 두 물체 사이에서 작용하는 힘을 ①(　　　)이라고 한다. 이때 서로 같은 전하로 대전된 물체 사이에서는 ②(　　　)이 작용하고, 다른 전하로 대전된 물체 사이에서는 ③(　　　)이 작용한다.

6 대전되지 않은 금속 막대의 한쪽 끝에 대전체를 가까이 하면 금속의 양 끝이 전하를 띠게 된다. 이러한 현상을 (　　　)라고 한다.

7 대전되지 않은 금속 물체에 대전체를 가까이 하면 대전체와 가까운 쪽은 대전체와 ①(　　　) 종류의 전하로 대전되고, 대전체와 먼 쪽은 대전체와 ②(　　　) 종류의 전하로 대전된다.

8 오른쪽 그림과 같이 대전되지 않은 금속 막대의 A 부분에 (−)대전체를 가까이 하였다. 이때 금속 막대 내부의 전자는 전기력을 받아 ①(A → B, B → A) 방향으로 이동하여 A 부분은 ②((+), (−))전하, B 부분은 ③((+), (−)) 전하로 대전된다.

9 정전기 유도를 이용하여 물체의 대전 여부를 알아보는 기구를 (　　　)라고 한다.

10 오른쪽 그림과 같이 대전되지 않은 검전기의 금속판에 (+)대전체를 가까이 하면 검전기 내부의 전자들이 ①(금속판, 금속박)에 모여 금속판은 ②((+), (−))전하, 금속박은 ③((+), (−))전하를 띤다. 이에 따라 두 장의 금속박 사이에는 ④(인력, 척력)이 작용하여, 두 금속박은 ⑤(오므라든다, 벌어진다).

대전되는 순서 진도 교재 49쪽

두 물체를 마찰할 때 각 물체가 띠게 되는 전하는 두 물체의 종류에 따라 다르다. 두 물체를 마찰할 때 전자를 잃기 쉬운 순서대로 나열하면 다음과 같다.

(+) 털가죽 – 유리 – 명주 – 나무 – 고무 – 플라스틱 (−)

• 마찰한 두 물체 중 (+) 쪽에 있는 물체는 (+)전하, (−) 쪽에 있는 물체는 (−)전하로 대전된다.
• 전자를 잃은 물체는 (+)전하로 대전되고, 전자를 얻은 물체는 (−)전하로 대전된다.

II
전기와 자기

● 물체가 대전되는 전하의 종류 구분하기

[1~7] 위의 대전되는 순서를 이용하여 다음 물음에 답하시오.

1 털가죽과 유리 막대를 마찰할 경우 (+)전하로 대전되는 물체를 쓰시오.

2 명주 헝겊과 유리 막대를 마찰할 경우 (+)전하로 대전되는 물체를 쓰시오.

3 명주 헝겊과 플라스틱 자를 마찰할 경우 (−)전하로 대전되는 물체를 쓰시오.

4 털가죽과 나무 도막을 마찰할 경우 전자를 얻는 물체를 쓰시오.

5 명주 헝겊과 고무풍선을 마찰할 경우 전자를 잃는 물체를 쓰시오.

6 위의 물체 중 유리와 마찰할 때 (−)전하로 대전되는 물체를 모두 쓰시오.

7 위의 물체 중 유리와 마찰할 때 (+)전하로 대전되는 물체를 모두 쓰시오.

● 대전되는 순서 완성하기

[8~9] 오른쪽 표는 물체 A~D 중 두 물체를 마찰할 때 각 물체가 대전되는 전하를 나타낸 것이다.

마찰한 물체	(+)전하	(−)전하
A와 B	A	B
A와 C	A	C
B와 C	C	B
B와 D	B	D

8 A~D를 마찰할 때 (+)전하로 대전되기 쉬운 것부터 순서대로 나열하시오.

9 C와 D를 마찰할 때 전자를 잃는 물체를 쓰시오.

01 원자와 대전에 대한 설명으로 옳지 <u>않은</u> 것은?

① 전자는 (−)전하를 띤다.

② 원자핵은 (＋)전하를 띤다.

③ 일반적으로 원자는 전기를 띠지 않는다.

④ 물체가 전자를 잃으면 (＋)전하로 대전된다.

⑤ 서로 다른 두 물체를 마찰하면 한 물체에서 다른 물체로 원자핵이나 전자가 이동한다.

02 그림은 두 물체 A와 B를 서로 마찰하기 전과 후 전하의 분포 상태를 나타낸 것이다.

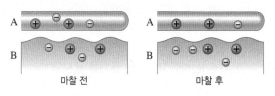

마찰 전   마찰 후

이에 대한 설명으로 옳은 것은?

① 물체 A는 전자를 얻었다.

② 물체 A는 (−)전하로 대전되었다.

③ 물체 B는 (＋)전하로 대전되었다.

④ 물체 A에서 B로 전자가 이동하였다.

⑤ 물체 B에서 A로 원자핵이 이동하였다.

03 다음은 여러 가지 물체들을 마찰시켰을 때 대전되는 순서를 나타낸 것이다.

> (＋) 털가죽 – 유리 – 명주 – 나무 –
> 고무 – 플라스틱 (−)

이에 대한 설명으로 옳은 것은?

① 털가죽은 전자를 얻는 정도가 가장 크다.

② 플라스틱 막대는 전자를 잘 잃는 편이다.

③ 털가죽과 마찰한 유리 막대는 (＋)전하를 띤다.

④ 명주 헝겊과 마찰한 유리 막대는 (＋)전하를 띤다.

⑤ 두 고무풍선을 서로 마찰하면 각각의 고무풍선은 (−)전하를 띤다.

04 마찰 전기에 의한 현상이 <u>아닌</u> 것은?

① 걸을 때 치마가 다리에 달라붙는다.

② 스웨터를 벗을 때 '지지직'하는 소리가 난다.

③ 자석과 마찰한 쇠붙이에 바늘이 달라붙는다.

④ 머리를 빗을 때 머리카락이 빗에 달라붙는다.

⑤ 건조한 날 자동차의 문 손잡이에 손을 대면 손이 따끔하다.

⑥ 새로 산 물건의 비닐 포장지를 벗기다 보면, 포장지가 옷이나 손에 달라붙는다.

05 두 대전체 사이에 작용하는 전기력에 의한 모습으로 옳은 것은?

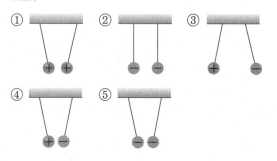

06 그림 (가)는 빨대 A와 B를 모두 털가죽에 문지른 후 빨대 B를 빨대 A에 가까이 하는 모습을 나타낸 것이고, 그림 (나)는 빨대 A를 털가죽에 문지른 후 털가죽을 빨대 A에 가까이 하는 모습을 나타낸 것이다.

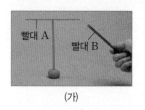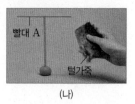

(가)   (나)

이에 대한 설명으로 옳지 <u>않은</u> 것은?(단, 빨대의 재질은 플라스틱이다.)

① (가)에서 빨대 A는 B쪽으로 끌려온다.

② (가)에서 빨대 A와 B는 같은 전하를 띤다.

③ (나)에서 빨대 A는 털가죽 쪽으로 끌려온다.

④ (가)와 (나)에서 빨대 A는 같은 전하를 띤다.

⑤ (가)의 빨대 B와 (나)의 털가죽은 서로 다른 전하를 띤다.

07 비닐끈으로 만든 뜨개와 플라스틱 막대를 각각 털가죽으로 마찰한 후 뜨개를 플라스틱 막대 위에 놓았더니 그림과 같이 뜨개가 플라스틱 막대 위에 떠 있었다.

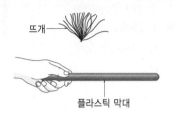

뜨개
플라스틱 막대

이에 대한 설명으로 옳은 것을 모두 고르면?(2개)

① 뜨개와 플라스틱 막대 사이에는 인력이 작용한다.
② 뜨개와 플라스틱 막대는 같은 종류의 전하로 대전되어 있다.
③ 뜨개는 전자를 얻고, 플라스틱 막대는 전자를 잃은 상태이다.
④ 뜨개와 플라스틱 막대를 마찰한 후 뜨개를 플라스틱 위에 놓아도 같은 현상이 나타난다.
⑤ 이 실험은 날씨가 건조할수록 잘 된다.

이 문제에서 나올 수 있는 보기는 多

08 오른쪽 그림은 (−)전하로 대전된 플라스틱 막대를 빈 알루미늄 캔에 가까이 한 모습이다. 이때 일어나는 현상에 대한 설명으로 옳은 것을 모두 고르면?(2개)

플라스틱 막대
알루미늄 캔
A B

① 알루미늄 캔에 마찰 전기가 발생한다.
② 정전기 유도가 일어난다.
③ 알루미늄 캔의 A 부분은 (+)전하, B 부분은 (−)전하를 띤다.
④ 플라스틱 막대와 알루미늄 캔 사이에는 인력이 작용한다.
⑤ 클립에 자석을 가까이 했을 때 끌려오는 것과 같은 현상이다.
⑥ 알루미늄 캔이 플라스틱 막대에서 멀어지는 방향으로 이동한다.

09 오른쪽 그림과 같이 (−)대전체를 대전되지 않은 금속 막대에 가까이 했을 때 (가), (나) 부분이 띠는 전하의 종류와 금속 막대의 이동 방향을 옳게 짝 지은 것은?

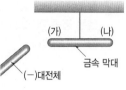

(가) (나)
금속 막대
(−)대전체

	(가)	(나)	이동 방향
①	(+)	(−)	→
②	(+)	(−)	←
③	(−)	(+)	→
④	(−)	(+)	←
⑤	(+)	(+)	←

10 그림과 같이 대전되지 않은 금속박 구를 실에 매단 후, (−)대전체를 가까이 하였다.

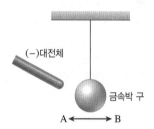

(−)대전체
금속박 구
A ← → B

(가) 금속박 구에서 전자가 이동하는 방향과 (나) 금속박 구의 이동 방향을 각각 쓰시오.

11 그림과 같이 대전되지 않은 금속 막대의 한쪽에 (−)대전체를 가까이 한 후, (+)전하를 띤 고무풍선을 다른 쪽 끝에 놓았다.

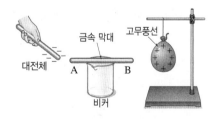

대전체
금속 막대
고무풍선
A B
비커

이에 대한 설명으로 옳지 않은 것은?

① 금속 막대의 A 부분은 (+)전하로 대전된다.
② 금속 막대의 B 부분은 (−)전하로 대전된다.
③ 금속 막대 내부의 전자는 A에서 B로 이동한다.
④ 고무풍선은 금속 막대로부터 밀려난다.
⑤ (−)대전체 대신 (+)대전체를 가까이 하면 고무풍선은 금속 막대로부터 밀려날 것이다.

12 정전기 유도 현상을 알아보기 위해 그림과 같이 대전되지 않은 금속 막대와 금속박 구를 장치하고, (−)대전체를 가까이 하였다.

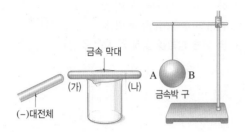

금속 막대
(가) (나)
(−)대전체
A B
금속박 구

이에 대한 설명으로 옳지 <u>않은</u> 것은?

① (가)는 (+)전하를 띤다.
② (나)는 (−)전하를 띤다.
③ (가)와 A는 같은 전하를 띤다.
④ (나)와 A 사이에는 척력이 작용한다.
⑤ B는 대전체와 같은 종류의 전하를 띤다.

13 오른쪽 그림과 같이 대전되지 않은 검전기의 금속판에 (+)대전체를 가까이 하였다. 이에 대한 설명으로 옳은 것은?

금속판
대전체
금속박

① 정전기 유도가 일어난다.
② 금속판에서 금속박으로 전자가 이동한다.
③ 금속판은 (+)전하로 대전된다.
④ 금속박은 (−)전하로 대전된다.
⑤ 금속박이 오므라든다.

14 그림과 같이 (−)전하로 대전된 검전기에 물체 A를 가까이 가져갔더니 금속박이 더 벌어졌다.

물체 A

이에 대한 설명으로 옳은 것은?

① 물체 A는 대전되지 않았다.
② 물체 A는 (+)전하를 띠고 있다.
③ 전자는 금속판에서 금속박으로 이동한다.
④ 검전기가 전기적으로 중성으로 변하였다.
⑤ 금속박의 (+)전하가 금속판으로 이동하였다.

15 오른쪽 그림은 대전되지 않은 검전기에 (−)대전체를 가까이 하는 모습을 나타낸 것이다. 검전기의 A, B, C 중에서 (−)전하를 띠는 부분을 모두 쓰시오.

A
금속판
대전체
금속박
B C

16 오른쪽 그림과 같이 (+)대전체를 대전되지 않은 검전기에 가까이 한 후, 금속판에 손가락을 접촉시켰다. 이후 대전체와 손가락을 동시에 멀리 했을 때 검전기의 대전 상태를 옳게 나타낸 것은?

(+)대전체

① ② ③ ④ ⑤

17 그림 (가)와 같이 (−)대전체를 대전되지 않은 검전기에 가까이 가져간 후, 그림 (나)와 같이 금속판에 손가락을 접촉시켰다가 그림 (다)와 같이 손가락과 (−)대전체를 동시에 치웠다.

금속판
금속박
(가) (나) (다)

이에 대한 설명으로 옳지 <u>않은</u> 것을 모두 고르면?(2개)

① (가)에서 금속판은 (+)전하, 금속박은 (−)전하를 띤다.
② (나)에서 금속박의 전자가 손으로 이동하여 금속박은 오므라든다.
③ (다)에서 검전기는 (−)전하로 대전된 상태이다.
④ (가)와 (다)에서 금속박을 벌어지게 하는 것은 (−)전하 사이의 척력이다.
⑤ (다)에 (+)대전체를 금속판에 가까이 하면 금속박이 더 벌어진다.

1단계 단답형으로 쓰기

1 서로 다른 두 물체를 마찰했을 때 전자가 한 물체에서 다른 물체로 이동한다. 이때 전자를 잃은 물체는 어떤 전하를 띠게 되는지 쓰시오.

2 그림은 전하를 띠고 있는 고무풍선 세 개를 실에 매단 모습을 나타낸 것이다.

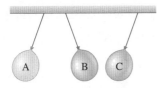

고무풍선 A가 (−)전하를 띠고 있을 때 B와 C가 띠고 있는 전하의 종류를 쓰시오.

3 전기를 띠지 않은 금속 물체에 대전체를 가까이 할 때 대전체와 가까운 쪽은 어떤 전하를 띠게 되는지 쓰시오.

4 전기를 띠지 않은 금속 물체에 대전체를 가까이 할 때 금속 물체와 대전체 사이에는 어떤 종류의 전기력이 작용하는지 쓰시오.

5 정전기 유도 현상을 이용하여 물체의 대전 여부를 알아보는 기구를 무엇이라 하는지 쓰시오.

6 그림과 같이 대전되지 않은 금속 막대와 검전기를 장치하고, (+)전하로 대전된 유리 막대를 가까이 하였다.

금속박 D에 대전된 전하의 종류를 쓰시오.

2단계 제시된 단어를 모두 이용하여 서술하기

[7~9] 각 문제에 제시된 단어를 모두 이용하여 답을 서술하시오.

7 다음은 여러 물질이 대전되는 순서를 나타낸 것이다.

(+)털가죽 – 유리 – 명주 – 고무 – 플라스틱(−)

털가죽과 플라스틱 자를 마찰시켰을 때 각각이 띠는 전하의 종류를 까닭과 함께 서술하시오.

> 털가죽, 플라스틱 자, 전자, 이동

8 그림과 같이 대전되지 않은 검전기의 금속판에 (+)대전체를 가까이 하였다.

금속박에 나타나는 변화를 까닭과 함께 서술하시오.

> 금속판, 금속박, 전자, 이동

9 그림은 대전되지 않은 검전기에 (−)대전체를 가까이 한 상태에서 손가락을 댄 후, 손가락과 대전체를 동시에 멀리 하는 상황을 나타낸 것이다.

(다)에서 검전기에 대전되는 전하의 종류를 그 까닭과 함께 서술하시오.

> 검전기, 전자, 대전체, 척력

3단계 실전 문제 풀어 보기

10 서로 다른 두 물체끼리 마찰시키면 마찰 전기가 발생한다. 우리 주변에서 마찰 전기에 의해 일어나는 현상의 예를 <u>두 가지</u>만 서술하시오.

_____

11 그림은 두 고무풍선을 각각 털가죽으로 문지른 모습을 나타낸 것이다.

(1) 마찰 후 두 고무풍선을 가까이 했을 때 작용하는 힘의 종류를 쓰시오.

_____

(2) (1)의 힘을 받는 까닭을 서술하시오.

_____

답안작성 TIP

12 그림과 같이 (−)전하로 대전된 고무풍선을 대전되지 않은 금속 막대의 한쪽 끝 가까이에 걸어 놓고 (+)전하로 대전된 유리 막대를 금속 막대의 다른 쪽 끝에 가까이 하였다.

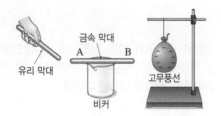

(1) 금속 막대의 A와 B 부분은 어떤 전하로 대전되는지 전자의 이동을 이용하여 서술하시오.

_____

(2) 고무풍선이 움직이는 방향과 그 까닭을 서술하시오.

13 그림 (가)는 털가죽에 2번~3번 문지른 플라스틱 막대를 대전되지 않은 검전기의 금속판에 가까이 하는 모습을, 그림 (나)는 털가죽에 10번 이상 문지른 플라스틱 막대를 대전되지 않은 검전기의 금속판에 가까이 하는 모습을 나타낸 것이다.

(가)   (나)

(1) 이때 금속박의 모양과 금속박의 전하 분포를 각각의 검전기에 그리시오.

(가)   (나)

(2) 이를 통해 알 수 있는 사실은 무엇인지 서술하시오.

_____

답안작성 TIP

14 그림과 같이 (+)전하로 대전된 검전기에 (−)전하로 대전된 플라스틱 막대를 가까이 하였다.

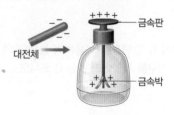

(1) 검전기 내부의 전자가 이동하는 방향을 서술하시오.

_____

(2) 금속박의 변화를 까닭과 함께 서술하시오.

_____

답안작성 TIP
12. 두 물체가 서로 다른 전하를 띨 때와 같은 전하를 띨 때 다른 전기력이 작용한다.　**14.** (+)전하로 대전된 검전기의 내부에도 전자가 존재하므로 전자는 대전체에 의해 전기력을 받아 이동한다.

1 전류 전하의 흐름 [단위 : A(암페어)]

(1) **전류의 방향** : 전자의 이동 방향과 반대

❶ 의 방향	전지의 (+)극 → (−)극	
❷ 의 이동 방향	전지의 (−)극 → (+)극	

(2) **도선 속 전자의 운동**

전류가 흐르지 않을 때	전류가 흐를 때
무질서하게 운동	일정한 방향으로 운동

2 전압 전류를 흐르게 하는 능력 [단위 : V(볼트)]

• **물의 흐름과 전기 회로의 비유** : 물의 높이 차 때문에 물이 흐르듯이 전압 때문에 전류가 흐른다.

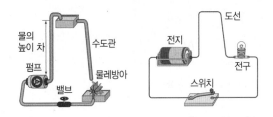

❸	❹	물의 흐름	펌프	물의 높이 차
전구	스위치	❺	전지	❻

3 전류계와 전압계

구분	전류계	전압계
차이점	• 전류의 세기를 측정하는 도구 • 직렬로 연결한다.	• 전압의 크기를 측정하는 도구 • 병렬로 연결한다.
공통점	• (+)단자는 전지의 (+)극 쪽에, (−)단자는 전지의 (−)극 쪽에 연결한다. • 측정 예상값을 모를 때는 (−)단자 중 최댓값이 가장 ❼ 단자와 연결한다.	

[전류계의 눈금 읽기]

(−)단자가 500 mA에 연결되어 있으므로 최댓값이 ❽ mA인 눈금을 읽으면 전류= ❾ mA 이다. ➡ 전압계도 같은 방법으로 읽는다.

4 전기 저항 전류의 흐름을 방해하는 정도 [단위 : Ω(옴)]

(1) **저항이 생기는 까닭** : 전자가 이동하면서 원자와 충돌하기 때문

(2) **저항에 영향을 주는 요인**

물질의 종류	물질마다 원자의 배열 상태가 다르기 때문에 저항이 다르다.
물질의 길이	저항은 물질의 길이에 비례한다.
물질의 단면적	저항은 물질의 단면적에 반비례한다.

5 옴의 법칙 전류의 세기는 ❿ 에 비례하고, ⓫ 에 반비례한다.

$$I = \frac{V}{R}, \ V = IR, \ R = \frac{V}{I}$$

• 옴의 법칙을 나타내는 그래프

저항이 일정할 때	전류가 일정할 때	전압이 일정할 때
전류의 세기는 전압에 비례한다.	전압은 저항에 비례한다.	전류의 세기는 저항에 반비례한다.

6 저항의 직렬연결과 병렬연결

구분	⓬ 연결	⓭ 연결
전류의 세기	각 저항에 흐르는 전류의 세기는 전체 전류의 세기와 같다.	저항의 크기에 반비례하여 전체 전류가 나누어 흐른다.
전압	전체 전압이 각 저항에 비례하여 나누어 걸린다.	각 저항에 걸리는 전압은 전체 전압과 같다.
저항	• 많이 연결할수록 전체 저항이 ⓮ 한다. ➡ 전체 전류 감소 • 하나의 연결이 끊어지면 회로 전체에 전류가 흐르지 않는다.	• 많이 연결할수록 전체 저항이 ⓯ 한다. ➡ 전체 전류 증가 • 하나의 연결이 끊어져도 전류가 계속 흐른다.

7 직렬연결과 병렬연결의 사용

(1) **직렬연결** : 퓨즈, 화재 감지 장치, 장식용 전구 등

(2) **병렬연결** : 멀티탭, 건물의 전기 배선, 가로등 등

(3) **안전한 전기 사용** : 한 콘센트에 여러 전기 기구를 동시에 연결하여 사용하지 않는다.

Ⅱ
전기와 자기

● 정답과 해설 57쪽

MEMO

1 전류에 대한 설명으로 옳은 것은 ○, 옳지 <u>않은</u> 것은 ×로 표시하시오.

(1) 원자가 도선을 따라 이동하면서 전하를 운반하기 때문에 전류가 흐른다. ·· (   )

(2) 전류의 방향과 전자의 이동 방향은 반대이다. ·····································(   )

(3) 전류가 흐르지 않을 때 도선 속의 전자는 모두 정지해 있다. ··················(   )

2 그림에서 역할이 비슷한 것끼리 짝 지어, 표의 (   ) 안에 알맞은 말을 쓰시오.

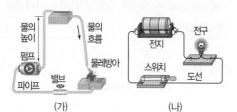

(가)	(나)
①( )	전지
②( )	스위치
물레방아	③( )
파이프	④( )

3 전류계는 회로에 ①(   )로 연결하고, 전류의 세기를 예상할 수 없을 경우, 값이 가장 ②(   ) (−)단자에 연결한다.

4 오른쪽 그림은 전류계를 나타낸 것이다. 전류계의 (−) 단자가 50 mA에 연결되어 있다면 이때 전류의 세기는 (   ) mA이다.

5 전압계는 회로에 ①(직렬, 병렬)로 연결하며, (+)단자는 전지의 ②((+), (−))극 쪽에, (−)단자는 전지의 ③((+), (−))극 쪽에 연결한다.

6 도선의 재질이 같을 때 도선의 전기 저항은 도선의 길이에 ①(   )하고, 단면적에 ②(   )한다.

7 저항이 10 Ω인 니크롬선에 5 V의 전압을 걸어 주면 (   ) A의 전류가 흐른다.

[8~9] 그림과 같이 두 저항을 회로에 각각 직렬, 병렬로 연결하였다.

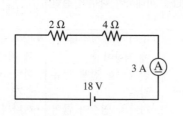 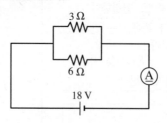

8 2 Ω에 걸리는 전압은 ①(   ) V이고, 4 Ω에 걸리는 전압은 ②(   ) V이다.

9 3 Ω에 흐르는 전류의 세기는 ①(   ) A이고, 6 Ω에 흐르는 전류의 세기는 ②(   ) A이다.

10 두 저항을 ①(   )로 연결하면 각 저항에 흐르는 전류의 세기가 일정하고, ②(   )로 연결하면 각 저항에 걸리는 전압의 크기가 일정하다.

01 오른쪽 그림과 같은 전기 회로에 전류가 흐르고 있다. A, B 방향이 의미하는 것을 옳게 짝 지은 것은?

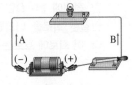

	A	B
①	전류의 방향	전자의 이동 방향
②	전류의 방향	원자핵의 이동 방향
③	전자의 이동 방향	전류의 방향
④	전자의 이동 방향	원자핵의 이동 방향
⑤	원자핵의 이동 방향	전류의 방향

02 그림은 도선 내부에서 전자의 운동을 나타낸 것이다.

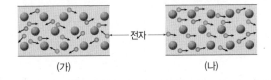

(가)   (나)

이에 대한 설명으로 옳지 않은 것은?

① (가)는 전류가 흐르지 않는 상태이다.
② (가)에서 전자들은 불규칙한 운동을 하고 있다.
③ (나)에서 전자는 전류와 반대 방향으로 이동한다.
④ (나)의 왼쪽은 전지의 (+)극과 연결되어 있다.
⑤ (나)에서는 오른쪽에서 왼쪽으로 전류가 흐른다.

03 그림은 각각 전기 회로와 물의 흐름을 나타낸 것이다.

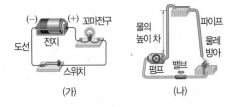

(가)   (나)

(가)와 (나)를 비유할 때 역할이 비슷한 것끼리 연결한 것으로 옳지 않은 것은?

① 스위치 – 펌프
② 전압 – 물의 높이 차
③ 도선 – 파이프
④ 전류 – 물의 흐름
⑤ 꼬마전구 – 물레방아

04 전류와 전압에 대한 설명으로 옳지 않은 것은?

① 전류는 전하의 흐름이다.
② 전류의 단위는 A(암페어)를 사용하며, 1 A= 100 mA이다.
③ 저항이 일정할 때 전압이 증가하면 전류의 세기도 증가한다.
④ 1 A는 1초 동안 도선의 한 단면을 6.25×10^{18}개의 전자가 통과할 때의 전류의 세기이다.
⑤ 전압은 전기 회로에서 전류가 흐르게 하는 역할을 한다.

05 전구에 걸리는 전압과 흐르는 전류의 세기를 측정하려고 할 때 전압계와 전류계의 연결이 옳은 것은?

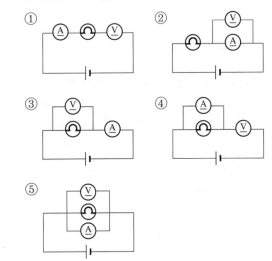

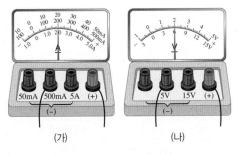

06 어떤 회로에 전류계와 전압계를 연결하였더니 눈금이 그림과 같았다.

(가)   (나)

전류의 세기(I)와 전압의 크기(V)를 옳게 짝 지은 것은?

	I	V		I	V
①	20 mA	2 V	②	200 mA	6 V
③	0.2 A	2 V	④	2 A	5 V
⑤	2 A	6 V			

07 그림과 같은 회로에 흐르는 전류의 세기를 측정하려고 한다.

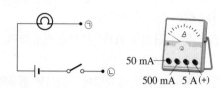

전류의 예상값이 3 A라고 한다면 ㉠과 ㉡에는 각각 전류계의 어떤 단자를 연결해야 하는가?

① ㉠−(+)단자, ㉡−5 A 단자
② ㉠−(+)단자, ㉡−500 mA 단자
③ ㉠−5 A 단자, ㉡−(+)단자
④ ㉠−50 mA 단자, ㉡−(+)단자
⑤ ㉠−500 mA 단자, ㉡−(+)단자

08 전기 저항이 가장 큰 것은?(단, 재질은 모두 같다.)

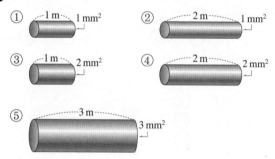

09 표는 전기 회로 (가)~(다)의 전압, 전류, 저항을 나타낸 것이다.

전기 회로	전압	전류	저항
(가)	2 V	1 A	㉠( ) Ω
(나)	1.5 V	㉡( ) mA	100 Ω
(다)	㉢( ) V	300 mA	15 Ω

㉠~㉢에 알맞은 값을 옳게 짝 지은 것은?

	㉠	㉡	㉢		㉠	㉡	㉢
①	2	0.015	1.5	②	2	15	4.5
③	2	15	4500	④	4	30	4.5
⑤	6	30	1.5				

10 오른쪽 그림은 전압이 3 V 인 전지에 30 Ω인 저항을 연결한 회로를 나타낸 것이다. 이 회로에 흐르는 전류의 세기는?

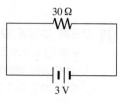

① 0.1 mA ② 10 mA ③ 100 mA
④ 1 A ⑤ 10 A

11 오른쪽 그림은 어떤 니크롬선의 양 끝에 걸어 준 전압에 따른 전류의 세기를 나타낸 것이다. 이 니크롬선의 저항은?

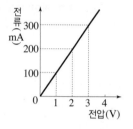

① 0.01 Ω ② 0.1 Ω
③ 1 Ω ④ 10 Ω
⑤ 100 Ω

12 오른쪽 그림은 세 니크롬선 A ~C에 흐르는 전류의 세기에 따른 전압을 나타낸 것이다. 니크롬선 A~C의 재질과 굵기가 같을 때, 니크롬선의 길이를 옳게 비교한 것은?

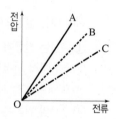

① A>B>C ② A>C>B ③ A<B<C
④ B>A>C ⑤ A=B=C

이 문제에서 나올 수 있는 보기는 多

13 오른쪽 그림은 재질이 같은 니크롬선 A와 B로 걸어 준 전압에 따른 전류의 세기를 나타낸 것이다. 이에 대한 설명으로 옳지 않은 것은?

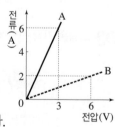

① 기울기는 $\dfrac{1}{저항}$ 을 의미한다.
② 저항은 B가 A보다 크다.
③ 같은 전압을 걸어 준다면 B보다 A에 센 전류가 흐른다.
④ 길이가 같다면 A는 B보다 가늘다.
⑤ 굵기가 같다면 B가 A보다 길다.
⑥ 전류의 세기가 전압에 비례함을 알 수 있다.

[14~15] 오른쪽 그림은 1 Ω과 2 Ω 인 저항이 직렬연결된 회로를 나타낸 것이다. 이 전기 회로에 흐르는 전체 전류의 세기가 2 A이다.

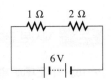

14 1 Ω과 2 Ω인 저항에 흐르는 전류의 세기를 옳게 짝 지은 것은?

	1 Ω	2 Ω		1 Ω	2 Ω
①	1 A	1 A	②	1 A	2 A
③	2 A	2 A	④	2 A	4 A
⑤	4 A	2 A			

15 1 Ω과 2 Ω인 저항에 걸리는 전압을 옳게 짝 지은 것은?

	1 Ω	2 Ω		1 Ω	2 Ω
①	1 V	1 V	②	1 V	2 V
③	2 V	4 V	④	3 V	3 V
⑤	4 V	2 V			

16 오른쪽 그림과 같이 10 Ω과 20 Ω인 저항에 90 V의 전압을 걸어 주었더니, 회로에 3 A의 전류가 흘렀다. 이에 대한 설명으로 옳지 않은 것은?

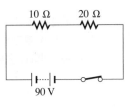

① 회로의 전체 저항은 30 Ω이다.
② 10 Ω에 흐르는 전류의 세기는 3 A이다.
③ 10 Ω에 걸리는 전압은 30 V이다.
④ 20 Ω에 걸리는 전압은 60 V이다.
⑤ 두 저항에 흐르는 전류의 비는 1 : 2이다.

17 오른쪽 그림과 같이 20 Ω, 30 Ω인 저항이 6 V의 전원에 병렬연결되어 있을 때 전류계에서 측정한 전류의 세기는?

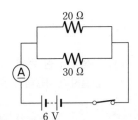

① 0.1 A ② 0.2 A
③ 0.3 A ④ 0.5 A
⑤ 1 A

이 문제에서 나올 수 있는 보기는 **多**

18 오른쪽 그림과 같이 3 Ω과 6 Ω인 두 저항이 병렬연결된 전기 회로에 흐르는 전체 전류의 세기가 1.5 A일 때, 이에 대한 설명으로 옳은 것을 모두 고르면?(2개)

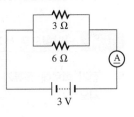

① 전체 저항은 9 Ω이다.
② 6 Ω에 걸리는 전압은 3 V이다.
③ 3 Ω에 걸리는 전압은 1.5 V이다.
④ 3 Ω에 흐르는 전류의 세기는 0.5 A이다.
⑤ 6 Ω에 흐르는 전류의 세기는 0.5 A이다.
⑥ 전류계에 흐르는 전류의 세기는 0.3 A이다.

19 직렬연결과 관계있는 것들을 보기에서 모두 고른 것은?

┌ 보기 ─────────────────────
ㄱ. 과도한 전류가 흐르는 것을 방지하는 퓨즈
ㄴ. 여러 전기 기구를 연결할 수 있는 멀티탭
ㄷ. 화재가 발생했을 때 경보가 울리는 화재 감지 장치
ㄹ. 어두운 밤에 도로를 밝게 비춰주는 가로등
└───────────────────────

① ㄱ, ㄴ   ② ㄱ, ㄷ   ③ ㄴ, ㄷ
④ ㄴ, ㄹ   ⑤ ㄷ, ㄹ

20 그림은 어느 가정에서 전기 기구들이 연결된 모습과 전기 기구의 저항을 나타낸 것이다.

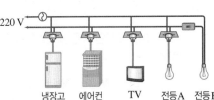

냉장고	에어컨	TV	전등A	전등B
2000 Ω	1000 Ω	5000 Ω	100 Ω	120 Ω

이에 대한 설명으로 옳지 않은 것을 모두 고르면?(2개)

① 모든 전기 기구는 병렬로 연결되어 있다.
② 각 전기 기구에 걸리는 전압은 220 V이다.
③ 전등 B의 스위치를 끄면 다른 전기 기구에 흐르는 전류의 세기가 증가한다.
④ 전기 기구를 추가로 연결해도 회로 전체에 흐르는 전류는 변하지 않고 일정하다.
⑤ 에어컨에 흐르는 전류는 냉장고에 흐르는 전류의 2배이다.

1 전기 회로에 전류가 흐를 때 전자의 이동 방향을 쓰시오.

_____

2 전기 회로에 전류가 흐르는 것을 물의 흐름과 비교했을 때 물의 높이 차는 전기 회로의 무엇에 비교할 수 있는지 쓰시오.

_____

3 그림은 저항이 한 개 연결되어 있는 전기 회로에서 전류의 세기와 전압을 측정한 결과를 나타낸 것이다.

[500 mA 단자에 연결]　　　[15 V 단자에 연결]

회로에 연결된 저항의 크기를 구하시오.

_____

4 오른쪽 그림은 길이와 단면적이 같은 여러 가지 금속선에 걸리는 전압과 전류의 관계를 나타낸 것이다. 이 금속선들 중 전기 저항이 가장 큰 것을 고르시오.

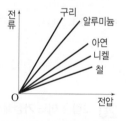

_____

5 그림과 같이 1 Ω, 2 Ω인 저항을 12 V의 전지에 직렬로 연결하였다.

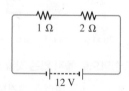

1 Ω과 2 Ω인 두 저항에 걸리는 전압의 비를 구하시오.

_____

6 전기 기구에 과도하게 센 전류가 흐르는 것을 방지하기 위해 퓨즈를 사용한다. 퓨즈는 전기 회로에 어떤 방법으로 연결해야 하는지 쓰시오.

_____

[7~10] 각 문제에 제시된 단어를 모두 이용하여 답을 서술하시오.

7 전기 저항이 발생하는 까닭을 서술하시오.

> 전자, 이동, 원자, 방해

_____

8 같은 물질인 경우 도선의 길이와 단면적의 변화에 따라 전기 저항이 어떻게 변하는지 서술하시오.

> 길이, 단면적, 저항, 커진다

_____

9 그림과 같이 동일한 전구 2개를 전기 회로에 병렬로 연결하였다. A 부분을 끊으면 남은 전구의 밝기는 어떻게 변하는지 까닭과 함께 서술하시오.

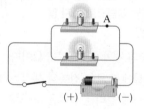

> 병렬, 남은 전구, 전압, 밝기

_____

10 가정에서 한 콘센트에 여러 전기 기구를 동시에 많이 연결하여 사용하지 말아야 하는 까닭을 서술하시오.

> 전기 배선, 병렬, 전체 저항, 전체 전류

_____

3단계 실전 문제 풀어 보기

11 그림은 도선 속 전자의 모습을 나타낸 것이다.

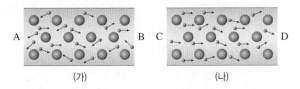

(가)   (나)

(1) (가)와 (나) 중 전류가 흐르고 있는 도선을 고르고, 그 까닭을 서술하시오.

_____

(2) A~D 중 전지의 (+)극이 연결되어 있는 부분을 쓰고, 그 까닭을 서술하시오.

_____

12 전기 회로에 흐르는 전류의 세기를 측정하기 위해 전류계를 연결하였더니 그림과 같은 결과가 나왔다.

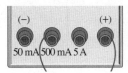 

전류의 세기를 정확히 측정하려면 어떻게 해야 하는지 서술하시오.

_____

답안작성 **TIP**

13 재질과 단면적이 같은 네 연필심 A~D에 같은 전압을 걸어 주었더니 각 연필심에 흐르는 전류의 세기가 표와 같았다.

연필심	A	B	C	D
전류의 세기	50 mA	30 mA	10 mA	40 mA

(1) A~D 중 저항이 가장 큰 연필심을 고르고, 그 까닭을 서술하시오.

_____

(2) A~D 중 길이가 가장 긴 연필심을 고르고, 그 까닭을 서술하시오.

_____

14 그림과 같이 저항을 연결하고 12 V의 전압을 걸어 주었더니 0.2 A의 전류가 흘렀다.

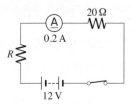

(1) 20 Ω인 저항에 걸리는 전압은 몇 V인지 풀이 과정과 함께 구하시오.

_____

(2) 저항 R에 걸리는 전압은 몇 V인지 풀이 과정과 함께 구하시오.

_____

(3) 저항 R는 몇 Ω인지 풀이 과정과 함께 구하시오.

_____

답안작성 **TIP**

15 그림과 같이 3 Ω, 6 Ω인 저항을 12 V의 전지에 병렬로 연결하였다.

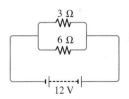

(1) 3 Ω인 저항에 흐르는 전류의 세기를 풀이 과정과 함께 구하시오.

_____

(2) 3 Ω과 6 Ω에 흐르는 전류의 세기의 비를 풀이 과정과 함께 구하시오.

_____

(3) 3 Ω인 저항을 하나 더 병렬연결하면 회로에 흐르는 전체 전류의 세기는 어떻게 변하는지 그 까닭과 함께 서술하시오.

_____

답안작성 **TIP**

13. 재질과 단면적이 같을 때 저항은 길이에 따라 달라진다.   **15.** 저항을 병렬로 연결한 경우 각 저항에 걸리는 전압은 전체 전압과 같다. 회로에 흐르는 전체 전류는 병렬로 연결된 부분에서 나누어져 흐르다가 다시 합쳐진다.

1 [①　　　]　자석 주위와 같이 자기력이 작용하는 공간

(1) 방향 : 나침반 자침의 [②]극이 가리키는 방향

(2) 세기 : 자석의 양 극에 가까울수록 세다.

2 [③　　　]　자기장의 모양을 선으로 나타낸 것

(1) [④]극에서 나와 [⑤]극으로 들어간다.

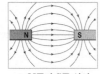

▲ N극과 S극 사이　　　▲ S극과 S극 사이

(2) 도중에 끊어지거나 서로 교차하지 않는다.

(3) 자기력선의 간격이 촘촘할수록 [⑥　　　]의 세기가 세다.

3 전류가 흐르는 도선 주위의 자기장　전류가 흐르는 도선 주위에도 자기장이 생긴다.

(1) **직선 도선과 원형 도선** : 오른손의 엄지손가락을 [⑦　　　]의 방향으로 향하고, 네 손가락으로 도선을 감아쥔다. ➡ 네 손가락이 감긴 방향이 자기장의 방향이다.

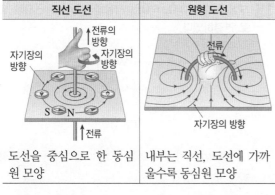

직선 도선	원형 도선
도선을 중심으로 한 동심원 모양	내부는 직선, 도선에 가까울수록 동심원 모양

(2) **세기** : 전류의 세기가 셀수록, 도선에 가까울수록 자기장이 세다.

4 코일 주위의 자기장　코일 내부에는 직선 모양, 외부에는 막대자석 주위와 비슷한 모양의 자기장이 생긴다.

(1) **방향** : 오른손의 네 손가락을 [⑧　　　]의 방향으로 감아쥘 때 엄지손가락이 가리키는 방향이 코일 내부에서 자기장의 방향이다.

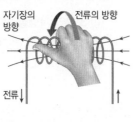

➡ 엄지손가락이 가리키는 쪽이 [　　]극이 된다.

(2) **세기** : 전류의 세기가 셀수록, 코일을 촘촘히 감을수록 자기장이 세다.

5 전자석　코일 속에 철심을 넣어 만든 자석 ➡ 코일에 전류가 흐르는 동안에만 자석이 된다.

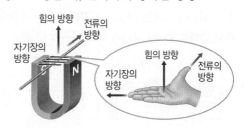

(1) **극** : 전류의 방향이 바뀌면 전자석의 극도 바뀐다.

(2) **세기** : 전류의 세기가 셀수록, 코일을 촘촘히 감을수록 세다.

(3) **이용** : 자기 부상 열차, 전자석 기중기, 스피커, 자기 공명 영상(MRI) 장치 등

6 자기장에서 전류가 받는 힘(자기력)　자석 사이에 있는 도선에 전류가 흐르면 자석에 의한 자기장과 전류에 의한 자기장이 상호 작용하여 도선은 힘을 받는다.

(1) **힘의 방향** : 오른손의 손바닥을 펴고 엄지손가락을 [⑨　　　]의 방향, 네 손가락을 [⑩　　　]의 방향으로 향할 때, 손바닥이 향하는 방향

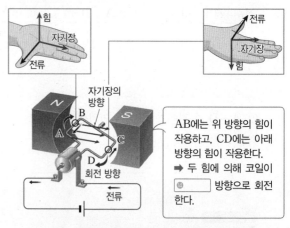

(2) **힘의 크기**

• 전류 및 자기장의 세기가 셀수록 크다.

• 전류와 자기장의 방향이 서로 [⑪　　　]일 때 가장 크고, [⑫　　　]일 때 0이다.

(3) **이용** : 전동기, 전류계, 전압계, 스피커 등

7 전동기

(1) **전동기의 원리** : 전류가 흐르는 코일이 자기장에서 받는 힘을 이용한다.

AB에는 위 방향의 힘이 작용하고, CD에는 아래 방향의 힘이 작용한다.
➡ 두 힘에 의해 코일이 [⑬　　]방향으로 회전한다.

(2) **전동기의 이용** : 세탁기, 선풍기, 전기 자동차, 엘리베이터, 에스컬레이터 등

MEMO

1 자석 주위와 같이 자기력이 작용하는 공간을 ①(　　　)이라 하고, 이를 선으로 나타낸 것을 ②(　　　)이라고 한다.

2 자기력선의 특징으로 옳은 것은 ○, 옳지 <u>않은</u> 것은 ×로 표시하시오.
(1) 항상 N극에서 나와서 S극으로 향한다. ······················ (　　　)
(2) 중간에 끊어지지 않고, 경우에 따라 서로 교차할 수 있다. ·············· (　　　)
(3) 자기력선의 간격이 촘촘한 곳일수록 자기장의 세기가 세다. ·············· (　　　)

3 오른쪽 그림은 자석의 두 극 사이에서의 자기력선을 나타낸 것이다. A는 자석의 ①(N, S)극, B는 자석의 ②(N, S)극이다. 이때 A와 B 사이에는 ③(인력, 척력)이 작용한다.

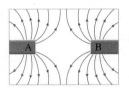

[4~6] 그림과 같이 도선에 화살표 방향으로 전류가 흐를 때 나침반 자침의 N극이 가리키는 방향을 고르시오.(단, 지구 자기장은 무시한다.)

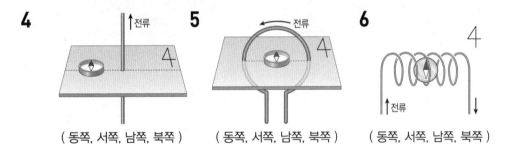

4 (동쪽, 서쪽, 남쪽, 북쪽)

5 (동쪽, 서쪽, 남쪽, 북쪽)

6 (동쪽, 서쪽, 남쪽, 북쪽)

7 코일 속에 철심을 넣어 만든 자석을 (　　　)이라고 한다.

8 자기장에서 전류가 받는 힘의 방향은 오른손 엄지손가락을 ①(　　　)의 방향, 네 손가락을 ②(　　　)의 방향으로 향할 때 ③(　　　)이 향하는 방향과 같다.

9 자기장에서 전류가 받는 힘의 크기는 전류와 자기장의 방향이 서로 ①(　　　)일 때 가장 크고, 전류와 자기장의 방향이 서로 ②(　　　)일 때는 힘을 받지 않는다.

10 오른쪽 그림과 같이 자기장 속에 놓인 도선에 화살표 방향으로 전류가 흐르고 있다. 이때 도선이 받는 힘의 방향을 A~D 중에서 고르시오.

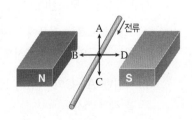

계산력·암기력 강화 문제!

◈ 도선 주위의 자기장의 방향 찾기 진도 교재 73쪽

• 직선 도선 주위의 자기장 	• 원형 도선 주위의 자기장 	• 코일 주위의 자기장 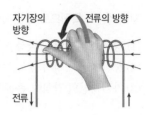
전류의 방향으로 오른손 엄지손가락을 향할 때, 네 손가락을 감아쥔 방향이 자기장의 방향이다.	직선 도선을 원형으로 감은 것과 같은 자기장이 형성된다.	전류의 방향으로 오른손 네 손가락을 감아쥘 때 엄지손가락이 가리키는 방향이 자기장의 방향이다.

● **직선 도선 주위의 자기장**

1 그림과 같이 직선 도선에 전류가 흐를 때 A, B점에서 전류에 의한 자기장의 방향을 각각 쓰시오.(단, 지구 자기장은 무시한다.)

(1) 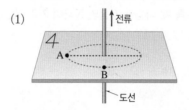 (2)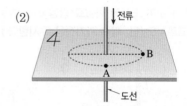

● **원형 도선 주위의 자기장**

2 그림과 같이 원형 도선에 전류가 흐를 때 원형 도선의 중심인 O점에서 전류에 의한 자기장의 방향을 쓰시오.(단, 지구 자기장은 무시한다.)

(1) 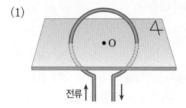 (2)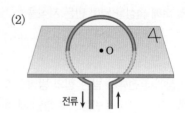

● **코일 주위의 자기장**

3 오른쪽 그림과 같이 코일에 전류가 흐르고 있다.(단, 지구 자기장은 무시한다.)

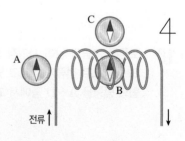

(1) 코일에 흐르는 전류에 의해 코일의 서쪽 부분이 띠는 자극의 종류를 쓰시오.

(2) 나침반 A~C의 자침의 N극이 가리키는 방향을 각각 쓰시오.

◈ **자기장 속에 놓인 도선이 받는 힘의 방향 찾기** 진도 교재 75쪽

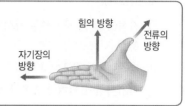

❶ 오른손의 엄지손가락과 네 손가락이 수직이 되도록 손바닥을 편다.
❷ 엄지손가락을 전류의 방향으로 향하고, 네 손가락을 자기장의 방향으로 향한다.
❸ 이때 도선은 손바닥이 향하는 방향으로 힘을 받는다.

● **막대자석 사이에 놓인 도선이 받는 힘**

1 그림과 같이 두 막대자석 사이에 놓인 도선에 화살표 방향으로 전류가 흐를 때 도선이 받는 힘의 방향을 ㉠~㉣ 중에서 고르시오.

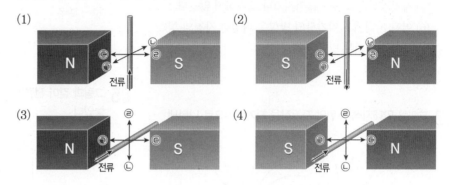

● **말굽자석 사이에 놓인 도선이 받는 힘**

2 그림과 같이 말굽자석 사이에 놓인 도선에 화살표 방향으로 전류가 흐를 때 도선이 받는 힘의 방향을 ㉠~㉣ 중에서 고르시오.

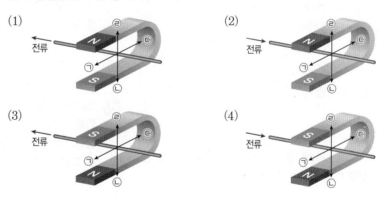

● **영구 자석 사이에 놓인 코일이 받는 힘**

3 오른쪽 그림과 같이 영구 자석 사이에 화살표 방향으로 전류가 흐르는 코일이 놓여 있다.

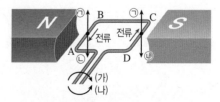

(1) AB 부분에는 어느 방향으로 힘이 작용하는지 ㉠과 ㉡ 중에서 고르시오.

(2) CD 부분에는 어느 방향으로 힘이 작용하는지 ㉠과 ㉡ 중에서 고르시오.

(3) 코일은 어느 방향으로 회전하는지 (가)와 (나) 중에서 고르시오.

이 문제에서 나올 수 있는 보기는 多

01 자기장과 자기력선에 대한 설명으로 옳은 것을 모두 고르면?(2개)

① 자석에 의한 자기장은 자석의 양 극에서 가장 약하다.

② 자기력선은 S극에서 나와 N극으로 들어간다.

③ 자기력선이 빽빽한 곳은 듬성듬성한 곳보다 자기장의 세기가 약하다.

④ 자기력선의 방향은 나침반 자침의 S극이 가리키는 방향과 같다.

⑤ 자기력선은 도중에 끊어지거나 교차하지 않는다.

⑥ 어떤 지점에서 자기장의 방향은 나침반 자침의 N극이 가리키는 방향과 같다.

02 그림은 막대자석 주위의 자기장을 자기력선으로 나타낸 것이다.

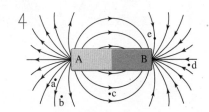

이에 대한 설명으로 옳은 것을 모두 고르면?(2개)

① A는 N극, B는 S극이다.

② a점에서보다 b점에서의 자기장이 세다.

③ c점에 놓은 나침반 자침의 N극은 서쪽을 가리킨다.

④ d점에 놓은 나침반 자침의 N극은 동쪽을 가리킨다.

⑤ e점에 놓은 나침반 자침의 N극은 남쪽을 가리킨다.

03 막대자석의 두 극 사이에 생기는 자기력선의 모양을 옳게 나타낸 것을 모두 고르면?(2개)

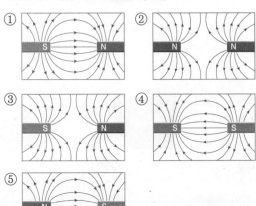

04 오른쪽 그림과 같이 장치하고 A와 B에 나침반을 놓은 다음 전류를 흐르게 하였다. 이때 A와 B에 놓인 나침반 자침의 N극이 가리키는 방향을 옳게 짝 지은 것은? (단, 지구 자기장은 무시한다.)

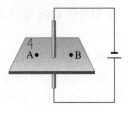

	A	B		A	B
①	동쪽	서쪽	②	서쪽	동쪽
③	남쪽	동쪽	④	남쪽	북쪽
⑤	북쪽	남쪽			

05 그림과 같이 전류가 흐르는 회로의 도선 아래에 나침반을 놓았다.

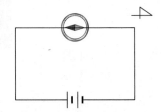

나침반 자침의 N극이 가리키는 방향은?(단, 지구 자기장은 무시한다.)

① 서쪽   ② 동쪽   ③ 남쪽

④ 북쪽   ⑤ 빙글빙글 돈다.

06 오른쪽 그림은 전류가 흐르는 코일을 나타낸 것이다. 이에 대한 설명으로 옳은 것을 보기에서 모두 고른 것은?

┌ 보기 ┐

ㄱ. 코일 주위에는 자기장이 생긴다.

ㄴ. ㉠에 나침반을 놓으면 나침반 자침의 N극이 오른쪽을 가리킨다.

ㄷ. 코일에 흐르는 전류의 방향과 나침반 자침의 N극이 가리키는 방향은 같다.

ㄹ. 전류의 방향이 바뀌어도 ㉠에 놓인 나침반 자침의 방향은 바뀌지 않는다.

① ㄱ, ㄴ   ② ㄱ, ㄷ   ③ ㄴ, ㄷ

④ ㄴ, ㄹ   ⑤ ㄷ, ㄹ

07 코일에 흐르는 전류와 코일 주위에 생기는 자기장을 옳게 나타낸 것을 보기에서 모두 고른 것은?

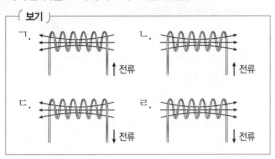

① ㄱ, ㄴ   ② ㄱ, ㄷ   ③ ㄱ, ㄹ
④ ㄴ, ㄷ   ⑤ ㄷ, ㄹ

08 전류가 흐르는 전자석 주위에 생기는 자기장과 전자석의 극을 옳게 나타낸 것은?

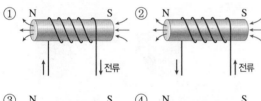
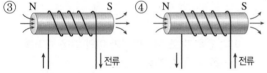
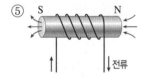

09 그림과 같이 전자석 옆에 막대자석을 놓았다.

이때 전자석과 막대자석 사이에 생기는 자기력선의 모양을 옳게 나타낸 것은?

10 자기장에서 전류가 흐르는 도선이 받는 힘의 크기와 관계가 있는 것을 보기에서 모두 고르시오.

┌ 보기 ┐
ㄱ. 전류의 세기
ㄴ. 자기장의 세기
ㄷ. 자기장과 도선이 이루는 각
ㄹ. 전지의 (+)극과 (−)극의 위치

11 그림과 같이 자석의 두 극 사이에 도선이 놓여 있다.

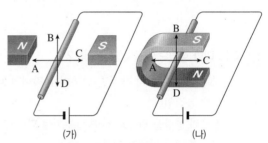

(가), (나)의 도선이 받는 힘의 방향을 옳게 짝 지은 것은?

	(가)	(나)		(가)	(나)
①	A	D	②	B	A
③	B	C	④	D	A
⑤	D	C			

12 말굽자석 사이에 놓인 도선 그네에 화살표 방향으로 전류가 흐를 때, 도선 그네가 말굽자석의 바깥쪽으로 움직이는 경우를 보기에서 모두 고른 것은?

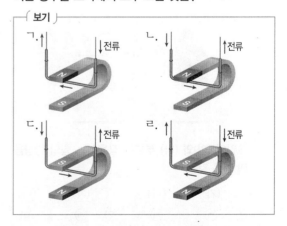

① ㄱ, ㄴ   ② ㄱ, ㄷ   ③ ㄴ, ㄷ
④ ㄴ, ㄹ   ⑤ ㄷ, ㄹ

[13~14] 그림과 같이 전원 장치에 연결된 두 금속 막대 위에 알루미늄 막대를 놓은 후, 그 사이에 말굽자석을 놓았다.

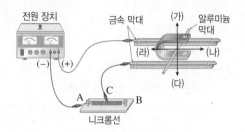

13 이때 알루미늄 막대가 운동하는 방향은?

① (가)　　　② (나)　　　③ (다)

④ (라)　　　⑤ 움직이지 않는다.

14 이에 대한 설명으로 옳지 <u>않은</u> 것은?

① 전류의 세기가 더 세지면 알루미늄 막대가 더 빠르게 움직인다.

② 전류의 방향을 반대로 하면 알루미늄 막대가 움직이는 방향이 반대가 된다.

③ 더 강한 자석으로 바꾸면 알루미늄 막대가 더 빠르게 움직인다.

④ 니크롬선에 연결된 집게 C를 B 쪽으로 옮기면 알루미늄 막대가 더 빠르게 움직인다.

⑤ 전류계와 전압계에 이와 같은 원리가 이용된다.

15 그림은 자석 사이에 있는 코일에 전류가 흐르는 모습을 나타낸 것이다.

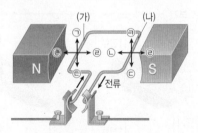

코일의 (가)와 (나) 부분에 작용하는 힘의 방향을 옳게 짝 지은 것은?

	(가)	(나)		(가)	(나)
①	㉠	㉠	②	㉠	㉢
③	㉡	㉣	④	㉢	㉠
⑤	㉣	㉡			

16 오른쪽 그림은 전동기의 구조를 나타낸 것이다. 이에 대한 설명으로 옳은 것은?

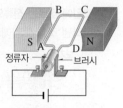

① AB 부분은 위쪽으로 힘을 받는다.

② CD 부분은 아래쪽으로 힘을 받는다.

③ 이 상태에서 BC 부분에는 자기장에서 전류가 받는 힘이 작용하지 않는다.

④ 전류의 세기가 세지면 전동기의 회전 방향이 반대로 바뀐다.

⑤ 전류의 방향이 반대로 바뀌더라도 전동기의 회전 방향은 바뀌지 않는다.

17 그림과 같은 구조의 전동기가 시계 방향으로 회전하고 있다.

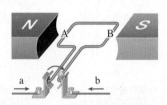

이때 전류가 흐르는 방향과 이와 같은 원리를 사용하는 기구를 옳게 짝 지은 것은?

	전류의 방향	이용한 기구
①	a	전기난로
②	a	선풍기
③	b	스피커
④	b	전자석
⑤	b	형광등

18 그림과 같이 두 전자석 사이에 있는 도선에 화살표 방향으로 전류가 흐르고 있다.

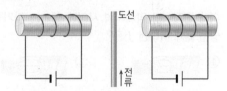

이 도선이 전자석 사이에서 받는 힘의 방향은?

① 왼쪽 방향　　　② 오른쪽 방향

③ 아래 방향　　　④ 종이 면으로 들어가는 방향

⑤ 종이 면에서 나오는 방향

1단계 단답형으로 쓰기

1 자석 주위와 같이 자기력이 작용하는 공간을 무엇이라고 하는지 쓰시오.

_____

2 그림은 코일에 전류가 흐를 때 코일 주위에 생기는 자기장의 방향을 오른손을 이용하여 알아보는 방법을 나타낸 것이다.

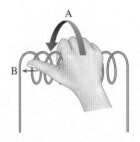

A와 B가 각각 무엇을 의미하는지 쓰시오.

_____

3 코일에 철심을 넣어 만든 자석으로, 전류가 통할 때만 자석의 성질을 갖는 장치를 무엇이라 하는지 쓰시오.

_____

4 오른손을 이용하여 자기장에서 전류가 흐르는 도선이 받는 힘의 방향을 찾을 때 각 부분이 나타내는 것을 쓰시오.

(1) 엄지손가락 : (   )의 방향

(2) 네 손가락 : (   )의 방향

(3) 손바닥 : (   )의 방향

5 오른쪽 그림과 같이 전류가 흐르는 코일 주변에 나침반을 놓고 아래와 같이 전류를 흘려주었을 때 나침반의 N극이 가리키는 방향을 화살표로 나타내시오.(단, 나침반의 N극이 가리키는 방향이 화살표의 방향이며, 지구 자기장은 무시한다.)

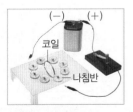

2단계 제시된 단어를 모두 이용하여 서술하기

[6~8] 각 문제에 제시된 단어를 모두 이용하여 답을 서술하시오.

6 눈에 보이지 않는 자기장을 선으로 표현한 것을 자기력선이라고 한다. 자기력선으로 자기장의 방향과 세기를 나타내는 방법을 서술하시오.

> 자기력선, N극, S극, 간격

_____

7 전류가 흐르는 직선 도선 아래에 나침반을 놓았더니 나침반의 자침이 그림과 같이 돌아갔다.

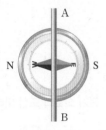

도선에 흐르는 전류의 방향을 찾는 방법과 함께 서술하시오.(단, 지구 자기장은 무시한다.)

> 네 손가락, 엄지손가락, A, B

_____

8 그림은 철심에 코일을 감아서 만든 전자석을 나타낸 것이다.

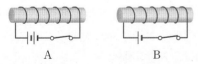

A와 B 중에서 전자석의 세기가 더 큰 것을 고르고, 그 까닭을 서술하시오.(단, 코일을 감은 횟수는 같다.)

> 전자석, 전류, 전압, 전지

9 그림은 막대자석 주위에 생기는 자기력선을 나타낸 것이다.

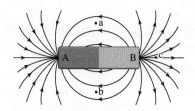

(1) A와 B의 자극을 각각 쓰시오.

_____

(2) a~c 중 자기장의 세기가 가장 센 곳을 고르고, 그 까닭을 서술하시오.

_____

답안작성 **TIP**

10 그림과 같이 전기 회로의 도선 아래에 나침반을 놓았다.

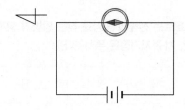

(1) 전류가 흐를 때 나침반의 N극은 어느 방향을 가리키는지 쓰시오.(단, 지구 자기장은 무시한다.)

_____

(2) 나침반을 도선 위로 옮겨 놓으면 나침반에 어떤 변화가 생기는지 서술하시오.

_____

(3) (1)에서 전지의 방향을 반대로 바꾸어 연결하면 나침반의 N극은 어느 방향을 가리키는지 쓰고, 그 까닭을 서술하시오.

_____

11 그림은 자기장 속에서 도선이 받는 힘을 알아보기 위한 실험 장치를 나타낸 것이다.

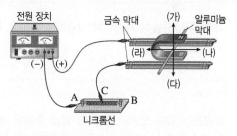

(1) 이때 알루미늄 막대의 운동 방향을 (가)~(라) 중에서 골라 쓰시오.

_____

(2) 알루미늄 막대의 운동 방향을 반대로 하기 위한 방법을 두 가지 서술하시오.

_____

답안작성 **TIP**

12 그림은 자석의 두 극 사이에 놓인 코일에 화살표 방향으로 전류가 흐르는 모습을 나타낸 것이다.

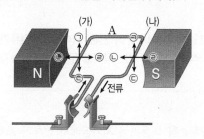

(1) (가)와 (나) 부분이 받는 힘의 방향을 각각 ㉠~㉣ 중에서 고르고, 코일의 운동을 서술하시오.

_____

(2) 자석의 N극과 S극의 위치를 바꾸면 어떤 변화가 나타나는지 서술하시오.

_____

(3) 코일의 A 부분이 받는 힘의 크기는 얼마인지 쓰고, 그 까닭을 서술하시오.

_____

(4) 코일이 더 빠르게 회전하기 위한 방법을 두 가지 서술하시오.

_____

답안작성 **TIP**
10. 직선 도선인 경우 오른손의 엄지손가락을 전류의 방향과 일치시키고 네 손가락으로 도선을 감아쥐었을 때 네 손가락이 가리키는 방향이 자기장의 방향이다.　**12.** 코일이 받는 힘이 커질수록 코일이 더 빠르게 회전한다.

1 에라토스테네스의 지구 크기 측정

(1) 원리 : 원에서 호의 길이는 중심각의 크기에 비례한다.

(2) 가정

① 지구는 완전한 ① ☐ 이다.

② 지구로 들어오는 햇빛은 ② ☐ 하다.

(3) 측정해야 하는 값

① 알렉산드리아에서 막대와 그림자 끝이 이루는 각도(7.2°) ➡ 중심각(θ)과 엇각으로 크기가 같다.

② 알렉산드리아와 시에네 사이의 거리(925 km)

(4) 지구의 반지름(R)

$$360° : 2\pi R = 7.2° : 925 \text{ km}$$
$$\therefore R = \frac{360° \times 925 \text{ km}}{2\pi \times 7.2°} = 7365 \text{ km}$$

(5) 실제 지구 크기와 차이 나는 까닭 : 지구가 완전한 구형이 아니며, 두 지점 사이의 거리 측정이 정확하지 않았기 때문

2 위도 차를 이용한 지구 크기 측정

(1) 경도가 같은 두 지점의 위도 차는 중심각의 크기와 같다. ➡ 중심각(θ)= ③ ☐ °

(2) 측정해야 하는 값 : 두 지점의 위도 차, 두 지점 사이의 거리

(3) 지구의 반지름(R)

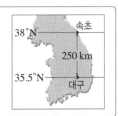

예 속초와 대구의 위도 차와 거리 이용
$$360° : 2\pi R = 2.5° : 250 \text{ km}$$
$$\therefore R = \frac{360° \times 250 \text{ km}}{2\pi \times 2.5°}$$

3 지구의 자전 지구가 자전축을 중심으로 하루에 한 바퀴씩 서에서 동으로 도는 운동

자전 방향	서 → 동	자전 속도	1시간에 15°

4 천체의 일주 운동 태양, 달, 별과 같은 천체가 하루에 한 바퀴씩 원을 그리며 도는 운동 ➡ 지구 자전에 의한 겉보기 운동

(1) 천체의 일주 운동 방향과 속도

운동 방향	동 → 서	운동 속도	1시간에 ④ ☐

(2) 북쪽 하늘에서 관측한 별의 일주 운동

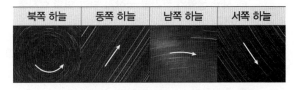

- 북쪽 하늘에서 일주 운동 방향 : ⑤ ☐ 방향
- 일주 운동 속도 : 15°/h
- 일주 운동의 중심 : ⑥ ☐

2시간 동안 관측한 북쪽 하늘 ▶

(3) 우리나라에서 관측한 별의 일주 운동 모습

북쪽 하늘	동쪽 하늘	남쪽 하늘	서쪽 하늘

5 지구의 공전 지구가 태양을 중심으로 1년에 한 바퀴씩 서에서 동으로 도는 운동

공전 방향	서 → 동	공전 속도	하루에 약 1°

6 태양의 ⑦ ☐ 태양이 별자리를 배경으로 이동하여 1년 후 처음의 위치로 돌아오는 운동 ➡ 지구 공전에 의한 겉보기 운동

운동 방향	서 → 동	운동 속도	하루에 약 1°

5월 1일	5월 15일	5월 30일

▲ 해가 진 직후 관측한 태양과 별자리의 위치 변화

7 계절별 별자리 변화 지구 공전으로 나타나는 변화

(1) 황도 : 태양이 연주 운동하며 지나가는 길

(2) ⑧ ☐ : 황도에 위치한 12개의 별자리

구분	태양이 지나는 별자리 (태양 방향)	한밤중에 남쪽 하늘에서 보이는 별자리(태양의 반대 방향)
8월	게자리	염소자리
10월	⑨ ☐	⑩ ☐

● 정답과 해설 62쪽

MEMO

1 에라토스테네스는 원의 성질 중 '호의 길이는 (   )의 크기에 비례한다.'는 원리를 이용하였다.

2 에라토스테네스는 지구의 크기를 측정하기 위해 '지구로 들어오는 햇빛은 ①(   )하다.'와 '지구는 완전한 ②(   )이다.'라는 두 가지 가정을 세웠다.

[3~4] 오른쪽 그림은 에라토스테네스의 지구 크기 측정 방법으로 지구 모형의 크기를 구하기 위한 실험 장치를 나타낸 것이다.

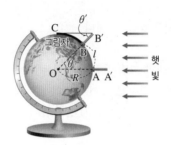

3 ∠AOB(θ)의 크기는 직접 측정할 수 없다. 따라서 ∠AOB와 ①(   )으로 크기가 같은 ②(   )를 측정한다.

4 지구 모형의 크기를 구하기 위한 비례식을 완성하시오.

> ①(   ) : $2\pi R =$ ②(   ) : l

5 같은 경도에 있는 A와 B 지역의 위도는 각각 30°N, 33°N이고, 두 지역 사이의 거리는 약 300 km이다. 이때 두 지역 사이의 중심각(θ)의 크기를 쓰시오.

6 지구가 서에서 동으로 자전하기 때문에 태양, 달, 별 등과 같은 천체가 하루에 한 바퀴씩 ①(   )에서 ②(   )로 원을 그리며 도는 현상을 천체의 ③(   )이라고 한다.

7 북쪽 하늘에서 별은 ①(   )을 중심으로 1시간에 ②(   )°씩 이동하는데, 이것은 지구의 ③(   )에 의해 나타나는 현상이다.

8 그림은 우리나라에서 어느 날 밤 여러 방향에서 본 별들의 움직임을 나타낸 것이다. 각각에 해당하는 하늘의 방향을 쓰시오.

(1)  (2)   (3)   (4)

[9~10] 오른쪽 그림은 황도 12궁을 나타낸 것이다.

9 태양이 전갈자리 부근을 지날 때는 몇 월에 해당하는지 쓰시오.

10 지구가 A 위치에 있을 때 한밤중에 남쪽 하늘에서 보이는 별자리의 이름을 쓰시오.

지구의 크기 측정하기 진도 교재 91쪽

- 에라토스테네스의 지구 크기 측정 방법
  - 원리 : 원에서 호의 길이는 중심각의 크기에 비례한다.
  - 가정 : 지구는 완전한 구형이고, 지구로 들어오는 햇빛은 평행하다.
  - 필요한 값 : 두 지점 사이의 중심각(엇각으로 측정), 두 지점 사이의 거리
- 위도 차를 이용한 지구의 크기 측정 방법 : 경도가 같은 두 지점의 위도 차=중심각의 크기

● 에라토스테네스의 방법으로 지구(지구 모형)의 크기 측정하기

[1~4] 오른쪽 그림을 보고 다음 물음에 답하시오.

1 알렉산드리아와 시에네 사이의 중심각(θ)의 크기는?

2 알렉산드리아와 시에네 사이의 거리는?

3 지구의 반지름(R)을 구하기 위한 비례식을 완성하시오.

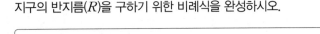

$$\bigcirc(\qquad) : 2\pi R = \bigcirc(\qquad) : 925\ \text{km}$$

4 지구의 반지름(R)을 구하시오.(단, $\pi=3.14$이고, 소수 첫째 자리에서 반올림한다.)

[5~8] 오른쪽 그림을 보고 다음 물음에 답하시오.

5 두 막대 사이의 중심각(θ)의 크기는?

6 두 막대 사이의 거리는?

7 지구 모형의 반지름(R)을 구하기 위한 비례식을 완성하시오.

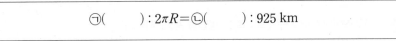

$$360° : 2\pi R = \bigcirc(\qquad) : \bigcirc(\qquad)$$

8 지구 모형의 반지름(R)을 구하시오.(단, $\pi=3.14$이고, 소수 첫째 자리에서 반올림한다.)

● 위도 차를 이용하여 지구의 크기 측정하기

[9~10] 오른쪽 표는 A와 B 두 지점의 위도와 경도 및 두 지점 사이의 거리를 나타낸 것이다.

9 A와 B 지점 사이의 중심각의 크기는?

지점	위도	경도	두 지점 사이의 거리
A	37.6°N	127°E	280 km
B	35.1°N	127°E	

10 지구의 반지름(R)을 구하기 위한 비례식을 완성하시오.

$$360° : \bigcirc(\qquad) = 2\pi R : \bigcirc(\qquad)$$

[01~02] 오른쪽 그림은 에라토스테네스가 하짓날 정오에 비친 햇빛의 각도를 이용하여 지구의 크기를 측정한 방법을 나타낸 것이다.

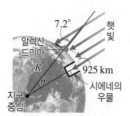

01 에라토스테네스가 지구의 크기를 측정할 때 가정했던 내용을 모두 고르면?(2개)

① 지구는 완전한 구형이다.
② 지구는 약간 타원체이다.
③ 햇빛은 서로 교차할 수도 있다.
④ 지구로 들어오는 햇빛은 평행하다.
⑤ 지구는 자전과 공전을 동시에 한다.

02 에라토스테네스의 지구 크기 측정 방법을 통해 지구의 반지름(R)을 구하는 식으로 옳은 것은?

① $\dfrac{7.2° \times 925 \text{ km}}{2\pi \times 360°}$

② $\dfrac{360° \times 7.2°}{2\pi \times 925 \text{ km}}$

③ $\dfrac{360° \times 925 \text{ km}}{2\pi \times 7.2°}$

④ $\dfrac{2\pi \times 7.2° \times 360°}{925 \text{ km}}$

⑤ $\dfrac{7.2° \times 925 \text{ km} \times 2\pi}{360°}$

[03~05] 오른쪽 그림은 지구 모형의 크기를 측정하기 위한 실험 장치를 나타낸 것이다.

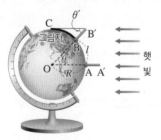

03 이 실험에서 직접 측정해야 하는 것을 보기에서 모두 고른 것은?

┌─ 보기 ─────────────────────┐
ㄱ. 그림자 BC의 길이   ㄴ. 호 AB의 길이
ㄷ. 막대 AA′의 길이   ㄹ. 막대 BB′의 길이
ㅁ. ∠BB′C   ㅂ. ∠AOB
└───────────────────────────┘

① ㄱ, ㅂ   ② ㄴ, ㄷ   ③ ㄴ, ㅁ
④ ㄷ, ㅁ   ⑤ ㄹ, ㅂ

04 이 실험에 대한 설명으로 옳지 않은 것을 모두 고르면? (2개)

① 두 막대는 모형의 표면에 수직으로 세운다.
② 막대 AA′과 BB′의 길이는 서로 같아야 한다.
③ 막대 AA′과 BB′은 모두 그림자가 생기도록 한다.
④ 막대 BB′의 그림자는 모형 밖으로 나가지 않도록 한다.
⑤ ∠AOB와 ∠BB′C는 엇각으로 크기가 같다.
⑥ 이 실험의 원리를 이용하여 최초로 지구의 크기를 측정한 사람은 에라토스테네스이다.
⑦ '지구 모형은 완전한 구형이고, 햇빛은 평행하다.'는 가정이 필요하다.
⑧ '호의 길이는 중심각의 크기에 비례한다.'는 원리를 이용하여 지구 모형의 크기를 구한다.

05 지구 모형의 반지름(R)을 구하기 위한 비례식으로 옳은 것을 모두 고르면?(2개)

① $2\pi R : l = 360° : \theta$ ② $360° : l = \theta : 2\pi R$
③ $360° : R = \theta : l$ ④ $360° : R = l : \theta$
⑤ $360° : \pi R = \theta : l$ ⑥ $360° : 2\pi R = \theta : l$

06 표는 (가)~(라) 지역의 위도와 경도를 나타낸 것이다.

지역	(가)	(나)	(다)	(라)
위도	25°N	25°N	30°N	40°N
경도	125°E	145°E	130°E	145°E

지구의 크기를 구하는 데 이용하기에 가장 적당한 두 지역과 두 지역 사이의 중심각의 크기를 옳게 짝 지은 것은?

	두 지역	중심각의 크기
①	(가), (나)	20°
②	(가), (나)	270°
③	(가), (다)	5°
④	(나), (라)	15°
⑤	(나), (라)	65°

07 같은 경도에 위치한 지점 A, B의 위도는 각각 38°N, 35°N이고, 두 지점 사이의 직선 거리는 290 km이다. 지구의 둘레를 구하는 식으로 옳은 것은?

① $\dfrac{290 \text{ km} \times 3°}{360°}$

② $\dfrac{360°}{290 \text{ km} \times 3°}$

③ $\dfrac{360° \times 290 \text{ km}}{2\pi \times 3°}$

④ $\dfrac{360° \times 290 \text{ km}}{73°}$

⑤ $\dfrac{360° \times 290 \text{ km}}{3°}$

이 문제에서 나올 수 있는 보기는 多

08 지구의 자전으로 나타나는 현상을 모두 고르면?(3개)

① 낮과 밤이 반복된다.
② 일식과 월식이 일어난다.
③ 계절에 따라 별자리가 달라진다.
④ 달의 모양이 한 달을 주기로 변한다.
⑤ 태양이 동쪽에서 떠서 서쪽으로 진다.
⑥ 매일 같은 시각에 보이는 별자리가 달라진다.
⑦ 북쪽 하늘의 별이 북극성을 중심으로 시계 반대 방향으로 이동한다.
⑧ 태양이 별자리 사이를 이동하여 1년 후 원래 자리로 돌아온다.

09 그림은 어느 날 밤 10시에 본 북극성과 북두칠성의 모습을 나타낸 것이다.

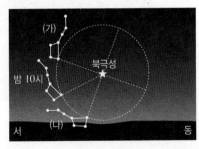

밤 12시에 같은 방향의 하늘을 보았을 때, 이 별자리가 보이는 위치와 별자리가 회전한 각도를 옳게 짝 지은 것은?

	위치	각도		위치	각도
①	(가)	15°	②	(가)	30°
③	(나)	15°	④	(나)	30°
⑤	(나)	2°			

[10~11] 그림 (가)~(다)는 우리나라에서 각각 다른 방향의 하늘을 향해 같은 시간 동안 사진기를 고정시켜 놓고 촬영한 별의 일주 운동 모습이다.

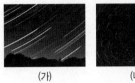

(가)   (나)   (다)

10 (가)~(다)를 촬영한 하늘의 방향을 옳게 짝 지은 것은?

	(가)	(나)	(다)
①	동쪽 하늘	남쪽 하늘	서쪽 하늘
②	동쪽 하늘	북쪽 하늘	남쪽 하늘
③	동쪽 하늘	북쪽 하늘	서쪽 하늘
④	서쪽 하늘	남쪽 하늘	동쪽 하늘
⑤	서쪽 하늘	북쪽 하늘	동쪽 하늘

11 이에 대한 설명으로 옳은 것은?

① 별들은 1시간에 30°씩 이동한다.
② 지구가 공전하기 때문에 나타나는 현상이다.
③ (나)에서 별들은 시계 방향으로 회전한다.
④ (가)~(다)에서 각 원호의 중심각의 크기는 모두 같다.
⑤ 이와 같은 현상은 별들이 실제로 움직이기 때문에 나타난다.

12 오른쪽 그림은 어느 날 서울에서 관측한 별의 일주 운동 모습을 나타낸 것이다. 이에 대한 설명으로 옳은 것을 보기에서 모두 고른 것은?

┌─ 보기 ┐
ㄱ. 별 P는 북극성이다.
ㄴ. 관측한 시간은 2시간이다.
ㄷ. 남쪽 하늘을 관측한 것이다.
└────────┘

① ㄱ   ② ㄴ   ③ ㄷ

④ ㄱ, ㄴ   ⑤ ㄱ, ㄷ

Ⅲ 태양계

13 태양의 연주 운동에 대한 설명으로 옳은 것은?

① 지구가 자전하기 때문에 나타나는 현상이다.

② 태양이 별자리 사이를 하루에 약 15°씩 이동한다.

③ 태양은 황도 12궁의 별자리를 1년에 1개씩 지나간다.

④ 태양은 별자리 사이를 이동하여 1년 후에 처음의 위치로 돌아온다.

⑤ 태양의 연주 운동 방향은 지구의 공전 방향과 반대이다.

[14~15] 그림은 15일 간격으로 해가 진 직후 서쪽 하늘에서 관측한 별자리의 모습을 순서 없이 나타낸 것이다.

(가) (나) (다)

14 (가)~(다)를 먼저 관측한 것부터 순서대로 옳게 나열한 것은?

① (가) → (나) → (다) ② (가) → (다) → (나)

③ (나) → (가) → (다) ④ (나) → (다) → (가)

⑤ (다) → (나) → (가)

15 이에 대한 설명으로 옳지 <u>않은</u> 것은?

① 별자리는 하루에 약 13°씩 이동한다.

② 지구의 공전 때문에 나타나는 현상이다.

③ 태양을 기준으로 별자리는 동에서 서로 이동한다.

④ 별자리를 기준으로 태양은 서에서 동으로 이동한다.

⑤ 천구상에서 태양은 지구의 공전 방향과 같은 방향으로 이동한다.

[16~17] 그림은 태양이 연주 운동을 하며 지나는 별자리와 지구의 공전 궤도를 나타낸 것이다.

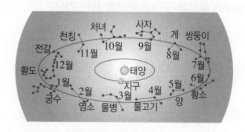

16 이에 대한 설명으로 옳은 것은?

① 태양의 연주 운동 방향은 동에서 서이다.

② 태양의 공전에 의해 나타나는 현상이다.

③ 태양은 실제로 별자리 사이를 이동한다.

④ 4월에 태양은 물고기자리 근처를 지난다.

⑤ 계절이 변해도 밤하늘에 보이는 별자리는 같다.

17 7월 한밤중에 남쪽 하늘에서 가장 잘 보이는 별자리는?

① 전갈자리 ② 황소자리

③ 궁수자리 ④ 쌍둥이자리

⑤ 물고기자리

18 어느 날 북반구에서 한밤중에 관측한 별자리가 그림과 같을 때, 2개월 후 같은 시각에 한밤중에 정남쪽에서 보이는 별자리를 쓰시오.

이 문제에서 나올 수 있는 보기는 多

19 천체의 운동 방향이 서에서 동인 것을 모두 고르면?

(4개)

① 달의 공전 ② 지구의 공전

③ 지구의 자전 ④ 달의 일주 운동

⑤ 별의 연주 운동 ⑥ 별의 일주 운동

⑦ 태양의 일주 운동 ⑧ 태양의 연주 운동

1단계 단답형으로 쓰기

1 에라토스테네스는 지구의 크기를 구하기 위해 두 가지 가정을 세웠다. (　　) 안에 알맞은 말을 순서대로 쓰시오.

> • 지구는 완전한 (　　).
> • 지구로 들어오는 햇빛은 (　　).

_____

2 지구의 자전으로 나타나는 현상을 두 가지만 쓰시오.

_____

3 우리나라에서 북쪽 하늘을 보았을 때, 북극성을 중심으로 별이 움직이는 방향을 쓰시오.

_____

4 지구의 자전 방향과 자전 속도를 쓰시오.

_____

5 지구의 공전 방향과 공전 속도를 쓰시오.

_____

6 지구의 공전으로 나타나는 현상을 두 가지만 쓰시오.

_____

2단계 제시된 단어를 모두 이용하여 서술하기

[7~10] 각 문제에 제시된 단어를 모두 이용하여 답을 서술하시오.

7 에라토스테네스가 지구의 크기를 구하는 데 이용한 원리를 서술하시오.

> 원, 호, 중심각

8 에라토스테네스가 측정한 지구의 크기가 실제 지구의 크기와 차이 나는 까닭을 서술하시오.

> 지구, 구형, 거리

9 별이 일주 운동하는 까닭과, 태양이 연주 운동하는 까닭을 각각 서술하시오.

> 지구, 공전, 자전

10 지구의 관측자가 볼 때, 별이 일주 운동하는 방향과 태양이 연주 운동하는 방향을 각각 서술하시오.

> 별, 태양, 동, 서

Ⅲ 태양계

3단계 실전 문제 풀어 보기

11 오른쪽 그림은 지구 모형의 크기를 측정하는 실험 장치를 나타낸 것이다.

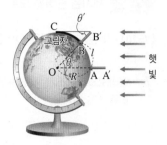

(1) 지구 모형의 반지름(R)을 구하기 위한 비례식을 세우시오.

(2) 실험에서 $\theta'=15°$, $l=6$ cm일 때, 지구 모형의 반지름(R)은 몇 cm인지 구하는 식과 계산 값을 쓰시오.(단, $\pi=3$으로 계산한다.)

· 반지름(R)=

· 계산 값 :

12 오른쪽 그림은 같은 경도에 있는 서울과 제주의 위도와 두 지역 사이의 거리를 나타낸 것이다. 비례식을 세워 지구의 반지름(R)을 계산하시오. (단, $\pi=3$으로 계산하고, 소수 첫째 자리에서 반올림한다.)

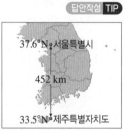

답안작성 TIP

답안작성 TIP

13 그림 (가)와 (나)는 어느 날 북쪽 하늘을 두 시간 간격으로 찍은 것을 순서 없이 나타낸 것이다.

(1) 먼저 찍은 것을 고르고, 그 까닭을 서술하시오.

(2) 2시간 동안 북두칠성이 이동한 각도를 쓰시오.

14 그림은 우리나라에서 관측한 별의 일주 운동 모습을 나타낸 것이다.

(가)   (나)

(가)와 (나)를 관측한 하늘의 방향을 각각 쓰고, 그림에 별이 이동하는 방향을 화살표로 그리시오.

15 그림은 15일 간격으로 해가 진 직후 서쪽 하늘을 관측하여 나타낸 것이다.

별자리를 기준으로 태양이 이동하는 방향과 속도를 서술하시오.

16 그림은 지구의 공전 궤도와 황도 12궁을 나타낸 것이다.

(가) 8월에 태양이 지나는 별자리와 (나) 지구가 A에 위치할 때 한밤중에 남쪽 하늘에서 보이는 별자리를 각각 서술하시오.

답안작성 TIP

12. 두 지역 사이의 중심각과 거리를 알면 비례식을 세울 수 있으므로, 중심각에 해당하는 것을 먼저 찾는다.   **13.** 그림에서 움직인 것과 움직이지 않은 것을 파악한 후, 별의 일주 운동 방향을 생각해 본다.

중단원 핵심 요약

1 달의 크기 측정

(1) 원리

① 물체의 크기는 거리가 멀수록 작게 보인다.

② 서로 닮은 두 삼각형에서 대응변의 길이 비는 일정하다.

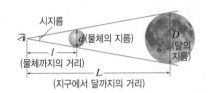

(2) 측정해야 하는 값 : ❶ [   ], 물체의 지름(d)

(3) 미리 알고 있어야 하는 값 : 지구에서 달까지의 거리 (L) ➡ 약 380000 km

(4) 달의 지름(D)

$$L : l = D : d \quad \therefore D = \frac{L \times d}{l}$$

(5) 달의 실제 크기 : 달의 지름은 지구 지름의 약 $\frac{1}{4}$

2 달의 공전
달이 지구를 중심으로 약 한 달에 한 바퀴씩 서에서 동으로 도는 운동

공전 방향	서 → 동	공전 속도	하루에 약 13°

(1) 달의 공전과 위상 변화

① 달의 ❷ [   ] : 지구에서 볼 때 햇빛을 반사하여 밝게 보이는 달의 모양

② 달의 위상 변화 순서 : 삭 → 초승달 → 상현달 → ❸ [   ] → 하현달 → 그믐달 → 삭

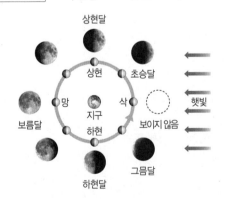

삭	햇빛을 받는 면이 보이지 않는다.
상현	태양, 지구, 달이 직각을 이루어 오른쪽 반원이 밝게 보인다. ➡ 상현달
망	햇빛을 받는 밝은 면 전체가 보인다. ➡ 보름달
하현	태양, 지구, 달이 직각을 이루어 왼쪽 반원이 밝게 보인다. ➡ ❹ [ ]

(2) 달의 위치와 모양 변화 : 달이 공전함에 따라 지구에서 같은 시각에 관측한 달의 위치와 모양이 변한다.

① 달은 매일 약 13°씩 ❺ [   ]으로 이동한다.

▲ 해 진 직후 관측한 달의 위치와 모양

② 달의 모양 변화

• 음력 1일경 : 보이지 않음

• 음력 7~8일경 : 해 진 직후 ❻ [   ] 하늘에서 상현달

• 음력 15일경 : 해 진 직후 동쪽 하늘에서 보름달

3 일식
태양의 전체 또는 일부가 달에 가려지는 현상

(1) ❼ [   ] : 태양이 완전히 달에 가려지는 현상

(2) 부분 일식 : 태양의 일부가 달에 가려지는 현상

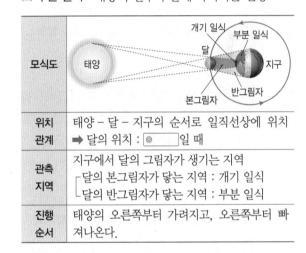

모식도	(그림)
위치 관계	태양 – 달 – 지구의 순서로 일직선상에 위치 ➡ 달의 위치 : ❽ [ ]일 때
관측 지역	지구에서 달의 그림자가 생기는 지역 ┌ 달의 본그림자가 닿는 지역 : 개기 일식 └ 달의 반그림자가 닿는 지역 : 부분 일식
진행 순서	태양의 오른쪽부터 가려지고, 오른쪽부터 빠져나온다.

4 월식
달의 전체 또는 일부가 지구의 그림자에 가려지는 현상

(1) 개기 월식 : 달 전체가 지구의 본그림자에 가려져 붉게 보이는 현상

(2) ❾ [   ] : 달의 일부가 지구의 본그림자에 가려지는 현상

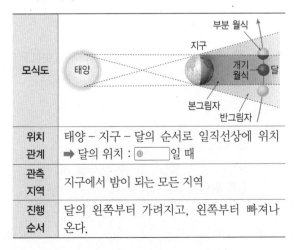

모식도	(그림)
위치 관계	태양 – 지구 – 달의 순서로 일직선상에 위치 ➡ 달의 위치 : ❿ [ ]일 때
관측 지역	지구에서 밤이 되는 모든 지역
진행 순서	달의 왼쪽부터 가려지고, 왼쪽부터 빠져나온다.

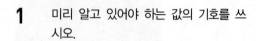
MEMO

[1~3] 오른쪽 그림은 달의 크기를 측정하는 방법을 나타낸 것이다.

1 미리 알고 있어야 하는 값의 기호를 쓰시오.

2 달의 지름(D)을 구하기 위한 비례식을 완성하시오.

$$L : l = ①(\qquad) : ②(\qquad)$$

3 달의 크기는 삼각형의 ①(　　　)를 이용하여 측정한다. 이렇게 측정한 달의 지름은 지구 지름의 약 ②(　　　)이다.

4 지구에서 볼 때 밝게 보이는 달의 모양을 달의 (　　　)이라고 한다.

5 달의 공전에 대한 설명으로 옳은 것은 ○, 옳지 <u>않은</u> 것은 ×로 표시하시오.

(1) 달은 동에서 서로 공전한다. ･････････････････････････････････ (　　　)
(2) 달의 모양이 변하는 것은 달이 태양 주위를 공전하기 때문이다. ･･････････ (　　　)
(3) 매일 같은 시각에 관찰한 달은 약 13°씩 서에서 동으로 이동한다. ･･･････ (　　　)

[6~8] 오른쪽 그림은 달의 공전 궤도를 나타낸 것이다.

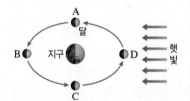

6 A~D 중 하현달로 보이는 달의 위치를 쓰시오.

7 달이 A 위치에 있을 때, 달의 위상을 쓰시오.

8 A~D 중 음력 15일경 달의 위치를 쓰시오.

9 태양의 전체 또는 일부가 달에 가려지는 현상을 ①(　　　)이라 하고, 달의 전체 또는 일부가 지구의 그림자에 가려지는 현상을 ②(　　　)이라고 한다.

10 오른쪽 그림은 달의 공전 궤도를 나타낸 것이다. 일식이 일어날 때 달의 위치는 ①(　　　)이고, 월식이 일어날 때 달의 위치는 ②(　　　)이다.

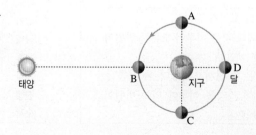

◆ **달의 공전 궤도상의 위치에서 달의 위상 그리기** 진도 교재 103쪽

- 달의 공전 : 달이 지구를 중심으로 서에서 동으로 약 한 달에 한 바퀴씩 돈다.
- 달의 위상 변화 : 달이 공전하면서 지구에서 볼 때 달의 밝게 보이는 부분의 모양이 달라진다.
- 달의 위상 변화 순서 : 삭 → 초승달 → 상현달 → 보름달(망) → 하현달 → 그믐달 → 삭

● **태양이 오른쪽에 있을 때 달의 위상 그리기**

1 달의 위치가 A~H일 때 지구에서 보이는 달의 모양을 그리시오.

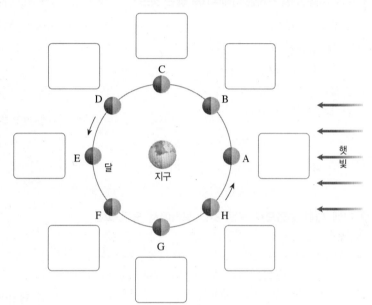

● **태양이 왼쪽에 있을 때 달의 위상 그리기**

2 달의 위치가 A~H일 때 지구에서 보이는 달의 모양을 그리시오.

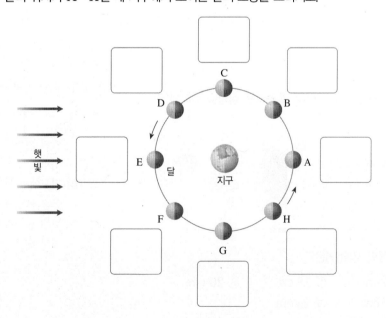

Ⅲ
태양계

중단원 기출 문제

[01~02] 그림은 달의 크기를 측정하는 방법을 나타낸 것이다.

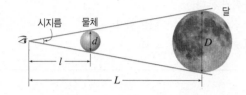

01 달의 지름(D)을 구하는 비례식으로 옳은 것은?

① $L : D = d : l$

② $D : L = d : l$

③ $L : l = d : D$

④ $2\pi d : L = D : l$

⑤ $2\pi d : D = l : L$

02 이에 대한 설명으로 옳은 것을 보기에서 모두 고른 것은?

┌─ 보기 ┐

ㄱ. 달의 시지름은 물체의 시지름보다 크다.

ㄴ. 삼각형의 닮음비를 이용하여 달의 지름을 구한다.

ㄷ. 실제로 측정해야 하는 값은 물체의 지름(d)과 지구에서 달까지의 거리(L)이다.

ㄹ. 물체의 지름이 클수록 관측자와 물체 사이의 거리는 멀어진다.

① ㄱ, ㄴ   ② ㄱ, ㄷ   ③ ㄴ, ㄷ

④ ㄴ, ㄹ   ⑤ ㄷ, ㄹ

03 그림은 달 모형의 크기를 측정하는 실험을 나타낸 것이다.

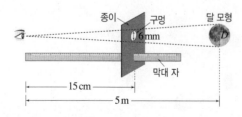

달 모형의 지름(D)은?

① 15 cm   ② 18 cm   ③ 20 cm

④ 22 cm   ⑤ 25 cm

04 달의 운동 및 모양에 대한 설명으로 옳은 것은?

① 달은 하루에 한 바퀴씩 자전한다.

② 달은 지구 주위를 일 년에 한 바퀴씩 돈다.

③ 달의 모양과 위치가 달라지는 것은 지구가 공전하기 때문이다.

④ 달은 스스로 빛을 내지 못하므로 햇빛을 받아 반사하는 부분만 밝게 보인다.

⑤ 달의 모양은 초승달 → 하현달 → 보름달 → 상현달의 순서로 변한다.

[05~06] 그림은 달이 공전하는 모습을 나타낸 것이다.

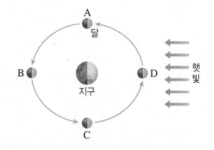

05 달의 위치와 달의 위상을 옳게 짝 지은 것은?

	달의 위치	달의 위상
①	A	하현달
②	B	보름달
③	B	보이지 않음
④	C	상현달
⑤	D	보름달

06 이에 대한 설명으로 옳은 것을 보기에서 모두 고른 것은?

┌─ 보기 ┐

ㄱ. 달의 위치가 A일 때는 오른쪽 반원이 밝게 보인다.

ㄴ. 지구에서 볼 때 A와 C에 있는 달은 같은 모양으로 보인다.

ㄷ. 달의 위치가 B일 때 밤에 달을 볼 수 없다.

ㄹ. 설날(음력 1월 1일)에 달의 위치는 D이다.

① ㄱ, ㄴ   ② ㄱ, ㄷ   ③ ㄱ, ㄹ

④ ㄴ, ㄷ   ⑤ ㄷ, ㄹ

[07~09] 그림은 지구 주위를 공전하는 달의 위치를 나타낸 것이다.

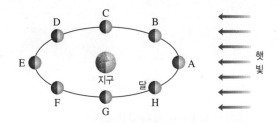

07 달이 G 위치에 있을 때 지구에서 본 달의 모양은?

① ② ③

④ ⑤

이 문제에서 나올 수 있는 보기는 **多**

08 달의 위치와 위상을 옳게 짝 지은 것을 모두 고르면?(2개)

① A – 보이지 않음   ② B – 하현달
③ C – 보름달   ④ D – 초승달
⑤ E – 하현달   ⑥ F – 상현달
⑦ G – 상현달   ⑧ H – 그믐달

09 E 위치에 있는 달에 대한 설명으로 옳은 것을 보기에서 모두 고른 것은?

┌─ 보기 ─
ㄱ. 보름달로 보인다.
ㄴ. 새벽 6시경에 남쪽 하늘에서 볼 수 있다.
ㄷ. 음력 15일경에 볼 수 있다.
ㄹ. 일식이 일어날 수 있다.
└─

① ㄱ, ㄴ   ② ㄱ, ㄷ   ③ ㄱ, ㄹ
④ ㄴ, ㄷ   ⑤ ㄷ, ㄹ

10 오른쪽 그림은 해가 진 직후에 15일 동안 관측한 달의 모양과 위치 변화를 나타낸 것이다. 이에 대한 설명으로 옳지 **않은** 것은?

① 달은 서에서 동으로 공전한다.
② 달이 뜨는 시각은 늦어지고 있다.
③ 달은 하루에 약 1°씩 지구 주위를 돈다.
④ 초승달은 자정에는 볼 수 없을 것이다.
⑤ 이와 같은 달의 위치와 모양 변화는 달의 공전 때문에 나타난다.

11 그림은 우리나라에서 관측한 달의 위상이다.

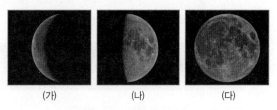

(가)   (나)   (다)

이에 대한 설명으로 옳은 것은?

① (가)는 초승달이다.
② (나) 시기에는 달의 뒷면을 관측할 수 있다.
③ (다)가 관측될 때 일식이 일어날 수 있다.
④ 태양으로부터의 거리는 (나)가 (다)보다 멀다.
⑤ (가)~(다) 중 달을 관측할 수 있는 시간은 (다)가 가장 길다.

12 일식과 월식에 대한 설명으로 옳은 것을 보기에서 모두 고른 것은?

┌─ 보기 ─
ㄱ. 일식은 태양이 달에 가려지는 현상이다.
ㄴ. 월식은 달이 삭의 위치에 있을 때 일어난다.
ㄷ. 일식과 월식이 일어날 때 달의 위상은 같다.
ㄹ. 태양과 달 사이의 거리는 일식이 일어날 때가 월식이 일어날 때보다 가깝다.
└─

① ㄱ, ㄴ   ② ㄱ, ㄷ   ③ ㄱ, ㄹ
④ ㄴ, ㄷ   ⑤ ㄷ, ㄹ

13 그림은 태양, 지구, 달의 위치 관계를 나타낸 것이다.

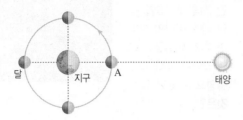

달이 A에 위치할 때, (가) 달의 모양과 (나) 일어날 수 있는 현상을 옳게 짝 지은 것은?

	(가)	(나)
①	보이지 않음	일식
②	보이지 않음	월식
③	보름달	일식
④	보름달	월식
⑤	그믐달	월식

14 그림은 일식의 진행 과정을 나타낸 것이다.

이에 대한 설명으로 옳지 않은 것은?

① 부분 일식이다.
② 이날 밤에는 달이 보이지 않는다.
③ 이날 달은 태양과 지구 사이에 위치한다.
④ 관측자는 달의 본그림자가 닿는 지역에 있다.
⑤ 그림에서 일식은 왼쪽에서 오른쪽으로 진행된다.

15 다음은 월식에 대한 설명이다.

> 달은 지구 주위를 ㉠( )으로 공전한다. 따라서 월식이 일어날 때 달은 ㉡( )부터 가려지기 시작하여 ㉢( )부터 빠져나온다.

( ) 안에 들어갈 말을 옳게 짝 지은 것은?

	㉠	㉡	㉢
①	서 → 동	왼쪽	왼쪽
②	서 → 동	왼쪽	오른쪽
③	동 → 서	왼쪽	왼쪽
④	동 → 서	오른쪽	왼쪽
⑤	동 → 서	오른쪽	오른쪽

16 그림은 태양, 지구, 달의 위치를 나타낸 것이다.

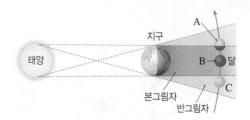

이에 대한 설명으로 옳지 않은 것은?

① 월식이 일어나는 원리를 나타낸 것이다.
② 달이 A에 위치할 때 부분 월식이 일어난다.
③ 달이 B에 위치할 때 개기 월식이 일어난다.
④ 달이 C에 위치할 때는 달 전체가 붉게 보인다.
⑤ 지구에서 밤인 지역 어디에서나 월식을 관측할 수 있다.

17 그림은 조선시대에 신윤복이 그린 '월하정인'으로, 눈썹 모양의 달이 그려져 있으며 자정에 남쪽 하늘을 바라본 모습으로 추정된다.

이날 관측된 천문 현상과 달의 위상을 옳게 짝 지은 것은?

① 개기 일식 – 삭   ② 부분 일식 – 초승달
③ 개기 월식 – 삭   ④ 부분 월식 – 초승달
⑤ 부분 월식 – 망

18 일식과 월식이 매달 한 번씩 일어나지 않는 까닭으로 옳은 것은?

① 지구와 달 사이의 거리가 변하기 때문에
② 달의 공전 주기와 자전 주기가 같기 때문에
③ 달이 공전하는 동안 지구가 자전하기 때문에
④ 달이 공전하는 동안 지구가 공전하기 때문에
⑤ 달의 공전 궤도와 지구의 공전 궤도가 같은 평면상에 있지 않기 때문에

서술형 정복하기

● 정답과 해설 65쪽

1단계 단답형으로 쓰기

1 다음은 태양과 달의 크기와 거리를 비교하는 설명이다. (　　　) 안에 알맞은 말을 쓰시오.

> 달은 크기가 태양의 $\frac{1}{400}$로 작지만, 지구로부터의 거리가 태양보다 가깝기 때문에 (　　　)이 태양과 비슷하여 지구에서 보았을 때 태양과 비슷한 크기로 보인다.

2 다음은 달의 위상 변화에 대한 설명이다. (　　　) 안에 알맞은 말을 쓰시오.

> 달의 위상이 초승달, 상현달, 보름달로 변하는 까닭은 달이 (　　　)하기 때문이다.

3 달의 공전으로 나타나는 현상을 세 가지만 쓰시오.

4 가장 오랫동안 관측할 수 있는 달의 위상을 쓰고, 이 위상으로 관측되는 음력 날짜를 쓰시오.

5 일식이 일어나는 달의 위치와 월식이 일어나는 달의 위치를 각각 순서대로 쓰시오.

6 일식이 일어날 때, 달, 지구, 태양의 배열을 순서대로 쓰시오.

2단계 제시된 단어를 모두 이용하여 서술하기

[7~10] 각 문제에 제시된 단어를 모두 이용하여 답을 서술하시오.

7 달의 크기를 측정하는 원리를 서술하시오.

> 삼각형, 대응변, 길이 비

8 지구에서 볼 때 달의 모양이 달라지더라도 항상 달의 같은 면만 보이는 까닭을 서술하시오.

> 공전 주기, 자전 주기

9 일식을 관측할 수 있는 지역이 월식을 관측할 수 있는 지역보다 한정되어 있는 까닭을 서술하시오.

> 달, 지구, 그림자

10 일식과 월식이 매달 일어나지 않는 까닭을 서술하시오.

> 달, 지구, 공전 궤도

3단계 실전 문제 풀어 보기

답안작성 **TIP**

11 그림은 달의 크기를 측정하는 방법을 나타낸 것이다.

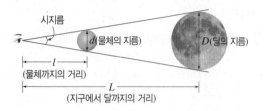

(1) 달의 크기를 구하기 위해 실제로 측정해야 하는 값을 모두 쓰시오.

(2) 물체의 지름이 0.8 cm, 물체까지의 거리가 90 cm, 지구에서 달까지의 거리가 380000 km라고 할 때, 달의 지름(D)을 구하는 비례식을 세우시오.

(3) 지름이 더 작은 물체를 이용하여 달의 크기를 측정할 경우, 물체까지의 거리는 어떻게 변할지 서술하시오.

답안작성 **TIP**

12 그림은 달의 공전 궤도를 나타낸 것이다.

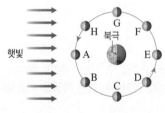

(1) A~H 중 달의 위상이 초승달일 때 달의 위치를 쓰시오.

(2) 달이 G 위치에 있을 때, 지구에서 보이는 달의 모양을 그리고 이름을 쓰시오.

(3) A~H 중 음력 15일경 달의 위치를 쓰시오.

13 그림은 해가 진 직후 관측한 달의 위치와 모양이다.

(가) 해가 진 직후 관측한 달의 위치가 몇 시간 후 서쪽으로 이동하는 까닭과 (나) 매일 같은 시각에 관측되는 달의 위치가 동쪽으로 이동하는 까닭을 각각 서술하시오.

14 그림은 일식이 일어날 때의 모습을 나타낸 것이다.

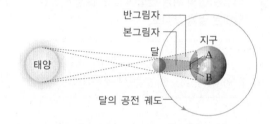

(1) A, B에서 관측할 수 있는 현상을 각각 쓰시오.

(2) 일식의 진행 과정을 태양이 가려지는 방향을 포함하여 서술하시오.

15 그림은 태양, 달, 지구의 위치를 나타낸 것이다.

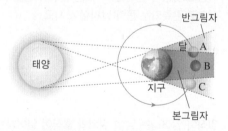

A~C 중 월식이 일어날 수 있는 달의 위치를 모두 고르고, 지구에서 월식을 관측할 수 있는 지역을 서술하시오.

답안작성 **TIP**

11. (3) 달의 지름을 구하는 비례식에서 각각 대응하는 변을 찾고, d가 변할 때 l이 어떻게 변할지 생각해 본다.　12. 달은 스스로 빛을 내지 못하므로 햇빛을 반사하는 부분만 밝게 보인다. 태양의 방향을 고려하여 지구에서 볼 때 달의 모양이 어떻게 달라지는지 생각해 본다.

1 태양계 행성
태양계의 중심에는 태양이 있고, 지구를 비롯하여 8개의 행성이 태양 주위를 공전하고 있다.

수성	• 태양에 가장 가깝고, 크기가 가장 작음 • [①]가 없기 때문에 낮과 밤의 표면 온도 차이가 매우 큼 • 표면에 운석 구덩이가 많이 남아 있음
금성	• 태양계 행성 중 크기와 질량이 지구와 가장 비슷함 • [②]로 이루어진 두꺼운 대기가 있음 ➡ 기압과 표면 온도가 매우 높음
화성	• 토양에 산화 철 성분이 많아 붉게 보임 • 양극에 얼음과 드라이아이스로 이루어진 [③]이 존재하고, 계절 변화가 나타남 • 과거에 물이 흘렀던 흔적, 화산, 협곡이 있음
목성	• 태양계 행성 중 크기가 가장 [④] • 표면에 가로줄 무늬와 대적점이 나타남
토성	• 태양계 행성 중 밀도가 가장 작음 • 암석 조각과 얼음으로 이루어진 뚜렷한 고리가 있음
천왕성	• 대기에 헬륨과 메테인이 포함되어 청록색을 띰 • [⑤]이 공전 궤도면과 거의 나란함
해왕성	• 표면에 대흑점이 나타남

2 행성의 분류
(1) 내행성과 외행성 : 행성의 공전 궤도에 따라 구분

구분	내행성	외행성
행성	수성, 금성	화성, 목성, 토성, 천왕성, 해왕성
공전 궤도	지구 공전 궤도 안쪽에서 공전	지구 공전 궤도 바깥쪽에서 공전

(2) 지구형 행성과 목성형 행성 : 행성의 물리적 특성에 따라 구분

구분	지구형 행성	목성형 행성
행성	수성, 금성, 지구, 화성	목성, 토성, 천왕성, 해왕성
질량	[⑥].	[⑦].
반지름	작다.	크다.
평균 밀도	크다.	작다.
위성 수	적거나 없다.	많다.
고리	없다.	있다.
표면	단단한 암석	단단한 표면이 없다.

3 태양
(1) 태양의 표면과 대기에서 나타나는 현상

표면 (광구)	쌀알 무늬	쌀알 모양의 무늬
	[⑧]	• 광구에 나타나는 어두운 무늬 ➡ 주위보다 온도가 낮아 어둡게 보임 • 흑점의 이동 : 동 → 서(지구에서 볼 때) ➡ 태양이 자전한다는 것을 알 수 있음
대기	채층	광구 바로 위의 붉은색을 띤 얇은 대기층
	[⑨]	채층 위로 멀리 뻗어 있는 진주색(청백색) 대기층
	홍염	광구에서부터 온도가 높은 물질이 대기로 솟아오르는 현상
	[⑩]	흑점 부근의 폭발로 채층의 일부가 순간 매우 밝아지는 현상, 많은 양의 에너지 방출

(2) 태양 활동의 변화
① 흑점 수 : 약 [⑪]년을 주기로 많아졌다 적어지며, 흑점 수가 많을 때 태양 활동이 활발하다.
② 태양 활동이 활발할 때 나타나는 현상

태양에서 나타나는 현상	• 흑점 수 증가 • 홍염, 플레어 증가	• 코로나의 크기 커짐 • 태양풍이 강해짐
지구에서 나타나는 현상	• 자기 폭풍 • GPS 교란 • 송전 시설 고장으로 인한 대규모 정전 • [⑫] 발생 횟수 증가, 발생 지역 확대	• 델린저 현상 • 인공위성 고장

4 천체 망원경

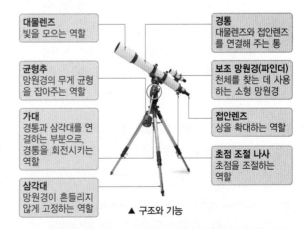

대물렌즈 빛을 모으는 역할

경통 대물렌즈와 접안렌즈를 연결해 주는 통

균형추 망원경의 무게 균형을 잡아주는 역할

보조 망원경(파인더) 천체를 찾는 데 사용하는 소형 망원경

가대 경통과 삼각대를 연결하는 부분으로, 경통을 회전시키는 역할

접안렌즈 상을 확대하는 역할

초점 조절 나사 초점을 조절하는 역할

삼각대 망원경이 흔들리지 않게 고정하는 역할

▲ 구조와 기능

설치 순서 : (삼각대 → 가대 → 균형추 → 경통 → 보조 망원경, 접안렌즈) 조립하기 → 균형 맞추기 → 주 망원경과 보조 망원경의 시야 맞추기

● 정답과 해설 66쪽

1 태양계의 중심에는 ①(   )이 있고, ②(   )개의 행성이 그 주위를 공전하고 있다.

2 금성은 ①(   )로 이루어진 두꺼운 대기가 있어서 기압과 ②(   )가 매우 높다.

3 목성은 태양계 행성 중 크기가 가장 ①(   )고 표면에 대기의 소용돌이인 ②(   )이 나타난다.

4 오른쪽 그림의 행성은 ①(   )으로, 암석 조각과 ②(   )으로 이루어진 뚜렷한 고리가 있다.

5 지구의 공전 궤도를 기준으로 안쪽에서 공전하는 행성을 ①(   )이라 하고, 바깥쪽에서 공전하는 행성을 ②(   )이라고 한다.

6 오른쪽 그림은 태양계 행성을 여러 가지 물리적 특성에 따라 지구형 행성과 목성형 행성으로 분류한 것이다. A~D를 지구형 행성과 목성형 행성으로 각각 구분하시오.

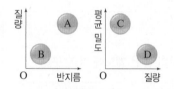

(1) 지구형 행성 : (,   )
(2) 목성형 행성 : (,   )

7 태양에서 관측되는 것에 대한 설명과 이름을 선으로 연결하시오.

(1) 채층 위로 멀리 뻗어 있는 진주색 대기층   ·   · ㉠ 흑점
(2) 광구에 나타나는 어두운 무늬   ·   · ㉡ 채층
(3) 광구 바로 위의 붉은색을 띤 얇은 대기층   ·   · ㉢ 홍염
(4) 광구에서부터 온도가 높은 물질이 솟아오르는 현상 ·   · ㉣ 코로나

8 지구에서 관측할 때 태양 표면의 흑점은 ①(   )쪽에서 ②(   )쪽으로 이동하는데, 이를 통해 태양이 ③(   )한다는 것을 알 수 있다.

9 태양의 활동이 활발해지면 태양에서는 ①(   )의 수가 많아지고, ②(   )의 크기가 커지며, 홍염과 플레어가 자주 발생한다.

10 천체 망원경에서 빛을 모으는 역할을 하는 것은 ①(   )이고, 상을 확대하는 역할을 하는 것은 ②(   )이다.

MEMO

01 다음은 태양계 어느 행성의 특징을 설명한 것이다.

> • 지구와 크기가 가장 비슷하다.
> • 표면 온도가 약 470 °C로 매우 높다.
> • 지구에서 가장 밝게 보이는 행성이다.

이 행성의 이름은 무엇인가?

① 수성   ② 금성   ③ 화성
④ 목성   ⑤ 해왕성

02 화성에 대한 설명으로 옳지 <u>않은</u> 것은?

① 계절의 변화가 나타난다.
② 거대한 화산과 협곡이 있다.
③ 두꺼운 이산화 탄소 대기로 덮여 있다.
④ 얼음과 드라이아이스로 이루어진 극관이 있다.
⑤ 표면이 산화 철 성분의 붉은색 토양으로 이루어져 있다.

이 문제에서 나올 수 있는 보기는 多

03 태양계 여러 행성들의 특징을 설명한 것으로 옳지 <u>않은</u> 것을 모두 고르면?(2개)

① 수성 – 대기가 없어 낮과 밤의 표면 온도 차이가 매우 크다.
② 금성 – 태양계 행성 중 지구에서 가장 밝게 보인다.
③ 지구 – 물과 대기가 있어 생명체가 살고 있다.
④ 화성 – 과거에 물이 흘렀던 흔적이 있다.
⑤ 목성 – 대적점이 존재한다.
⑥ 토성 – 태양계 행성 중 밀도가 가장 크다.
⑦ 천왕성 – 태양계 행성 중 가장 바깥 궤도를 돌고 있으며, 위성을 가지고 있다.
⑧ 해왕성 – 표면에 대흑점이 나타나기도 한다.

04 오른쪽 그림은 태양계의 행성을 나타낸 것이다. 이에 대한 설명으로 옳은 것은?

① 표면에 거대한 붉은 점이 있다.
② 태양계 행성 중 크기가 가장 작다.
③ 표면이 단단한 암석으로 이루어져 있다.
④ 태양계 행성 중 위성 수가 가장 적다.
⑤ 암석 조각과 얼음으로 이루어진 고리가 있다.

[05~06] 그림은 태양계를 구성하는 행성의 공전 궤도를 나타낸 것이다.

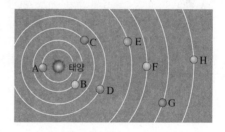

이 문제에서 나올 수 있는 보기는 多

05 행성 A~H에 대한 설명으로 옳지 <u>않은</u> 것을 모두 고르면?(2개)

① A에는 운석 구덩이가 많이 남아 있다.
② B는 주로 이산화 탄소로 이루어진 두꺼운 대기가 있다.
③ C에는 대기와 물이 없다.
④ D는 태양계에서 가장 뚜렷한 고리를 가지고 있다.
⑤ E는 태양계에서 가장 큰 행성으로, 적도와 나란한 가로줄 무늬가 있고, 오로라가 나타나기도 한다.
⑥ F는 자전 속도가 빨라 가로줄 무늬가 있다.
⑦ G는 자전축이 공전 궤도면과 거의 나란하다.
⑧ H는 표면에 검은색의 큰 점이 나타나기도 한다.

06 A~H 중 외행성이면서 지구형 행성인 것의 기호와 이름을 쓰시오.

07 지구형 행성과 목성형 행성의 특징을 옳게 비교한 것은?

	구분	지구형 행성	목성형 행성
①	위성 수	많다.	적거나 없다.
②	평균 밀도	크다.	작다.
③	반지름	크다.	작다.
④	질량	크다.	작다.
⑤	고리	있다.	없다.

08 표는 태양계 행성을 A, B 두 집단으로 구분한 것이다.

구분	행성의 종류
A 집단	수성, 금성, 지구, 화성
B 집단	목성, 토성, 천왕성, 해왕성

B 집단에 속한 행성들이 A 집단에 속한 행성들보다 더 큰 값을 갖는 것을 보기에서 모두 고른 것은?

┌─ 보기 ─────────────────────┐
ㄱ. 질량   ㄴ. 반지름
ㄷ. 평균 밀도   ㄹ. 위성 수
└────────────────────────────┘

① ㄱ, ㄴ   ② ㄱ, ㄷ   ③ ㄷ, ㄹ
④ ㄱ, ㄴ, ㄹ   ⑤ ㄴ, ㄷ, ㄹ

09 오른쪽 그림은 태양계 행성을 질량과 평균 밀도에 따라 두 집단으로 분류하여 나타낸 것이다. A 집단의 특징으로 옳은 것은?

① 고리가 있다.
② 반지름이 작다.
③ 위성 수가 많은 편이다.
④ 표면이 가벼운 기체로 이루어져 있다.
⑤ 지구의 공전 궤도 바깥에서 공전한다.

10 표는 태양계를 이루는 행성의 물리적 특성을 나타낸 것이다.

행성	반지름 (지구=1)	질량 (지구=1)	평균 밀도 (g/cm³)	위성 수 (개)
A	0.95	0.82	5.24	0
B	9.45	95.14	0.69	62
C	0.38	0.06	5.43	0
D	11.21	317.92	1.33	69

A~D를 두 집단으로 구분할 때 목성형 행성에 속하는 것을 옳게 짝 지은 것은?

① A, B   ② A, C   ③ B, C
④ B, D   ⑤ C, D

〔 이 문제에서 나올 수 있는 보기는 多 〕

11 태양의 표면과 대기에서 나타나는 현상에 대한 설명으로 옳은 것은?

① 채층 – 눈에 보이는 태양의 둥근 표면
② 플레어 – 채층 위로 멀리까지 뻗어 있는 대기층
③ 코로나 – 광구 바로 위의 붉은색을 띤 얇은 대기층
④ 쌀알 무늬 – 광구 아래의 대류로 생긴 무늬
⑤ 흑점 – 광구에서부터 고온의 물질이 대기로 솟아 오르는 현상
⑥ 홍염 – 광구에서 주위보다 온도가 낮아서 어둡게 보이는 검은 점

12 오른쪽 그림은 태양의 흑점을 나타낸 것이다. 이에 대한 설명으로 옳은 것은?

① 개기 일식이 일어날 때 잘 관측된다.
② 주위보다 온도가 높아 검게 보인다.
③ 태양의 대기에서 나타나는 현상이다.
④ 흑점 수가 많을 때 태양 활동이 약하다.
⑤ 흑점은 약 11년을 주기로 그 수가 증감한다.

13 그림은 4일 간격으로 태양의 흑점을 관측한 결과이다.

그림과 같이 흑점이 이동한 까닭으로 옳은 것은?

① 태양이 자전하기 때문이다.
② 태양이 공전하기 때문이다.
③ 흑점이 스스로 운동하기 때문이다.
④ 태양의 표면이 고체 상태이기 때문이다.
⑤ 태양 표면에서 대기의 운동이 활발하기 때문이다.

14 그림 (가)~(다)는 태양을 관측한 모습이다.

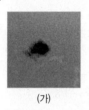  

(가)   (나)   (다)

이에 대한 설명으로 옳은 것을 보기에서 모두 고른 것은?

┌─ 보기 ┐
ㄱ. (가)의 검은 점은 주위보다 온도가 높다.
ㄴ. (나)는 태양의 대기에서 나타나는 현상이다.
ㄷ. (다)는 흑점 주변에서 일어나는 폭발 현상이다.
ㄹ. (나), (다)는 개기 일식 때 잘 관측된다.
└─────┘

① ㄱ, ㄴ   ② ㄱ, ㄷ   ③ ㄴ, ㄷ
④ ㄴ, ㄹ   ⑤ ㄷ, ㄹ

15 그림은 태양의 흑점 수 변화를 나타낸 것이다.

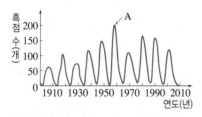

A 시기에 지구에서 나타날 수 있는 현상이 <u>아닌</u> 것은?

① 자기 폭풍이 발생한다.
② 플레어가 자주 발생한다.
③ 오로라가 자주 발생한다.
④ 장거리 무선 통신 장애가 나타난다.
⑤ 비행기 승객이 방사능에 노출된다.

[16~17] 오른쪽 그림은 천체 망원경의 모습을 나타낸 것이다.

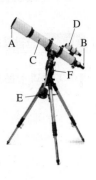

16 천체 망원경의 구조 A~E의 명칭을 옳게 짝 지은 것은?

① A, 파인더   ② B, 대물렌즈
③ C, 가대   ④ D, 접안렌즈
⑤ E, 균형추

17 A~F의 기능에 대한 설명으로 옳은 것은?

① A는 관측하려는 천체를 찾는 데 사용된다.
② B는 상을 확대하는 역할을 한다.
③ C는 빛을 모으는 역할을 한다.
④ D는 대물렌즈와 접안렌즈를 연결한다.
⑤ E는 망원경이 흔들리지 않게 고정시켜 준다.
⑥ F는 망원경의 균형을 잡아 준다.

18 천체 망원경의 설치 및 사용에 대한 설명으로 옳은 것을 보기에서 모두 고른 것은?

┌─ 보기 ┐
ㄱ. 천체 망원경은 주변의 시야가 트인 곳에 설치해야 한다.
ㄴ. 가대에 경통을 먼저 끼운 후에 균형추를 끼워 조립한다.
ㄷ. 주 망원경과 보조 망원경의 시야를 맞출 때는 접안렌즈로 찾은 상을 보조 망원경의 십자선 중앙으로 오도록 한다.
ㄹ. 달 표면은 보름달일 때보다 상현달일 때 더 잘 관측할 수 있다.
ㅁ. 투영판에 비친 태양 상에서 태양의 대기를 관측할 수 있다.
└─────┘

① ㄱ, ㄷ   ② ㄴ, ㄹ   ③ ㄷ, ㅁ
④ ㄱ, ㄷ, ㄹ ⑤ ㄴ, ㄹ, ㅁ

서술형 정복하기

1단계 단답형으로 쓰기

1 다음과 같은 특징이 있는 행성의 이름을 쓰시오.

- 표면에 운석 구덩이가 많다.
- 태양계를 이루는 행성 중 가장 작다.

2 태양계 행성 중 위성이 없는 행성을 모두 쓰시오.

3 태양계 행성 중 지구의 공전 궤도 바깥쪽에 있는 행성의 이름을 모두 쓰시오.

4 화성과 목성 중 탐사선이 착륙하여 탐사할 수 있는 행성을 쓰시오.

5 흑점 부근의 폭발로 채층의 일부가 순간 매우 밝아지며 많은 양의 에너지를 방출하는 현상을 무엇이라고 하는지 쓰시오.

6 개기 일식 때 관측하기 쉬운 태양의 표면이나 대기 또는 표면이나 대기에서 나타나는 현상을 두 가지만 쓰시오.

2단계 제시된 단어를 모두 이용하여 서술하기

[7~10] 각 문제에 제시된 단어를 모두 이용하여 답을 서술하시오.

7 목성의 표면에서 대적점과 가로줄 무늬가 나타나는 까닭을 각각 서술하시오.

대기, 자전 속도

8 지구형 행성과 목성형 행성의 물리적 특성을 비교하여 서술하시오.

크기, 질량, 평균 밀도, 위성 수

9 태양의 표면에서 나타나는 흑점이 어둡게 보이는 까닭을 서술하시오.

주위, 온도

10 태양 활동의 영향으로 지구에서 자기 폭풍이 일어나 장거리 무선 통신 장애가 일어나는 시기에 태양에서 나타날 수 있는 현상을 서술하시오.

코로나, 홍염, 태양풍

3단계 실전 문제 풀어 보기

11 그림은 태양계 행성의 공전 궤도를 나타낸 것이다.

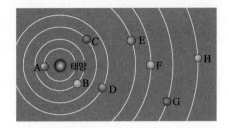

(1) 행성 A~H를 내행성과 외행성으로 구분하시오.

(2) 행성 A~H를 지구형 행성과 목성형 행성으로 구분하시오.

답안작성 TIP

12 표는 태양계 행성을 두 집단으로 분류한 것이다.

집단	(가)	(나)
질량	(㉠).	(㉡).
반지름	작다.	크다.
고리	없다.	있다.

집단 (가)와 (나)의 이름을 각각 쓰고, ㉠과 ㉡에 알맞은 말을 쓰시오.

답안작성 TIP

13 오른쪽 그림은 태양계 행성을 물리적 특성에 따라 두 집단으로 분류한 것이다.

(1) (가)와 (나) 집단의 이름을 각각 쓰시오.

(2) A에 적절한 물리적 특성을 한 가지만 쓰시오.

(3) (가) 집단에 해당하는 행성의 이름을 모두 쓰시오.

14 그림은 천체 망원경을 이용하여 태양 표면의 흑점을 4일 간격으로 관측한 결과를 나타낸 것이다.

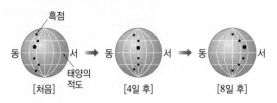

지구에서 볼 때 흑점의 이동 방향을 쓰고, 흑점의 이동을 통해 알 수 있는 사실을 서술하시오.

15 그림은 태양의 흑점 수 변화를 나타낸 것이다.

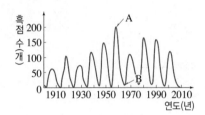

(1) A, B 중 태양의 활동이 더 활발한 시기를 쓰시오.

(2) (1)에서 답한 시기에 태양과 지구에서 나타나는 변화를 각각 두 가지씩 서술하시오.(단, 흑점 수 제외)

16 오른쪽 그림은 천체 망원경의 구조를 나타낸 것이다. A~F 중 가대, 균형추, 보조 망원경을 고르고, 각 구조의 역할을 서술하시오.

• 가대 :

• 균형추 :

• 보조 망원경 :

답안작성 TIP

12. 행성들은 물리적 특성을 기준으로 지구형 행성과 목성형 행성으로 구분한다. 표에 주어진 반지름과 고리를 기준으로 (가)와 (나) 집단이 무엇에 해당하는지 찾는다.　13. 평균 밀도를 기준으로 (가)와 (나) 집단을 구분하고, (가) 집단이 작고 (나) 집단이 큰 물리적 특성 A를 찾는다.

1 광합성 식물이 빛에너지를 이용하여 이산화 탄소와 물을 원료로 양분을 만드는 과정

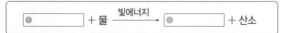

$$\boxed{①} + 물 \xrightarrow{빛에너지} \boxed{②} + 산소$$

(1) 광합성이 일어나는 장소 : 엽록체

(2) 광합성이 일어나는 시기 : 빛이 있을 때(낮)

(3) 광합성에 필요한 요소

① 이산화 탄소 : 잎의 기공을 통해 흡수한다.

② 물 : 뿌리에서 흡수하여 물관을 통해 이동한다.

③ $\boxed{③}$: 엽록체 속 엽록소에서 흡수한다.

[광합성에 필요한 요소 확인]

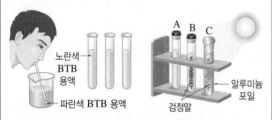

- 시험관 A : 노란색(변화 없음)
- 시험관 B : $\boxed{④}$ ➡ 검정말이 빛을 받아 광합성을 하면서 이산화 탄소를 사용하였기 때문
- 시험관 C : 노란색(변화 없음) ➡ 빛이 차단되어 검정말이 광합성을 하지 않았기 때문

> 광합성에는 이산화 탄소와 빛이 필요하다.

---

(4) 광합성으로 생성되는 물질(광합성 산물)

① 포도당 : 광합성으로 처음 만들어지는 양분으로, 곧 녹말로 바뀌어 엽록체에 저장된다.

② $\boxed{⑤}$: 식물의 호흡에 사용되고, 일부는 잎의 기공을 통해 방출된다.

[광합성이 일어나는 장소와 광합성 산물 확인]

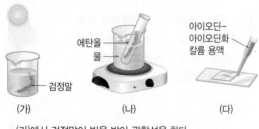

- (가)에서 검정말이 빛을 받아 광합성을 한다.
- (나)에서 엽록체 속의 $\boxed{⑥}$가 제거되어 잎이 탈색된다. ➡ 엽록체의 색깔 변화를 잘 볼 수 있다.
- (다)에서 엽록체가 청람색을 띤다. ➡ 엽록체에서 $\boxed{⑦}$이 만들어졌기 때문

> 광합성은 엽록체에서 일어나며, 광합성 결과 녹말이 만들어진다.

---

(5) 광합성에 영향을 미치는 환경 요인

빛의 세기	광합성량은 빛의 세기가 셀수록 $\boxed{⑧}$ 하며, 일정 세기 이상이 되면 더 이상 증가하지 않는다.
이산화 탄소의 농도	광합성량은 이산화 탄소의 농도가 높을수록 증가하며, 일정 농도 이상이 되면 더 이상 증가하지 않는다.
온도	광합성량은 온도가 높을수록 증가하며, 일정 온도 이상에서는 급격하게 감소한다.

2 증산 작용

(1) 증산 작용 : 식물체 속의 물이 수증기로 변하여 잎의 기공을 통해 공기 중으로 빠져나가는 현상

[증산 작용 확인]

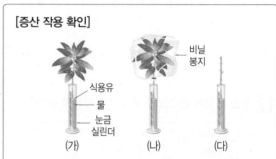

- 남아 있는 물의 양 : (다)>(나)>(가)
- (가) : 수면의 높이가 낮아진다. ➡ 잎에서 증산 작용이 일어나 물이 나뭇가지 안으로 이동하였기 때문
- (나) : 비닐봉지 안에 물방울이 맺히고, 습도가 높아진다. ➡ 증산 작용으로 나온 수증기가 액화되었기 때문
- (다) : 수면의 높이에 거의 변화가 없다.

> 증산 작용은 식물의 $\boxed{⑨}$에서 일어난다.

---

(2) 증산 작용의 역할

① 뿌리에서 흡수한 물이 잎까지 이동하는 원동력이 된다. ➡ 잎에 도달한 물은 광합성에 사용된다.

② 식물체 내의 수분량을 조절한다.

③ 물이 증발하면서 주변의 열을 흡수하므로, 식물의 체온이 높아지는 것을 막는다.

(3) 증산 작용의 장소 : 식물 잎의 기공

$\boxed{⑩}$	주로 잎의 뒷면에 분포하는 작은 구멍으로, 공변세포 2개가 둘러싸고 있다.
공변세포	엽록체가 있어 초록색을 띠며 광합성이 일어난다.

(4) 증산 작용의 조절 : 기공은 낮에 열리고 밤에 닫힌다. ➡ 기공이 열리는 낮에 증산 작용이 활발하게 일어난다.

(5) 증산 작용이 잘 일어나는 조건 : 빛이 강할 때, 온도가 높을 때, 바람이 잘 불 때, 습도가 낮을 때

잠깐 테스트

● 정답과 해설 **68쪽**

MEMO

1 광합성에 필요한 물질과 광합성으로 생성되는 물질을 각각 보기에서 고르시오.

> **보기**
> ㄱ. 산소   ㄴ. 이산화 탄소   ㄷ. 물   ㄹ. 포도당

(1) 광합성에 필요한 물질 : _____ (2) 광합성으로 생성되는 물질 : _____

2 숨을 불어넣어 파란색에서 노란색으로 변한 BTB 용액을 시험관 A∼C에 넣고 오른쪽 그림과 같이 장치하여 빛을 비추었다. 이때 시험관 B는 광합성이 일어나 ①(산소, 이산화 탄소)가 사용되어 BTB 용액의 색깔이 ②(노란색, 파란색)으로 변한다.

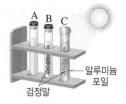

3 검정말 잎에 일정 시간 빛을 비춘 후 에탄올에 물중탕하여 아이오딘 – 아이오딘화 칼륨 용액을 떨어뜨렸더니 잎의 엽록체가 청람색으로 변했다. 이를 통해 알 수 있는 광합성 산물은 무엇인지 쓰시오.

4 검정말의 광합성으로 발생한 기체를 시험관에 모은 후 향의 불씨를 넣었더니 불꽃이 다시 타올랐다. 이를 통해 광합성으로 (   )가 발생했음을 알 수 있다.

5 오른쪽 그림은 환경 요인에 따른 광합성량을 나타낸 것이다. A에 해당하는 환경 요인을 보기에서 모두 고르시오.

> **보기**
> ㄱ. 온도   ㄴ. 빛의 세기   ㄷ. 이산화 탄소의 농도

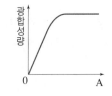

[6~7] 눈금실린더 (가), (나)에 같은 양의 물을 넣고 오른쪽 그림과 같이 장치하여 햇빛이 잘 비치는 곳에 두고, 일정 시간 후 남아 있는 물의 양을 관찰하였다.

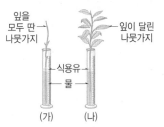

6 (가)와 (나) 중 일정 시간 후 물이 더 많이 줄어든 것은 (   )이다.

7 이 실험을 통해 증산 작용은 식물의 (뿌리, 줄기, 잎)에서 일어남을 알 수 있다.

[8~9] 오른쪽 그림은 잎 뒷면의 표피를 관찰하여 나타낸 것이다.

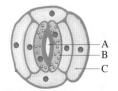

8 A는 주로 ①(낮, 밤)에 열리고 ②(낮, 밤)에 닫힌다.

9 B는 엽록체가 ①(있고, 없고), C는 엽록체가 ②(있다, 없다).

10 증산 작용은 빛이 ①(강, 약)할 때, 온도가 ②(높, 낮)을 때, 습도가 ③(높, 낮)을 때, 바람이 ④(잘, 안) 불 때 활발하게 일어난다.

IV 식물과 에너지

◈ **광합성에 필요한 요소와 광합성 산물 확인하기** _{진도 교재 133쪽}

광합성의 반응식 : 이산화 탄소 + 물 $\xrightarrow{\text{빛에너지}}$ 포도당 + 산소

● **광합성에 필요한 요소 확인**

[1~4] 파란색 BTB 용액에 입김을 불어넣어 노란색으로 만든 후 그림과 같이 장치하고 햇빛이 잘 비치는 곳에 두었다.

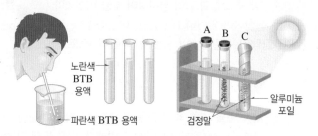

1 BTB 용액의 색깔 변화가 나타난 시험관의 기호와 변한 색깔을 쓰시오.

2 BTB 용액의 색깔 변화를 일으킨 기체의 종류를 쓰시오.

3 광합성이 일어난 시험관을 모두 쓰시오.

4 이 실험을 통해 식물이 광합성을 할 때 ㉠(   )이 필요하고, ㉡(   )를 사용한다는 것을 알 수 있다.

● **광합성 산물 확인**

[5~6] 그림과 같이 햇빛이 잘 비치는 곳에 놓아둔 검정말 잎을 에탄올에 물중탕한 후 아이오딘-아이오딘화 칼륨 용액을 떨어뜨리고 현미경으로 관찰하였다.

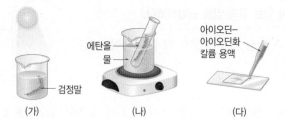

5 (다)의 결과 관찰되는 엽록체의 색깔을 쓰시오.

6 이 실험을 통해 확인할 수 있는 광합성 산물을 쓰시오.

7 검정말을 오른쪽 그림과 같이 장치하여 햇빛이 잘 비치는 곳에 두면 검정말에서 광합성이 일어나 기체가 발생하며, 발생한 기체를 모은 고무관에 향의 불씨를 가져가면 향의 불꽃이 다시 타오른다. 이를 통해 알 수 있는 광합성으로 발생한 기체를 쓰시오.

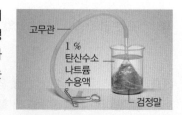

이 문제에서 나올 수 있는 보기는 多

01 광합성에 대한 설명으로 옳지 않은 것은?

① 광합성으로 산소가 발생한다.

② 광합성으로 포도당이 생성된다.

③ 광합성이 일어나는 장소는 엽록체이다.

④ 광합성은 주로 빛이 없는 밤에 일어난다.

⑤ 광합성에 필요한 이산화 탄소는 공기 중에서 잎의 기공을 통해 흡수한다.

⑥ 광합성에 필요한 물은 뿌리에서 흡수되어 물관을 통해 잎까지 이동한다.

[02~03] 그림은 광합성 과정을 나타낸 것이다.

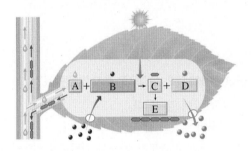

02 A~E에 해당하는 물질의 이름을 각각 쓰시오.

03 이에 대한 설명으로 옳은 것을 보기에서 모두 고른 것은?

┌ 보기 ┐

ㄱ. B와 D는 잎의 기공을 통해 드나든다.

ㄴ. BTB 용액을 사용하여 광합성에 B가 사용됨을 확인할 수 있다.

ㄷ. D를 모은 시험관에 향의 불씨를 넣으면 불꽃이 다시 살아난다.

ㄹ. 석회수를 사용하여 광합성으로 E가 생성됨을 확인할 수 있다.

① ㄱ, ㄴ   ② ㄱ, ㄹ   ③ ㄴ, ㄷ

④ ㄱ, ㄴ, ㄷ   ⑤ ㄴ, ㄷ, ㄹ

04 파란색 BTB 용액에 입김을 불어넣어 노란색으로 만든 뒤 오른쪽 그림과 같이 장치하고 햇빛이 잘 비치는 곳에 두었더니 일정 시간 후 시험관 A의 BTB 용액만 파란색으로 변하고 시험관 B, C의 색깔은 변하지 않았다. 이를 통해 알 수 있는 광합성에 필요한 요소를 모두 고르면?(2개)

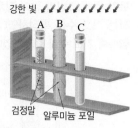

강한 빛

A B C

검정말   알루미늄 포일

① 빛   ② 산소   ③ 녹말

④ 이산화 탄소   ⑤ BTB 용액

[05~06] 그림과 같이 햇빛이 잘 비치는 곳에 놓아둔 검정말 잎을 에탄올에 물중탕한 후 아이오딘-아이오딘화 칼륨 용액을 떨어뜨리고 현미경으로 관찰하였다.

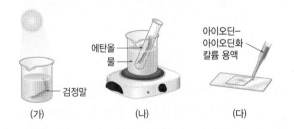

에탄올   물

검정말

(가)   (나)   아이오딘-아이오딘화 칼륨 용액 (다)

05 이에 대한 설명으로 옳은 것을 보기에서 모두 고른 것은?

┌ 보기 ┐

ㄱ. (가)에서 검정말을 햇빛이 잘 비치는 곳에 두는 까닭은 광합성에 빛이 필요하기 때문이다.

ㄴ. (나) 과정에서 잎이 탈색된다.

ㄷ. (다) 과정을 통해 광합성으로 생성된 포도당을 검출할 수 있다.

① ㄱ   ② ㄴ   ③ ㄱ, ㄴ

④ ㄱ, ㄷ   ⑤ ㄱ, ㄴ, ㄷ

06 (다) 과정 결과 나타나는 엽록체의 색깔 변화와 그 원인을 옳게 연결한 것은?

① 청람색 – 녹말 생성

② 청람색 – 포도당 생성

③ 청람색 – 설탕 생성

④ 황적색 – 녹말 생성

⑤ 황적색 – 포도당 생성

IV 식물과 에너지

[07~09] 식물의 광합성에 영향을 미치는 환경 요인을 알아보기 위해 그림과 같이 장치하고 1분 동안 검정말에서 발생하는 기포 수를 측정하였다. 이때 전등 빛을 점점 밝게 조절할수록 기포 수가 증가하였다.

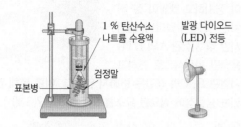

1 % 탄산수소 나트륨 수용액
발광 다이오드 (LED) 전등
검정말
표본병

07 이 실험은 어떤 환경 요인과 광합성량의 관계를 알아보기 위한 것인가?

① 온도
② 물의 양
③ 빛의 세기
④ 산소의 농도
⑤ 이산화 탄소의 농도

08 이에 대한 설명으로 옳지 않은 것은?

① 전등 빛이 밝아질수록 광합성량이 증가한다.
② 검정말에서 발생하는 기포 수는 광합성량을 뜻한다.
③ 탄산수소 나트륨 수용액은 광합성에 필요한 이산화 탄소를 공급한다.
④ 검정말이 들어 있는 표본병 속에 입김을 불어넣으면 기포 수가 감소한다.
⑤ 전등 빛을 밝게 조절하는 대신 전등과 검정말의 거리를 가깝게 해도 기포 수가 증가한다.

09 검정말에서 발생하는 기체와 이를 확인하는 방법을 옳게 짝 지은 것은?

① 산소 – 석회수에 통과시킨다.
② 산소 – 향의 불씨를 대어 본다.
③ 수증기 – 향의 불씨를 대어 본다.
④ 이산화 탄소 – 석회수에 통과시킨다.
⑤ 이산화 탄소 – BTB 용액에 넣어 본다.

10 빛의 세기와 이산화 탄소의 농도가 일정할 때 온도에 따른 광합성량의 변화를 옳게 나타낸 것은?

① 광합성량 / 온도
② 광합성량 / 온도
③ 광합성량 / 온도
④ 광합성량 / 온도
⑤ 광합성량 / 온도

11 증산 작용에 대한 설명으로 옳지 않은 것은?

① 주로 낮에 일어난다.
② 기공이 열리고 닫히면서 조절된다.
③ 일반적으로 습도가 높을 때 활발하게 일어난다.
④ 뿌리에서 흡수한 물이 잎까지 이동하는 원동력이 된다.
⑤ 식물체 속의 물이 수증기로 변하여 공기 중으로 빠져나가는 현상이다.

12 오른쪽 그림과 같이 나뭇가지에 비닐봉지를 씌우고 일정 시간 동안 두었더니 비닐봉지 안에 물방울이 맺혔다. 이를 통해 확인할 수 있는 식물의 작용으로 옳은 것은?

① 운반 작용
② 저장 작용
③ 증산 작용
④ 호흡 작용
⑤ 광합성 작용

13 증산 작용의 역할로 옳은 것을 보기에서 모두 고른 것은?

┌─ 보기 ┐
ㄱ. 식물체 내의 수분량을 조절한다.
ㄴ. 식물의 체온이 높아지는 것을 막는다.
ㄷ. 식물체에서 물이 상승하는 원동력이 된다.
└─────┘

① ㄱ   ② ㄴ   ③ ㄱ, ㄴ
④ ㄴ, ㄷ   ⑤ ㄱ, ㄴ, ㄷ

[14~15] 시험관 A~C에 같은 양의 물을 넣고 식용유를 떨어뜨린 후 그림과 같이 장치하여 햇빛이 잘 드는 곳에 두었다가 일정 시간 후 남아 있는 물의 양을 관찰하였다.

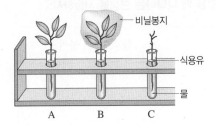

14 (가) 물이 가장 많이 줄어든 시험관과 (나) 가장 적게 줄어든 시험관을 옳게 짝 지은 것은?

	(가)	(나)
①	A	B
②	A	C
③	B	A
④	B	C
⑤	C	B

15 이에 대한 설명으로 옳지 <u>않은</u> 것은?

① A에서 증산 작용이 가장 활발하게 일어난다.
② B의 비닐봉지 안에 물방울이 맺힌다.
③ 식용유는 물의 증발을 막는다.
④ 이 실험을 통해 잎에서 증산 작용이 일어남을 알 수 있다.
⑤ 물을 더 많이 줄어들게 하기 위해서는 시험관을 빛이 없는 어두운 곳에 두어야 한다.

16 그림은 잎의 구조를 나타낸 것이다.

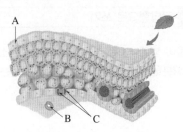

다음 설명에 해당하는 부분을 그림에서 찾아 기호와 이름을 옳게 연결한 것은?

• 엽록체가 있어 초록색을 띤다.
• 기공을 둘러싸고 있으며, 이것의 모양에 따라 기공이 열리거나 닫힌다.

① A – 표피 세포   ② A – 공변세포
③ B – 공변세포   ④ C – 표피 세포
⑤ C – 공변세포

이 문제에서 나올 수 있는 보기는 多

17 그림은 식물 잎의 표피를 벗겨 현미경으로 관찰한 결과를 나타낸 것이다.

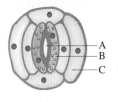

A~C에 대한 설명으로 옳은 것을 모두 고르면?(2개)

① A는 주로 잎의 앞면에 있다.
② A는 주로 낮에 닫히고, 밤에 열린다.
③ B는 공변세포로, 엽록체가 있다.
④ B의 모양에 따라 A가 열리거나 닫힌다.
⑤ B는 안쪽 세포벽이 바깥쪽 세포벽보다 얇다.
⑥ C는 표피 세포로, 광합성이 일어난다.

18 증산 작용이 활발하게 일어나는 조건이 <u>아닌</u> 것은?

① 빛이 강할 때
② 습도가 낮을 때
③ 온도가 높을 때
④ 기공이 닫힐 때
⑤ 바람이 잘 불 때

1단계 단답형으로 쓰기

1 식물이 빛에너지를 이용하여 이산화 탄소와 물을 원료로 양분을 만드는 과정을 무엇이라고 하는지 쓰시오.

_____

2 빛 이외에 (가) 광합성에 필요한 물질 두 가지와 (나) 광합성으로 생성되는 물질 두 가지를 쓰시오.

_____

3 광합성에 영향을 미치는 환경 요인 세 가지를 쓰시오.

_____

4 식물체 속의 물이 수증기로 변하여 잎의 기공을 통해 공기 중으로 빠져나가는 현상을 무엇이라고 하는지 쓰시오.

_____

5 잎의 기공을 둘러싸고 있으며, 모양이 변해 기공이 열리고 닫히는 것을 조절하는 세포의 이름을 쓰시오.

_____

2단계 제시된 단어를 모두 이용하여 서술하기

[6~10] 각 문제에 제시된 단어를 모두 이용하여 답을 서술하시오.

6 빛을 비춘 검정말 잎을 에탄올로 물중탕한 후 아이오딘－아이오딘화 칼륨 용액을 떨어뜨리고 현미경으로 관찰하면 엽록체가 청람색으로 관찰된다. 이를 통해 알 수 있는 사실을 서술하시오.

> 엽록체, 광합성, 녹말

_____

7 검정말의 광합성으로 발생한 기체를 모아 향의 불씨를 넣었을 때 나타나는 현상을 서술하시오.

> 산소, 향의 불씨

_____

8 증산 작용의 역할을 한 가지만 서술하시오.

> 뿌리, 물, 잎, 원동력

_____

9 공변세포와 표피 세포의 차이점을 서술하시오.

> 공변세포, 표피 세포, 엽록체, 광합성

_____

10 증산 작용이 활발하게 일어나는 시기를 쓰시오.

> 증산 작용, 기공, 낮

_____

3단계 실전 문제 풀어 보기

11 파란색 BTB 용액에 입김을 불어넣어 노란색으로 만든 뒤 그림과 같이 장치하고 햇빛이 잘 드는 곳에 두었다. 일정 시간 후 BTB 용액의 색깔 변화를 관찰하였더니 그 결과가 표와 같았다.

강한 빛

시험관	색깔
A	파란색
B	노란색
C	노란색

검정말   알루미늄 포일

(1) 광합성이 일어난 시험관을 모두 쓰시오.

(2) 시험관 A에서 색깔 변화가 나타난 까닭을 서술하시오.(단, 호흡에 대해서는 서술하지 않는다.)

답안작성 TIP

12 시금치 잎 조각 6개를 1 % 탄산수소 나트륨 수용액이 담긴 비커에 넣어 그림과 같이 장치한 후 전등이 켜진 개수를 달리하면서 잎 조각이 모두 떠오르는 데 걸리는 시간을 측정하였다.

발광 다이오드 (LED) 전등

1 % 탄산수소 나트륨 수용액

시금치 잎 조각

(1) 전등이 켜진 개수가 늘어날수록 시금치 잎 조각이 떠오르는 데 걸리는 시간은 어떻게 변하는지 쓰시오.(단, 광합성량이 일정해지기 전까지만 쓴다.)

(2) 시금치 잎 조각이 떠오르는 까닭을 서술하시오.

13 오른쪽 그림을 보고 이산화 탄소의 농도와 광합성량의 관계를 서술하시오.

답안작성 TIP

14 눈금실린더 (가)~(다)에 같은 양의 물을 넣어 그림과 같이 장치한 뒤 햇빛이 잘 비치는 곳에 두었다가 일정 시간 후 남아 있는 물의 양을 관찰하였다.

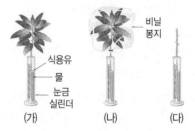

비닐 봉지

식용유
물
눈금 실린더

(가)   (나)   (다)

(1) 일정 시간 후 남아 있는 물의 양을 비교하여 등호나 부등호로 나타내시오.

(2) (가)와 (나)를 비교하여 알 수 있는 사실을 서술하시오.

(3) (가)와 (다)를 비교하여 알 수 있는 사실을 서술하시오.

15 그림은 기공이 변하는 모습을 나타낸 것이다.

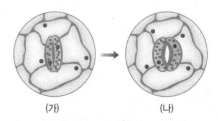

(가)   (나)

(가)와 (나) 중 증산 작용이 활발하게 일어나는 시기를 쓰고, 그 까닭을 서술하시오.

답안작성 TIP

12. 광합성량에 영향을 주는 환경 요인을 떠올려 보고, 실험에서 광합성량에 영향을 주는 환경 요인을 찾는다.   **14.** 증산 작용이 일어나는 장소와 증산 작용이 잘 일어나는 조건을 생각하여 서술한다.

1 호흡 세포에서 양분을 분해하여 생명 활동에 필요한 에너지를 얻는 과정

> 포도당 + 산소 ──────→ 이산화 탄소 + 물 + ❶[　　　]

(1) 호흡이 일어나는 장소 : 식물체를 구성하는 모든 살아 있는 세포

(2) 호흡이 일어나는 시기 : 낮과 밤 관계없이 항상

(3) 호흡에 필요한 물질

① 포도당 : 광합성으로 만들어진 양분이다.

② ❷[　　　] : 광합성으로 생성되거나 기공을 통해 공기 중에서 흡수한다.

(4) 호흡으로 생성되는 요소

① 이산화 탄소 : 광합성에 이용되거나 기공을 통해 공기 중으로 방출된다.

② 물 : 식물체에서 사용되거나 방출된다.

③ 에너지 : 싹을 틔우고, 꽃을 피우고, 열매를 맺는 등 생명 활동에 이용한다.

[호흡으로 발생하는 이산화 탄소 확인]

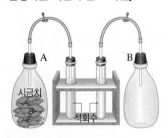

• A의 기체를 통과시킨 석회수만 뿌옇게 변한다. ➡ 시금치의 호흡으로 이산화 탄소가 발생하였기 때문

• 이 실험을 통해 빛이 없을 때 식물은 호흡만 하며, 식물의 호흡으로 ❸[　　　]가 발생한다는 것을 알 수 있다.

---

2 광합성과 호흡의 관계

(1) 광합성은 양분을 만들어 에너지를 저장하는 과정이고, 호흡은 양분을 분해하여 에너지를 얻는 과정이다.

(2) 광합성으로 생성된 물질은 호흡에 사용되고, 호흡으로 생성된 물질은 광합성에 사용된다.

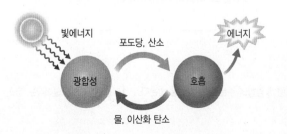

[광합성과 호흡의 관계 확인]

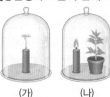

(가)　　(나)

• 빛을 비춘 경우 : 촛불만 넣은 (가)보다 촛불과 식물을 함께 넣은 (나)에서 촛불이 더 오래 탄다. ➡ 식물이 광합성을 하여 촛불의 연소에 필요한 ❹[　　　]를 방출하기 때문

• 빛을 차단한 경우 : (가)보다 (나)에서 촛불이 더 빨리 꺼진다. ➡ 빛이 없으면 식물이 호흡만 하여 산소가 더 빠르게 소모되기 때문

---

3 광합성과 호흡의 비교

구분	광합성	호흡
일어나는 장소	❺[　　]가 있는 세포	모든 살아 있는 세포
일어나는 시기	빛이 있을 때	❻[　　]
기체 출입	❼[　　] 흡수, ❽[　　] 방출	❾[　　] 흡수, ❿[　　] 방출
양분	양분 합성	양분 분해
에너지	에너지 저장	에너지 방출

---

4 식물의 기체 교환

낮(빛이 강할 때)	밤(빛이 없을 때)
• 광합성량이 호흡량보다 많다.	• 광합성은 일어나지 않고 호흡만 일어난다.
• ⓫[　　] 흡수, ⓬[　　] 방출	• ⓭[　　] 흡수, ⓮[　　] 방출

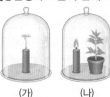

---

5 광합성으로 만든 양분의 사용

양분의 생성	광합성으로 만들어진 포도당은 잎에서 사용되거나 물에 잘 녹지 않는 ⓯[　　]로 바뀌어 잎의 엽록체에 잠시 저장된다.
양분의 이동	녹말은 물에 잘 녹는 ⓰[　　]으로 바뀌어 밤에 체관을 통해 식물의 각 기관으로 운반된다.
양분의 사용	• 호흡을 통해 생명 활동에 필요한 에너지를 얻는 데 사용된다. • 식물체의 구성 성분이 되어 식물이 생장하는 데 사용된다. • 사용하고 남은 양분은 다양한 형태로 바뀌어 뿌리, 줄기, 열매, 씨 등에 저장된다. 예 ⓱[　　](감자, 고구마), 포도당(포도, 양파), 설탕(사탕수수), 단백질(콩), 지방(땅콩, 깨)

● 정답과 해설 **70쪽**

MEMO

1 다음은 식물의 호흡 과정을 식으로 나타낸 것이다. ( ) 안에 알맞은 물질을 쓰시오.

> ①( ) + 산소 ⟶ ②( ) + 물 + 에너지

[2~3] 페트병 두 개 중 한 개에만 시금치를 넣고 오른쪽 그림과 같이 장치하여 어두운 곳에 하루 동안 놓아두었다가 각 페트병 속의 공기를 석회수에 통과시켰다.

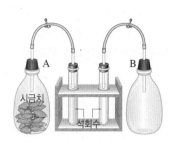

2 페트병을 어두운 곳에 놓아두는 까닭은 시금치에서 (광합성, 호흡)만 일어나게 하기 위해서이다.

3 페트병 ①(A, B)의 공기를 통과시킨 석회수만 뿌옇게 변한다. 이를 통해 빛이 없을 때는 식물에서 ②(광합성, 호흡)만 일어나고, 그 결과 ③(산소, 이산화 탄소)가 생성된다는 것을 알 수 있다.

4 광합성은 양분을 ①(합성, 분해)하는 과정이고, 호흡은 양분을 ②(합성, 분해)하는 과정이다.

5 표는 식물의 광합성과 호흡을 비교한 것이다. ( ) 안에 알맞은 말을 쓰시오.

구분	일어나는 장소	일어나는 시기	에너지
광합성	①( )가 있는 세포	빛이 있을 때	에너지 저장
호흡	모든 살아 있는 세포	②( )	에너지 ③( )

6 오른쪽 그림은 식물에서 일어나는 기체 교환을 나타낸 것이다. 이와 같은 기체 교환이 일어나는 시기는 (낮, 밤)이다.

7 빛이 강한 낮 동안 식물에서 광합성만 일어나는 것처럼 보이는 까닭은 광합성량이 호흡량보다 (많기, 적기) 때문이다.

8 빛이 없는 밤에 식물은 ①(산소, 이산화 탄소)를 흡수하고, ②(산소, 이산화 탄소)를 방출한다.

9 광합성으로 처음 만들어지는 양분인 ①( )은 ②( )로 바뀌어 엽록체에 저장되었다가 ③( )으로 바뀌어 밤에 ④( )을 통해 식물의 각 기관으로 운반된다.

10 감자와 고구마는 사용하고 남은 양분을 (녹말, 단백질, 포도당, 설탕, 지방)의 형태로 저장한다.

IV
식물과 에너지

이 문제에서 나올 수 있는 보기는 多

01 식물의 호흡에 대한 설명으로 옳은 것은?

① 빛이 없는 밤에만 일어난다.

② 엽록체가 있는 세포에서만 일어난다.

③ 양분을 만들어 에너지를 저장하는 과정이다.

④ 싹이 트거나 꽃이 필 때 식물의 호흡이 줄어든다.

⑤ 호흡은 광합성과 기체의 출입이 반대로 일어난다.

⑥ 식물은 호흡 과정에서 이산화 탄소를 흡수하고 산소를 방출한다.

[02~03] 비닐봉지 두 개 중 한 개에만 시금치를 넣고 오른쪽 그림과 같이 장치하여 하루 동안 어두운 곳에 놓아둔 후 비닐봉지 안의 기체를 석회수에 통과시켰더니 B의 기체를 통과시킨 석회수만 뿌옇게 변했다.

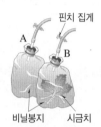

핀치 집게

A
B

비닐봉지   시금치

02 이와 관련있는 (가) 식물의 작용과 작용 결과 (나) 발생한 기체를 옳게 짝 지은 것은?

	(가)	(나)		(가)	(나)
①	호흡	산소	②	호흡	수증기
③	호흡	이산화 탄소	④	광합성	산소
⑤	광합성	이산화 탄소			

03 이에 대한 설명으로 옳은 것을 보기에서 모두 고른 것은?

┌ 보기 ┐

ㄱ. A를 빛이 있는 곳에 두면 이산화 탄소가 발생한다.

ㄴ. B에서는 광합성은 일어나지 않고 호흡만 일어났다.

ㄷ. A와 B를 비교하면 식물의 광합성에 빛이 필요함을 알 수 있다.

① ㄱ 　② ㄴ 　③ ㄱ, ㄴ

④ ㄴ, ㄷ 　⑤ ㄱ, ㄴ, ㄷ

04 다음은 식물에서 일어나는 두 가지 작용 (가)와 (나)의 반응식을 나타낸 것이다. (가)에서는 에너지를 흡수하고, (나)에서는 에너지를 방출한다.

$$물 + 이산화 탄소 \underset{(나)}{\overset{(가)}{\rightleftarrows}} 포도당 + 산소$$

이에 대한 설명으로 옳은 것을 보기에서 모두 고른 것은?

┌ 보기 ┐

ㄱ. (가)는 광합성, (나)는 호흡이다.

ㄴ. (가)가 일어날 때 처음 만들어지는 양분은 녹말로 바뀌어 엽록체에 저장된다.

ㄷ. 식물은 (나)를 통해 생명 활동에 필요한 에너지를 얻는다.

① ㄱ 　② ㄴ 　③ ㄱ, ㄴ

④ ㄴ, ㄷ 　⑤ ㄱ, ㄴ, ㄷ

05 그림과 같이 밀폐된 유리종에 촛불만 넣으면 촛불이 금방 꺼지지만, 촛불과 식물을 함께 넣고 빛을 비추면 촛불이 오래 탄다.

(가)　　　　　(나)

유리종 (나)에 빛을 차단했을 때 예상되는 촛불의 변화와 그 원인이 되는 식물의 작용을 옳게 연결한 것은?

① 촛불이 (가)보다 빨리 꺼진다. – 호흡

② 촛불이 (가)보다 빨리 꺼진다. – 광합성

③ 촛불이 (가)보다 오래 탄다. – 호흡

④ 촛불이 (가)보다 오래 탄다. – 광합성

⑤ 촛불이 (가)보다 오래 탄다. – 증산 작용

06 광합성과 호흡을 비교한 내용으로 옳지 <u>않은</u> 것은?

구분	광합성	호흡
① 장소	엽록체가 있는 세포	모든 살아 있는 세포
② 시기	빛이 있을 때	항상
③ 흡수 기체	이산화 탄소	산소
④ 양분	양분 합성	양분 분해
⑤ 에너지	에너지 방출	에너지 저장

09 식물에서 일어나는 기체 교환에 대한 설명으로 옳은 것은?

① 밤에는 호흡과 광합성이 모두 일어난다.
② 밤에는 이산화 탄소와 산소를 모두 방출한다.
③ 낮에는 호흡량이 광합성량보다 많다.
④ 낮에는 이산화 탄소를 흡수하고 산소를 방출한다.
⑤ 낮에는 광합성과 호흡이 모두 일어나므로 기체 교환이 일어나지 않는다.

[07~08] 시험관 A~D에 초록색 BTB 용액을 넣고 다음과 같이 장치하여 햇빛이 잘 비치는 곳에 두었다.

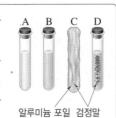

- A : 입김을 불어넣고 입구를 막는다.
- B : 아무 처리도 하지 않고 입구를 막는다.
- C : 검정말을 넣고 입구를 막은 후 시험관 전체를 알루미늄 포일로 감싼다.
- D : 검정말을 넣고 입구를 막는다.

알루미늄 포일   검정말

07 일정 시간 후 BTB 용액이 같은 색깔을 띠는 시험관끼리 옳게 짝 지은 것은?

① A, B   ② A, C   ③ B, C
④ B, D   ⑤ C, D

[10~11] 그림 (가)는 낮에, (나)는 밤에 일어나는 식물의 기체 교환을 나타낸 것이다.

(가)   (나)

10 A와 B에 해당하는 기체의 이름을 각각 쓰시오.

08 이에 대한 설명으로 옳은 것을 보기에서 모두 고른 것은?

┌ 보기 ├
ㄱ. 시험관 C에서는 산소가 발생한다.
ㄴ. 시험관 C에서는 검정말의 광합성만 일어나고, 시험관 D에서는 검정말의 광합성과 호흡이 모두 일어난다.
ㄷ. 시험관 D에서는 BTB 용액 속 이산화 탄소가 줄어든다.

① ㄱ   ② ㄷ   ③ ㄱ, ㄴ
④ ㄴ, ㄷ   ⑤ ㄱ, ㄴ, ㄷ

11 이에 대한 설명으로 옳은 것을 보기에서 모두 고른 것은?

┌ 보기 ├
ㄱ. (가)에서는 빛에너지를 포도당에 저장하는 과정이 일어난다.
ㄴ. (나)에서는 광합성량과 호흡량이 같다.
ㄷ. 식물의 호흡은 (가)와 (나) 시기에 모두 일어난다.

① ㄱ   ② ㄷ   ③ ㄱ, ㄴ
④ ㄱ, ㄷ   ⑤ ㄴ, ㄷ

Ⅳ 식물과 에너지

12 낮 동안 식물에서 호흡 결과 이산화 탄소가 방출되지 않는 것처럼 보이는 까닭으로 옳은 것은?

① 기공이 닫혀 있기 때문이다.
② 광합성만 일어나기 때문이다.
③ 호흡 시 산소가 발생하기 때문이다.
④ 이산화 탄소가 필요하지 않기 때문이다.
⑤ 호흡으로 발생하는 이산화 탄소가 모두 광합성에 이용되기 때문이다.

13 광합성으로 만들어진 양분의 이동과 사용에 대한 설명으로 옳지 <u>않은</u> 것은?

① 식물이 생장하는 데 사용된다.
② 체관을 통해 식물의 각 기관으로 운반된다.
③ 광합성으로 처음 만들어지는 양분은 포도당이다.
④ 사용하고 남은 양분은 모두 잎에 녹말의 형태로 저장된다.
⑤ 호흡을 통해 생명 활동에 필요한 에너지를 얻는 데 사용된다.

14 광합성으로 (가) 처음 만들어지는 양분과 이 양분이 (나) 엽록체에 저장되는 형태, (다) 식물의 각 기관으로 이동할 때의 형태를 옳게 짝 지은 것은?

	(가)	(나)	(다)
①	포도당	녹말	설탕
②	포도당	녹말	녹말
③	포도당	설탕	녹말
④	녹말	포도당	녹말
⑤	녹말	설탕	포도당

15 사용하고 남은 양분을 같은 형태로 저장하는 식물끼리 옳게 짝 지은 것은?

① 깨 – 양파   ② 감자 – 콩
③ 양파 – 포도   ④ 땅콩 – 고구마
⑤ 사탕수수 – 감자

16 그림은 어떤 식물에서 광합성으로 만들어진 양분의 이동 경로를 나타낸 것이다. A~D는 식물의 각 기관이다.

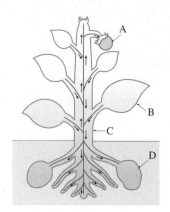

이에 대한 설명으로 옳은 것을 보기에서 모두 고른 것은?

┌─ 보기 ├─
ㄱ. 양분은 주로 A에서 만들어진다.
ㄴ. 양분은 A~D에서 호흡의 에너지원으로 사용된다.
ㄷ. 양분은 밤에 C의 물관을 통해 이동한다.
└─

① ㄱ   ② ㄴ   ③ ㄱ, ㄴ
④ ㄱ, ㄷ   ⑤ ㄴ, ㄷ

17 사과나무 줄기의 바깥쪽 껍질을 고리 모양으로 벗겨내고 길렀더니 그림과 같이 껍질을 벗겨낸 윗부분의 사과는 크게 자랐지만 아랫부분의 사과는 잘 자라지 못하였다.

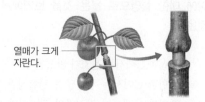

열매가 크게 자란다.

위와 같은 현상이 나타난 까닭으로 옳은 것은?

① 물관이 제거되었기 때문이다.
② 체관이 제거되었기 때문이다.
③ 물관과 체관이 제거되었기 때문이다.
④ 잎에서 광합성이 일어나지 않았기 때문이다.
⑤ 잎에서 증산 작용이 일어나지 않았기 때문이다.

서술형 정복하기

● 정답과 해설 71쪽

1단계 단답형으로 쓰기

1 세포에서 양분을 분해하여 생명 활동에 필요한 에너지를 얻는 과정을 무엇이라고 하는지 쓰시오.

2 다음은 식물의 호흡 과정을 식으로 나타낸 것이다.

포도당 + ㉠ ⟶ ㉡ + 물 + 에너지

㉠과 ㉡에 해당하는 물질을 각각 쓰시오.

3 빛이 없는 밤에 식물의 기공을 통해 (가) 흡수되는 기체와 (나) 방출되는 기체를 쓰시오.

4 광합성으로 처음 만들어지는 양분의 형태를 쓰시오.

5 감자와 고구마는 사용하고 남은 양분을 어떤 형태로 저장하는지 쓰시오.

2단계 제시된 단어를 모두 이용하여 서술하기

[6~10] 각 문제에 제시된 단어를 모두 이용하여 답을 서술하시오.

6 식물이 호흡을 하는 근본적인 목적을 서술하시오.

생명 활동, 에너지

7 유리종에 촛불만 넣어두면 촛불이 금방 꺼지지만, 촛불과 식물을 함께 넣어두면 촛불이 오래 탄다. 그 까닭을 서술하시오.

식물, 광합성, 산소

8 낮에 식물에서 일어나는 기체 교환을 서술하시오.

빛, 광합성량, 호흡량, 이산화 탄소, 산소

9 광합성으로 처음 만들어진 포도당은 녹말로 바뀌어 엽록체에 저장된다. 엽록체 속의 녹말은 어떻게 식물의 각 기관으로 운반되는지 서술하시오.

녹말, 설탕, 밤, 체관

10 사과나무 줄기의 바깥쪽 껍질을 고리 모양으로 벗겨내면 윗부분의 열매는 크게 자라지만, 아랫부분의 열매는 잘 자라지 못한다. 그 까닭을 서술하시오.

체관, 광합성, 양분

3단계 실전 문제 풀어 보기

답안작성 **TIP**

11 페트병 두 개 중 한 개에만 시금치를 넣고 밀봉하여 어두운 곳에 하루 동안 두었다가 각 페트병 속의 공기를 석회수에 통과시켰다.

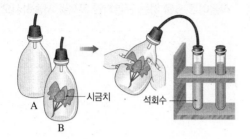

시금치, 석회수, A, B

(1) 석회수를 뿌옇게 변하게 하는 페트병의 기호를 쓰시오.

_____

(2) 석회수가 뿌옇게 변한 까닭을 다음 단어를 모두 포함하여 서술하시오.

> 빛, 호흡, 광합성, 이산화 탄소

_____

12 다음은 식물에서 일어나는 두 가지 작용 A와 B의 관계를 나타낸 것이다.

> $$이산화 탄소 + 물 \underset{B(에너지 방출)}{\overset{A(에너지 흡수)}{\rightleftarrows}} 포도당 + 산소$$

(1) A와 B에 해당하는 식물의 작용을 각각 쓰시오.

_____

(2) A와 B의 작용을 다음 두 가지 측면에서 비교하여 서술하시오.

> • 일어나는 장소   • 일어나는 시기

_____

(3) B 작용으로 생성되는 기체를 초록색 BTB 용액에 넣었을 때 일어나는 변화를 서술하시오.

답안작성 **TIP**

13 그림과 같이 유리종 (가)에는 촛불만 넣고, 유리종 (나)에는 촛불과 식물을 함께 넣은 뒤 빛을 비추었더니 유리종 (나)의 촛불이 (가)의 촛불보다 오래 탔다.

(가)   (나)

(1) 빛을 차단했을 때 유리종 (가)와 (나) 중 촛불이 더 빨리 꺼지는 것을 쓰시오.

_____

(2) (1)과 같이 생각한 까닭을 식물의 작용과 관련지어 서술하시오.

_____

답안작성 **TIP**

14 그림은 하루 동안 식물에서 일어나는 기체 교환을 나타낸 것이다.

(가)   (나)

(1) (가)와 (나)는 각각 낮과 밤 중 언제에 해당하는지 쓰시오.

_____

(2) (가)에서의 기체 교환을 광합성량과 호흡량의 비교를 통해 서술하시오.

_____

15 광합성으로 만들어진 양분은 식물체의 각 기관으로 운반된 후 어떻게 사용되는지 한 가지만 서술하시오.

_____

답안작성 **TIP**

11. 페트병 A와 B 중 이산화 탄소가 발생하는 경우를 식물의 작용과 관련지어 파악한다.   **13.** 빛이 없으면 식물은 광합성을 하지 않고 호흡만 한다.   **14.** 광합성은 빛이 있을 때만 일어나고, 호흡은 항상 일어난다.

88   Ⅳ. 식물과 에너지

생생한 과학의 즐거움! 과학은 역시!

15개정 교육과정

오투

중학과학

2·1

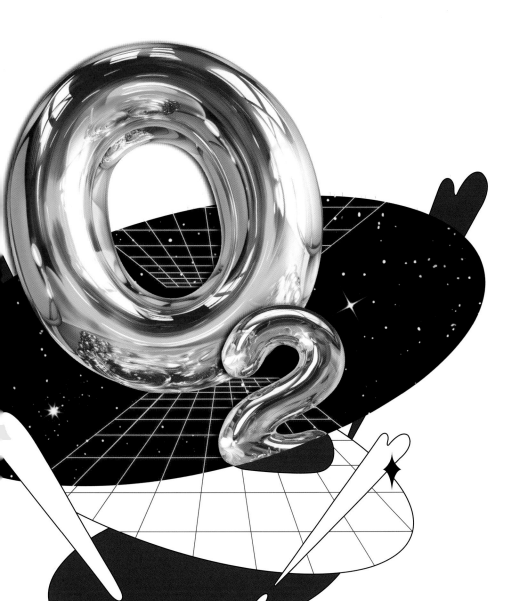

정답과 해설

visang

오투

2-1

정답과 해설

정답과 해설

Ⅰ 물질의 구성

01 원소

A 아리스토텔레스, 라부아지에, 원소

B 불꽃 반응, 연속 스펙트럼, 선 스펙트럼

---

1 (1)-㉠ (2)-㉢ (3)-㉣ (4)-㉡ **2** (1) ○ (2) × (3) ○ (4)
× **3** 원소 **4** ⑤ **5** (1) 구리 (2) 산소 (3) 수소 (4) 금 **6**
(1) × (2) ○ (3) ○ **7** ㉠ 빨간색, ㉡ 칼륨, ㉢ 빨간색, ㉣ 칼
슘, ㉤ 황록색, ㉥ 나트륨 **8** ④ **9** 선 스펙트럼 **10** (1) ×
(2) ○ (3) ○ (4) ○

1 (1) 탈레스는 모든 물질의 근원은 물이라고 주장하였다.
(2) 보일은 원소는 물질을 이루는 기본 성분으로, 더 이상 분해
되지 않는 단순한 물질이라고 정의하였다.
(3) 아리스토텔레스는 만물은 4가지 기본 성분으로 되어 있고,
이들이 조합하여 여러 물질이 만들어진다고 주장하였다.
(4) 라부아지에는 실험을 통해 물이 수소와 산소로 분해되는 것
을 확인하여, 물이 원소가 아님을 증명하였다.

2 바로알기 (2) 물은 수소와 산소로 분해되므로 원소가 아니다.
(4) 라부아지에의 물 분해 실험을 통해 물이 원소가 아님을 알
수 있으며, 원소는 다른 종류의 원소로 변하지 않는다.

3 원소는 더 이상 다른 물질로 분해되지 않으면서 물질을 이
루는 기본 성분으로, 우리 주변의 모든 물질은 원소로 이루어
져 있다.

4 설탕은 탄소, 수소, 산소, 소금은 나트륨, 염소로 이루어진
물질이다.

5 (1) 구리는 전기가 잘 통하므로 전선에 이용된다.
(2) 산소는 지구 대기 성분의 21 % 정도를 차지하며, 물질의 연
소와 생물의 호흡에 이용된다.
(3) 수소는 모든 원소 중 가장 가벼우며, 우주 왕복선의 연료로
이용된다.
(4) 금은 산소나 물과 반응하지 않아 광택이 유지되므로 장신구
의 재료로 이용된다.

6 바로알기 (1) 불꽃 반응 색은 일부 금속 원소나 금속 원소를
포함하는 물질에서만 나타난다.

7 일부 금속 원소를 포함한 물질을 불꽃 반응시키면 물질 속
에 포함된 금속 원소의 특정한 불꽃 반응 색이 나타난다.

8 ④ 염화 구리(Ⅱ)와 황산 구리(Ⅱ)는 구리에 의해 청록색의
불꽃 반응 색이 나타난다.
바로알기 ① 황록색, ② 노란색, ③ 보라색, ⑤ 빨간색

10 바로알기 (1) 햇빛을 분광기로 관찰하면 연속 스펙트럼이
나타난다.

탐구 a

㉠ 산소, 수소, ㉡ 원소

01 (1) × (2) × (3) × (4) ○ (5) ○ **02** A : 수소, B : 산소
03 물은 수소와 산소로 분해되므로 원소가 아니다.

01 (5) 물을 전기 분해하면 수소 기체와 산소 기체로 분해된
다. 수소와 산소는 더 이상 다른 물질로 분해되지 않으면서 물
질을 이루는 기본 성분이므로 물의 구성 원소는 수소와 산소임
을 알 수 있다.
바로알기 (1), (2) (+)극에서는 산소 기체, (−)극에서는 수소 기
체가 발생한다.
(3) 발생하는 기체의 부피는 산소 기체보다 수소 기체가 많다.

02 A는 (−)극이므로 수소 기체가 발생한다. 수소 기체는 스
스로 타는 성질이 있어 성냥불을 가까이 하면 '퍽' 소리를 내며
탄다. B는 (+)극이므로 산소 기체가 발생한다. 산소 기체는
다른 물질이 타는 것을 도와주는 성질이 있어 불씨만 남은 향
불을 가까이 하면 향불이 다시 타오른다.

03 원소는 더 이상 다른 물질로 분해되지 않으면서 물질을 이
루는 기본 성분이다. 이 실험에서 물은 수소와 산소로 분해되
었으므로 원소가 아님을 알 수 있다.

채점 기준	배점
물이 수소와 산소로 분해된다고 옳게 서술한 경우	100 %
물이 다른 성분 원소로 분해된다고만 서술한 경우	50 %

탐구 b

㉠ 같다, ㉡ 금속 원소

01 (1) ○ (2) ○ (3) × (4) × (5) × **02** 보라색 **03** 염화
나트륨과 질산 나트륨, 노란색의 불꽃 반응 색이 나타난다.

01 (2) 물질의 양이 적어도 물질에 포함된 금속 원소의 불꽃
반응 색을 확인할 수 있다.
바로알기 (3) 불꽃 반응 색이 노란색인 물질은 나트륨을 포함하
고 있다.
(4) 염화 구리(Ⅱ)와 질산 구리(Ⅱ)의 불꽃 반응 색은 청록색으
로 같다.
(5) 물질 속에 포함된 일부 금속 원소의 종류를 확인할 수 있다.

02 염화 칼륨은 금속 원소인 칼륨에 의해 보라색의 불꽃 반응 색이 나타난다.

03 염화 나트륨과 질산 나트륨은 모두 금속 원소인 나트륨을 포함하고 있다. 따라서 두 물질로 불꽃 반응 실험을 하면 나트륨에 의해 노란색의 불꽃 반응 색이 나타난다.

채점 기준	배점
물질을 모두 고르고, 불꽃 반응 색을 옳게 서술한 경우	100 %
물질 또는 불꽃 반응 색 중 한 가지만 옳게 답한 경우	50 %

05 원소는 더 이상 다른 물질로 분해되지 않으면서 물질을 이루는 기본 성분이다. 금(ㄱ), 구리(ㄹ), 산소(ㅁ), 수소(ㅅ), 질소(ㅇ)는 원소이고, 물, 공기, 소금, 이산화 탄소는 원소가 아니다.

06 (바로알기) ④ 산소는 공기의 21 % 정도를 차지하는 기체로, 물질의 연소와 생물의 호흡에 이용된다. 다른 물질과 거의 반응하지 않아 과자 봉지의 충전제로 이용되는 것은 질소이다.

07 ② 산소의 성질과 이용에 대한 설명이다.

08 (바로알기) ① 물질에 포함된 일부 금속 원소를 구별할 수 있다.
② 시료의 양이 적어도 불꽃 반응 색을 확인할 수 있다.
③ 염화 나트륨의 불꽃 반응 색은 노란색, 염화 칼륨의 불꽃 반응 색은 보라색이다.
④ 리튬과 스트론튬은 모두 빨간색의 불꽃 반응 색이 나타나므로 구별하기 어렵다.

09 • 염화 칼슘, 탄산 칼슘 : 주황색
• 질산 나트륨 : 노란색　　　• 황산 칼륨 : 보라색
• 염화 리튬, 질산 스트론튬 : 빨간색
(바로알기) ④ 청록색은 구리의 불꽃 반응 색이다.

10 (바로알기) ① 질산 바륨은 바륨에 의해 황록색의 불꽃 반응 색이 나타난다.

11 (바로알기) ㄴ. (나) 과정에서 니크롬선은 토치의 겉불꽃에 넣고 불꽃 반응 색을 관찰해야 한다. 니크롬선을 토치의 겉불꽃에 넣는 까닭은 겉불꽃의 온도가 매우 높고 무색이므로 불꽃 반응 색을 관찰하기 좋기 때문이다.

12 ④ 나트륨은 노란색의 불꽃 반응 색이 나타난다.
⑤ (나)의 불꽃 반응 색은 보라색이며, 황산 칼륨은 칼륨에 의해 보라색의 불꽃 반응 색이 나타난다.
(바로알기) ① (가)는 금속 원소인 나트륨에 의해 나타나는 노란색의 불꽃 반응 색이다.
② (나)는 금속 원소인 칼륨에 의해 나타나는 보라색의 불꽃 반응 색이다.
③ 염소는 불꽃 반응 색이 나타나지 않으며, 보라색은 칼륨에 의해 나타나는 불꽃 반응 색이다.

기출 문제로 **내신쑥쑥** 　　　　진도 교재 16~19쪽

01 ②　**02** ②　**03** ④　**04** ②　**05** ③　**06** ④　**07** ②
08 ⑤　**09** ④　**10** ①　**11** ④　**12** ④, ⑤　**13** ①　**14**
①　**15** ③　**16** ⑤　**17** ③　**18** ③

서술형문제 **19** 탄소, 질소, 구리, 원소는 더 이상 다른 물질로 분해되지 않으면서 물질을 이루는 기본 성분이다. **20** 염화 구리(Ⅱ)와 질산 구리(Ⅱ)는 모두 금속 원소인 구리를 포함하기 때문이다. **21** 염소를 포함한 다른 물질과 칼슘을 포함한 다른 물질을 각각 선택하여 불꽃 반응 색을 비교한다. **22** 빨간색, 불꽃을 분광기로 관찰할 때 나타나는 선 스펙트럼을 비교한다. **23** 원소 A와 원소 C, 원소 A와 원소 C의 선 스펙트럼이 물질 (가)의 선 스펙트럼과 모두 겹치기 때문이다.

01 ② (가)는 탈레스, (나)는 라부아지에, (다)는 보일, (라)는 아리스토텔레스의 생각이다. 이들의 생각을 시대 순으로 나열하면 (가) - (라) - (다) - (나)이다.

02 ㄱ, ㄷ. 물이 주철관을 통과하면 분해되어 수소와 산소가 발생하며, 발생한 산소가 주철관의 철과 결합하기 때문에 주철관 안이 녹슬고 질량이 증가한다.
(바로알기) ㄴ. 냉각수를 통과한 후 집기병에는 수소 기체가 모아진다.
ㄹ. 물이 원소라고 주장한 아리스토텔레스의 생각이 옳지 않음을 증명하였다.

03 (바로알기) ①, ② (+)극에서는 산소 기체, (−)극에서는 수소 기체가 발생한다. 따라서 (−)극에서 발생한 기체에 성냥불을 가까이 하면 '퍽' 소리를 내며 타고, (+)극에서 발생한 기체에 불씨만 남은 향불을 가까이 하면 다시 타오른다.
③ 기체 발생량은 (+)극<(−)극이다.
⑤ 물은 물질을 이루는 기본 성분이 아니다.

04 (바로알기) ①, ④ 지금까지 알려진 원소는 118가지이며, 대부분의 원소는 자연에서 발견되었다.
③ 원소는 더 이상 다른 물질로 분해되지 않는다.
⑤ 물질은 한 가지 원소로 이루어진 것도 있지만, 두 가지 이상의 원소로 이루어진 물질이 대부분이다.

13 ① 서로 다른 종류의 물질이라도 같은 금속 원소를 포함하면 같은 불꽃 반응 색이 나타난다. 따라서 같은 금속 원소를 포함한 염화 칼슘과 질산 칼슘은 칼슘에 의해 모두 주황색의 불꽃 반응 색이 나타난다.
(바로알기) ② 질산 나트륨 : 노란색, 염화 바륨 : 황록색
③ 염화 구리(Ⅱ) : 청록색, 염화 칼슘 : 주황색
④ 질산 나트륨 : 노란색, 질산 구리(Ⅱ) : 청록색
⑤ 황산 나트륨 : 노란색, 염화 스트론튬 : 빨간색

14 ① 나트륨의 불꽃 반응 색은 노란색, 구리는 청록색이다.

15 ③ 염화 칼륨은 염소와 칼륨을 포함하고 있다. 보라색이 어떤 원소의 불꽃 반응 색인지 알기 위해서는 염소와 칼륨이 각각 포함된 물질의 불꽃 반응 색을 확인하여 어느 원소의 영향인지를 찾으면 된다.

16 ①, ② (가)는 햇빛의 연속 스펙트럼, (나)는 시료의 불꽃을 분광기로 관찰한 선 스펙트럼이다.
③ 불꽃 반응 색이 비슷한 원소라도 원소의 종류가 다르면 선 스펙트럼에 나타나는 선의 색깔, 위치, 개수, 굵기가 다르다.
④ 물질에 포함된 원소의 선 스펙트럼이 모두 나타나므로 물질에 포함된 원소의 종류를 알 수 있다.
바로알기 ⑤ 시료의 양이 많아도 선 스펙트럼에서 나타나는 선의 개수는 일정하다.

17 ③ 물질에 여러 가지 원소가 포함되어 있는 경우 각 원소의 스펙트럼이 모두 나타난다. 따라서 원소 A와 원소 B가 모두 포함된 물질은 두 원소의 스펙트럼이 모두 나타난 물질 (가)와 물질 (라)이다.

18 ④ 리튬과 스트론튬의 선 스펙트럼이 다르므로, 염화 리튬과 염화 스트론튬은 선 스펙트럼으로 구별할 수 있다.
⑤ 선 스펙트럼은 원소의 종류에 따라 선의 색깔, 개수, 위치, 굵기 등이 다르게 나타난다.
바로알기 ③ 물질 X의 선 스펙트럼에 칼슘의 선 스펙트럼만 나타나므로 물질 X에는 칼슘이 들어 있고, 리튬과 스트론튬은 들어 있지 않다.

19

채점 기준	배점
원소를 모두 고르고, 원소의 정의를 옳게 서술한 경우	100 %
원소만 옳게 고른 경우	50 %

20 서로 다른 종류의 물질이라도 같은 금속 원소를 포함하면 같은 불꽃 반응 색이 나타난다.

채점 기준	배점
불꽃 반응 색이 같은 까닭을 옳게 서술한 경우	100 %
그 외의 경우	0 %

21 염소를 포함한 다른 물질로 불꽃 반응 실험을 했을 때 주황색이 나타나는지 확인하고, 칼슘을 포함한 다른 물질로 불꽃 반응 실험을 했을 때 주황색이 나타나는지 확인한다.

채점 기준	배점
염소, 칼슘을 포함하여 확인 방법을 옳게 서술한 경우	100 %
그 외의 경우	0 %

22

채점 기준	배점
불꽃 반응 색을 옳게 쓰고, 구별 방법을 옳게 서술한 경우	100 %
불꽃 반응 색 또는 구별 방법만 옳게 쓴 경우	50 %

23

채점 기준	배점
원소 A와 C를 고르고, 그 까닭을 옳게 서술한 경우	100 %
원소 A와 C만 고른 경우	50 %

수준 높은 문제로 **실력탄탄** 진도 교재 19쪽

01 ③, ⑤ **02** ①

01 ① 과산화 수소는 물과 산소로 분해되고, 물은 수소와 산소로 분해되므로 과산화 수소와 물은 원소가 아니다.
②, ④ 과산화 수소와 물을 이루는 기본 성분은 수소와 산소로 같다.
바로알기 ③ 과산화 수소를 이루는 원소는 수소, 산소의 2가지이다.
⑤ 우리 주변의 모든 물질은 원소로 이루어져 있지만, 수소와 산소만으로 이루어진 것은 아니다.

02 ㄱ. A~D는 선 스펙트럼이 다르게 나타나므로 모두 다른 원소이다.
ㄴ. 원소 A는 노란색의 불꽃 반응 색이 나타나므로 나트륨이고, 원소 B는 주황색의 불꽃 반응 색이 나타나므로 칼슘이다.
바로알기 ㄷ. 불꽃 반응 색이 같은 원소 C와 D는 선 스펙트럼이 다르므로 서로 다른 원소이다.
ㄹ. 선 스펙트럼을 이용하면 불꽃 반응 색이 비슷한 원소를 구별할 수 있다.

02 원자와 분자

확인 문제로 **개념쏙쏙** 진도 교재 21, 23쪽

Ⓐ 원자, (+), (−), 원자 모형
Ⓑ 분자, 1, 2
Ⓒ ㉠ 수소, ㉡ O, ㉢ 은, 분자식, ㉣ CO_2, ㉤ 암모니아, ㉥ CH_4

---

1 (1) A (2) B (3) A (4) B **2** (1) ○ (2) × (3) ○ **3** ㉠ +2, ㉡ 6, ㉢ +8, ㉣ 12 **4** (1) × (2) ○ (3) ○ **5** ㉠ 1, ㉡ 산소, ㉢ 탄소, ㉣ 4, ㉤ 2, ㉥ 수소 **6** (1) ○ (2) ○ (3) × (4) × **7** ㉠ He, ㉡ Li, ㉢ 질소, ㉣ 플루오린, ㉤ 나트륨, ㉥ Mg, ㉦ Cl, ㉧ 철, ㉨ Zn **8** (1) 이산화 탄소 (2) 3 (3) 탄소, 산소 (4) 3 (5) 9 **9** (1)-㉡-② (2)-㉢-① (3)-㉠-③

1 (1), (3) A는 원자핵으로, (+)전하를 띠며 원자의 중심에 위치한다.
(2), (4) B는 전자로, (−)전하를 띠며 원자핵 주위를 끊임없이 움직이고 있다.

2 (1) 원자는 (+)전하를 띠는 원자핵과 (−)전하를 띠는 전자로 이루어져 있다.
(3) 원자의 종류에 따라 원자핵의 (+)전하량이 다르고, 전자의 개수도 다르다.
바로알기 (2) 원자는 원자핵의 (+)전하량과 전자의 총 (−)전하량이 같기 때문에 전기적으로 중성이다.

3 원자는 원자핵의 (+)전하량과 전자의 총 (−)전하량이 같기 때문에 전기적으로 중성이다.

4 (3) 결합하는 원자의 종류와 개수에 따라 분자의 종류가 달라지므로 분자의 종류는 원자의 종류보다 훨씬 많다.

바로알기 (1) 분자는 물질의 성질을 나타내는 가장 작은 입자이며, 물질을 이루는 기본 입자는 원자이다.

5 이산화 탄소 분자는 탄소 원자 1개와 산소 원자 2개, 메테인 분자는 탄소 원자 1개와 수소 원자 4개, 과산화 수소 분자는 산소 원자 2개와 수소 원자 2개로 이루어진 물질이다.

6 (1), (2) 원소 기호를 나타낼 때는 원소 이름의 알파벳에서 첫 글자를 대문자로 나타내고, 첫 글자가 같을 때는 적당한 중간 글자를 택하여 첫 글자 다음에 소문자로 나타낸다.

바로알기 (3) 원소 기호는 한 글자로 이루어진 것도 있고, 두 글자로 이루어진 것도 있다.
(4) 현재 사용하는 원소 기호는 베르셀리우스가 제안한 것을 바탕으로 나타낸다.

8 이산화 탄소 분자는 탄소 원자 1개와 산소 원자 2개로 이루어지므로 이산화 탄소 분자 1개는 총 3개의 원자로 이루어지며, 이산화 탄소 분자 3개는 총 9개의 원자로 이루어진다.

9 (1) 물 분자(H_2O)는 수소 원자 2개와 산소 원자 1개로 이루어진다.
(2) 질소 분자(N_2)는 질소 원자 2개로 이루어진다.
(3) 염화 수소 분자(HCl)는 수소 원자 1개와 염소 원자 1개로 이루어진다.

여기서 잠깐
진도 교재 24쪽

유제❶ ㉠ F, ㉡ Fe, ㉢ B, ㉣ Be, ㉤ P, ㉥ Pb, ㉦ S, ㉧ Si, ㉨ Na, ㉩ Mg, ㉪ K, ㉫ Ca, ㉬ Au, ㉭ Ag

유제❷ ㉠ He, ㉡ Li, ㉢ Be, ㉣ Ne, ㉤ Na, ㉥ Al, ㉦ Ar, ㉧ Cu, ㉨ I

유제❸ ㉠ H, ㉡ B, ㉢ C, ㉣ N, ㉤ O, ㉥ F, ㉦ P, ㉧ S, ㉨ K, ㉩ I

유제❹ ㉠ Mg, ㉡ Al, ㉢ Si, ㉣ Cl, ㉤ Fe, ㉥ Zn, ㉦ Ag, ㉧ Mn, ㉨ Au, ㉩ Pb

여기서 잠깐
진도 교재 25쪽

유제❶ ㉠ H_2, ㉡ NH_3, ㉢ O_2, ㉣ O_3, ㉤ H_2O, ㉥ H_2O_2

유제❷ ㉠ $3O_2$, ㉡ $2HCl$, ㉢ CO, ㉣ $2CO_2$, ㉤ $4CH_4$

유제❸ ㉠ H_2, ㉡ O_2, ㉢ N_2, ㉣ HCl, ㉤ NH_3, ㉥ CH_4

유제❹ ㉠ 물, ㉡ 과산화 수소, ㉢ 산소, ㉣ 오존, ㉤ 일산화 탄소, ㉥ 이산화 탄소

유제❶ ㉠ 수소 분자는 수소 원자 2개가 모여 이루어진다.
㉡ 암모니아 분자는 질소 원자 1개, 수소 원자 3개가 모여 이루어진다.
㉢ 산소 분자는 산소 원자 2개가 모여 이루어진다.
㉣ 오존 분자는 산소 원자 3개가 모여 이루어진다.
㉤ 물 분자는 수소 원자 2개, 산소 원자 1개가 모여 이루어진다.
㉥ 과산화 수소 분자는 수소 원자 2개, 산소 원자 2개가 모여 이루어진다.

유제❷ ㉠ 산소 분자 3개, ㉡ 염화 수소 분자 2개, ㉢ 일산화 탄소 분자 1개, ㉣ 이산화 탄소 분자 2개, ㉤ 메테인 분자 4개를 나타낸 것이다.

기출 문제로 내신쑥쑥
진도 교재 26~29쪽

01 ⑤ **02** ③ **03** ③ **04** ③ **05** ③ **06** ④ **07** ④
08 ③ **09** ④ **10** ④, ⑤ **11** ② **12** ⑤ **13** ④
14 ④ **15** ⑤ **16** ③ **17** ④ **18** ④ **19** ③ **20** ⑤

서술형문제 **21** (1) 헬륨 : 2개, 리튬 : 3개, 질소 : 7개 (2) 해설 참조 **22** 원자핵의 (+)전하량과 전자의 총 (−)전하량이 같기 때문이다. **23** (1) (가) $3H_2$, (나) $2HCl$, (다) CO_2 (2) (가) 수소, (나) 수소, 염소, (다) 탄소, 산소 (3) (가) 2개, (나) 2개, (다) 3개 (4) 분자의 종류, 분자의 총개수, 분자를 이루는 원자의 종류, 분자 1개를 이루는 원자의 개수, 원자의 총개수 (중 두 가지)를 알 수 있다.

01 ① 원자는 원자핵의 (+)전하량과 전자의 총 (−)전하량이 같으므로 전기적으로 중성이다.
②, ③ 원자는 물질을 구성하는 기본 입자이며, 원자핵과 전자로 이루어져 있다.
④ 원자핵은 원자 질량의 대부분을 차지한다.
바로알기 ⑤ 원자의 종류에 따라 원자핵의 전하량이 다르다.

02 ①, ② A는 (+)전하를 띠는 원자핵이고, B는 (−)전하를 띠는 전자이다.
④ 원자핵은 원자 질량의 대부분을 차지하고, 전자의 질량은 무시할 수 있을 정도로 작다.
⑤ 원자핵과 전자의 크기는 원자에 비해 매우 작으므로, 원자 내부는 대부분 빈 공간이다.
바로알기 ③ 원자의 중심에 원자핵이 있고, 전자는 원자핵 주위를 끊임없이 움직이고 있다.

03 ㄱ. 원자핵의 전하량은 (가) +2, (나) +7, (다) +10이므로 (가)<(나)<(다)이다.
ㄴ. 전자의 개수는 (가) 2개, (나) 7개, (다) 10개이므로 (가)<(나)<(다)이다.
바로알기 ㄷ. (가)~(다)는 각 원자를 구성하는 원자핵의 (+)전하량과 전자의 총 (−)전하량이 같으므로 전하의 총합은 0으로 같다.

04 ①, ② 산소의 원자 모형으로, 원자핵의 전하량은 +8이고 전자의 개수는 8개이다.
④ 8개의 전자는 원자핵 주위를 끊임없이 움직이고 있다.
⑤ 원자가 전기적으로 중성인 까닭은 원자핵의 (+)전하량과 전자의 총 (−)전하량이 같기 때문이다.
바로알기 ③ 전자의 개수가 8개이므로, 전자의 총 전하량은 (−1)×8개=−8이다.

05 원자는 원자핵의 (+)전하량과 전자의 총 (−)전하량이 같다.
바로알기 ① ㉠ : +2, ② ㉡ : 3, ④ ㉣ : 7, ⑤ ㉤ : +11

06 ㄴ. 돌턴은 데모크리토스의 주장을 발전시켜 모든 물질은 더 이상 쪼개지지 않는 입자인 원자로 이루어져 있다고 주장하였다.
ㄷ. 물과 에탄올은 각각 입자로 이루어져 있고, 크기가 큰 입자 사이의 빈 공간에 크기가 작은 입자가 끼어 들어가기 때문에 부피가 줄어든다. 이는 물질이 입자로 이루어져 있다는 증거가 되는 현상이다.
바로알기 ㄱ. 데모크리토스의 주장이며, 이 주장은 아리스토텔레스의 주장에 가려져 오랫동안 인정받지 못했다.

07 ①, ② 분자는 독립된 입자로 존재하며 물질의 성질을 나타내는 가장 작은 입자이다.
③ 분자는 원자가 결합하여 이루어지며, 원자와는 다른 새로운 성질의 물질이다.
⑤ 같은 종류의 원자로 이루어진 분자라도 그 분자를 이루는 원자의 개수가 다르면 서로 다른 분자이다.
바로알기 ④ 분자가 원자로 나누어지면 물질의 성질을 잃는다.

08 ① 산소 분자는 산소 원자 2개가 결합하여 생성된다.
②, ④ 이산화 탄소 분자는 탄소 원자 1개와 산소 원자 2개로 이루어져 있다. 따라서 이산화 탄소 분자 1개를 이루는 원자의 개수는 3개이다.
⑤ 산소 분자의 총개수는 4개이고, 이산화 탄소 분자의 총개수는 3개이다.
바로알기 ③ 산소 분자를 이루는 원소(원자의 종류)는 산소 1종류이다.

09 ④ (가)는 원자, (나)는 분자, (다)는 원소에 대한 설명이다.

10 ①, ② 원소 기호를 연금술사들은 그림으로, 돌턴은 원 안에 알파벳이나 그림을 넣어, 베르셀리우스는 원소 이름의 알파벳을 이용하여 나타내었다.
③ 원소 기호의 첫 글자는 원소 이름의 알파벳 첫 글자를 대문자로 나타낸다.
바로알기 ④ 첫 글자가 같을 때는 중간 글자를 택하여 첫 글자 다음에 소문자로 나타낸다.
⑤ 같은 원소인 경우 항상 같은 원소 기호를 사용한다.

11 바로알기 ① 은−Ag, 수은−Hg
③ 염소−Cl, 플루오린−F
④ 칼슘−Ca, 칼륨−K
⑤ 나트륨−Na, 질소−N

12 분자식 앞에 있는 숫자는 분자의 총개수, 원소 기호 뒤의 작은 숫자는 각 원자의 개수를 나타낸다. 따라서 $3NH_3$는 암모니아 분자 3개를 의미하며, 암모니아 분자 1개는 질소 원자 1개와 수소 원자 3개로 이루어져 있다.
바로알기 ⑤ 암모니아 분자 1개는 총 4개의 원자로 이루어져 있다.

13 바로알기 ④ 분자를 이루는 원자의 배열은 분자식으로는 알 수 없고, 분자 모형을 통해 확인할 수 있다.

14 바로알기 ④ Fe는 철이며, 플루오린은 F이다.

15 ⑤ 암모니아를 이루는 원자의 종류(원소)는 질소, 수소, 염화 수소는 수소, 염소, 물은 수소, 산소이다.
바로알기 ① (가)는 암모니아 분자, (나)는 염화 수소 분자, (다)는 물 분자의 분자식이다.
② 분자의 개수는 (가) 1개, (나) 2개, (다) 3개이므로, 분자의 개수가 가장 많은 것은 (다)이다.
③ 원자의 총개수는 (가) 4개, (나) 4개, (다) 9개이므로, 원자의 총개수가 가장 많은 것은 (다)이다.
④ 분자 1개를 이루는 원자의 개수는 (가) 4개, (나) 2개, (다) 3개이므로, 분자 1개를 이루는 원자의 개수는 (가)가 가장 많다.

16 바로알기 ③ CH_4은 탄소 원자 1개와 수소 원자 4개로 이루어진 물질이다.

17 ㄱ, ㄴ, ㄷ. (가)는 탄소 원자 1개, 산소 원자 1개로 이루어진 일산화 탄소로, 분자식은 CO이다. (나)는 탄소 원자 1개, 산소 원자 2개로 이루어진 이산화 탄소로, 분자식은 CO_2이다.
바로알기 ㄹ. (가)와 (나)는 같은 종류의 원자로 구성되어 있지만 원자의 개수가 다르므로 서로 다른 분자이다. 따라서 두 물질의 성질은 서로 다르다.

18 ④ $2CH_4$: 탄소 원자 1개와 수소 원자 4개로 이루어진 메테인 분자 2개이므로, 원자의 총개수는 2×5개=10개이다.
바로알기 ① $2O_2$: 산소 원자 2개로 이루어진 산소 분자 2개이므로, 원자의 총개수는 2×2개=4개이다.
② NH_3 : 질소 원자 1개와 수소 원자 3개로 이루어진 암모니아 분자 1개를 의미하므로, 원자의 총개수는 4개이다.
③ $3HCl$: 수소 원자 1개와 염소 원자 1개로 이루어진 염화 수소 분자 3개를 의미하므로, 원자의 총개수는 3×2개=6개이다.
⑤ $2H_2O_2$: 수소 원자 2개와 산소 원자 2개로 이루어진 과산화 수소 분자 2개를 의미하므로, 원자의 총개수는 2×4개=8개이다.

19 바로알기 ① 수소 − H_2, 산소 − O_2
②, ⑤ 물 − H_2O, 과산화 수소 − H_2O_2
④ 염화 수소 − HCl, 암모니아 − NH_3

20 ⑤ 탄소 원자와 수소 원자의 개수비가 1 : 4이며, 분자 1개를 이루는 원자의 총개수가 5개이므로 이 물질은 메테인인 CH_4이다. 또한 분자의 총개수는 3개이므로 분자식은 $3CH_4$가 된다.

21 [모범답안] (2)

▲ 헬륨

▲ 리튬

▲ 질소

	채점 기준	배점
(1)	전자의 개수를 모두 옳게 쓴 경우	50 %
	전자의 개수를 2개만 옳게 쓴 경우	25 %
(2)	원자 모형을 모두 옳게 나타낸 경우	50 %
	원자 모형을 2개만 옳게 나타낸 경우	25 %

22

채점 기준	배점
제시된 단어를 모두 포함하여 옳게 서술한 경우	100 %
제시된 단어를 1개라도 포함하지 않은 경우	0 %

23 (가)는 수소 분자 3개, (나)는 염화 수소 분자 2개, (다)는 이산화 탄소 분자 1개의 모형을 나타낸 것이다.

	채점 기준	배점
(1)	분자식을 모두 옳게 나타낸 경우	25 %
(2)	원자의 종류를 모두 옳게 쓴 경우	25 %
(3)	분자 1개를 이루는 원자의 개수를 모두 옳게 쓴 경우	25 %
(4)	분자식으로 알 수 있는 사실 두 가지를 모두 옳게 서술한 경우	25 %

수준 높은 문제로 실력탄탄　　진도 교재 29쪽

01 ④　　**02** ②

01 ㄱ. 비눗방울 막은 비눗방울을 이루는 입자보다 얇게 만들 수 없으므로, 비눗방울을 계속 불면 비눗방울이 커지다가 결국 터진다.

ㄴ. 풍선을 팽팽하게 불어서 놓아두면 풍선을 이루는 입자 사이로 공기를 이루는 입자가 빠져나가므로, 풍선의 크기가 점점 작아진다.

ㄹ. 물과 에탄올을 섞으면 큰 입자 사이로 작은 입자가 끼어 들어가므로 물과 에탄올 혼합 용액의 전체 부피는 각각의 부피의 합보다 작아진다.

[바로알기] ㄷ. 구리를 계속 쪼개다 보면 구리를 이루는 입자에 도달하여 더 이상 쪼갤 수 없게 된다.

02 ㄱ. 염화 나트륨은 나트륨과 염소의 개수비가 1 : 1이므로 NaCl로 나타낸다.

ㄷ. 물은 수소 원자 2개와 산소 원자 1개로 이루어진 분자이다.

ㄹ. 염화 나트륨은 염소, 나트륨, 물은 수소, 산소로 이루어져 있다. 따라서 두 물질은 모두 2종류의 원소로 이루어져 있다.

[바로알기] ㄴ. 구리는 독립된 분자를 이루지 않고 입자들이 연속해서 규칙적으로 배열되어 있는 물질이다.

ㅁ. 염화 나트륨과 구리는 독립된 분자를 이루지 않으므로 분자식으로 나타낼 수 없다.

03 이온

확인 문제로 개념쏙쏙　　진도 교재 31, 33쪽

A 이온, 양이온, 음이온, ㉠ H^+, ㉡ 철 이온, ㉢ 염화 이온, ㉣ S^{2-}

B 앙금, 앙금, AgCl, PbI_2

1 (1) ㉠ (+), ㉡ 양이온 (2) ㉠ (−), ㉡ 음이온　**2** (1) × (2) ○ (3) ×　**3** (가) A^+, (나) B^{2-}　**4** ㉠ K^+, ㉡ F^-, ㉢ 암모늄 이온, ㉣ 수산화 이온, ㉤ Ca^{2+}, ㉥ CO_3^{2-}, ㉦ 구리 이온, ㉧ 산화 이온　**5** (1) 염화 이온, 질산 이온 (2) 철 이온, 칼륨 이온, 암모늄 이온　**6** (1) × (2) ○ (3) ○　**7** (나), (마)　**8** ㉠ Ag^+, ㉡ CO_3^{2-}, ㉢ $BaSO_4$, ㉣ 노란색　**9** (1) 은 이온(Ag^+) (2) 아이오딘화 이온(I^-)

1 원자가 전자를 잃으면 (+)전하를 띠는 양이온이 되고, 원자가 전자를 얻으면 (−)전하를 띠는 음이온이 된다.

2 [바로알기] (1) 양이온은 원소 기호의 오른쪽 위에 잃은 전자의 개수와 + 기호를 표시한다.
(3) 수소 원자가 전자 1개를 잃어 형성된 이온은 수소 이온이라고 부른다.

3 (가)에서 A는 전자 1개를 잃어 양이온이 되고, (나)에서 B는 전자 2개를 얻어 음이온이 된다.

5 (1) 음이온인 염화 이온(Cl^-), 질산 이온(NO_3^-)은 (+)극으로 이동한다.
(2) 양이온인 철 이온(Fe^{2+}), 칼륨 이온(K^+), 암모늄 이온(NH_4^+)은 (−)극으로 이동한다.

6 (3) 나트륨 이온과 질산 이온은 반응하지 않고 용액 속에서 이온 상태로 남아 있다.
[바로알기] (1) 염화 이온과 은 이온이 반응하면 흰색 앙금을 생성한다.

7 (나), (마)는 수용액에서 앙금으로 존재하고, (가), (다), (라), (바)는 수용액에서 이온 상태로 존재한다.

9 수돗물 속의 염화 이온(Cl^-)은 은 이온(Ag^+)과 반응하여 흰색의 염화 은(AgCl) 앙금을 생성하고, 폐수 속의 납 이온(Pb^{2+})은 아이오딘화 이온(I^-)과 반응하여 노란색의 아이오딘화 납(PbI_2) 앙금을 생성한다.

탐구a　　진도 교재 34쪽

㉠ (−), ㉡ (+)

01 (1) ○ (2) × (3) ○ (4) ○ (5) ○　　**02** MnO_4^-　　**03** B, 과망가니즈산 이온은 음이온이므로 (+)극으로 이동한다.

01 (1) 파란색이 (−)극으로 이동하므로 파란색 성분은 황산구리(Ⅱ) 수용액에서 (+)전하를 띠는 구리 이온(Cu^{2+})임을 알 수 있다.

(3) 칼륨 이온(K^+), 구리 이온(Cu^{2+})은 양이온이므로 (−)극으로 이동한다.

(4) 질산 이온(NO_3^-), 황산 이온(SO_4^{2-}), 과망가니즈산 이온(MnO_4^-)은 음이온이므로 (+)극으로 이동한다.

(5) 이온이 들어 있는 수용액에 전원 장치를 연결하면 양이온은 (−)극으로, 음이온은 (+)극으로 이동하여 전류가 흐른다.

바로알기 (2) 보라색이 (+)극으로 이동하므로 보라색 성분은 과망가니즈산 칼륨 수용액에서 (−)전하를 띠는 과망가니즈산 이온(MnO_4^-)이다.

02 과망가니즈산 칼륨 수용액에서 보라색을 띠는 이온은 과망가니즈산 이온(MnO_4^-)이다.

03 과망가니즈산 이온(MnO_4^-)은 음이온이므로 전류를 흘려주면 (+)극으로 이동한다.

채점 기준	배점
이동하는 방향을 옳게 쓰고, 까닭을 옳게 서술한 경우	100 %
이동하는 방향만 옳게 쓴 경우	50 %

탐구 b

진도 교재 35쪽

㉠ 염화 은, ㉡ 탄산 칼슘
01 (1) × (2) ○ (3) ○ (4) ○ (5) ○ (6) × **02** Cl^- **03** 염화 칼슘, 은 이온은 염화 이온과 반응하여 흰색 앙금을 생성하고, 칼슘의 불꽃 반응 색은 주황색이기 때문이다.

01 (2) 질산 은 수용액을 떨어뜨렸을 때 생성된 흰색 앙금은 염화 은($AgCl$)이다.

(4), (5) 탄산 나트륨 수용액과 염화 칼슘 수용액, 탄산 나트륨 수용액과 질산 칼슘 수용액이 반응하면 탄산 이온과 칼슘 이온이 반응하여 탄산 칼슘 앙금을 생성한다.

바로알기 (1) 염화 나트륨 수용액과 질산 은 수용액이 반응하면 염화 이온과 은 이온이 앙금을 생성한다.

(6) 탄산 나트륨 수용액을 떨어뜨렸을 때 생성된 흰색 앙금은 물에 녹지 않는다.

02 수돗물에는 염화 이온이 있으므로 은 이온을 넣으면 흰색 앙금이 생성되어 뿌옇게 흐려진다.

03 주황색의 불꽃 반응 색을 나타내는 양이온은 칼슘 이온(Ca^{2+})이고, 질산 은 수용액을 떨어뜨렸을 때 흰색 앙금이 생성되는 음이온은 염화 이온(Cl^-)이다.

채점 기준	배점
물질의 이름을 옳게 쓰고, 까닭을 옳게 서술한 경우	100 %
물질의 이름만 옳게 쓴 경우	50 %

여기서 잠깐

진도 교재 36쪽

유제❶ ㉠ 1 : 1, ㉡ AgCl, ㉢ 염화 은, ㉣ 1 : 2, ㉤ $MgCl_2$, ㉥ 염화 마그네슘, ㉦ 2 : 1, ㉧ Na_2SO_4, ㉨ 황산 나트륨, ㉩ 1 : 1, ㉪ CuS, ㉫ 황화 구리(Ⅱ)
유제❷ (1) Na^+ (2) OH^- (3) NH_4^+ (4) $2Cl^-$ (5) SO_4^{2-} (6) $2Na^+$

유제❶ 양이온과 음이온이 결합하여 생성된 물질은 전기적으로 중성이므로 양이온과 음이온의 전하의 총합이 0이다.

㉠, ㉡ $\{(+1) \times 1\} + \{(-1) \times 1\} = 0$이므로 AgCl이다.

㉣, ㉤ $\{(+2) \times 1\} + \{(-1) \times 2\} = 0$이므로 $MgCl_2$이다.

㉧, ㉨ $\{(+1) \times 2\} + \{(-2) \times 1\} = 0$이므로 Na_2SO_4이다.

㉩, ㉪ $\{(+2) \times 1\} + \{(-2) \times 1\} = 0$이므로 CuS이다.

유제❷ 양이온과 음이온의 전하의 총합이 0이 되도록 이온식 앞에 숫자를 쓴다. 이때 1은 생략한다.

기출 문제로 내신쑥쑥

진도 교재 37~40쪽

01 ② **02** ⑤ **03** ④ **04** ⑤ **05** ⑤ **06** ③ **07** ②
08 ⑤ **09** ④ **10** ④ **11** ③ **12** ⑤ **13** (가), (라)
14 ④ **15** ② **16** ② **17** ⑤ **18** ① **19** ③ **20** ⑤

서술형문제 **21** F^-, 이온 모형 : 해설 참조 **22** 양이온은 (−)극으로, 음이온은 (+)극으로 이동하는 것으로 보아 이온은 **전하**를 띠고 있다. **23** (1) 탄산 칼슘, 흰색 (2) Ca^{2+} + $CO_3^{2-} \longrightarrow CaCO_3\downarrow$ (3) 혼합 용액에는 반응하지 않은 이온이 있으므로 전류가 흐른다.

01 **바로알기** ① 이온은 원자가 전자를 잃거나 얻어서 전하를 띠는 입자이며, 전기적으로 중성인 것은 원자이다.

③, ④ 원자가 전자를 얻으면 음이온이 되고, 원자가 전자를 잃으면 양이온이 된다.

⑤ 양이온은 원자핵의 (+)전하량이 전자의 총 (−)전하량보다 크다.

02 ⑤ 황화 이온(S^{2-})은 황 원자가 전자 2개를 얻어서 형성된 이온으로, 원자핵의 (+)전하량이 전자의 총 (−)전하량보다 작다.

바로알기 ① S^{2-}은 황화 이온이다.

②, ④ 황 원자의 원자핵 전하량은 +16이고, 전자의 개수는 16개이다. 황화 이온(S^{2-})은 황 원자가 전자 2개를 얻어서 형성되므로 전자의 총개수는 18개이다.

③ 황 원자가 전자 2개를 얻어서 황화 이온(S^{2-})이 되어도 원자핵의 전하량은 변하지 않는다. 따라서 원자핵의 전하량은 +16이다.

03 (가) A 원자는 전자 2개를 잃어 양이온인 A^{2+}이 된다.

(나) B 원자는 전자 1개를 얻어 음이온인 B^-이 된다.

③ B 원자는 전자 1개를 얻어 이온이 되므로, B 원자는 B 이온보다 전자의 개수가 1개 더 적다.

⑤ 원자가 전자를 잃거나 얻어서 이온이 될 때 원자핵의 (+)전하량은 변하지 않는다.

바로알기 ④ A 이온은 A^{2+}이고, B 이온은 B^-이다.

04 그림은 전자 1개를 잃어 +1의 양이온이 되는 과정이다.
⑤ K^+ : 전자를 1개 잃어 형성된 이온이다.

바로알기 ① O^{2-} : 전자를 2개 얻어 형성된 이온이다.
② F^- : 전자를 1개 얻어 형성된 이온이다.
③ OH^- : 전자를 1개 얻어 형성된 이온이다.
④ Ca^{2+} : 전자를 2개 잃어 형성된 이온이다.

05 (가)는 리튬 이온(Li^+), (나)는 플루오린화 이온(F^-)이다.
ㄴ. (나)는 원자가 전자 1개를 얻어 형성된 것이다.
ㄷ. (가)는 양이온이고, (나)는 음이온이므로 전하의 종류가 다르다.

바로알기 ㄱ. (가)는 원자가 전자를 1개 잃어 형성된 것이다. 원자가 이온이 될 때 원자핵의 전하량은 변하지 않는다.

06 (가) 베릴륨 이온(Be^{2+}), (나) 산화 이온(O^{2-}), (다) 플루오린화 이온(F^-), (라) 나트륨 이온(Na^+)
③ (다)에서 원자핵의 전하량이 +9이므로, (다)의 원자는 전자를 9개 가지고 있다.

바로알기 ① (가)는 양이온이다.
② (나)는 전자를 2개 얻었다.
④ (라)는 전자를 1개 잃어 형성된 양이온이다.
⑤ (나), (다), (라)는 원자핵의 (+)전하량이 다르므로 모두 다른 이온이다.

07 ② Ca^{2+}은 전자를 2개 잃어 형성된 이온이다.

바로알기 ① Li^+은 전자를 1개 잃어 형성된 이온이다.
③, ④, ⑤ Cl^-과 F^-은 전자 1개, O^{2-}은 전자 2개 얻어 형성된 이온이다.

08 **바로알기** ① K^+은 칼륨 이온, 칼슘 이온은 Ca^{2+}이다.
② Cl^-은 염화 이온이다. 음이온의 이름은 원소 이름 다음에 '화 이온'을 붙이며, 원소 이름이 '소'로 끝나면 '소'는 삭제하고 '화 이온'을 붙인다.
③, ④ SO_4^{2-}은 황산 이온, NH_4^+은 암모늄 이온이다.

09 ① 증류수와 설탕 수용액에는 이온이 없으므로 전기가 통하지 않는다.
②, ⑤ 염화 나트륨 수용액과 이온 음료에는 전하를 띠는 이온이 있으므로 전기가 통한다.
③ 증류수에 질산 칼륨을 녹이면 칼륨 이온(K^+)과 질산 이온(NO_3^-)으로 나누어지므로 전기가 통한다.

바로알기 ④ 설탕은 물에 녹아도 이온으로 나누어지지 않으므로 농도를 진하게 해도 전기가 통하지 않는다.

10 ㄴ. 나트륨 이온(Na^+)은 (+)전하를 띠고, 염화 이온(Cl^-)은 (−)전하를 띤다.
ㄷ. 이온이 들어 있는 수용액에 전류를 흘려 주면 양이온이 (−)극으로, 음이온이 (+)극으로 이동한다. 이를 통해 이온이 전하를 띠고 있음을 알 수 있다.

바로알기 ㄱ. 나트륨 이온은 양이온이므로 (−)극으로 이동하고, 염화 이온은 음이온이므로 (+)극으로 이동한다.

11 ① 파란색이 (−)극으로 이동하는 것으로 보아 파란색 성분은 (+)전하를 띠는 구리 이온(Cu^{2+})이다.
② 보라색이 (+)극으로 이동하는 것으로 보아 보라색 성분은 (−)전하를 띠는 과망가니즈산 이온(MnO_4^-)이다.
④ (−)극과 (+)극을 서로 바꾸면 파란색을 띠는 구리 이온(Cu^{2+})은 오른쪽으로, 보라색을 띠는 과망가니즈산 이온(MnO_4^-)은 왼쪽으로 이동한다.
⑤ 질산 칼륨 수용액에는 질산 이온(NO_3^-)과 칼륨 이온(K^+)이 있으므로 전류를 잘 흐르게 하는 역할을 한다.

바로알기 ③ (+)전하를 띠는 양이온은 (−)극으로, (−)전하를 띠는 음이온은 (+)극으로 이동한다. 각 이온들은 전하를 띠므로 양쪽 극으로 이동하지만 색깔을 띠지 않아 눈으로 이온의 이동을 관찰할 수 없다.

12 ①, ② 염화 나트륨 수용액과 질산 은 수용액이 반응하면 흰색 앙금인 염화 은이 생성된다.
③ 앙금은 물에 잘 녹지 않는다.
④ 나트륨 이온과 질산 이온은 반응하지 않고 용액 속에 남아 있다.

바로알기 ⑤ 혼합 용액 속에는 반응하지 않고 남은 나트륨 이온과 질산 이온이 있으므로 전원 장치를 연결하면 전류가 흐른다.

13 (가) 탄산 칼륨 수용액과 염화 칼슘 수용액을 혼합하면 흰색 앙금인 탄산 칼슘($CaCO_3$)이 생성된다.
(라) 질산 은 수용액과 염화 나트륨 수용액을 혼합하면 흰색 앙금인 염화 은($AgCl$)이 생성된다.

바로알기 (나)와 (다)에서는 앙금이 생성되지 않는다.

14 ㄴ. (나) 수용액에는 칼륨 이온이 있으므로, 보라색의 불꽃 반응 색이 나타난다.
ㄷ. (다)에서 생성된 앙금은 노란색의 아이오딘화 납(PbI_2)이다.

바로알기 ㄱ. (다)에서 아이오딘화 이온(I^-)과 반응하여 아이오딘화 납(PbI_2) 앙금이 생성되었고 질산 이온(NO_3^-)이 존재하므로 (가) 수용액은 질산 납 수용액임을 알 수 있다. 따라서 (가) 수용액에는 납 이온(Pb^{2+})과 질산 이온(NO_3^-)이 존재한다.

15 ① 염화 리튬 수용액과 질산 은 수용액을 혼합하면 흰색 앙금인 염화 은($AgCl$)이 생성된다.
③ 황산 나트륨 수용액과 질산 바륨 수용액을 혼합하면 흰색 앙금인 황산 바륨($BaSO_4$)이 생성된다.
④ 질산 납 수용액과 아이오딘화 칼륨 수용액을 혼합하면 노란색 앙금인 아이오딘화 납(PbI_2)이 생성된다.
⑤ 황화 나트륨 수용액과 염화 구리(Ⅱ) 수용액을 혼합하면 검은색 앙금인 황화 구리(Ⅱ)(CuS)가 생성된다.

바로알기 ② 염화 칼슘 수용액과 질산 칼륨 수용액을 혼합하면 앙금이 생성되지 않는다.

16 **바로알기** ① 염화 은($AgCl$) − 흰색
③ 황화 구리(Ⅱ)(CuS) − 검은색
④ 아이오딘화 납(PbI_2) − 노란색
⑤ 황산 바륨($BaSO_4$) − 흰색

17 ⑤ 납 이온(Pb^{2+})은 아이오딘화 이온(I^-)과 반응하여 노란색 앙금인 아이오딘화 납(PbI_2)을 생성한다.

18

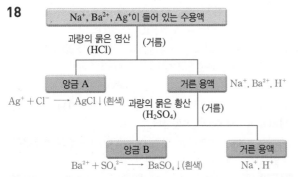

Na⁺, Ba²⁺, Ag⁺이 들어 있는 수용액

과량의 묽은 염산 (HCl) (거름)

앙금 A / 거른 용액 Na⁺, Ba²⁺, H⁺

Ag⁺ + Cl⁻ ⟶ AgCl↓(흰색) 과량의 묽은 황산 (H₂SO₄) (거름)

앙금 B / 거른 용액

Ba²⁺ + SO₄²⁻ ⟶ BaSO₄↓(흰색) Na⁺, H⁺

은 이온(Ag^+)은 염화 이온(Cl^-)과 반응하여 흰색 앙금인 염화 은($AgCl$)을 생성하므로 앙금 A는 $AgCl$이다.
바륨 이온(Ba^{2+})은 황산 이온(SO_4^{2-})과 반응하여 흰색 앙금인 황산 바륨($BaSO_4$)을 생성하므로 앙금 B는 $BaSO_4$이다.
거른 용액에 들어 있는 양이온은 나트륨 이온(Na^+), 과량으로 넣어 준 묽은 염산(HCl)과 묽은 황산(H_2SO_4)의 수소 이온(H^+)이다.

19 A, B, C는 염화 칼륨, 질산 나트륨, 염화 칼슘 중 하나이다.

구분	A 수용액	B 수용액	C 수용액
질산 은 수용액	변화 없음	흰색 앙금 생성	흰색 앙금 생성
앙금을 생성하는 이온	—	Ag^+과 반응하여 앙금 생성 ➡ Cl^-	Ag^+과 반응하여 앙금 생성 ➡ Cl^-
탄산 나트륨 수용액	변화 없음	흰색 앙금 생성	변화 없음
앙금을 생성하는 이온	—	CO_3^{2-}과 반응하여 앙금 생성 ➡ Ca^{2+}	—
물질	질산 나트륨	염화 칼슘	염화 칼륨

20 (가) 질산 칼슘 수용액과 반응하여 흰색 앙금을 생성할 수 있는 음이온에는 탄산 이온(CO_3^{2-})이 있다.
(나) 노란색의 불꽃 반응 색이 나타나는 금속 양이온은 나트륨 이온(Na^+)이다.

21 모범답안

채점 기준	배점
플루오린화 이온의 이온식을 옳게 쓰고, 이온 모형을 그림으로 옳게 나타낸 경우	100 %
이온식 또는 이온 모형 중 한 가지만 옳게 나타낸 경우	50 %

22 보라색을 띠는 이온은 음이온인 과망가니즈산 이온이고, 파란색을 띠는 이온은 양이온인 구리 이온이다.

채점 기준	배점
단어를 모두 포함하여 알 수 있는 사실을 서술한 경우	100 %
단어를 3가지만 포함하여 알 수 있는 사실을 서술한 경우	50 %

23

	채점 기준	배점
(1)	앙금의 이름과 색깔을 옳게 쓴 경우	20 %
(2)	앙금이 생성되는 과정을 식으로 옳게 나타낸 경우	40 %
(3)	전류가 흐르는지의 여부를 까닭과 함께 옳게 서술한 경우	40 %

수준 높은 문제로 **실력탄탄** 진도 교재 40쪽

01 ④　**02** ③

01 ④ 아이오딘화 이온(I^-)이 (+)극으로 이동하고, 납 이온(Pb^{2+})이 (−)극으로 이동하므로 중간에서 만나면 반응하여 노란색 앙금인 아이오딘화 납(PbI_2)이 생성된다.
바로알기 ① (+)극으로 이동하는 이온은 음이온인 질산 이온(NO_3^-), 아이오딘화 이온(I^-)이다.
② (−)극으로 이동하는 이온은 양이온인 칼륨 이온(K^+), 납 이온(Pb^{2+})이다.
⑤ (−)극과 (+)극의 위치를 서로 바꾸면 (가)에서 I^-이 (+)극인 왼쪽으로, (나)에서 Pb^{2+}이 (−)극인 오른쪽으로 이동한다. 따라서 두 이온이 만나지 않으므로 앙금이 생성되지 않는다.

02 ㄴ. (나)에서는 흰색의 황산 바륨($BaSO_4$), (다)에서는 흰색의 염화 은($AgCl$) 앙금이 생성된다.
ㄷ. 염화 바륨($BaCl_2$) 수용액과 황산 나트륨(Na_2SO_4) 수용액을 혼합하면 황산 바륨($BaSO_4$) 앙금이 생성되고, 용액에는 반응하지 않은 나트륨 이온(Na^+)과 염화 이온(Cl^-)이 있다.
바로알기 ㄱ. (가)에서는 염화 은($AgCl$), (나)에서는 황산 바륨($BaSO_4$) 앙금이 생성된다.
ㄹ. 염화 칼륨(KCl) 수용액과 질산 나트륨($NaNO_3$) 수용액을 혼합하면 앙금이 생성되지 않는다.

단원평가문제 진도 교재 41~44쪽

01 라부아지에　**02** ①　**03** ①　**04** ⑤　**05** ④　**06** ⑤
07 ④　**08** ④　**09** ②　**10** ⑤　**11** ⑤　**12** ④　**13** ⑤
14 ③　**15** ③　**16** ④　**17** ①, ④　**18** ⑤　**19** ④

서술형문제 **20** 물은 수소와 산소로 분해되므로 원소가 아니다. **21** 나트륨, 노란색의 불꽃 반응 색이 나타나기 때문이다. **22** 결합하는 원자의 종류와 개수에 따라 분자의 종류가 달라지기 때문이다. **23** (1) (가) H_2O, (나) H_2O_2 (2) 두 물질을 이루는 원자의 종류는 같지만 원자의 개수가 다르기 때문이다. **24** 리튬 원자(Li)가 전자를 1개 잃어 양이온인 리튬 이온(Li^+)이 된다. **25** (1) (가) (2) (가)에는 이온이 존재하여 양이온은 (−)극으로, 음이온은 (+)극으로 이동하기 때문이다. **26** (1) Cl^- (2) 염화 이온(Cl^-)은 질산 은 수용액의 은 이온(Ag^+)과 반응하여 흰색의 염화 은($AgCl$) 앙금을 생성하기 때문이다.

01 라부아지에는 물 분해 실험으로 물이 원소가 아님을 확인하였고, 아리스토텔레스의 생각이 옳지 않음을 증명하였다.

02 전기 분해 실험 장치에 수산화 나트륨을 조금 넣어 녹인 물을 넣고 전류를 흘려 주면 물이 분해되어 (+)극에서는 산소 기체가, (−)극에서는 수소 기체가 발생한다.
ㄱ. 원소는 더 이상 다른 물질로 분해되지 않는 물질의 기본 성분이다. 하지만 물은 수소와 산소로 분해되므로 원소가 아니다.
바로알기 ㄴ. (+)극에서는 산소 기체가 발생하므로 꺼져가는 향불을 갖다 대면 다시 타오른다. 성냥불을 가까이 할 때 '퍽' 소리를 내며 타는 기체는 (−)극에서 발생하는 수소 기체이다.
ㄷ. (+)극에서 발생한 기체의 부피는 (−)극에서 발생한 기체의 부피보다 작다.

03 구리, 철, 나트륨, 리튬, 마그네슘, 수은은 물질을 이루는 기본 성분인 원소이며, 물, 염화 수소, 이산화 탄소, 과산화 수소는 두 종류 이상의 원소가 결합하여 만들어진 물질이다.

04 ① 구리는 전기가 잘 통하므로 전선에 이용된다.
② 금은 산소나 물과 반응하지 않아 광택이 유지되므로, 장신구의 재료로 이용된다.
③ 규소는 특정 물질을 첨가하여 반도체 소자에 이용된다.
④ 철은 지구 중심핵에 가장 많이 존재하며, 단단하여 기계, 건축 재료로 이용된다.
바로알기 ⑤ 수소는 가장 가벼운 원소로, 우주 왕복선의 연료로 이용된다. 물질의 연소와 생물의 호흡에 이용되는 원소는 산소이다.

05 ④ 염화 리튬은 리튬에 의해 빨간색의 불꽃 반응 색이 나타난다.
바로알기 ① 질산 칼륨 – 보라색
② 염화 바륨 – 황록색
③ 탄산 칼슘 – 주황색
⑤ 염화 나트륨 – 노란색

06

물질	A	B	C
불꽃 반응 색	노란색	황록색	청록색
포함된 원소	나트륨	바륨	구리

07 ④ 불꽃 반응 색이 비슷한 리튬과 스트론튬은 선 스펙트럼이 다르게 나타나므로 각각의 불꽃 반응 색을 분광기로 관찰하여 나타난 선 스펙트럼으로 두 물질을 구별할 수 있다.

08 ④ 리튬과 나트륨의 선 스펙트럼이 물질 (가)의 선 스펙트럼에 모두 나타난다. 따라서 물질 (가)에는 리튬과 나트륨이 포함되어 있다.

09 ㄱ. A는 원자핵으로, (+)전하를 띠며 원자의 중심에 위치한다.
ㄴ. B는 전자로, (−)전하를 띠며 원자핵 주위를 움직인다.
ㄹ. 원자는 원자핵의 (+)전하량과 전자의 총 (−)전하량이 같으므로 전기적으로 중성이다.
바로알기 ㄷ. A와 B는 원자의 크기에 비해 매우 작으므로, 원자 내부는 대부분 빈 공간이다.
ㅁ. 이 입자는 (+)전하량과 전자의 총 (−)전하량이 같으므로 전기적으로 중성이다.

10 ⑤ 분자는 같은 종류의 원자가 모여 이루어지기도 하고, 다른 종류의 원자가 모여 이루어지기도 한다.
바로알기 ① 물질의 성질을 나타내는 가장 작은 입자는 분자이다.
② 물질을 이루는 기본 성분은 원소이다.
③ 물질을 이루는 기본 입자는 원자이다.
④ 결합하는 원자의 종류가 같아도 원자의 개수가 다르면 분자의 성질이 다르다.

11 바로알기 ① 구리 – Cu, 탄소 – C
② 탄소 – C, 산소 – O
③ 리튬 – Li, 규소 – Si
④ 수소 – H, 헬륨 – He

12 ①, ② 물 분자 3개를 분자식으로 나타내면 $3H_2O$이다.
③, ⑤ 물 분자 1개는 수소 원자 2개와 산소 원자 1개로 이루어지며, 3개의 물 분자를 이루는 원자의 총개수는 9개이다.
바로알기 ④ 물 분자를 이루는 원소는 수소와 산소 2종류이다.

13 ⑤ 원자핵의 (+)전하량은 (가) +9<(나) +10<(다) +11 순이다.

구분	(가)	(나)	(다)
모형			
원자핵 전하량	+9	+10	+11
전자(개)	10	10	10
전하량 비교	(+)전하량 < (−)전하량	(+)전하량 = (−)전하량	(+)전하량 > (−)전하량
입자의 종류	음이온	원자	양이온

바로알기 ① (가)는 원자핵의 (+)전하량이 전자의 총 (−)전하량보다 작으므로 음이온이다.
② (나)는 원자이다.
③ (다)는 원자핵의 (+)전하량보다 전자의 총 (−)전하량이 작다.
④ (나)는 전기적으로 중성이고, (가)와 (다)는 전하를 띠고 있다.

14 ・B와 C는 원자핵의 (+)전하량보다 전자의 총 (−)전하량이 크므로 음이온이다.
바로알기 ・A는 입자핵의 (+)전하량과 전자의 총 (−)전하량이 같으므로 원자이다.
・D는 원자핵의 (+)전하량이 전자의 총 (−)전하량보다 크므로 양이온이다.

15 원자가 전자를 1개 얻어 −1의 음이온이 되는 과정이다.
③ 염소 원자는 전자를 1개 얻어 염화 이온(Cl^-)이 된다.
바로알기 ① 나트륨 원자는 전자를 1개 잃어 나트륨 이온(Na^+)이 된다.
② 마그네슘 원자는 전자를 2개 잃어 마그네슘 이온(Mg^{2+})이 된다.
④ 산소 원자는 전자를 2개 얻어 산화 이온(O^{2-})이 된다.
⑤ 칼슘 원자는 전자를 2개 잃어 칼슘 이온(Ca^{2+})이 된다.

16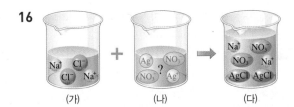

(가)　　　　(나)　　　　(다)

① (다)에는 염화 이온과 반응한 은 이온, 반응하지 않은 질산 이온이 있으므로 (나)는 질산 은 수용액임을 알 수 있다.
② (다) 수용액에는 이온이 있으므로 전류가 흐른다.
③ (가)와 (다) 수용액에는 나트륨 이온(Na^+)이 들어 있으므로 불꽃 반응 실험을 하면 노란색의 불꽃 반응 색이 나타난다.
⑤ (다)에서 $Ag^+ + Cl^- \longrightarrow AgCl\downarrow$의 반응에 의해 흰색 앙금인 염화 은(AgCl)이 생성된다.
바로알기 ④ 질산 이온(NO_3^-)은 앙금을 생성하지 않는 이온으로, 반응에 참여하지 않으므로 (나)와 (다)에서 개수가 같다.

17 ①, ④ 질산 은 수용액은 염화 칼슘 수용액과 반응하여 염화 은의 흰색 앙금을 생성하고, 탄산 나트륨 수용액은 염화 칼슘 수용액과 반응하여 탄산 칼슘의 흰색 앙금을 생성한다.

18 ㄴ, ㄷ. (나)와 (다)에서는 같은 종류의 흰색 앙금인 탄산 칼슘($CaCO_3$)이 생성된다.
바로알기 ㄱ. (가)에서는 앙금이 생성되지 않는다.

19 ④ 염화 나트륨 수용액에 질산 은 수용액을 넣으면 염화 은 앙금이 생성되어 용액이 뿌옇게 흐려진다. 반면 질산 나트륨 수용액에 질산 은 수용액을 넣으면 변화가 나타나지 않으므로 두 수용액을 구별할 수 있다.

20 주철관 안이 녹스는 것은 물이 분해되어 발생한 산소가 주철관 안의 철과 결합하기 때문이다.

채점 기준	배점
물이 원소가 아닌 까닭을 옳게 서술한 경우	100 %
그 외의 경우	0 %

21 나트륨은 노란색의 불꽃 반응 색이 나타난다.

채점 기준	배점
나트륨을 쓰고, 그 까닭을 옳게 서술한 경우	100 %
나트륨만 쓴 경우	50 %

22

채점 기준	배점
분자가 원자보다 많은 까닭을 옳게 서술한 경우	100 %
그 외의 경우	0 %

23 (가)는 물 분자, (나)는 과산화 수소 분자의 모형이다.

	채점 기준	배점
(1)	(가), (나)의 분자식을 모두 옳게 쓴 경우	50 %
	(가), (나)의 분자식 중 한 가지만 옳게 쓴 경우	25 %
(2)	두 물질이 서로 다른 물질인 까닭을 원자의 종류, 개수를 포함하여 옳게 서술한 경우	50 %

24

채점 기준	배점
전자의 이동, 양이온을 포함하여 옳게 서술한 경우	100 %
전자를 잃고 이온이 된다고만 서술한 경우	50 %

25 (가) 수용액에는 이온이 존재하고, (나) 수용액에는 이온이 존재하지 않는다.

	채점 기준	배점
(1)	(가)를 고른 경우	50 %
(2)	(가)를 고른 까닭을 옳게 서술한 경우	50 %

26

	채점 기준	배점
(1)	이온의 이온식을 옳게 쓴 경우	50 %
(2)	생성된 앙금의 이름을 포함하여 까닭을 옳게 서술한 경우	50 %

이 단원을 학습했으니 물질을 이루는 기본 성분과 물질을 이루는 기본 입자를 구별할 수 있지?

Ⅱ 전기와 자기

01 전기의 발생

확인 문제로 **개념쏙쏙**   진도 교재 49, 51쪽

Ⓐ 마찰 전기, +, −, 대전, 대전체, 전기력, 척력, 인력
Ⓑ 정전기 유도, 다른, 같은, 검전기, 다른, 같은

1 (1) ◯ (2) × (3) ×   **2** (1) 많다 (2) ㉠ (−), ㉡ (+)   **3** (1) (−) (2) (+) (3) 플라스틱   **4** (1) 다른 (2) ㉠ 같은, ㉡ 밀어내는   **5** ③   **6** (1) ◯ (2) ◯ (3) ×   **7** (1) A : (+)전하, B : (−)전하 (2) 인력   **8** ㉠ 전자, ㉡ 인력, ㉢ (−), ㉣ (+)   **9** (1) ㉠ 인력, ㉡ 금속판 (2) ㉠ (−), ㉡ (+) (3) 벌어진다   **10** ㄱ, ㄴ, ㄹ

1 바로알기 (2) 두 물체를 마찰할 때 한 물체에서 다른 물체로 전자가 이동하여 마찰 전기가 발생한다. 이때 원자핵은 전자에 비해 매우 무거우므로 이동하지 않는다.
(3) 전자를 잃은 물체는 (−)전하의 양이 (+)전하의 양보다 적어지므로 (+)전하를 띤다.

2 마찰에 의해 플라스틱 막대는 전자를 얻어 (−)전하의 양이 (+)전하의 양보다 많아 (−)전하를 띠고, 전자를 잃은 털가죽은 (−)전하의 양이 (+)전하의 양보다 적어 (+)전하를 띤다.

3 (1) 털가죽보다 고무풍선이 전자를 얻기 쉬우므로 두 물체를 마찰하면 고무풍선은 (−)전하로 대전된다.
(2) 플라스틱 막대보다 고무풍선이 전자를 잃기 쉬우므로 두 물체를 마찰하면 고무풍선은 (+)전하로 대전된다.
(3) 대전되는 순서에서 오른쪽에 있는 물체일수록 마찰했을 때 전자를 얻기 쉬우므로 (−)전하로 대전이 잘 된다.

4 (1) 플라스틱 빨대를 털가죽에 문지르면 털가죽에 있던 전자가 플라스틱 빨대로 이동하여 털가죽은 (+)전하로, 플라스틱 빨대는 (−)전하로 대전된다.
(2) 플라스틱 빨대 A와 B를 모두 털가죽에 문질렀으므로 A와 B는 모두 (−)전하로 대전된다. 같은 전하를 띠는 물체 사이에는 밀어내는 힘이 작용한다.

5 같은 종류의 전하 사이에는 척력이 작용하고, 다른 종류의 전하 사이에는 인력이 작용한다.
바로알기 ①, ② 서로 다른 전하를 띠고 있으므로 끌어당겨야 한다. ④, ⑤ 서로 같은 전하를 띠고 있으므로 밀어내야 한다.

6 (1) 정전기 유도는 전기를 띠지 않는 금속 물체에 대전체를 가까이 할 때 물체가 전하를 띠게 되는 현상이다.
(2) 금속에 (+)대전체를 가까이 하면 금속 내부의 전자들이 대전체로부터 인력을 받아 대전체 쪽으로 이동한다.
바로알기 (3) 금속에 (−)대전체를 가까이 하면 금속 내부의 전자들이 대전체로부터 척력을 받아 대전체로부터 먼 쪽으로 이동한다. 따라서 대전체와 가까운 쪽은 (+)전하로 대전된다.

7 (1) 금속 막대 내부의 전자들이 A → B로 이동하여 A는 (−)전하의 양이 (+)전하의 양보다 적어지므로 (+)전하를 띤다. B는 A에서 이동해 온 전자들에 의해 (−)전하의 양이 (+)전하의 양보다 많아져서 (−)전하를 띤다.
(2) 금속 막대에서 대전체와 가까운 A 부분은 대전체와 다른 종류의 전하를 띠므로 인력이 작용한다.

8 대전되지 않은 금속 막대에 (+)대전체를 가까이 하면 금속 내부의 전자들이 대전체로부터 인력을 받아 대전체 가까이로 이동한다. 따라서 대전체와 가까운 쪽은 (−)전하를 띠고, 대전체와 먼 쪽은 (+)전하를 띠게 된다.

9 (1) 금속판에 (+)대전체를 가까이 하면 금속박에 있던 전자가 인력에 의해 금속판으로 이동한다.
(2) 전자들이 많아진 금속판은 (−)전하, 전자들이 적어진 금속박은 (+)전하로 대전된다.
(3) 두 장의 금속박은 서로 같은 전하를 띠므로 두 금속박 사이에 척력이 작용하여 벌어진다.

10 ㄱ. 검전기에 대전체를 가까이 하면 금속박이 벌어지는 것을 통해 물체의 대전 여부를 알 수 있다.
ㄴ. 물체가 띠는 전하의 양이 많을수록 금속박이 많이 벌어지는 것을 통해 물체가 띠는 전하의 양을 비교할 수 있다.
ㄹ. 대전된 검전기에 검전기와 같은 전하를 띤 대전체를 가까이 하면 금속박이 더 벌어지고, 검전기와 다른 전하를 띤 대전체를 가까이 하면 금속박이 오므라드는 것으로 물체가 띤 전하의 종류를 알 수 있다.
바로알기 ㄷ. 물체가 가진 전자의 개수는 검전기로 알 수 없다.

탐구a   진도 교재 52쪽

㉠ 정전기 유도, ㉡ 다른, ㉢ 같은, ㉣ 척력, ㉤ 많을수록
01 (1) ◯ (2) × (3) ◯   **02** (+)전하를 띠는 털가죽을 검전기의 **금속판**에 가까이 하면 검전기 내부의 **전자**가 **인력**에 의해 금속판으로 이동한다. 이때 **금속박**은 모두 (+)전하로 대전되므로 금속박 사이에 서로 밀어내는 **척력**이 작용해 벌어진다.

01 (1) 과정 ❶에서 플라스틱 막대는 다른 물체와 마찰을 하지 않았으므로 전기를 띠고 있지 않다.
(3) (−)전하를 띠는 플라스틱 막대를 검전기의 금속판에 가까이 하면 금속박은 (−)전하로 대전된다. 플라스틱 막대를 털가죽과 많이 마찰할수록 플라스틱 막대가 더 강하게 (−)전하를 띠게 되므로 금속박으로 밀려나는 전자의 수도 늘어난다.
바로알기 (2) 털가죽과 마찰한 플라스틱 막대는 (−)전하로 대전된다. 그러므로 이 대전체를 검전기의 금속판에 가까이 하면 검전기 내부의 전자가 대전체와 먼 쪽으로 이동하므로 금속판은 (+)전하를, 금속박은 (−)전하를 띠게 된다.

02 플라스틱 막대와 마찰한 털가죽은 전자를 잃고 (+)전하를 띤다.

채점 기준	배점
주어진 단어를 모두 사용하여 옳게 서술한 경우	100 %
주어진 단어 중 사용한 단어 하나당	20 %

여기서 잠깐
진도 교재 53쪽

정전기 유도 응용 문제 정복하기

유제❶ ④　　　유제❷ ②　　　유제❸ 해설 참조

유제❶ (+)전하로 대전된 유리 막대를 대전되지 않은 알루미늄 캔에 가까이 하면 알루미늄 캔 내부의 전자가 인력을 받아 유리 막대 쪽으로 끌려온다. 따라서 알루미늄 캔에서 대전체와 가까운 쪽은 (−)전하로, 먼 쪽은 (+)전하로 대전된다. 이때 원자핵은 이동하지 않는다.

유제❷ (−)대전체로부터 척력을 받아 금속 막대 내부의 전자가 B 쪽으로 이동한다. 따라서 A는 (+)전하, B는 (−)전하로 대전된다. (−)전하로 대전된 금속 막대의 B에 의해 은박 구 내부의 전자가 D 쪽으로 이동한다. 그러므로 금속 막대의 B와 가까운 C는 (+)전하, 먼 D는 (−)전하로 대전된다.

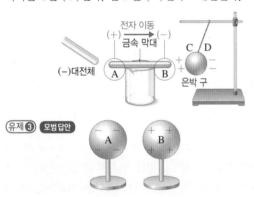

유제❸ 모범답안

금속 구 A와 B가 접촉해 있으므로 금속 구 내부의 전자들이 (+)대전체로부터 인력을 받아 대전체로부터 가까운 A 쪽으로 금속의 접촉면을 통해 금속 사이를 이동한다. 접촉한 금속 구를 분리하고 대전체를 멀리 하면 이동해 온 전자들이 머물러 있던 금속 구 내부에 갇혀서 A는 (−)전하로, B는 (+)전하로 대전된다.

여기서 잠깐
진도 교재 54쪽

검전기의 대전 원리 정복하기

유제❶ ③　　　유제❷ ①, ⑤

유제❶ 검전기 내부의 전자들이 (−)대전체로부터 척력을 받아 대전체와 먼 금속박 쪽으로 이동한다. 따라서 A는 (+)전하로 대전되고 대전체와 먼 금속박 B와 C는 모두 (−)전하로 대전된다.

유제❷ 검전기 내부의 전자들이 (+)대전체로부터 인력을 받아 금속판 쪽으로 이동하므로 금속판은 (−)전하로, 금속박은 (+)전하로 대전되어 금속박이 벌어진다. 이 검전기에 손가락을 대면 손가락에 있는 전자들도 (+)대전체로부터 인력을 받아 검전기로 들어온다. 따라서 (+)전하로 대전되어 있던 금속박에 전자가 증가하므로 벌어졌던 금속박이 오므라든다.

금속박이 오므라든다.

기출 문제로 내신쑥쑥
진도 교재 55~59쪽

01 ②	02 ②	03 ①	04 ①	05 ②	06 ③	07 ③
08 ④	09 ④	10 ⑤	11 ④	12 ④	13 ③	14 ①
15 ⑤	16 ①	17 ④	18 ④	19 ⑤	20 ④	21 ①
22 ②	23 ④	24 ②				

서술형 문제 **25** (1) • 고무풍선 : (−)전하, • 명주헝겊 : (+)전하 (2) 두 물체가 마찰할 때 명주 헝겊에 있던 전자가 고무풍선으로 이동했기 때문이다. **26** 금속 막대 내부의 전자가 유리 막대로부터 척력을 받아 (가)에서 (나) 쪽으로 이동하므로 (가) 부분은 (+)전하, (나) 부분은 (−)전하를 띤다. **27** (1) B (2) 정전기 유도에 의해 알루미늄 캔에서 막대와 가까운 부분에 막대와 다른 종류의 전하가 유도되어 알루미늄 캔과 막대 사이에 인력이 작용하기 때문이다.

01 ③ 전자는 (−)전하를 띠므로 전기를 띠지 않던 물체가 전자를 잃으면 (+)전하를, 전자를 얻으면 (−)전하를 띠게 된다.
④ 마찰한 두 물체 중 한 물체에서 다른 물체로 전자가 이동하므로 두 물체는 서로 다른 전하를 띠게 된다. 그러므로 마찰한 두 물체 사이에는 인력이 작용한다.
⑤ 마찰 전기는 다른 곳으로 흘러가지 않고 마찰한 물체에 머물러 있는 것으로, 정전기의 한 종류이다.
바로알기 ② 서로 다른 두 물체를 마찰할 때 두 물체 사이에서 이동하는 것은 전자이다. 이때 원자핵은 이동하지 않는다.

02 ② 털가죽이 (+)전하를 띠는 까닭은 두 물체를 마찰할 때 털가죽의 전자가 플라스틱 막대로 이동했기 때문이다.

바로알기 ① 마찰 후 전자를 얻은 플라스틱 막대는 (−)전하를 띤다.

③ 털가죽에서 플라스틱 막대로 (−)전하를 띠는 전자가 이동하였다.

④ 마찰 후 털가죽은 (+)전하, 플라스틱 막대는 (−)전하를 띠므로 두 물체 사이에는 인력이 작용한다.

⑤ 털가죽은 전자를 잃었으므로 마찰 후 털가죽 내에는 (+)전하의 양이 (−)전하의 양보다 많다.

03 ② 마찰에 의해 A에 있던 전자가 B로 이동하였다.

③, ④, ⑤ A는 전자를 잃어 (−)전하의 양이 (+)전하의 양보다 적으므로 (+)전하로 대전된다. B는 전자를 얻어 (−)전하의 양이 (+)전하의 양보다 많으므로 (−)전하로 대전된다.

바로알기 ① 마찰 전 A와 B는 (−)전하의 양과 (+)전하의 양이 같으므로 전기를 띠지 않는다.

04 고양이 털과 고무풍선을 마찰하면 전자를 잃기 쉬운 고양이 털에서 전자를 얻기 쉬운 고무풍선 쪽으로 전자가 이동한다. 따라서 마찰 후 고양이 털은 (+)전하, 고무풍선은 (−)전하를 띠게 되므로 두 물체 사이에 인력이 작용한다.

05 ① 전자를 잃기 쉬운 물체는 마찰에 의해 (+)전하로 대전된다. 따라서 (+)전하로 대전되기 가장 쉬운 털가죽이 가장 전자를 잃기 쉽다.

③, ④ 두 물체를 마찰할 때 대전되는 순서의 왼쪽에 있는 물체는 (+)전하, 오른쪽에 있는 물체는 (−)전하로 대전된다. 따라서 유리와 명주를 마찰하면 대전되는 순서의 왼쪽에 있는 유리는 (+)전하로 대전된다. 한편 유리와 털가죽을 마찰하면 대전되는 순서의 오른쪽에 있는 유리는 (−)전하로 대전된다.

⑤ 털가죽과 플라스틱을 마찰하면 대전되는 순서의 오른쪽에 있는 플라스틱은 (−)전하로 대전된다.

바로알기 ② 고무와 명주를 마찰하면 대전되는 순서의 오른쪽에 있는 고무는 전자를 얻어 (−)전하로 대전된다.

06 고무풍선을 털가죽으로 문지르면 고무풍선은 (−)전하로 대전된다. 같은 전하를 띠는 두 고무풍선 사이에는 척력이 작용하므로 서로 밀어내며 벌어진다.

07 마찰 전기는 서로 다른 두 물체의 마찰에 의해 물체가 띠는 전기이다.

④ 스웨터를 입고 움직이면 우리 몸과 스웨터 사이의 마찰에 의해 스웨터는 마찰 전기를 띠게 된다. 이 스웨터를 벗을 때, 스웨터에 모여 있던 전기가 주위로 나가면서 소리가 난다.

바로알기 ③ 메모 자석이 금속으로 된 칠판에 달라붙는 것은 자기력에 의한 현상이다.

08 ㄱ, ㄷ, ㄹ. 털가죽으로 고무풍선을 문지르면 털가죽에서 고무풍선으로 전자가 이동하므로 털가죽은 (+)전하를, 고무풍선은 (−)전하를 띠게 된다. 그러므로 두 고무풍선 사이에는 서로 밀어내는 전기력이 작용한다.

바로알기 ㄴ. 고무풍선은 모두 털가죽에 문질렀으므로 (−)전하를 띤다.

09 ·C와 D : 두 물체가 벌어져 있으므로 C와 D 사이에는 척력이 작용한 것이다. 따라서 C는 D와 같은 종류의 전하인 (+)전하로 대전되어 있다.

·B와 C : 두 물체가 가까이 있으므로 B와 C 사이에는 인력이 작용한 것이다. 따라서 B는 C와 다른 종류의 전하인 (−)전하로 대전되어 있다.

·A와 B : 두 물체가 벌어져 있으므로 A와 B 사이에는 척력이 작용한 것이다. 따라서 A는 B와 같은 종류의 전하인 (−)전하로 대전되어 있다.

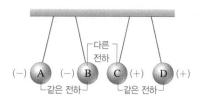

10 빨대와 털가죽을 마찰시키면 플라스틱인 빨대는 (−)전하로, 털가죽은 (+)전하로 대전된다. 빨대 A와 B는 모두 (−)전하로 대전되므로 빨대 B를 빨대 A에 가까이 가져가면 두 빨대 사이에 척력이 작용하여 빨대 A가 밀려난다.

바로알기 ⑤ 빨대와 털가죽은 마찰 후 각각 다른 종류의 전하로 대전되므로 털가죽을 빨대에 가까이 하면 인력이 작용해 서로 끌어당긴다.

11 ③ 대전되지 않은 금속 물체에 대전체를 가까이 가져가면 대전체가 띠고 있는 전하의 종류에 따라 금속 내부의 전자들이 인력 또는 척력을 받아 이동한다. 이때 대전체와 가까운 쪽은 대전체와 다른 종류의 전하로, 먼 쪽은 대전체와 같은 종류의 전하로 대전된다.

바로알기 ① 정전기 유도에서 이동하는 것은 원자핵이 아닌 전자이다.

② 대전체와 가까운 쪽은 대전체와 다른 종류의 전하가 유도된다. 따라서 (−)대전체를 가까이 하면 대전체와 가까운 쪽은 (+)전하가 유도된다.

④ (+)대전체와 가까운 쪽은 전자가 끌려오므로 대전체와 다른 종류인 (−)전하로 대전되고, 먼 쪽은 대전체와 같은 종류인 (+)전하로 대전된다.

⑤ 대전되지 않은 금속 물체에 대전체를 가까이 하면 대전체와 가까운 쪽이 대전체와 다른 종류의 전하로 대전되므로 대전체와 금속 물체 사이에는 항상 인력이 작용한다.

12 금속 막대 내부의 전자가 (+)대전체로부터 인력을 받아 B → A 방향으로 이동한다. 따라서 A에는 전자가 많아지므로 (−)전하를 띠고, B에는 전자가 적어지므로 (+)전하를 띤다.

13 (−)대전체와 가까운 쪽은 (+)전하, 먼 쪽은 (−)전하로 대전된다. 이때 대전체와 은박 구 사이에 인력이 작용하여 은박 구는 대전체 쪽으로 끌려간다.

14 ㄱ. (−)전하로 대전된 유리 막대를 금속 막대에 가까이 하면 금속 막대 내부의 전자들이 유리 막대와 먼 쪽으로 밀려난다. 그러므로 A는 (+)전하를, B는 (−)전하를 띠게 된다.
바로알기 ㄴ. 금속 막대 내부에서 전자는 (−)전하로 대전된 유리 막대에 의해 밀려나므로 A → B 쪽으로 이동하지만 금속 막대에서 대전체인 유리 막대로 이동하지는 않는다.
ㄷ. 금속 막대 내부에서만 전자가 이동하므로 금속 막대 내부의 전자 수는 변하지 않는다.

15 ⑤ 알루미늄 캔의 B 부분이 (−)전하를 띠므로 (+)대전체와 인력이 작용하여 알루미늄 캔은 (+)대전체 쪽으로 끌려간다.
바로알기 ①, ② 정전기 유도에 의해 (+)대전체와 가까운 B는 (−)전하, 먼 A는 (+)전하로 대전된다.
③ 알루미늄 캔 내부의 전자는 (+)대전체로부터 인력을 받아 A에서 B로 이동한다.
④ 정전기 유도가 일어날 때 금속 물체 내부에서 전자는 이동하지만 원자핵은 이동하지 않는다.

16 (−)대전체에 의해 금속 막대 내부의 전자가 A에서 B로 이동하여 A는 (+)전하, B는 (−)전하로 대전된다. 이때 은박 구의 C 부분은 B에 의해 (+)전하로 대전되고, D 부분은 (−)전하로 대전된다. 따라서 은박 구와 금속 막대 사이에 인력이 작용하여 은박 구가 끌려간다.

17 ① 고무풍선이 (나)에서 밀려나 있으므로 (나)와 고무풍선 사이에 척력이 작용한다.
②, ③ 고무풍선과 (나) 사이에 척력이 작용하므로 (나) 부분은 고무풍선과 같은 전하인 (−)전하를 띤다. 따라서 (나)의 반대쪽 끝인 (가) 부분은 (+)전하를 띤다.
⑤ 대전체에 의해 (가) 부분에 (+)전하, (나) 부분에 (−)전하가 유도되었으므로 전자는 (가)에서 (나)로 이동한 것이다.
바로알기 ④ (나)가 (−)전하를 띠기 위해서는 금속 막대 내부의 전자들이 대전체로부터 척력을 받아 (나)로 이동해야 하므로 대전체는 (−)전하를 띤다.

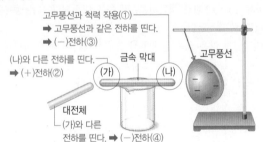

18 ㄱ. 복사기 : 토너의 검은 탄소 가루가 정전기 유도에 의해 종이에 달라붙는다.
ㄴ. 터치스크린 : 손가락을 화면에 대면 정전기 유도에 의해 작동한다.
ㄷ. 공기 청정기 : 공기 중의 작은 먼지를 정전기 유도로 끌어당긴다.
바로알기 ㄹ. 냉장고 자석은 자기력을 가진 자석을 이용한 예이다.

19 ①, ②, ④ 정전기 유도에 의해 전자가 금속박에서 금속판으로 이동하여 금속판은 (−)전하, 금속박은 (+)전하를 띤다.

③ 금속판에 손가락을 대면 손가락의 전자가 (+)대전체로부터 인력을 받아 검전기 안으로 끌려 들어온다.
바로알기 ⑤ 금속박은 (+)전하로 대전되므로 두 금속박 사이에 척력이 작용하여 벌어진다.

20 ㄱ, ㄷ. 금속판의 전자가 대전체로부터 전기력을 받아 금속박 쪽으로 이동하여 금속판이 (+)전하를 띠게 된 것이다. 따라서 금속박은 (−)전하로 대전된다.
바로알기 ㄴ. 금속판이 (+)전하로 대전되었으므로 검전기에 가까이 한 물체는 (−)전하를 띤다.

21 (−)대전체를 검전기의 금속판에 가까이 하면 금속판에 있던 전자가 척력을 받아 금속박으로 이동한다. 따라서 (−)전하의 양이 적어진 금속판은 (+)전하를 띠고, (−)전하의 양이 많아진 두 장의 금속박은 각각 (−)전하를 띠어 벌어진다.

22 금속 막대 내부의 전자가 유리 막대로부터 인력을 받아 B → A로 이동하므로 A 부분이 (−)전하, B 부분이 (+)전하를 띤다. 금속 막대의 B 부분에 의해 검전기 내부의 전하가 D → C로 이동하므로 C 부분이 (−)전하, D 부분이 (+)전하를 띤다.

23 털가죽으로 문지른 플라스틱 막대는 (−)전하를 띠므로 금속 막대의 A는 (+)전하를, B는 (−)전하를 띠게 된다. B가 (−)전하를 띠므로 검전기의 전자들이 금속박으로 이동하면서 C는 (+)전하를, D는 (−)전하를 띤다.
바로알기 ④ 금속박으로 전자들이 이동하면서 금속박이 벌어지게 된다.

24 (+)전하로 대전되어 있는 검전기는 금속판과 금속박에 (+)전하가 (−)전하보다 더 많은 상태이다. 여기에 (+)대전체를 가까이 가져가면 검전기에 있던 전자들이 인력을 받아 금속판 쪽으로 끌려온다. 따라서 금속박은 더 강하게 (+)전하를 띠게 되므로 사이가 더 벌어진다.

25 (1) 마찰할 때 명주 헝겊의 전자가 고무풍선으로 이동하여 고무풍선은 (−)전하로, 명주 헝겊은 (+)전하로 대전된다.
(2) 일반적으로는 (+)전하와 (−)전하의 양이 같아 전기를 띠지 않는 서로 다른 두 물체를 마찰하면 전자가 물체 사이를 이동해 두 물체가 서로 다른 전기를 띠게 된다.

	채점 기준	배점
(1)	두 물체가 띠는 전하의 종류를 모두 옳게 쓴 경우	40 %
	두 가지 중 하나만 옳게 쓴 경우	20 %
(2)	전자의 이동 방향과 함께 전하를 띠는 까닭을 옳게 서술한 경우	60 %
	전자가 이동했기 때문이라고만 서술한 경우	30 %

26 (−)전하로 대전된 유리 막대에 의해 금속 막대 내부의 전자는 (가)에서 (나) 쪽으로 이동한다.

채점 기준	배점
(가), (나) 부분이 띠는 전하의 종류를 전자의 이동 방향과 함께 옳게 서술한 경우	100 %
(가), (나) 부분이 띠는 전하의 종류만 옳게 쓴 경우	50 %

27 정전기 유도에 의해 알루미늄 캔에서 막대와 가까운 쪽은 막대와 다른 종류의 전하로, 막대와 먼 쪽은 같은 종류의 전하로 대전된다.

	채점 기준	배점
(1)	B 방향을 옳게 쓴 경우	30 %
(2)	정전기 유도에 의해 알루미늄 캔과 막대 사이에 인력이 작용하기 때문이라고 옳게 서술한 경우	70 %
	정전기 유도에 의한 현상이라고만 서술한 경우	30 %

<u>바로알기</u> ⑤ 손과 검전기에 있던 전자가 (+)대전체로부터 전기력을 받아 금속판에 모여 있다가 손가락과 대전체를 치우면 금속박으로 퍼진다. 따라서 (다)에서 검전기는 전체적으로 (−)전하를 띤다.

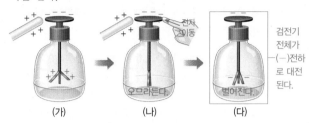

(가)   (나)   (다)

검전기 전체가 (−)전하로 대전된다.

<u>수준 높은 문제로</u> **실력탄탄**   진도 교재 59쪽

01 ⑤   **02** ④   **03** ⑤

01 • A와 B 사이에는 인력이 작용하므로 서로 다른 종류의 전하를 띠고 있다.
• A와 C 사이에 인력이 작용하므로 서로 다른 종류의 전하를 띠고 있다. 그러므로 B와 C는 같은 종류의 전하를 띤다.
• B와 D 사이에 척력이 작용하므로 서로 같은 종류의 전하를 띠고 있다. 그러므로 B, C, D는 모두 같은 종류의 전하를 띤다.

02 ④ (−)대전체를 은박 구에 가까이 하면 B의 전자가 척력을 받아 접촉면을 통해 A로 밀려간다. 그 후 A와 B를 떼어놓고 대전체를 멀리 하면 A에 전자가 갇혀 A는 (−)전하를, B는 (+)전하를 띠게 된다.
<u>바로알기</u> ① 전자는 B → A로 이동한다.
② 대전체와 가까운 B는 (+)전하를 띠게 되므로 B와 대전체 사이에는 인력이 작용한다.
③ A와 B는 서로 다른 전하를 띠게 되므로 두 은박 구 사이에는 인력이 작용한다.
⑤ (−)대전체를 가까이 했을 때 B에 있던 전자가 A로 이동하고 그 상태로 두 은박 구를 떨어뜨렸으므로 B 내부의 전자 수는 대전되기 전보다 줄어든다.

03 ① (가)에서 정전기 유도에 의해 검전기 내부의 전자가 금속판으로 이동하므로 금속박은 (+)전하를 띤다.
②, ③ (나)에서 (+)대전체와의 인력에 의해 손가락의 전자가 검전기로 들어온다. 이때 전자의 일부는 금속박으로 이동하여 금속박은 오므라든다.
④ (다)에서 검전기가 전체적으로 (−)전하를 띠므로 금속박은 다시 벌어진다.

---

02 전류, 전압, 저항

<u>확인 문제로</u> **개념쏙쏙**   진도 교재 61, 63, 65쪽

Ⓐ 전류, A, 전자, 전류, 전압, V, 전류계, 전압계, 직렬, 병렬
Ⓑ 전기 저항, Ω, 길이, 단면적, 옴의 법칙, 전압
Ⓒ 전류, 증가, 전압, 감소, 병렬

1 (1) A (2) B   **2** (1) 흐르는 (2) ㉠ (−), ㉡ (+)   **3** (1)-㉣
(2)-ⓒ (3)-㉡ (4)-㉠   **4** (1) 직렬 (2) (+)극 (3) 큰   **5** (1)
0.4 (2) 12.5   **6** (1) ○ (2) ○ (3) ×   **7** $\frac{2}{3}$배   **8** 10 mA
9 10 V   **10** 5 Ω   **11** (1) 병 (2) 직 (3) 직 (4) 병   **12** (1) 2
(2) ㉠ 2, ㉡ 3, ⓒ 6 (3) 1 : 2   **13** (1) 6 (2) ㉠ 6, ㉡ 3,
ⓒ 2 (3) 2 : 1   **14** ㄱ, ㄹ, ㅂ   **15** (1) ○ (2) × (3) × (4) ×

1 (1) 전자는 전지의 (−)극 → (+)극인 A 방향으로 이동한다.
(2) 전류는 전지의 (+)극 → (−)극인 B 방향으로 흐른다.

2 (1) 전자들이 A에서 B 방향으로 일제히 이동하고 있으므로 전류가 흐르는 상태이다.
(2) 전류가 흐를 때 전자는 전지의 (−)극에서 (+)극으로 이동하므로 A는 전지의 (−)극, B는 전지의 (+)극에 연결되어 있다.

3 (1) 펌프는 물을 높은 곳으로 끌어올려 수압을 유지하는 장치이므로 전압을 유지하는 장치인 전지에 비유할 수 있다.
(2), (3) 수압에 의해 물이 흘러 물레방아를 돌리는 것은 전압에 의해 전류가 흘러 전구에 불을 켜는 것에 비유할 수 있다.
(4) 물의 높이 차에 의한 수압이 물을 흐르게 하므로 전류를 흐르게 하는 능력인 전압에 비유할 수 있다.

4 (1) 전류계는 전기 회로에 직렬로 연결하고, 전압계는 전기 회로에 병렬로 연결한다.

(2) 전류계와 전압계의 (+)단자는 전지의 (+)극에 연결하고, (−)단자는 전지의 (−)극에 연결한다.

(3) 전류의 세기를 예상할 수 없는 경우, (−)단자 중 최대 전류값이 가장 큰 단자부터 연결해야 한다. 가장 작은 단자부터 연결하면 예상보다 큰 전류가 흐를 때 바늘이 측정할 수 있는 범위를 넘어가므로 값을 측정할 수 없다.

5 (1) 왼쪽 전류계의 (−)단자는 500 mA에 연결되어 있으므로 최대 전류값이 500 mA인 눈금을 읽는다. 따라서 전류의 세기는 400 mA=0.4 A이다.

(2) 오른쪽 전압계의 (−)단자는 15 V에 연결되어 있으므로 최대 전압값이 15 V인 눈금을 읽는다. 따라서 전압의 크기는 12.5 V이다.

6 (2) 물질의 단면적이 같을 때 길이가 길수록 도선을 지날 때 원자와의 충돌 횟수가 많아지므로 전기 저항이 크다.

바로알기 (3) 물질의 길이가 같을 때 단면적이 넓을수록 도선의 단면을 지나는 전자의 수가 많아지므로 전기 저항이 작다.

7 B의 길이는 A의 2배이고, 단면적은 A의 3배이므로 저항의 크기는 A의 $\frac{2}{3}$배이다.

8 $I=\dfrac{V}{R}=\dfrac{1.5\,\text{V}}{150\,\Omega}=0.01\,\text{A}=10\,\text{mA}$

9 $V=IR=100\,\text{mA}\times100\,\Omega=0.1\,\text{A}\times100\,\Omega=10\,\text{V}$

10 전압이 10 V일 때 전류의 세기가 2 A이므로 옴의 법칙에 따라 저항 $R=\dfrac{V}{I}=\dfrac{10\,\text{V}}{2\,\text{A}}=5\,\Omega$이다.

11 (1) 전기 회로에 저항이 병렬로 연결되어 있을 때 각 저항에 걸리는 전압은 같다.

(2) 전기 회로에 저항이 직렬로 연결되어 있을 때는 각 저항에 흐르는 전류의 세기가 일정하다.

(3) 저항을 직렬로 연결하면 저항의 길이가 길어지는 것과 같은 효과가 있으므로 전체 저항이 커진다.

(4) 저항을 병렬로 연결하면 저항의 단면적이 넓어지는 효과가 있으므로 전체 저항이 작아진다.

12 (1) 전기 회로에 저항을 직렬연결하면 각 저항에 흐르는 전류의 세기가 일정하므로 3 Ω과 6 Ω 저항에 전체 전류의 세기와 같은 2 A가 흐른다.

(2) 3 Ω의 저항에서 옴의 법칙이 성립하므로 $V=IR$에서 3 Ω에 걸리는 전압은 2 A×3 Ω=6 V이다.

(3) 6 Ω인 저항에 걸리는 전압은 2 A×6 Ω=12 V이므로 전압의 비는 6 V : 12 V=1 : 2이다.

13 (1) 전기 회로에 저항을 병렬연결하면 각 저항에 걸리는 전압이 전체 전압과 같으므로 6 V이다.

(2) 3 Ω의 저항에서 옴의 법칙이 성립하므로 $I=\dfrac{V}{R}$에서 3 Ω에 흐르는 전류의 세기는 $\dfrac{6\,\text{V}}{3\,\Omega}=2\,\text{A}$이다.

(3) 6 Ω인 저항에 흐르는 전류의 세기는 $\dfrac{6\,\text{V}}{6\,\Omega}=1\,\text{A}$이다. 그러므로 전류의 비는 2 A : 1 A=2 : 1이다.

14 ㄱ, ㄹ, ㅂ. 멀티탭과 가로등, 건물의 전기 배선은 저항 하나의 연결이 끊겨도 다른 저항에는 전류가 흐르는 병렬로 연결한다.

바로알기 ㄴ, ㄷ, ㅁ. 화재 감지 장치와 퓨즈, 장식용 전구는 저항 하나의 연결이 끊기면 회로 전체에 전류가 흐르지 않는 직렬연결을 사용한 예이다.

15 **바로알기** (2), (3) 가정에서 사용하는 전기 기구들은 병렬연결되어 있으므로 모든 전기 기구에는 같은 크기의 전압이 걸린다. 이때 전기 기구마다 저항이 다르므로 각 전기 기구에 흐르는 전류의 세기도 다르다.

(4) 전기 기구들이 병렬연결되어 있으므로 각각의 전기 기구를 따로 켜고 끌 수 있다.

탐구 a
진도 교재 66쪽

> ㉠ 비례, ㉡ 반비례
>
> **01** (1) × (2) ○ (3) × (4) × **02** 10 Ω **03** $I=\dfrac{V}{R}=\dfrac{6\,\text{V}}{10\,\Omega}$ =0.6 A, 저항이 일정할 때 전압과 전류의 세기는 비례한다.

01 (2) 저항이 일정할 때 전류의 세기는 전압에 비례한다. 따라서 전압을 2배 높이면 전류의 세기도 2배가 된다.

바로알기 (1) 전기 회로에서 전압계는 병렬연결하고, 전류계는 직렬연결한다.

(3) 긴 니크롬선의 저항 $R=\dfrac{V}{I}=\dfrac{1.5\,\text{V}}{0.05\,\text{A}}=30\,\Omega$이고, 짧은 니크롬선의 저항 $R=\dfrac{V}{I}=\dfrac{1.5\,\text{V}}{0.1\,\text{A}}=15\,\Omega$이다.

(4) 가로축이 전압, 세로축이 전류인 그래프의 기울기는 $\dfrac{\text{전류}}{\text{전압}}$이므로 $\dfrac{1}{\text{저항}}$, 즉 저항의 역수를 의미한다.

02 니크롬선의 저항 $R=\dfrac{V}{I}=\dfrac{1.5\,\text{V}}{0.15\,\text{A}}=10\,\Omega$이다.

03 저항이 일정할 때 전압이 커질수록 전류의 세기도 커진다.

채점 기준	배점
전류의 세기를 구하고 전압과 전류의 관계를 옳게 서술한 경우	100 %
전류의 세기만 옳게 구한 경우	50 %

여기서 잠깐
진도 교재 67쪽

> 유제❶ ①   유제❷ (가)<(나)<(다)
>
> 유제❸ 2 : 1   유제❹ ⑤

유제❶ (가) 그래프의 가로, 세로 눈금이 만나는 점을 옴의 법칙에 대입하여 저항을 구한다. 1.5 V의 전압을 걸었을 때 전류의 세기가 15 A이므로 (가) 니크롬선의 저항 $R = \dfrac{V}{I} = \dfrac{1.5\ \text{V}}{15\ \text{A}} = 0.1\ \Omega$이다.

유제❷ 전압에 따른 전류의 세기 그래프에서 기울기는 $\dfrac{전류}{전압} = \dfrac{1}{저항}$을 의미하므로 기울기가 작을수록 저항이 크다.

유제❸ 니크롬선 A는 전류의 세기가 4 A일 때 전압이 12 V이므로 저항 $R_A = \dfrac{V}{I} = \dfrac{12\ \text{V}}{4\ \text{A}} = 3\ \Omega$이다. 니크롬선 B는 전류의 세기가 4 A일 때 전압이 6 V이므로 저항 $R_B = \dfrac{V}{I} = \dfrac{6\ \text{V}}{4\ \text{A}} = 1.5\ \Omega$이다. 그러므로 $R_A : R_B = 3\ \Omega : 1.5\ \Omega = 2 : 1$이다.

유제❹ ㄴ. A의 저항 $R_A = \dfrac{V}{I} = \dfrac{1\ \text{V}}{2\ \text{A}} = 0.5\ \Omega$, B의 저항 $R_B = \dfrac{V}{I} = \dfrac{1\ \text{V}}{1\ \text{A}} = 1\ \Omega$이다. 따라서 저항은 A가 B의 $\dfrac{1}{2}$배이다.
ㄷ. 단면적이 같을 때 저항은 길이에 비례하므로, B의 길이는 A의 길이보다 길다.

바로알기 ㄱ. 가로축이 전압, 세로축이 전류인 그래프의 기울기는 $\dfrac{전류}{전압}$이므로 니크롬선 A, B의 저항의 역수를 의미한다.

기출 문제로 내신쑥쑥

진도 교재 68~71쪽

01 ②	02 ④	03 ⑤	04 ③	05 ④	06 ⑤	07 ④
08 ②	09 ⑤	10 ①	11 ⑤	12 ②	13 ④	14 ③
15 ⑤	16 ⑤	17 ⑤	18 ①, ⑤			

서술형 문제 19 (1) A : (−)극, B : (+)극, 전자는 전지의 (−)극 쪽에서 (+)극 쪽으로 이동하기 때문이다. (2) ㉠, 전류의 방향은 전자의 이동 방향과 반대이기 때문이다. 20 (1) • 니크롬선 A : $\dfrac{2}{3}\ \Omega$ • 니크롬선 B : $2\ \Omega$ (2) B, 니크롬선의 재질과 굵기가 같을 때 길이가 길수록 저항이 크기 때문이다. 21 병렬연결, 각 전기 기구에 같은 전압을 걸어 줄 수 있다. 어느 한 전기 기구의 전원을 끄더라도 다른 전기 기구를 사용할 수 있다. 등

01 전자는 전지의 (−)극에서 (+)극으로 이동하고, 전류는 전지의 (+)극에서 (−)극으로 흐른다.
바로알기 ③ 원자핵은 이동하지 않는다.
⑤ 전류가 흐르고 있을 때는 도선 내부의 전자들이 한 방향으로 움직인다.

02 ④ 전자를 나타내는 (가)가 A에서 B 방향으로 일제히 이동하므로 전류는 B에서 A 방향으로 흐르고 있다.
바로알기 ① (가)는 전자, (나)는 원자를 나타낸 것이다.
② (가)는 전자이므로 전류의 방향과 반대 방향으로 이동한다.
③ 전자는 전지의 (−)극에서 (+)극 방향으로 이동하므로, A는 전지의 (−)극 쪽에 연결되어 있다.
⑤ 전류가 흐르지 않을 때에도 전자는 정지해 있지 않고 도선 내부에서 무질서하게 운동한다.

03 바로알기 ① 전압은 전기 회로에서 전류를 흐르게 하는 능력이고, 전하의 흐름은 전류이다.
② 전압의 단위는 V(볼트)이고, A(암페어)는 전류의 세기의 단위이다.
③ 전압과 전류의 세기는 비례하므로 전압이 증가하면 전류의 세기도 증가한다.
④ 도선에서 전자들이 이동하면서 원자와 충돌하기 때문에 발생하는 것은 전기 저항이다.

04 ㄱ. 물은 수도관을 따라 흐르고, 전기 회로에서 전류는 도선을 따라 흐르므로 수도관과 도선은 역할이 비슷하다.
ㄹ. 물에 높이 차가 생기면 물이 흘러 물레방아를 돌리듯이 전압이 있으면 전류가 흘러 전구에 불이 켜진다.
바로알기 ㄴ. 회로를 연결하거나 연결을 끊을 수 있는 스위치와 비슷한 역할을 하는 것은 밸브이다. 펌프는 전지와 비슷한 역할을 한다.
ㄷ. 물의 높이 차는 전기 회로에서 전압을 의미한다.

05 (가)에서 회로의 (−)단자가 전류계의 500 mA 단자에 연결되어 있다. 따라서 (나)에서 전류의 최댓값이 500 mA에 해당하는 부분의 눈금을 읽으면 240 mA = 0.24 A이다.

06 ①, ② 전기 회로에 전류계는 저항과 직렬로 연결하고, 전압계는 저항과 병렬로 연결한다.
③ 전류계와 전압계의 (−)단자는 전지의 (−)극 쪽에, (+)단자는 전지의 (+)극 쪽에 연결한다.
④ (−)단자와 (+)단자를 전지에 반대로 연결하면 전류계와 전압계의 바늘이 영점에서 왼쪽으로 회전하여 값을 정확하게 측정할 수 없다.
바로알기 ⑤ 값을 예상할 수 없을 때 전류계와 전압계는 모두 (−)단자 값이 가장 큰 단자부터 연결하여 측정한다.

07 전류계의 (−)단자가 500 mA에 연결되어 있으므로 전류의 세기는 200 mA = 0.2 A이다. 전압계의 (−)단자는 5 V에 연결되어 있으므로 전압은 2 V이다. 그러므로 저항 $R = \dfrac{V}{I} = \dfrac{2\ \text{V}}{0.2\ \text{A}} = 10\ \Omega$이다.

08 옴의 법칙에 의해 저항이 일정할 때 전류의 세기는 전압에 비례하고, 전압이 일정할 때 전류의 세기는 저항에 반비례한다.

09 그래프의 한 점에서 전압에 따른 전류의 값을 읽어 옴의 법칙 $R = \dfrac{V}{I}$에 대입한다. 전압이 1 V일 때, 전류의 세기가 20 mA이므로 $R = \dfrac{V}{I} = \dfrac{1\ \text{V}}{20\ \text{mA}} = \dfrac{1\ \text{V}}{0.02\ \text{A}} = 50\ \Omega$이다.

10 그래프에서 기울기는 $\dfrac{전압}{전류}$이므로 저항을 의미한다. 따라서 기울기가 클수록 저항이 크다.

다른 풀이 그래프에서 전류가 0.2 A일 때 A, B, C에 걸리는 전압이 각각 4 V, 2 V, 1 V이다. 이를 옴의 법칙 $R=\dfrac{V}{I}$에 적용하면 $R_A=\dfrac{4\ V}{0.2\ A}=20\ \Omega$, $R_B=\dfrac{2\ V}{0.2\ A}=10\ \Omega$, $R_C=\dfrac{1\ V}{0.2\ A}=5\ \Omega$이므로 $R_A>R_B>R_C$이다.

11

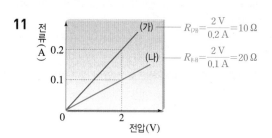

$R_{(가)}=\dfrac{2\ V}{0.2\ A}=10\ \Omega$

$R_{(나)}=\dfrac{2\ V}{0.1\ A}=20\ \Omega$

① 기울기는 $\dfrac{세로}{가로}=\dfrac{전류}{전압}=\dfrac{1}{저항}$이므로 저항의 역수를 의미한다.

② (가)의 저항 $R_{(가)}=\dfrac{V}{I}=\dfrac{2\ V}{0.2\ A}=10\ \Omega$이다.

③ (나)의 저항 $R_{(나)}=\dfrac{V}{I}=\dfrac{2\ V}{0.1\ A}=20\ \Omega$이므로, $R_{(가)}:R_{(나)}=10\ \Omega:20\ \Omega=1:2$이다.

④ 길이가 같을 때 저항은 단면적에 반비례한다. 저항이 (가)<(나)이므로 단면적은 (가)>(나)이다.

바로알기 ⑤ 단면적이 같을 때 저항은 길이에 비례한다. 저항이 (가)<(나)이므로 길이도 (가)<(나)이다.

12 저항이 직렬연결되어 있을 때 각 저항에 흐르는 전류의 세기는 전체 전류의 세기와 같다. 따라서 저항 A에 흐르는 전류의 세기 $I_A=2\ A$이고, 저항 A에 걸리는 전압 $V_A=I_A R_A=2\ A\times2\ \Omega=4\ V$이다.

13 ㄱ. 저항이 직렬로 연결된 경우 각 저항에 흐르는 전류의 세기는 전체 전류의 세기와 같으므로 두 저항에 모두 200 mA의 전류가 흐른다.

ㄷ. 10 Ω인 저항에 200 mA의 전류가 흐르므로 이 저항에 걸리는 전압은 200 mA×10 Ω=0.2 A×10 Ω=2 V이다. 전체 전압 4 V가 각 저항에 나누어 걸리므로 저항 R에도 2 V의 전압이 걸린다.

ㄹ. 직렬로 연결한 저항이 늘어나면 전체 저항이 증가하므로 전체 전류의 세기는 작아진다.

바로알기 ㄴ. 10 Ω인 저항에 2 V의 전압이 걸렸으므로 저항 R에도 2 V의 전압이 걸린다. 직렬로 연결된 두 저항에 걸리는 전압의 크기는 저항의 크기에 비례하는데 같은 크기의 전압이 걸린 것으로 보아 저항 R의 크기는 10 Ω임을 알 수 있다.

14 저항이 병렬로 연결된 경우 각 저항에는 전체 전압과 같은 전압이 걸린다. 100 Ω에 흐르는 전류의 세기가 0.12 A이므로 100 Ω에 걸리는 전압 $V=IR=0.12\ A\times100\ \Omega=12\ V$이다. 그러므로 전체 전압의 크기는 12 V이고, 100 Ω과 병렬연결된 R에도 12 V의 전압이 걸린다.

15 ⑤ 병렬로 연결하면 전구에 걸리는 전압이 일정하다. 따라서 연결된 전구의 개수와 관계없이 전압이 같다.

바로알기 ①, ② 병렬연결된 저항의 수가 줄어들면 전체 저항은 커지고, 전체 전류는 약해진다.

③ 전구 A에 걸리는 전압에 변화가 없고, 전구 A가 가지는 저항도 변하지 않으므로 전구 A에 흐르는 전류의 세기도 같다. 따라서 전구 A의 밝기는 변하지 않는다.

④ 병렬연결에서는 전구 하나의 연결이 끊어져도 다른 전구와의 연결은 끊어지지 않는다.

16

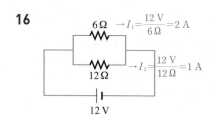

6 Ω → $I_1=\dfrac{12\ V}{6\ \Omega}=2\ A$

12 Ω → $I_2=\dfrac{12\ V}{12\ \Omega}=1\ A$

12 V

⑤ 병렬연결된 저항이 늘어나면 전체 저항은 작아진다. 전압이 일정할 때 전류의 세기와 저항은 반비례하므로 저항이 작아지면 전류의 세기가 더 커진다.

바로알기 ①, ② 저항이 병렬연결되어 있을 때 각 저항에 걸리는 전압은 전체 전압과 같으므로 6 Ω인 저항과 12 Ω인 저항에 모두 12 V가 걸린다.

③ 12 Ω인 저항에도 전압은 12 V가 걸리므로 전류의 세기 $I=\dfrac{V}{R}=\dfrac{12\ V}{12\ \Omega}=1\ A$이다.

④ 6 Ω인 저항에 흐르는 전류의 세기 $I=\dfrac{V}{R}=\dfrac{12\ V}{6\ \Omega}=2\ A$이므로 전류의 비는 2 : 1이다.

17 전압이 일정할 때 전구 2개를 직렬연결하면 전구 1개를 연결했을 때보다 전구의 밝기가 어두워지고, 전구 2개를 병렬연결하면 전구 1개를 연결했을 때와 전구의 밝기가 같다.

18 ① 가정에서 사용하는 전기 기구들은 병렬연결되어 있다. 따라서 모든 전기 기구에 걸리는 전압은 같다.

⑤ 전등의 스위치를 열어도 텔레비전에 걸리는 전압은 변함이 없으므로 전류의 세기도 변함이 없다.

바로알기 ② 모든 전기 기구에 걸리는 전압이 같더라도 전기 기구마다 저항이 다르다. 따라서 전기 기구에 흐르는 전류의 세기는 전기 기구에 따라 다르다.

③ 전등의 스위치를 열어 회로의 한 곳이 끊어져도 병렬연결된 다른 전기 기구에 걸리는 전압은 변함이 없다. 따라서 냉장고 등 다른 전기 기구를 계속 사용할 수 있다.

④ 전등과 세탁기는 병렬연결되어 있으므로 전등의 스위치를 열어도 세탁기에 걸리는 전압에는 변함이 없다.

19 전기 회로에서 전자는 전지의 (−)극 쪽에서 (+)극 쪽으로 이동하고, 전류는 전지의 (+)극 쪽에서 (−)극 쪽으로 흐른다.

	채점 기준	배점
(1)	A, B의 극을 쓰고, 그 까닭을 옳게 서술한 경우	50 %
	A, B의 극만 옳게 쓴 경우	25 %
(2)	전류의 방향을 고르고, 그 까닭을 옳게 서술한 경우	50 %
	전류의 방향만 옳게 고른 경우	25 %

20 (1) 니크롬선 A의 저항 $R_A = \dfrac{V}{I} = \dfrac{2\,\text{V}}{3\,\text{A}} = \dfrac{2}{3}\,\Omega$

니크롬선 B의 저항 $R_B = \dfrac{V}{I} = \dfrac{2\,\text{V}}{1\,\text{A}} = 2\,\Omega$

(2) 니크롬선의 굵기가 같다고 했으므로 니크롬선 A와 B의 단면적은 같다.

21 저항을 병렬연결하면 모든 저항에 같은 전압이 걸린다.

수준 높은 문제로 실력탄탄   진도 교재 71쪽

01 ③   **02** ③, ⑤   **03** ④

01 ③ 전류계의 바늘이 오른쪽 끝으로 넘어갔으므로 전류의 세기가 전류계가 측정할 수 있는 값보다 크다는 것을 의미한다. 그러므로 (−)단자를 5 A에 연결해야 한다.

바로알기 ①, ④ 전지를 더 연결하거나 전구나 저항을 제거하면 회로에 흐르는 전류의 세기가 더 커진다.
② 전류계는 회로에 직렬로 연결한다.
⑤ 단자의 극을 바꾸어 연결하면 바늘이 0보다 왼쪽으로 넘어가서 전류의 세기를 측정할 수 없다.

02 ③ 저항이 병렬연결되어 있을 때는 각 저항에 걸리는 전압이 일정하므로 저항이 작을수록 센 전류가 흐른다.
⑤ 병렬연결하는 저항이 많아질수록 전체 저항이 작아지므로 6 Ω인 전구를 제거하면 전체 저항은 커진다.

바로알기 ① 저항을 직렬연결하면 저항의 길이가 길어지는 효과가 있으므로 전체 저항이 증가하고, 저항을 병렬연결하면 저항의 단면적이 넓어지는 효과가 있으므로 전체 저항이 감소한다. 그러므로 전체 저항은 (가)에서 더 크다.
② 저항이 직렬연결되어 있을 때는 전류의 세기가 일정하므로 저항과 전압이 비례하여 저항이 클수록 큰 전압이 걸린다.
④ 직렬연결에서는 전류의 세기가 어디에서나 일정하다.

03 4 Ω인 저항에 걸리는 전압 $V = 3\,\text{A} \times 4\,\Omega = 12\,\text{V}$이다. 4 Ω인 저항과 12 Ω인 저항은 병렬연결되어 있으므로 12 Ω인 저항에도 12 V의 전압이 걸린다. 그러므로 12 Ω인 저항에 흐르는 전류 $I = \dfrac{V}{R} = \dfrac{12\,\text{V}}{12\,\Omega} = 1\,\text{A}$이다. 1 Ω인 저항에 흐르는 전류가 병렬로 연결된 부분에서 두 갈래로 나뉘어 흐르는 것이므로 1 Ω인 저항에 흐르는 전류 $I = 3\,\text{A} + 1\,\text{A} = 4\,\text{A}$이다.

03 전류의 자기 작용

확인 문제로 개념쏙쏙   진도 교재 73, 75쪽

A 자기장, 자기력선, 전류, 자기장, 전류, 자기장, 전자석
B 전류, 힘, 자기장, 전류, 자기장, 수직, 평행, 전동기

1 (1) × (2) ○ (3) ×   **2** (1) ⊙ S, ⓒ S (2) 척력   **3** (1) ㄷ
(2) ㄴ (3) ㄱ (4) ㄷ   **4** A : 동쪽, B : 동쪽, C : 서쪽   **5** B,
C   **6** (1) ⊙ (2) ②   **7** (1) × (2) ○ (3) ○ (4) ×   **8** (1) ○
(2) × (3) ○ (4) × (5) ×   **9** ㄱ, ㄷ, ㄹ

1 **바로알기** (1) 전류가 흐르는 도선 주위에도 자기장이 생긴다.
(3) 자석의 양 극에 가까울수록 자기장이 세다.

2 (1) 자기력선은 N극에서 나와서 S극 쪽으로 들어간다. 자기력선이 자석의 극으로 들어가고 있는 모양이므로 (가)와 (나)는 모두 S극이다.
(2) 같은 극 사이에는 척력이 작용한다.

3 (가), (나)에서 오른손의 엄지손가락을 전류의 방향으로 향하고 네 손가락으로 도선을 감아쥘 때, 네 손가락이 감기는 방향이 자기장의 방향이다.

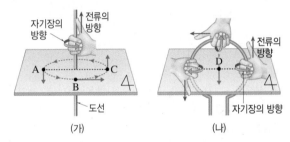

(가)   (나)

• (가)에서 오른손의 네 손가락이 감긴 방향(시계 반대 방향)으로 자기장이 형성되므로 나침반 자침의 N극은 A에서 남쪽, B에서 동쪽, C에서 북쪽을 가리킨다.
• (나)에서 원형 도선의 내부에서 네 손가락이 감긴 방향은 남쪽을 향한다. 따라서 나침반 자침의 N극은 D에서 남쪽을 가리킨다.

4 전류가 흐르는 코일 주위의 자기장의 방향은 오른손의 네 손가락을 전류의 방향으로 감아쥘 때 엄지손가락이 가리키는 방향이다.

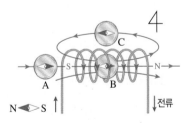

코일의 오른쪽은 N극, 왼쪽은 S극이 되므로 A, B 부분에 놓은 나침반 자침의 N극은 동쪽을 가리키고, C 부분에 놓은 나침반 자침의 N극은 서쪽을 가리킨다.

5 코일에 흐르는 전류의 방향으로 오른손의 네 손가락을 감아쥘 때 엄지손가락이 가리키는 쪽이 N극이 된다.

6 오른손의 네 손가락을 자기장의 방향(N극 → S극)으로 펴고 엄지손가락을 전류의 방향으로 향할 때, 손바닥이 향하는 방향이 도선이 받는 힘의 방향이다.

(1)
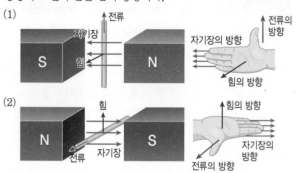

(2)
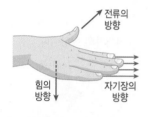

7 (2), (3) 자기장의 세기가 셀수록, 도선에 흐르는 전류의 세기가 셀수록 도선이 받는 힘의 크기가 크다.

바로알기 (1) 자기장에서 전류가 흐르는 도선은 전류와 자기장의 방향에 각각 수직인 방향으로 힘을 받는다. 자기장의 방향이 달라지면 힘의 방향도 달라진다.

(4) 전류의 방향과 자기장의 방향이 나란(평행)할 때 도선은 힘을 받지 않는다.

8 (1) 오른쪽 그림과 같이 전류의 방향으로 오른손의 엄지손가락을 향하고, 네 손가락을 자기장의 방향(N극 → S극)으로 향하면 손바닥은 아래를 향한다. 따라서 A 부분은 ↓ 방향으로 힘을 받는다.

(3) A 부분은 ↓, B 부분은 ↑ 방향으로 힘을 받으므로 코일은 시계 반대 방향인 ㉡ 방향으로 회전한다.

바로알기 (2) B 부분은 A 부분과 자기장의 방향이 같고, 전류의 방향이 반대이다. 따라서 B 부분은 A 부분에서와 반대인 ↑ 방향으로 힘을 받는다.

(4) 자기력이 센 자석을 사용하면 자기장의 세기가 세지므로 코일이 회전하는 속력이 빨라진다.

(5) 코일에 흐르는 전류의 세기가 달라지면 코일이 회전하는 속력이 달라진다. 코일이 회전하는 방향은 코일에 흐르는 전류의 방향이나 자기장의 방향이 바뀌어야 달라진다.

9 ㄱ, ㄷ, ㄹ. 자기장 내에서 전류가 받는 힘을 이용한 예로는 전동기를 사용하는 선풍기, 세탁기, 전기 자동차 등과 스피커, 전압계, 전류계 등이 있다.

바로알기 ㄴ. 전자석은 코일 속에 철심을 넣어 만든 것으로 전류가 흐를 때만 자석이 되는 장치이다. 전자석은 전류에 의해 자기장이 생기는 현상을 이용한 예이다.

🔊 여기서 잠깐

진도 교재 77쪽

유제❶ 해설 참조	유제❷ ③	유제❸ B
유제❹ (나) → (가)	유제❺ ②	

유제❶ **모범 답안**
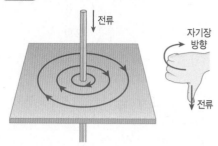

오른손 엄지손가락을 전류의 방향으로 향하고, 도선을 감아쥐었을 때 네 손가락이 가리키는 방향이 자기장의 방향이다.

유제❷ 원형 도선의 각 부분을 확대하여 보면 직선 도선과 비슷하다. 따라서 각 부분에서 직선 전류에 의한 자기장을 합치면 다음과 같은 자기장이 형성된다.

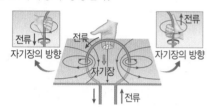

유제❸ 전류의 방향이 코일의 안쪽에서 올라가는 방향이므로 오른손의 손바닥이 보이도록 코일을 감아쥐면 엄지손가락이 오른쪽을 가리킨다. 엄지손가락이 가리키는 방향이 N극이므로 B 부분이 N극이다.

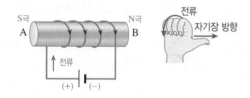

유제❹ 전류의 방향이 코일의 바깥쪽에서 올라가는 방향이므로 오른손의 손등이 보이도록 코일을 감아쥐면 엄지손가락이 가리키는 방향이 자기장의 방향이다. 따라서 엄지손가락이 왼쪽을 가리키므로 코일 내부에서 자기장의 방향은 (나) → (가) 방향이다.

유제❺ 오른손 엄지손가락을 전류의 방향으로 향하고 도선을 감아쥐었을 때 네 손가락이 가리키는 방향이 자기장의 방향이다. 도선의 위에서는 왼쪽에서 오른쪽으로, 도선 아래에서는 오른쪽에서 왼쪽으로 자기장이 형성되므로 나침반의 N극은 각각 동쪽과 서쪽을 가리킨다.

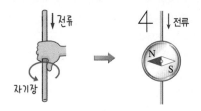
탐구ⓐ

┌───┐
│ ⊙ 힘, ○ 반대   │
│ **01** (1) ◯ (2) × (3) ◯ (4) ×   **02** 아래 방향, 전지의 극을 │
│ 바꾸어 연결한다. 자석의 극을 바꾸어 놓고 실험한다.   │
└───┘

01 바로알기 (2) 자기장과 전류의 방향을 모두 반대로 하면 알루미늄 포일은 바꾸기 전에 움직였던 방향으로 똑같이 움직이므로 위로 움직인다.
(4) 전류의 방향이나 자기장의 방향이 반대가 되면 알루미늄 포일이 받는 힘의 방향도 반대가 된다.

02 오른손의 엄지손가락과 네 손가락이 수직이 되도록 손바닥을 펼쳤을 때 엄지손가락이 전류의 방향, 네 손가락이 자기장의 방향, 손바닥이 힘의 방향을 가리킨다.

이때 전류의 방향이나 자기장의 방향 둘 중에 하나만 바꾸면 힘의 방향을 반대로 할 수 있다.

채점 기준	배점
힘의 방향과 방법 두 가지를 모두 옳게 서술한 경우	100 %
알루미늄 포일이 움직이는 방향을 반대로 하는 방법 두 가지만 옳게 서술한 경우	60 %
힘의 방향만 옳게 서술한 경우	30 %

기출 문제로 내신쑥쑥   진도 교재 79~82쪽

┌───┐
│ **01** ④ **02** ④ **03** ④ **04** ④ **05** ③ **06** ① **07** ② │
│ **08** ⑤ **09** ② **10** ③ **11** ① **12** ③,④ **13** ④ **14** ① │
│ **15** ⑤ **16** ① **17** ③   │
│ 서술형 문제 **18** 서쪽을 가리킨다. 전원 장치의 (+)극과 (−) │
│ 극의 연결을 반대로 바꾸거나 나침반을 도선 위로 옮긴다.   │
│ **19** 해설 참조 **20** (1) •힘의 방향 : 위쪽, 회전 방향 : 시계 │
│ 방향 (2) 더 센 전류를 흘려준다. 더 강한 자석을 사용한다. 중 │
│ 한 가지   │
└───┘

01 바로알기 ④ 자석의 양 극에 가까울수록 자기력이 세므로 자기력선이 촘촘하다.

02 ①, ② 자기력선이 (가)에서 나와서 (나)로 들어가므로 (가)는 N극, (나)는 S극이다.
③ 서로 다른 극 사이에는 인력이 작용한다.
⑤ 자기장의 방향이 (가) → (나) 방향이므로 B에 놓인 나침반 자침의 N극도 (나)를 가리킨다.
바로알기 ④ 자기력선이 촘촘할수록 자기력이 센 곳이므로 A에서 자기력이 가장 세게 작용한다.

03 전류의 방향인 남쪽으로 오른손의 엄지손가락을 향하고 네 손가락으로 도선을 감아쥐면, 네 손가락이 감긴 방향이 자기장의 방향이다. 따라서 도선 위에서 자기장의 방향은 서쪽이 되어 나침반 자침의 N극은 다음 그림과 같이 서쪽을 가리킨다.

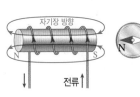

04 ㄱ. 자기장의 방향이 시계 반대 방향이므로 도선에 전류는 아래쪽에서 위쪽, 즉 A에서 B 쪽으로 흐른다.
ㄴ. 전류가 흐르는 직선 도선 주위에는 도선을 중심으로 동심원 모양의 자기장이 생긴다.
바로알기 ㄷ. 전류의 방향이 바뀌면 자기장의 방향도 바뀌므로 나침반 자침의 N극이 가리키는 방향도 바뀐다.

05 ③ ㉢에 흐르는 전류의 방향은 동쪽이므로 도선 아래에서 자기장의 방향은 북쪽이다.
바로알기 ① ㉠에 흐르는 전류의 방향은 북쪽이므로 도선 아래에서 자기장의 방향은 서쪽이다.
② ㉡에 흐르는 전류의 방향은 동쪽이므로 도선 위에서 자기장의 방향은 남쪽이다.
④ ㉣에 흐르는 전류의 방향은 남쪽이므로 도선 위에서 자기장의 방향은 서쪽이다.
⑤ ㉤에 흐르는 전류의 방향은 서쪽이므로 도선 위에서 자기장의 방향은 북쪽이다.

06 코일에 흐르는 전류의 방향으로 오른손의 네 손가락을 감아쥐면 엄지손가락이 가리키는 방향이 N극이 된다. 따라서 코일 내부에서 자기장의 방향은 ←이 되고, 코일의 오른쪽이 S극이 되므로 나침반 자침의 N극은 왼쪽을 가리킨다.

07 ① 코일에 흐르는 전류의 방향으로 오른손의 네 손가락을 감아쥐면 엄지손가락은 (가) 쪽을 향한다. 따라서 코일 내부에는 (나) → (가) 방향의 자기장이 형성된다.
③ 전류의 세기가 셀수록 코일에 흐르는 전류에 의한 자기장의 세기가 세진다.
④ 전류의 방향이 반대가 되면 자기장의 방향도 반대가 된다.
⑤ 코일 내부에 철심을 넣으면 전류가 흐르는 동안 철심도 자석이 된다. 이때 코일에 의한 자기장과 철심에 의한 자기장이 합쳐져 자기장의 세기가 더 세진다.
바로알기 ② (가) 부분은 N극이 되므로 코일과 자석의 S극 사이에는 인력이 작용한다.

08 ③ 전류의 세기가 세지면 코일에 의한 자기장의 세기가 세지므로 전자석의 세기도 세진다.
④ 전자석의 내부에서는 자기장의 방향이 S극에서 N극 방향이고, 외부에서는 자기장의 방향이 N극에서 S극 방향이므로 내부와 외부에서 자기장의 방향은 반대이다.

바로알기 ⑤ 전류의 방향이 반대가 되면 코일에 생기는 자기장의 방향이 반대가 된다. 따라서 전자석의 극도 반대가 된다.

09 ㄴ. 전자석에 더 센 전류가 흐르면 자기장의 세기도 세진다.
바로알기 ㄱ. 나침반 자침의 N극이 왼쪽을 향하고 있으므로 전자석의 오른쪽은 S극을 띠는 것이다. 그러므로 전자석에서 전류는 b 방향으로 흐른다.
ㄷ. 코일을 더 촘촘하게 감으면 더 센 자기장이 생긴다. 그러나 이때 전자석의 극은 변하지 않으므로 나침반의 자침이 움직이는 방향은 변하지 않는다.

10 오른손의 엄지손가락과 네 손가락이 수직이 되도록 손바닥을 펼쳤을 때 엄지손가락은 전류의 방향, 네 손가락은 자기장의 방향, 손바닥은 힘의 방향을 가리킨다.

11 전류는 전지의 (+)극에서 (−)극 쪽으로 흐르므로 종이 면의 안쪽으로 들어가는 방향으로 흐른다. 자기장의 방향은 N극에서 S극 쪽이므로 직선 도선은 말굽자석의 바깥쪽으로 힘을 받는다.

12 ③ 자석의 두 극의 위치를 바꾸면 자기장의 방향이 반대가 되어 알루미늄 막대가 받는 힘의 방향도 반대가 된다.
④ 전원 장치의 두 극을 바꾸어 연결하면 전류의 방향이 반대가 되어 알루미늄 막대가 받는 힘의 방향도 반대가 된다.
바로알기 ② 전류의 세기를 증가시키면 힘의 크기가 커지므로 알루미늄 막대가 처음보다 빠르게 움직이지만 힘의 방향에는 변화가 없다.
⑤ 전류의 방향과 자기장의 방향이 모두 반대가 되면 힘의 방향에는 변함이 없다.

13 ①, ② 스위치를 닫으면 알루미늄 포일에는 A 방향으로 전류가 흐른다. 이 방향으로 오른손의 엄지손가락을 향하고, 자석의 N극 → S극 방향으로 네 손가락을 향하면 손바닥은 위쪽을 향하므로 알루미늄 포일은 위쪽으로 힘을 받아 위로 올라간다.
③ 전압이 커지면 전류의 세기가 세져 알루미늄 포일에 작용하는 힘의 크기가 증가한다. 따라서 알루미늄 포일이 더 많이 올라간다.
⑤ 자석의 두 극의 위치를 바꾸면 자기장의 방향이 반대가 되므로 알루미늄 포일에 작용하는 힘의 방향도 반대인 아래쪽이 된다.
바로알기 ④ 전지의 두 극을 바꾸어 연결하면 전류의 방향이 반대가 되므로 알루미늄 포일에 작용하는 힘의 방향도 반대인 아래쪽이 되어 알루미늄 포일은 아래로 내려간다.

14 ㄱ. 전류는 종이 면 안쪽으로 들어가는 방향으로 흐르고, 자기장의 방향은 위에서 아래 방향이므로 도선 그네는 말굽자석의 안쪽으로 힘을 받아 움직인다.
ㄴ. 자석의 극을 바꾸면 자기장의 방향이 반대가 되므로 도선 그네가 받는 힘의 방향도 반대가 되어 도선 그네가 말굽자석의 바깥쪽으로 움직인다.
바로알기 ㄷ. 전압이 커지면 전류의 세기가 커지므로 도선 그네가 받는 힘의 크기도 커진다. 따라서 도선 그네의 움직임이 커진다.
ㄹ. 저항을 추가하여 직렬로 연결하면 전체 저항이 증가하므로 전체 전류가 작아진다. 따라서 도선 그네가 받는 힘의 크기가 작아져 도선 그네의 움직임이 작아진다.

15 ① A와 B는 코일의 반대 부분이므로 각각에 흐르는 전류의 방향이 반대이고, 받는 힘의 방향도 반대이다.
② 전류의 방향을 바꾸면 힘의 방향도 반대가 되어 코일의 회전 방향이 바뀐다.
③ 자석의 방향을 바꾸면 자기장의 방향이 반대가 되므로 힘의 방향이 반대가 되고, 코일의 회전 방향이 바뀐다.
④ 에나멜선의 한쪽 끝을 반만 벗겨냈으므로 벗겨내지 않은 부분이 닿을 때는 전류가 끊어진다. 이때는 코일이 관성에 의해 회전하게 된다.
바로알기 ⑤ 에나멜선 한쪽 끝을 반만 벗겼을 때는 반 바퀴 동안에는 힘이 작용한 방향으로 회전하고 나머지 반 바퀴는 전류가 끊어지므로 힘이 작용하지 않아 회전하던 관성으로 회전한다. 다시 전류가 흐르면 전과 같은 방향으로 힘이 작용하므로 코일이 한 방향으로 회전하게 된다. 그러나 에나멜선 양쪽을 모두 벗겨내면 A와 B 부분에 힘이 끊김 없이 계속해서 한 방향으로 작용하기 때문에 코일이 힘의 방향으로 움직인 후 회전하지 않고 정지한다.

16
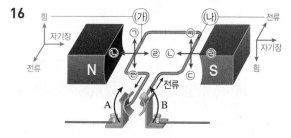

코일의 (가) 부분은 위쪽(㉠)으로 힘을 받고, (나) 부분은 아래쪽(㉢)으로 힘을 받으므로 코일은 A 방향으로 회전하게 된다.

17 ①, ② 자기장의 방향은 왼쪽에서 오른쪽으로 향하는 방향이고, 전류는 AB 부분에서 뒤쪽으로 흐르고 CD 부분에서 앞쪽으로 흐른다. 오른손을 이용하여 코일에 작용하는 힘의 방향을 찾으면 AB 부분은 아래쪽으로 힘을 받고, CD 부분은 위쪽으로 힘을 받는다.
④ 전류의 방향이 반대가 되면 코일에 작용하는 힘의 방향도 반대가 되므로 코일은 시계 방향으로 회전한다.
⑤ 정류자는 가운데 부분이 끊어져 있어서 코일이 반 바퀴 돌 때마다 코일에 흐르는 전류의 방향을 바꾸어 주어 코일이 계속 한쪽 방향으로 회전할 수 있게 해 준다.
바로알기 ③ 코일은 시계 반대 방향으로 회전한다.

18 전류의 방향은 (+)극에서 (−)극 방향이므로 오른손 엄지손가락을 오른쪽을 향하게 하고 네 손가락을 감아쥐면 도선 아래쪽에서 네 손가락은 서쪽을 향한다.

채점 기준	배점
서쪽이라고 쓰고, 방향을 바꾸는 방법을 한 가지 이상 서술한 경우	100 %
서쪽이라고만 쓴 경우	40 %

19 **모범답안**
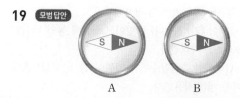
A   B

코일에 흐르는 전류의 방향으로 오른손의 네 손가락을 감아쥐면 엄지손가락은 오른쪽을 향한다. 따라서 스위치를 닫으면 코일의 왼쪽이 S극, 오른쪽이 N극이 되므로 A와 B에서 자기장의 방향은 오른쪽이 된다.

채점 기준	배점
A와 B를 모두 옳게 그린 경우	100 %
A와 B 중 하나만 옳게 그린 경우	50 %

20 (1) 전류는 B → A 방향으로 흐르므로 AB 부분은 위쪽으로 힘을 받는다. CD 부분은 아래쪽으로 힘을 받으므로 코일은 시계 방향으로 회전한다.
(2) 전류와 자기장의 세기가 셀수록 코일이 받는 힘의 크기가 커지므로 코일이 더 빠르게 회전한다.

	채점 기준	배점
(1)	힘의 방향과 회전 방향을 모두 옳게 쓴 경우	60 %
	힘의 방향과 회전 방향 중 한 가지만 옳게 쓴 경우	30 %
(2)	코일을 더 빠르게 회전시키는 방법 한 가지를 옳게 서술한 경우	40 %

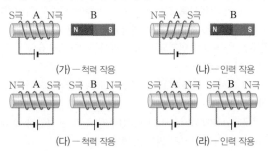

수준 높은 문제로 실력탄탄 진도 교재 82쪽

01 ① **02** ④ **03** ①

01 ㉡, ㉣을 지나는 직선 도선에 의한 자기장의 방향은 ㉠, ㉢, ㉤에서 다음과 같다.

위치	㉠	㉢	㉤
㉡에 의한 자기장	북쪽	남쪽	남쪽
㉣에 의한 자기장	남쪽	남쪽	북쪽

한편 전류의 세기가 같을 때, 도선으로부터의 거리가 가까울수록 자기장의 세기가 세다.
㉠ : ㉡에 의한 자기장의 세기가 ㉣에 의한 자기장보다 세므로, 자기장의 방향은 북쪽이다.
㉢ : 남쪽 방향의 두 자기장이 합쳐지므로, 자기장의 방향은 남쪽이다.
㉤ : ㉣에 의한 자기장의 세기가 ㉡에 의한 자기장보다 세므로, 자기장의 방향은 북쪽이다.

02 코일에 흐르는 전류의 방향으로 오른손의 네 손가락을 감아쥘 때, 엄지손가락이 향하는 방향이 전자석의 N극이 된다.

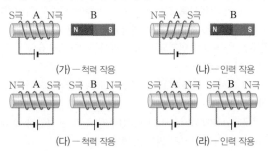

(가)-척력 작용   (나)-인력 작용

(다)-척력 작용   (라)-인력 작용

03 두 전자석에 흐르는 전류의 방향으로 오른손 네 손가락을 감아쥐면, 엄지손가락은 모두 오른쪽을 향한다. 따라서 왼쪽 전자석의 오른쪽은 N극, 오른쪽 전자석의 왼쪽은 S극이 되어 두 전자석 사이에는 → 방향으로 자기장이 생긴다. 이 자기장의 방향으로 오른손 네 손가락을 향하고 전류의 방향인 아래 방향으로 엄지손가락을 향하면, 손바닥은 종이 면에서 나오는 방향을 향한다. 따라서 도선이 받는 힘의 방향은 A이다.

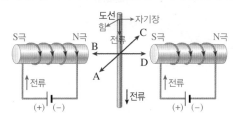

단원평가문제 진도 교재 83~86쪽

01 ② **02** ① **03** ⑤ **04** A : (+)전하, B : (−)전하, 고무풍선 : (+)전하 **05** ③ **06** ①, ⑤ **07** ④ **08** ②
09 ⑤ **10** (가) 0.5 Ω, (나) 1 Ω **11** ④ **12** ③ **13** ⑤
14 ④ **15** ③ **16** ④ **17** ⑤ **18** ⑤

서술형문제 **19** (1) 빨대와 털가죽 사이에 인력이 작용하여 빨대가 끌려온다. (2) 빨대와 털가죽을 마찰하면 전자가 털가죽에서 빨대로 이동하여 두 물체가 서로 다른 전하를 띠게 되기 때문이다. **20** (가) : 오므라든다. (나) : 더 벌어진다.
21 (1) 12.5 V (2) 바늘이 왼쪽으로 이동한다. 최대 전압값이 30 V인 눈금에서 12.5 V의 위치는 최대 전압값이 15 V인 눈금에서보다 왼쪽에 있기 때문이다. **22** (1) $R_A = 3\,\Omega$, $R_B = 6\,\Omega$ (2) 6 V, 저항 A와 B는 병렬연결되어 있으므로 같은 전압이 걸린다. **23** (1) B에도 전류가 흐르지 않아 불이 꺼진다. (2) 전구 A의 연결이 끊어져도 전구 B에는 똑같은 전압이 걸리므로 전구 B에 흐르는 전류의 세기가 변하지 않는다.
24 ㉡, 도선에 더 센 전류가 흐르도록 하거나 자기력이 더 센 자석을 사용한다.

01 마찰 과정에서 A에 있던 전자가 B로 이동하였다. 따라서 A에는 (+)전하의 양이 (−)전하의 양보다 많아져 A는 (+)전하를 띤다. B에는 (−)전하의 양이 (+)전하의 양보다 많아져 B는 (−)전하를 띤다.

02 A가 (+)전하를 띤다면 A와 척력이 작용하여 벌어져 있는 B도 (+)전하를 띤다. B와 인력이 작용하여 가까이 있는 C는 (−)전하, C와 척력이 작용하여 벌어져 있는 D는 (−)전하를 띤다. 따라서 A와 B, C와 D가 각각 같은 종류의 전하로 대전되어 있다.

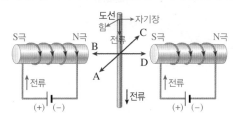

03 ①, ②, ③ 금속 막대 내부 전자들이 (+)대전체와의 인력에 의해 A 쪽으로 이동한다. 따라서 A 부분은 (−)전하의 양이 많아져 (−)전하를 띠고, B 부분은 (−)전하의 양이 적어져 (+)전하를 띤다.

④ A 부분이 (−)전하를 띠므로 (+)대전체와 금속 막대 사이에 인력이 작용한다.

금속 막대
(−)전하(②) A   B (+)전하(③)
전자 이동(①)
인력
작용   (+)
④   대전체

바로알기 ⑤ (+)대전체에 의해 금속 막대 내부에서 전자들이 이동하지만 전자가 금속 막대 외부로 빠져나가거나, 외부에서 전자가 들어오는 것은 아니다. 따라서 금속 막대 내부에 있는 (−)전하의 양과 (+)전하의 양에는 변함이 없다.

04 (+)대전체를 가까이 하면 알루미늄 막대 내부의 전자들이 (+)대전체로부터 인력을 받아 대전체와 가까운 B 쪽으로 이동해 오므로 A는 (−)전하의 양이 적어져서 (+)전하를 띠고, B는 (−)전하의 양이 많아져서 (−)전하를 띤다. 고무풍선이 알루미늄 막대와 멀어졌으므로 두 물체 사이에 척력이 작용한 것이다. 따라서 고무풍선은 A 부분과 같은 (+)전하를 띤다.

05 ③ 금속박 구 내부의 (−)전하가 (−)대전체로부터 척력을 받아 대전체와 먼 곳으로 이동한다.

바로알기 ① (−)대전체와 가까운 부분이 (+)전하로 대전되고 먼 부분은 (−)전하로 대전된다. 금속박 구 전체가 한 종류의 전하로 대전되지 않는다.

② 대전체와 가까운 부분이 대전체와 다른 종류의 전하로 대전되므로 대전체와 금속박 구 사이에는 인력이 작용하여 금속박 구는 A 방향으로 움직인다.

④ 금속박 구가 움직이는 것은 정전기 유도 때문이다.

⑤ 전자는 금속박 구 내부에서만 이동한다.

06 ① 검전기의 금속판에 (−)대전체를 가까이 하면, 금속판의 전자들은 대전체로부터 척력을 받아 금속박으로 이동한다. 따라서 금속판은 (+)전하, 금속박은 (−)전하를 띤다.

⑤ 검전기의 금속판에 (+)대전체를 가까이 하면, 금속박의 전자들이 대전체로부터 인력을 받아 금속판으로 이동하므로 금속판은 (−)전하, 금속박은 (+)전하를 띤다.

07 ① (가)와 (나)에서 운동하고 있는 ㉡은 전자를 나타낸다.

②, ③ (가)는 전자들이 불규칙한 방향으로 운동하고 있으므로 전류가 흐르지 않는 상태이다.

⑤ (나)에서 전자들이 B에서 A 방향으로 일제히 운동하고 있으므로 전류가 흐르고 있는 상태이며, 이때 전류의 방향은 전자의 이동 방향과 반대이므로 A에서 B 방향으로 흐른다.

바로알기 ④ (+)전하를 띠는 ㉠은 원자핵(원자)으로 무겁기 때문에 이동하지 않는다.

08 ② (−)단자가 5 A에 연결되어 있으므로 현재 회로에 흐르는 전류는 3 A이다.

바로알기 ① 최대 5 A까지 측정할 수 있다.

③ 전류계는 회로에 직렬로 연결한다.

④ 극을 바꾸어 연결하면 전류의 방향이 반대가 되므로 바늘이 0보다 왼쪽을 가리킨다.

⑤ 50 mA 이상의 전류가 흐르고 있으므로 50 mA 단자에 연결하면 전류계의 바늘이 오른쪽 끝으로 넘어가서 전류의 세기를 측정할 수 없다.

09 ㄷ. 전류가 흐를 때 전자는 전지의 (−)극에서 (+)극 쪽으로 이동한다.

ㄹ. 도선의 단면적이 좁을수록 저항이 커지므로 전류의 세기는 작아진다.

바로알기 ㄱ. 전류의 방향은 전자의 이동 방향과 반대 방향이다.

ㄴ. 저항은 전하의 흐름을 방해하는 정도를 말한다.

10 $R_{(가)} = \dfrac{V}{I} = \dfrac{1.5\ \text{V}}{3\ \text{A}} = 0.5\ \Omega$

$R_{(나)} = \dfrac{V}{I} = \dfrac{1.5\ \text{V}}{1.5\ \text{A}} = 1\ \Omega$

11 ㄴ. $R_{(가)} = 0.5\ \Omega$이므로 저항에 걸리는 전압이 9 V일 때 전류의 세기 $I = \dfrac{V}{R} = \dfrac{9\ \text{V}}{0.5\ \Omega} = 18\ \text{A}$이다.

바로알기 ㄱ. 그래프의 기울기는 $\dfrac{전류}{전압} = \dfrac{1}{저항}$이다.

ㄷ. 니크롬선의 단면적이 같을 때 길이가 길수록 저항이 크므로 길이는 (가)<(나)이다.

12 ① 저항을 직렬연결하면 저항의 길이가 길어지는 효과가 나므로 전체 저항이 증가한다.

② 저항을 병렬연결하면 저항의 단면적이 커지는 효과가 나므로 전체 저항이 감소한다.

④ 멀티탭은 전기 기구를 병렬연결하므로 하나의 연결이 끊어져도 다른 전기 기구는 사용할 수 있다.

⑤ 저항을 병렬로 많이 연결할수록 전체 저항은 감소한다.

바로알기 ③ 전압이 일정할 때 전류의 세기는 저항에 반비례하므로 전기 회로에 흐르는 전체 전류의 세기는 (가)보다 전체 저항이 작은 (나)에서 크다.

13 $R = \dfrac{V}{I} = \dfrac{2.5\ \text{V}}{0.5\ \text{A}} = 5\ \Omega$

$I_{(가)} = \dfrac{V}{R} = \dfrac{7.5\ \text{V}}{5\ \Omega} = 1.5\ \text{A}$

14 ④ 전구 두 개를 직렬로 연결하면 각각의 전구에 전체 전압이 나누어 걸리므로 전구에 흐르는 전류의 세기도 약해진다. 따라서 전구의 밝기가 병렬로 연결했을 때보다 어두워진다.

바로알기 ① 병렬로 연결되어 있을 때는 각 전구에 6 V의 전압이 똑같이 걸린다.

② A에 흐르는 전류가 B와 C로 나뉘어 흐른다. 그러므로 전류의 세기는 A>B=C이다.

③ 전구 하나가 꺼져도 나머지 전구에 걸리는 전압과 전류의 세기는 변하지 않으므로 밝기는 변하지 않는다.

⑤ 병렬로 연결했을 때는 연결된 전구의 개수에 관계없이 같은 전압이 걸리므로 전구의 밝기가 같다.

15 ①, ②, ④, ⑤ 가정에서 사용하는 모든 전기 기구들은 병렬로 연결되어 있다. 따라서 각 전기 기구에는 같은 크기의 전압이 걸리고, 하나의 전기 기구를 사용하지 않더라도 다른 전기 기구에 걸리는 전압에는 변함이 없다.

[바로알기] ③ 전기 기구들이 병렬연결되어 있으므로 모든 전기 기구에 같은 전압이 걸리지만 전기 기구마다 저항이 다르므로 전기 기구에 흐르는 전류의 세기가 다르다.

16 스위치를 닫으면 나침반 아래의 도선에는 ↓방향으로 전류가 흐른다. 이 방향으로 오른손의 엄지손가락을 향한 후 네 손가락으로 도선을 감아쥐면, 도선 위에서 네 손가락은 왼쪽으로 감긴다. 따라서 나침반 자침의 N극은 왼쪽을 향한다.

17 도선에 흐르는 전류의 방향으로 오른손 엄지손가락을 향하고 자기장의 방향(N극 → S극)으로 네 손가락을 향할 때, 손바닥이 향하는 방향이 힘의 방향이다.
④ 손바닥이 말굽자석의 바깥쪽을 향하므로 도선 그네는 자석의 바깥쪽으로 움직인다.

18

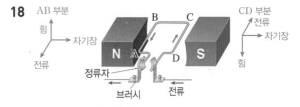

ㄷ. 그림에서 AB 부분은 위쪽으로, CD 부분은 아래쪽으로 힘을 받아 움직이므로 코일은 시계 방향으로 회전한다.
ㄹ. 반 바퀴 회전하면 정류자에 의해 코일에 흐르는 전류의 방향이 바뀌게 된다. 따라서 AB 부분은 아래쪽으로 힘을 받아 코일은 계속 시계 방향으로 회전한다.

[바로알기] ㄱ. 오른손 엄지손가락을 전류 방향으로 향하고 네 손가락을 N극에서 S극을 향하도록 놓으면 손바닥이 위쪽을 향하므로 AB 부분은 위쪽으로 힘을 받는다.
ㄴ. 전류의 방향이 자기장의 방향과 수직일수록 도선이 큰 힘을 받으므로 AB, CD 부분이 가장 큰 힘을 받고, 자기장과 전류의 방향이 나란한 BC 부분은 힘을 받지 않는다.

19 털가죽과 빨대를 마찰하면 털가죽의 전자가 빨대로 이동하므로 털가죽은 (+)전하를, 빨대는 (−)전하를 띠게 된다. 그러므로 털가죽을 빨대에 가까이 하면 두 물체 사이에 인력이 작용하여 빨대가 털가죽 쪽으로 끌려온다.

	채점 기준	배점
(1)	빨대가 끌려온다고 서술한 경우	40 %
(2)	전자의 이동을 포함하여 변화가 생기는 까닭을 옳게 서술한 경우	60 %
	서로 다른 전하를 띠고 있기 때문이라고만 서술한 경우	30 %

20 (가): 금속박에 있던 전자들이 금속판으로 이동하므로 금속박이 띤 (−)전하의 양이 적어져 금속박은 오므라든다.

(나): 금속판에 있던 전자들이 금속박으로 이동하므로 금속박이 띤 (−)전하의 양이 더 많아져 금속박은 더 벌어진다.

채점 기준	배점
(가)와 (나)의 변화를 모두 옳게 서술한 경우	100 %
한 가지만 옳게 서술한 경우	40 %

21 (1) (−)단자가 15 V에 연결되어 있으므로 최대 전압값이 15 V인 눈금을 읽으면 12.5 V이다.
(2) (−)단자를 바꾸어 연결하여도 전압의 크기는 변하지 않으므로 최대 전압값이 30 V인 눈금에서 12.5 V를 가리키게 된다.

	채점 기준	배점
(1)	12.5 V라고 쓴 경우	30 %
(2)	바늘의 방향과 그 까닭을 모두 옳게 서술한 경우	70 %
	바늘의 방향만 옳게 서술한 경우	30 %

22 (1) 전압이 12 V일 때 저항 A에는 4 A의 전류가 흐르고, 저항 B에는 2 A의 전류가 흐른다. 이 값을 옴의 법칙에 적용하여 저항을 구한다. 따라서 $R_A = \dfrac{V}{I} = \dfrac{12\ V}{4\ A} = 3\ \Omega$이고, $R_B = \dfrac{V}{I} = \dfrac{12\ V}{2\ A} = 6\ \Omega$이다.

(2) 병렬로 연결된 저항에는 전체 전압과 같은 크기의 전압이 각각 걸린다.

	채점 기준	배점
(1)	A와 B의 저항을 모두 옳게 구한 경우	40 %
	둘 중 하나만 옳게 구한 경우	20 %
(2)	전압의 크기를 구하고 그 까닭을 옳게 서술한 경우	60 %
	전압의 크기만 옳게 쓴 경우	30 %

23 (1) 전구가 직렬로 연결되어 있을 때는 전구 하나의 연결이 끊어지면 나머지 전구에도 전류가 흐르지 않는다.
(2) 전구가 병렬로 연결되어 있을 때는 전구 하나의 연결이 끊어져도 나머지 전구에 처음과 같은 전압이 걸리므로 똑같은 세기의 전류가 흐르고, 전구의 밝기도 변하지 않는다.

	채점 기준	배점
(1)	전구 B의 변화를 옳게 서술한 경우	40 %
(2)	전압이 변하지 않는다는 것을 포함하여 전류의 세기 변화를 옳게 서술한 경우	60 %
	전류의 세기가 변하지 않는다고만 서술한 경우	30 %

24 자기장 사이의 도선에 흐르는 전류가 셀수록, 자기장의 세기가 셀수록 도선이 큰 힘을 받는다.

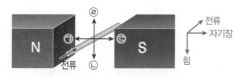

채점 기준	배점
힘의 방향과 힘을 더 크게 할 수 있는 방법 두 가지를 모두 옳게 서술한 경우	100 %
힘의 방향과 힘을 크게 할 수 있는 방법 한 가지를 옳게 서술한 경우	60 %
힘의 방향만 옳게 고른 경우	40 %

Ⅲ 태양계

01 지구의 크기와 운동

Ⓐ 중심각, 구형, 평행, 각도, 거리, 경도
Ⓑ 자전, 서, 동, 15, 일주 운동, 동, 서, 15, 시계 반대, 동, 서
Ⓒ 공전, 서, 동, 1, 연주 운동, 서, 동, 1, 황도 12궁

---

1 (1) ◯ (2) × (3) × (4) × (5) ◯　　**2** ㉠ 7.2°, ㉡ 925 km
3 (1) ㉠ 25°, ㉡ 2778 km (2) ㉠ 2778 km, ㉡ 25°　　**4** (1) ◯
(2) × (3) × (4) ◯ (5) ×　　**5** (1) 북극성 (2) 30° (3) A → B
6 (1) ↶, 북쪽 하늘 (2) ↘, 서쪽 하늘 (3) →, 남쪽 하늘 (4) ↗,
동쪽 하늘　　**7** (1) ◯ (2) × (3) × (4) ◯　　**8** ㉠ 1, ㉡ 서 →
동, ㉢ 연주, ㉣ 공전　　**9** (가) → (다) → (나)　　**10** (1) 천칭
자리, C (2) 사자자리

1 바로알기 (2) 에라토스테네스는 원의 성질과 엇각의 원리를
이용하여 지구의 크기를 측정하기 위해 지구는 완전한 구형이
고 두 지역에 들어오는 햇빛이 평행하다고 가정하였다.
(3) 지구의 크기를 측정하기 위해서는 알렉산드리아에 세운 막
대와 그림자 끝이 이루는 각도, 시에네와 알렉산드리아 사이의
거리를 측정해야 한다.
(4) 햇빛이 평행하게 들어오고 있으므로 중심각의 크기(θ)는
7.2°와 엇각으로 크기가 같다.

2 에라토스테네스는 지구의 크기를 구하기 위해 원에서 호의
길이는 중심각의 크기에 비례한다는 원리를 이용하였다. 중심
각이 7.2°일 때 호의 길이는 시에네와 알렉산드리아 사이의 거
리인 925 km이다. 따라서 비례식을 세우면 다음과 같다.

$$\underset{\text{원의 중심각}}{360°} : \underset{\text{원의 둘레}}{2\pi R} = \underset{\text{부채꼴의 중심각}}{7.2°} : \underset{\text{호의 길이}}{925 \text{ km}}$$

3 (1) 두 지역이 지구 중심과 이루는 각은 두 지역의 위도 차
(45° − 20° = 25°)와 같다.
(2) 중심각은 두 지역의 위도 차(25°)와 같으며, 호의 길이는
두 지점 사이의 거리(2778 km)에 해당한다. 따라서 비례식
을 세우면 360° : $2\pi R$ = 25° : 2778 km이고,
$R = \dfrac{360° \times 2778 \text{ km}}{2\pi \times 25°} ≒ 6370 \text{ km}$이다.

4 바로알기 (2), (3) 지구는 실제로 하루에 한 바퀴씩 서쪽에서
동쪽으로 자전한다.
(5) 별의 일주 운동 속도는 지구의 자전 속도와 같다. 따라서 별
은 1시간에 15°씩 이동한다.

5 (1) 북쪽 하늘에서 별들은 북극성을 중심으로 하루에 한 바
퀴씩 회전하므로 일주 운동의 중심에 있는 별 P는 북극성이다.
(2) 별들은 1시간에 15°씩 회전하므로 이동한 각도(θ) = 15°/h
× 2시간 = 30°이다.

(3) 북쪽 하늘에서 별들은 북극성을 중심으로 시계 반대 방향으
로 이동한다. 따라서 별들은 A → B 방향으로 이동하였다.

6 (1) 우리나라의 북쪽 하늘에서는 별들이 북극성을 중심으로
원을 그리며 시계 반대 방향으로 회전한다.
(2) 서쪽 하늘에서는 별들이 오른쪽 아래로 비스듬히 진다.
(3) 남쪽 하늘에서는 별들이 지평선과 나란하게 동에서 서로 이
동한다.
(4) 동쪽 하늘에서는 별들이 오른쪽 위로 비스듬히 떠오른다.

7 바로알기 (2) 지구는 태양을 중심으로 서쪽에서 동쪽으로 하
루에 약 1°씩 돈다.
(3) 별, 태양 등 천체의 일주 운동은 지구의 자전에 의해 나타나
는 현상이다.

9 태양을 기준으로 할 때, 별자리는 하루에 약 1°씩 동에서
서로 이동한다. 따라서 관측한 순서는 (가) → (다) → (나)이다.

10 (1) 태양은 황도 12궁에 표시된 달에 해당 별자리 부근을
지난다. 따라서 11월에 천칭자리를 지나며, 지구에서 볼 때 태
양이 천칭자리에서 보이려면 지구의 위치는 C이다.
(2) 3월에 태양은 물병자리를 지나므로 지구는 B에 위치하고
지구에서는 태양의 반대 방향에 있는 사자자리를 한밤중에 남
쪽 하늘에서 볼 수 있다.

🧪 탐구a

㉠ θ(∠AOB), ㉡ θ'(∠BB'C), ㉢ 360°, ㉣ θ
01 (1) ◯ (2) × (3) ◯ (4) × (5) ◯　　**02** 중심각 θ는 직접 측
정할 수 없기 때문에 엇각으로 크기가 같은 θ'을 측정한다.
03 $2\pi R = \dfrac{360° \times 6 \text{ cm}}{30°} = 72 \text{ cm}$

01 바로알기 (2) 지구 모형은 완전한 구형이어야 한다.
(4) 그림자 BC의 길이는 측정할 필요가 없으며, 막대 A와 B
사이의 거리를 측정해야 한다.

02 지구 모형의 크기를 구하기 위해서는 l과 θ(∠AOB)를 알
아야 한다. 이때 θ는 직접 측정할 수 없으므로 엇각으로 크기가
같은 θ' (∠BB'C)을 측정하여 구한다.

채점 기준	배점
엇각을 언급하여 까닭을 옳게 서술한 경우	100 %

03 두 빨대 사이의 거리는 6 cm이다. 빨대 BB'과 그림자 끝
이 이루는 각은 30°로, 두 빨대가 농구공의 중심과 이루는 각 θ
와 엇각으로 크기가 같다. 원에서 호의 길이는 중심각의 크기에
비례하므로 비례식을 세우면, 360° : $2\pi R$ = 30° : 6 cm이다.
∴ $2\pi R$(농구공의 둘레) = $\dfrac{360° \times 6 \text{ cm}}{30°} = 72 \text{ cm}$

채점 기준	배점
농구공의 둘레를 구하는 식을 옳게 쓰고, 값을 옳게 구한 경우	100 %
농구공의 둘레를 구하는 식만 옳게 쓴 경우	50 %

탐구 b

ⓐ 호의 길이, ⓑ 위도, ⓒ 구형

01 (1) × (2) ○ (3) ×　　**02** 360° : 지구의 둘레=4.1° : 452 km　　**03** 지구가 완전한 구형이 아니고, 두 지점 사이의 거리를 측정한 값이 그 당시 기술로는 정확하게 측정되지 않았기 때문이다.

01 (바로알기) (1) 원의 성질을 이용하였다.
(3) 두 지역의 위도 차는 두 지역과 지구 중심이 이루는 중심각에 해당하므로 이를 이용하여 지구의 둘레를 구하였다.

02 원에서 '360° : 원의 둘레=중심각 : 호의 길이'가 성립한다. 경도가 같은 두 지역의 위도 차($37.6° - 33.5° = 4.1°$)는 중심각에 해당하고, 두 지역 사이의 거리(452 km)는 호의 길이에 해당하므로 '360° : 지구의 둘레=4.1° : 452 km'이다.

03 에라토스테네스가 비례식을 세워 구한 지구의 둘레는 약 46250 km로, 실제 지구의 둘레보다 약 15 % 크다. 이와 같이 차이가 난 까닭은 실제 지구가 완전한 구형이 아니며, 두 지점 사이의 거리 측정이 정확하지 않기 때문이다.

채점 기준	배점
차이 나는 까닭을 지구가 완전한 구형이 아닌 것과 측정의 정밀도를 모두 포함하여 옳게 서술한 경우	100 %
두 가지 중 한 가지만 포함하여 옳게 서술한 경우	50 %

여기서 잠깐

유제① ④

유제① ④ 우리나라는 북반구 중위도 지역에 위치하므로 별의 일주 운동은 지평선에 비스듬하게 동에서 서로 나타난다.
(바로알기) ① 적도 지역의 일주 운동 모습이다.
② 일주 운동이 동에서 서로 나타나야 하며 적도 지역이다.
③ 남반구 중위도 지역의 일주 운동 모습이다.
⑤ 북극 지역의 일주 운동 모습이다.

여기서 잠깐

유제① 물고기자리	유제② 처녀자리
유제③ 천칭자리	유제④ 물병자리

유제① 태양이 처녀자리를 지날 때는 10월이고, 한밤중에 남쪽 하늘에서는 태양의 반대 방향에 있는 물고기자리(=6개월 후 별자리)가 보인다.

유제② 4월에 태양은 물고기자리를 지나고, 이때 한밤중에 남쪽 하늘에서는 태양의 반대 방향에 있는 처녀자리(=6개월 후 별자리)가 보인다.

유제③ ~ ④

유제③ 지구가 A에 있을 때 태양은 양자리를 지나고(5월), 한밤중에 남쪽 하늘에서는 태양의 반대 방향에 있는 천칭자리(=6개월 후 별자리)가 보인다.

유제④ 지구가 B에 있을 때 태양은 물병자리를 지나고(3월), 한밤중에 남쪽 하늘에서는 태양의 반대 방향에 있는 사자자리(=6개월 후 별자리)가 보인다.

기출 문제로 내신쑥쑥

01 ③　**02** ②, ⑤　**03** ③　**04** ②, ⑤　**05** ③　**06** ③
07 ②　**08** ②　**09** ③　**10** ④　**11** ④　**12** ①　**13** ①
14 ⑤　**15** ①　**16** 쌍둥이자리　**17** ④　**18** ③　**19** ⑤
20 전갈자리　**21** ③

서술형문제 **22** (1) 지구 모형은 완전한 구형이다. 지구 모형으로 들어오는 햇빛은 평행하다. (2) $360° : 2\pi R = \theta : l$(또는 $360° : \theta = 2\pi R : l$) (3) 30 cm　**23** (1) 3시간 (2) 시계 반대 방향 (3) 지구가 자전하기 때문이다.　**24** (1) 9월, 물병자리 (2) 지구가 태양 주위를 공전하며 태양이 보이는 위치가 달라지기 때문이다.

01 지구는 완전한° 구형이고(ㄴ), 지구로 들어오는 햇빛은 평행하다(ㄷ)고 가정해야 원에서 호의 길이는 중심각의 크기에 비례한다는 원리와 엇각의 원리를 이용할 수 있다.

02 에라토스테네스는 원에서 호의 길이는 중심각의 크기에 비례한다는 원리를 이용하였다. 따라서 호의 길이에 해당하는 '두 도시 사이의 거리'를 측정하였고, 중심각과 엇각으로 크기가 같은 '알렉산드리아에 세운 막대와 그림자 끝이 이루는 각도'를 측정하였다.

03 호의 길이는 중심각의 크기에 비례하므로 비례식은 다음과 같이 세울 수 있다.
· $360° : 2\pi R = 7.2° : 925$ km　· $2\pi R : 360° = 925$ km $: 7.2°$
· $360° : 7.2° = 2\pi R : 925$ km　· $7.2° : 360° = 925$ km $: 2\pi R$

04 실제 지구는 적도 쪽이 약간 부푼 타원체이며, 알렉산드리아와 시에네 사이의 거리 측정이 정확하지 않았기 때문에 실제 지구의 크기와 차이가 발생하였다.

05 원의 성질을 이용하여 지구 모형의 크기를 구하려면 호의 길이와 중심각의 크기를 알아야 한다. 이때 중심각(θ)은 직접 측정할 수 없으므로 엇각으로 크기가 같은 θ'을 측정하여 알아내고, 호 AB의 길이는 줄자로 재서 알아낸다.

06 (바로알기) ③ 막대 AA'은 그림자가 생기지 않도록, 막대 BB'은 그림자가 생기도록 세운다. 이때 막대 BB'의 그림자가 지구 모형 밖으로 나가지 않도록 두 막대 사이의 거리는 너무 멀지 않게 세운다.

07 같은 경도에 있는 두 지점의 위도 차는 두 지점이 지구 중심과 이루는 부채꼴의 중심각과 같다. 따라서 위도 차를 이용하여 지구의 크기를 구할 수 있으며, 경도가 같고 위도가 다른 두 지점을 선택한다.

08
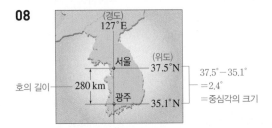

두 지점이 지구 중심과 이루는 각은 두 지점의 위도 차(37.5°−35.1°=2.4°)와 같고, 두 지점 사이의 거리는 280 km이다. 원에서 호의 길이는 중심각의 크기에 비례하므로 비례식을 세우면 360° : $2\pi R$ = 2.4° : 280 km이다.

$$\therefore R(\text{지구의 반지름}) = \frac{360° \times 280 \text{ km}}{2\pi \times 2.4°}$$

09 지구가 자전축을 중심으로 서에서 동으로 자전하면, 지구에서 볼 때 천구상에 있는 천체들이 지구 자전과 반대 방향인 동에서 서로 움직이는 것처럼 보인다. 이러한 천체의 겉보기 운동을 일주 운동이라고 한다.

10 (바로알기) ④ 별들은 실제로 움직이지 않지만, 지구가 자전하기 때문에 지구에 있는 관측자에게는 상대적으로 별들이 움직이는 것처럼 보인다.

11 ㄱ. 지구에서 태양을 향하는 쪽은 낮이 되고 반대쪽은 밤이 되는데, 지구가 자전하기 때문에 낮과 밤이 반복된다.
ㄴ, ㄹ. 태양, 달, 별이 동쪽에서 떠서 서쪽으로 지는 현상과 별들이 북극성을 중심으로 회전하는 현상은 모두 천체의 일주 운동으로, 이는 지구 자전에 의한 겉보기 현상이다.
(바로알기) ㄷ, ㅁ. 지구의 공전에 의해 태양의 연주 운동이 나타나고, 별자리를 배경으로 태양의 위치가 달라지므로 계절별로 관측되는 별자리가 달라진다.

12 별들은 북극성을 중심으로 1시간에 15°씩 시계 반대 방향(B → A)으로 회전하므로 북두칠성이 B 위치에 있을 때는 밤 9시에서 4시간(=60°÷15°/h) 전인 오후 5시이다.

13 ① 북반구 중위도에 위치한 우리나라의 남쪽 하늘에서는 별이 지평선과 나란하게 동에서 서로 이동한다.

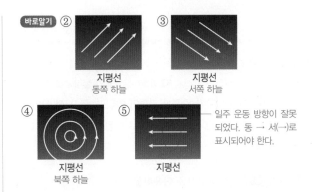

14 (가)는 서쪽 하늘, (나)는 북쪽 하늘, (다)는 남쪽 하늘, (라)는 동쪽 하늘의 일주 운동 모습이므로 관측한 방향을 동, 서, 남, 북 순으로 나열하면 (라)−(가)−(다)−(나)이다.

15 ② 우리나라의 북쪽 하늘에서 별의 일주 운동 방향은 시계 반대 방향인 B이다.
③ 별의 일주 운동의 중심에 있는 별 P는 북극성이다.
④ 모든 별들은 일주 운동 속도가 같으므로 모든 호의 중심각은 크기가 같다.
⑤ 호는 지구의 자전 때문에 별이 상대적으로 움직인 자취이다.
(바로알기) ① 별들은 1시간에 15°씩 회전하므로 호의 중심각 θ는 15°/h×2시간=30°이다.

16 그림은 관측자가 남쪽을 향하여 관측한 모습이다. 별들은 1시간에 15°씩 동에서 서로 회전하므로 6시간 동안에는 서쪽으로 90° 움직인다. 따라서 남쪽 하늘에 있는 쌍둥이자리가 6시간 후 서쪽 하늘의 지평선 부근에서 관측될 수 있다.

17 지구가 태양을 중심으로 서에서 동으로 공전하면, 태양이 천구상에서 서에서 동으로 이동하는 것처럼 보이는데, 이러한 태양의 겉보기 운동을 태양의 연주 운동이라고 한다.

18 (바로알기) ① 지구가 태양을 중심으로 1년에 한 바퀴씩 서에서 동으로 도는 운동을 지구의 공전이라고 한다.
②, ⑤ 지구는 1년에 360°를 회전하므로 하루에 약 1°씩 이동한다. 따라서 지구의 공전에 의해 태양은 매일 별자리 사이를 하루에 약 1°씩 이동하는 것처럼 보이는 연주 운동을 한다.
④ 태양이 연주 운동하면서 천구상에서 지나는 길을 황도라고 한다.

19

ㄷ. 태양을 기준으로 할 때 별자리는 하루에 약 1°씩 동에서 서로 이동한다.
ㄹ. 지구가 공전하면서 태양이 보이는 위치가 달라지기 때문에 태양을 기준으로 보이는 별자리의 위치도 달라진다.
(바로알기) ㄱ. 태양을 기준으로 별자리는 동에서 서로 이동하므로 관측한 순서는 (다) → (나) → (가)이다.
ㄴ. 별자리를 기준으로 할 때 태양은 하루에 약 1°씩 서에서 동으로 이동한다.

[20~21]

6월 한밤중에 남중하는 별자리

지구가 A에 있을 때 태양이 지나는 별자리

지구가 A에 있을 때 한밤중에 남중하는 별자리

6월에 태양이 지나는 별자리

20 6월에 태양은 황소자리를 지나고, 이때 태양 반대 방향에 있는 전갈자리를 한밤중에 남쪽 하늘에서 볼 수 있다.

21 지구가 A에 있을 때 태양은 궁수자리를 지나간다. 이때 한밤중에 남쪽 하늘에서 볼 수 있는 별자리는 태양 반대 방향에 있는 쌍둥이자리이다.

22 (1) 지구 모형은 완전한 구형이고 지구 모형으로 들어오는 햇빛은 평행하다고 가정해야 원에서 호의 길이는 중심각의 크기에 비례한다는 원리와 엇각의 원리를 이용할 수 있다.

(2) • $360° : 2\pi R = \theta : l$ • $2\pi R : 360° = l : \theta$
   • $360° : \theta = 2\pi R : l$ • $\theta : 360° = l : 2\pi R$ 중 하나

(3) $360° : 2\pi R = 20° : 10 \text{ cm}$, $R = \dfrac{360° \times 10 \text{ cm}}{2 \times 3 \times 20°} = 30 \text{ cm}$

	채점 기준	배점
(1)	가정 두 가지를 모두 옳게 서술한 경우	40 %
	가정 한 가지만 옳게 서술한 경우	20 %
(2)	비례식을 옳게 세운 경우(θ를 θ'으로 써도 정답 인정)	30 %
(3)	지구 모형의 반지름을 옳게 구한 경우	30 %

23 (1) 그림은 $45° \div 15°/h = 3$시간 동안 관측한 모습이다.

	채점 기준	배점
(1)	3시간이라고 쓴 경우	30 %
(2)	일주 운동 방향을 옳게 쓴 경우	30 %
(3)	지구의 자전을 포함하여 옳게 서술한 경우	40 %

24 지구에서 볼 때 태양이 사자자리를 지나고 있으므로 9월이다. 한밤중에 남쪽 하늘에서는 태양 반대편의 별자리가 보인다.

	채점 기준	배점
(1)	월과 별자리를 모두 옳게 쓴 경우	50 %
	월과 별자리 중 한 가지만 옳게 쓴 경우	25 %
(2)	지구의 공전을 포함하여 옳게 서술한 경우	50 %

수준 높은 문제로 실력탄탄

진도 교재 101쪽

01 ③   **02** ③

01 지구의 크기를 측정할 때는 같은 경도에 있는 두 지점의 위도 차를 이용할 수 있다. 따라서 A, C 지역의 위도 차와 거리를 이용하여 비례식을 세운다.

$$\underset{\text{호의 길이}}{250 \text{ km}} : \underset{\text{원의 둘레}}{2\pi R} = \underset{\text{부채꼴의 중심각}}{2.4°} : \underset{\text{원의 중심각}}{360°}$$

(또는 $250 \text{ km} : 2.4° = 2\pi R : 360°$)

02 ① 태양이 하루에 약 1°씩 연주 운동하므로 밤하늘에 같은 시각에 보이는 별자리도 하루에 약 1°씩 이동한다.

② 황소자리는 동에서 서로 하루에 약 1°씩 이동하여 4월 16일에는 높이 떠 있지만 같은 시각 5월 1일에는 지평선 바로 위쪽에 있다. 따라서 점점 뜨고 지는 시각이 빨라지고 있다.

④ 5월 16일에는 황소자리가 더 서쪽으로 이동하여 지평선 부근에 위치할 것이므로 황소자리는 태양 부근에 위치할 것이다.

⑤ 10월은 4월과 6개월 차이가 나므로 같은 시각 10월에는 4월에 보이는 별자리의 반대편에 위치한 별자리들이 보인다.

바로알기 ③ 4월 16일에 양자리는 태양 부근에 위치하여 한밤중에는 지평선 아래로 지므로 관측되지 않는다.

02 달의 크기와 운동

확인 문제로 개념쏙쏙

진도 교재 103, 105쪽

Ⓐ 닮음비, 4

Ⓑ 공전, 서, 동, 13, 위상, 공전, 삭, 망, 공전, 위치

Ⓒ 일식, 월식, 삭, 망

1 (1) × (2) ○ (3) ○ (4) ×   **2** (1) L (2) l, d (3) ㉠ D, ㉡ d

3 (1) × (2) × (3) ○ (4) ×   **4** ㉠ 상현달, ㉡ 보름달(망)

㉢ 그믐달   **5** (1) A : 상현달, B : 보름달, C : 하현달, D : 보이지 않음 (2) C (3) D   **6** ㉠ 13, ㉡ 서, ㉢ 동, ㉣ 공전

7 (1)-㉢-③ (2)-㉡-② (3)-㉠-①   **8** A, B   **9** ㉠ 삭,

㉡ 서 → 동, ㉢ 오른쪽   **10** B, A   **11** (1) ○ (2) ×

(3) ○ (4) ○

1 **바로알기** (1) 물체의 시지름은 거리가 멀수록 작아지므로 물체의 크기는 거리가 멀수록 작게 보인다.

(4) 달의 반지름은 약 1700 km이고 지구의 반지름은 약 6400 km로, 달의 크기는 지구 크기의 $\dfrac{1}{4}$ 정도이다.

2 (3) 동전의 지름과 달의 지름을 각각 눈과 잇는 두 삼각형이 서로 닮았으므로 다음과 같은 비례식을 세울 수 있다.

$L : l = D : d$(또는 $L : D = l : d$)

3 **바로알기** (1) 달은 서쪽에서 동쪽으로 공전한다.

(2) 달은 스스로 빛을 내지 못하므로 햇빛을 반사하는 부분만 밝게 보인다.

(4) 왼쪽 반원이 밝게 보이는 달은 하현달, 오른쪽 반원이 밝게 보이는 달은 상현달이다.

4 달은 지구 주위를 서에서 동으로 공전하면서 삭의 위치에서는 보이지 않고, 이후 초승달 → 상현달 → 보름달 → 하현달 → 그믐달 순으로 지구에서 보이는 모양이 변한다.

5

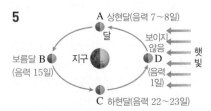

(2) 달이 C에 위치할 때 지구에서는 왼쪽 반원이 밝은 하현달이 보인다.

7 달은 음력 2일경에 삭과 상현 사이에 위치하여 초승달로 보이고, 음력 7~8일경에는 태양, 지구와 직각을 이루어 상현달로 보이며, 음력 15일경에는 태양의 반대편에 위치하여 보름달로 보인다. 해가 진 직후에는 태양이 서쪽 지평선 부근에 위치하므로 초승달은 서쪽 하늘, 상현달은 남쪽 하늘, 보름달은 동쪽 하늘에서 볼 수 있다.

8 개기 일식은 달의 본그림자가 닿는 A에서 관측할 수 있다. 부분 일식은 달의 반그림자가 닿는 B에서 관측할 수 있다.

9 일식이 일어날 때는 태양 – 달 – 지구의 순서로 일직선을 이루므로 달의 위상은 삭이다.

10 개기 월식은 달이 지구의 본그림자 속에 모두 들어간 B 위치에 있을 때 관측할 수 있다. 부분 월식은 달이 지구의 본그림자 속에 일부만 들어간 A 위치에 있을 때 관측할 수 있다. 달이 C 위치에 있을 때는 월식이 일어나지 않는다.

11 (4) 달은 서에서 동으로 공전하며 지구 그림자로 들어간다. 따라서 월식이 일어날 때는 달의 왼쪽부터 가려진다.
〔바로알기〕 (2) 월식이 일어날 때는 태양 – 지구 – 달의 순서로 일직선을 이룬다.

탐구 a

진도 교재 106쪽

⊙ 눈과 종이 사이의 거리(l), ⓒ l, ⓒ d

01 (1) ○ (2) ○ (3) × (4) ○ (5) ×　　**02** L

03 $D = \dfrac{380000 \text{ km} \times 0.8 \text{ cm}}{87 \text{ cm}}$

01 (2) 구멍과 달 그림의 크기가 같게 보일 때, 삼각형의 닮음비를 이용하여 달 그림의 크기를 구할 수 있다.
(4) 삼각형의 닮음비를 이용하여 비례식을 세우면 $L : l = D : d$이므로 구멍의 지름(d)이 커지면 눈과 종이 사이의 거리(l)도 멀어진다.
〔바로알기〕 (3) 눈에서 달 그림까지의 거리는 미리 알고 있어야 하는 값이고, 실제로 측정해야 하는 값은 눈과 종이 사이의 거리와 종이에 뚫은 구멍의 지름이다.
(5) 달의 지름을 구하기 위한 비례식은 $l : L = d : D$이다.

02 L(달과 지구 사이의 거리)는 미리 알고 있어야 한다.

---

03 달의 지름을 구하는 비례식을 세우면 $L : l = D : d$이다.
$D = \dfrac{L \times d}{l}$이므로 $D = \dfrac{380000 \text{ km} \times 0.8 \text{ cm}}{87 \text{ cm}}$이다.

채점 기준	배점
D를 구하는 식을 옳게 세운 경우	100 %
식에서 단위가 빠지거나 틀린 경우	0 %

여기서 잠깐

진도 교재 107쪽

〔유제 ❶〕 (1) 정오(낮 12시) (2) 일몰(저녁 6시) (3) 일출(새벽 6시) (4) 오전 9시 (5) 일출(새벽 6시) (6) 정오(낮 12시) (7) E, 하현달 (8) C, 보름달 (9) G, 보이지 않음

〔유제 ❶〕 (1)

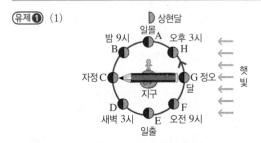

달이 A에 위치할 때는 일몰(저녁 6시)에 남중한다. 지구는 서에서 동으로 자전하므로 달이 뜨는 시각은 6시간 전인 정오(낮 12시)이다.

(2), (5), (8)

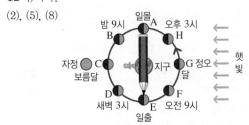

달이 C에 위치할 때는 보름달로, 자정(밤 12시)에 남중한다. 지구는 서에서 동으로 자전하므로 달이 동쪽에서 뜨는 시각은 6시간 전인 일몰(저녁 6시)이고, 서쪽으로 지는 시각은 6시간 후인 일출(새벽 6시)이다.

(3), (6), (7)

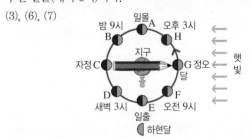

달이 E에 위치할 때는 하현달로, 일출(새벽 6시)에 남중한다. 지구는 서에서 동으로 자전하므로 달이 동쪽에서 뜨는 시각은 6시간 전인 자정(밤 12시)이고, 서쪽으로 지는 시각은 6시간 후인 정오(낮 12시)이다.
(4) 달이 F에 위치할 때는 그믐달로, 오전 9시경에 남중한다.
(9) 달이 지는 시각이 저녁 6시이므로 연필심이 저녁 6시(일몰)를 가리킬 때 연필의 가운데가 향하는 곳은 G이다. 이날 달은 삭이므로 보이지 않는다.

01 ③   **02** ⑤   **03** ③   **04** ④   **05** ②   **06** ②   **07** ②

08 ④   **09** ③   **10** ②   **11** ⑤   **12** ②   **13** ⑤   **14** ④

15 ②   **16** ②   **17** ①   **18** ③   **19** ②   **20** ⑤

서술형문제   **21** (1) $L : l = D : d$ (또는 $l : L = d : D$, $L : D = l : d$, $D : L = d : l$ 중 하나)

(2) $D = \dfrac{380000 \text{ km} \times 0.7 \text{ cm}}{76 \text{ cm}} = 3500 \text{ km}$ **22** 지구에서 태양까지의 거리가 지구에서 달까지 거리의 약 400배여서 달과 태양의 시지름이 비슷하기 때문이다.   **23** A : 🌓 상현달, B : 🌕 보름달(망), C : 🌗 하현달, D : 🌒 그믐달, E : ◯ 보이지 않음(삭), F : 🌙 초승달   **24** (나) → (가) → (다), 달이 서에서 동으로 공전하여 태양의 오른쪽부터 가려지기 때문이다.

01 L(지구에서 달까지의 거리)과 l(눈에서 물체까지의 거리), D(달의 지름)와 d(동전의 지름)는 각각 대응하는 변에 해당한다. 서로 닮은 두 삼각형에서 대응변의 길이 비는 일정하므로 $L : l = D : d$ 또는 $L : D = l : d$의 비례식을 세울 수 있고, 이를 식으로 나타내면 $D = \dfrac{L \times d}{l}$이다.

02 종이 구멍의 시지름=달의 시지름

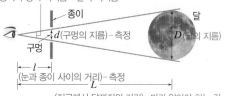

03 ①, ④ 종이의 구멍에 달이 정확히 맞춰지면 구멍과 달의 겉보기 크기가 같아지므로 시지름이 같고, 이때 구멍의 지름과 눈을 연결하는 삼각형은 달의 지름과 눈을 연결하는 삼각형과 닮은꼴이 된다.

바로알기 ③ 서로 닮은 삼각형에서 대응변의 길이 비는 일정하므로 $L : l = D : d$의 비례식을 세울 수 있다. 달의 지름(D)과 지구에서 달까지의 거리(L)가 일정하므로 구멍의 지름(d)이 작을수록 눈과 종이 사이의 거리(l)는 가까워진다.

04 달은 서에서 동으로 공전한다.

바로알기 ④ 달, 태양, 별 등 천체는 동에서 서로 일주 운동한다.

05 달이 지구 주위를 공전하며 태양, 지구, 달의 상대적인 위치가 변하기 때문에 지구에서 보이는 달의 모양이 달라진다.

[06~08]

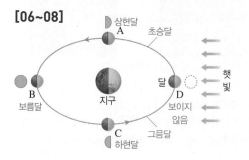

06 바로알기 ① 초승달은 A와 D 사이에 위치한다.

③, ④ 보름달은 B, 하현달은 C에 위치한다.

⑤ 그믐달은 C와 D 사이에 위치한다.

07 추석은 음력 8월 15일로, 이날 달의 위상은 보름달이다. 보름달은 달의 앞면 전체가 햇빛을 반사하여 둥글게 보이므로 달, 지구, 태양이 일렬로 배열되는 B일 때 관측된다.

08 음력 22일경 달의 위치는 C로, 달, 지구, 태양이 직각을 이루어 왼쪽 반원이 밝은 하현달로 보인다.

09 달이 공전하면서 달의 위상은 다음과 같은 순서로 변한다.

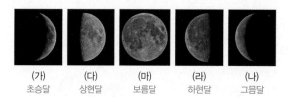

(가) 초승달   (다) 상현달   (마) 보름달   (라) 하현달   (나) 그믐달

[10~11]

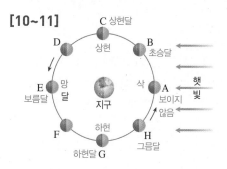

10 바로알기 ① A – 햇빛을 반사하는 면이 보이지 않는다.

③ C – 오른쪽 반원이 밝은 상현달로 보인다.

④ D – 상현달에서 왼쪽이 부풀어 오른 모양이다.

⑤ E – 햇빛을 반사하는 면이 모두 보여 보름달로 보인다.

11 바로알기 ① 달이 A에 위치할 때를 삭이라고 한다.

② 달이 B에 위치할 때는 초승달로 보인다.

③ 달이 C에 위치할 때는 상현달, G에 위치할 때는 하현달로 보인다.

④ 달이 E에 위치할 때 태양 – 지구 – 달 순으로 일직선상에 놓이면 달이 지구의 그림자에 가려지는 월식이 일어날 수 있다. 일식은 삭(A)일 때 일어날 수 있다.

12 ①, ⑤ 달이 서에서 동으로 공전하므로 매일 같은 시각에 보이는 달의 위치는 동쪽으로 이동한다.

② 달은 지구 주위를 약 한 달에 한 바퀴씩 공전하므로, 하루에 약 13°씩 이동한다.

④ 달이 태양 방향에 있을 때가 음력 1일이다. 음력 7~8일에는 달이 태양, 지구와 직각을 이루는 곳에 위치하므로 해가 진 직후 남쪽 하늘에서 상현달로 보인다.

바로알기 ③ 달의 모양은 약 한 달을 주기로 삭 → 초승달 → 상현달 → 보름달(망) → 하현달 → 그믐달 → 삭 순으로 변한다.

13 보름달은 해가 진 직후에 동쪽 하늘에서 뜨고 있으므로 해가 뜰 무렵(약 12시간 후)에 질 것이다. 즉, 밤새 볼 수 있다. 따라서 가장 오랫동안 관측할 수 있는 달은 보름달이다.

14 달은 공전 주기와 자전 주기가 같기 때문에 항상 같은 면이 지구를 향한다. 따라서 지구에서 볼 때 표면의 무늬가 변하지 않는다.

15 ①, ④ 일식은 달이 공전하며 태양의 앞을 지날 때 태양이 가려지는 현상이고, 월식은 달이 공전하며 지구의 그림자로 들어가 가려지는 현상이다.
③ 일식은 달이 삭의 위치에 있을 때, 월식은 달이 망의 위치에 있을 때 일어난다.
바로알기 ② 일식은 달에 태양이 가려지는 현상이다.

16 일식은 태양 – 달 – 지구 순으로 일직선을 이룰 때(삭), 월식은 태양 – 지구 – 달 순으로 일직선을 이룰 때(망) 일어날 수 있다.

17
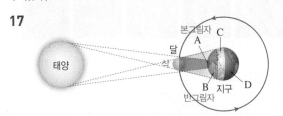

개기 일식은 달의 본그림자가 닿는 곳에서, 부분 일식은 달의 반그림자가 닿는 곳에서 관측할 수 있다.

18 ③ 일식이 진행될 때는 달이 공전함에 따라 태양의 오른쪽부터 가려져서 오른쪽부터 빠져나온다.
바로알기 ① 달이 삭의 위치에 있을 때 일식이 일어날 수 있다. 그러나 달의 공전 궤도와 지구의 공전 궤도가 같은 평면에 있지 않기 때문에 일식은 매달 일어나지는 않는다.
② 일식이 일어날 때는 삭으로, 달이 보이지 않는다.
⑤ 일식은 지구에서 낮에 달의 그림자가 닿는 지역에서만 관측할 수 있다.

19 ① 달이 A에 위치할 때 지구의 본그림자에 달의 일부만 가려지므로 부분 월식이 일어난다.
③ 달이 C에 위치할 때는 지구의 본그림자에 달이 가려지지 않으므로 월식이 일어나지 않는다.
바로알기 ② 달이 B에 위치할 때는 지구의 본그림자에 달 전체가 가려지면서 개기 월식이 일어나 달이 붉게 보인다.

20 ㄴ. 월식은 태양 – 지구 – 달의 순서로 일직선을 이루는 망일 때 일어날 수 있다.
ㄷ. 그림은 달 전체가 가려지는 개기 월식을 나타낸 것이다. 따라서 달 전체가 지구의 본그림자 안에 들어간다.
바로알기 ㄱ. 월식이 진행될 때는 달의 왼쪽부터 가려져서 왼쪽부터 빠져나온다. 따라서 그림에서 월식은 A 방향으로 진행되며, 달의 전체가 지구의 본그림자에서 빠져나오는 과정이다.

21 (2) 380000 km : 76 cm = D : 0.7 cm에서
$$D = \frac{380000 \text{ km} \times 0.7 \text{ cm}}{76 \text{ cm}} = 3500 \text{ km이다.}$$

	채점 기준	배점
(1)	비례식을 옳게 세운 경우	50 %
(2)	달의 지름을 구하는 식을 옳게 쓰고, 값을 옳게 구한 경우	50 %
	달의 지름을 구하는 식만 옳게 쓴 경우	30 %

22 물체까지의 거리가 멀수록 시지름이 작아진다. 태양은 달보다 크지만 멀리 위치하므로 시지름이 달과 비슷하다.

채점 기준	배점
달보다 태양까지의 거리가 멀다는 내용과 시지름이 같다는 내용을 모두 포함하여 옳게 서술한 경우	100 %
달보다 태양까지의 거리가 멀기 때문이라고만 서술한 경우	70 %

23
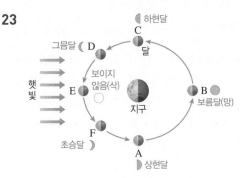

채점 기준	배점
A~F의 달의 모습을 모두 옳게 그리고, 위상을 옳게 쓴 경우	100 %
A~F 중 한 가지만 틀린 경우	80 %
A~F 중 두 가지만 틀린 경우	60 %
A~F 중 세 가지만 틀린 경우	40 %

24 일식이 일어날 때, 달이 서에서 동으로 공전하여 태양의 오른쪽부터 가려지고 오른쪽부터 빠져나온다.

채점 기준	배점
관측된 순서를 옳게 나열하고, 까닭을 옳게 서술한 경우	100 %
관측된 순서만 옳게 나열한 경우	50 %

수준 높은 문제로 **실력탄탄**   진도 교재 111쪽

01 ③   **02** ③

01 ③ 초승달은 저녁 6시(일몰)에 서쪽 하늘에 있다.
바로알기
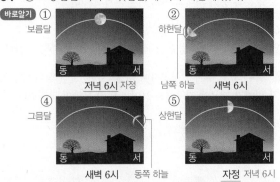

① 보름달이 남쪽 하늘에서 보이는 시각은 자정이다.
② 하현달은 새벽 6시에 남쪽 하늘에 있다.
④ 그믐달은 새벽 6시(일출)에 동쪽 하늘에 있다.
⑤ 상현달이 남쪽 하늘에 있는 시각은 저녁 6시(일몰)이다.

02

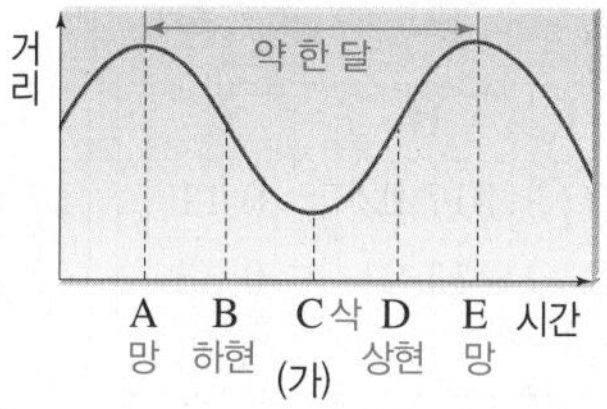

(가)

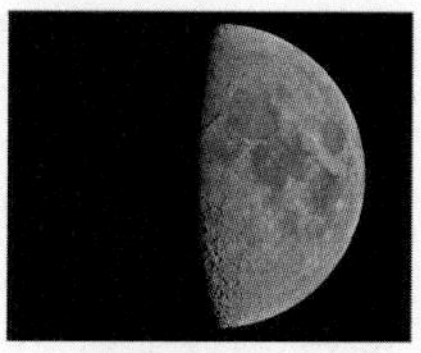
(나) 상현달

③ C일 때는 달이 태양에 가장 가까우므로 달의 위상은 삭이고, 태양 – 달 – 지구 순으로 배열되어 일식이 일어날 수 있다.

바로알기 ① A일 때 달이 태양에서 가장 먼 거리에 위치하므로 달의 위상은 보름달(망)이다.

② B일 때 달의 모양은 하현달이며, (나)과 같은 상현달은 D일 때 보인다.

④ D일 때는 상현이므로 음력 7~8일경에 해당한다.

⑤ A에서 E까지는 달이 태양으로부터 가장 먼 곳에서부터 지구 주위를 한 바퀴 공전하는 데 걸린 시간이므로 약 한 달이다.

03 태양계의 구성

확인 문제로 개념쏙쏙

진도 교재 113, 115, 117쪽

A 수성, 금성, 화성, 목성, 대적점(대적반), 토성, 천왕성, 해왕성, 대흑점, 내행성, 외행성, 작, 크, 크, 작

B 광구, 쌀알 무늬, 흑점, 채층, 코로나, 홍염, 플레어, 11, 많, 홍염, 플레어, 자기 폭풍, 델린저

C 대물, 접안, 경통, 가대, 균형추, 보조 망원경

1 (1) ○ (2) ○ (3) × (4) ○ (5) ○ **2** ⑤ **3** (1) 목성 (2) 수성 (3) 화성 (4) 해왕성 (5) 천왕성 (6) 금성 (7) 토성 **4** (1) (가) 화성, (나) 수성, (다) 목성, (라) 금성, (마) 토성 (2) (다) (3) (라) (4) (나) (5) (다), (마) **5** ㉠ 공전 궤도, ㉡ 물리적 특성 **6** (1) 수성, 금성 (2) 화성, 목성, 토성, 천왕성, 해왕성 (3) 수성, 금성, 지구, 화성 (4) 목성, 토성, 천왕성, 해왕성 (5) 화성 **7** (1) > (2) < (3) < (4) < **8** (1) ○ (2) × (3) × (4) × (5) ○ **9** (1) (가) 홍염, (나) 코로나, (다) 쌀알 무늬, (라) 흑점, (마) 채층 (2) (다), (라) (3) (가), (나), (마) **10** (1) A (2) 증가하였다 **11** ② **12** (1) 대물렌즈 (2) 균형추 (3) 가대 (4) 삼각대 (5) 경통 (6) 보조 망원경(파인더) (7) 접안렌즈 (8) 초점 조절 나사 **13** (1) – ㉣ (2) – ㉥ (3) – ㉠ (4) – ㉢ (5) – ㉡ (6) – ㉤ **14** ㅁ → ㄱ → ㄹ → ㄴ → ㅂ → ㄷ → ㅅ

1 **바로알기** (3) 태양계에는 지구를 비롯하여 8개의 행성이 태양 주변을 돌고 있다.

2 명왕성은 태양계를 이루는 천체이지만, 행성이 아닌 왜소행성으로 분류된다. 태양계 행성은 수성, 금성, 지구, 화성, 목성, 토성, 천왕성, 해왕성이다.

3 (1) 목성은 자전 속도가 매우 빨라 적도와 나란한 가로줄 무늬가 나타나고, 대기의 소용돌이로 생긴 대적점이 존재한다.
(6) 이산화 탄소로 이루어진 두꺼운 대기가 있어 기압과 표면 온도가 매우 높게 나타나는 행성은 금성이다.

4

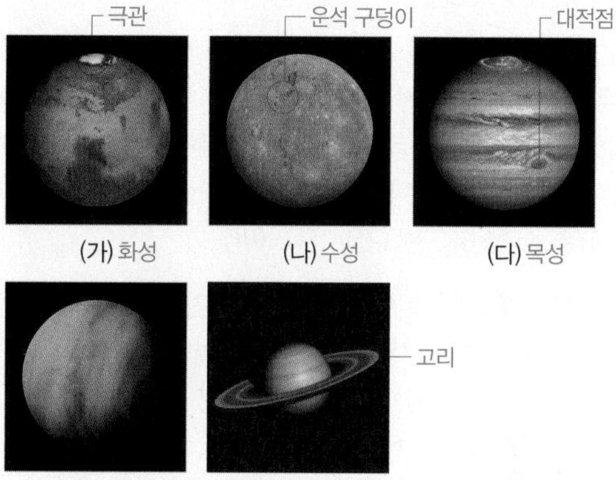

(가) 화성 (나) 수성 (다) 목성 (라) 금성 (마) 토성

(가)는 화성으로 극지방에 극관이 나타나며, (나)는 수성으로 표면에 운석 구덩이가 많이 있다. (다)는 목성으로 태양계 행성 중 크기가 가장 크고, 표면에 가로줄 무늬와 대적점이 나타나고, 희미한 고리가 있다. (라)는 금성으로 이산화 탄소로 이루어진 두꺼운 대기가 있어 표면 온도가 매우 높고, (마)는 토성으로 뚜렷한 고리가 있다.

5 태양계를 이루는 행성은 공전 궤도에 따라 내행성과 외행성으로 구분할 수 있고, 반지름, 질량, 평균 밀도 등의 물리적 특성에 따라 지구형 행성과 목성형 행성으로 구분할 수 있다.

6 (1), (2) 내행성은 지구 공전 궤도 안쪽에 있는 행성이고, 외행성은 지구 공전 궤도 바깥쪽에 있는 행성이다.
(3), (4) 지구형 행성에는 크기와 질량이 작은 수성, 금성, 지구, 화성이 있으며, 목성형 행성에는 크기와 질량이 큰 목성, 토성, 천왕성, 해왕성이 있다.

7

구분	지구형 행성	목성형 행성
행성	수성, 금성, 지구, 화성	목성, 토성, 천왕성, 해왕성
평균 밀도	크다.	작다.
반지름	작다.	크다.
위성 수	적거나 없다.	많다.
질량	작다.	크다.
고리	없다.	있다.
표면 상태	단단한 암석	단단한 표면이 없다.

8 **바로알기** (2) 개기 일식 때는 태양의 표면이 가려지므로 태양의 표면을 관측할 수 없고, 태양의 대기를 관측할 수 있다.
(3) 주위보다 온도가 낮아 어둡게 보이는 것을 흑점이라고 한다.
(4) 흑점은 지구에서 보았을 때 동에서 서로 이동한다.

9 (1)

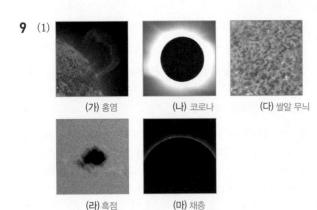

(가) 홍염　　(나) 코로나　　(다) 쌀알 무늬

(라) 흑점　　(마) 채층

(2) 태양의 둥근 표면을 광구라고 하며, 광구에서는 쌀알 무늬와 흑점을 볼 수 있다. ➡ (다), (라)

(3) 태양의 대기(채층, 코로나) 및 대기에서 나타나는 현상(홍염, 플레어)은 광구가 너무 밝아 평소에는 보기 어렵고, 개기 일식 때 잘 관측된다. ➡ (가), (나), (마)

10 (1) 태양 활동이 활발할수록 흑점 수가 많다. A는 흑점 수가 최대로 많아지는 시기이므로 태양 활동이 활발하고, B는 흑점 수가 최소로 적어지는 시기이므로 태양 활동이 A 시기에 비해 활발하지 않다.

(2) 태양 활동이 활발할수록 홍염과 플레어가 자주 발생한다.

11 태양 활동이 활발할 때 지구에서는 자기 폭풍(지구 자기장의 급격한 변화), 델린저 현상(장거리 무선 통신 두절), 인공위성의 고장이나 오작동, 송전 시설 고장으로 인한 대규모 정전, 위성 위치 확인 시스템(GPS) 교란 등이 발생하고, 오로라의 발생 횟수가 증가한다.

13 (1) 가대는 경통과 삼각대를 연결하여 경통을 원하는 방향으로 움직일 수 있게 한다.

(5) 보조 망원경은 배율이 낮고 시야가 넓어 천체를 찾기 쉽다.

14 천체 망원경은 아래에서 위 방향으로 조립하여 삼각대 → 가대 → 균형추 → 경통 → 보조 망원경과 접안렌즈 순으로 끼워 조립한 후, 균형을 맞추고 주 망원경과 보조 망원경의 시야를 맞춘다.

🧪 탐구 a

진도 교재 118쪽

> ㉠ 지구형, ㉡ 목성형

01 (1) × (2) ○ (3) × (4) × (5) ○　　**02** A와 C 집단, B와 D 집단　　**03** A와 C 집단은 질량과 반지름이 작고 평균 밀도가 크며, B와 D 집단은 질량과 반지름이 크고 평균 밀도가 작다.

01 (2) 토성의 평균 밀도는 태양계 행성 중 가장 작고 물(1.00 g/cm³)보다 작다.

바로알기 (1) 질량과 반지름이 지구와 가장 비슷한 행성은 금성이다.

(3) 화성은 고리가 없고, 목성은 고리가 있다.

(4) 수성은 지구형 행성에 속하고, 토성은 목성형 행성에 속한다.

[02~03]

질량과 반지름이 작고 평균 밀도가 크다.

행성	A	B	C	D
질량(지구=1)	0.06	317.92	0.11	17.09
반지름(지구=1)	0.38	11.21	0.53	3.88
평균 밀도(g/cm³)	5.43	1.33	3.93	1.64

질량과 반지름이 크고 평균 밀도가 작다.

02 행성 A와 C의 물리적 특성이 비슷하고, 행성 B와 D의 물리적 특성이 비슷하다.

03

채점 기준	배점
세 가지 물리적 특성의 차이를 모두 옳게 서술한 경우	100 %
두 가지 물리적 특성의 차이만 옳게 서술한 경우	70 %
한 가지 물리적 특성의 차이만 옳게 서술한 경우	40 %

🧪 탐구 b

진도 교재 119쪽

> ㉠ 흑점, ㉡ 운석 구덩이

01 (1) × (2) ○ (3) × (4) ○ (5) ○　　**02** 오른쪽 위 방향

03 육안으로 관측할 때는 점으로 보이지만, 천체 망원경으로 관측하면 고리가 뚜렷하게 보인다.

01 바로알기 (1) 실험❶ 방법으로 태양을 관측할 때는 보조 망원경을 사용하지 않으므로 보조 망원경의 뚜껑을 닫아둔다.

(3) 상현달이나 초승달일 때 지형의 그림자가 잘 생기므로 달의 표면은 보름달일 때보다 상현달이나 초승달일 때 잘 관측된다.

02 상하좌우가 바뀌지 않았다면 망원경을 왼쪽 아래로 움직여야 달이 십자선 중앙으로 오지만, 그림은 상하좌우가 바뀐 모습이므로 망원경을 오른쪽 위로 움직여야 한다.

03 토성은 먼 거리에 있어서 육안으로 볼 때 점으로 보인다.

채점 기준	배점
차이점을 옳게 서술한 경우	100 %
천체 망원경으로 볼 때의 특징만 서술한 경우	50 %

기출 문제로 내신쑥쑥

진도 교재 120~124쪽

01 ②　**02** ③　**03** ③　**04** ④　**05** ⑤　**06** ③　**07** ①

08 ④　**09** ④　**10** ①　**11** ①　**12** F, 토성　**13** ③

14 ③　**15** ⑤　**16** ④　**17** ②　**18** ④　**19** ⑤　**20** ⑤

21 ①　**22** ④　**23** ④　**24** ④　**25** ⑤

서술형문제　**26** 금성은 이산화 탄소로 이루어진 두꺼운 대기가 있기 때문이다.　**27** (1) A : 목성형 행성, B : 지구형 행성 (2) A 집단(목성형 행성)은 반지름이 크고 위성이 많다. B 집단(지구형 행성)은 반지름이 작고 위성이 적거나 없다.

28 (1) 동 → 서 (2) 태양이 자전하기 때문이다.　**29** (1) 흑점 수가 많을 때 태양 활동이 활발하다. (2) 해설 참조

---

01 ㄱ. 태양계는 유일한 항성(스스로 빛을 내는 별)인 태양을 비롯하여 태양을 중심으로 공전하는 8개의 행성 및 작은 천체들로 이루어져 있다.

ㄷ. 태양계 행성들은 모두 같은 방향으로 공전한다.

바로알기 ㄴ. 달은 행성인 지구 주위를 공전하는 위성이다.

ㄹ. 태양계 행성은 물리적 특성을 기준으로 지구형 행성과 목성형 행성으로 구분한다. 내행성과 외행성으로 구분하는 기준은 행성의 공전 궤도이다.

02 바로알기 ③ 금성은 이산화 탄소로 이루어진 두꺼운 대기가 있어서 기압은 지구의 약 90배이고, 이산화 탄소의 온실 효과(온실과 같은 작용으로 기온을 높이는 효과)로 인해 표면 온도가 약 470 ℃로 매우 높다.

03 화성 표면에는 과거에 물이 흘렀던 자국이 있고, 거대한 화산과 협곡이 있다. 양 극지방에는 얼음과 드라이아이스로 이루어진 극관이 존재하며, 계절 변화에 따라 극관의 크기가 달라진다.

04 그림은 목성을 나타낸 것이다. 목성은 대기의 소용돌이에 의해 대적점이 나타난다.

바로알기 ①, ③ 목성은 태양계 행성 중 크기가 가장 크고, 희미한 고리가 있다.

② 목성은 자전 속도가 매우 빨라서 적도와 나란한 가로줄 무늬가 나타난다.

⑤ 극지방에서 오로라가 관측되기도 한다.

05 ⑤ 천왕성은 대기 성분 중 메테인이 붉은 빛을 흡수하기 때문에 청록색으로 보인다.

바로알기 ① 태양계 행성 중 크기가 가장 작은 행성은 수성이다.

② 산화 철 성분의 토양으로 붉게 보이는 행성은 화성이다.

③ 대기의 소용돌이에 의한 대적점이 있는 행성은 목성이다.

④ 얼음과 암석 조각으로 이루어진 뚜렷한 고리가 있는 행성은 토성이다.

06 (가)는 수성, (나)는 목성, (다)는 해왕성, (라)는 지구에 대한 설명이다. 태양계 행성 중 태양과 가장 가까이 있는 것은 수성이며 금성, 지구, 화성, 목성, 토성, 천왕성, 해왕성의 순서로 태양으로부터 멀리 있다.

07 A는 지구 공전 궤도 안쪽에서 공전하는 내행성을, B는 지구 공전 궤도 바깥쪽에서 공전하는 외행성을 나타낸 것이다. 내행성에는 수성, 금성이 있다.

08 태양계 행성은 질량, 평균 밀도, 반지름, 위성 수, 고리의 유무 등 물리적 특성에 따라 지구형 행성과 목성형 행성으로 구분한다.

바로알기 ① A 집단은 지구형 행성, B 집단은 목성형 행성이다.

② 지구형 행성은 표면이 단단한 암석으로 이루어져 있다.

③ 목성형 행성은 위성이 많다.

⑤ 태양으로부터 멀리 떨어진 행성일수록 대체로 표면 온도가 낮아지므로 표면 온도는 지구형 행성과 목성형 행성의 분류 기준이 아니다.

09 A는 반지름이 크고 평균 밀도가 작은 목성형 행성이고, B는 반지름이 작고 평균 밀도가 큰 지구형 행성이다.

바로알기 ① 목성형 행성(A)은 모두 고리가 있다.

② 지구, 화성은 지구형 행성(B)에 포함되며, 목성형 행성(A)에는 목성, 토성, 천왕성, 해왕성이 포함된다.

③ 목성형 행성(A)은 지구형 행성(B)에 비해 질량이 크다.

⑤ 목성형 행성(A)은 단단한 표면이 없다.

10 지구형 행성(B)에는 수성, 금성, 지구, 화성이 있다.

11

행성		질량 (지구=1)	반지름 (지구=1)	평균 밀도 (g/cm³)	위성 수 (개)
지구		1.00	1.00	5.51	1
금성	A	0.82	0.95	5.24	0
토성	B	95.14	9.14	0.69	62
수성	C	0.06	0.38	5.43	0
목성	D	317.92	11.21	1.33	69

질량과 반지름이 지구와 비슷한 A는 금성이고, 평균 밀도가 1 g/cm³보다 작은 B는 토성이며, 질량과 반지름이 매우 작고 위성 수가 0인 C는 수성이고, 반지름이 지구의 약 11배인 D는 목성이다.

② 물의 밀도는 1 g/cm³로, 태양계 행성 중 물보다 평균 밀도가 작은 것은 토성(B)뿐이다.

③ 수성(C)은 대기와 물이 없기 때문에 표면에 운석 구덩이가 많이 남아 있어 달과 비슷한 모습이다.

④ 금성(A)과 수성(C)은 지구형 행성이고, 토성(B)과 목성(D)은 목성형 행성이다.

⑤ 토성(B)과 목성(D)은 자전 속도가 빨라 가로줄 무늬가 있고, 고리가 있다.

바로알기 ① 태양에 가장 가까운 행성은 수성(C)이다.

[12~13] 태양계 행성은 태양으로부터 수성, 금성, 지구, 화성, 목성, 토성, 천왕성, 해왕성 순으로 떨어져 있다.

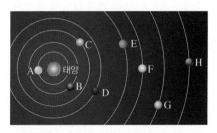

• 지구형 행성 : 수성(A), 금성(B), 지구(C), 화성(D)
• 목성형 행성 : 목성(E), 토성(F), 천왕성(G), 해왕성(H)

12 토성은 태양계에서 두 번째로 큰 행성으로, 태양계 행성 중 평균 밀도가 가장 작다. 얼음과 암석 조각으로 이루어진 뚜렷한 고리가 있으며 많은 수의 위성이 있다.

13 ① 지구(C)의 공전 궤도 안쪽에서 공전하는 수성(A), 금성(B)은 내행성에 속한다.

② 금성(B)은 이산화 탄소로 이루어진 두꺼운 대기가 있어 표면 온도가 태양계 행성 중에서 가장 높다.

바로알기 ③ 화성(D)은 외행성이면서 지구형 행성에 속한다.

14 (바로알기) ① 우리 눈에 보이는 태양의 둥근 표면은 광구라고 한다.
② 흑점은 태양의 표면에서 나타나는 현상이다.
④ 광구 아래에서 일어나는 대류 운동에 의해 생기는 현상은 쌀알 무늬이다.
⑤ 흑점 수가 최대일 때 태양 활동이 활발하다.

15 ⑤ B는 광구 아래에서 일어나는 대류 운동에 의해 나타나는 무늬로, 밝은 부분은 고온의 기체가 상승하는 곳이고, 어두운 부분은 냉각된 기체가 하강하는 곳이다.
(바로알기) ① A는 흑점이고, B는 쌀알 무늬이다.
② 태양의 표면 온도는 약 6000 °C이고, A의 온도는 주변보다 약 2000 °C 낮은 약 4000 °C이다.
③ A의 수는 약 11년을 주기로 많아졌다 적어진다.
④ 개기 일식 때는 달이 태양의 표면을 가리므로 광구에서 나타나는 현상인 A와 B를 관측할 수 없다.

16 ㄱ, ㄷ. 흑점은 지구에서 볼 때 동에서 서로 이동한다. 이를 통해 태양이 자전한다는 것을 알 수 있다.
(바로알기) ㄴ. 적도 부근의 흑점이 가장 많이 이동한 것으로 보아 흑점의 이동 속도는 적도에서 가장 빠르고, 고위도로 갈수록 느려진다.

17 태양의 대기(채층, 코로나) 및 대기에서 나타나는 현상(홍염, 플레어)은 평소에는 광구가 매우 밝아서 관측하기 어렵고, 개기 일식 때 잘 관측된다.

18 코로나는 채층 위로 멀리까지 퍼져 있는 매우 희박한 대기층으로, 온도가 약 100만 °C 이상으로 높다. 코로나는 평소에는 태양 광구의 밝기가 매우 밝아서 잘 보이지 않고, 광구가 가려지는 개기 일식 때 잘 관측된다.

19 ⑤ 태양의 대기 및 대기에서 일어나는 현상은 광구가 너무 밝아 평소에는 보기 어렵고, 개기 일식 때 잘 관측된다.
(바로알기) ① A는 채층, B는 홍염, C는 코로나이다.
② B는 홍염으로, 광구에서부터 온도가 높은 물질이 대기로 솟아오르는 현상이다. 흑점 근처에서 일어나는 폭발로 채층의 일부가 순간 매우 밝아지는 현상은 플레어이다.
③ 코로나(C)는 온도가 100만 °C 이상으로, 채층(A)보다 온도가 매우 높다.
④ 코로나(C)는 태양 활동이 활발해지면 크기가 커진다.

20 ⑤ 쌀알 무늬는 태양 내부의 대류 현상에 의해 광구에 나타나는 작은 쌀알을 뿌려놓은 것 같은 무늬이다.
(바로알기) ①, ② 채층은 광구 바로 바깥쪽의 얇은 대기층으로 붉은색을 띠며, 코로나는 채층 위로 멀리까지 퍼져 있는 고온의 대기층이다.
③ 플레어는 흑점 주변의 폭발로 채층의 일부가 순간 매우 밝아지고 많은 양의 에너지가 일시적으로 방출되는 현상이다.
④ 홍염은 광구에서부터 대기로 수십만 km까지 고온의 물질이 솟아오르는 현상으로, 주로 불꽃이나 고리 모양이다.

21
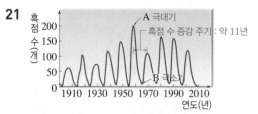

ㄴ. A와 같이 흑점 수가 많은 시기에는 태양 활동이 활발해져서 홍염, 플레어가 자주 발생하고, 코로나의 크기가 커진다.
(바로알기) ㄷ, ㄹ. A와 같이 흑점 수가 최대일 때 태양 활동이 가장 활발하며, 태양에서 전기를 띤 입자들이 많이 방출된다.

22 태양 활동이 활발할 때 태양에서는 흑점 수가 많아지고, 홍염과 플레어가 자주 발생하며, 태양풍이 강해진다. 지구에서는 자기장이 변하는 자기 폭풍이나 장거리 무선 통신이 두절되는 델린저 현상이 나타날 수 있다.
(바로알기) ④ 태양 활동이 활발할 때 지구에서는 오로라가 더 자주, 더 넓은 지역에서 발생한다.

23
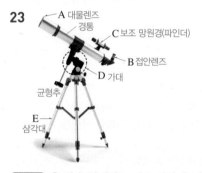

(바로알기) ① 상을 확대하는 것은 접안렌즈(B)이다.
② 빛을 모으는 것은 대물렌즈(A)이다.
③ 망원경의 균형을 맞추는 것은 균형추이다. 보조 망원경(C)은 천체를 찾는 데 이용된다.
⑤ 대물렌즈와 접안렌즈를 연결하는 것은 경통이다.

24 망원경은 '(다) 삼각대 → 가대 → 균형추 → (나) 경통 → 보조 망원경과 접안렌즈' 순으로 조립한 후, (가) 균형을 맞추고, (라) 주 망원경과 보조 망원경의 시야를 맞춘다.

25 (바로알기) ① 햇빛은 강하기 때문에 렌즈로 태양을 직접 관측하면 실명할 수 있으므로 태양을 투영판에 비추거나, 빛의 양을 줄여주는 태양 필터를 렌즈에 끼우고 관측해야 한다.
② 행성을 관측할 때는 주변이 어둡고, 평평한 곳에 망원경을 설치한다.
③ 보조 망원경은 접안렌즈보다 배율이 낮아서 시야가 넓고, 천체가 작게 보인다.
④ 보조 망원경은 시야가 넓어서 천체를 찾기 쉬우므로 천체를 관측할 때는 보조 망원경으로 천체를 먼저 찾은 후, 접안렌즈로 관측한다.

26 대기 중의 이산화 탄소가 많으면 온실 효과가 강하게 나타난다. 금성은 수성보다 태양으로부터 멀리 떨어져 있지만, 주로 이산화 탄소로 이루어져 있는 두꺼운 대기가 있으므로 표면 온도가 470 °C 정도로 매우 높게 나타난다.

채점 기준	배점
대기의 성분과 두께를 모두 언급하여 까닭을 옳게 서술한 경우	100 %
대기의 성분과 두께 중 한 가지만 언급하여 서술한 경우	50 %

27 A 집단은 질량이 크고 평균 밀도가 작은 목성형 행성이고, B 집단은 질량이 작고 평균 밀도가 큰 지구형 행성이다. 목성형 행성은 반지름이 크고, 고리가 있으며, 위성이 많다. 지구형 행성은 반지름이 작고, 고리가 없으며, 위성이 적거나 없다.

	채점 기준	배점
(1)	A, B 집단의 이름을 모두 옳게 쓴 경우	40 %
(2)	반지름, 위성 수를 모두 옳게 비교하여 서술한 경우	60 %
	반지름, 위성 수 중 한 가지만 옳게 비교하여 서술한 경우	30 %

28 흑점은 태양 표면에 고정되어 있으므로 흑점의 이동을 통해 태양이 자전한다는 사실을 알 수 있다.

	채점 기준	배점
(1)	흑점의 이동 방향을 옳게 쓴 경우	40 %
(2)	흑점의 이동 원인을 태양의 자전으로 옳게 서술한 경우	60 %

29 　모범답안　 (2) • 자기 폭풍이 발생한다.
• 오로라가 자주, 넓은 지역에서 발생한다.
• 장거리 무선 통신이 두절되는 델린저 현상이 발생한다.
• 송전 시설 고장으로 대규모 정전이 발생할 수 있다.
• 인공위성이 고장 날 수 있다.
• 비행기 승객이 방사선에 노출될 수 있다.
• 위성 위치 확인 시스템(GPS)이 교란된다.
• 비행기의 북극 항로 운항이 불가능해질 수 있다.

	채점 기준	배점
(1)	흑점 수가 많을 때 태양 활동이 활발하다고 서술한 경우	40 %
(2)	태양 활동이 활발할 때 지구에서 나타날 수 있는 현상 두 가지를 모두 옳게 서술한 경우	60 %
	태양 활동이 활발할 때 지구에서 나타날 수 있는 현상을 한 가지만 옳게 서술한 경우	30 %

수준 높은 문제로 실력탄탄
진도 교재 124쪽

01 ⑤　　　**02** ②

01 (가)는 금성, 화성과 목성을 구분하는 것이므로 지구형 행성과 목성형 행성을 구분하는 특징이어야 하며, 화성과 금성이 '예'이므로 지구형 행성의 특징이다.
(나)는 화성과 금성을 구분하는 것이므로 내행성과 외행성을 구분하는 특징이어야 하며, 금성이 '예'이므로 내행성의 특징이다.

	(가) 지구형 행성의 특징	(나) 내행성의 특징
①	지구형 행성이다. ○	외행성이다. ×
②	평균 밀도가 작다. × 크다	지구보다 태양에 가깝다. ○
③	위성 수가 적다. ○	목성형 행성이다. ×
④	외행성이다. ×	고리가 없다. ×
⑤	단단한 표면이 있다. ○	내행성이다. ○

02 태양계 행성의 공전 궤도 그림에서 태양에서 가까운 행성부터 나열하면, A는 수성, B는 금성, C는 지구, D는 화성, E는 목성, F는 토성, G는 천왕성, H는 해왕성이다.

(가)는 반지름과 질량이 작고 평균 밀도가 큰 지구형 행성이다.
➡ 공전 궤도 그림에서 수성(A), 금성(B), 지구(C), 화성(D)
(나)는 반지름과 질량이 크고 평균 밀도가 작은 목성형 행성이다. ➡ 공전 궤도 그림에서 목성(E), 토성(F), 천왕성(G), 해왕성(H)

단원평가문제
진도 교재 125~128쪽

01 ④	02 ④	03 ②	04 ③	05 ①	06 ⑤	07 ⑤
08 ③	09 ③	10 ⑤	11 ⑤	12 ②	13 ③	14 ③, ④
15 ③	16 ⑤	17 ⑤	18 ③	19 ②		

　서술형문제　 **20** $360° : 2\pi R = 7.2° : 925$ km(또는 $360° : 7.2° = 2\pi R : 925$ km), 46250 km　**21** (1) (나) → (가) → (다) (2) 지구가 공전하여 태양이 보이는 위치가 변하기 때문이다.　**22** (1) 🌓, 상현달 (2) B, 보름달(망) (3) 달이 **공전**하여 태양, 지구, 달의 상대적인 **위치**가 달라지면서 달이 햇빛을 **반사**하여 밝게 보이는 부분의 모양이 달라지기 때문이다.　**23** (1) A 집단 : 지구형 행성, B 집단 : 목성형 행성 (2) 해설 참조　**24** (1) A : 흑점, B : 쌀알 무늬 (2) 주위보다 온도가 낮기 때문이다. (3) 광구 아래에서 일어나는 대류 때문에 발생한다.　**25** (1) C, 보조 망원경(파인더) (2) 접안렌즈, 상을 확대하는 역할을 한다.

01 　바로알기　 ④ 하짓날 시에네에서 햇빛이 우물 속을 수직으로 비출 때, 알렉산드리아에서 막대와 그림자 끝이 이루는 각도($7.2°$)를 측정하여 엇각으로 크기가 같은 θ 값을 알아냈다.

02 햇빛이 평행하게 들어오므로 중심각에 해당하는 $\angle$AOB는 $\angle$BB′C와 엇각으로 같으므로 $20°$이고, A와 B 사이의 거리는 10 cm이다. 비례식을 세우면, $360° : 2\pi R = 20° : 10$ cm이므로 $R = \dfrac{360° \times 10 \text{ cm}}{2 \times 3 \times 20°} = 30$ cm이다.

03 두 지점과 지구 중심이 이루는 중심각은 두 지점의 위도 차와 같으므로 $3°(=37.5° - 34.5°)$이다. 지구의 둘레를 구하기 위한 비례식을 세우면, $360° :$ 지구의 둘레 $= 3° : 340$ km이므로 지구의 둘레 $= \dfrac{360° \times 340 \text{ km}}{3°} = 40800$ km이다.

04 ③ 북쪽 하늘에서 별들은 북극성을 중심으로 시계 반대 방향(A → B)으로 회전하는 것처럼 보인다.

[바로알기] ① 별의 일주 운동 속도는 15°/h이므로 북두칠성을 관측한 시간은 3시간(=45°÷15°/h)이다.
② 북극성은 북쪽 하늘에서 관측된다.
④, ⑤ 북두칠성을 이루는 별들이 실제로 시계 반대 방향으로 움직이는 것이 아니라 지구 자전에 의한 겉보기 현상이다.

05 [바로알기] ㄱ. (가)는 남쪽, (나)는 동쪽 하늘을 관측한 것이다.
ㄷ. (나) 동쪽 하늘에서는 별이 오른쪽 위로 비스듬히 뜬다.

06

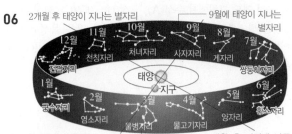

⑤ 현재 태양이 사자자리를 지나므로 9월이고, 2개월 후 11월에는 태양이 천칭자리를 지나므로 자정(한밤중)에 남쪽 하늘에서 보이는 별자리는 천칭자리의 반대편에 위치한 양자리이다.
[바로알기] ① 지구에서 볼 때 태양이 사자자리를 지나므로 9월이다.
② 한밤중에 남쪽 하늘에서는 태양의 반대편에 위치한 물병자리가 보인다.
③ 태양이 서쪽 하늘로 질 때 동쪽 하늘에서 떠오르는 별자리는 별자리 – 지구 – 태양이 일렬로 배열되어 태양과 약 180° 차이가 나므로 태양의 반대편에 위치한 물병자리이다.
④ 한 달 후는 10월이므로 태양이 처녀자리를 지난다.

07 ② 동전과 달이 정확히 겹쳐져야 동전과 달의 시지름이 같아서 관측자와 동전의 지름이 이루는 삼각형이 관측자와 달의 지름이 이루는 삼각형과 닮은꼴이 된다.
[바로알기] ⑤ d는 D에 대응하고, l은 L에 대응하므로 달의 크기를 구하는 비례식은 $d : l = D : L$ 또는 $d : D = l : L$이다.

08 ③ 상현달이 보이는 위치는 지구에서 볼 때 햇빛이 달의 오른쪽을 비추는 C이다.
[바로알기] ① 보름달이 보이는 위치는 햇빛이 달의 앞면을 모두 비추는 D이다.
②, ④ 하현달이 보이는 위치는 지구에서 볼 때 햇빛이 달의 왼쪽을 비추는 A이다.
⑤는 달이 C와 D 사이에 위치할 때의 위상이다.

09 ③ 하현달은 달이 태양의 서쪽 직각으로 배열될 때 관측되므로 새벽 6시경에 남쪽 하늘에서 관측된다.
[바로알기] ① 그림은 왼쪽 반원이 밝게 보이는 하현달이다.
② 하현달은 음력 22~23일경에 관측된다.
④ 월식이 일어날 때는 태양 – 지구 – 달이 일직선으로 배열되어 달이 보름달 모양으로 보인다.
⑤ 하현달은 자정에 떠서 해 뜨기 전까지 약 6시간 동안 관측할 수 있으며, 관측할 수 있는 시간이 가장 긴 것은 보름달이다.

10

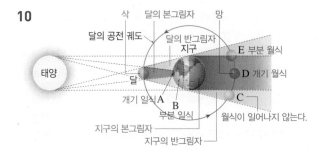

⑤ 월식이 일어날 때 달은 서에서 동으로 공전하여 지구 그림자에 들어가므로 달의 왼쪽부터 가려진다.
[바로알기] ①, ② 달의 본그림자가 닿는 A 지역에서는 개기 일식을 관측할 수 있고, 달의 반그림자가 닿는 B 지역에서는 부분 일식을 관측할 수 있다.
③ 달이 D에 위치할 때는 망일 때이다.
④ 부분 월식은 달의 일부가 지구의 본그림자 안에 들어갈 때 일어나므로 달이 E에 위치할 때 부분 월식이 일어나며, C에 위치할 때는 월식이 일어나지 않는다.

11 ①, ② (가)와 같이 태양의 일부가 가려지는 현상을 부분 일식이라고 한다. 부분 일식은 달의 반그림자가 닿는 지역에서 볼 수 있다.
③, ④ (나)와 같이 달의 전체가 지구 그림자에 가려져 붉게 보이는 현상을 개기 월식이라고 한다. 월식은 태양 – 지구 – 달의 순서로 직선을 이루는 망일 때 일어날 수 있다.
[바로알기] ⑤ 일식은 삭일 때 일어나므로 달이 보이지 않고, 월식은 망일 때 일어나므로 달이 보름달로 보인다.

12 (가) 표면이 산화 철 성분의 토양으로 이루어져 붉게 보이는 행성은 화성이다. 화성의 양극에는 극관이 있으며, 계절 변화에 따라 크기가 달라진다.
(나) 이산화 탄소로 이루어진 두꺼운 대기가 있어 기압과 표면 온도가 높은 행성은 금성이다. 금성은 두꺼운 구름으로 덮여 있어 햇빛을 잘 반사하므로 태양계 행성 중 지구에서 가장 밝게 보인다.

13 A는 수성, B는 금성, C는 화성, D는 목성, E는 토성, F는 천왕성, G는 해왕성이다.
③ 태양계 행성 중 평균 밀도가 가장 작은 것은 토성(E)이다.
[바로알기] ① 화성(C)은 토양에 산화 철 성분이 많아 표면이 붉게 보이고, 과거에 물이 흐른 흔적이 있다.
② 태양계 행성 중 크기가 가장 작고, 위성이 없는 것은 수성(A)이다.
④ 토성(E)은 목성과 마찬가지로 자전 속도가 빨라서 표면에 가로줄 무늬가 나타나고, 태양계 행성 중 두 번째로 크다. 태양계 행성 중 가장 큰 행성은 목성(D)이다.
⑤ 자전축이 거의 누운 채로 자전하는 것은 천왕성(F)이다.

14 ③, ④ 수성과 화성은 모두 지구형 행성이므로 질량과 반지름이 작고, 수성은 위성이 없고 화성은 위성이 2개이다.
[바로알기] ① 수성은 내행성이고, 화성은 외행성이다.
② 수성과 화성은 지구형 행성으로, 평균 밀도가 크다.
⑤ 지구형 행성은 표면이 단단한 암석(고체)으로 이루어져 있다.

15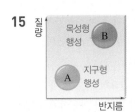

(바로알기) ㄱ. A에 속하는 지구형 행성 중 수성과 금성은 위성이 없지만 지구와 화성은 위성이 있다.

ㄹ. D에 속하는 목성형 행성은 모두 고리가 있다.

16 (바로알기) ① 채층은 광구 바로 위에 있는 태양의 대기층이다.
② 흑점의 온도는 주변보다 약 2000 ℃ 낮다.
③ 지구에서 볼 때 흑점은 동에서 서로 이동하는데, 흑점의 이동으로 태양이 자전함을 알 수 있다.
④ 개기 일식 때 태양의 표면이 가려지므로 태양의 표면에서 나타나는 현상인 쌀알 무늬를 관측할 수 없다.

17

(가) 쌀알 무늬　　　(나) 홍염　　　(다) 플레어

⑤ 태양 활동이 활발해지면 홍염과 플레어가 자주 발생한다.
(바로알기) ② 쌀알 무늬는 태양의 표면에서 관측되는 현상이다.
③ 태양 표면인 광구에서 나타나는 검은 점은 흑점이다.
④ 플레어는 태양의 대기에서 나타나는 현상으로, 평상시에는 광구가 밝아서 관측하기 어렵고 개기 일식 때 잘 관측된다.

18 흑점 수가 많아질 때는 태양 활동이 활발할 때이다.
(바로알기) ③ 지구에서 일어나는 홍수나 산사태는 태양 활동과 관계없이 지구 내부의 변화로 일어나는 현상이다.

19 (바로알기) ② 대물렌즈는 빛을 모으는 역할을 하고, 상을 확대하여 눈으로 볼 수 있게 하는 것은 접안렌즈이다.

20

채점 기준	배점
비례식을 옳게 세우고, 지구의 둘레를 옳게 구한 경우	100 %
비례식만 옳게 세운 경우	50 %

21

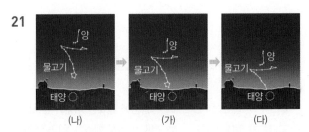

(나)　　　　(가)　　　　(다)

(1) 별자리는 하루에 약 1°씩 동에서 서로 이동한다.
(2) 매일 같은 시각에 관측되는 별자리의 위치 변화나 태양의 연주 운동은 지구 공전에 의한 현상이다.

	채점 기준	배점
(1)	관측된 순서를 옳게 쓴 경우	50 %
(2)	지구의 공전을 포함하여 옳게 서술한 경우	50 %

22 달의 위상은 A일 때 상현달, B일 때 보름달(망), C일 때 하현달, D일 때 삭이다. B일 때 월식이, D일 때 일식이 일어날 수 있다.
(1) 달이 A 위치에 있을 때는 오른쪽 반원이 밝은 상현달로 보인다.
(2) 월식은 태양 – 지구 – 달의 순서로 일직선을 이루는 망(B)일 때 일어나며, 이때 달은 보름달로 보인다.

	채점 기준	배점
(1)	달의 모양을 옳게 그리고, 이름을 옳게 쓴 경우	30 %
	달의 모양만 옳게 그린 경우	20 %
(2)	달의 위치를 옳게 고르고, 달의 위상을 옳게 쓴 경우	30 %
	달의 위치만 옳게 고른 경우	20 %
(3)	반사, 공전, 위치를 모두 포함하여 까닭을 옳게 서술한 경우	40 %
	공전, 위치만 포함하여 까닭을 옳게 서술한 경우	20 %

23 (2) (모범답안) • A 집단이 B 집단보다 평균 밀도가 크다.
• A 집단이 B 집단보다 반지름이 작다.
• A 집단이 B 집단보다 질량이 작다.
• A 집단은 위성이 없거나 위성 수가 적고, B 집단은 위성 수가 많다.
• A 집단은 단단한 암석 표면이 있고, B 집단은 단단한 표면이 없다.
• A 집단은 고리가 없고, B 집단은 고리가 있다.

	채점 기준	배점
(1)	A와 B 집단의 이름을 모두 옳게 쓴 경우	40 %
(2)	물리적 특성 두 가지를 옳게 비교하여 서술한 경우	60 %
	물리적 특성을 한 가지만 옳게 비교하여 서술한 경우	30 %

24 (1) 광구에서 나타나는 검은 점(A)은 흑점이고, 쌀알을 뿌려 놓은 것과 같은 무늬(B)는 쌀알 무늬이다.
(2) 흑점은 주변보다 약 2000 ℃ 정도 온도가 낮아 어둡게 보인다.
(3) 광구 아래에서 일어나는 대류 과정에서 위로 올라오는 부분은 밝게 보이고 아래로 내려가는 부분은 어둡게 보여 광구에서 쌀알 무늬가 나타난다.

	채점 기준	배점
(1)	A와 B의 이름을 모두 옳게 쓴 경우	40 %
(2)	A가 검게 보이는 까닭을 온도로 옳게 서술한 경우	30 %
	온도의 수치를 포함하여 서술한 경우, 수치가 틀리면 오답 처리	0 %
(3)	B가 발생하는 원인을 대류로 옳게 서술한 경우	30 %
	대류의 어둡고 밝은 원리를 포함하여 서술한 경우, 내용이 틀리면 오답 처리	0 %

25 A는 대물렌즈, B는 접안렌즈, C는 보조 망원경(파인더), D는 가대, E는 균형추이다.

	채점 기준	배점
(1)	기호와 이름을 모두 옳게 쓴 경우	50 %
	기호만 옳게 쓴 경우	25 %
(2)	B의 이름과 역할을 모두 옳게 서술한 경우	50 %
	B의 이름만 옳게 쓴 경우	25 %

Ⅳ 식물과 에너지

01 광합성

Ⓐ 광합성, 엽록체, 이산화 탄소, 포도당, 빛, 이산화 탄소, 온도
Ⓑ 증산 작용, 기공, 공변세포, 공변세포, 낮, 밤

1 ㉠ 이산화 탄소, ㉡ 빛에너지, ㉢ 산소   **2** (1) × (2) ○ (3) × (4) ×   **3** (1) ㉢ (2) ㉠ (3) ㉡   **4** (1) B (2) B (3) 이산화 탄소   **5** A : 이산화 탄소의 농도, B : 온도   **6** (1) ○ (2) × (3) ○ (4) ○ (5) ×   **7** (1) ○ (2) × (3) ○ (4) ○   **8** (1) A : 공변세포, B : 기공 (2) ㉠ 두꺼워, ㉡ 있어, ㉢ 낮, ㉣ 열릴   **9** ㉠ 물, ㉡ 이산화 탄소

1 광합성은 식물이 빛에너지를 이용하여 이산화 탄소와 물을 원료로 포도당과 같은 양분을 만드는 과정이다. 광합성이 일어나면 양분과 함께 산소도 생성된다.

2 (바로알기) (1) 광합성에는 빛, 물, 이산화 탄소가 필요하다. 산소는 광합성으로 생성되는 기체이다.
(3) 광합성으로 처음 만들어지는 양분은 포도당이다. 포도당은 곧 녹말로 바뀌어 엽록체에 저장된다.
(4) 광합성으로 생성된 산소는 식물의 호흡에 사용되고, 일부는 기공을 통해 공기 중으로 방출되어 다른 생물의 호흡에 사용된다.

4 시험관 B에서는 검정말이 빛을 받아 광합성을 하면서 이산화 탄소를 사용하기 때문에 BTB 용액 속 이산화 탄소가 감소하여 BTB 용액의 색깔이 파란색으로 변한다. 시험관 C에서는 알루미늄 포일에 의해 햇빛이 차단되어 검정말이 광합성을 하지 않아 BTB 용액 속 이산화 탄소가 감소하지 않으므로 BTB 용액의 색깔이 변하지 않는다. 이 실험을 통해 광합성에는 빛과 이산화 탄소가 필요하다는 것을 알 수 있다.

5 광합성량은 빛의 세기가 셀수록, 이산화 탄소의 농도(A)가 높을수록 증가하다가 일정 수준 이상에서는 더 이상 증가하지 않고 일정하게 유지된다. 광합성량은 온도(B)가 높을수록 증가하다가 일정 온도 이상에서는 급격하게 감소한다.

6 (4) 증산 작용으로 뿌리에서 흡수한 물이 잎까지 이동하며, 잎에 도달한 물은 광합성에 이용된다.
(바로알기) (2) 식물의 증산 작용은 기공이 열리는 낮에 활발하게 일어난다.
(5) 증산 작용은 식물체 속의 물이 수증기로 변하여 잎의 기공을 통해 공기 중으로 빠져나가는 현상이다.

7 (1) 증산 작용이 활발하게 일어날수록 눈금실린더의 물이 많이 줄어들어 수면의 높이가 낮아진다.
(바로알기) (2) 잎이 없는 (가)에서는 증산 작용이 일어나지 않아 나뭇가지로 물이 흡수되지 않아 수면의 높이에 거의 변화가 없고,

잎이 있는 (나)에서는 증산 작용이 일어나 물이 나뭇가지 안으로 흡수되어 수면의 높이가 낮아진다. 따라서 눈금실린더의 물은 (가)보다 (나)에서 더 많이 줄어든다.

9 광합성에는 물과 이산화 탄소가 필요하다. 기공이 열릴 때 증산 작용으로 뿌리에서 흡수한 물이 잎까지 상승하고, 기공을 통해 공기 중의 이산화 탄소가 흡수되므로 기공이 열릴 때 증산 작용과 광합성이 활발하게 일어난다.

탐구a

㉠ 엽록체, ㉡ 녹말
01 (1) ○ (2) ○ (3) × (4) ×   **02** 엽록체 속의 엽록소를 제거하여 잎을 탈색시키기 위해서 물중탕한다.   **03** 엽록체, 식물 세포의 엽록체에서 광합성이 일어나 녹말이 만들어진다.

01 (바로알기) (3) 아이오딘 – 아이오딘화 칼륨 용액은 녹말 검출 용액으로, 녹말과 반응하여 청람색을 나타낸다.
(4) 광합성으로 처음 만들어지는 양분은 포도당이고, 포도당은 녹말의 형태로 바뀌어 엽록체에 저장된다.

02 잎을 에탄올에 넣고 물중탕하면 엽록체 속의 초록색 색소인 엽록소가 에탄올에 녹아 나와 잎이 탈색되므로 아이오딘 – 아이오딘화 칼륨 용액을 떨어뜨렸을 때 엽록체의 색깔 변화를 잘 볼 수 있다.

채점 기준	배점
잎을 탈색한다는 내용을 포함하여 옳게 서술한 경우	100 %
잎을 탈색한다는 내용을 포함하지 않은 경우	0 %

03 아이오딘 – 아이오딘화 칼륨 용액을 떨어뜨렸을 때 엽록체가 청람색으로 변한 것으로 보아, 엽록체에서 광합성이 일어나 녹말이 만들어졌음을 알 수 있다.

채점 기준	배점
청람색으로 변한 구조와 이를 통해 알 수 있는 사실을 모두 옳게 서술한 경우	100 %
청람색으로 변한 구조만 옳게 쓴 경우	30 %

탐구b

증가
01 (1) × (2) ○ (3) ○   **02** 광합성에 필요한 이산화 탄소를 공급하기 위해서이다.   **03** 전등이 켜진 개수가 늘어날수록 빛의 세기가 세져 광합성으로 발생하는 산소의 양이 증가하기 때문이다.

01 (3) 광합성이 활발하게 일어날수록 잎 조각에서 발생하는 산소의 양이 증가하기 때문에 잎 조각이 떠오르는 데 걸리는 시간이 짧아진다.

바로알기 (1) 전등이 켜진 개수의 변화는 빛의 세기의 변화를 뜻한다. 전등이 켜진 개수가 늘어날수록 빛의 세기가 세진다.

02

채점 기준	배점
이산화 탄소를 공급한다는 내용을 포함하여 옳게 서술한 경우	100 %
이산화 탄소를 공급한다는 내용을 포함하지 않은 경우	0 %

03 전등이 켜진 개수가 늘어날수록 광합성이 활발하게 일어나 발생하는 산소의 양이 증가하기 때문에 잎 조각이 모두 떠오르는 데 걸리는 시간이 짧아진다.

채점 기준	배점
빛의 세기와 산소 발생량의 변화를 모두 포함하여 옳게 서술한 경우	100 %
두 가지 중 한 가지만 포함하여 서술한 경우	50 %

기출 문제로 **내신쑥쑥** 진도 교재 138~141쪽

01 ④ **02** ② **03** ③ **04** ③ **05** ④ **06** ㄱ, ㄷ
07 ④ **08** ⑤ **09** ③ **10** ③ **11** ⑤ **12** ④
13 ① **14** ⑤ **15** ① **16** ① **17** ⑤ **18** ④ **19** ⑤
서술형문제 **20** (1) B, 검정말이 빛을 받아 광합성을 하면서 이산화 탄소를 사용하여 BTB 용액 속 이산화 탄소의 양이 감소하였기 때문이다. (2) 이산화 탄소, 빛 **21** 해설 참조 **22** (1) 눈금실린더 속의 물의 증발을 막기 위해서이다. (2) (나), 잎에서 증산 작용이 활발하게 일어나 눈금실린더 속의 물이 나뭇가지 안으로 이동하였기 때문이다.

01 광합성은 식물이 빛에너지를 이용하여 이산화 탄소와 물을 원료로 양분을 만드는 과정이다.
바로알기 ④ 광합성은 엽록체가 있는 세포에서만 일어난다.

[02~03]

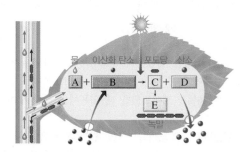

02 광합성에 필요한 물질은 물(A)과 이산화 탄소(B)이며, 광합성으로 생성되는 물질은 포도당(C)과 산소(D)이다.

03 **바로알기** ③ 아이오딘 – 아이오딘화 칼륨 용액과 반응하여 청람색을 나타내는 것은 녹말(E)이다. 포도당(C)은 베네딕트 용액으로 검출한다.

04 파란색 BTB 용액에 숨을 불어넣으면 숨 속의 이산화 탄소가 녹아 BTB 용액의 색깔이 노란색으로 변한다.
• 시험관 A : 아무 처리도 하지 않았으므로 BTB 용액의 색깔이 그대로 노란색을 나타낸다.

• 시험관 B : 검정말이 빛을 받아 광합성을 하면서 이산화 탄소를 사용하므로 BTB 용액의 색깔이 노란색에서 파란색으로 변한다.
• 시험관 C : 알루미늄 포일에 의해 빛이 차단되므로 검정말이 광합성을 하지 않아 BTB 용액의 색깔이 그대로 노란색을 나타낸다.

05 ⑤ 빛을 받은 시험관 B에서는 광합성이 일어나고, 알루미늄 포일로 감싸 빛을 받지 못한 시험관 C에서는 광합성이 일어나지 않는 것으로 보아 광합성에는 빛이 필요하다는 것을 알 수 있다.
바로알기 ④ 광합성이 일어난 시험관 B에서만 이산화 탄소가 감소하여 BTB 용액의 색깔이 파란색으로 변했으므로, 검정말의 광합성에 이산화 탄소가 사용되었음을 알 수 있다. 광합성으로 발생하는 기체는 산소이나 이 실험에서 산소의 발생 여부는 확인할 수 없다.

06 엽록체는 식물 세포에 들어 있는 초록색의 작은 알갱이로, 광합성이 일어나는 장소이다. 엽록체에는 빛을 흡수하는 초록색 색소인 엽록소가 들어 있다.

[07~08]

(가)	(나)	(다)
검정말이 빛을 받아 광합성을 한다.	엽록체 속의 엽록소가 에탄올에 녹아 나와 잎이 탈색된다.	엽록체가 청람색으로 변한다.

07 ④ 잎을 에탄올에 넣고 물중탕하면 엽록체 속의 초록색 색소인 엽록소가 에탄올에 녹아 나와 잎이 탈색되므로 아이오딘 – 아이오딘화 칼륨 용액을 떨어뜨렸을 때 엽록체의 색깔 변화를 잘 볼 수 있다.

08 **바로알기** ⑤ 엽록체에서 광합성으로 생성된 녹말과 아이오딘 – 아이오딘화 칼륨 용액이 반응하여 청람색을 나타내므로 (다)의 검정말 잎을 현미경으로 관찰하면 청람색을 띠는 엽록체가 관찰된다.

09 ③ 검정말의 광합성으로 발생하는 기체는 산소이다. 산소는 다른 물질을 태우는 성질이 있어 향의 불씨를 가져가면 향의 불꽃이 다시 타오른다.

10 ③ 탄산수소 나트륨 수용액을 사용하는 까닭은 검정말의 광합성에 필요한 이산화 탄소를 충분히 공급해 주기 위해서이다.

11 빛을 비추면 잎 조각 속 엽록체에서 광합성이 일어나 산소가 발생하여 시금치 잎 조각이 떠오른다. 전등이 켜진 개수가 늘어날수록 빛의 세기가 세지고, 빛의 세기가 세질수록 광합성량이 많아져 산소 발생량도 많아지므로 시금치 잎 조각이 모두 떠오르는 데 걸리는 시간이 짧아진다.
바로알기 ⑤ 잎 조각이 모두 떠오르는 데 걸리는 시간이 짧을수록 광합성이 활발하게 일어난 것이다. 광합성량은 일정 온도

까지는 온도가 높아질수록 증가하는데, 얼음을 넣으면 온도가 낮아져 광합성량이 감소한다.

12 광합성량은 빛의 세기가 셀수록 증가하다가 일정 세기 이상에서는 더 이상 증가하지 않고 일정해진다.

13 ② 빛이 강할 때, 온도가 높을 때, 바람이 잘 불 때, 습도가 낮을 때 증산 작용이 활발하다.
④ 기공은 일반적으로 잎의 앞면보다 뒷면에 많으므로, 증산 작용은 잎의 앞면보다 뒷면에서 활발하게 일어난다.
바로알기 ① 기공은 낮에 열리고 밤에 닫히므로, 증산 작용은 낮에 활발하게 일어난다.

14 수면의 높이가 낮을수록 증산 작용이 활발하게 일어난 것이다. 잎이 있는 (가)에서는 증산 작용이 가장 활발하게 일어나 수면의 높이가 가장 많이 낮아진다. 잎을 비닐봉지로 감싼 (나)에서는 비닐봉지 안에 물방울이 맺히고 습도가 높아져 증산 작용이 점차 감소하므로 (가)보다 수면의 높이가 덜 낮아진다. 잎이 없는 (다)에서는 증산 작용이 일어나지 않아 수면의 높이에 거의 변화가 없다.

15 ㄱ. (나)의 비닐봉지 안에는 물방울이 맺히는데, 이는 증산 작용으로 잎에서 빠져나온 수증기가 비닐봉지에 닿아 액화된 것이다.
바로알기 ㄴ. 증산 작용은 습도가 낮을 때 활발하게 일어난다. (나)의 비닐봉지 안에는 증산 작용으로 배출된 수증기가 모여 습도가 높아지므로 증산 작용은 (가)에서 가장 활발하게 일어난다.
ㄷ. 이 실험을 통해 증산 작용이 잎에서 일어난다는 것을 알 수 있다.

16 **바로알기** ① 기공은 주로 잎의 뒷면에 분포한다.

17 ③ 공변세포로 물이 들어오면 공변세포가 팽창하면서 바깥쪽으로 휘어져 기공이 열리게 된다.
바로알기 ⑤ 표피 세포(C)는 엽록체가 없어 광합성이 일어나지 않지만, 공변세포(A)는 엽록체가 있어 광합성이 일어난다.

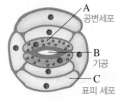

18 기공은 공변세포의 모양에 따라 열리거나 닫힌다. 공변세포 내 농도가 높아지면, 주변 세포에서 공변세포로 물이 들어온다. 공변세포는 안쪽 세포벽이 바깥쪽 세포벽보다 두꺼우므로 공변세포에 물이 들어와 공변세포가 팽창하면 바깥쪽으로 휘어져 기공이 열리게 된다.

19 ㄴ. 식물은 증산 작용으로 식물 내부의 물을 밖으로 내보내 수분량을 조절한다.
ㄷ. 증산 작용은 뿌리에서 흡수한 물이 물관을 통해 잎까지 이동하는 원동력이 된다.
바로알기 ㄱ. 증산 작용으로 물이 증발하면서 주변의 열을 흡수하므로, 증산 작용은 식물의 체온이 높아지는 것을 막는 역할을 한다.

20 (1) 시험관 B에서 광합성이 일어나 이산화 탄소를 사용하

므로 BTB 용액 속 이산화 탄소의 양이 감소하면서 BTB 용액의 색깔이 점차 파란색으로 변한다.
(2) 시험관 A와 B를 비교하여 광합성에 이산화 탄소가 필요함을 알 수 있고, 시험관 B와 C를 비교하여 광합성에 빛이 필요함을 알 수 있다.

	채점 기준	배점
(1)	B라고 쓰고, 색깔이 변한 까닭을 옳게 서술한 경우	60 %
	B라고만 쓴 경우	20 %
(2)	광합성에 필요한 요소 두 가지를 모두 옳게 쓴 경우	40 %
	두 가지 중 한 가지만 옳게 쓴 경우	20 %

21 **모범 답안**

채점 기준	배점
그래프 3가지를 모두 옳게 그린 경우	100 %
그래프 3가지 중 일부만 옳게 그린 경우 1개당 부분 배점	30 %

22 잎이 있는 (나)에서 증산 작용이 활발하게 일어나 눈금실린더 속 물의 양이 줄어들어 수면의 높이가 낮아진다.

	채점 기준	배점
(1)	물의 증발을 막기 위해서라고 옳게 서술한 경우	40 %
	물의 증발을 막는다는 내용을 포함하지 않은 경우	0 %
(2)	(나)라고 쓰고, 그 까닭을 옳게 서술한 경우	60 %
	(나)라고만 쓴 경우	20 %

수준 높은 문제로 실력탄탄　　　　　　　　진도 교재 141쪽

01 ③　　**02** ③

01 ② 잎을 에탄올에 넣고 물중탕하면 엽록체 속 엽록소가 에탄올에 녹아 나와 잎이 탈색되므로, 아이오딘 – 아이오딘화 칼륨 용액을 떨어뜨렸을 때 엽록체의 색깔 변화를 잘 관찰할 수 있다.
바로알기 ③ 알루미늄 포일로 싼 ⓛ은 빛을 받지 못해 광합성이 일어나지 않고, 빛을 받은 ㉠에서만 광합성이 일어난다. 광합성 결과 생성된 포도당은 녹말의 형태로 엽록체에 저장되므로 광합성이 일어난 ㉠에서만 아이오딘–아이오딘화 칼륨 용액을 떨어뜨렸을 때 청람색이 나타난다.

02

② 전등 빛이 밝아질수록 빛의 세기가 세지므로 광합성이 활발하게 일어나 발생하는 기포 수가 많아진다.

④ 빛의 세기에 따른 광합성량을 알아보는 실험이므로, 광합성에 영향을 미치는 환경 요인인 온도와 이산화 탄소 농도는 일정하게 유지되어야 한다.

바로알기 ③ 기포는 검정말의 광합성으로 발생하는 산소이므로, 광합성량이 증가할수록 발생하는 산소의 양이 많아져 기포 수가 많아진다.

유제①

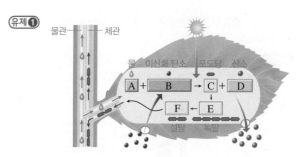

물(A)은 물관을 통해 잎까지 이동하고, 설탕(F)은 체관을 통해 식물의 각 기관으로 이동한다.

유제③ 콩은 단백질, 양파와 포도는 포도당, 땅콩은 지방, 고구마는 녹말의 형태로 양분을 저장한다.

---

02 식물의 호흡

확인 문제로 개념 쏙쏙
진도 교재 143쪽

Ⓐ 에너지, 광합성, 호흡, 방출, 흡수, 흡수, 방출

Ⓑ 설탕, 체관

1 ㉠ 산소, ㉡ 이산화 탄소   2 (1) × (2) × (3) ○ (4) ○

3 ㉠ 엽록체가 있는 세포, ㉡ 모든 살아 있는 세포, ㉢ 빛이 있을 때, ㉣ 항상, ㉤ 방출, ㉥ 흡수, ㉦ 흡수, ㉧ 방출, ㉨ 합성, ㉩ 분해, ㉪ 저장, ㉫ 방출   4 A : 이산화 탄소, B : 산소, C : 이산화 탄소, D : 산소   5 ㉠ 녹말, ㉡ 설탕, ㉢ 체관

2 (4) 식물의 호흡으로 방출된 에너지는 싹을 틔우고, 꽃을 피우고, 열매를 맺는 등 식물의 생명 활동에 이용한다.

바로알기 (1) 식물의 호흡은 낮과 밤 관계없이 항상 일어난다.
(2) 식물의 호흡은 모든 살아 있는 세포에서 일어난다.

3 광합성은 양분을 합성하여 에너지를 저장하고, 호흡은 양분을 분해하여 에너지를 방출한다.

4 A와 C는 이산화 탄소, B와 D는 산소이다.
빛이 있는 낮에는 광합성이 활발하게 일어나 이산화 탄소를 흡수하고 산소를 방출한다. 반면, 빛이 없는 밤에는 광합성은 일어나지 않고 호흡만 일어나 산소를 흡수하고 이산화 탄소를 방출한다.

여기서 잠깐
진도 교재 144쪽

유제① (1) A : 물, B : 이산화 탄소, C : 포도당, D : 산소, E : 녹말, F : 설탕 (2) A : 물관, F : 체관

유제② ㉠ 녹말, ㉡ 설탕, ㉢ 밤, ㉣ 체관

유제③ ⑤

기출 문제로 내신 쑥쑥
진도 교재 145~147쪽

| 01 ① | 02 ⑤ | 03 ③ | 04 ⑤ | 05 ② | 06 ② |
| 07 ③ | 08 ④ | 09 ② | 10 ⑤ | 11 ⑤ | 12 ① |

서술형문제 13 (1) (가) (2) 시금치의 호흡으로 이산화 탄소가 발생하였기 때문이다.   14 (1) 식물이 빛을 받아 광합성을 하여 쥐의 호흡에 필요한 산소를 방출하였기 때문이다. (2) 빛이 차단되면 식물이 호흡만 하여 산소를 흡수하므로, (가)보다 (나)에서 쥐가 더 빨리 죽을 것이다.   15 •일어나는 장소 : 광합성은 엽록체가 있는 세포에서 일어나며, 호흡은 모든 살아 있는 세포에서 일어난다. •기체 출입 : 광합성이 일어날 때는 이산화 탄소를 흡수하고 산소를 방출하며, 호흡이 일어날 때는 산소를 흡수하고 이산화 탄소를 방출한다.

01 ② 호흡 과정에서 양분이 산소와 반응하여 물과 이산화 탄소로 분해되면서 에너지를 방출한다.
④ 식물은 호흡을 할 때 산소를 흡수하고 이산화 탄소를 방출하며, 광합성을 할 때 이산화 탄소를 흡수하고 산소를 방출한다.
바로알기 ① 호흡은 낮과 밤 구분없이 항상 일어난다.

02 ⑤ 페트병 B에서 시금치가 빛이 없어 호흡만 하여 이산화 탄소를 방출하였고, 석회수는 이산화 탄소와 반응하여 뿌옇게 변했다.

03 바로알기 ㄴ. 석회수가 뿌옇게 변하는 것을 통해 식물의 호흡으로 이산화 탄소가 발생한다는 것을 알 수 있다.

04

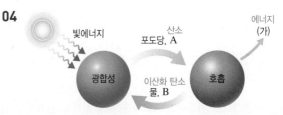

ㄴ. 호흡으로 방출된 에너지는 싹을 틔우거나 꽃을 피우는 등 식물의 생명 활동에 이용된다.

ㄷ. 호흡은 광합성으로 만들어진 양분을 분해하여 에너지를 얻는 과정이다.

바로알기 ㄱ. 광합성으로 포도당과 산소(A)가 생성되고, 호흡으로 물과 이산화 탄소(B)가 생성된다.

05

(가)   (나)

· 빛이 있을 때 : (나)보다 (가)에서 촛불이 더 빨리 꺼진다.
· 빛이 없을 때 : (가)보다 (나)에서 촛불이 더 빨리 꺼진다.

③ 빛이 있을 때에는 식물에서 광합성이 일어나 촛불의 연소에 필요한 산소가 방출되므로 (가)보다 (나)에서 촛불이 더 오래 탄다.

④ 빛을 차단하면 (나)에서 식물이 광합성을 하지 않고 호흡만 하므로 산소가 더 빠르게 소모되어 (가)보다 (나)에서 촛불이 더 빨리 꺼진다.

바로알기 ② 빛이 있을 때에는 식물에서 광합성과 호흡이 모두 일어난다.

06 광합성과 호흡을 비교하면 표와 같다.

구분	광합성	호흡
장소	엽록체가 있는 세포	모든 살아 있는 세포
시기	빛이 있을 때	항상
생성물	포도당, 산소	이산화 탄소, 물
양분	합성	분해
에너지	저장	방출

[07~08]

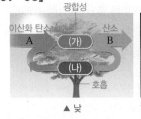

▲ 낮   산소   ▲ 밤   이산화 탄소

07 낮에는 광합성량이 호흡량보다 많으므로 이산화 탄소를 흡수하고, 산소를 방출한다. 밤에는 호흡만 일어나므로 산소를 흡수하고, 이산화 탄소를 방출한다.

08 ①, ③ 광합성은 빛이 있을 때(낮)만 일어나고, 호흡은 낮과 밤 관계없이 항상 일어난다. 따라서 (가)는 광합성, (나)는 호흡이다.
⑤ 낮에는 호흡으로 생성된 이산화 탄소가 모두 광합성에 이용되어 이산화 탄소가 방출되지 않는 것처럼 보인다.

바로알기 ④ 낮에는 광합성량이 호흡량보다 많아서 이산화 탄소를 흡수하고, 산소를 방출한다.

09 **바로알기** ② 양분은 주로 설탕의 형태로 밤에 체관을 통해 이동한다.

10 광합성으로 만들어진 포도당은 녹말 형태로 엽록체에 저장되었다가 설탕으로 바뀌어 밤에 체관을 통해 식물의 각 기관으로 이동한다.

11 ㄱ, ㄴ. 광합성으로 만들어진 양분은 식물체의 구성 성분이 되어 생장하는 데 사용되거나, 호흡을 통해 생명 활동에 필요한 에너지를 얻는 데 사용된다.

12 콩은 단백질 형태로, 깨는 지방 형태로, 포도는 포도당 형태로, 감자와 고구마는 녹말 형태로 양분을 저장한다.

13 빛이 없어 시금치가 호흡만 하므로 이산화 탄소가 방출되었다. 석회수는 이산화 탄소와 반응하여 뿌옇게 변한다.

	채점 기준	배점
(1)	(가)라고 쓴 경우	40 %
(2)	식물의 호흡과 이산화 탄소를 포함하여 그 까닭을 옳게 서술한 경우	60 %
	식물의 호흡과 이산화 탄소 중 한 가지만 포함하여 옳게 서술한 경우	30 %

14 (1) 빛이 있을 때에는 식물에서 광합성이 일어나 쥐의 호흡에 필요한 산소가 만들어지므로 (나)에서 쥐가 더 오래 산다.
(2) 빛을 차단하면 식물이 광합성을 하지 않고 호흡만 하여 산소가 더 빠르게 소모되기 때문에 (나)에서 쥐가 빨리 죽는다.

	채점 기준	배점
(1)	광합성과 산소를 포함하여 옳게 서술한 경우	50 %
	산소 출입만 옳게 서술한 경우	25 %
(2)	식물의 호흡과 산소를 포함하여 옳게 서술한 경우	50 %
	산소 출입만 옳게 서술한 경우	25 %

15 광합성과 호흡은 기체 출입이 반대로 일어난다.

채점 기준	배점
두 가지 측면 모두 옳게 서술한 경우	100 %
두 가지 측면 중 한 가지만 옳게 서술한 경우	50 %

수준 높은 문제로 실력탄탄   진도 교재 147쪽

01 ⑤   **02** ⑤

01 ㄷ. 식물이 싹이 트거나 꽃이 피는 등 생명 활동이 왕성할 때는 많은 에너지가 필요하기 때문에 양분을 분해하여 에너지를 얻는 과정인 호흡이 활발하게 일어난다.

바로알기 ㄱ. 콩이 호흡하면서 열을 방출하므로 보온병 속의 온도가 높아진다.

02 ㄴ. 광합성이 활발하게 일어날수록 이산화 탄소 흡수량이 높아진다. A 시기에 이산화 탄소 흡수량이 가장 높은 것으로 보아 광합성이 가장 활발하게 일어났음을 알 수 있다.
ㄷ. 광합성량과 호흡량이 같으면 호흡으로 방출된 이산화 탄소가 모두 광합성에 이용되므로 겉으로 보기에 기체의 출입이 없다. B 시기에 외관상 이산화 탄소의 출입이 없는 것으로 보아 광합성량과 호흡량이 같음을 알 수 있다.

바로알기 ㄱ. 식물의 호흡은 낮과 밤 관계없이 항상 일어난다.

01 ⑤	**02** ③	**03** ④	**04** ①	**05** ②	**06** ④
07 ③	**08** ②	**09** ③	**10** ①	**11** ①, ③	**12** ④
13 ②	**14** ②	**15** ⑤	**16** ①	**17** ③	

서술형문제 **18** (1) 엽록체 속의 **엽록소**를 제거하여 잎을 탈색시켜야 아이오딘-아이오딘화 칼륨 용액을 떨어뜨렸을 때 엽록체의 색깔 변화를 잘 볼 수 있기 때문이다. (2) 광합성은 식물 세포의 엽록체에서 일어나며, 광합성 결과 녹말이 만들어진다. **19** (1) 광합성량은 빛의 세기가 셀수록 증가하며, 일정 세기 이상에서는 더 이상 증가하지 않는다. (2) 광합성량은 온도가 높을수록 증가하며, 일정 온도 이상에서는 급격하게 감소한다. **20** (1) 시금치 잎 조각에서 광합성이 일어나 산소가 발생하기 때문이다. (2) **전등과의 거리**가 가까울수록 **빛의 세기**가 세져 **광합성량**이 증가하여 발생하는 **산소의 양**이 많아지기 때문이다. **21** 빛이 강할 때, 온도가 높을 때, 바람이 잘 불 때, 습도가 낮을 때 **22** (1) A : 이산화 탄소, B : 산소, C : 이산화 탄소, D : 산소 (2) 낮에는 **광합성량**이 호흡량보다 많아 **이산화 탄소를 흡수하고, 산소를 방출한다.**

01 광합성은 식물이 빛에너지를 이용하여 이산화 탄소와 물을 원료로 포도당과 같은 양분을 만드는 과정이다.

02 ② 이산화 탄소(A)는 BTB 용액의 산성도를 변화시킨다. BTB 용액 속 이산화 탄소의 양이 많아질수록 BTB 용액은 산성이 되고, 색깔이 노란색으로 변한다.

바로알기 ③ 물은 뿌리에서 흡수되어 물관을 통해 이동한다. 체관은 설탕과 같은 양분의 이동 통로이다.

03 BTB 용액에 숨을 불어넣으면 숨 속의 이산화 탄소가 녹아 BTB 용액이 산성으로 변하고, 그 결과 BTB 용액의 색깔이 노란색으로 변한다.
• 병 A : 아무 처리도 하지 않았으므로 BTB 용액의 색깔이 변하지 않는다(노란색).
• 병 B : 검정말이 빛을 받아 광합성을 하여 이산화 탄소를 사용하므로 BTB 용액의 색깔이 파란색으로 변한다.
• 병 C : 어둠상자에 의해 빛이 차단되므로 검정말이 광합성을 하지 않아 BTB 용액의 색깔이 변하지 않는다(노란색).

04 바로알기 ㄴ. 엽록체(A)에서 광합성이 일어나 녹말이 만들어지기 때문에 아이오딘-아이오딘화 칼륨 용액을 떨어뜨렸을 때 엽록체가 청람색으로 변한다.
ㄷ. 빛이 없는 곳에 둔 검정말은 광합성이 일어나지 않아 녹말이 만들어지지 않으므로, 아이오딘-아이오딘화 칼륨 용액을 떨어뜨렸을 때 엽록체가 청람색으로 변하지 않는다.

05 광합성량은 빛의 세기가 셀수록, 이산화 탄소의 농도가 높을수록 증가하다가 일정 수준 이상에서는 더 이상 증가하지 않는다. 광합성량은 온도가 높을수록 증가하다가 일정 온도 이상에서는 급격하게 감소한다.

06 전등이 켜진 개수가 늘어날수록 빛의 세기가 세진다. 빛의 세기가 셀수록 광합성이 활발하게 일어나 발생하는 산소의 양이 많아지므로 잎 조각이 모두 떠오르는 데 걸리는 시간이 짧아진다.

바로알기 ④ 탄산수소 나트륨 수용액은 광합성에 필요한 이산화 탄소를 공급하기 위해 사용한다.

07 ㄱ, ㄴ. 전등이 켜진 개수를 더 늘리면 빛의 세기가 증가하고, 비커에 탄산수소 나트륨을 더 넣어주면 이산화 탄소의 농도가 증가하여 광합성량이 증가한다. 따라서 시금치 잎 조각이 모두 떠오르는 데 걸리는 기간이 짧아진다.

바로알기 ㄷ. 광합성량은 40 ℃ 이상에서는 급격하게 감소하므로 용액의 온도를 40 ℃ 이상으로 유지하면 시금치 잎 조각이 모두 떠오르는 데 걸리는 시간이 길어진다.

08 ①, ⑤ 증산 작용은 식물체 속의 물이 수증기로 변하여 잎의 기공을 통해 공기 중으로 빠져나가는 현상이다.
③ 증산 작용으로 물이 증발할 때 주변의 열을 흡수하므로, 증산 작용은 식물과 주변의 온도를 낮추는 역할을 한다.
④ 잎에서 증산 작용으로 물이 빠져나가면 잎에서는 줄어든 물을 보충하기 위해 잎맥과 줄기, 뿌리 속의 물을 연속적으로 끌어올린다. 즉, 증산 작용은 뿌리에서 흡수한 물이 잎까지 이동하는 원동력이 된다.

바로알기 ② 기공이 열리면 증산 작용이 활발하게 일어나고, 기공이 닫히면 증산 작용이 일어나지 않는다. 기공은 주로 낮에 열리므로 증산 작용은 낮에 활발하게 일어난다.

09
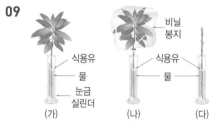
• (가) : 증산 작용이 가장 활발하게 일어난다.
• (나) : 증산 작용이 점점 감소한다. ➡ 점점 습도가 높아지기 때문
• (다) : 증산 작용이 일어나지 않는다. ➡ 잎이 없기 때문

(나)는 잎이 있지만 비닐봉지 안의 습도가 점차 높아져 (가)보다 증산 작용이 덜 활발하게 일어나고, (다)는 잎이 없어 증산 작용이 일어나지 않는다. 따라서 줄어든 물의 양을 비교하면 (가)>(나)>(다)이다.

바로알기 ③ (나)에서는 증산 작용으로 잎에서 빠져나온 수증기가 비닐봉지에 닿아 액화되어 비닐봉지 안에 물방울이 맺힌다.

10
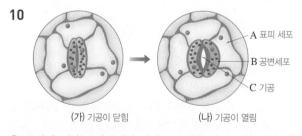

(가) 기공이 닫힘   (나) 기공이 열림

② 공변세포(B)는 엽록체가 있어 초록색을 띠고, 광합성이 일어난다.

④, ⑤ 기공은 밤에 닫히고, 낮에 열린다. 기공이 열리는 낮에 증산 작용이 활발하게 일어난다.

바로알기 ① 표피 세포(A)는 엽록체가 없어 투명하고, 광합성이 일어나지 않는다.

11 증산 작용이 잘 일어나는 조건은 빛이 강할 때, 온도가 높을 때, 습도가 낮을 때, 바람이 잘 불 때이다.

바로알기 ⑤ 기공이 열릴 때 증산 작용이 활발하게 일어난다.

12 호흡은 양분을 분해하여 생명 활동에 필요한 에너지를 얻는 과정이다.

13 초록색 BTB 용액은 이산화 탄소가 많아지면 노란색, 이산화 탄소가 적어지면 파란색으로 변한다.
· 시험관 A : 숨 속의 이산화 탄소가 용액에 녹아 BTB 용액의 색깔이 노란색으로 변한다.
· 시험관 B : 아무 처리도 하지 않았으므로 BTB 용액의 색깔이 변하지 않는다.(초록색)
· 시험관 C : 빛이 차단되어 검정말에서 호흡만 일어나 이산화 탄소가 생성되므로 BTB 용액의 색깔이 노란색으로 변한다.
· 시험관 D : 검정말에서 광합성과 호흡이 모두 일어나며, 호흡량보다 광합성량이 더 많아 이산화 탄소가 소모되므로 BTB 용액 속 이산화 탄소가 줄어든다. 따라서 BTB 용액의 색깔이 파란색으로 변한다.

14 **바로알기** ① 광합성은 엽록체가 있는 세포에서만 일어나고, 호흡은 모든 살아 있는 세포에서 일어난다.
③ 광합성 결과 산소가 방출되고, 호흡 결과 이산화 탄소가 방출된다.
④, ⑤ 광합성은 양분을 합성하여 에너지를 저장하는 과정이고, 호흡은 양분을 분해하여 에너지를 방출하는 과정이다.

15 ㄴ. 밤에는 호흡만 일어나므로 산소를 흡수하고 이산화 탄소를 방출한다.
ㄷ. 광합성량과 호흡량이 같을 때에는 광합성으로 생성된 산소가 모두 호흡에 이용되고, 호흡으로 생성된 이산화 탄소가 모두 광합성에 이용되므로 겉으로 보기에 기체의 출입이 없다.

바로알기 ㄱ. 낮에는 광합성과 호흡이 모두 일어나며, 광합성량이 호흡량보다 많아 이산화 탄소를 흡수하고 산소를 방출한다.

16
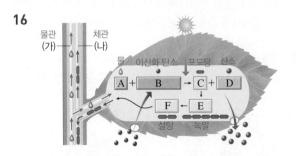
②, ④ 광합성으로 처음 만들어지는 포도당(C)은 물에 잘 녹지 않는 녹말(E)로 바뀌어 저장된다.
③ 광합성으로 생성된 산소(D)는 식물의 호흡에 사용되고 일부는 기공을 통해 공기 중으로 방출된다.
⑤ 녹말(E)은 설탕(F)으로 바뀌어 밤에 체관(나)을 통해 식물의 각 기관으로 이동한다.

바로알기 ① 이산화 탄소(B)는 호흡으로 생성되는 물질이다. 산소(D)가 동물의 호흡에 사용되기도 한다.

17 체관이 제거되어 잎에서 만들어진 양분이 아래로 이동하지 못하여 A 부분의 열매는 크게 자라고, B 부분의 열매는 잘 자라지 못하게 된 것이다.

바로알기 ㄴ. 잎에서 광합성이 일어나 양분이 생성되었다.

18 검정말 잎을 에탄올에 넣고 물중탕하면 에탄올에 엽록소가 녹아 나와 엽록체에서 제거된다.

	채점 기준	배점
(1)	제시된 단어를 모두 포함하여 옳게 서술한 경우	60 %
	제시된 단어 중 일부만 포함하여 서술한 경우 1개당 부분 배점	20 %
(2)	광합성 장소와 광합성 산물을 모두 포함하여 옳게 서술한 경우	40 %
	두 가지 중 한 가지만 포함하여 옳게 서술한 경우	20 %

19 광합성량은 약 40 ℃ 이상에서는 급격하게 감소한다.

	채점 기준	배점
(1)	빛의 세기와 광합성량의 관계를 옳게 서술한 경우	50 %
	빛의 세기가 셀수록 광합성량이 증가한다고만 서술한 경우	0 %
(2)	온도와 광합성량의 관계를 옳게 서술한 경우	50 %
	온도가 높을수록 광합성량이 증가한다고만 서술한 경우	0 %

20 (1) 광합성이 일어나면 산소가 발생하여 시금치 잎 조각이 떠오르게 된다.
(2) 빛의 세기가 셀수록 광합성량이 증가하여 발생하는 산소의 양이 많아진다.

	채점 기준	배점
(1)	광합성과 산소를 포함하여 옳게 서술한 경우	40 %
	산소가 발생하기 때문이라고만 서술한 경우	20 %
(2)	제시된 단어를 모두 포함하여 옳게 서술한 경우	60 %
	제시된 단어 중 일부만 포함하여 서술한 경우 1개당 부분 배점	15 %

21 증산 작용이 활발하게 일어나는 조건은 빨래가 잘 마르는 조건과 비슷하다.

채점 기준	배점
조건 4가지를 모두 옳게 서술한 경우	100 %
조건 4가지 중 일부만 옳게 서술한 경우 1개당 부분 배점	25 %

22 낮에는 광합성량이 호흡량보다 많으므로 이산화 탄소를 흡수하고 산소를 방출하며, 밤에는 호흡만 일어나므로 산소를 흡수하고 이산화 탄소를 방출한다.

	채점 기준	배점
(1)	A~D를 모두 옳게 쓴 경우	40 %
	A~D 중 하나라도 틀리게 쓴 경우	0 %
(2)	제시된 단어를 모두 포함하여 옳게 서술한 경우	60 %
	제시된 단어 중 두 가지 이상 포함하지 않고 서술한 경우	0 %

정답과 해설

Ⅰ 물질의 구성

01 원소

중단원 핵심 요약　시험 대비 교재 2쪽

① 원소　② 산소　③ 수소　④ 원소
⑤ 수소　⑥ 산소　⑦ 나트륨　⑧ 빨간색
⑨ 보라색　⑩ 겉불꽃　⑪ 불꽃 반응 색　⑫ 칼슘

잠깐 테스트　시험 대비 교재 3쪽

1 원소　2 산소　3 수소　4 원소　5 ㄴ, ㄷ, ㅁ
6 (1)-ⓒ (2)-ⓛ (3)-⑤　7 (1) 주황색 (2) 보라색 (3) 청록
색 (4) 노란색　8 ㄴ, ㄹ　9 선 스펙트럼 분석　10 원소 A

중단원 기출 문제　시험 대비 교재 4~6쪽

01 ③	02 ①, ④	03 ④	04 ③, ⑧	05 ③	06 ④
07 ④	08 ②	09 ④	10 ⑤	11 ①	12 ①
13 ⑤	14 ③	15 ④	16 ②	17 ①	18 ②
19 ④					

01 ③ (가)는 아리스토텔레스의 생각이고, (나)는 보일의 생각
이다.

02 ①, ④ 라부아지에는 물 분해 실험을 통해 물이 수소와 산
소로 분해되는 것을 확인하여 물이 원소가 아님을 증명하였고,
이를 통해 아리스토텔레스의 생각이 옳지 않음을 증명하였다.

03 ㄴ. 산소는 주철관의 철과 반응하여 주철관 안을 녹슬게
하고, 냉각수를 통과한 물질에서는 수소가 얻어진다.
ㄷ. 물은 수소와 산소로 분해되므로 원소가 아니다.
바로알기 ㄱ. 라부아지에의 물 분해 실험이다.

04 ③ 물을 전기 분해하면 (−)극에서 수소 기체가, (+)극에
서 산소 기체가 발생하며, 발생량은 수소가 산소보다 많다.
⑧ 물이 수소와 산소로 분해되므로, 물이 물질을 이루는 4원소
중 하나라고 생각한 아리스토텔레스의 주장이 옳지 않음을 알
수 있다.
바로알기 ①, ② (+)극에서는 산소 기체가 발생하고, (−)극에
서는 수소 기체가 발생한다.
④ 수소와 산소는 더 이상 분해되지 않는 원소이다.
⑤, ⑥ (+)극에서는 산소 기체가 발생하므로 불씨만 남은 향
불을 갖다 대면 잘 타오르고, (−)극에서는 수소 기체가 발생하
므로 성냥불을 가까이 하면 '퍽' 소리를 내며 탄다.
⑦ 물에 수산화 나트륨을 넣는 까닭은 전류가 잘 흐르게 하기
위해서이다.

05 **바로알기** ③ 지금까지 알려진 118 가지의 원소 중 자연에서
발견된 것은 90여 가지이고, 그 밖의 원소는 인공적으로 만들어
진 것이다.

06 **바로알기** ④ 암모니아는 질소와 수소로 이루어진 물질이므
로 물질을 구성하는 기본 성분인 원소가 아니다.

07 수소, 철, 금, 질소는 원소이고, 물, 소금, 공기, 설탕은 원
소가 아니다.

08 **바로알기** ㄴ. 과자 봉지의 충전제로 이용되는 기체는 질소이다.
ㄷ. 생물의 호흡에 이용되는 기체는 산소이다.
ㅅ. 우주 왕복선의 연료로 이용되는 기체는 수소이다.

09 ④ 헬륨은 공기보다 가볍고 불에 타지 않아 안전하므로
비행선의 충전 기체로 이용된다.

10 ① 질산 나트륨은 나트륨에 의해 노란색의 불꽃 반응 색
이 나타난다.
② 염화 칼륨과 질산 칼륨의 불꽃 반응 색은 보라색이다.
③ 리튬과 스트론튬은 빨간색의 불꽃 반응 색이 나타나므로 구
별하기 어렵다.
바로알기 ⑤ 불꽃 반응 실험으로는 물질 속에 포함된 일부 금속
원소를 구별할 수 있다.

11 ① 불꽃 반응 색이 나타나지 않는 니크롬선이나 백금선
등을 이용하여 불꽃 반응 실험을 한다.
바로알기 ② 불꽃 반응 실험을 할 때 니크롬선은 겉불꽃에 넣어
야 한다. 겉불꽃은 온도가 매우 높으며 무색이어서 시료의 불
꽃 반응 색을 선명하게 관찰할 수 있기 때문이다.

12 ① 칼슘의 불꽃 반응 색은 주황색, 바륨의 불꽃 반응 색은
황록색, 구리의 불꽃 반응 색은 청록색이다.

13 ⑤ 나트륨의 불꽃 반응 색은 노란색이다.
바로알기 ① 칼륨의 불꽃 반응 색은 보라색, ② 구리의 불꽃 반
응색은 청록색, ③ 칼슘의 불꽃 반응 색은 주황색, ④ 리튬의
불꽃 반응 색은 빨간색이다.

14 ③ 스트론튬과 리튬의 불꽃 반응 색은 모두 빨간색이므로
불꽃 반응 색으로 두 물질을 구별하기 어렵다.

15 ㄱ. 염화 나트륨은 나트륨에 의해 노란색의 불꽃 반응 색
이 나타난다.
ㄴ. 불꽃 반응 색이 노란색이므로 (나) 물질에는 나트륨이 포함
되어 있다.
ㄷ. 불꽃 반응 색이 주황색이므로 (다) 물질에는 칼슘이 포함되
어 있다.
바로알기 ㄹ. 같은 금속 원소가 포함된 물질은 불꽃 반응 색이 같다.

16 ② 나트륨의 불꽃 반응 색은 노란색이고, 칼륨의 불꽃 반
응 색은 보라색이므로 두 수용액은 불꽃 반응 실험으로 구별할
수 있다.

17 ① 보라색의 불꽃 반응 색이 나타난 것으로 보아 비누 속에는
칼륨이 들어 있음을 예상할 수 있다.

18 ①, ③ (가)는 연속 스펙트럼이고, (나)는 시료의 불꽃을
분광기로 관찰한 선 스펙트럼이다.

② 연속 스펙트럼은 햇빛을 관찰할 때 나타나고, 선 스펙트럼은 금속 원소의 불꽃을 분광기로 관찰할 때 나타난다.

19 ④ (가)와 (다)의 선 스펙트럼에는 원소 A와 B의 선 스펙트럼이 모두 나타나므로 (가)와 (다)는 원소 A와 B를 포함한다.

서술형 정복하기   시험 대비 교재 7~8쪽

1 답 원소

2 답 알루미늄, 금, 은

3 답 (가) 헬륨, (나) 수소, (다) 산소

4 답 염화 칼륨, 질산 칼륨

5 답 선

6 모범답안 물은 **수소**와 **산소**로 분해되므로 **원소**가 아니다.

7 모범답안 구리는 **전기**가 잘 통하므로 **전선**에 이용된다.

8 모범답안 불꽃 반응, 나트륨은 **노란색**, 칼륨은 **보라색**, 구리는 **청록색**의 불꽃 반응 색이 나타나기 때문이다.

9 모범답안 두 물질은 모두 **빨간색**의 **불꽃 반응 색**이 나타나므로, 두 물질의 불꽃을 **분광기**로 관찰하여 나타나는 **선 스펙트럼**을 비교한다.

10 모범답안 원소의 **종류**에 따라 선의 **색깔**, 위치, 굵기, 개수 등이 다르게 나타난다.

11 모범답안 (1) 순수한 물은 전류가 흐르지 않으므로 전류가 잘 흐르게 하기 위해서이다.
(2) 산소, 불씨만 남은 향불을 가까이 하면 향불이 다시 타오른다.
(3) 수소, 성냥불을 가까이 하면 '퍽' 소리를 내며 탄다.

	채점 기준	배점
(1)	전류가 잘 흐르게 하기 위해서라고 서술한 경우	20 %
(2)	(+)극에 모인 기체의 이름을 쓰고, 기체의 확인 방법을 옳게 서술한 경우	40 %
	(+)극에 모인 기체의 이름만 옳게 쓴 경우	20 %
(3)	(−)극에 모인 기체의 이름을 쓰고, 기체의 확인 방법을 옳게 서술한 경우	40 %
	(−)극에 모인 기체의 이름만 옳게 쓴 경우	20 %

12 모범답안 (1) 니크롬선에 묻어 있는 불순물을 제거하기 위해서이다.
(2) 겉불꽃은 온도가 매우 높고 무색이어서 불꽃 반응 색을 관찰하기 좋기 때문이다.

	채점 기준	배점
(1)	묽은 염산과 증류수로 씻는 까닭을 옳게 서술한 경우	50 %
(2)	겉불꽃에 넣는 까닭을 옳게 서술한 경우	50 %

13 모범답안 빨간색, 원소 A를 포함하는 물질의 불꽃 반응 색은 빨간색이고, 원소 D는 불꽃 반응 색이 나타나지 않기 때문이다.

| 해설 | 물질 AC와 BC의 불꽃 반응 색이 다르므로 원소 A와 B에 의해 불꽃 반응 색이 나타남을 알 수 있다.

채점 기준	배점
(가)의 색을 쓰고, 그 까닭을 옳게 서술한 경우	100 %
(가)의 색만 옳게 쓴 경우	50 %

14 모범답안 바륨, 바륨은 황록색의 불꽃 반응 색이 나타나기 때문이다.

채점 기준	배점
바륨을 쓰고, 그 까닭을 옳게 서술한 경우	100 %
바륨만 쓴 경우	50 %

15 모범답안 (1) 원소 A와 원소 C
(2) 원소 A와 원소 C의 선 스펙트럼이 물질 X의 선 스펙트럼에 모두 나타나기 때문이다.

	채점 기준	배점
(1)	물질 X에 들어 있는 원소를 모두 고른 경우	50 %
(2)	(1)과 같이 답한 까닭을 옳게 서술한 경우	50 %

02 원자와 분자

중단원 핵심 요약   시험 대비 교재 9쪽

① 원자핵   ② 전자   ③ 중성   ④ 성질
⑤ 베르셀리우스   ⑥ He   ⑦ 질소
⑧ 칼슘   ⑨ Cu   ⑩ Au   ⑪ Ag
⑫ 2   ⑬ 1   ⑭ 8   ⑮ CO_2
⑯ NH_3

잠깐 테스트   시험 대비 교재 10쪽

1 ① 원자핵, ② 전자   **2** ① (+)전하, ② (−)전하, ③ 중성
3 ① +3, ② 3   **4** 성질   **5** ① 질소, ② 수소   **6** 베르셀리우스   **7** ① K, ② Cu, ③ O, ④ N, ⑤ Na   **8** ① 마그네슘, ② 황, ③ 금, ④ 칼슘, ⑤ 플루오린   **9** ① 물 분자, ② 수소 원자   **10** ① 메테인, ② O_3, ③ 일산화 탄소, ④ HCl, ⑤ 과산화 수소

계산력·암기력 강화 문제   시험 대비 교재 11쪽

◆ 분자를 이루는 원자의 종류와 개수 이해하기

1 ① 2, ② 2, ③ 산소, ④ 수소, ⑤ 1, ⑥ 1, ⑦ 1, ⑧ 4, ⑨ 탄소, ⑩ 산소, ⑪ 2, ⑫ 2, ⑬ 1, ⑭ 1

시험 대비 교재 11쪽

◇ **원소 기호 암기하기**

1 ① H, ② Ne, ③ Ca, ④ O, ⑤ P, ⑥ I, ⑦ N, ⑧ S, ⑨ Al, ⑩ C, ⑪ Si, ⑫ Ag

2 ① 헬륨, ② 나트륨, ③ 철, ④ 염소, ⑤ 칼륨, ⑥ 구리, ⑦ 리튬, ⑧ 마그네슘, ⑨ 금, ⑩ 플루오린, ⑪ 아연, ⑫ 납

시험 대비 교재 12쪽

◇ **분자식 암기하기**

1 ① H_2, ② N_2, ③ He, ④ 물, ⑤ O_2, ⑥ H_2O_2, ⑦ NH_3, ⑧ CO_2, ⑨ 메테인, ⑩ HCl, ⑪ 오존, ⑫ CO

2 (1) ① 암모니아, ② 질소, 수소, ③ 질소, ④ 수소 (2) ① 3, ② 6, 3, ③ 2, ④ 1 (3) ① 메테인, ② 탄소, 수소, ③ 탄소, ④ 수소 (4) ① 5, ② 5, 10, ③ 1, ④ 2 (5) ① 염화 수소, ② 3, 3, ③ 1, ④ 1 (6) ① 오존, ② 산소, ③ 3

3 ① HCl, ② H_2O, ③ NH_3, ④ CH_4, ⑤ O_2, ⑥ O_3, ⑦ CO_2, ⑧ CO

2
(1) $4NH_3$ ┌ 암모니아 분자 4개
└ 분자 1개는 질소 원자 1개와 수소 원자 3개로 구성

(2) $3H_2O$ ┌ 물 분자 3개
└ 분자 1개는 수소 원자 2개와 산소 원자 1개로 구성

(3) $2CH_4$ ┌ 메테인 분자 2개
└ 분자 1개는 탄소 원자 1개와 수소 원자 4개로 구성

(4) $5CO_2$ ┌ 이산화 탄소 분자 5개
└ 분자 1개는 탄소 원자 1개와 산소 원자 2개로 구성

(5) $3HCl$ ┌ 염화 수소 분자 3개
└ 분자 1개는 수소 원자 1개와 염소 원자 1개로 구성

(6) $4O_3$ ┌ 오존 분자 4개
└ 분자 1개는 산소 원자 3개로 구성

중단원 기출 문제 시험 대비 교재 13~15쪽

01 ②, ⑦	**02** ④	**03** ⑤	**04** ④	**05** ④	**06** ①
07 ④, ⑤	**08** ⑤	**09** ②	**10** ④	**11** ③	**12** ⑥
13 ④	**14** ⑥, ⑦	**15** ⑤	**16** ④	**17** ⑤	**18** ③

19 구리 : Cu, 염화 나트륨 : NaCl

01 바로알기 ② 원자는 (+)전하를 띠는 원자핵과 (−)전하를 띠는 전자로 이루어져 있다.
⑦ 원자는 물질을 이루는 기본 입자이고, 분자는 물질의 성질을 나타내는 가장 작은 입자이다.

02 ㄱ, ㄴ. A는 원자의 중심에 위치한 원자핵이고, B는 원자핵 주위를 움직이고 있는 전자이다.
ㄷ. 원자핵은 원자 질량의 대부분을 차지한다.

바로알기 ㄹ. 원자핵과 전자는 매우 작아서 눈에 보이지 않는다.

03 ⑤ 원자는 원자핵의 (+)전하량과 전자의 총 (−)전하량이 같기 때문에 전기적으로 중성이다.

04 바로알기 ㄱ. 원자핵의 전하량은 +6이다.
ㄷ. 전자의 총 전하량은 −6이다.

05 • 헬륨 원자는 전자가 2개이므로 원자핵의 전하량은 +2이다.
• 리튬 원자는 전자가 3개이므로 원자핵의 전하량은 +3이다.
• 플루오린 원자는 원자핵의 전하량이 +9이므로 전자는 9개이다.

07 바로알기 ① 물질을 이루는 기본 성분은 원소이다.
② 물질을 이루는 기본 입자는 원자이다.
③ 원자가 전자를 잃거나 얻어서 형성되는 것은 이온이다.

08 ②, ③, ④ (가)는 산소 원자 2개가 결합한 산소 분자이고, (나)는 산소 원자 1개와 수소 원자 2개가 결합한 물 분자이다.
바로알기 ⑤ (가)와 (나)는 산소 원자를 포함하지만, 분자를 이루는 원자의 종류와 개수가 다르므로 서로 다른 성질을 나타낸다.

09 ② 총 4개의 원자가 있어야 하며, 한 종류의 원자는 1개, 다른 종류의 원자는 3개가 있는 분자 모형을 찾는다.

10 (가)는 연금술사, (나)는 돌턴이다.
바로알기 ④ 원소 기호는 원소 이름의 알파벳에서 첫 글자를 대문자로 나타내고, 첫 글자가 같은 다른 원소가 있을 때는 중간 글자를 택하여 첫 글자 다음에 소문자로 나타낸다.

11 ③ 금의 원소 기호는 Au, 은의 원소 기호는 Ag, 구리의 원소 기호는 Cu, 황의 원소 기호는 S이다.

12 바로알기 ⑥ 플루오린 – F, 철 – Fe

13 ④ 암모니아 분자를 이루는 원자의 종류는 질소, 수소의 2가지이며, 암모니아 분자 1개를 이루는 원자의 개수는 질소 원자 1개, 수소 원자 3개이므로 총 4개이다.

14 $2CO_2$는 이산화 탄소 분자 2개를 나타내며, 이산화 탄소 분자 1개는 탄소 원자 1개와 산소 원자 2개로 이루어져 있다.
바로알기 ⑥ 분자 1개는 총 3개의 원자로 이루어져 있다.
⑦ 분자 1개를 이루는 탄소 원자의 개수는 1개이다.

15 바로알기 ⑤ 일산화 탄소 – CO, 이산화 탄소 – CO_2

16 ④ 두 종류의 원자로 되어 있고, 한 종류의 원자는 1개, 다른 종류의 원자는 4개가 결합한 분자이다.

17

	분자	분자식	분자 모형
①	산소	O_2	
②	과산화 수소	H_2O_2	
③	메테인	CH_4	
④	염화 수소	HCl	

18 ㄷ. 산소 분자와 오존 분자를 이루는 원자의 종류는 산소 1가지로 같다.

ㄹ. 산소 분자는 산소 원자 2개로 이루어져 있고, 오존 분자는 산소 원자 3개로 이루어져 있다.

[바로알기] ㄱ. 산소와 오존은 분자를 이루는 원자의 개수가 다르므로 서로 다른 물질이다.

ㄴ. 산소와 오존은 분자식이 달라 분자 모양이 다르므로 분자 모형으로 구별할 수 있다.

19 구리와 염화 나트륨은 독립된 분자를 이루지 않고 입자들이 연속해서 규칙적으로 배열되어 있으므로 원자의 개수를 정해서 나타낼 수 없다. 구리는 구리 원자 한 종류만으로 이루어지므로 Cu로 나타내고, 염화 나트륨은 나트륨과 염소의 개수비가 1 : 1이므로 NaCl로 나타낸다.

서술형 정복하기

1 [답] 입자

2 [답] ㉠ $+2$, ㉡ 8, ㉢ $+11$

3 [답] 분자

4 [답] ㉠ Li, ㉡ 염소, ㉢ 나트륨, ㉣ S, ㉤ F, ㉥ 칼슘

5 [답] $2NH_3$

6 [모범답안] 원자는 (+)전하를 띠는 **원자핵**과 (−)전하를 띠는 **전자**로 이루어져 있다.

7 [모범답안] 원소는 물질을 이루는 기본 **성분**이고, 원자는 물질을 이루는 기본 **입자**이다.

8 [모범답안] 연금술사는 그림으로, 돌턴은 **원** 안에 **알파벳**이나 그림을 넣어, 베르셀리우스는 원소 이름의 **알파벳**을 이용하여 원소 기호를 나타내었다.

9 [모범답안] 원소 이름의 **첫 글자**를 알파벳의 **대문자**로 나타내고, **첫 글자**가 같을 때는 중간 글자를 택하여 **첫 글자** 다음에 소문자로 나타낸다.

10 [모범답안] **분자의 종류**는 메테인, **분자를 이루는 원자의 종류**는 탄소와 수소, **원자의 총개수**는 5개이다.

11 [모범답안] (1) A : 전자, B : 원자핵
(2) 원자핵의 (+)전하량과 전자의 총 (−)전하량이 같기 때문이다.

	채점 기준	배점
(1)	A와 B의 이름을 옳게 쓴 경우	50 %
(2)	원자가 전기적으로 중성인 까닭을 옳게 서술한 경우	50 %

12 [모범답안]

▲ 리튬 원자

▲ 산소 원자

채점 기준	배점
리튬 원자와 산소 원자의 모형을 모두 옳게 완성한 경우	100 %
리튬 원자 또는 산소 원자의 모형 중 한 가지만 옳게 완성한 경우	50 %

13 [모범답안] 산소 분자는 산소 원자 2개, 물 분자는 산소 원자 1개와 수소 원자 2개로 이루어져 있다.

채점 기준	배점
산소 분자와 물 분자를 이루는 원자의 종류와 개수를 모두 옳게 서술한 경우	100 %
산소 분자와 물 분자 중 한 가지만 옳게 서술한 경우	50 %

14 [모범답안] (1) 분자를 이루는 원자의 종류(원소)가 같다.(물과 과산화 수소는 모두 산소 원자와 수소 원자로 이루어져 있다.)
(2) 분자를 이루는 원자의 개수가 다르기 때문이다.

	채점 기준	배점
(1)	공통점을 옳게 서술한 경우	50 %
(2)	서로 다른 물질인 까닭을 옳게 서술한 경우	50 %

15 [모범답안] (1) (가) 2개, (나) 3개, (다) 4개
(2) (가) 8개, (나) 9개, (다) 8개
(3) 분자를 이루는 원자의 종류는 (가) 산소, (나) 탄소, 산소, (다) 질소, 수소이다.

	채점 기준	배점
(1)	분자 1개를 이루는 원자의 개수를 모두 옳게 쓴 경우	30 %
(2)	원자의 총개수를 모두 옳게 쓴 경우	30 %
(3)	원자의 종류를 모두 옳게 서술한 경우	40 %

03 이온

중단원 핵심 요약

① (+)   ② (−)   ③ 칼륨   ④ 염화
⑤ Cl^- ⑥ Fe^{2+} ⑦ OH^- ⑧ (−)
⑨ (+)   ⑩ (−)   ⑪ (+)
⑫ 염화 은($AgCl$)   ⑬ 아이오딘화 납(PbI_2)
⑭ Ag^+ ⑮ Cl^- ⑯ Pb^{2+} ⑰ $CaCO_3$
⑱ SO_4^{2-} ⑲ Cu^{2+}

잠깐테스트

1 ① 잃은, ② +, ③ 얻은, ④ −   **2** X^{2-} **3** $Y \longrightarrow Y^+ + \ominus$ **4** ① H^+, ② 마그네슘 이온, ③ O^{2-}, ④ 수산화 이온   **5** (1) 과망가니즈산 이온 (2) 구리 이온   **6** K^+, Cu^{2+} **7** ① (가) 염화 은, (나) 탄산 칼슘   **8** 아이오딘화 납   **9** (1)-㉡-①, (2)-㉢-③, (3)-㉠-②   **10** ① 염화, ② 염화 은

계산적·암기적 강화 문제
시험 대비 교재 20쪽

◈ 이온식 암기하기

1 (가) A^{2+}, (나) B^-

2 ① 리튬 이온, ② 구리 이온, ③ 플루오린화 이온, ④ K^+,
⑤ Mg^{2+}, ⑥ 염화 이온, ⑦ 나트륨 이온, ⑧ 칼슘 이온,
⑨ S^{2-}, ⑩ OH^-, ⑪ Al^{3+}, ⑫ SO_4^{2-}, ⑬ 납 이온, ⑭ 암모늄
이온

3 ① 잃, ② 1, ③ 잃, ④ 2, ⑤ 잃, ⑥ 3, ⑦ 얻, ⑧ 1, ⑨ 잃,
⑩ 2, ⑪ 얻, ⑫ 2

3 (1) $Na \longrightarrow Na^+ + \ominus$, (2) $Ca \longrightarrow Ca^{2+} + 2\ominus$
(3) $Al \longrightarrow Al^{3+} + 3\ominus$, (4) $F + \ominus \longrightarrow F^-$
(5) $Cu \longrightarrow Cu^{2+} + 2\ominus$, (6) $O + 2\ominus \longrightarrow O^{2-}$

계산적·암기적 강화 문제
시험 대비 교재 21쪽

◈ 앙금의 종류와 색깔 암기하기

1 (1) 흰색 (2) ◯ (3) 검은색 (4) ◯ (5) 흰색 (6) 노란색

2 (1) ◯ (2) ◯ (3) ◯ (4) × (5) × (6) ◯

3 (1) ◯ (2) × (3) × (4) ◯ (5) × (6) ◯

1 Na^+, K^+, NH_4^+, NO_3^-은 앙금을 생성하지 않는다.

2 (1) $CaCO_3$(탄산 칼슘) (2) $AgCl$(염화 은) (3) $BaSO_4$(황산
바륨) (6) PbI_2(아이오딘화 납)

3 (1) 염화 은($AgCl$) (4) 탄산 칼슘($CaCO_3$) (6) 황산 바륨
($BaSO_4$)

중단원 기출 문제
시험 대비 교재 22~24쪽

01 ③	**02** ②, ⑥	**03** ④	**04** ④	**05** ②	**06** ⑤
07 ①	**08** ①	**09** ④	**10** ②, ⑤	**11** ②	**12** ④
13 ⑤	**14** ①	**15** ⑤	**16** ③	**17** ④, ⑤	**18** ④
19 ③, ⑤					

01 바로알기 ① 원자가 전자를 잃으면 양이온이 된다.
② 이온은 전자의 이동에 의해 형성된다.
④ 원자가 전자를 잃거나 얻어서 이온을 형성하므로, 이온이
형성될 때 전자의 개수는 변한다.
⑤ 원자가 전자를 3개 얻으면 −3의 음이온이 된다.

02 ⑥ 나트륨 원자도 전자 1개를 잃고 나트륨 이온(Na^+)이
된다.
바로알기 ①, ③, ⑤ 수소 원자는 전자 1개를 잃고 +1의 양이
온인 수소 이온(H^+)이 된다.
④ 전자의 총 (−)전하량이 원자핵의 (+)전하량보다 작아졌다.

03 (가)는 원자핵의 (+)전하량이 전자의 총 (−)전하량보다
크므로 양이온이고, (나)는 원자핵의 (+)전하량과 전자의 총
(−)전하량이 같으므로 원자이며, (다)는 원자핵의 (+)전하량
이 전자의 총 (−)전하량보다 작으므로 음이온이다.
④ (가)에서 원자핵의 (+)전하량은 +3, 전자의 총 (−)전하량
은 −2이다.
바로알기 ⑤ (다)는 원자핵의 전하량이 +9이고 전자가 10개이
므로 원자가 전자 1개를 얻어 형성된 이온이다.

04 ④ $O + 2\ominus \longrightarrow O^{2-}$
바로알기 ① $Na \longrightarrow Na^+ + \ominus$
② $Mg \longrightarrow Mg^{2+} + 2\ominus$
③ $Al \longrightarrow Al^{3+} + 3\ominus$
⑤ $F + \ominus \longrightarrow F^-$

05 ①, ③ Ca^{2+}은 (+)전하를 띠는 양이온이므로 원자핵의
(+)전하량이 전자의 총 (−)전하량보다 크다.
④, ⑤ 칼슘 원자가 전자 2개를 잃어 Ca^{2+}이 형성되므로 Ca^{2+}
은 칼슘 원자보다 전자가 2개 적다.
바로알기 ② 칼슘 이온이라고 부른다.

06 바로알기 ① 수소 이온 – H^+ ② 산화 이온 – O^{2-}
③ 암모늄 이온 – NH_4^+ ④ 플루오린화 이온 – F^-

07 바로알기 ② 전자 2개 잃음, ③ 전자 3개 잃음, ④ 전자 1개
얻음, ⑤ 전자 2개 얻음

08 ① 마그네슘 원자(Mg)는 전자 2개를 잃고 마그네슘 이온
(Mg^{2+})이 된다.

09 ㄱ, ㄴ. 염화 나트륨 수용액에 전극을 담갔을 때 전구에
불이 켜지므로 염화 나트륨이 물에 녹으면 이온으로 나누어지
고, 수용액은 전류가 흐르는 것을 알 수 있다.
ㄷ. 염화 나트륨 수용액에서 이온은 전하를 띠므로 반대 전하
를 띠는 전극으로 이동하여 전류가 흐른다.
바로알기 ㄹ. 설탕은 물에 녹아 이온으로 나누어지지 않으므로
전류가 흐르지 않는다.

10 ①, ④ 노란색을 띠는 크로뮴산 이온(CrO_4^{2-})은 (+)극으
로, 파란색을 띠는 구리 이온(Cu^{2+})은 (−)극으로 이동한다.
③ (+)극으로 이동하는 이온은 음이온이므로 NO_3^-, CrO_4^{2-},
SO_4^{2-}의 세 종류이다.
바로알기 ② K^+은 (−)극으로, NO_3^-은 (+)극으로 이동하지
만, 무색이므로 눈으로 관찰할 수 없을 뿐이다.
⑤ 전극을 반대로 연결해도 양이온은 (−)극으로, 음이온은
(+)극으로 이동한다.

11 염화 나트륨 수용액과 질산 은 수용액이 반응하면 흰색 앙
금인 염화 은($AgCl$)이 생성된다.
$Ag^+ + Cl^- \longrightarrow AgCl \downarrow$

염화 나트륨 수용액   질산 은 수용액   혼합 용액

바로알기 ④, ⑤ 혼합 용액에는 반응에 참여하지 않은 Na^+과 NO_3^-이 들어 있으므로 전원 장치를 연결하면 전류가 흐른다.

12 바로알기 ㄴ. (다)에서 생성된 앙금은 노란색의 아이오딘화 납이다.

13 ⑤ $Ca^{2+} + CO_3^{2-} \longrightarrow CaCO_3\downarrow$(흰색 앙금)
바로알기 ①, ②, ③, ④ 앙금을 생성하지 않는다.

14 ① (나) 황산 나트륨+염화 바륨 ➡ 황산 바륨($BaSO_4$)
바로알기 (가), (다), (라)는 앙금이 생성되지 않는다.

15 (가) $Ag^+ + Cl^- \longrightarrow AgCl\downarrow$(흰색 앙금)
(나) $Pb^{2+} + 2I^- \longrightarrow PbI_2\downarrow$(노란색 앙금)

16 ③ 탄산 이온(CO_3^{2-})은 칼슘 이온(Ca^{2+})과 반응하여 흰색 앙금을 생성한다.

17 ① 질산 은+염화 칼륨 ➡ 염화 은(흰색 앙금)
② 황산 칼륨+염화 바륨 ➡ 황산 바륨(흰색 앙금)
③ 질산 칼슘+탄산 나트륨 ➡ 탄산 칼슘(흰색 앙금)
바로알기 ④ 염화 구리(Ⅱ)+황화 나트륨 ➡ 황화 구리(Ⅱ)(검은색 앙금)
⑤ 아이오딘화 칼륨+질산 납 ➡ 아이오딘화 납(노란색 앙금)

18 (가) $Ag^+ + Cl^- \longrightarrow AgCl\downarrow$(흰색 앙금)
(나) $Ba^{2+} + SO_4^{2-} \longrightarrow BaSO_4\downarrow$(흰색 앙금)
(다) 거른 용액에는 칼륨 이온(K^+)이 포함되어 있으므로 보라색의 불꽃 반응 색이 나타난다.

19 ③ 순수한 물인 증류수에는 이온이 들어 있지 않으므로 앙금이 생성되지 않는다.
⑤ 관석을 이루는 물질과 조개껍데기의 주성분은 모두 탄산 칼슘이다.
바로알기 ①, ② 관석은 지하수 속에 녹아 있는 칼슘 이온과 탄산수소 이온이 가열에 의해 반응하여 탄산 칼슘 앙금이 생기는 것이다.
④ 수돗물에 질산 은 수용액을 넣으면 수돗물 속의 염화 이온과 질산 은 수용액의 은 이온이 반응하여 흰색 앙금인 염화 은이 생성되므로 뿌옇게 흐려진다.

서술형 정복하기
시험 대비 교재 25~26쪽

1 답 이온

2 답 (가) 양이온, (나) 음이온

3 답 $Li \longrightarrow Li^+ + \ominus$

4 답 (가), (라)

5 답 I^-

6 모범답안 원자가 전자를 잃으면 양이온이 되고, 원자가 전자를 얻으면 음이온이 된다.

7 모범답안 산소 원자가 전자를 2개 얻어 형성된 음이온으로, 이온식의 이름은 산화 이온이다.

8 모범답안 이온은 전하를 띠고 있다.

9 모범답안 아이오딘화 이온과 납 이온이 반응하여 노란색 앙금인 아이오딘화 납을 생성한다.

10 모범답안 수돗물에 은 이온(Ag^+)을 넣었을 때 흰색 앙금이 생성되는 것으로 확인한다.

11 모범답안 나트륨 이온(Na^+)은 ($-$)극으로, 염화 이온(Cl^-)은 ($+$)극으로 이동하기 때문이다.

채점 기준	배점
전류가 흐르는 까닭을 이온의 이동으로 옳게 서술한 경우	100 %
그 외의 경우	0 %

12 모범답안 Na^+, SO_4^{2-}, 혼합 용액에서 황산 바륨($BaSO_4$)이 생성되고 나트륨 이온(Na^+)이 반응에 참여하지 않고 남아 있기 때문이다.

채점 기준	배점
이온식을 옳게 쓰고, 그 까닭을 옳게 서술한 경우	100 %
이온식만 옳게 쓴 경우	50 %

13 모범답안 (가), (라), (가) $Ca^{2+} + CO_3^{2-} \longrightarrow CaCO_3\downarrow$, (라) $Ba^{2+} + SO_4^{2-} \longrightarrow BaSO_4\downarrow$

채점 기준	배점
앙금이 생성되는 반응과 식을 모두 옳게 나타낸 경우	100 %
앙금이 생성되는 반응만 옳게 고른 경우	50 %

14 모범답안 (1) 세 가지 수용액에 질산 은($AgNO_3$) 수용액을 떨어뜨렸을 때 앙금이 생성되지 않는 것이 질산 칼륨(KNO_3) 수용액이다.
(2) 불꽃 반응 실험을 하여 노란색의 불꽃 반응 색이 나타나는 것이 염화 나트륨($NaCl$) 수용액, 보라색의 불꽃 반응 색이 나타나는 것이 염화 칼륨(KCl) 수용액이다.

	채점 기준	배점
(1)	질산 칼륨 수용액과 나머지 두 수용액의 구별 방법을 옳게 서술한 경우	50 %
(2)	염화 나트륨 수용액과 염화 칼륨 수용액의 구별 방법을 옳게 서술한 경우	50 %

15 모범답안 (1) $Cu^{2+} + S^{2-} \longrightarrow CuS\downarrow$, 검은색
(2) K^+, Na^+
(3) 칼륨 이온(K^+)은 황화 이온(S^{2-})과 반응하지 않으므로 거른 용액 B에 들어 있고, 황화 나트륨(Na_2S) 수용액의 나트륨 이온(Na^+)도 반응하지 않고 그대로 남아 있으므로 거른 용액 B에 들어 있다.
| 해설 | (1) 구리 이온(Cu^{2+})은 황화 이온(S^{2-})과 반응하여 검은색 앙금인 황화 구리(Ⅱ)(CuS)를 생성한다.

	채점 기준	배점
(1)	앙금 생성 반응을 식으로 옳게 나타내고, 앙금의 색을 옳게 쓴 경우	40 %
	한 가지만 옳게 쓴 경우	20 %
(2)	K^+, Na^+을 옳게 쓴 경우	30 %
(3)	(2)와 같이 답한 까닭을 옳게 서술한 경우	30 %

Ⅱ 전기와 자기

01 전기의 발생

잠깐 테스트
시험 대비 교재 28쪽

1 ① 마찰 전기, ② 정전기　　**2** ① 전자, ② (−), ③ (+)
3 ① 대전, ② 대전체　　**4** (1) ◯ (2) ◯ (3) ✕　　**5** ① 전기
력, ② 척력, ③ 인력　**6** 정전기 유도　**7** ① 다른, ② 같은
8 ① A → B, ② (+), ③ (−)　**9** 검전기　**10** ① 금속
판, ② (−), ③ (+), ④ 척력, ⑤ 벌어진다

계산력·암기력 강화 문제
시험 대비 교재 29쪽

◇ 대전되는 순서

1 털가죽　**2** 유리 막대　**3** 플라스틱 자　**4** 나무 도막
5 명주 헝겊　　**6** 명주, 나무, 고무, 플라스틱　　**7** 털가죽
8 A − C − B − D　**9** C

중단원 기출 문제
시험 대비 교재 30~32쪽

01 ⑤　　**02** ④　　**03** ④　　**04** ③　　**05** ④　　**06** ①
07 ②, ⑤　　**08** ②, ④　　**09** ②　　**10** (가) B, (나) A
11 ④　**12** ④　**13** ①　**14** ③　**15** B, C　**16** ⑤
17 ③, ④

01 ①, ②, ③ 전자는 (−)전하를 띠고, 원자핵은 (+)전하를
띤다. 일반적으로 원자는 (+)전하와 (−)전하의 양이 같으므
로 전기를 띠지 않는다.
④ 전자를 잃으면 (−)전하의 양이 (+)전하의 양보다 적어지
므로 (+)전하를 띠게 된다.
바로알기 ⑤ 원자핵은 이동하지 않고 전자가 이동한다.

02 ④ 마찰 후 A의 전자는 줄어들고 B의 전자는 증가했다.
바로알기 ① 전자가 물체 A에서 B로 이동하여 A는 전자를 잃
고, B는 전자를 얻었다.
② 물체 A는 전자를 잃어 (+)전하의 양이 (−)전하의 양보다
많아졌다. 따라서 A는 (+)전하로 대전되었다.
③ 물체 B는 전자를 얻어 (+)전하의 양이 (−)전하의 양보다
적어졌다. 따라서 B는 (−)전하로 대전되었다.
⑤ 원자핵은 이동하지 않는다.

03 **바로알기** ①, ② 대전되는 순서에서 왼쪽에 있는 물체일수
록 전자를 잃고 (+)전하로 대전되기 쉽다. 따라서 문제에 주어
진 물체 중 털가죽은 전자를 잃는 정도가 가장 크고, 플라스틱
은 전자를 얻는 정도가 가장 크다.
③ 털가죽과 마찰한 유리 막대는 (−)전하를 띤다.
⑤ 같은 종류의 물체는 마찰해도 전하를 잘 띠지 않는다.

04 ⑤ 자동차는 달리면서 도로나 공기 등과 마찰하게 되어,
건조한 날에는 자동차가 마찰 전기를 띠기 쉽다. 이렇게 마찰
에 의해 대전된 자동차 문 손잡이에 손을 대면, 우리 손과 손잡
이 사이에서 순간적으로 전하가 이동하여 손이 따끔함을 느끼
게 된다.
바로알기 ③ 자석과 마찰한 쇠붙이는 일시적으로 자석의 성질을
띤다. 따라서 자기력에 의해 쇠붙이에 바늘이 달라붙게 된다.

05 같은 종류의 전하를 띤 두 대전체 사이에는 척력이 작용하
여 밀어내고, 다른 종류의 전하를 띤 두 대전체 사이에는 인력
이 작용하여 끌어당긴다.

06 ②, ④, ⑤ 빨대는 플라스틱이므로 빨대와 털가죽을 마찰
하면 털가죽의 전자가 빨대로 이동하여 빨대는 (−)전하, 털가
죽은 (+)전하를 띠게 된다.
③ 마찰 후 빨대와 털가죽은 서로 다른 전하를 띠므로 두 물체
사이에 인력이 작용한다.
바로알기 ① 빨대 A와 B는 모두 털가죽과 마찰하여 (−)전하를
띠므로 두 빨대 사이에 척력이 작용한다.

07 **바로알기** ① 뜨개에 중력이 작용하지만 아래로 내려오지
않고 떠 있기 위해서는 플라스틱 막대와 뜨개 사이에서 척력이
작용해야 한다. 따라서 뜨개와 플라스틱 막대는 같은 종류의
전하로 대전되어 있다.
③ 플라스틱과 털가죽을 마찰하면, 플라스틱은 전자를 얻어
(−)전하로 대전된다. 따라서 플라스틱 막대와 같은 종류의 전하
로 대전된 뜨개 또한 전자를 얻었다.
④ 뜨개와 플라스틱 막대를 마찰하면 두 물체 사이에서 전자가
이동하여, 두 물체는 서로 다른 종류의 전하로 대전되고, 가까
이 하면 두 물체 사이에는 서로 끌어당기는 인력이 작용하게
된다. 따라서 뜨개가 플라스틱 막대 위에 떠 있을 수 없다.

08 ②, ④ (−)전하로 대전된 플라스틱 막대와 가까운 알루
미늄 캔의 B 부분이 정전기 유도에 의해 (+)전하를 띠게 되어
두 물체 사이에 인력이 작용하므로 끌려오게 된다.
바로알기 ① 알루미늄 캔에는 직접 마찰하여 생기는 마찰 전기
가 아닌, 정전기 유도가 일어난다.
③ (−)대전체를 가까이 했으므로 알루미늄 캔의 A 부분은
(−)전하, B 부분은 (+)전하를 띤다.
⑤ 클립과 자석 사이에는 자기력이 작용한다.
⑥ 알루미늄 캔과 플라스틱 막대 사이에는 인력이 작용하므로
캔은 막대와 가까워지는 방향으로 이동한다.

09 금속 막대 내부 전자가 (−)대전체로부터 척력을 받아
(나) 쪽으로 밀려나므로 (가) 부분에는 (+)전하, (나) 부분에는
(−)전하가 유도된다. 따라서 (−)대전체와 (가) 사이에 인력이
작용하여, 금속 막대는 ← 방향으로 이동하게 된다.

10 금속박 구 내부의 전자는 (−)대전체로부터 척력을 받아 대전체에서 먼 쪽으로 움직이므로 B 방향으로 움직인다. (−)대전체와 가까운 부분은 (+)전하를 띠게 되므로 대전체와 금속박 구 사이에 인력이 작용해 금속박 구가 A 방향으로 움직인다.

11 ①, ②, ③ 금속 막대 내부의 전자는 (−)대전체로부터 척력을 받아 A에서 B로 이동한다. 따라서 A 부분은 (+)전하를, B 부분은 (−)전하를 띤다.
⑤ (+)대전체를 가까이 한다면 B가 (+)전하를 띠어서 고무풍선과 척력이 작용할 것이다.
바로알기 ④ 고무풍선은 B와 다른 전하를 띠므로 금속 막대 쪽으로 끌려온다.

12 (−)대전체를 가까이 하면 금속 막대 내부의 전자들이 척력을 받아 (가)에서 (나) 쪽으로 이동한다. 그러므로 (가)는 (+)전하, (나)는 (−)전하를 띤다. (나) 부분에 의해 금속박 구 내부의 전자들이 척력을 받아 A에서 B 쪽으로 이동하므로 A는 (+)전하, B는 (−)전하를 띤다.
바로알기 ④ (나)는 (−)전하, A는 (+)전하를 띠므로 둘 사이에는 인력이 작용한다.

13 바로알기 ②, ③, ④ (+)대전체로부터 검전기 내부의 전자가 인력을 받아 금속박에서 금속판으로 이동한다. 따라서 금속판은 (−)전하, 금속박은 (+)전하를 띤다.
⑤ 두 장의 금속박이 각각 (+)전하를 띠므로 두 금속박 사이에 척력이 작용하여 벌어진다.

14 대전된 검전기에 같은 전하를 띤 대전체를 가까이 가져가면 금속박이 더 벌어진다. 그러므로 물체 A는 (−)전하를 띤다.
③ (−)전하로 대전된 검전기에 (−)대전체를 가까이 하면 금속판의 전자들이 척력을 받아 금속박으로 이동하므로 금속박은 더 강하게 (−)전하를 띠게 되어 더 많이 벌어진다.

15 검전기 내부의 전자들이 (−)대전체로부터 척력을 받아 금속판에서 금속박으로 이동하므로 금속박은 (−)전하를 띤다.

16 (+)대전체를 금속판에 가까이 한 상태에서 금속판에 손가락을 대면 손가락에서 검전기로 전자가 이동한다. 이 상태에서 손가락과 대전체를 동시에 치우면 검전기 전체가 (−)전하로 대전된다.

17 ②, ⑤ (나)에서 검전기 내부 전자들은 대전체로부터 척력을 받아, 접촉된 손가락을 통해 검전기 밖으로 빠져나간다. 그 후에 (다)와 같이 손과 대전체를 동시에 치우면, 검전기 전체가 (+)전하로 대전된다. 따라서 (다)에 (+)대전체를 가까이 하면 금속박의 전자가 금속판으로 끌려와, 금속박이 더 강하게 (+)전하를 띠므로 금속박은 더 벌어지게 된다.
바로알기 ③, ④ (가)에서 검전기의 금속박은 (−)전하를 띤 상태이고, (다)에서는 검전기 전체가 (+)전하를 띤 상태이다. 따라서 (다)의 금속박은 (+)전하 사이의 척력 때문에 벌어진다.

서술형 정복하기 시험 대비 교재 33~34쪽

1 답 (+)전하

2 답 B: (−)전하, C: (+)전하

3 답 대전체와 다른 종류의 전하

4 답 인력

5 답 검전기

6 답 (+)전하

7 모범답안 털가죽에 있던 **전자가 플라스틱 자로 이동**하여 털가죽은 (+)전하, 플라스틱 자는 (−)전하를 띤다.

8 모범답안 전자가 대전체로부터 인력을 받아 **금속박에서 금속판으로 이동**하여 금속박은 (+)전하를 띠게 되므로 벌어진다.

9 모범답안 **검전기**는 (+)전하로 대전된다. 검전기 내부의 **전자들이 (−)대전체로부터 척력**을 받아 손가락을 통해 빠져나오기 때문이다.
| 해설 |

10 모범답안 머리를 빗을 때 머리카락이 빗에 달라붙는다. 스웨터를 벗을 때 '지지직'하는 소리가 난다. 비닐 랩이 그릇에 달라붙는다. 등

채점 기준	배점
마찰 전기의 예를 두 가지 모두 옳게 서술한 경우	100 %
마찰 전기의 예를 한 가지만 옳게 서술한 경우	50 %

11 모범답안 (1) 척력
(2) 고무풍선을 모두 털가죽과 마찰하였으므로 두 고무풍선은 같은 종류의 전하를 띠게 되어서 서로 밀어내는 척력이 작용한다.

	채점 기준	배점
(1)	힘의 종류를 옳게 쓴 경우	30 %
(2)	힘을 받는 까닭을 대전된 전하와 관련하여 옳게 서술한 경우	70 %
	같은 전하를 띤다는 것만 서술한 경우	40 %

12 모범답안 (1) 금속 막대 내부의 전자가 유리 막대로부터 인력을 받아 B에서 A로 이동하므로 A는 (−)전하, B는 (+)전하로 대전된다.
(2) B 부분이 (+)전하를 띠게 되므로 고무풍선과 금속 막대 사이에 인력이 작용하여 고무풍선은 금속 막대 쪽으로 움직인다.
| 해설 | 대전체를 가까이 하면 대전체와 가까운 쪽은 대전체와 다른 종류의 전하가, 먼 쪽은 같은 종류의 전하가 유도된다.

	채점 기준	배점
(1)	유도되는 전하의 종류를 전자의 이동을 이용하여 옳게 서술한 경우	50 %
	전자의 이동에 대한 언급 없이 유도되는 전하의 종류만 옳게 서술한 경우	20 %
(2)	고무풍선이 움직이는 방향과 그 까닭을 옳게 서술한 경우	50 %
	고무풍선이 움직이는 방향만 옳게 서술한 경우	20 %

13 (모범답안) (1)

(가)　　　　　(나)

(2) 대전체가 띤 전하의 양이 많을수록 금속박이 많이 벌어진다.

| 해설 | 마찰을 많이 할수록 이동하는 전자의 수도 많기 때문에 물체가 더 강하게 전기를 띠게 된다.

채점 기준	배점
(1) 금속박의 전하 분포와 금속박이 벌어진 정도의 차이가 보이도록 그림을 옳게 그린 경우	50 %
(가)와 (나)의 금속박이 벌어지게만 그린 경우	20 %
(2) 전하의 양이 많을수록 금속박이 많이 벌어진다고 옳게 서술한 경우	50 %
많이 문지를수록 많이 벌어진다고 서술한 경우	20 %

14 (모범답안) (1) 전자는 금속판에서 금속박 쪽으로 이동한다.
(2) 금속박 쪽으로 전자들이 이동해서 금속박이 전하를 띠지 않게 되므로 오므라든다.

| 해설 | (+)전하로 대전된 검전기에 (−)대전체를 가까이 하면 검전기 내부의 전자가 대전체로부터 척력을 받아 금속박 쪽으로 이동한다. (+)전하를 띠고 있던 금속박에 전자가 이동해 오면 금속박은 전하를 띠지 않게 된다.

채점 기준	배점
(1) 전자의 이동 방향을 옳게 서술한 경우	40 %
(2) 금속박의 변화를 전자의 이동을 이용하여 옳게 서술한 경우	60 %
금속박이 오므라든다고만 서술한 경우	40 %

02 전류, 전압, 저항

중단원 핵심 요약　　　　시험 대비 교재 35쪽

① 전류　　② 전자　　③ 물레방아　　④ 밸브
⑤ 전류　　⑥ 전압　　⑦ 큰　　⑧ 500
⑨ 300　　⑩ 전압　　⑪ 저항　　⑫ 직렬
⑬ 증가　　⑭ 병렬　　⑮ 감소

잠깐 테스트　　　　시험 대비 교재 36쪽

1 (1) × (2) ○ (3) ×　**2** ① 펌프, ② 밸브, ③ 전구, ④ 도선
3 ① 직렬, ② 큰　**4** 30　**5** ① 병렬, ② (+), ③ (−)
6 ① 비례, ② 반비례　**7** 0.5　**8** ① 6, ② 12　**9** ① 6,
② 3　**10** ① 직렬, ② 병렬

중단원 기출 문제　　　　시험 대비 교재 37~39쪽

01 ③	02 ④	03 ①	04 ②	05 ③	06 ③
07 ①	08 ②	09 ②	10 ③	11 ④	12 ①
13 ④	14 ③	15 ③	16 ⑤	17 ④	18 ②, ⑤
19 ②	20 ③, ④				

01 A : 전지의 (−)극에서 (+)극 방향이므로 전자의 이동 방향
B : 전지의 (+)극에서 (−)극 방향이므로 전류의 방향

02 ①, ② (가)에서 전자들이 불규칙한 운동을 하고 있으므로 (가)는 전류가 흐르지 않는 상태이다.
③, ⑤ 전류의 방향과 전자의 이동 방향은 반대이다. 따라서 (나)에서 전류는 오른쪽에서 왼쪽으로 흐른다.
(바로알기) ④ 전자는 전지의 (−)극에서 (+)극 쪽으로 이동하므로 (나)의 왼쪽은 전지의 (−)극과 연결되어 있다.

03 (바로알기) ① 스위치는 전류의 흐름을 끊을 수 있는 장치로, 물의 흐름을 막을 수 있는 장치인 밸브에 비유할 수 있다.
한편, 수압(물의 높이 차)을 유지시켜 물이 계속 흐르게 하는 장치인 펌프는 전압을 유지시켜 전류가 계속 흐르게 하는 장치인 전지에 비유할 수 있다.

04 (바로알기) ② 1 A=1000 mA와 같다.

05 전압계는 전압을 측정하려는 부분에 병렬로 연결하고, 전류계는 회로에 직렬로 연결한다.

06 전류계의 (−)단자는 500 mA에 연결되어 있으므로 전류의 세기는 200 mA=0.2 A이고, 전압계의 (−)단자는 5 V에 연결되어 있으므로 전압의 크기는 2 V이다.

07 ㉠ 전지의 (+)극 쪽이므로 전류계의 (+)단자에 연결한다.
㉡ 전류의 예상값이 3 A로, 500 mA보다 크므로 (−)단자를 5 A에 연결한다.

08 $\dfrac{길이}{단면적}$ 의 값이 클수록 전기 저항이 크다.

① $\dfrac{1}{1}=1$　　② $\dfrac{2}{1}=2$　　③ $\dfrac{1}{2}=0.5$

④ $\dfrac{2}{2}=1$　　⑤ $\dfrac{3}{3}=1$

09 ㉠ $R=\dfrac{V}{I}=\dfrac{2\,V}{1\,A}=2\,\Omega$

㉡ $I=\dfrac{V}{R}=\dfrac{1.5\,V}{100\,\Omega}=0.015\,A=15\,mA$

㉢ $V=IR=300\,mA\times15\,\Omega=0.3\,A\times15\,\Omega=4.5\,V$

10 $I=\dfrac{V}{R}=\dfrac{3\,V}{30\,\Omega}=0.1\,A=100\,mA$

11 저항 $=\dfrac{전압}{전류}=\dfrac{1\,V}{100\,mA}=\dfrac{1\,V}{0.1\,A}=10\,\Omega$

12 기울기 $=\dfrac{전압}{전류}=$저항이므로 기울기가 큰 A>B>C 순으로 저항이 크다. 재질과 굵기가 같을 때 저항은 길이에 비례하므로 길이도 A>B>C 순으로 길다.

13 ① 가로축이 전압, 세로축이 전류인 그래프에서 기울기= $\dfrac{\text{전류}}{\text{전압}}=\dfrac{1}{\text{저항}}$ 이다.

② 저항의 역수인 기울기는 A가 B보다 크므로 저항은 B가 A보다 크다.

③ 전압이 같을 때 전류의 세기는 저항에 반비례한다. 따라서 같은 전압을 걸어 줄 때 B보다 A에 센 전류가 흐른다.

⑤ 단면적이 같을 때 저항은 길이에 비례하므로 굵기가 같다면 B가 A보다 길다.

[바로알기] ④ 길이가 같다면 저항이 작은 A가 B보다 굵다.

14 직렬연결된 두 저항에 흐르는 전류의 세기는 전체 전류의 세기와 같으므로 2 A이다.

15 1 Ω에 걸리는 전압=2 A×1 Ω=2 V
2 Ω에 걸리는 전압=2 A×2 Ω=4 V

16 ① 전체 저항 $R=\dfrac{V}{I}=\dfrac{90\,\text{V}}{3\,\text{A}}=30\,\Omega$

② 직렬연결된 두 저항에 흐르는 전류의 세기는 전체 전류의 세기와 같으므로 3 A이다.

③ 10 Ω에 걸리는 전압=3 A×10 Ω=30 V

④ 20 Ω에 걸리는 전압=3 A×20 Ω=60 V

[바로알기] ⑤ 직렬연결된 두 저항에 흐르는 전류의 세기는 같다. 따라서 전류의 비는 1 : 1이다.

17 20 Ω인 저항에 흐르는 전류의 세기 $I=\dfrac{6\,\text{V}}{20\,\Omega}=0.3\,\text{A}$ 이고, 30 Ω인 저항에 흐르는 전류의 세기 $I=\dfrac{6\,\text{V}}{30\,\Omega}=0.2\,\text{A}$ 이므로 전체 전류의 세기는 0.3 A+0.2 A=0.5 A이다.

18 ② 병렬연결된 두 저항에는 전체 전압과 같은 3 V의 전압이 걸린다.

⑤ 6 Ω에 흐르는 전류= $\dfrac{\text{전압}}{\text{저항}}=\dfrac{3\,\text{V}}{6\,\Omega}=0.5\,\text{A}$ 이다.

[바로알기] ① 전체 저항 $R=\dfrac{V}{I}=\dfrac{3\,\text{V}}{1.5\,\text{A}}=2\,\Omega$ 이다.

③ 병렬연결된 두 저항에는 각각 전체 전압과 같은 3 V의 전압이 걸린다.

④ 3 Ω에 흐르는 전류= $\dfrac{\text{전압}}{\text{저항}}=\dfrac{3\,\text{V}}{3\,\Omega}=1\,\text{A}$ 이다.

⑥ 전류계에서 측정하는 값은 전체 전류의 세기이다. 그러므로 1.5 A이다.

19 ㄱ. 퓨즈가 끊어지면 전체 회로의 연결이 끊어져야 하므로 직렬로 연결한다.

ㄷ. 평소에는 연결되어 있지 않다가 화재가 발생했을 때 회로가 연결되어 경보가 울려야 하므로 직렬로 연결한다.

[바로알기] ㄴ, ㄹ. 병렬로 연결하여 하나가 고장나거나 연결이 끊어져도 다른 기구에 영향이 없도록 하는 예이다.

20 ①, ② 모든 전기 기구들이 병렬연결되어 있으므로 각 전기 기구에는 전체 전압과 같은 220 V의 전압이 걸린다.

⑤ 에어컨의 저항은 냉장고의 0.5배이므로 에어컨에 흐르는 전류는 냉장고에 흐르는 전류의 $\dfrac{1}{0.5}$ =2배이다.

[바로알기] ③ 전등 B의 스위치를 끄더라도 병렬연결된 다른 전기 기구에 걸리는 전압은 220 V로 일정하므로 흐르는 전류의 세기에는 변함이 없다.

④ 전기 기구를 추가로 연결하면 전체 저항이 감소하여 회로 전체에 흐르는 전류는 증가한다.

서술형 정복하기 시험 대비 교재 40~41쪽

1 [답] 전지의 (−)극 → (+)극

2 [답] 전압

3 [답] 30 Ω

4 [답] 철

5 [답] 1 : 2

6 [답] 직렬연결

7 [모범답안] 전자가 **이동**하면서 **원자**와 충돌하여 이동에 **방해**를 받기 때문이다.

8 [모범답안] 도선의 **길이**가 길수록, **단면적**이 좁을수록 전기 **저항**이 커진다.

9 [모범답안] 전구는 **병렬**연결되어 있으므로 A 부분을 끊어도 **남은 전구**에 걸리는 **전압**의 크기는 변하지 않는다. 그러므로 전구의 **밝기**도 변하지 않는다.

10 [모범답안] 전기 **배선**은 **병렬**연결되어 있으므로 많은 전기 기구를 연결할수록 **전체 저항**이 줄어들고 **전체 전류**의 세기가 커져서 화재가 발생할 수 있기 때문이다.

11 [모범답안] (1) (나), 도선 속의 전자가 일정한 방향으로 운동하고 있기 때문이다.

(2) D, 전자는 전지의 (−)극에서 (+)극 쪽으로 이동하기 때문이다.

	채점 기준	배점
(1)	(나)를 쓰고, 그 까닭을 옳게 서술한 경우	50 %
	(나)만 쓴 경우	20 %
(2)	D를 쓰고, 그 까닭을 옳게 서술한 경우	50 %
	D만 쓴 경우	20 %

12 [모범답안] 전류계의 (−)단자와 (+)단자에 연결한 전선을 반대로 바꾸어 연결한다.

| 해설 | 전류계의 (−)단자는 전지의 (−)극에, (+)단자는 전지의 (+)극에 연결해야 하는데 반대로 연결한 경우에는 전류계의 바늘이 영점보다 왼쪽으로 넘어가서 전류의 세기를 측정할 수 없다.

채점 기준	배점
전류계의 (−)단자와 (+)단자의 연결을 바꾸어 연결한다고 서술한 경우	100 %
전지의 극을 바꾸어 연결한다고 서술한 경우도 정답 인정	

13 [모범답안] (1) C, 전압이 일정할 때 전류의 세기는 저항에 반비례하므로 전류의 세기가 가장 약한 C의 저항이 가장 크다.
(2) C, 재질과 단면적이 같을 때 저항은 길이에 비례하므로 저항이 가장 큰 C의 길이가 가장 길다.

	채점 기준	배점
(1)	C를 고르고, 그 까닭을 전류, 전압, 저항의 관계(옴의 법칙)를 이용하여 옳게 서술한 경우	50 %
	C만 쓴 경우	20 %
(2)	C를 고르고, 그 까닭을 길이에 따른 저항의 변화를 이용하여 옳게 서술한 경우	50 %
	C만 쓴 경우	20 %

14 [모범답안] (1) 회로에 흐르는 전류의 세기가 0.2 A이므로 20 Ω에 걸리는 전압 $V = IR = 0.2$ A $\times 20$ Ω $= 4$ V이다.
(2) 전체 전압이 저항에 비례하여 나누어 걸리므로 저항 R에 걸리는 전압 $V_R = 12$ V $- 4$ V $= 8$ V이다.
(3) $R = \dfrac{V}{I} = \dfrac{8 \text{ V}}{0.2 \text{ A}} = 40$ Ω이다.

| 해설 | (1) 회로에 저항이 직렬로 연결된 경우 각 저항에 흐르는 전류의 세기는 전체 전류의 세기와 같다.
(3) 저항 R에 걸리는 전압은 20 Ω인 저항에 걸리는 전압의 2배이므로 저항의 크기도 2배인 40 Ω이다.

	채점 기준	배점
(1)	4 V를 풀이 과정과 함께 구한 경우	30 %
	풀이 과정 없이 4 V만 쓴 경우	15 %
(2)	8 V를 풀이 과정과 함께 구한 경우	30 %
	풀이 과정 없이 8 V만 쓴 경우	15 %
(3)	40 Ω을 풀이 과정과 함께 구한 경우	40 %
	풀이 과정 없이 40 Ω만 쓴 경우	20 %

15 [모범답안] (1) 병렬연결된 저항에는 전체 전압과 같은 전압이 걸리므로 3 Ω인 저항에 12 V가 걸린다. 따라서 전류의 세기 $I = \dfrac{V}{R} = \dfrac{12 \text{ V}}{3 \text{ Ω}} = 4$ A이다.
(2) 병렬연결된 회로에서 전류는 저항의 크기에 반비례하여 나누어 흐르게 되므로 $\dfrac{1}{3} : \dfrac{1}{6} = 2 : 1$이다.
(3) 병렬연결된 저항이 늘어나면 전체 저항은 작아지는 효과가 있으므로 전체 전류의 세기는 커진다.

| 해설 | (2) 전압이 일정할 때는 전류의 세기와 저항이 반비례한다. 따라서 저항이 작을수록 센 전류가 흐르게 된다.
(3) 저항을 병렬로 연결하면 단면적이 넓어지는 효과가 있어서 전체 저항의 크기가 작아진다.

	채점 기준	배점
(1)	4 A를 풀이 과정과 함께 구한 경우	30 %
	풀이 과정 없이 4 A만 쓴 경우	15 %
(2)	전류의 세기의 비를 풀이 과정과 함께 구한 경우	30 %
	풀이 과정 없이 2 : 1만 쓴 경우	15 %
(3)	전체 저항의 변화를 이용하여 전체 전류의 세기 변화를 옳게 서술한 경우	40 %
	전체 전류의 세기가 커진다고만 서술한 경우	20 %

---

03 전류의 자기 작용

① 자기장   ② N   ③ 자기력선   ④ N
⑤ S   ⑥ 자기장   ⑦ 전류   ⑧ 전류
⑨ N   ⑩ 전류   ⑪ 자기장   ⑫ 수직
⑬ 평행   ⑭ 시계

잠깐 테스트   시험 대비 교재 43쪽

1 ① 자기장, ② 자기력선   **2** (1) ○ (2) × (3) ○   **3** ① N, ② N, ③ 척력   **4** 남쪽   **5** 남쪽   **6** 동쪽   **7** 전자석   **8** ① 전류, ② 자기장, ③ 손바닥   **9** ① 수직, ② 평행   **10** A

계산력·암기력 강화 문제   시험 대비 교재 44쪽

◇ 도선 주위의 자기장의 방향 찾기

1 (1) A : 남쪽, B : 동쪽 (2) A : 서쪽, B : 남쪽   **2** (1) 북쪽 (2) 남쪽   **3** (1) S극 (2) A : 동쪽, B : 동쪽, C : 서쪽

1 오른손 엄지손가락을 전류의 방향으로 향한 후 네 손가락으로 도선을 감아쥘 때 네 손가락이 감긴 방향이 자기장의 방향이다.

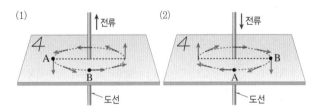

2 원형 도선의 한 지점에 흐르는 전류에 의한 자기장의 방향은 직선 도선에 의한 자기장의 방향을 찾는 것과 같다.

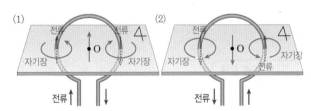

3 (1) 전류의 방향으로 오른손 네 손가락을 감아쥘 때 엄지손가락이 가리키는 방향이 코일 내부에서 자기장의 방향이다.
(2) 나침반 자침의 N극이 가리키는 방향이 자기장의 방향이므로 A, B의 N극은 동쪽, C의 N극은 서쪽을 가리킨다.

계산력·암기력 강화 문제   시험 대비 교재 45쪽

◇ 자기장 속에 놓인 도선이 받는 힘의 방향 찾기

1 (1) ㉡ (2) ㉡ (3) ㉡ (4) ㉣   **2** (1) ㉠ (2) ㉢ (3) ㉢ (4) ㉠
3 (1) ㉠ (2) ㉡ (3) (가)

1 (1) 전류의 방향으로 엄지손가락을 향하고, 자기장의 방향인 ② 방향으로 네 손가락을 향하면 손바닥은 종이 면으로 들어가는 방향인 ⓒ 방향을 향한다.
(2) 전류의 방향으로 엄지손가락을 향하고, 자기장의 방향인 ⓒ 방향으로 네 손가락을 향하면 손바닥은 종이 면으로 들어가는 방향인 ⓒ 방향을 향한다.
(3) 전류의 방향으로 엄지손가락을 향하고, 자기장의 방향인 ⓒ 방향으로 네 손가락을 향하면 손바닥은 ⓒ 방향을 향한다.
(4) 전류의 방향으로 엄지손가락을 향하고, 자기장의 방향인 ㉠ 방향으로 네 손가락을 향하면 손바닥은 ② 방향을 향한다.

2 (1) 전류의 방향으로 엄지손가락을 향하고, 자기장의 방향인 ㉡ 방향으로 네 손가락을 향하면 손바닥은 말굽자석의 바깥쪽인 ㉠ 방향을 향한다.
(2) 전류의 방향으로 엄지손가락을 향하고, 자기장의 방향인 ㉡ 방향으로 네 손가락을 향하면 손바닥은 말굽자석의 안쪽인 ⓒ 방향을 향한다.
(3) 전류의 방향으로 엄지손가락을 향하고, 자기장의 방향인 ② 방향으로 네 손가락을 향하면 손바닥은 말굽자석의 안쪽인 ⓒ 방향을 향한다.
(4) 전류의 방향으로 엄지손가락을 향하고, 자기장의 방향인 ② 방향으로 네 손가락을 향하면 손바닥은 말굽자석의 바깥쪽인 ㉠ 방향을 향한다.

3 (1) AB 부분에 흐르는 전류의 방향으로 엄지손가락을 향하고, 자기장의 방향인 → 방향으로 네 손가락을 향하면 손바닥은 ㉠ 방향을 향한다.
(2) CD 부분에 흐르는 전류의 방향으로 엄지손가락을 향하고, 자기장의 방향인 → 방향으로 네 손가락을 향하면 손바닥은 ㉡ 방향을 향한다.
(3) AB에는 ㉠(↑), CD에는 ㉡(↓) 방향으로 힘이 작용하므로 코일은 시계 방향인 (가) 방향으로 회전한다.

중단원 기출 문제

시험 대비 교재 46~48쪽

01 ⑤, ⑥	02 ①, ⑤	03 ②, ⑤	04 ④	05 ①
06 ①	07 ①	08 ②	09 ①	10 ㄱ, ㄴ, ㄷ	11 ③
12 ②	13 ②	14 ④	15 ④	16 ③	17 ③	18 ⑤

01 **바로알기** ① 자석에 의한 자기장은 자석의 양 극에서 가장 세다.
② 자기력선은 N극에서 나와 S극으로 들어간다.
③ 자기력선이 빽빽한 곳일수록 자기장의 세기가 세다.
④ 자기력선의 방향은 나침반 자침의 N극이 가리키는 방향이다.

02 ① 자기력선이 나오는 A는 N극, 자기력선이 들어가는 B는 S극이다.

바로알기 ② 자기력선이 더 촘촘한 a점에서 자기장이 세다.
③, ④ 자기력선의 방향과 나침반 자침의 N극이 향하는 방향이 같으므로 나침반 자침의 N극은 c점에서 동쪽, d점에서 서쪽을 가리킨다.

03 **바로알기** ①, ③ 자기력선은 N극에서 나와 S극으로 들어가야 하므로 자기력선은 그림 (가)와 같은 모양이 되어야 한다.
④ S극에는 들어가는 자기력선만 있어야 하므로, 자기력선은 그림 (나)와 같은 모양이 되어야 한다.

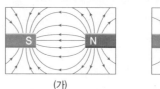
(가)

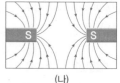
(나)

04 A와 B 사이에 있는 도선에는 전류가 위쪽 방향으로 흐르므로 오른손의 엄지손가락을 위쪽 방향으로 향하면 네 손가락은 시계 반대 방향으로 감긴다. 따라서 A에서 자기장 방향은 남쪽, B에서 자기장 방향은 북쪽이다.

05 나침반이 놓인 부분의 도선에는 전류가 오른쪽으로 흐른다. 따라서 오른손의 엄지손가락을 오른쪽으로 향한 후 네 손가락을 감아쥐면, 도선 아래에서 네 손가락은 서쪽을 향한다. 따라서 나침반 자침의 N극은 서쪽을 향한다.

06 ㄱ, ㄴ. 전류가 흐르는 코일 주위에는 자기장이 생긴다. 오른손의 네 손가락을 전류의 방향으로 감아쥐면 엄지손가락이 오른쪽을 향하므로 ㉠에 나침반을 놓으면 자침의 N극이 오른쪽을 가리킨다.

바로알기 ㄷ. 코일 주위에 생기는 자기장의 방향과 나침반 자침의 N극이 가리키는 방향이 같다.
ㄹ. 전류의 방향이 바뀌면 자기장의 방향도 바뀌므로 나침반의 자침이 돌아가는 방향도 바뀐다.

07 코일에 흐르는 전류의 방향으로 오른손의 네 손가락을 감아쥔 후 엄지손가락을 펼 때, 코일 내부에는 엄지손가락이 가리키는 방향으로 자기장이 형성된다.

08 코일에 흐르는 전류의 방향으로 오른손의 네 손가락을 감아쥔 후 엄지손가락을 펼 때, 코일 내부의 자기장의 방향은 엄지손가락이 가리키는 방향이다. 한편 자석에서 자기장은 N극에서 나가므로 코일에서 자기장이 나가는 부분이 N극이 된다.

09 전류의 방향으로 오른손의 네 손가락을 감아쥐면, 엄지손가락의 방향을 통해 전자석의 오른쪽은 S극이 된다는 것을 알 수 있다. 한편 자기력선은 N극에서 나가 S극으로 들어가므로 전자석과 막대자석 사이에 생기는 자기력선의 모양은 ①이다.

10 ㄱ, ㄴ. 전류 및 자기장의 세기가 셀수록 자기장에서 도선이 받는 힘의 크기가 크다.
ㄷ. 자기장과 전류의 방향이 수직일 때 도선이 받는 힘의 크기가 최대이고, 평행일 때 도선이 받는 힘의 크기는 0이다.

바로알기 ㄹ. 전지의 두 극의 위치를 바꾸면 전류의 방향이 반대로 바뀌므로 도선이 받는 힘의 방향이 반대로 변한다. 이때 힘의 크기가 달라지지는 않는다.

11 전류의 방향(전지의 (+)극 → (−)극)으로 오른손의 엄지 손가락을 향하고, 자기장의 방향(N극 → S극)으로 네 손가락을 향할 때 손바닥이 향하는 방향이 도선이 받는 힘의 방향이다. 따라서 (가)의 도선은 B 방향으로, (나)의 도선은 C 방향으로 힘을 받는다.

12 도선에 흐르는 전류의 방향으로 오른손 엄지손가락을 향하고 자기장의 방향(N극 → S극)으로 네 손가락을 향할 때, 손바닥이 향하는 방향이 힘의 방향이다.

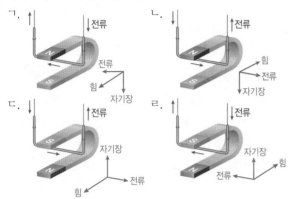

ㄱ, ㄷ. 손바닥이 자석의 바깥쪽을 향하게 되므로 도선 그네는 자석의 바깥쪽으로 움직인다.
[바로알기] ㄴ, ㄹ. 손바닥이 자석의 안쪽을 향하게 되므로 도선 그네는 자석의 안쪽으로 움직인다.

13 전류의 방향으로 오른손의 엄지손가락을 향하고, 자기장 의 방향인 (다) 방향으로 네 손가락을 향할 때 손바닥은 (나) 방향을 향하므로 알루미늄 막대는 (나) 방향으로 힘을 받아 운동 한다.

14 ①, ③ 전류 및 자기장의 세기가 셀수록 자기장 속에서 전 류가 받는 힘의 크기가 커진다. 따라서 알루미늄 막대가 더 빠르게 움직인다.
② 전류의 방향이 반대가 되면 알루미늄 막대가 받는 힘의 방향이 반대가 되어, 알루미늄 막대가 움직이는 방향도 반대가 된다.
[바로알기] ④ 니크롬선에 연결된 집게 C를 B 쪽으로 옮기면 회로에 연결된 니크롬선의 길이가 길어지게 된다. 니크롬선의 저항은 길이에 비례하므로 저항은 증가한다. 옴의 법칙에 의해 전압이 일정할 때 저항과 전류의 세기는 반비례하므로 회로에 흐르는 전류의 세기는 감소한다. 따라서 알루미늄 막대가 받는 힘의 크기가 감소하여 알루미늄 막대는 더 천천히 움직인다.

15 전류의 방향으로 오른손의 엄지손가락을 향하고, 자기장 의 방향(N극 → S극)으로 네 손가락을 향할 때 손바닥이 향하 는 방향이 도선이 받는 힘의 방향이다.

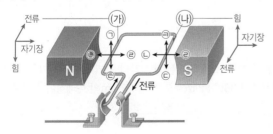

16 ③ BC 부분에 흐르는 전류의 방향과 자기장의 방향은 평 행하므로 자기장에서 전류가 받는 힘이 작용하지 않는다.
[바로알기] ①, ② AB 부분은 아래쪽, CD 부분은 위쪽으로 힘을 받는다.
④ 전류의 세기가 세지면 전동기가 더 빠르게 회전한다.
⑤ 전류의 방향이 반대로 바뀌면 AB 부분과 CD 부분이 받는 힘의 방향도 반대로 바뀌어 전동기는 반대 방향으로 회전한다.

17 코일이 시계 방향으로 회전하고 있으므로 도선의 A 부분 은 위쪽으로, B 부분은 아래쪽으로 힘을 받은 것이다. 자기장 의 방향으로 네 손가락을 향하고 힘의 방향으로 손바닥을 향하 게 했을 때 엄지손가락이 가리키는 방향이 전류의 방향이 되므 로 전류는 b 방향으로 흐른다. 자기장에서 도선이 받는 힘을 이용한 장치로는 선풍기, 스피커, 전압계, 전류계 등이 있다.
[바로알기] ①, ④, ⑤ 전기난로는 전기 에너지를 열에너지로, 형 광등은 전기 에너지를 빛에너지로 전환하는 장치이고 전자석은 전류에 의한 자기장을 이용한 장치이다.

18 두 전자석에 흐르는 전류에 의한 자기장의 방향은 다음과 같다.

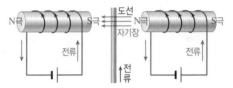

전류의 방향으로 오른손의 엄지손가락을 향하고, 자기장의 방 향(N극 → S극)으로 네 손가락을 향할 때 손바닥은 종이 면에 서 나오는 방향을 향한다.

서술형 정복하기
시험 대비 교재 49~50쪽

1 [답] 자기장

2 [답] A : 전류의 방향, B : 자기장의 방향

3 [답] 전자석

4 [답] (1) 전류 (2) 자기장 (3) 힘

5 [모범답안]

6 [모범답안] **자기력선**은 **N극**에서 나와서 **S극**으로 들어가는 방 향으로 그린다. 자기장이 센 곳일수록 자기력선의 **간격**을 촘촘 하게 그린다.

7 [모범답안] 오른손의 네 **손가락**을 자기장의 방향과 일치시키 고 도선을 감아쥐면 **엄지손가락**이 가리키는 방향이 전류의 방 향이므로 전류는 **B**에서 **A** 쪽으로 흐른다.

8 [모범답안] A, **전자석**의 세기는 전류의 세기가 셀수록 세고, **전류**의 세기는 **전압**이 셀수록 세므로 **전지**가 많이 연결된 A가 더 센 전자석이다.

9 모범답안 (1) A : S극, B : N극

(2) c, 자기력선의 간격이 촘촘할수록 자기장의 세기가 센 곳이기 때문이다.

	채점 기준	배점
(1)	A와 B의 자극을 모두 옳게 쓴 경우에만 정답 인정	30 %
(2)	c를 고르고, 그 까닭을 자기력선의 간격을 이용하여 옳게 서술한 경우	70 %
	c만 쓴 경우	20 %

10 모범답안 (1) 동쪽

(2) 나침반의 N극이 서쪽을 가리킨다.

(3) 서쪽, 전지의 방향을 반대로 연결하면 전류의 방향이 바뀌어 자기장의 방향도 바뀌기 때문이다.

| 해설 | (2) 나침반의 위치가 도선 아래쪽에서 위쪽으로 바뀌면 나침반이 돌아가는 방향도 반대가 된다.

(3) 전류의 방향은 (+)극에서 (−)극 쪽이므로 전지를 바꾸어 연결하면 전류의 방향이 반대가 된다.

	채점 기준	배점
(1)	동쪽이라고 쓴 경우	20 %
(2)	N극이 서쪽을 가리킨다거나 나침반의 돌아가는 방향이 반대로 바뀐다고 서술한 경우	40 %
	돌아가는 방향이 달라진다고만 서술한 경우	20 %
(3)	서쪽이라고 쓰고, 그 까닭을 옳게 서술한 경우	40 %
	서쪽이라고만 쓴 경우	20 %

11 모범답안 (1) (나)

(2) 전원 장치의 두 극을 반대로 연결한다. 자석을 N극과 S극의 위치가 바뀌도록 놓는다.

	채점 기준	배점
(1)	(나)를 고른 경우	30 %
(2)	방법을 옳게 서술한 것 한 가지당 부분 배점	35 %

12 모범답안 (1) (가) : ㉢, (나) : ㉠, 코일은 시계 반대 방향으로 회전한다.

(2) 코일이 시계 방향으로 회전한다.

(3) 0, 자기장의 방향과 전류가 흐르는 방향이 평행하면 도선은 힘을 받지 않는다.

(4) 더 센 자석을 사용한다. 더 센 전류를 흘려 준다.

	채점 기준	배점
(1)	(가), (나)에 작용하는 힘의 방향과 코일의 운동을 모두 옳게 서술한 경우	40 %
	(가), (나)에 작용하는 힘의 방향을 옳게 고르고, 코일이 회전한다고만 서술한 경우	30 %
	(가), (나)에 작용하는 힘의 방향만 옳게 고른 경우	20 %
(2)	코일이 움직이는 방향을 옳게 서술한 경우	20 %
	코일이 회전하는 방향이 바뀐다고 서술한 경우	
(3)	힘의 크기와 그 까닭을 옳게 서술한 경우	20 %
	힘의 크기만 옳게 쓴 경우	10 %
(4)	두 가지를 모두 옳게 서술한 경우	20 %
	한 가지만 옳게 서술한 경우	10 %

Ⅲ 태양계

01 지구의 크기와 운동

중단원 핵심 요약
시험 대비 교재 51쪽

① 구형   ② 평행   ③ 위도 차   ④ 15°
⑤ 시계 반대   ⑥ 북극성   ⑦ 연주 운동   ⑧ 황도 12궁
⑨ 처녀자리   ⑩ 물고기자리

잠깐테스트
시험 대비 교재 52쪽

1 중심각   **2** ① 평행, ② 구형   **3** ① 엇각, ② ∠BB′C(θ')
4 ① 360°, ② θ **5** 3°   **6** ① 동, ② 서, ③ 일주 운동
7 ① 북극성, ② 15, ③ 자전   **8** (1) 남쪽 하늘 (2) 서쪽 하늘
(3) 북쪽 하늘 (4) 동쪽 하늘   **9** 12월   **10** 궁수자리

계산력·암기력 강화 문제
시험 대비 교재 53쪽

◈ 지구의 크기 측정하기

1 7.2°   **2** 925 km   **3** ㉠ 360°, ㉡ 7.2°   **4** 7365 km
5 45°   **6** 10 cm   **7** ㉠ 45°, ㉡ 10 cm   **8** 13 cm
9 2.5°   **10** ㉠ 2.5°, ㉡ 280 km

1 알렉산드리아와 시에네 사이의 중심각(θ)과 알렉산드리아에서 막대와 그림자 끝이 이루는 각도(7.2°)는 엇각으로 크기가 같다.

3 원의 둘레($2\pi R$)에 해당하는 중심각의 크기는 360°이고, 925 km에 해당하는 중심각의 크기는 7.2°이다.

9 두 지점 사이의 중심각의 크기는 두 지점의 위도 차와 같으므로 37.6°−35.1°=2.5°이다.

중단원 기출 문제
시험 대비 교재 54~56쪽

01 ①, ④   **02** ③   **03** ③   **04** ②, ③   **05** ①, ⑥
06 ④   **07** ⑤   **08** ①, ⑤, ⑦   **09** ④   **10** ③
11 ④   **12** ④   **13** ④   **14** ③   **15** ①   **16** ④
17 ③   **18** 사자자리   **19** ①, ②, ③, ⑧

01 에라토스테네스는 지구는 완전한 구형이며, 지구로 들어오는 햇빛은 평행하다는 가정을 세우고 지구의 크기를 측정하였다.

02 원에서 호의 길이는 중심각의 크기에 비례한다는 원리를 이용하면 360° : $2\pi R$ = 7.2° : 925 km의 비례식이 성립한다.

∴ 지구의 반지름(R) = $\dfrac{360° \times 925 \text{ km}}{2\pi \times 7.2°}$

03 지구 모형의 크기를 측정하기 위해서는 두 지점 A와 B 사이의 거리와 중심각을 알아야 한다. A와 B 사이의 중심각인 ∠AOB(θ)는 직접 측정할 수 없다. 따라서 엇각으로 크기가 같은 ∠BB′C(θ')를 측정하여 알아낸다.

04 (바로알기) ② 두 막대의 길이는 같을 필요가 없다.
③ 막대 AA′은 그림자가 생기지 않도록 세우고, 막대 BB′은 그림자가 생기도록 세운다.

05 원에서 부채꼴의 중심각과 호의 길이는 비례하므로 $2\pi R : l = 360° : \theta$ 또는 $360° : 2\pi R = \theta : l$의 비례식이 성립한다.

06 위도와 경도를 이용하여 지구의 크기를 구할 때는 경도가 같고 위도가 다른 두 지역을 이용한다. 이때 두 지역의 위도 차(40°−25°=15°)는 두 지역이 지구 중심과 이루는 부채꼴의 중심각과 같다.

07 같은 경도에 있는 두 지점의 위도 차(38°−35°=3°)는 중심각의 크기와 같으므로 비례식을 세우면 360° : 지구의 둘레 =3° : 290 km이다.

08 (바로알기) ②, ④ 달의 공전으로 나타나는 현상이다.
③, ⑥, ⑧ 지구의 공전으로 나타나는 현상이다.

09 북쪽 하늘에서는 별들이 시계 반대 방향으로 1시간에 15°씩 회전한다. 따라서 2시간 후에 북두칠성은 (나) 위치에서 관측되며, 회전한 각도는 30°(=2시간×15°/h)이다.

10

(가) 동쪽 하늘　　(나) 북쪽 하늘　　(다) 서쪽 하늘

우리나라에서 별의 일주 운동은 동쪽 하늘에서는 오른쪽으로 비스듬히 떠오르는 방향으로, 서쪽 하늘에서는 오른쪽으로 비스듬히 지는 방향으로 나타난다. 또한 북쪽 하늘에서는 별들이 북극성을 중심으로 시계 반대 방향으로 회전한다.

11 ④ (가)~(다)는 모두 같은 시간 동안 촬영한 것이므로 (가)~(다)에서 그려지는 각 원호의 중심각의 크기는 모두 같다.
(바로알기) ①, ②, ⑤ 별의 일주 운동은 지구가 자전하기 때문에 나타나는 겉보기 운동으로, 지구가 1시간에 약 15°씩 자전하므로, 별은 1시간에 15°씩 이동하는 것처럼 보인다.
③ 북쪽 하늘에서 별들은 북극성을 중심으로 시계 반대 방향으로 회전하는 것처럼 보인다.

12 ㄱ. 일주 운동의 중심인 별 P는 북극성이다.
ㄴ. 별들은 1시간에 15°씩 회전하므로 관측한 시간은 2시간이다.(=30°÷15°/h)
(바로알기) ㄷ. 북극성을 중심으로 별들이 회전하고 있는 모습이 나타나므로 북쪽 하늘을 관측한 것이다.

13 (바로알기) ①, ⑤ 태양의 연주 운동은 지구가 공전하기 때문에 나타나는 현상으로, 태양의 연주 운동 방향과 지구의 공전 방향은 모두 서에서 동으로 나타난다.

② 태양의 연주 운동은 하루에 약 1°씩 이동하며, 별의 일주 운동이 1시간에 15°씩 이동한다.
③ 태양은 황도 12궁의 별자리를 한 달에 1개씩 지나간다.

14 같은 시각에 관측한 별자리의 위치는 태양을 기준으로 동에서 서로 이동한다. 따라서 관측한 순서는 (나) → (가) → (다)이다.

15 ②, ③ 같은 시각에 관측한 별자리의 위치는 태양을 기준으로 동에서 서로 이동한다. 이는 지구의 공전 때문에 나타나는 현상이다.
④, ⑤ 별자리를 기준으로 할 때 태양은 별자리의 이동 방향과 반대 방향인 서에서 동으로 이동한다.
(바로알기) ① 별자리는 태양을 기준으로 하루에 약 1°씩 동에서 서로 이동한다.

16 ④ 황도 12궁은 해당 월에 태양이 위치한 별자리를 나타낸 것이다.
(바로알기) ①, ③ 태양은 1월부터 12월까지의 별자리 사이를 서에서 동으로 이동하는 것처럼 보이는 겉보기 운동을 한다.
②, ⑤ 지구가 공전함에 따라 태양이 보이는 위치가 달라지기 때문에 태양의 배경 별자리가 변한다. 이에 따라 지구에서 계절에 따라 밤하늘에 보이는 별자리도 달라진다.

17 7월에 태양은 쌍둥이자리를 지나고, 이때 한밤중에 남쪽 하늘에서 가장 잘 보이는 별자리는 태양의 반대 방향에 있는 (=6개월 후 별자리) 궁수자리이다.

18 같은 시각에 관측할 때 별자리는 하루에 약 1°씩 서쪽으로 이동하므로 2개월 후에는 약 60° 서쪽으로 이동한다. 따라서 사자자리가 정남쪽에서 관측된다.

19 (바로알기) 태양, 달, 별과 같은 천체의 일주 운동 방향은 지구의 자전 방향과 반대인 동에서 서이고, 별의 연주 운동 방향은 태양의 연주 운동 방향과 반대인 동에서 서이다.

서술형 정복하기　　시험 대비 교재 57~58쪽

1 (답) 구형이다, 평행하다

2 (답) 낮과 밤의 반복, 천체의 일주 운동

3 (답) 시계 반대 방향

4 (답) 서 → 동, 1시간에 15°(=15°/h)

5 (답) 서 → 동, 하루에 약 1°(=1°/일)

6 (답) 태양의 연주 운동, 계절에 따른 별자리 변화

7 (답) 원에서 호의 길이는 **중심각**의 크기에 비례한다.

8 (답) 실제 **지구**는 완전한 **구형**이 아니며, 알렉산드리아와 시에네 사이의 **거리** 측정이 정확하지 않았기 때문이다.

9 (답) 별은 **지구**가 **자전**하기 때문에 일주 운동하며, 태양은 **지구**가 **공전**하기 때문에 연주 운동한다.

10 (답) **별**은 **동**에서 **서**로 일주 운동하며, **태양**은 서에서 **동**으로 연주 운동한다.

11 모범답안 (1) $360° : 2\pi R = \theta : l$ 또는 $360° : \theta = 2\pi R : l$

(2) $\dfrac{360° \times 6\text{ cm}}{2 \times 3 \times 15°}$, 24 cm

	채점 기준	배점
(1)	비례식을 옳게 세운 경우(θ 대신 θ'으로 쓴 경우도 정답 처리)	50 %
(2)	식을 옳게 세우고, 값을 옳게 구한 경우	50 %
	식만 옳게 세운 경우	25 %

12 모범답안 $360° : 2\pi R = 4.1° : 452\text{ km}$

또는 $360° : 4.1° = 2\pi R : 452\text{ km}$,

지구의 반지름(R)≒6615 km

| 해설 | 두 지역과 지구 중심이 이루는 중심각의 크기는 경도가 같은 두 지역의 위도 차($37.6° - 33.5° = 4.1°$)와 같다.

채점 기준	배점
비례식을 옳게 세우고, 값을 옳게 구한 경우	100 %
비례식만 옳게 세운 경우	50 %

13 모범답안 (1) (가), 북쪽 하늘에서 별들은 북극성을 중심으로 시계 반대 방향으로 일주 운동하기 때문이다.

(2) 30°

| 해설 | (2) 별은 북극성을 중심으로 1시간에 15°씩 회전한다.

	채점 기준	배점
(1)	(가)를 고르고, 그 까닭을 일주 운동 방향으로 옳게 서술한 경우	60 %
	(가)만 고른 경우	30 %
(2)	북두칠성이 이동한 각도를 옳게 쓴 경우	40 %

14 모범답안 (가) 동쪽, (나) 서쪽

(가)　　　　(나)

채점 기준	배점
(가)와 (나)를 관측한 하늘의 방향을 옳게 쓰고, 별의 이동 방향을 옳게 그린 경우	100 %
관측한 하늘의 방향만 옳게 쓴 경우	50 %
별의 이동 방향만 옳게 그린 경우	50 %

15 모범답안 태양은 서에서 동으로 하루에 약 1°씩 이동한다.

채점 기준	배점
태양의 이동 방향과 속도를 모두 옳게 서술한 경우	100 %
두 가지 중 한 가지만 옳게 서술한 경우	50 %

16 모범답안 (가) 8월에 태양은 게자리를 지난다. (나) 지구가 A에 위치할 때 한밤중에 남쪽 하늘에서는 궁수자리가 보인다.

채점 기준	배점
(가)와 (나)를 모두 옳게 서술한 경우	100 %
(가)와 (나) 중 한 가지만 옳게 서술한 경우	50 %

02 달의 크기와 운동

중단원 핵심 요약　　　　　시험 대비 교재 59쪽

① 물체까지의 거리(l)　　② 위상　　③ 보름달(망)

④ 하현달　　⑤ 서에서 동　　⑥ 남쪽　　⑦ 개기 일식

⑧ 삭　　⑨ 부분 월식　　⑩ 망

잠깐 테스트　　　　　시험 대비 교재 60쪽

1 L 　**2** ① D, ② d 　**3** ① 닮음비, ② $\dfrac{1}{4}$ 　**4** 위상

5 (1) × (2) × (3) ○ 　**6** C 　**7** 상현달 　**8** B 　**9** ① 일식

② 월식 　**10** ① B, ② D

계산력·암기력 강화 문제　　　　　시험 대비 교재 61쪽

◇ 달의 공전 궤도상의 위치에서 달의 위상 그리기

1 A : ○, B : ◗, C : ◗, D : ◐, E : ◑, F : ◗,

G : ◐, H : ◗

2 A : ●, B : ◐, C : ◐, D : ◖, E : ○, F : ◖,

G : ◗, H : ◗

중단원 기출 문제　　　　　시험 대비 교재 62~64쪽

01 ② 　**02** ④ 　**03** ③ 　**04** ④ 　**05** ② 　**06** ③ 　**07** ④

08 ①, ⑧ 　**09** ② 　**10** ④ 　**11** ⑤ 　**12** ③ 　**13** ①

14 ④ 　**15** ① 　**16** ④ 　**17** ⑤ 　**18** ⑤

01

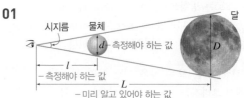

삼각형의 닮음비를 이용하면 $L : D = l : d$ 또는 $D : L = d : l$ 또는 $L : l = D : d$ 또는 $l : L = d : D$의 비례식을 세울 수 있다.

02 ㄴ. 물체와 달의 시지름이 같을 때 물체의 지름과 달의 지름을 눈과 연결하는 두 개의 삼각형이 닮은꼴임을 이용한다.

ㄹ. $L : l = D : d$의 비례식에서 L과 D가 일정하므로 물체의 지름(d)이 작을수록 관측자와 물체 사이의 거리(l)는 가까워지고, 물체의 지름(d)이 클수록 관측자와 물체 사이의 거리(l)는 멀어진다.

바로알기 ㄱ. 달의 시지름은 물체의 시지름과 같아서 달이 물체에 완벽히 가려진다.

ㄷ. 물체의 지름(d), 물체까지의 거리(l)는 실제로 측정해야 하는 값이고, 지구에서 달까지의 거리(L)는 미리 알고 있어야 하는 값이다.

03 $L:l=D:d$이므로 500 cm : 15 cm=D : 0.6 cm이다.

D(달 모형의 지름)=$\dfrac{500\ \text{cm}\times0.6\ \text{cm}}{15\ \text{cm}}$=20 cm

04 (바로알기) ①, ② 달은 지구 주위를 약 한 달에 한 바퀴씩 돈다. 달의 자전 주기는 공전 주기와 같은 약 한 달이다.
③ 달의 모양과 위치가 달라지는 까닭은 달이 지구 주위를 공전하기 때문이다.
⑤ 달의 모양은 초승달 → 상현달 → 보름달 → 하현달의 순서로 변한다.

05

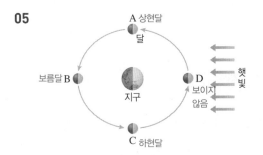

06 ㄹ. 음력 1월 1일에 달의 위치는 삭(D)이고, 이때 달은 보이지 않는다.
(바로알기) ㄴ. 달이 A에 있을 때는 오른쪽 반원이 밝은 상현달, C에 있을 때는 왼쪽 반원이 밝은 하현달로 보인다.
ㄷ. 달의 위치가 B일 때는 밤새도록 보름달을 볼 수 있다.

[07~09]

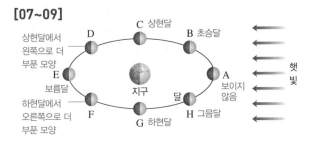

09 달이 E에 위치할 때는 음력 15일경으로, 보름달이 보인다.
(바로알기) ㄴ. 보름달은 자정에 남쪽 하늘에서 볼 수 있고, 새벽 6시경에는 서쪽 하늘에서 볼 수 있다.
ㄹ. 태양 – 지구 – 달 순으로 일직선상에 있을 때(망)는 월식이 일어날 수 있다.

10 ② 같은 시각에 달을 관측했을 때 음력 2일에는 달이 서쪽 하늘로 지고 있고, 음력 15일에는 동쪽 하늘에서 떠오르고 있으므로 달이 뜨는 시각은 늦어지고 있다.
④ 초승달은 일몰 때 지고 있으므로 자정에는 볼 수 없다.
(바로알기) ③ 달은 하루에 약 13°씩 지구 주위를 공전한다.

11 ⑤ (가)~(다) 중 달을 관측할 수 있는 시간은 (가)가 가장 짧고, (다)가 가장 길다.
(바로알기) ① (가)는 그믐달이다.
② 달의 자전 주기와 공전 주기가 같기 때문에 지구에서는 달의 앞면만 보이므로 뒷면을 볼 수 없다.
③ (다)가 관측될 때 태양 – 지구 – 달이 일직선으로 배열되어 월식이 일어날 수 있다.
④ 태양으로부터의 거리는 삭일 때 가장 가깝고, 망일 때 가장 멀다. 따라서 (나)가 (다)보다 가깝다.

12 ㄹ. 일식이 일어날 때는 태양 – 달 – 지구 순으로 일직선상에 위치하고, 월식이 일어날 때는 태양 – 지구 – 달 순으로 일직선상에 위치한다. 따라서 태양과 달 사이의 거리는 일식이 일어날 때가 월식이 일어날 때보다 가깝다.
(바로알기) ㄴ. 월식은 달이 망의 위치에 있을 때 일어난다.
ㄷ. 일식이 일어날 때 달은 보이지 않고(삭), 월식이 일어날 때 달의 위상은 보름달(망)이다.

13 태양 – 달 – 지구 순으로 일직선상에 있는 삭일 때 달은 보이지 않고, 일식이 일어날 수 있다.

14 ① 태양의 일부만 가려지므로 부분 일식이다.
② 일식이 일어날 때는 삭으로, 달이 보이지 않는다.
⑤ 일식이 일어날 때는 태양의 오른쪽부터 가려지고, 오른쪽부터 빠져나온다. 따라서 그림에서 일식은 왼쪽에서 오른쪽으로 진행되고 있다.
(바로알기) ④ 부분 일식은 달의 반그림자가 닿는 지역에서 관측된다.

15 월식은 달이 공전하며 지구 그림자 속으로 들어가 가려지는 현상이다. 달은 서에서 동으로 공전하므로 달의 왼쪽부터 가려지고, 왼쪽부터 빠져나온다.

16 ②, ③ 달 전체가 지구의 본그림자 안으로 들어가면 개기 월식이, 달의 일부가 지구의 본그림자 안으로 들어가면 부분 월식이 일어난다.
(바로알기) ④ 개기 월식이 일어날 때(B) 달 전체가 붉게 보인다. C에서 달은 지구의 본그림자 안에 들어가지 않았으므로 월식은 일어나지 않는다.

17 자정에 남쪽 하늘에서 관측되는 달의 위상은 보름달(망)로, 그림에서 달의 일부분만 보이므로 부분 월식이 일어났다.

18 달의 공전 궤도와 지구의 공전 궤도가 같은 평면상에 있지 않기 때문에 달이 삭이나 망의 위치에 있더라도 항상 일식과 월식이 일어나지는 않는다.

서술형 정복하기
시험 대비 교재 65~66쪽

1 답 시지름

2 답 공전

3 답 달의 위상 변화, 일식, 월식

4 답 보름달(망), 음력 15일

5 답 삭일 때, 망일 때

6 답 태양 – 달 – 지구(또는 지구 – 달 – 태양)

7 답 서로 닮은 두 **삼각형**에서 **대응변**의 **길이 비**는 일정하다.

8 답 달의 **공전 주기**와 **자전 주기**가 같기 때문이다.

9 답 일식은 **달**의 **그림자**가 지구에 닿는 곳에서만 관측되지만, 월식은 달이 **지구**의 **그림자** 속에 들어가 밤이 되는 모든 지역에서 관측할 수 있기 때문이다.

10 답 달의 공전 궤도와 지구의 공전 궤도가 같은 평면상에 있지 않기 때문이다.

11 모범답안 (1) d(물체의 지름), l(물체까지의 거리)
(2) 380000 km : 90 cm$=D$: 0.8 cm
또는 380000 km : D=90 cm : 0.8 cm
(3) 물체까지의 거리는 더 짧아진다.
| 해설 | (2) 달의 지름과 물체의 지름을 밑변으로 하는 두 삼각형은 서로 닮은꼴이다. 따라서 $L:l=D:d$(또는 $L:D=l:d$)의 비례식이 성립한다.

	채점 기준	배점
(1)	실제로 측정해야 하는 값 두 가지를 모두 옳게 쓴 경우	40 %
	실제로 측정해야 하는 값을 한 가지만 옳게 쓴 경우	20 %
(2)	달의 지름을 구하기 위한 비례식을 옳게 세운 경우	30 %
(3)	물체까지의 거리 변화를 옳게 서술한 경우	30 %

12 모범답안 (1) B
(2) 🌙 하현달
(3) E
| 해설 |

	채점 기준	배점
(1)	B를 쓴 경우	30 %
(2)	달의 모양을 옳게 그리고, 이름을 옳게 쓴 경우	40 %
	달의 모양만 옳게 그리거나 이름만 옳게 쓴 경우	20 %
(3)	E를 쓴 경우	30 %

13 모범답안 (가) 달이 일주 운동하기 때문이다. (나) 달이 지구 주위를 공전하기 때문이다.

채점 기준	배점
(가)와 (나)를 모두 옳게 서술한 경우	100 %
(가)만 옳게 서술한 경우(지구가 자전하기 때문이라고 서술한 경우도 정답 인정)	50 %
(나)만 옳게 서술한 경우	50 %

14 모범답안 (1) A : 개기 일식, B : 부분 일식
(2) 일식이 시작되면 태양의 오른쪽부터 가려지기 시작하고, 태양의 오른쪽부터 빠져나온다.
| 해설 | 달의 본그림자가 닿는 지역에서는 개기 일식을, 달의 반그림자가 닿는 지역에서는 부분 일식을 관측할 수 있다.

	채점 기준	배점
(1)	A와 B에서 관측할 수 있는 현상을 모두 옳게 쓴 경우	40 %
	A와 B 중 한 곳에서 관측할 수 있는 현상만 옳게 쓴 경우	20 %
(2)	태양이 가려지는 방향을 포함하여 일식의 진행 과정을 옳게 서술한 경우	60 %

15 모범답안 A, B, 지구에서 밤이 되는 모든 지역에서 월식을 관측할 수 있다.
| 해설 | 월식은 달이 지구의 본그림자 안으로 들어갈 때 일어난다.

채점 기준	배점
A와 B를 쓰고, 월식을 관측할 수 있는 지역을 옳게 서술한 경우	100 %
A와 B만 옳게 쓴 경우	50 %
월식을 관측할 수 있는 지역만 옳게 서술한 경우	50 %

03 태양계의 구성

중단원 핵심 요약   시험 대비 교재 67쪽

① 대기   ② 이산화 탄소   ③ 극관   ④ 큼
⑤ 자전축   ⑥ 작다   ⑦ 크다   ⑧ 흑점
⑨ 코로나   ⑩ 플레어   ⑪ 11   ⑫ 오로라

잠깐 테스트   시험 대비 교재 68쪽

1 ① 태양, ② 8   **2** ① 이산화 탄소, ② 표면 온도   **3** ① 크,
② 대적점(대적반)   **4** ① 토성, ② 얼음   **5** ① 내행성,
② 외행성   **6** (1) B, C (2) A, D   **7** (1) - ② (2) - ①
(3) - ⓒ (4) - ⓒ   **8** ① 동, ② 서, ③ 자전   **9** ① 흑점,
② 코로나   **10** ① 대물렌즈, ② 접안렌즈

중단원 기출 문제   시험 대비 교재 69~71쪽

01 ②	02 ③	03 ⑥, ⑦	04 ⑤	05 ③, ④
06 D, 화성	07 ②	08 ④	09 ②	10 ④	11 ④
12 ⑤	13 ①	14 ④	15 ②	16 ⑤	17 ②	18 ④

01 금성은 이산화 탄소로 이루어진 두꺼운 대기가 있어 표면 온도가 약 470 ℃로 매우 높고, 햇빛을 잘 반사하여 지구에서 가장 밝게 보이는 행성이다.

02 바로알기 ③ 두꺼운 이산화 탄소 대기로 덮여 있는 행성은 금성이다. 화성의 대기는 대부분 이산화 탄소이지만 희박하다.

03 바로알기 ⑥, ⑦ 태양계 행성 중 토성은 밀도가 가장 작고, 가장 바깥 궤도를 돌고 있는 것은 해왕성이다.

04 그림은 토성을 나타낸 것이다.
바로알기 ① 표면에 거대한 붉은 점이 있는 행성은 목성이다.
② 토성은 태양계 행성 중 크기가 두 번째로 크다. 크기가 가장 작은 행성은 수성이다.
③ 표면이 단단한 암석으로 이루어진 것은 수성, 금성, 지구, 화성과 같은 지구형 행성이다.
④ 토성에는 수많은 위성이 있다.

05

바로알기 ③ C는 지구이며, 물과 대기가 있어 생명체가 살고 있다.

④ D는 화성이며, 고리가 없다. 태양계에서 가장 뚜렷한 고리를 가지고 있는 행성은 토성(F)이다.

06 지구는 C이고, 지구의 공전 궤도 바깥쪽에서 공전하는 D, E, F, G, H는 외행성이다. 지구형 행성은 A, B, C, D이므로 외행성이면서 지구형 행성인 것은 D이다.

07 바로알기 지구형 행성은 목성형 행성에 비해 위성 수가 적고, 반지름과 질량이 작다. 또한, 지구형 행성에는 고리가 없지만, 목성형 행성에는 고리가 있다.

08 수성, 금성, 지구, 화성은 지구형 행성이고, 목성, 토성, 천왕성, 해왕성은 목성형 행성이다. 목성형 행성은 지구형 행성에 비해 질량과 반지름이 크고, 위성 수가 많다.

09 질량이 작고 평균 밀도가 큰 행성(A)은 지구형 행성이고, 질량이 크고 평균 밀도가 작은 행성(B)은 목성형 행성이다.

바로알기 ① 지구형 행성은 고리가 없다.

③ 지구형 행성은 위성이 없거나 위성 수가 적다.

④ 지구형 행성은 표면이 단단한 암석으로 이루어져 있다.

⑤ 외행성에 대한 설명이다.

10 목성형 행성은 반지름과 질량이 크고, 평균 밀도가 작으며 위성 수가 많다. 따라서 B, D는 목성형 행성에 속한다.

11 바로알기 ①은 광구, ②는 코로나, ③은 채층, ⑤는 홍염, ⑥은 흑점에 대한 설명이다.

12 바로알기 ①, ③ 흑점은 태양의 표면에서 나타나는 현상으로, 개기 일식이 일어나면 볼 수 없다.

② 흑점은 주위보다 온도가 2000 ℃ 정도 낮아 검게 보인다.

④ 흑점 수는 약 11년을 주기로 증감하는데, 흑점 수 많을 때 태양 활동이 활발하다.

13 흑점은 태양의 표면에 고정되어 있고, 태양이 자전함에 따라 흑점이 이동한다.

14 (가)는 흑점, (나)는 홍염, (다)는 코로나이다.

ㄴ, ㄹ. 홍염과 코로나는 태양의 대기 및 대기에서 나타나는 현상으로, 광구가 가려지는 개기 일식 때 잘 관측된다.

바로알기 ㄱ. 흑점은 주위보다 온도가 낮아 어둡게 보인다.

ㄷ. 흑점 주변에서 일어나는 폭발 현상은 플레어이다.

15 A는 흑점 수 많은 시기로, 태양 활동이 활발하다. 태양 활동이 활발할 때 지구에서는 자기 폭풍, 델린저 현상, 인공위성의 고장이나 오작동, 송전 시설 고장으로 인한 대규모 정전 등이 나타나고 오로라가 자주 발생한다.

바로알기 ② 플레어는 태양에서 나타나는 현상이다.

16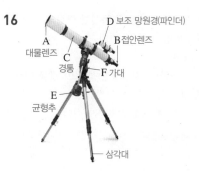

17 바로알기 ① 관측하려는 천체를 찾는 데 사용하는 것은 보조 망원경(D)이다.

③ 빛을 모으는 역할을 하는 것은 대물렌즈(A)이다.

④ 대물렌즈와 접안렌즈를 연결하는 것은 경통(C)이다.

⑤ 망원경이 흔들리지 않게 고정시켜 주는 것은 삼각대이다.

⑥ 망원경의 균형을 잡아 주는 것은 균형추(E)이다.

18 바로알기 ㄴ. 가대에 균형추를 먼저 끼운 후에 경통을 끼워 조립한다.

ㅁ. 투영판에 비친 태양 상에서 태양의 표면인 광구와 태양 표면에서 나타나는 현상인 흑점을 관측할 수 있다.

서술형 정복하기
시험 대비 교재 72~73쪽

1 답 수성

2 답 수성, 금성

3 답 화성, 목성, 토성, 천왕성, 해왕성

4 답 화성

5 답 플레어

6 답 채층, 코로나, 홍염, 플레어

7 답 대기의 소용돌이로 대적점이 나타나며, **자전 속도**가 매우 빠르기 때문에 가로줄 무늬가 나타난다.

8 답 지구형 행성은 목성형 행성보다 **크기**가 작고, **질량**이 작으며, **평균 밀도**가 크고, **위성 수**가 적다.

9 답 **주위**보다 **온도**가 낮기 때문이다.

10 답 **코로나**의 크기가 커지고, **홍염**의 발생이 증가하며, **태양풍**이 강해진다.

11 모범답안 (1) 내행성 : A, B, 외행성 : D, E, F, G, H

(2) 지구형 행성 : A, B, C, D, 목성형 행성 : E, F, G, H

채점 기준	배점
(1) 내행성과 외행성을 옳게 구분한 경우	50 %
(2) 지구형 행성과 목성형 행성을 옳게 구분한 경우	50 %

12 모범답안 (가) 지구형 행성, (나) 목성형 행성, ㉠ 작다, ㉡ 크다

채점 기준	배점
(가)와 (나), ㉠과 ㉡을 모두 옳게 쓴 경우	100 %
(가)와 (나)만 옳게 쓴 경우	50 %

13 모범답안 (1) (가) 지구형 행성, (나) 목성형 행성
(2) 질량, 크기(반지름), 위성 수 중 한 가지
(3) 수성, 금성, 지구, 화성
| 해설 | (1) 평균 밀도가 큰 (가)는 지구형 행성이고, 평균 밀도가 작은 (나)는 목성형 행성이다.
(2) A는 목성형 행성이 지구형 행성보다 큰 특성이다.

	채점 기준	배점
(1)	(가)와 (나)를 모두 옳게 쓴 경우	30 %
(2)	A에 적절한 물리적 특성을 옳게 쓴 경우	30 %
(3)	(가) 집단에 해당하는 행성의 이름 네 가지를 모두 옳게 쓴 경우	40 %
	행성의 이름 한 가지당 배점	10 %

14 모범답안 동 → 서, 태양은 자전한다.
| 해설 | 흑점은 태양의 표면에서 나타나는 현상으로, 태양이 자전하면서 흑점도 함께 이동한다.

채점 기준	배점
흑점의 이동 방향과 알 수 있는 사실을 모두 옳게 서술한 경우	100 %
두 가지 중 한 가지만 옳게 서술한 경우	50 %

15 모범답안 (1) A
(2) • 태양 : 코로나의 크기가 커진다. 홍염과 플레어가 자주 발생한다. 태양풍이 강해진다. 등
• 지구 : 오로라가 자주 발생하고, 발생하는 지역이 넓어진다. 자기 폭풍이 발생한다. 델린저 현상(장거리 무선 통신 장애)이 발생한다. 인공위성이 고장 난다. 위성 위치 확인 시스템(GPS)이 교란된다. 송전 시설 고장으로 대규모 정전이 일어난다. 등
| 해설 | A는 흑점 수가 최대인 시기이고, B는 흑점 수가 최소인 시기이다. 흑점 수가 많은 A가 B보다 태양 활동이 활발하다.

	채점 기준	배점
(1)	A를 쓴 경우	40 %
(2)	태양과 지구에서 나타나는 변화를 모두 두 가지씩 옳게 서술한 경우	60 %
	태양에서 나타나는 변화 두 가지만 옳게 서술한 경우	30 %
	지구에서 나타나는 변화 두 가지만 옳게 서술한 경우	30 %

16 모범답안 • 가대 : F, 경통과 삼각대를 연결하고, 경통을 원하는 방향으로 움직이게 한다.
• 균형추 : E, 망원경의 무게 균형을 잡아준다.(＝경통부와 무게 균형을 잡아준다.)
• 보조 망원경 : D, 관측하려는 천체를 찾을 때 사용한다.
| 해설 | A는 대물렌즈, B는 접안렌즈, C는 경통, D는 보조 망원경(파인더), E는 균형추, F는 가대이다.

채점 기준	배점
가대, 균형추, 보조 망원경의 기호를 모두 옳게 고르고, 역할을 옳게 서술한 경우	100 %
가대, 균형추, 보조 망원경의 역할만 모두 옳게 서술한 경우	60 %
가대, 균형추, 보조 망원경의 기호만 모두 옳게 쓴 경우	40 %
가대, 균형추, 보조 망원경 중 한 가지의 기호와 역할만 옳게 서술한 경우	30 %

Ⅳ 식물과 에너지

01 광합성

중단원 핵심 요약
시험 대비 교재 74쪽

① 이산화 탄소 ② 포도당 ③ 빛 ④ 파란색
⑤ 산소 ⑥ 엽록소 ⑦ 녹말 ⑧ 증가
⑨ 잎 ⑩ 기공

잠깐 테스트
시험 대비 교재 75쪽

1 (1) ㄴ, ㄷ (2) ㄱ, ㄹ **2** ① 이산화 탄소, ② 파란색 **3** 녹말 **4** 산소 **5** ㄴ, ㄷ **6** (나) **7** 잎 **8** ① 낮, ② 밤 **9** ① 있고, ② 없다 **10** ① 강, ② 높, ③ 낮, ④ 잘

계산적·암기적 강화 문제
시험 대비 교재 76쪽

◆ 광합성에 필요한 요소와 광합성 산물 확인하기

1 B, 파란색 **2** 이산화 탄소 **3** B **4** ㉠ 빛, ㉡ 이산화 탄소 **5** 청람색 **6** 녹말 **7** 산소

1 노란색 BTB 용액은 이산화 탄소가 적어질수록 초록색을 거쳐 파란색으로 변한다.

3 시험관 B는 검정말이 광합성을 하면서 이산화 탄소를 사용하여 BTB 용액의 색깔이 파란색으로 변하고, 시험관 C는 빛이 차단되어 검정말이 광합성을 하지 않아 BTB 용액의 색깔이 변하지 않는다.

5 아이오딘-아이오딘화 칼륨 용액은 녹말과 반응하여 청람색을 나타낸다.

7 광합성으로 발생한 기체는 산소이다. 산소는 다른 물질을 태우는 성질이 있어 향의 불씨를 다시 타오르게 한다.

중단원 기출 문제
시험 대비 교재 77~79쪽

01 ④ **02** A : 물, B : 이산화 탄소, C : 포도당, D : 산소, E : 녹말 **03** ④ **04** ①, ④ **05** ③ **06** ① **07** ③ **08** ④ **09** ② **10** ② **11** ③ **12** ④ **13** ⑤ **14** ② **15** ⑤ **16** ⑤ **17** ③, ④ **18** ④

01 바로알기 ④ 광합성은 빛에너지를 이용하여 양분을 만드는 과정이다. 따라서 광합성은 빛이 있는 낮에 일어난다.

02 광합성에는 물(A)과 이산화 탄소(B)가 필요하고, 광합성 결과 포도당(C)과 산소(D)가 생성된다. 이때 포도당(C)은 곧

녹말(E)로 바뀌어 저장된다.

03 ㄴ. BTB 용액은 이산화 탄소가 많이 녹아 있을 때 노란
색을 나타내고, 적게 녹아 있을 때 파란색을 나타낸다.
ㄷ. 산소(D)는 물질을 태우는 성질이 있다.
바로알기 ㄹ. 아이오딘-아이오딘화 칼륨 용액을 사용하여 녹말
(E)이 생성됨을 확인할 수 있다. 석회수는 이산화 탄소와 반응
하여 뿌옇게 변하므로, 이산화 탄소의 생성을 확인할 때 사용
한다.

04 시험관 A에서는 검정말이 빛을 받아 광합성을 하여 이산
화 탄소가 사용되었고, 시험관 B에서는 빛이 차단되어 검정말
이 광합성을 하지 않아 이산화 탄소가 사용되지 않았다.

05 **바로알기** ㄷ. 광합성으로 처음 생성된 포도당은 녹말로 바
뀌어 엽록체에 저장된다. 포도당은 베네딕트 용액을 이용하여
검출한다.

06 ① (다)의 결과 엽록체에서 광합성으로 생성된 녹말이 아
이오딘-아이오딘화 칼륨 용액과 반응하여 엽록체가 청람색을
띤다.

07 ③ 전등 빛이 밝아질수록 빛의 세기가 세진다.

08 ⑤ 전등을 검정말에 가까이하면 검정말이 받는 빛의 세기
가 세진다.
바로알기 ④ 광합성량은 일정 수준까지는 이산화 탄소의 농도가
높을수록 증가하는데, 입김을 불어넣으면 표본병 속 이산화 탄
소의 농도가 증가하므로 기포 수가 증가한다.

09 ② 검정말에서 발생하는 기체는 광합성으로 생성된 산소
이다. 산소는 물질을 태우는 성질이 있어 향의 불씨를 대면 불
꽃이 다시 타오른다.

10 ② 광합성량은 온도가 높아질수록 증가하다가 일정 온도
이상에서는 급격하게 감소한다.

11 **바로알기** ③ 증산 작용은 습도가 낮을 때 활발하게 일어
난다.

12 ③ 증산 작용으로 빠져나온 수증기가 비닐봉지에 닿아 액
화되어 물방울이 맺힌 것이다.

13 증산 작용은 뿌리에서 흡수한 물이 잎까지 이동하는 원동
력이 되며, 증산 작용으로 물이 증발하면서 주변의 열을 흡수
하므로 식물의 체온이 높아지는 것을 막는 역할을 한다.

14 잎에서 증산 작용이 일어나며, 습도가 낮을 때 증산 작용
이 활발하게 일어난다. 나뭇가지를 비닐봉지로 밀봉하면 증산
작용이 일어나면서 비닐봉지 안의 습도가 높아진다.

15 **바로알기** ⑤ 증산 작용은 빛이 강할 때 활발하게 일어난다.

16 A는 표피, B는 기공, C는 공변세포이다.
⑤ 공변세포(C) 2개가 기공(B)을 둘러싸고 있다.

17 A는 기공, B는 공변세포, C는 표피 세포이다.
바로알기 ① 일반적으로 기공(A)은 잎의 앞면보다 뒷면에 더
많다.
② 기공(A)은 주로 낮에 열리고 밤에 닫힌다.

⑤ 공변세포(B)는 안쪽 세포벽이 바깥쪽 세포벽보다 두꺼워 진
하게 보인다.
⑥ 표피 세포(C)에는 엽록체가 없어 광합성이 일어나지 않는다.

18 증산 작용은 빛이 강할 때, 온도가 높을 때, 습도가 낮을
때, 바람이 잘 불 때 활발하게 일어난다.
바로알기 ④ 증산 작용은 기공이 열릴 때 활발하게 일어난다.

서술형 정복하기
시험 대비 교재 80~81쪽

1 **답** 광합성

2 **답** (가) 물, 이산화 탄소, (나) 포도당, 산소

3 **답** 빛의 세기, 이산화 탄소의 농도, 온도

4 **답** 증산 작용

5 **답** 공변세포

6 **모범답안** 엽록체에서 광합성이 일어나고, 광합성 결과 녹말
이 만들어진다.

7 **모범답안** 광합성으로 산소가 발생하므로 향의 불씨를 넣으
면 향의 불꽃이 다시 타오른다.

8 **모범답안** 뿌리에서 흡수한 물이 잎까지 이동하는 원동력이
된다.

9 **모범답안** 공변세포는 엽록체가 있어 초록색을 띠고 광합성
이 일어나지만, 표피 세포는 엽록체가 없어 투명하고 광합성이
일어나지 않는다.

10 **모범답안** 증산 작용은 기공이 열리는 낮에 활발하게 일어
난다.

11 **모범답안** (1) A
(2) 빛을 받은 검정말이 광합성을 하면서 이산화 탄소를 사용하
였기 때문이다.
| 해설 | 노란색 BTB 용액은 이산화 탄소가 감소하면 초록색을
거쳐 파란색으로 변한다.

	채점 기준	배점
(1)	A라고 쓴 경우	40 %
(2)	광합성과 이산화 탄소를 포함하여 옳게 서술한 경우	60 %
	이산화 탄소를 포함하지 않고 서술한 경우	0 %

12 **모범답안** (1) 짧아진다.
(2) 시금치 잎 조각이 빛을 받으면 광합성이 일어나 산소가 발
생하기 때문이다.
| 해설 | 빛의 세기가 셀수록 광합성이 활발하게 일어나 발생하는
산소의 양이 증가한다.

	채점 기준	배점
(1)	짧아진다고 쓴 경우	40 %
(2)	광합성과 산소를 포함하여 옳게 서술한 경우	60 %
	산소를 포함하지 않고 서술한 경우	0 %

13 [모범답안] 광합성량은 이산화 탄소의 농도가 높을수록 증가하며, 일정 농도 이상이 되면 더 이상 증가하지 않는다.

채점 기준	배점
이산화 탄소의 농도와 광합성량의 관계를 옳게 서술한 경우	100 %
이산화 탄소의 농도가 높을수록 광합성량이 계속 증가한다고 서술한 경우	0 %

14 [모범답안] (1) (다)>(나)>(가)

(2) 증산 작용은 습도가 낮을 때 활발하게 일어난다.

(3) 증산 작용은 식물의 잎에서 일어난다.

| **해설** | 증산 작용이 활발하게 일어날수록 눈금실린더의 물이 많이 줄어들므로 물이 가장 적게 남은 (가)에서 증산 작용이 가장 활발하게 일어났고, 습도가 높은 (나)는 이보다 증산 작용이 덜 일어났음을 알 수 있다. (나)에서는 증산 작용으로 수증기가 배출되면서 비닐봉지 안의 습도가 높아진다.

	채점 기준	배점
(1)	남아 있는 물의 양을 옳게 비교한 경우	30 %
(2)	습도가 낮을 때 증산 작용이 활발하게 일어난다는 내용 또는 습도가 높을 때 증산 작용이 잘 일어나지 않는다는 내용을 포함하여 옳게 서술한 경우	40 %
(3)	증산 작용은 식물의 잎에서 일어난다고 옳게 서술한 경우	30 %
	잎을 포함하지 않고 서술한 경우	0 %

15 [모범답안] (나), 증산 작용은 기공이 열릴 때 활발하게 일어나기 때문이다.

채점 기준	배점
(나)라고 쓰고, 그 까닭을 옳게 서술한 경우	100 %
(나)라고만 쓴 경우	30 %

02 식물의 호흡

잠깐 테스트   시험 대비 교재 83쪽

1 ① 포도당, ② 이산화 탄소   **2** 호흡   **3** ① A, ② 호흡, ③ 이산화 탄소   **4** ① 합성, ② 분해   **5** ① 엽록체, ② 항상, ③ 방출   **6** 밤   **7** 많기   **8** ① 산소, ② 이산화 탄소   **9** ① 포도당, ② 녹말, ③ 설탕, ④ 체관   **10** 녹말

중단원 기출 문제   시험 대비 교재 84~86쪽

01 ⑤	**02** ③	**03** ②	**04** ⑤	**05** ①	**06** ⑤
07 ②	**08** ②	**09** ④	**10** A : 산소, B : 산소		**11** ④
12 ⑤	**13** ④	**14** ①	**15** ③	**16** ②	**17** ②

01 ⑤ 호흡으로 산소가 흡수되고 이산화 탄소가 방출되며, 광합성으로 산소가 방출되고 이산화 탄소가 흡수된다.
[바로알기] ①, ② 호흡은 낮과 밤 관계없이 모든 살아 있는 세포에서 항상 일어난다.
③ 호흡은 양분을 분해하여 에너지를 얻는 과정이다.
④ 싹을 틔우고 꽃을 피울 때 에너지가 많이 필요하여 호흡이 활발하게 일어난다.

02 ③ 빛이 없어 시금치가 호흡만 하여 이산화 탄소가 발생하였다. 석회수는 이산화 탄소와 반응하면 뿌옇게 변한다.

03 [바로알기] ㄱ. A에는 식물이 없기 때문에 빛의 유무와 관계없이 광합성과 호흡이 모두 일어나지 않는다.
ㄷ. A와 B를 비교하면 식물의 호흡으로 이산화 탄소가 발생함을 알 수 있다.

04 ㄴ. 엽록체에서 광합성으로 처음 만들어진 포도당은 물에 잘 녹지 않는 녹말로 바뀌어 엽록체에 저장된다.

05 빛이 없을 때는 식물이 광합성을 하지 않고 호흡만 하므로 산소가 더 빠르게 소모되어 (나)의 촛불이 더 빨리 꺼진다.

06 [바로알기] ⑤ 광합성은 양분을 합성하여 에너지를 저장하는 과정이고, 호흡은 양분을 분해하여 에너지를 얻는 과정이다.

07 • A : 이산화 탄소가 포함된 입김을 불어넣어 노란색으로 변한다.
• B : 변화 없다(초록색).
• C : 검정말에서 호흡만 일어나 이산화 탄소가 발생하여 노란색으로 변한다.
• D : 검정말에서 광합성량이 호흡량보다 많아 이산화 탄소가 소모되어 파란색으로 변한다.

08 ㄷ. 시험관 D에서는 검정말의 광합성에 이산화 탄소가 사용되어 BTB 용액 속 이산화 탄소가 줄어든다.
[바로알기] ㄱ. 시험관 C에서는 검정말의 호흡으로 이산화 탄소가 발생한다.
ㄴ. 시험관 C는 알루미늄 포일에 의해 빛이 차단되어 검정말의 호흡만 일어나고, 시험관 D는 빛을 받아 검정말의 광합성과 호흡이 모두 일어난다.

09 ④ 빛이 강한 낮에는 식물에서 광합성량이 호흡량보다 많아 이산화 탄소를 흡수하고 산소를 방출한다.
[바로알기] ①, ② 밤에는 빛이 없어 광합성이 일어나지 않고 호흡만 일어나므로, 산소를 흡수하고 이산화 탄소를 방출한다.
③, ⑤ 빛이 강한 낮에는 광합성량이 호흡량보다 많다.

10 식물은 낮에는 광합성량이 호흡량보다 많아 이산화 탄소를 흡수하고 산소를 방출하지만, 밤에는 호흡만 하므로 산소를 흡수하고 이산화 탄소를 방출한다.

11 식물은 낮(가)에는 광합성과 호흡이 모두 일어나고, 밤(나)에는 호흡만 일어난다.

12 ⑤ 빛이 강한 낮에는 광합성과 호흡이 모두 일어나지만 광합성량이 호흡량보다 많아 호흡으로 발생하는 이산화 탄소의 양보다 광합성에 사용되는 이산화 탄소의 양이 더 많다.

13 ① 광합성으로 만들어진 양분은 식물의 몸을 구성하는 성분이 되어 식물이 생장하는 데 사용된다.

(바로알기) ④ 사용하고 남은 양분은 녹말, 설탕, 포도당, 단백질, 지방 등 다양한 형태로 바뀌어 뿌리, 줄기, 열매, 씨 등에 저장된다.

14 광합성으로 처음 만들어진 포도당은 녹말 형태로 엽록체에 저장되었다가 주로 물에 잘 녹는 설탕 형태로 전환되어 체관을 통해 식물의 각 기관으로 이동한다.

15 사탕수수는 설탕, 감자와 고구마는 녹말, 콩은 단백질, 양파와 포도는 포도당, 땅콩과 깨는 지방의 형태로 양분을 저장한다.

16 A는 열매, B는 잎, C는 줄기, D는 뿌리이다.
ㄴ. 양분은 식물체 전체에서 호흡의 에너지원으로 사용된다.

(바로알기) ㄱ. 광합성이 일어나는 엽록체는 주로 잎(B)을 구성하는 세포에 있다.
ㄷ. 양분은 밤에 줄기(C)의 체관을 통해 이동한다.

17 ② 체관이 제거되어 잎에서 만들어진 양분이 아래로 이동하지 못해 윗부분의 사과는 크게 자라고, 아랫부분의 사과는 잘 자라지 못하게 된 것이다.

서술형 정복하기

시험 대비 교재 87~88쪽

1 (답) 호흡

2 (답) ㉠ 산소, ㉡ 이산화 탄소

3 (답) (가) 산소, (나) 이산화 탄소

4 (답) 포도당

5 (답) 녹말

6 (모범답안) 생명 활동에 필요한 에너지를 얻기 위해서이다.

7 (모범답안) 식물이 광합성을 하여 촛불의 연소에 필요한 산소를 방출하기 때문이다.

8 (모범답안) 빛이 강한 낮에는 광합성량이 호흡량보다 많아 이산화 탄소를 흡수하고, 산소를 방출한다.

9 (모범답안) 녹말은 주로 설탕으로 바뀌어 밤에 체관을 통해 식물의 각 기관으로 운반된다.

10 (모범답안) 체관이 제거되어 잎에서 광합성으로 만들어진 양분이 아래로 이동하지 못하기 때문이다.

11 (모범답안) (1) B
(2) 빛이 없어 시금치가 광합성을 하지 않고 호흡만 하여 이산화 탄소가 발생하였기 때문이다.
| 해설 | 석회수는 이산화 탄소와 반응하면 뿌옇게 변한다.

	채점 기준	배점
(1)	B라고 쓴 경우	40 %
(2)	제시된 단어를 모두 포함하여 옳게 서술한 경우	60 %
	제시된 단어 중 일부만 사용하여 서술한 경우 단어 1개당 부분 배점	15 %

12 (모범답안) (1) A : 광합성, B : 호흡
(2) • 일어나는 장소 : 광합성(A)은 엽록체가 있는 세포에서 일어나고, 호흡(B)은 모든 살아 있는 세포에서 일어난다.
• 일어나는 시기 : 광합성(A)은 빛이 있을 때만 일어나고, 호흡(B)은 항상 일어난다.
(3) BTB 용액 속 이산화 탄소가 증가하여 초록색 BTB 용액의 색깔이 노란색으로 변한다.
| 해설 | 호흡(B)으로 생성되는 기체는 이산화 탄소이다.

	채점 기준	배점
(1)	A와 B를 모두 옳게 쓴 경우	20 %
(2)	광합성과 호흡의 차이점을 두 가지 측면에서 모두 옳게 서술한 경우	40 %
	두 가지 측면 중 한 가지만 옳게 서술한 경우	20 %
(3)	이산화 탄소가 증가하여 노란색으로 변한다고 옳게 서술한 경우	40 %
	노란색으로 변한다고만 서술한 경우	30 %

13 (모범답안) (1) (나)
(2) 빛이 없으면 (나)에서 식물이 광합성을 하지 않고 호흡만 하여 산소가 더 빠르게 소모되기 때문이다.

	채점 기준	배점
(1)	(나)라고 쓴 경우	40 %
(2)	식물의 작용을 포함하여 촛불이 빨리 꺼지는 까닭을 옳게 서술한 경우	60 %
	산소가 더 빠르게 소모되기 때문이라고만 서술한 경우	30 %

14 (모범답안) (1) (가) 낮, (나) 밤
(2) 낮(가)에는 광합성량이 호흡량보다 많아 이산화 탄소를 흡수하고 산소를 방출한다.

	채점 기준	배점
(1)	(가)와 (나)를 모두 옳게 쓴 경우	40 %
(2)	광합성량이 호흡량보다 많다는 내용을 포함하여 낮에 일어나는 식물의 기체 교환을 옳게 서술한 경우	60 %
	식물의 기체 교환만 옳게 서술한 경우	30 %

15 (모범답안) 호흡으로 생명 활동에 필요한 에너지를 얻는 데 사용된다. 식물체의 구성 성분이 되어 식물이 생장하는 데 사용된다. 등

채점 기준	배점
양분이 사용되는 곳을 옳게 서술한 경우	100 %
사용하고 남은 양분은 저장된다고만 서술한 경우	30 %

MEMO

오·투·시·리·즈 생생한 시각자료와 탁월한 콘텐츠로 과학 공부의 즐거움을 선물합니다.

대표전화 1544-0554
주소 경기도 과천시 과천대로2길 54(갈현동, 그라운드브이)